军事高技术
理化基础

Basis of Military High-tech from
Physics & Chemistry

主编 李正群

北京理工大学出版社
BEIJING INSTITUTE OF TECHNOLOGY PRESS

版权专有 侵权必究

图书在版编目（CIP）数据

军事高技术理化基础 / 李正群主编. —北京：北京理工大学出版社，2017.1（2023.8重印）
ISBN 978-7-5682-3224-1

Ⅰ. ①军… Ⅱ. ①李… Ⅲ. ①军事物理学–高等学校–教材②军事化学–高等学校–教材 Ⅳ. ①E91

中国版本图书馆 CIP 数据核字（2016）第 243404 号

出版发行 / 北京理工大学出版社有限责任公司	
社　　址 / 北京市海淀区中关村南大街 5 号	
邮　　编 / 100081	
电　　话 / （010）68914775（总编室）	
（010）82562903（教材售后服务热线）	
（010）68944723（其他图书服务热线）	
网　　址 / http://www.bitpress.com.cn	
经　　销 / 全国各地新华书店	
印　　刷 / 廊坊市印艺阁数字科技有限公司	
开　　本 / 787 毫米×1092 毫米　1/16	
印　　张 / 23.75	责任编辑 / 刘永兵
字　　数 / 558 千字	文案编辑 / 刘永兵
版　　次 / 2017 年 1 月第 1 版　2023 年 8 月第 4 次印刷	责任校对 / 周瑞红
定　　价 / 58.00 元	责任印制 / 王美丽

图书出现印装质量问题，请拨打售后服务热线，本社负责调换

前言

PREFACE

本书主要介绍军事核生化技术、空间技术、激光技术、红外技术、精确制导技术、伪装隐身技术、导航定位技术、新概念武器技术以及军用新材料、新能源技术等军事高技术的物理学、化学基本原理。书中除对相关军事高技术的发展历史、应用现状和未来趋势做必要的阐述外，一般不讨论军事装备的具体战术技术性能。本书作为基础理化课程的后续教材，适用对象为学完大学物理、大学化学课程的各专业学员。

军事高技术是国防科学技术的重要组成部分。当代军事高技术的蓬勃发展正在引发军事领域的深刻变革，现代战争已经在很大程度上表现为军事高技术的较量。自从人类社会有了战争，军事技术就与物理学、化学结下了不解之缘，物理学和化学共同构成了军事技术最基本、最重要，甚至是最直接的科学理论基础。从冷兵器、热兵器到现代的飞机、舰船、坦克、核武器、精确制导武器，乃至定向能武器、动能武器和人工智能武器等新概念武器装备，其基本原理都是建立在物理学和化学理论基础之上的。因此，理化基础的厚薄将是衡量一个军事人才科学素质高低的重要标准之一。

推进军队院校现代化教学工程和实战化教学改革，关键是深化教学内容改革。本教材的编写目的是展示物理学、化学学科的基础性、先导性特点，揭示理化理论与军事技术的渊源关系，使理化基础课程教学密切联系军事实际，提高学员运用基础理论分析问题、解决问题的能力，同时使学员对军事高技术原理有一个较为深刻的认识，为他们将来迅速掌握高技术军事装备基本知识，合理运用高新技术手段，充分发挥高技术军事装备的效能奠定基础。

本书是在中国人民解放军军事交通学院的大力支持下，以开设了6年的选修课《军事高技术的理化基础》讲义为基础，进行大幅度的充实完善和修订而成的，凝聚着教研室全体同志的辛勤汗水。本书编写人员及分工是：李正群编写第一章、第二章、第四章和第五章；杜金会编写第三章、第十一章、第十二章和第十章第四节；顾学文编写第六章、第十章的前三节；郭文刚编写第七章；李唐宁编写第八章；裴海林编写第九章。全书由李正群教授统稿，梁裕民副教授审定。

我们诚恳地对在编写过程中所参阅文献的作者表示感谢。

由于书中内容涉及面很广，而且军事高技术的发展日新月异，加之作者水平有限，书中难免存在遗漏、不妥甚至错误之处，敬请读者批评指正。

作　者

2016 年 11 月

目 录
CONTENTS

第一章　军事高技术概述 ……………………………………………………… 001
　第一节　军事高技术的基本概念 ……………………………………………… 001
　第二节　军事高技术的发展概况 ……………………………………………… 007
　第三节　迎接新军事革命的挑战 ……………………………………………… 011
　复习思考题 ……………………………………………………………………… 016

第二章　军事核技术的物理基础 ……………………………………………… 017
　第一节　军事核技术概述 ……………………………………………………… 017
　第二节　核物理基础 …………………………………………………………… 020
　第三节　几种典型核武器的基本原理 ………………………………………… 026
　第四节　核武器的毁伤效应及防护 …………………………………………… 035
　第五节　新世纪核武器展望 …………………………………………………… 044
　复习思考题 ……………………………………………………………………… 046

第三章　生化武器的化学基础 ………………………………………………… 047
　第一节　生化武器概述 ………………………………………………………… 047
　第二节　生化战剂的特性及其分类 …………………………………………… 052
　第三节　典型生化战剂 ………………………………………………………… 056
　第四节　生化战剂对机体的作用与毒性评价 ………………………………… 063
　第五节　生化武器的防护机理 ………………………………………………… 068
　复习思考题 ……………………………………………………………………… 073

第四章　军事航天技术的理化基础 …………………………………………… 074
　第一节　军事航天技术概述 …………………………………………………… 074
　第二节　宇宙航行速度 ………………………………………………………… 081
　第三节　火箭飞行原理 ………………………………………………………… 084
　第四节　火箭发动机及其推进剂 ……………………………………………… 088
　第五节　飞行器的飞行轨道 …………………………………………………… 096

第六节 军用航天装备技术简介 ································· 111
第七节 军事航天技术的对抗 ····································· 121
复习思考题 ··· 123

第五章 军事激光技术的物理基础 ································· 124
第一节 激光技术概述 ·· 124
第二节 光辐射理论概要 ··· 127
第三节 激光产生的基本条件 ······································· 130
第四节 激光器简介 ·· 135
第五节 激光的军事应用 ··· 142
第六节 激光对抗技术原理 ·· 162
第七节 激光武器对人眼的损伤与防护原理 ·················· 166
复习思考题 ··· 174

第六章 军事红外技术的物理基础 ································· 175
第一节 军事红外技术概述 ·· 175
第二节 热辐射的基本规律 ·· 177
第三节 红外线的产生、特性与传播规律 ····················· 179
第四节 热红外探测器 ·· 185
第五节 光电效应与光子探测器 ··································· 189
第六节 红外光学系统的一般概念 ································ 192
第七节 红外技术在军事上的应用 ································ 193
第八节 红外对抗技术原理 ·· 198
复习思考题 ··· 202

第七章 精确制导技术的物理基础 ································· 203
第一节 精确制导技术概述 ·· 203
第二节 电磁波的特性 ·· 207
第三节 雷达制导技术原理 ·· 209
第四节 红外制导技术原理 ·· 212
第五节 激光制导技术原理 ·· 218
第六节 惯性制导技术原理 ·· 226
复习思考题 ··· 234

第八章 伪装隐身技术的物理基础 ································· 235
第一节 伪装隐身技术概述 ·· 235
第二节 可见光波段伪装隐身技术原理 ························· 238
第三节 雷达波段伪装隐身技术原理 ···························· 243
第四节 红外波段伪装隐身技术原理 ···························· 248

第五节　反隐身技术原理 ··· 251
　　复习思考题 ··· 254

第九章　卫星导航定位技术的物理基础 ·· 255
　　第一节　卫星导航定位概述 ··· 255
　　第二节　卫星导航系统的定位原理 ··· 260
　　第三节　卫星导航定位系统的组成与技术实现 ····································· 268
　　第四节　卫星导航定位的误差分析与差分定位 ····································· 275
　　第五节　北斗卫星导航系统简介 ·· 278
　　复习思考题 ··· 281

第十章　新概念武器的理化基础 ·· 282
　　第一节　新概念武器概述 ··· 282
　　第二节　电磁发射武器的基本原理 ··· 285
　　第三节　定向能武器的基本原理 ·· 291
　　第四节　化学类新概念武器的基本原理 ··· 309
　　复习思考题 ··· 319

第十一章　军用新材料技术的理化基础 ·· 320
　　第一节　军用新材料技术概述 ·· 320
　　第二节　军用材料的技术性能 ·· 324
　　第三节　纳米技术与纳米材料 ·· 330
　　第四节　军用新材料及其发展趋势 ··· 336
　　复习思考题 ··· 342

第十二章　军用新能源技术的理化基础 ·· 343
　　第一节　军用新能源技术概述 ·· 343
　　第二节　太阳能电池的基本原理 ·· 348
　　第三节　新型军用化学电源技术 ·· 354
　　第四节　军用核能技术 ··· 363
　　复习思考题 ··· 369

参考文献 ··· 370

第一章 军事高技术概述

"科学技术是第一生产力"。历史证明,每次重大科学发现,都使人类对客观世界的认识产生飞跃;每场重大技术革命,都使人类改造客观世界的能力得到跃升。同样,军事科技是推动军事变革的原动力,历史上军事科技的每次进步,也都推动了军队武器装备的发展和编制体制的变革,促进了军人素质的提高,催生了新的军事理论。军事高技术是高技术的重要组成部分,是国防科学技术中最有活力、最重要的成分。当代军事高技术的迅猛发展正引发前所未有的新军事革命,现代战争在很大程度上已经表现为军事高技术的较量。因此,我们必须学习军事高技术,研究军事高技术,把军事高技术置于重要的战略地位,迎接新军事革命的挑战。

第一节 军事高技术的基本概念

为了厘清军事高技术的基本概念,有必要首先了解科学、技术和高技术等有关概念,了解军事高技术在军事领域中的地位与作用。

一、科学与技术

(一)科学

科学(science),是人类的一种创造性的社会活动及由这种活动的成果所构成的系统。科学是关于自然、社会和思维的知识体系,它是在人类生产活动和社会活动中产生和发展的,是人类实践经验的结晶。科学包括自然科学、技术科学、社会科学和人文科学等。

《辞海》对科学的解释是:运用范畴、定理、定律等思维形式反映现实世界各种现象的本质和规律的知识体系。自然界是物质的,它处于不断发展和变化之中,这种发展和变化有着自己的规律。客观存在的事物和事件即自然界的事实,客观事实之间的联系即自然界的规律,人们对这些事实和规律的认识就是知识,发现人们未知的事实和对规律的准确反映就是科学。

科学作为一项事业,在社会总体活动中的地位和功能表现在两个方面:一是精神世界方面,即认识世界是科学的认识功能;二是在物质世界方面,即改造世界是科学的生产力功能。尽管科学外在表现是知识形态,但它必须准确地反映客观现实,从而在思想上才有可能树立正确的自然观、世界观和方法论。在社会舆论与宣传工作中,在储备科学知识的同时也树立了勇于进取、敢于变革的科学精神和科学思想方法,这本身就是发展经济和推动社会进步的巨大潜在力量。

（二）技术

技术（technology），是人类在利用、控制和改造自然过程中一种创造性的社会活动及这种活动的产物所构成的系统。技术的成果是物化的产品和用于制造物化产品的知识、经验和技能等。

技术是指根据生产实践或科学原理而发展成的各种工艺操作方法和技能，以及相应的材料、设备、工艺流程等，是人们在实践中积累总结的用以改造自然的知识体系。广义地讲，技术是人类为实现社会需要而创造和发展起来的手段、方法与技能的总和。作为社会生产力的社会总体技术力量，包括工艺技巧、劳动经验、信息知识和实体工具装备，也就是整个社会的技术人才、技术设备和技术资料。技术是涵盖了人类生产力发展水平的标志性产物，是生存和生产工具、设施、装备、语言、数字数据、信息记录等的总和。例如，原始社会的石器制造技巧和技术，成为人类应对猛兽和刀耕火种的利器，用现代语言来说就是石器技术平台。同时，技术必须借助于载体才可以流传和延续传递交流。技术的载体分别由能工巧匠、技师、工程师、制造大师、发明大师、科学家、管理大师、信息大师等为代表的高科技高技能人群所创造，现代的图纸、档案、各类多媒体存储记忆元器件、电脑芯片、电脑硬盘等，古代的甲骨文、竹简、印刷术都是技术进程的标志性载体。

（三）科学与技术的关系

1. 科学与技术是辩证的统一

科学与技术是辩证统一的整体，科学中有技术，如物理学有实验技术；技术中有科学，如杠杆、滑车等也有力学。技术产生科学，如射电望远镜的发明和使用，产生了射电天文学；科学也产生技术，如1831年发现电磁感应原理，1882年在此基础上制造出发电机。

科学回答的是"是什么""为什么"，技术回答的是"做什么""怎么做"；科学提供物化的可能，技术提供物化的现实；科学是发现，技术是发明；科学是创造知识的研究，技术是综合利用知识于需要的研究。

技术是指把实践经验和科学理论应用于生产过程，以达到利用和改造自然预定目的的手段和方法的体系。由此可知，技术来自两个方面：经验的总结和科学原理的转化。在科学还不发达的时候，技术多是来自实践经验的积累和总结，其发展相对缓慢。如蒸汽机技术，主要来自实践经验的总结，其相应的科学原理是在之后才得以发现的。而20世纪40年代以来兴起的新技术，则几乎都是建立在科学理论基础之上的。例如，信息技术、核技术、航天技术和生物技术等，都是在原子物理、相对论、量子力学、分子生物学等基础理论的重大突破的基础上产生的，因而发展迅猛，远非过去能比。可以说，今天的高技术都是基础科学发展的产物。反过来，高技术的发展，又为科学研究提供了新的技术手段。随着基础科学研究的深入发展，高新技术将会得到更快的发展。

技术有三种基本形态。一是潜在形态（亦称抽象形态），即指在实践经验和科学原理基础上整理和表达出来的技术资料和技术知识，如专利、设计说明书等；二是物化形态，即指在技术知识指导下所创造的一切物质手段，如工具、机器、仪器和设备等，是技术知识的物化；三是功能形态，即指人类主观的精神因素，凭借一定的物质手段对客观对象施加作用的操纵和构思等。

2. 技术是科学转化为生产的桥梁

技术是科学和生产的中介，是科学理论转化为生产的桥梁。科学应用于生产，必须先运用科学原理进行技术开发，以其发明的新技术应用于生产过程，从而产生社会效益和经济效益。而生产实践升华为科学理论，也必须用技术的物化进行实验而后总结为科学理论。

二、高技术

（一）高技术的含义

"高技术"（high technology）一词最早出现于20世纪70年代。什么是高技术？目前比较有代表性的看法是：高技术是指建立在现代科学技术全面发展的基础上，处于当代科学技术前沿的，在一定历史时期对提高生产力、促进社会文明、增强综合国力起先导作用和关键作用的技术群。

可以从两个方面理解高技术的含义。一是"高技术"是动态的和相对的。高技术是相对传统技术而言的，但传统技术过去也曾经是先进技术，现在的高技术将来也会成为一般技术。二是"高技术"是一个密切关联的技术群体。在这个群体里，各种技术相互影响、相互补充、相互促进。

（二）高技术的特征

同传统技术相比，高技术之所以备受重视，是由显示其战略价值的一些基本特征决定的。国内外对高技术的特征有多种概括，其中得到普遍认同的主要有以下几个方面。

1. 高度的战略性

高技术是以科学技术形态表现的战略实力，是国家力量的重要组成部分，直接关系到一个国家在世界格局中的政治、经济和国防地位。发展高技术对于争夺未来的战略制高点具有长远意义，关系到国家的兴衰。对于地方政府、部门和企业来说，高技术关系到地方经济的振兴，关系到行业和企业在国际上的竞争能力。

2. 高度的创新性

创新是一切技术的共性。高技术的创新不只是在原有的技术道路上的积累，更需要以现代科技的最新成果为基础，开辟全新的技术途径。高技术成果是在广泛利用已有科技成就的基础上，通过创新所创造出的高水平的科技成果；高技术的发展主要依靠富有创新意识、创新能力的高素质人才。因此，高技术是比其他一般技术具有更高科学理论输入的创新技术。

3. 高度的增值性

高技术本质上是全新的先进技术，可以大幅度地增强产品的功能，显著地提高劳动生产率和资源利用率，能带来巨大的经济效益和社会效益。高技术发展的实践证明，高技术成果一旦转化为市场化的产品就能获取巨大的经济收益，一旦得到实际应用就能产生广泛的社会影响。高技术产业的发展，促进了知识经济的出现。高技术应用于军事领域，能明显提高武器装备的性能，这些都是与高技术的高增值性密切相关的。

4. 高度的竞争性

高技术的发展充满了激烈的竞争，包括人才的竞争、信息的竞争、资金的竞争、管理的竞争以及市场的竞争，比之传统技术竞争有更为综合、更为深刻的意义。当今世界各国，大到经济、军事和综合国力的竞争，小到企业的市场竞争，其核心问题都是高技术的竞争。如果在高技术发展上落后,其他方面的发展就难以从根本上摆脱被动落后的局面。因此,世界主要国家都制订了高技术发展计划,试图在世界高技术领域占有一席之地。

5. 高度的渗透性

高技术本身具有极强的综合性和技术辐射性或渗透性,隐含着巨大的技术潜力,既可用于传统产业的改造,又可用于新兴产业的创立,因而能带动社会各行各业的技术进步,成为经济、国防、科技、政治、外交、教育和社会生活等各个领域发展变化的驱动力。有些高技术给社会带来的影响甚至是革命性的,例如电子信息技术。

6. 高度的风险性

高技术的发展充满风险。从纯技术角度看,任何一项开创性的构思、设计和实施都具有一定的风险性。高技术的探索处在科技发展的前沿地带,人才、技术和市场竞争都很激烈,不确定因素多、成败难以预见,具有高度的风险性。

(三)当代高技术的研究领域

高技术一般包括三个技术层次,即技术改进、技术综合与技术创新。同时,当代高技术也可分为信息技术、新材料技术、新能源技术、航天技术、生物技术与海洋技术等六大技术领域。这些高技术反映了人类生产活动的深度和广度,也形成了相应的产业群,其中信息技术是当代高技术的核心。

三、军事高技术

(一)军事高技术的含义

军事高技术,又称国防高技术,是在军事领域发展和应用的高技术。具体地说,军事高技术是建立在现代科学技术成就的基础上,处于当代科学技术前沿,在军事领域发展和应用,对国防科技和武器装备发展起巨大推动作用的高技术群体的总称。

高技术成果在军事领域的应用主要表现在两个方面:一是在军队武器装备的研制和使用中,这种应用称为"硬应用";二是在军队指挥控制活动中的"软应用",如适应高技术战争的新型作战理论,C^4ISR系统中的各种软件,以及指挥员必须掌握的各种高技术知识和现代科学决策方法,如军事运筹学、军事系统工程等科学知识,以提高驾驭现代战争的科学决策能力。

(二)军事高技术的分类

军事高技术的范围十分广泛,有多种分类方法。同高技术一样,人们一般将军事高技术分为六大技术群,即信息技术、新材料技术、航天技术、新能源技术、生物技术和海洋技术等高技术群。几十年来,军事高技术的发展动力主要源于信息技术、新材料技术、航天技术和新能源技术等高技术群。在未来发展中,生物技术和海洋技术将占有重要地位。

从军事高技术与高技术武器装备的关系出发,可将军事高技术划分为两个层次:一是支撑高技术武器装备发展的共性基础技术,即军民通用技术,主要包括微电子技术、光电子技术、计算机技术、新材料技术、高性能推进与动力技术、仿真技术、纳米技术等;二是直接应用于武器装备并使之具有某种特定功能的应用技术或武器装备技术,主要包括侦察探测技术、伪装与隐身技术、电子战与信息战技术、精确制导技术、军事航天技术、军事激光技术、核武器与生物武器及化学武器技术、指挥自动化系统技术、新概念武器技术等。

（三）军事高技术的特征

军事高技术既具有一般高技术的特点，也具有自身更为突出的特征。

1. 发展的超前性

军事上的需要是军事高技术发展的主要推动力。军事上的需要或国家安全的特殊重要性，决定了各国都试图将军事高技术置于优先发展的战略地位，这就导致军事高技术的发展往往超前于民用技术的发展，即大多数高技术成果或者直接产生于军事领域，或者首先应用于军事领域，这已成为一种普遍规律。比如计算机网络技术最早是为美国军方通信服务而研制的；核技术最早是用于研制原子弹的。

2. 效果的突然性

历史上，坦克、化学武器、原子弹、弹道导弹、雷达、精确制导武器等的研制成功和使用，都曾带来突然性或突袭性，在战争中起到过巨大作用。现在，美国、俄罗斯等军事大国和强国都高度重视从基础研究入手发展军事高技术，如特别重视发展新概念武器，主要目的就是力图获得能对别国造成军事上的突然性或突袭性的技术手段，以此来获得和保持军事上的明显优势地位。

3. 应用的双重性

虽然高技术有军用和民用之分，但作为高技术的主要组成部分的军事高技术，绝大多数都可民用。军用高技术和民用高技术之间并没有严格的界线，而且不管它们来源于军事领域还是民用领域，首先都尽可能地应用于军事目的，然后再向民用领域转移。正是由于军事高技术的军民两用性，才为军事科研和军事工业转为民用提供了可能，使军事高技术的应用领域大大扩展。"冷战"结束以后，许多国家都把经济建设置于优先发展的战略地位，并将大量军事高技术成果转为民用。"军转民"和"民转军"相互结合、相互促进，军民融合已经并将进一步成为各国军事高技术发展的主要途径和基本模式。

4. 高度的保密性

由于军事高技术对于国家安全的特殊意义，使得各国都从国家战略利益出发，保持对军事高技术的严格控制，决不会像民用高技术那样为了获取利润而轻易转让。例如，美国将军事高技术划分为三类技术或技术流：渐进性技术、突破性技术和王牌技术。三类技术都严格保密，而且保密期限依据其作用不同而不同。像核武器技术之类的"王牌技术"在半个多世纪后的今天仍然高度保密，也不会向别国转让。

（四）军事高技术的研究领域

作战或其他军事活动对高技术的需求是多种多样的，应用范围十分广泛。由此形成了军事高技术的各个分支，如侦察预警技术、探测与传感技术、通信技术、精确制导技术、隐身技术、电子战技术以及各类武器系统、指挥自动化系统、作战平台等等。其中任何一个分支都是多学科的综合性技术，涉及多种高技术研究领域。例如精确制导技术就综合应用了信息、能源、自动化、新材料、海洋、航天等领域的研究开发新成就。按照通常对高技术研究范围的划分，军事高技术的研究领域包括以下几个方面。

1. 信息技术

信息技术是以电子技术特别是微电子技术为基础，集计算机技术、通信技术和自动控制技术为一体的综合性技术，其标志技术为计算机技术和机器人技术。信息技术渗透到军事高技术的各个方面，是军事高技术的主要支撑与主导性技术，在军事和民用领域都发挥着重大的作用。由于在现代战争中，对信息的控制能力具有决定胜负的重大作用，各国都十分重视这一领域的研究开发。

信息技术为军事高技术的发展和应用提供了先进的技术手段。如前所述，军事高技术通常可以分为两大类：一类是支撑高技术武器装备发展的基础技术，另一类是直接应用于武器装备研制、生产以及发挥武器装备效能的应用技术。无论是基础性军事高技术领域还是应用性军事高技术领域，都与信息技术密切相关。特别是侦察监视技术、精确制导技术、电子战与信息战技术以及指挥自动化技术，被称为推动新军事变革进程的四大主导性技术领域，都是建立在信息技术之上的。

信息技术的另一个突破是网络技术。今天的世界是网络的世界，网络战已经初显端倪，美国早在 2003 年前后就提出了以网络为核心的"网络中心战"思想。2016 年，有报道称美军已经建立 100 多支网络战部队，"网络威慑"成为美国又一战略着力点。

信息技术在军事领域的应用，极大丰富了现代战争的内容和形态。军事专家预言，"空权制胜论"、"海权制胜论"乃至 20 世纪 70 年代兴起的"太空制胜论"终将被"信息制胜论"所取代，21 世纪的战争将是信息化的战争，谁掌握了战场制信息权，谁就掌握了制胜权。

2. 新材料技术

新材料是指那些新近发展或正在发展的具有全新功能或优异特性的材料。新材料是高技术发展的基础，其标志是材料设计、分子设计和原子设计，对科技进步和经济发展具有巨大的推动作用。新材料一般分为信息材料、新能源材料、新型结构材料和功能材料等四大类。

信息材料是新材料技术发展的重点，它属于具有信息获取、传输、存储、处理和显示等功能的一类材料，主要有半导体材料、光纤材料、信息存储材料和敏感材料。纳米材料是未来新材料的曙光，物质的尺度小到纳米范围就出现了常规尺度下所不具备的奇异特性和反常特性。材料达到纳米尺度后成为包含少数原子的原子簇团或原子线、原子面，对光、声、电、热、磁及机械力的反应完全不同于常规尺度材料，可用于提高和改进武器装备的性能和指标、增强武器装备的隐身性能、提高信息获取和储存能力以及提高燃料效率等。如将纳米陶瓷作为夹层制造的坦克，将比传统的全钢坦克质量更轻、强度更高、防护能力更强、速度更快。用纳米技术制造的超微型机器人等兵器，将彻底改变人们的武器观和作战观念，出现意想不到的战争景观。

3. 新能源技术

能源是人类赖以生存和发展的重要物质基础，也是各种军事活动的支柱。人们一般把能源分为常规能源和新能源两大类。常规能源是指技术比较成熟、已被人类广泛利用的能源，如煤炭、石油、天然气、水能、核裂变能等。目前世界能源几乎全靠这五大能源来供应，但这些能源在地球上的储量是有限的。新能源是指目前尚未被人类大规模利用，还有待于进一步研究试验和发展利用的能源，例如太阳能、风能、地热能、海洋能、生物质能及可控核聚变能等。新能源技术就是指人们发现、认识、开发和利用这些能源的技术。其中各种类型的核反应堆的研究，太阳能、海洋能、风能开发利用等，都是军事高技术的研究领域。此外，以氢作为能源，包括用氢直接作为燃料和氢燃料电池等，也是军事高技术的重要的研究课题。

4. 航天技术

航天技术又称空间技术，是指研究、开发、利用不依赖地球大气的各种飞行器的综合技术。主要包括运载器技术、航天器技术、地面测控技术以及航天遥感技术和空间通信技术等。其主要任务是探索地球、太阳系、银河系乃至整个宇宙。

航天技术具有重大的军事意义和政治意义，是竞争非常激烈的高技术领域之一。当前，世界强国在大型运载火箭、天——地往返运载系统、载人空间站以及空间通信等领域的研究开发方面，投入了巨大的力量。航天技术是军事高技术的重要研究领域，在侦察、通信、导航、指挥控制以及气象、海洋遥感等领域有广泛应用。定向能技术、激光技术与航天技术相结合，可能孕育出一代新武器，用以攻击卫星、导弹、舰船等目标。

5. 定向能技术

定向能技术是为研制新型武器而发展起来的高技术领域，包括强激光技术、高能粒子束技术和大功率定向微波技术。定向能武器能在极短的时间内把高度集中的束射能量作用到目标上，对目标造成破坏。目前激光武器技术已经取得突破性进展，有望在实战中率先使用，高能粒子束武器和大功率微波武器在未来也都有可能成为重要的武器。

6. 生物技术

生物技术，也称为生物工程，是以生命科学为基础，应用先进的生物工程技术，对某些物质进行加工，为人们提供所需的药品、食品、动植物优良品种的一项新型学科的高技术。现代生物技术主要包括基因工程、细胞工程、酶工程和发酵工程等四大技术。其中，基因工程和细胞工程是现代生物技术的核心。军事高技术对生物技术的研究主要应用于军事医学领域。

基因工程又称遗传工程，是用人工方法把不同生物的基因从生物体内取出，经过切割、组合、拼装后，再植入生物体内，改变或复制遗传特性，创造出更适合人类需要的生物类型的技术。20 世纪 80 年代以来，生物技术取得了突破性进展，在社会生产、军事领域中得到了广泛应用。此外，近年某些国家对基因武器的研制也取得引人注目的进展，利用基因工程培育出了多种毒性大、耐药性强的微生物。

7. 海洋技术

海洋技术又称海洋开发技术或海洋工程，是一项庞大的海洋科研、工程和生产相结合的综合性新兴技术。海洋技术包括海洋及其周围环境（海洋大气、海岸、海底）的资源开发和空间利用的一切技术，是军事高技术重要的综合性研究领域，包括利用遥感、声呐以及各类载人和遥控深潜器等多种高技术手段的海洋探测技术；应用新型渗透膜和分离膜进行海水淡化的技术；从海水中提取所需元素（特别是铀、氘等）的技术；海底矿产资源的勘探开发技术和水下工程建设技术，等等。海洋技术的发展，提供了对海洋状况进行测定、监控、利用和改造的可能性，既改变着海军作战活动的环境，也改变着海军作战活动的手段和方式；同时，也是未来国际上围绕海洋的竞争焦点。

第二节 军事高技术的发展概况

军事高技术是相对于常规的和传统的军事技术而言的，是一个发展的、动态的概念。同时，军事技术发展史表明，大部分甚至绝大部分军事高技术不但应用于军事领域，而且直接产生于军事领域,是军事科研的成果。"二战"以后,特别是最近二三十年来,军事的需要导致一系列军事高技术成果问世,进而促进了新军事革命的发展和高技术产业群的建立。新军事革命对各国所提出的严峻挑战,又反过来推动军事技术的进一步发展。这种相互作用的结果,促使更多更新的军事高技术成果诞生,导致大量高技术武器装备不断出现并在一系列局部战争中显示出巨大的作用。

一、军事高技术奠基时期

第二次世界大战至 20 世纪 50 年代末,以雷达、导弹、核武器、喷气式飞机、电子计算机、核潜艇的研制成功和人造卫星的发射为标志,进入了军事高技术的奠基时期。

"二战"中,各交战国为了战争的需要,大力研制新型武器装备。例如,战争初期德国建立了火箭研究机构,开始进行导弹的研制,并研制出 V1 和 V2 导弹;美国研制了雷达,实施了"曼哈顿工程"计划,成功地研制出了世界第一颗原子弹,宣告了核时代的到来。为了解决火炮弹道的计算问题,美国宾夕法尼亚大学开展了电子计算机的研制,从而导致 1946 年世界第一台电子计算机的问世。这些划时代的军事科研成果为后来军事技术的大发展奠定了基础。

"二战"结束后,"冷战"开始,美苏开始了军备竞赛,两国很快建立起完整的军事核工业体系,核武器技术迅速发展。同时,美苏两国还利用从德国获得的火箭技术大力发展弹道导弹和战术导弹。1957 年 8 月,苏联率先试射成功洲际弹道导弹,并于 10 月把世界第一颗人造地球卫星送入太空。以此为标志,人类实现了向太空进军以及将军事活动扩展到大气层之外的创举,从而揭开了军事高技术发展新时代的序幕。

二、军事高技术悄然崛起时期

20 世纪 60 年代初至 70 年代末,美苏在航天技术领域的激烈竞争,航天、计算机、微电子、通信等高技术产业的兴起,军用卫星、宇宙飞船、航天飞机、空间站及大量高技术武器装备的研制成功,标志着军事高技术在新技术革命的浪潮中悄然崛起。

在世界第一颗人造卫星发射成功所形成的巨大冲击波的压力下,20 世纪 50 年代末到 60 年代初,美国全力发展洲际导弹和人造卫星技术,从事飞机、导弹、卫星制造的航空航天工业逐步形成体系,并成为军事工业的主要领域之一。1960 年 7 月,世界上第一台激光器诞生,军用激光技术的发展因此而起步。1961 年 4 月,苏联成功发射"东方"号载人飞船。60 年代中期,大规模集成电路研制成功,微电子技术迅猛发展并很快实现产业化。此后,美国的"阿波罗"登月计划、苏联的宇宙飞船计划、中国的"两弹一星"计划、美国的航天飞机计划、苏联的空间站计划等相继获得成功,这些计划的实施大大加快了后来被称为军事高技术的新技术群的崛起。20 世纪 70 年代,世界开始出现"巡航导弹热",特别是电子计算机发展到第四代,微型机和巨型机相继问世,而且很快在导弹技术、航天技术、通信技术、核武器技术中得到应用。以航空航天技术产业、电子信息产业为代表的高技术产业在美国、苏联、西欧各国和日本等国家如雨后春笋般涌现并迅猛成长壮大。这些国家的军事科研和军火工业开始全面走向高技术化。精确制导武器、军用卫星、电子战装备、C^3I 系统、新一代作战飞机和战略核潜艇以及核动力航空母舰等新型的武器装备大量制造出来并登上战争舞台。"冷战"时期,军事高技术就在这样激烈的军备竞赛中悄然崛起。

三、军事高技术全面发展时期

20世纪80年代初期,"冷战"仍在继续。在以军事高技术的发展为代表的军备竞赛中,许多国家都制订了军事高技术或包括军事高技术在内的高技术发展的战略计划,军事高技术处于全面迅速发展时期。首先是美国于1983年3月提出了著名的"战略防御倡议"计划(即所谓的"星球大战"计划),在当时极大地刺激了各国对军事高技术的研究。西欧各国、苏联、中国和日本等相继制订了相应的以军事高技术为主要内容的高技术发展计划,如西欧的"尤里卡"计划、日本的"国家研究与发展计划"、欧洲共同体的"关键技术计划"、我国的"863计划",美国后来还制订了一系列的"国防关键技术计划"等,将军事高技术的发展全面推向了更新更高的阶段。

与此同时,世界发生了几次重要的高技术局部战争,给军事高技术的发展以巨大的推动,显示了高技术武器装备给战争甚至整个军事领域所带来的崭新变化。例如,1982年英国与阿根廷的马岛战争、以色列与叙利亚在贝卡谷地的交战、1986年美军对利比亚的"外科手术式"打击、1988年美军对巴拿马的入侵等。

四、军事高技术重点发展时期

"冷战"结束后,以各军事大国和强国根据需要有选择性地发展军事高技术为标志,军事高技术进入了持续的有重点的发展时期。许多国家尽管压缩了军费开支,但仍然把发展军事高技术放在非常重要的位置。

20世纪90年代初的海湾战争,对军事高技术的发展产生了重大影响。在这次战争中,以美国为首的多国部队动用了各类高技术武器装备100多种,使这次战争实际上成了高技术武器装备的试验场。以美国为首的多国部队之所以能夺取军事上的巨大胜利,这是与其拥有高技术的巨大优势分不开的。如在"沙漠风暴"空袭行动中,占多国部队出动飞机总架次不到2%的F117A隐身战斗机,竟承担了40%的重要目标的轰炸任务。

这次战争中大量高技术武器装备的运用及其所取得的惊人作战效果,使各国普遍认识到:军事高技术的发展正在军事领域引发深刻的革命,未来战争将是高技术战争,如果不掌握高技术手段,将难以取得战争的主动权,更难以战胜强敌,也就难以保卫本国的安全。一些大国和强国为迎接新军事革命的挑战,制订并实施了满足未来战争需要的军事高技术发展计划,而一些小国也纷纷从维护本国的安全出发购买高技术武器装备。20世纪90年代中期,北约在波黑战争中使用高技术武器装备所显现的作战效果,更加强了这种发展势头。军事高技术由此进入了一个新的发展时期。

进入21世纪,以美国为首的北约在科索沃的战争、在阿富汗的反恐作战和伊拉克战争中,更加显示出了高技术武器装备的突出作用。因此,世界主要国家根据新的军事革命影响,以及本国的需要与可能,集中力量发展以电子信息技术为基础的信息化武器装备,如精确制导武器、指挥自动化系统、电子战和信息战装备等。这样,军事高技术已从以往的全面发展时期进入了新的有重点的高速发展时期。

五、我国军事高技术的崛起和发展

我国军事高技术的崛起始于20世纪50年代中期。1955年年初,我国做出了发展原子能事业的计划，1956年又做出了发展导弹的决定。这些研究计划的实施，标志着以尖端技术为代表的军事高技术已开始在我国崛起。经过20年不懈的艰苦努力，我国先后研制成功原子弹、氢弹、战略弹道导弹、多种战术导弹和核潜艇等一系列高技术武器装备，并拥有了运载火箭和军用卫星的制造和发射能力，使我国在世界军事高技术的发展中占有举足轻重的一席之地。

改革开放以来，在党中央关于军队建设和国防建设思想的指导下，技术创新的步伐日益加快，我国的军事高技术获得了全面稳定的发展，不但战略武器的发展跃上了新台阶，军事航天技术实现了重大突破，而且具有自主知识产权、采用高新技术成果的新一代飞机、导弹驱逐舰与护卫舰、新式坦克与火炮、各种不同类型的战术导弹、电子战装备、指挥自动化设备器材等相继研制成功并装备部队，极大地振奋了民族精神，提高了我国的国防力量和国际地位。

六、未来军事高技术的发展趋势

近三十年来是军事高技术大发展时期，20世纪末至21世纪初发生的几场高技术条件下的局部战争，进一步刺激了军事高技术的发展。未来军事高技术的发展表现出以下趋势和特点。

（一）在发展目标上强调保持武器系统质量上的优势，以此作为制订和调整军事高技术计划的核心

当前，为了夺取信息化作战优势，发达国家都十分重视通过高技术的研究、开发和应用，努力提高军事装备的信息技术水平和现代化程度，保持武器系统的质量优势，达到增强军队的综合作战能力的目标。

（二）在发展内容上重视综合性、系统性，以适应当代科技发展的规律和特点

科学与技术一体化是当代科技发展的一个重要特点。一般而言，科学主要是以认识客观世界为目的，以纯知识形态存在；而技术主要以利用和改造客观世界为目的，以物质形态或可以直接物化的知识形态存在。现代科技发展使科学与技术相互趋近直到融为一体。军事高技术的许多研究领域，如超导技术、激光技术、生物技术等，已出现科学与技术以同一课题为研究开发对象的浑然一体的现象。各技术领域的交叉综合化是当代科技发展的另一重要特点。军事高技术也正沿这种趋势发展，综合性越来越强，例如隐身技术开始只针对雷达波进行研究，现在除电磁波外，还涉及声、光、红外、磁、水压等等区域，形成了庞大的技术群并与其他领域紧密交织、互相促进。当代科技发展的另一重要特点是"大科学"的兴起。所谓大科学，是指在当代科技交叉渗透、综合发展的条件下，为实现重大的军事、经济目标，由国家组织的规模庞大的多学科的综合研究项目。在大科学条件下，军事高技术发展的系统性大大加强，例如美国的"星球大战"计划、西欧国家的"欧洲长期防务合作研究计划"等，都是由国家甚至多个国家联合组织的综合性军事高技术发展计划。

（三）在发展水平上朝各种"极限"逼近，以占领当代科技的"制高点"

军事高技术许多研究领域，都在向包括超高压、超高温、超低温、超高速、超细微、超大规模等在内的自然界的各种"极限"逼近。为了研制各种高性能的复合材料，复合组元的线度正在向纳米级过渡。半导体集成电路的集成度不断提高，存储器芯片的加工线宽趋近 $0.1\ \mu m$。微型超声探测器可以在细小的管道（如人的血管）中运动，通过"航行"可拍摄出管道的三维立体照片。微型潜艇（又称"机器鱼"）的尺寸极小，可以放在人的掌心，用于在深海进行海底资源探测。这种极限化的结果，将会带来一系列在非极限条件下所没

有的新效应，产生技术上的新突破。例如超导技术，一旦实现常温超导的目标，将会对科技和经济发展带来革命性的变化。又如高温结构陶瓷制成的陶瓷发动机可以显著提高工作温度，避免了冷却系统的损耗，油耗和发动机重量都能大大减少，在军用和民用上都有重要意义。

（四）在发展策略上突出重点，以提高投资的实效

如欧洲的"欧几里得计划"，确定了 11 个优先发展领域：高级雷达技术、微电子技术、复合结构技术、模块式航空电子设备、电磁炮、人工智能、信号特征分析、光电器件、卫星监视技术、海洋技术、模拟技术。又如美国国防部曾将关键技术计划中的 30 个研究领域，按影响大小和重要程度分为 A、B、C 三级，分别给予不同的投资强度，其在 20 世纪末的七个财政年度的投资强度平均分别为 52.3%、38.4%和 9.3%。

（五）在发展模式上注重军民结合，以全面提高综合国力和竞争能力

军事高技术成果的扩散与转移将对经济发展和综合国力的增强起重要作用，美国于 20 世纪 80 年代末就在战略防御计划局内专门设立了技术应用处，负责向国防部各部门和工业界转移高技术成果。美国白宫科技政策办公室曾在国防部和商务部的关键技术计划基础上，制订了"国家关键技术计划"，选择了 30 项对军用和民用都至关重要的技术作为发展重点。西欧、日本也都采取相应政策，从整体上提高技术竞争能力。我国一直在探索中国特色军民融合式高技术发展路子，站在国家安全和发展战略全局的高度，统筹经济建设和国防建设，在全面建设小康社会进程中实现富国和强军的统一。

第三节　迎接新军事革命的挑战

人类社会正在进入信息化时代。人类战争在经过冷兵器战争、热兵器战争、机械化战争等阶段之后，正在进入信息化战争阶段，而推动战争形态变化的正是军事高技术的发展，世界正面临着一场前所未有的新军事变革。对此，我们必须有清醒的认识，主动迎接新军事革命的挑战。

一、新军事变革的基本问题

对于新军事变革的认识，各国军队有所不同。如俄军认为，军事上的革命是由于科学技术进步和武装斗争工具发展，在军队建设和训练、进行战争和实施作战的方法上发生根本性的变化。而美军有关学者认为，一场真正的新军事变革是指先进的技术与正确的作战理论和体制编制相融合，使武器发挥出最大的效能的变革。

我军一些学者认为，先进的武器系统、创新的军事学说与相应的军队编制构成完美地结合，使军事能力得到极大的提高，就是新军事变革的基本内涵。军事革命是与社会发展相联系，并由于科学技术的进步在军事领域发生作用所引起的带根本性、全方位、具有深刻影响的变革，主要包括技术装备、军队体制编制、军事理论、教育训练、人员素质、作战方式等领域的变革。其核心是把工业时代的机械化军队建设成信息时代的信息化军队，打造信息化的武器装备、数字化部队和数字化战场。

综合以上，我们可以这样认为，不管各方是如何看待新军事变革的，但是新军事变革至

少包含了以下几个问题：

一是新军事变革始终与时代的发展同步，不可能脱离时代而谈什么变革。而这个与时代同步的最明显标志，就是科学技术的进步和发展。

二是新军事变革的发展不仅仅局限于武器装备这一个方面，而是涉及军事理论和军队编制体制等各个方面的全面发展和变革。

三是每一次变革都将带来军事能力的极大提高，带来军事能力质的飞跃。

二、世界范围内新军事变革的发展状况

20 世纪 80 年代以来，以信息技术为核心的高新技术群迅猛发展，人类社会技术形态开始由工业时代向信息时代转变，世界军事领域发生了一场深刻的革命性变革，战争形态随之出现第三次时代转型——机械化战争形态开始向信息化战争形态转型。其表现为：信息化武器装备在战争中发挥出极其重要的作用，精确制导武器的远程打击成为重要手段；战场空间向陆、海、空、天、电多维领域扩展，争夺制空权、制海权、制天权、制信息权的斗争空前激烈；联合作战要求指挥体系实施快速高效灵敏的指挥，现代战争已成为体系与体系的对抗。与此同时，世界各主要国家纷纷调整军事战略，不断改变军队建设方略，以夺取新的军事制高点。

在这场历史性的新军事变革大潮中，美国是一马当先的"领头羊"。自 20 世纪 90 年代起，美国就自上而下地全面推进新军事变革，在大力研究开发以信息技术为核心的武器系统的同时，加快部队结构重组和军事理论创新，加快"数字化战场"与"数字化部队"建设，并提出了网络中心战的思想。在 20 世纪末至 21 世纪初发动的科索沃战争、阿富汗战争和伊拉克战争等几场局部战争中，充分展示了美国新军事变革的综合效能和战略优势。

俄罗斯制定了新版《俄联邦军事学说》，推进俄军"全面军事改革"，压缩规模，优化结构，重点争夺制天权，整合组建航天军，以此牵引俄军信息化水平的全面提升。英、法、德等欧洲国家，分别推出了各自的现代化纲领，力求发展最先进的国防科技，建立信息化的独立自主的防务力量。

日本的军事技术具有巨大的发展潜力，特别是 2016 年 3 月推行新安保法以后，日本的军事高技术将有更快的发展。目前日本的军事装备已经具有很高的信息化水平，其通信卫星性能不亚于美国，C^4ISR 系统的功能在亚洲国家中首屈一指。目前日本在主导新军事变革的主要技术领域，如计算机技术、微电子技术、光电技术、人工智能技术、航天技术、新材料技术和新能源技术等方面，都处于世界先进水平。

可以预见，未来一二十年将是世界新军事变革加速发展的重要时期，随着纳米技术、隐形技术、定向能技术的更大突破，一批更加高效的新型武器特别是新概念武器将不断出现，为新军事变革提供新的物质技术基础，军队的信息化将由数字化向网络化进而向智能化方向推进。

三、新军事变革的核心问题——技术装备的日新月异

新军事变革的最终结果将是战争呈现出信息化的特征，而信息化战争是建立在军事工程革命、军事探测革命、军事通信革命和军事智能革命已经完成或基本完成的基础之上的。

在这四大军事技术革命中，军事工程革命的起步最早。军事工程革命已经使传统武器装

备跨越的空间距离和速度基本达到物理极限，彻底模糊了战场前沿与后方的界限。从太空到大洋深处，到处都有武器平台在穿梭游弋；洲际导弹的射程已经超出了地球的半个周长2万千米，能够打到地球的任何一个地方；正在试验开发的高超音速武器射速已达10马赫以上。

军事探测革命使得侦察、探测的空域、时域和频域范围大大扩展，几乎达到全时空、全频段，从而对军事行动的感知、定位、预警制导和评估达到几乎实时和精确的极限。未来信息化战争中，军事探测系统将遍布太空、空中、地面和海面与深海；侦察卫星对地面的物体的分辨率将达到厘米级；对导弹的发现预警时间将缩短到几十秒钟，甚至十几秒钟。这些技术将使战场的透明度接近极限。

军事通信革命将在未来信息化战争中实现信息的无缝链接和实时传输，使各指挥机构和部队、各侦察和作战平台之间达到在探测、侦察、跟踪、火控和指挥方面的信息畅通，真正实现实时指挥和控制，使作战指挥与控制的速度接近极限。

军事智能革命将真正实现作战指挥活动和作战行动的自动化和智能化。智能化指挥系统将使指挥控制活动的准确性和时效性大幅度提高；作战平台将集发现、跟踪、识别和自主攻击为一体；智能化弹药将具有更加强大的自动寻的和发射后不管功能，远程打击的精度将达到米级；同时高度智能化的机器人和无人武器系统将大量投放战场。这将使指挥活动和作战行动的效率接近极限。

在未来信息化战争中，高度信息化的武器装备虽然不具备核武器那种大规模、大范围的物理杀伤和破坏作用，但它所拥有的精确摧毁能力、系统集成能力、战场控制能力和高效达成战略目的的能力是核武器所无法相比的。从这个意义上说，信息化战争不但具备了亚核战争的威力，而且它的实用价值和作战效能将超过核战争。虽然信息化战争可能不像传统的战争那样残酷，但它与使用大规模杀伤武器相比，给国家和社会带来的破坏与毁伤可能波及更广、影响更为深远。

四、新军事变革对战争和世界格局的重大影响

（一）战争形态和战争方式将出现划时代转变

首先，信息作为现代战争的战略资源，其重要性日益上升，信息力量已经成为现代军队作战能力的关键因素。争夺制信息权的斗争，将渗透到战争的各个领域，贯穿作战的全过程，直接影响作战的成败。其次，非接触、非线式、非对称作战成为现代战争的重要作战方式。随着武器装备杀伤作用距离的增大和打击精度的提高，远程精确打击将逐步取代短兵相接的传统作战方式主导作战进程。战争将在战场的全纵深同时展开，没有明显的战线和前后方之分。再次，战场对抗日益呈现体系对抗的基本特征。战争力量的构成趋向体系化，强调各种力量要素的有机结合，从力量的"一体化组合"和"一体化使用"上寻求新的战斗力增长途径。单一军种的作战日渐消失，传统的军种分工趋于模糊，作战表现出高度的集成性。最后，指挥控制具有实时高效的特征。C^4ISR系统的快速发展，使得情报获取实时化、信息传输网络化和无缝链接，武器平台中心战逐步向网络中心战转变。各级指挥机构、作战单元和武器系统在广阔的战场空间实现信息的实时共享，指挥效能空前提升。

（二）争夺军事优势的竞争将更加激烈

在当代世界新军事变革中，由于各国的发展基础不同、投入力度不同，新军事变革的发

展也是不平衡的,从而获得的战略效益也是不一样的。一方面,当今世界唯一超级大国美国以超强的经济实力和先进的军事技术在高起点上率先推进新军事变革,进一步强化了其军事上的优势地位。在近年的几场局部战争中,美国不断验证和提高了新军事变革带给它的军事能力。另一方面,当发达国家大力推进信息化建设的时候,广大发展中国家却由于历史原因,至今尚未完成机械化的建设任务。这种差距不只是技术性的、战术性的,更是战略性的。这种态势发展下去,有可能形成发达国家与发展中国家军事技术形态的又一轮"时代差"。历史上西方列强以洋枪洋炮对亚非国家的大刀长矛的军事技术优势,有可能转变为发达国家以信息化武器对发展中国家机械化半机械化武器的新的军事技术优势。

(三)世界和平与地区安全将面临新的、更多的挑战

新军事变革催生了高技术的作战力量和多样化的作战手段,使现代战争的可控性增强,为运用军事手段达成政治目的和经济目的提供了低风险、高效能的可能选择。新军事变革的最新技术成果一旦与强权政治相结合,将为其实现战略意图提供新的物质技术支撑,进一步刺激军事干涉主义、军事扩张主义与黩武主义倾向的发展,特别是在战略力量对比日益悬殊的情况下,对使用武力的限制力变弱,战争的门槛降低,世界和平与发展将面临更多变数与艰难。

五、迎接新军事革命的挑战

战争是交战双方作战力量的较量。作战力量历来包括数量多少和质量高低两个方面。在不同的条件下,两者的关系和对作战力量的影响是不相同的。在高技术条件下,军队的数量和质量在作战力量构成中的关系发生了重大变化,质量开始占据主导地位,数量的地位已经下降;质量可以弥补数量的不足,数量则难以抵消质量的差距。

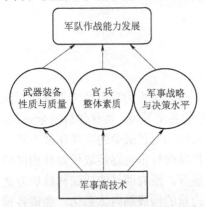

图 1.3-1 军队作战能力发展的三大支柱

军队的质量主要表现为武器装备的性能和质量、官兵的整体素质和军事决策水平的高低。因此,作战能力的发展将主要由这三方面的发展所决定,它们都与军事高技术有着极其密切的关系,如图 1.3-1 所示。在军队作战能力发展的三大支柱中,官兵素质居于中心地位。院校以培养高素质新型军事人才为中心,下面主要谈谈人才素质及其培养。

(一)现代战争中人依然是决定性因素

战争的主体是由人组成的军队,因而人是战争中的决定性因素。武器装备是军队战斗力构成和战争胜负的重要因素,但不是决定性因素,决定性因素是人而不是物。在高技术条件下,武器装备的作用越来越大,但并未改变人的素质是战斗力和战争胜负的决定性因素这一基本原则。

高技术条件下人在战争中的决定性作用,并不在于"人多势众",而体现在人的素质的高低,因为:

人是高技术武器装备的研制者。 高技术使人与武器更紧密地相互结合,智能化的武器装备可以具有某种"思维"功能,能以比人更快的速度完成某些任务,但武器装备的智能终究

要靠人的智慧来"注入"。

人是使用高技术武器装备并赢得战争的主体。美国国防部在关于海湾战争的中期报告中指出:"战争依靠军人来赢得,灵巧的武器需要灵巧的人来操作。即使是世界上最先进的技术,它本身也不能打赢任何战争。"

人是先进的作战理论和正确的作战方法的创造者。与高技术条件下现代战争相适应的作战理论和作战方法,可以使高技术武器装备发挥更大威力,是人们创造性思维所获得的成果。

人是战场上运用谋略和进行决策的核心。高技术条件下的战争不仅是电子战、导弹战,更是"智力战"。军人特别是指挥官以敏锐的思维把握信息、审时度势、运筹帷幄,进行正确的分析、决策,才能取得战争的胜利。

高技术条件下的战争对人的素质提出了更高的要求。这种素质既包括政治素质,也包括军事素质、身体素质和精神素质等,这些素质都跟科学技术的发展水平密切相关。一名军人没有较高的科学文化素质,就很难掌握和操作现代化的武器装备,特别是一名指挥员不掌握现代国防科技知识,就难以指挥现代战争,特别是信息化战争。

(二)军人的素质及培养特点

军事科技的进步促进了战争主体的思维创新。恩格斯说过:"只有创新的、更有威力的手段,才能达到新的、更伟大的结果。每个在战史上因采用新的办法而创造了新纪元的伟大将领,不是新的物质手段的发明者,便是以正确的方法运用他以前所发明的新器材的第一人。"这就是说,只有具备创新精神的军事人才,才能创造出新型的武器装备、新的军事理论和作战方法,并以高超的谋略在未来高科技战场上夺取主动权。

在科学技术迅猛发展的今天,提高官兵素质的重要方法,就是要不断增强他们的科学文化素养,提高其掌握现代科学技术和驾驭先进武器装备的能力。毛泽东同志早在土地革命时期就十分明确地讲过,没有文化的军队是愚蠢的军队,而愚蠢的军队是不能战胜敌人的。实践证明,任何现代化武器都是由人发明和操纵的,都是军事科技物化的结果。如果军人的科学文化素质较低,对现代国防高科技不了解,就不可能驾驭高科技的武器装备,就不可能形成强有力的战斗力,就不可能在现代战争中取得胜利。

一般说来,军人的素质大体包括以下五个方面:

思想政治素质——正确的政治方向,坚定的政治立场,敏锐的政治鉴别力,勇敢顽强的战斗精神,诚信敬业,遵纪守法,服从命令,对一个战斗群体具有很强的凝聚能力等;

科学文化素质——坚实的自然科学与人文社会科学功底,深广相济的良好知识结构,严谨求实的科学态度,锐意进取的创新精神,科学思维和对事物进行正确分析判断的能力,善于学习和实时把握各种信息等;

专业业务素质——系统掌握专业理论知识,熟悉专业工作所需的各种技能与方法,了解专业的发展动态与前沿水平,具备依据形势需要和现实条件进行科学决策的能力,善于创造性地解决作战与训练中的实际问题等;

军事职业素质——具备较高的军事理论水平、良好的军人气质和全面的战术素养,深入把握高技术条件下作战的特点与规律,能正确理解作战意图,敢挑重担,勇于负责,善于应变,具有很强的协同合作意识和组织管理能力等;

身体心理素质——强壮的体魄,良好的体能,高昂的士气,稳定健全的心理品质,在恶劣环境中具有很强的生存、适应、作战的能力。

军人的优良素质需要通过军事教育、训练和养成来获得。要造就一大批富于创造性、成就卓著的优秀人才，推动武器装备、作战理论和指挥艺术不断发展。在高技术条件下，军人素质的培养和军事人才的造就，应当把握以下特点：

一是具有超前性。在高技术迅速发展、作战形态不断更新的情况下，考虑到人员教育、训练和养成所需的周期，要对未来各类人才的需求状况进行科学预测，对执行不同作战任务的官兵应具有的素质要求进行科学分析，制定规划，实行超前培训，使人员素质提高与武器装备发展协调并进。

二是着眼复合性。军事科学是融自然科学、社会科学、思维科学、系统科学于一体的综合性科学，高技术条件下战场情况瞬息万变，这就要求军人特别是军官在知识和技能上形成"专"与"博"相结合的多元结构，具有很强的实际工作与社会活动能力，成为复合型人才。

三是注重创造性。高技术条件下，作战样式、武器装备及其运用方法处于不断发展变化之中。"兵无常势"，军人应当能"应形于无穷"，具备敏锐的观察能力、对新鲜事物的感知能力和依据实际需要与可能进行创新的能力。这种创新精神与能力，无论是在当代激烈的科技竞争中，还是在高技术战争行动中，都是一种极其可贵的素质。

四是加强适应性。军人应当能够适应武器装备的发展和岗位的变迁，能够适应作战地域和作战类型的变动。这就要求军人的知识广博，技能基础牢固，善于学习和应用，思维开阔，方法灵活，能迅速适应各种情况的变化。

复习思考题

1. 什么是高技术？什么是军事高技术？二者有什么关系？
2. 军事高技术有哪些特点？
3. 军事高技术的研究领域主要有哪些？
4. 在高技术条件下的现代战争中，为什么说人仍然是决定性因素？
5. 军人素质主要包括哪几个方面？

第二章　军事核技术的物理基础

原子核是原子的主要组成部分之一。随着核理论与核技术的发展，人类社会进入了核能时代。本章首先简要介绍核技术的发展历程，然后介绍核物理基本知识，在此基础上讨论典型核武器的基本原理、毁伤效应及其防护技术，最后介绍未来核武器的发展。

第一节　军事核技术概述

军事核技术是指将核能用于军事目的的技术，例如军事核动力技术与核武器技术。核技术的军事应用始于 20 世纪 40 年代，在军事武器装备发展史上具有划时代的意义，标志着武器装备从化学能时代进入核能时代。核技术的发展导致了核武器与核动力武器平台的出现，使武器的破坏力达到了人类历史上空前的程度，对世界政治和军事战略格局产生了重大影响。

核武器（nuclear weapon）是指利用爆炸性核反应瞬间释放出巨大能量对目标造成杀伤破坏作用的武器。常见的核武器包括原子弹、氢弹和中子弹、电磁脉冲弹、伽玛射线弹、感生辐射弹、冲击波弹、三相弹等。目前，核武器仍然是军事战略威慑的主要手段，现代战争主要是核威慑下的高技术局部战争。

核动力技术又称为受控核能技术，主要应用于核潜艇和各类大型海洋水面舰船的驱动，例如核动力航空母舰、核动力巡洋舰与核动力破冰船等，它们只需装载少量的核燃料，就能提供很强的动力和很大的续航力。

本章主要讨论核武器的基本原理，有关军事核能技术将在第十二章介绍。

一、人类对原子核的探索

核技术的发展源于人类对物质结构特别是原子的探索和认识。

1895 年，德国物理学家伦琴（Rontgen，1845—1923）发现 X 射线并轰动了世界，促使人们探索 X 射线的本质及其产生的原因。

1896 年，法国科学家贝克勒耳（A. H. Becquerel，1852—1908）发现了铀的放射性，人们开始知道放射性元素能够自发地放射出具有一定能量和穿透力的射线。

1897 年，英国物理学家汤姆孙（J. J. Thomson，1856—1940）通过实验测定了阴极射线粒子的荷质比（e/m），发现了电子。电子是人类认识的第一个基本粒子，它存在于所有的物质之中，是原子的组成部分之一。

19 世纪末物理学的三大发现，打开了近代物理学的大门。进入 20 世纪，原子核物理学基础研究进入了一个新阶段。1902 年，英国物理学家卢瑟福（E. Rutherford，1871—1937）提出了原子自然蜕变理论，说明了原子是可分的。

1905 年，年仅 26 岁的德国物理学家爱因斯坦（A. Enstein，1879—1955）创立了狭义相对论，提出了著名的质能关系：$E=mc^2$，从理论上为人类开发利用核能展现了广阔的前景。

1912 年，卢瑟福根据 α 粒子散射实验提出了原子的有核模型，把人类对原子的认识推进了一大步。他还用 α 粒子轰击氮原子核，使之变成了氧和氢原子核，在技术上第一次实现了原子核的人工转变，从而为后来制造核武器奠定了技术基础。

1932 年，英国物理学家查德维克（J. Chadwick，1891—1974）等人发现中子。由于中子不带电荷，它比带正电荷的 α 粒子更容易打入原子核中从而引起核反应，利用它几乎可以轰开一切元素的原子核。这一发现，使物理学家们找到了轰击原子核的新"炮弹"，中子成为打开原子核巨大能量宝库的"金钥匙"。

1938 年 12 月，德国物理学家奥托·哈恩（O. Hahn，1879—1968）与奥地利物理学家梅特娜（L. Meitner，1878—1968）经过多次试验，发现了中子轰击铀原子核的裂变现象。1939 年 2 月，梅特娜在英国《自然》杂志发表论文，分析了哈恩的实验结果。论文特别指出，核分裂过程中质量亏损必然会释放巨大的能量，使得分裂后的物质具有极高的动能。同年 9 月，丹麦物理学家波尔（N. Bohr，1885—1962）等人从理论上阐述了原子裂变反应过程。当用中子轰击重原子核（^{235}U 或 ^{239}Pu）时，重原子核分裂成两个中等质量数的碎片，同时放出 2~3 个中子和约 180 MeV 的能量。放出的中子，有的被耗损在非裂变的核反应中或漏失到裂变系统之外，有的继续引起重核裂变。理论上只要每一次裂变后产生的中子数平均多于 1 个，就能引起下一代核裂变，形成自持的链式裂变反应，中子数将随时间成指数增长。例如，当引起下一代裂变的中子为 2 个时，则在百万分之一秒内，就可使 1 kg ^{235}U 或 ^{239}Pu 内的约 2.5×10^{24} 个原子核发生裂变，并释放出约 17 500 t TNT 当量的能量。此外，在裂变碎片衰变过程中，还有大约 2 000 t 当量的能量被陆续释放出来。

二、核武器技术的发展

第二次世界大战期间，核理论和技术有了进一步的发展，核能的军事潜力已被各先进工业国家注意到了，原子弹的出现只是个时间问题。就在 1938 年哈恩等人发现核裂变以后不久，流亡到美国的意大利科学家费米（E. Fermi，1901—1954）和匈牙利科学家西拉德（L. Szilard，1898—1964）等就已经认识到，利用核裂变过程中释放出来巨大能量的原理，可以制造威力空前的炸弹——原子弹。为了防止纳粹德国掌握核技术，制造出足以毁灭人类的核武器，反法西斯国家必须抢先制造出原子弹。1939 年 7 月，西拉德等人动员爱因斯坦上书美国总统罗斯福，信中阐述了研制原子弹对美国安全的重要性。1941 年 12 月，罗斯福批准了研制原子弹的"曼哈顿工程"计划。

1945 年 7 月 16 日，美国在新墨西哥州沙漠上成功地进行了世界上第一颗原子弹爆炸试验。仅仅 20 天后，1945 年 8 月 6 日，美国便在日本广岛投下了第一枚原子弹"小男孩"，弹重 4 082 kg，装料为 10 kg ^{235}U，爆炸当量 1.25 万吨。8 月 9 日，美国又在日本长崎投下了名为"胖子"的第二颗原子弹。这颗原子弹核装料为 60 kg ^{239}Pu，当量 2.2 万吨。

至此，全世界认识到了原子弹的巨大威慑作用，一些国家开始加速研制自己的核武器。苏联于 1949 年 8 月成功研制出原子弹，打破了美国的核垄断；英国、法国分别于 1952 年 10 月和 1960 年 2 月爆炸了自己研制的原子弹。新中国顶住了帝国主义的核讹诈与核威胁，克服了重重困难，于 1964 年 10 月 16 日成功地爆炸了第一颗原子弹，壮了国威、军威，极大地振奋了民族精神，提高了中国的国际地位（见图 2.1–1）。

图 2.1–1　中国第一颗原子弹爆炸的蘑菇云

1950 年 2 月 1 日，美国总统杜鲁门宣布开始氢弹的研制。1954 年 2 月 28 日，美国试验成功了世界上第一颗实用型氢弹，当量为 1 500 万吨级。随后苏联于 1955 年 11 月制成了可供飞机运载的用于实战的氢弹，英国于 1957 年 5 月也拥有了氢弹。中国于 1966 年 12 月 28 日成功地进行了氢弹原理试验，1967 年 6 月 17 日第一颗氢弹爆炸试验获得成功，成为世界上第四个拥有氢弹的国家。此后，法国于 1968 年 8 月进行了第一次氢弹爆炸试验。

经过几十年的发展，目前核武器技术已经日臻成熟，美国是世界上第一个拥有核武器的国家，掌握着当今世界上最先进的核技术。中国作为负责任的世界大国，需要发展与我国国际地位相称、与国家安全和发展利益相适应、有利于维护地区稳定和世界和平的核技术，保持适度的核威慑能力。

三、核武器的分类

经过几十年的发展，世界上已经有了很多种核武器，其类型也有多种划分方式。

（一）按爆炸威力划分，以 TNT 当量表示

核武器的威力以爆炸时所释放出能量的 TNT 当量表示。TNT 当量（TNT equivalent）是指核爆炸时所释放的能量相当于多少吨（t）TNT 炸药爆炸所释放的能量。核武器按爆炸威力可分为百吨（10^2 t）级、千吨（kt）级、万吨（10 kt）级、十万吨（10^2 kt）级、百万吨（Mt）级和千万吨（10 Mt）级。所谓万吨级核武器，是指其当量在万吨数量级之内，即 1 万吨以上至 10 万吨以下。其他吨级的含义依此类推。

（二）按战斗目标划分，可分为战略核武器、战术核武器与战区核武器

战略核武器是指用于攻击敌方战略目标和保卫己方战略要地、战略目标的核武器，射程远，威力大。战略核武器还可分为进攻性战略核武器与防御性战略核武器。前者主要包括陆基战略导弹、战略导弹核潜艇和携带核巡航导弹、核航弹的战略轰炸机，也就是所谓的"三位一体"战略核力量；后者主要是指反战略导弹武器系统。战术核武器的爆炸当量一般较小，能够直接用于战役、战术进攻和防御。战术核武器主要用于摧毁前线指挥部、部队集合地、坦克装甲集群、前沿机场、重要桥梁、交通要道和仓库等。战术核武器包括陆地、海上和空中作战平台发射的中短程弹道核导弹、核巡航导弹、核航弹，以及中子弹、核炮弹、核地雷、核水雷和核鱼雷等。战区核武器有广义和狭义之分。广义的战区核武器是指作用距离在 5 500 km 以内的各种核武器；狭义的战区核武器是指适合于一个广阔地理区域使用的各种核武器。通常人们只是简单地将核武器区分为战略和战术核武器，而不提战区核武器这一概念。

（三）按发展历程划分，目前核武器的发展进入了第四代

第一代核武器是用铀或钚等核装料，根据核裂变原理制造的原子弹，亦称裂变弹，1945年在美国问世，制造技术已广为人知，无须进行核试验就可研制成功。正因为如此，这种核武器的扩散已成为当今世界一大潜在威胁，需要引起国际社会的高度关注。

第二代核武器是根据核聚变原理制造的氢弹等热核武器，亦称聚变弹，1952年在美国问世。研制氢弹需要进行广泛的核试验，经过60年的发展，制造技术已经成熟。第二代核武器在爆炸威力、核装料利用效率等方面都比原子弹有大幅度提高。特别是氢弹与洲际导弹、战略导弹核潜艇、战略轰炸机等远程投射工具相结合，构成了具有巨大威慑力量的战略核武器。

第三代核武器是指效应经过"剪裁"或增强的特种核武器，以1977年美国的中子弹问世为标志，包括中子弹、冲击波弹、微型核武器、定向离子弹、核钻地弹、核电磁脉冲弹、核动能武器等。研制这类核武器一般需要进行核试验，受到《全面禁止核试验条约》的限制。

第四代核武器——以原子武器的原理为基础，它的主要部分仍是氢弹，所用的关键研究设施是惯性约束聚变装置，其发展不受《全面禁止核试验条约》的限制。第四代核武器与其他核武器的最大区别是，不再利用核裂变作为扳机，而是应用其他"干净"的方式引发核聚变，因而不存在放射性污染，可作为"常规武器"使用。第四代核武器在某些方面的研究虽然已经进行了很长时间，但要获得技术上的突破还需要做大量的工作。因此，第四代核武器又被称为"新概念核武器"。

核武器的巨大破坏性震惊了国际社会，目前世界上现存的核武器足以毁灭整个地球，成为悬在人类头顶上的达摩克利斯之剑。为此，世界人民发出了禁止核试验的呼声。早在1954年，印度已故领导人贾瓦哈拉尔·尼赫鲁首先在联合国大会上提出缔结一项禁止核试验国际协议的建议，世界主要有核国家先后签订了《部分禁止核试验条约》和《限制地下核武器试验条约》。1976年5月，世界上两个超级核大国美国和苏联又签订了《和平核爆炸条约》。需要特别指出的是，为了国家的独立与安全，为了反对核讹诈与核战争，中国被迫发展了有限的核武器。中国政府在第一颗原子弹爆炸的当天就向全世界庄严宣布，中国发展核武器完全是为了打破核垄断并最终消灭核武器。中国奉行不首先使用核武器的政策，坚持自卫防御的核战略，核力量始终维持在维护国家安全需要的最低水平，表现了中国人民爱好和平的精神和一个泱泱大国负责任的态度。

20世纪90年代以来，国际形势发生了重大变化。苏联解体，"冷战"结束，美国失去了核军备竞赛的对手；世界上出现了一些接近掌握核武器技术的"核门槛"国家，引起国际社会广泛的关注；美、俄、法、英等西方发达国家掌握了计算机模拟核试验技术手段。1996年9月24日，联合国大会通过了《全面禁止核试验条约》。该项国际条约的达成，对防止核武器扩散具有重要意义。人类社会进入21世纪后，世界多极化的趋势加快，地缘冲突和热点更加激化，恐怖主义威胁活动不断出现，当今世界并不太平，仍然处在核武器的威胁之下。因此，我们需要了解有关核武器的基本知识。

第二节 核物理基础

原子核（nucleus）是原子的主要组成部分，它集中了原子的正电荷和几乎全部质量。原子核物理学理论的研究，促进了核技术的发展，把人类社会带入了核能时代。本节介绍核物

理学的一些基础性概念，其中对原子核作为一个整体的基本性质的描述，不涉及原子核内部的结构和变化问题。

一、原子核的组成

（一）原子核的电荷数 Z

原子核是由**质子**（proton）和**中子**（neutron）组成的，质子带一个单位正电荷，中子不带电。质子和中子统称为**核子**（nucleon）。除了带电不同，质子和中子的性质在许多方面都是相似的，如质量、自旋及核内相互作用等，因而认为二者是同一个粒子的两种不同的荷电状态，其质量的微小差异是由荷电状态不同而引起的。在中性原子中，原子核内的质子数等于核外电子数，也代表核电荷数，称为**原子序数**，用 Z 表示。

（二）原子核的质量与质量数 A

原子核的质量可以近似认为就是原子的质量，可以用质谱仪测得，也可以由其他方法推算。原子质量的单位是这样规定的：把自然界最丰富的碳同位素 $^{12}_{6}C$ 的原子质量的 1/12 作为一个"**原子质量单位**"，用"u"表示，$1u = 1.660\,565\,5 \times 10^{-27}$ kg。其他原子的质量可以用 u 来表示。实验测得质子、中子和电子的质量分别为：

$$m_p = 1.007\,277u$$

$$m_n = 1.008\,665u$$

$$m_e = 5.485\,83 \times 10^{-4}u$$

可见，质子与中子的质量分别是电子的 1 836.15 倍和 1 838.36 倍。采用原子质量单位标度原子核的质量，各种原子核的质量都接近于整数，称为**原子核的质量数**，用 A 表示。由于核子质量近似为一个原子质量单位，因此原子核的质量数 A 就是组成原子核的核子数，即质子数与中子数之和。用 N 表示中子数，则：

$$A = Z + N \tag{2.2-1}$$

核电荷数 Z 和质量数 A 是表征原子核基本特性的两个主要参数。若以 X 代表某种元素，则 $^A_Z X$ 表示元素的原子核组成。实验发现，某一元素的核电荷数 Z 一定，但其原子核有不同的质量数 A，这种同一元素的不同原子核称为该元素的同位素。例如，氢有三种同位素：^1_1H（气）、^2_1H（氘，D）和 ^3_1H（氚，T）；氧和铀分别有四种和六种同位素。除了同位素，还有同量异位素，它是指质量数相同的不同元素的核素，例如 $^{40}_{18}Ar$ 和 $^{40}_{20}Ca$。

（三）原子核的形状和大小

实验发现，稳定原子核的形状为接近球形的椭球形，所以常用其半径估计核的大小。实验表明，不同原子核的半径在 1.5～9.0 fm（飞米，1 fm $= 10^{-15}$ m）。原子核的半径 R 近似与质量数 A 的立方根成正比：

$$R = R_0 A^{1/3} \tag{2.2-2}$$

式中，$R_0 = 1.20$ fm。由上式可得原子核的体积：

$$V = \frac{4}{3}\pi R_0^3 A \tag{2.2-3}$$

可见，原子核的体积与其质量数 A 成正比。原子核的密度非常高且近似为常量，为

$2.294×10^{14}$ g/cm³，比重金属铂的密度要大 13 个数量级。

二、核力的性质

实验和理论研究都表明，核子之间存在一种特殊的相互作用力——核力，正是它把核子紧密地结合在一起而构成原子核，也使不同的原子核具有不同的具体结构与特性。核力的基本性质是：

（一）核力是强的短程作用力

核力是一种很强的吸引力，其强度约为电磁力的 100 倍，因而可以克服库仑斥力把核子牢固地结合在一起。但它的作用力范围很短，为飞米量级。

（二）核力具有荷电无关性

核力作用与核子电性无关，任何两个核子之间的核力作用都大致相同。

（三）核力是具有饱和性的交换力

所谓"饱和性"，是指一个核子只能与邻近的几个核子之间有核力作用。这一点与液体分子间的作用力具有饱和性相似。此外，核力还是一种交换力，是通过交换介子来实现的。

（四）核力具有非有心力的性质

两个核子之间的核力不仅与核子间距离有关，还与其他相邻的核子位置以及核子的自旋等性质有关。因此，核力与库仑力不同，具有非有心力的性质。不遵守叠加原理。由于原子核的复杂性，人们对核力的认识还处于半唯象的阶段。到目前为止，较为典型的核力作用图像源于介子理论。这一理论认为，核子间的核力是通过一种场——π 介子场而起作用的，这种场的作用量子就是 π 介子。这种理论可以定性解释一些核现象，但无法确定核力的定量性质。

由于核力的作用，核子在组成原子核时，必然会对外做功，即放出能量，这就是下面要讨论的结合能。

三、原子核的结合能

（一）结合能与质量亏损

把一个原子核分解成单个核子时所需的能量叫作核的结合能，它也是单个核子结合成原子核时所释放的能量。一个核的结合能 E_b 可以由爱因斯坦质能关系求出。用 m_p、m_n 和 m 分别代表质子、中子和原子核的静质量，由能量守恒定律知：

$$[Zm_p + (A-Z)m_n]c^2 = mc^2 + E_b$$

由此得：

$$E_b = [Zm_p + (A-Z)m_n - m]c^2 = \Delta mc^2 \qquad (2.2-4)$$

式中，

$$\Delta m = [Zm_p + (A-Z)m_n] - m \qquad (2.2-5)$$

表示原子核的质量小于组成它的各个核子的静质量之和，这个差额称为**质量亏损**。可见，原子核的结合能在量值上等于与其质量亏损相应的静能量。

（二）比结合能

不同原子核结合能不同。组成原子核的核子的平均结合能称为该原子核的**比结合能**，用 ε 表示：

$$\varepsilon = E_b / A \tag{2.2-6}$$

比结合能越大，原子核越稳定。表 2.2-1 列出了一些原子核的结合能和比结合能，图 2.2-1 为比结合能曲线。由图表可得以下结论：

（1）中等质量（$A=40\sim120$）的原子核的比结合能较大，最大可达 8.8 MeV，其他原子核的比结合能都比较小。这个事实为人类提供了利用原子能的两个基本途径：重核裂变与轻核聚变。

（2）质量数在 30 以上的原子核的比结合能变化不大，说明原子核的结合能大致与质量数成正比。这一事实显示了核力的饱和性。

（3）质量数小于 30 的轻核的比结合能随 A 值有周期性变化，最大值落在 A 等于 4（2 个质子，2 个中子）的倍数上，表明具有该特征的原子核比较稳定。例如 $^4_2\mathrm{He}$（即 α 粒子）原子核就是特别稳定的轻原子核。质量数很大的放射性元素衰变射出的是 α 粒子也说明了这一点。

表 2.2-1 一些原子核的结合能和比结合能

原子核	E_b/MeV	ε/MeV	原子核	E_b/MeV	ε/MeV
^{1}H	0	0	^{27}Al	224.67	8.321
^{3}He	7.718	2.573	^{40}Ca	342.05	8.551
^{4}He	28.296	7.074	^{56}Fe	492.25	8.790
^{6}Li	31.994	5.332	^{107}Ag	915.20	8.553
^{9}Be	58.163	6.463	^{129}Xe	1 087.5	8.431
^{12}C	92.160	7.680	^{208}Pb	1 636.4	7.867
^{14}N	104.657	7.475	^{235}U	1 783.8	7.591
^{15}O	111.95	7.463	^{238}U	1 801.6	7.570
^{17}F	131.76	7.751			

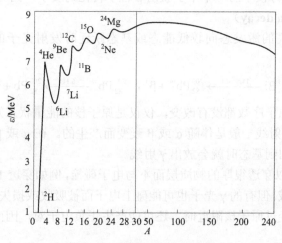

图 2.2-1 核子比结合能曲线

四、原子核的转变

原子核的转变分为**核衰变**（nuclear decay）与**核反应**（nuclear reaction）两种。核衰变一般是放射性元素自发进行的，与外界条件无关，又称为放射性衰变。

（一）核衰变与衰变定律

某些核素的原子核（称为母核）自发地放出 α、β 等粒子而转变成另一种核素的原子核（称为子核），或是原子核从它的激发态跃迁到基态时，放出光子（γ 射线），这些过程称为核衰变。α、β 和 γ 射线具有很强的穿透能力，α 和 β 射线射入物质中将与电子发生碰撞而使原子电离，从而使有机体受到损伤。

1. α 衰变（alpha decay）

α 射线是高速运动的氦原子核，由 2 个质子和 2 个中子组成，所带正电荷为 2e。α 衰变是指**放射性核素**的原子核放射出 α 粒子而变另一种核素的原子核的过程，可用下式表示：

$$^{A}_{Z}X \to ^{A-4}_{Z-2}Y + \alpha \tag{2.2-7}$$

例如放射性元素镭衰变成氡：

$$^{226}_{88}Ra \to ^{222}_{86}Rn + \alpha$$

α 衰变的特点是：衰变后形成的子核较母核的原子序数减少 2，在化学元素周期表上前移 2 位，而质量数较母核减少 4。

2. β 衰变（beta decay）

β 衰变是指从核内放射出一个负电子 e 的过程。这里子核的质量数与母核质量数相同，只是生成的子核增加了一个质子。所以，原子序数增加 1，即在元素周期表中后移一位。由原子核发射的电子叫作 β 粒子。可用下式表示：

$$^{A}_{Z}X \to ^{A}_{Z+1}Y + \beta^{-} + \nu(\text{中微子}) \tag{2.2-8}$$

例如：$^{32}_{15}P \to ^{32}_{16}S + e + \nu$。

β 衰变可以看成是母核中的一个中子放出 β 粒子转化为质子，同时放出**中微子**。

3. γ 衰变（gamma decay）

原子核从能量较高的激发态向较低能态或基态跃迁时发射光子的过程，称为 γ 衰变。例如：

$$^{203}_{83}Bi \xrightarrow{11.8\text{小时}} ^{203}_{82}Pb^{m} + \beta^{+}, \quad ^{203}_{82}Pb^{m} \xrightarrow{6.1\text{秒}} ^{203}_{82}Pb + \gamma$$

原子核的质量和原子序数都没有改变，仅仅是原子核的能量状态发生了改变，这种变化叫作**同质异能跃迁**。γ 射线一般是伴随 α 或 β 衰变而产生的。在 α 或 β 衰变中产生的子核通常处于激发态，当它回到基态时就会放出 γ 射线。

γ 光子不带电，可以穿透很厚的物质层而不与电子碰撞，例如穿透 1 km 的空气层或 10 cm 厚的铅板而几乎不衰减。但有的 γ 光子也可能碰上电子而被吸收或损失能量（如康普顿效应），足够大能量的 γ 光子经过原子核附近时，还可能产生正负电子对，因而会像 β 射线那样对有机体造成损害。

4. 衰变定律

天然放射性元素的原子序数 Z 都大于 81，它们分属三个**放射系**，起始元素分别为 ^{238}U、^{235}U 和 ^{232}Th，各系的最终核分别是铅的同位素 ^{206}Pb、^{207}Pb 和 ^{208}Pb。所有放射性核素的衰变规律与它们的化学和物理环境无关，遵从同样的**衰变定律**：

$$N(t) = N_0 e^{-\lambda t} \tag{2.2-9}$$

式中，N_0 是 $t=0$ 时放射性核的数目；常量 λ 叫**衰变常数**（decay constant）。

由衰变定律可知，从 $t=0$ 开始，$-\mathrm{d}N$ 个放射性核的生存时间为 t，所有放射性核的**平均寿命**（mean lifetime）为：

$$\tau = \frac{1}{N_0}\int_0^{N_0} t(-\mathrm{d}N) = \int_0^{\infty} t\lambda e^{-\lambda t}\mathrm{d}t = \frac{1}{\lambda} \tag{2.2-10}$$

实际上讨论衰变规律时多用**半衰期**（half-life time）。一种放射性核的半衰期是它的给定样品中核衰变一半时所用的时间，用 $t_{1/2}$ 表示。根据（2.2-9）式可得：

$$t_{1/2} = (\ln 2)\tau = 0.693\tau = 0.693/\lambda \tag{2.2-11}$$

不同放射性核的半衰期差别很大，从微秒（甚至更短）到亿万年（甚至更长）都有。表 2.2-2 是一些放射性元素半衰期的实例。

表 2.2-2 一些放射性元素半衰期实例

核	$t_{1/2}$	核	$t_{1/2}$	核	$t_{1/2}$
^{216}Ra	0.18 μs	^{131}I	8.04 d	^{237}Np	2.14×10⁶ a
^{207}Ra	1.3 s	^{60}Co	5.272 a	^{235}U	7.04×10⁸ a
自由中子	12 min	^{226}Ra	1 600 a	^{238}U	4.46×10⁹ a
^{191}Au	3.18 h	^{14}C	5 730 a	^{232}Th	1.4×10¹⁰ a

在使用放射性同位素时，常用**活度**（activity）这个量：一个放射性样品每秒钟衰变的次数。以 $A(t)$ 表示活度，利用（2.2-9）式可得：

$$A(t) = -\frac{\mathrm{d}N}{\mathrm{d}t} = \lambda N_0 e^{-\lambda t} = \lambda N = A_0 e^{-\lambda t} \tag{2.2-12}$$

式中，$A_0 = \lambda N_0$，为起始活度。可见活度与衰变常数以及当时的放射性核的数目成正比。因此，活度和放射性核数以相同的指数速率减小。对于给定的 N_0，半衰期越短，则起始活度越大，而活度减小得越快。

活度的国际单位是贝克（勒尔），用 Bq 表示。$1\,\mathrm{Bq} = 1\,\mathrm{s}^{-1}$。活度的常用单位是居里，符号为 Ci，其分数单位为毫居（mCi）和微居（μCi）。它最初是用 1 g 镭的活度定义的

$$1\,\mathrm{Ci} = 3.70\times 10^{10}\,\mathrm{Bq} \tag{2.2-13}$$

（二）核反应

原子核由于某些外在原因，如受到带电粒子轰击、吸收中子或高能光子照射等，引起核结构改变，称为核反应。核反应是我们深入研究原子核内部结构和性质的重要手段，自 1919 年卢瑟福完成世界上第一个人工核反应起，人们已经实现了很多类型的核反应。

1. 原子核裂变（nuclear fission）

如前所述，核裂变的发现要追溯到 1938 年，最早发现的是铀原子核裂变。在中子的轰击下，铀原子核能分裂成 2 个质量较轻的新原子核，同时放出 2～3 个中子和 γ 光子。

铀核裂变以后产生了碎片，但所有碎片质量加起来小于裂变以前铀核的质量。根据爱因斯坦质能关系，质量亏损的数值正相应于核裂变反应所放出的能量。每个铀原子核裂变时释放出能量，大约为 180 MeV，这比相同质量的化学反应放出的能量大几百万倍！就这样，人们发现了"原子的火花"，一种新形式的能量——原子核裂变能，也称**核能**，或**原子能**。在铀核裂变释放出巨大能量的同时，还放出 2～3 个快中子来，这是又一项惊人的发现：一个中子打碎一个铀核，产生能量，放出两个中子来；这两个中子又引起另外两个铀核裂变再放出四个中子来，这四个中子又打中邻近的四个铀核，再放出八个中子来……以此类推，这样的链式反应（chain reaction of heavy nuclear fission）宛如雪崩，如图 2.2-2 所示。这意味着极其微小的中子，将成为打开核能宝库的金钥匙，释放出深藏于原子核内的巨大能量。当然，上述过程只是一种形象的描述，实际维持链式反应需要一定的条件。

2. 原子核聚变（nuclear fusion）

两个轻原子核（例如氢的同位素氕、氘和氚），在一定条件下结合成较重原子核，同时放出中子和能量，称为**轻核聚变反应**（light nuclear fusion reaction），如图 2.2-3 所示。实现聚变反应要比产生裂变反应的条件苛刻得多，但聚变反应放出的能量也比重核裂变反应放出的能量大得多，平均每个核子的聚变能是裂变能的 4 倍，聚变反应释放的能量约为同质量裂变材料释放能量的 7 倍。更重要的是聚变能是一种清洁能源，可以说是取之不竭，用之不尽。根据测算，地球上 144 亿亿吨海水中约有 22 万亿吨氘，所产生的能量可以供人类使用 100 亿年以上。可以预见，随着科技的发展，聚变能将成为人类社会最主要的能源之一。

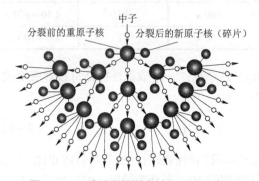

图 2.2-2　重原子核裂变链式反应示意图

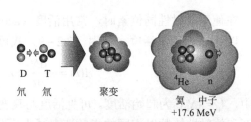

图 2.2-3　轻核聚变原理示意图

3. 核转变过程的守恒定律

原子核转变过程中要满足能量、动量、角动量、电荷、核子数、轻子数等守恒定律。在核反应中，如果原子核碰撞的能量不超过几百 MeV，核子数守恒定律要满足质子数和中子数分别守恒。

第三节　几种典型核武器的基本原理

本节介绍几种常见核武器的基本物理原理，不涉及核武器具体的技术战术问题。

一、核裂变与原子弹爆炸原理

(一) 链式反应

我们已经知道，在中子轰击下，一些重元素（例如 ^{235}U 或 ^{239}Pu）的原子核分裂成两个质量相近的新核，并放出 2~3 个中子和约 200 MeV 能量。如 ^{235}U 的反应式为：

$$^{235}U + n \rightarrow X + Y + (2\sim 3)n + 200 \text{ MeV} \quad (2.3-1)$$

式中 X、Y 为新原子核（俗称核碎片）。^{235}U 的核吸收一个中子后发生裂变，平均能放出 2.56 个中子，而 ^{239}Pu 平均能放出 2.9~3.0 个中子。释放出的中子一部分逸出反应区，一部分被未裂变的原子核所俘获，引起进一步核裂变。而形成**自持链式反应**的必要条件是，任何一代裂变反应产生的，且参与下一代裂变反应的中子总数要不小于上一代的中子总数，二者之比即中子的**增殖因数 k**：

$$k = \text{本代中子数}/\text{上代中子数} \geq 1 \quad (2.3-2)$$

通过链式反应释放裂变能，有两类装置。

一类核裂变装置是作为武器用的原子弹，特点是一旦链式反应启动便不可控。原子弹的核装料是纯粹的 ^{235}U 或 ^{239}Pu，其爆炸原理是**快中子**（能量 1~2 MeV）作用下的链式反应，瞬间释放出巨大能量引起爆炸。为了提高核爆炸效率，在原子弹的设计上要尽量避免中子逃逸，同时要尽量减少裂变材料中吸收中子的杂质。

另一类装置是**核反应堆**，进行的是**热中子**（能量约为 0.025 eV）作用下的可控链式反应。核反应堆内的减速剂可以将裂变产生的快中子慢化而得到符合能量要求的热中子，通过调节能够吸收中子的物质（例如镉）制成的控制棒，可以控制核反应堆内链式反应进行的速率。核反应堆根据用途不同，可以有多种类型。例如**动力型反应堆**可以用作动力，用于发电或驱动舰船；**增殖型反应堆**可产生某些放射性元素，用作裂变所需的核燃料；**实验型反应堆**可以利用其产生的热中子进行科学研究等。核反应堆详细讨论参见第十二章。

(二) 核裂变材料

核裂变材料是指能产生裂变反应并释放原子能的物质。许多重原子核都能被分裂，但其中只有一小部分元素能在热中子或快中子的作用下发生裂变。由于核裂变所产生中子的能量范围很宽，如果仅靠俘获快中子时才能裂变的原子核，通常不能实现自持链式反应。从实用观点来说，裂变武器只能用易裂变材料（即在热中子轰击下也能发生裂变）来制造。目前世界各国的原子弹全都采用 ^{235}U 或 ^{239}Pu，或者是它们的某种组合。

1. 铀

自然界的铀主要由 ^{235}U 和 ^{238}U 两种同位素组成，其中铀 ^{238}U 约占 99.27%，而 ^{235}U 含量极少，仅占天然铀的 0.72%。^{235}U 是自然界唯一能由热中子引起裂变的核素。因此，必须把天然铀矿经筛选、粉碎、酸性浸析成矿浆，提炼获取铀的氧化物，进一步处理变成**四氟化铀**或**六氟化铀**，再进行铀的浓缩，提炼出 ^{235}U，最终产品是**武器级铀**。理论上，^{235}U 的浓度在 6%~10% 才能制成原子弹，目前核武器的 ^{235}U 浓度为 93.5%。铀提炼浓缩的技术复杂，费用极高。^{238}U 可以用来生产 ^{239}Pu。

2. 钚

自然界中钚的蕴藏量极少，只能用快中子轰击 ^{238}U 而得到 ^{239}Pu。大量生产 ^{239}Pu 需要高

密度中子源轰击 ^{238}U，基本原理是：各种能量的中子对 ^{235}U 都能引起裂变反应，只是热中子裂变效率更高。但当用能量大于 1.1 MeV 的快中子轰击 ^{238}U 时，就会发生"辐射俘获"，即 ^{238}U 俘获中子成为具有放射性的 ^{239}U，同时放出 γ 射线，^{239}U 蜕变成 ^{239}Np，接着再蜕变成 ^{239}Pu。这些过程可表示为：

$$n + {}^{238}U \rightarrow {}^{239}U + \gamma$$
$$^{239}U \rightarrow {}^{239}Np + e^- + \overline{\nu}_e$$
$$^{239}Np \rightarrow {}^{239}Pu + e^- + \overline{\nu}_e \tag{2.3-3}$$

^{239}Pu 与 ^{235}U 一样，能在中子作用下发生链式裂变反应，是一种优质人工核燃料。这样，利用 ^{235}U 裂变释放的快中子轰击反应堆中的 ^{238}U，就能产生更多的可裂变核材料，实现了核燃料的增殖，使天然铀的利用率可提高到 60% 以上。中子源由核反应堆中提供，故通常利用快中子核反应堆提取钚材料。

（三）核裂变的临界状态

如前所述，维持链式反应的必要条件是中子的增殖因数不小于 1。如果等于 1，链式反应刚好以一定规模自行持续下去，这种状态称为**临界状态**。为维持链式反应所需要的裂变材料的最小体积称为**临界体积**，所对应的裂变材料质量称为**临界质量**。增殖因数小于 1 的系统称为**亚临界系统**，此时裂变材料不能维持链式反应（绝大多数中子逃逸了）；大于 1 的系统称为**超临界系统**。

不同裂变材料有不同的临界质量。同种材料的临界质量取决于裂变材料的纯度、密度，以及形状、结构、周围环境等因素。在固态物质中，球形的体积与表面积的比值最大，从单位球形裂变材料中逃逸出来的中子数最少，因此球形是临界质量最小的一种形状。如采用裸球，常温常压条件下，^{235}U 和 ^{239}Pu 的临界质量分别为 48.8 kg 和 16.5 kg。

降低临界质量有多种方法：一是用中子反射层作为包壳材料把裂变材料包裹起来，以使一部分向外逃逸的中子反射回裂变材料中，增加了轰击重核的中子数量。中子反射层可使裂变材料临界质量减小到原来的 1/3～1/2，有利于减小核弹头体积和重量。二是压缩裂变材料，增加其密度。临界质量近似与密度平方的倒数成正比。因此，通过压缩裂变物质，可使一定质量的裂变材料由亚临界状态转变为超临界状态。三是巧妙的结构设计以使裂变材料发挥最大效用。

（四）原子弹的存放与爆炸

对原子弹的基本要求是只能在指定的地点和时间高度可靠地爆炸。为确保安全，原子弹在保存和待用期间，核装料必须可靠地处于亚临界状态。欲使原子弹爆炸，必须使核装料迅速达到**高超临界状态**，并适时提供中子，以实现爆炸所需的剧烈链式反应。裂变能的释放要经历若干代，如果一个原子核裂变平均有 2 个中子保留下来引起新的裂变，那么当量在 1 000 吨到 10 万吨的一枚核弹能量释放要经历 53～58 代，其中 99.9% 的能量大约是在最后 7 代释放出来的。1 千克 ^{235}U 或 ^{239}Pu，只需百万分之几秒就可以全部完成裂变，释放相当于 2 万吨 TNT 炸药爆炸的能量。

原子弹爆炸时产生的高温高压使核装料急剧膨胀，密度随之迅速减小，到一定程度时便处于亚临界态，链式反应趋于停止，此时未爆炸的核装料就被浪费掉。为了有效利用核装料，原子弹通常采用坚固材料做外壳，以延长核装料超临界态的时间。另外，尽可能增大核装料的超临界程度，提高核装料的纯度，在原子弹中心放置中子源，以提高链式反应的速度，扩大链式反应的规模。

（五）原子弹的结构

要获得大的核爆炸当量，核装料的质量就必须比临界质量大若干倍。使处于亚临界状态的裂变装料瞬间达到超临界状态，有两种基本方法。与此相对应，原子弹有两种基本构型。

1. "枪式"原子弹

又称**压拢型原子弹**，原理如图 2.3–1 所示，它利用类似枪管的装置，使 2～4 块处于亚临界状态的裂变材料，在化学炸药爆炸力的推动下，迅速合拢达到超临界状态而发生爆炸。例如，沿着一根管子可以把亚临界的裂变材料推送到另一块球状亚临界裂变材料块中，也就是射进"枪管"，其特点是结构简单，核装料多，但核装料的利用效率较低，还不到5%。另外，枪式原子弹核装料只能用 ^{235}U，不能用 ^{239}Pu，主要原因是枪式结构核装料聚拢过程较长，在没有充分合拢时就已经处于超临界状态了，引起原子弹过早点火而影响核装料的利用效率。而 ^{239}Pu 中有一定数量的 ^{240}Pu，能自发地裂变出相当多的中子，更容易造成过早点火。美国投在日本广岛的"小男孩"就是"枪式"铀弹。

2. 内爆式原子弹

又称**压紧型原子弹**。它的原理是通过增大裂变材料密度达到超过临界状态，其内部结构如图 2.3–2 所示。多块亚临界核装料对称地分布在以中子源为中心的球面上，每块核装料外面都装有重元素（例如 ^{238}U）反射层，再外面是高爆速炸药、传爆药和雷管，所有雷管都和起爆控制器相连。当起爆控制器发出起爆指令时，所有炸药块同时爆轰。各核装料块在高能炸药内聚爆轰波作用下，以很大速度向球心移动，使其密度瞬间增大，迅速达到高超临界质量，在中子源大量中子照射下，发生剧烈链式反应，释放巨大能量，使得核反应区内的温度达到几千万度，压力达到数百亿大气压，导致极其猛烈的核爆炸。"内爆式"的核装料利用效率较高，但结构比"枪式"复杂，技术要求高。美国投在日本长崎的第二颗原子弹"胖子"就是内爆式钚弹。我国第一颗原子弹是比较先进的"内爆式"铀弹。

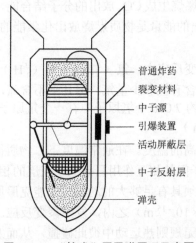 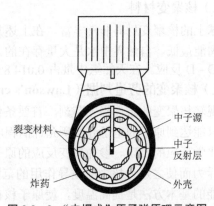

图 2.3–1 "枪式"原子弹原理示意图　　图 2.3–2 "内爆式"原子弹原理示意图

现代原子弹一般为"枪式"和"内爆式"的**混合型**。这样，既可以多装一些核装料，又可以得到比较有效的压缩，核装料的利用率可达 80%左右，从而减小了体积，提高了爆炸当量。然而，无论采用哪种方式，决定原子弹当量大小的重要因素是核装料的多少。由于核装料各部分都必须处于亚临界质量，而数量不可能无限增加，因此原子弹的爆炸威力不可能太大。早期的原子弹当量在 2 万吨左右，现代**加强型原子弹**当量可达 50 万吨。

加强型原子弹又称助爆型原子弹，它是为了提高原子弹中裂变材料的利用率，把热核材料氘、氚与锂的化合物放在裂变装料的中心。核装料发生裂变产生的高温使中心的热核材料发生核聚变并产生大量中子，从而加快了裂变反应的速度，提高了核装料的利用率，既增大了爆炸威力，也有利于原子弹的小型化。此外，还可以通过改变热核材料的装量来调节核装置的爆炸当量。

二、核聚变与氢弹的爆炸原理

（一）核聚变

核聚变有许多种，目前认为最有希望加以利用的轻核聚变反应有以下几种：

$$\left.\begin{array}{l} D+D \rightarrow {}^3He(0.82\ MeV) + n(2.45\ MeV) \\ D+D \rightarrow T(1.01\ MeV) + p(3.03\ MeV) \\ D+T \rightarrow {}^4He(3.52\ MeV) + n(14.06\ MeV) \\ D+{}^3He \rightarrow {}^4He(3.67\ MeV) + p(14.67\ MeV) \\ D+{}^6Li \rightarrow 2\,{}^4He + 22.4\ MeV \\ n+{}^6Li \rightarrow T+{}^4He + 4.8\ MeV \end{array}\right\} \quad (2.3-4)$$

其中前 4 个核聚变反应构成一个循环，产生的 ^3He 和 ^3H 即氚（用 T 表示）均被利用，总的效果是：

$$6D \rightarrow 2\,{}^4He + 2n + 2p + 43.2\ MeV \quad (2.3-5)$$

虽然每个聚变反应放出的能量比裂变少很多，但平均每个核子产生能量 3.6 MeV，是裂变 0.85 MeV 的 4 倍多。而化学能，例如，碳和氧燃烧生成 CO_2 放出的分子结合能，约为平均每个核子 0.03 eV。因此，同样重量的聚变材料放出的能量是物质燃烧放出化学能的 1 亿倍。

（二）核聚变材料

地球上的核聚变材料非常丰富。在上述几个聚变反应中，氘（^2_1H）–氚（^3_1H）（D–T）反应的阈能最低。自然界中水是大量存在的，水中含有氘和少量氚，但几乎不含氚，因此只能利用 D–D 反应。在天然氢中氘占 0.014 8%，大约 7 000 个氢原子中有一个氘原子。

（三）核聚变的劳逊判据（Lawson's criterion）

实现轻核聚变的条件极为苛刻，首要条件是极高的温度。在通常温度下，物质彼此靠近的程度只能达到原子的电子壳层所允许的程度，原子间的相互作用只是电子壳层的相互影响，这就是化学反应的实质。参加聚变反应的原子核必须具有足够大的动能，才能克服原子核间的库仑斥力而使之进入核力起主导作用的范围（2×10^{-15} m）之内，发生聚变反应。增大原子核动能的基本方法是提高温度，使原子核在高速无规则热运动中彼此碰撞，从而发生核聚变。故核聚变反应又称为"热核反应"（thermonuclear reaction），由此原理制造的聚变武器又称为**热核武器**。理论和实验证明，在温度为 10^8 K（称为点火温度）以上的条件下，D–T 反应速度才能大到足以实现**自持聚变反应**。在这样高的温度下，一切物质的原子都已电离，形成高温等离子体。所以，聚变反应与等离子体物理密切相关。要实现自持热核反应，除高温条件外，还要求热核反应放出的能量至少要等于加热燃料所用的能量。为此，一方面要高度压缩等离子体，使反应物质粒子数密度 n 足够大，以增大核子碰撞发生聚变反应的概率；另一方面是所需高温和等离子体密度必须维持足够长的时间 τ。1957 年，英国科学家劳逊（J. D. Lawson）提出了实现自持核聚变的"劳逊判据"，即：

$$T \geqslant 10 \text{ keV}$$
$$n\tau \geqslant 常数 \tag{2.3-6}$$

聚变反应物不同，该常数值不同。例如，D-T 反应为 5×10^{20} s/m³，D-D 反应更为苛刻，为 5×10^{21} s/m³。

（四）热核聚变的约束

在热核反应中，要将上亿度高温的等离子体约束在一定的空间，并保持一定的时间，技术条件极为苛刻。目前实现热核聚变等离子体约束的方法主要有三种：**引力约束、磁约束和惯性约束**。

1. 引力约束核聚变

引力约束核聚变目前只发生在巨大质量的恒星中，靠巨大的引力把高温等离子体约束在一起而实现，例如太阳辐射的能量就源于引力约束下的核聚变反应。目前太阳内部发生的核反应主要是质子—质子循环：

$$\left.\begin{array}{l} p + p \rightarrow D + e^+ + \nu_e \\ p + D \rightarrow {}^3He + \gamma \\ {}^3He + {}^3He \rightarrow \alpha + 2p \end{array}\right\} \tag{2.3-7}$$

太阳每秒钟要燃烧掉 5×10^{16} kg（50 万亿吨）的氢，释放出约 3.2×10^{31} J 的巨大能量，相当于爆炸 900 亿枚百万吨级氢弹，但这相对于太阳 2×10^{30} kg 的巨大质量来说，是微不足道的。尽管太阳每时每刻照射到地球上的能量仅占它产生的能量的 5×10^{-12}，但仍是地球上目前使用的所有能源的 10 万倍。

2. 磁约束核聚变

磁约束的目标是实现**可控核聚变**，称为"人造太阳"，这也是未来世界能源的希望所在。它主要是利用带电粒子在磁场中运动时受到的**洛伦兹力**实现磁场对高温等离子体的约束。经过多年研究，目前在各类磁约束实验装置中，前景比较看好的是环流器，又称**托卡马克**（tokamak）装置，原理如图 2.3-3 所示，实际装置非常复杂，技术难度极高。它的主体是一

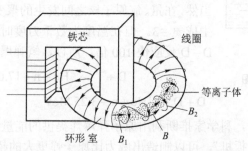

图 2.3-3　核聚变"托卡马克"装置原理图

个充有热核燃料气体的环形室,外面绕有环形线圈,通电时在环形室中产生环向磁场 B_1,使高温等离子体在垂直于磁感线方向上受到约束。环形室套在变压器铁芯上,作为变压器的次级线圈。当变压器初级线圈中通有脉冲电流时,环形室中的等离子体就会感应出环形电流 i。该电流一方面产生热量,使等离子体温度急剧升高;另一方面将产生环绕自身的磁场 B_2,B_1 和 B_2 合成螺旋磁场,对高温等离子体起到约束和稳定作用。理论和实验证明,约束在这种磁场中的等离子体具有较好的稳定性。

目前,世界主要大国都在积极进行磁约束核聚变研究,建造了多种类型的托卡马克实验装置。我国于 2007 年建成的全超导核聚变实验装置"EAST"处于世界先进水平,已经取得了令世人瞩目的研究成果。不过,要真正实现商业价值的受控核聚变,在理论、实验和技术上还有很多困难。2006 年,中国、美国、欧盟、日本、俄罗斯和韩国签署国际热核反应试验堆(ITER)计划,众多科学家开展国际合作研究攻关。在未来,如果这种被称为"人造太阳"的热核反应堆技术开发成功,将使人类拥有取之不尽、用之不竭的清洁能源。

3. 惯性约束核聚变

惯性约束核聚变,是利用惯性力将高温等离子体进行动力学约束产生的核聚变。氢弹爆炸实质上就是一种惯性约束聚变,只是其过程不可控,其原理将在下面介绍。20 世纪 60 年代,王淦昌等中外科学家提出利用激光实现惯性约束核聚变,基本原理是利用高功率激光作用于聚变材料制成的直径小于 1 mm 的小靶丸上,靶丸表面层因吸收激光束的能量而被熔化并向外高速喷射,由此产生的反冲力使靶内层材料密度和温度剧增,成为高温高密度等离子体,瞬间达到劳逊条件,在等离子体因惯性还来不及飞散的极短时间内发生核聚变反应。连续把一个个小靶丸放入反应室,小靶丸瞬间变成高温等离子体而发生聚变反应放出能量,相当于用激光引爆了一个个超微型氢弹,这种反应又叫**激光核聚变**。该技术的成功一方面取决于热核燃料靶丸的制造,同时也取决于大功率激光器及其实验技术的发展。目前靶丸的密度已经可以压缩到液体密度的 100~150 倍,$n\tau$ 达到 5×10^{20} s/m³,等离子体温度也已达到 1.7 keV。如果这种技术能够成功,将可以省去复杂、昂贵、庞大的磁约束系统,反应堆的结构材料也容易解决,而且还可以做到小型化,前景诱人。

(五)氢弹爆炸原理

氢弹又称聚变弹。尽管在地球上还没有实现可控核聚变反应,但如果能在极短时间内将氢的同位素加热到超高温,就可利用瞬时聚变反应制成氢弹,如图 2.3-4 所示。核反应方程见式 2.3-8、2.3-9。最初聚变弹的原理实验就是利用氢的同位素为核装料,因此称为氢弹。当然,在氘、氚原子核之间发生的聚变反应中还有 D-D 反应,生成氦-3。但在温度为数千万度时,D-T 反应的速率约比 D-D 反应快 100 倍。所以,氢弹爆炸主要是 D-T 反应。

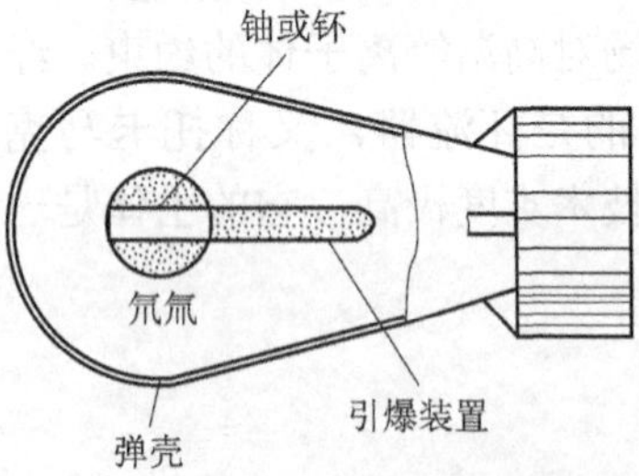

图 2.3-4 氢弹原理示意图

$$D + T \rightarrow {}^4He + n + 17.60 \text{ MeV} \qquad (2.3-8)$$

$$D + D \rightarrow {}^3He + n + 3.25 \text{ MeV} \qquad (2.3-9)$$

在研制原子弹过程中,科学家推断利用原子弹爆炸提供的能量有可能引发轻核聚变,即以原子弹为"雷管"或"扳机",可以制造出威力比原子弹更大的超级炸弹。1952 年 1 月,美国进行了世界上首次氢弹原理试验,代号"迈克",爆炸威力达千万吨当量。但该装置以液态氚做热核材料,连同贮存容器和冷却系统重达65吨,体积庞大,不能作为武器使用。

热核武器核装料实际用的固态氘化锂(^{6}LiD),用原子弹引爆,不但产生高温使氘化锂气化成等离子体,而且产生大量中子,中子轰击锂的同位素而产生氚,氚、氘与锂进行聚变反应,放出大量能量,反应过程为:

$$n + {}^6Li \rightarrow T + {}^4He$$
$$D + T \rightarrow {}^4He + n$$
(2.3 – 10)

氘化锂在常温下是一种固体化合物,能够储存较长时间,不需要通过冷却剂进行压缩以增大密度,用它作为热核装料成本低、体积小、质量轻,便于储存和运输。

(六)热核武器的结构

在热核武器中,聚变材料既可直接加到(或靠近)裂变装药中心,也可安置在裂变装药的外面,或两种方法同时采用。在后一种情况下,需将裂变产生的辐射控制起来,以使其能量转换用于压缩并点燃分离装配的聚变材料。这个专门设计用作起爆的裂变装药就叫作初级,通常称为起爆氢弹的"扳机",实际就是一枚小型原子弹。初级外面的聚变材料部分叫次级。因此,热核武器至少有两级核反应,称为**裂变—聚变双相弹**。

虽然^{238}U不能进行自持链式反应,但由于裂变和聚变反应产生的大量高能中子可使它能发生持续裂变。所以在热核材料外面再包一层^{238}U(天然铀或贫化铀)材料,可以提高核武器的爆炸当量。在热核武器设计中,这层^{238}U被称为第三级。没有这层铀,就是两级武器。

三级效应氢弹提高了核装料的利用率,通常一枚大当量氢弹都是**裂变—聚变—裂变三相弹,又称氢铀弹**,如图2.3 – 5所示。它爆炸时所放出的能量有三个来源:第一级裂变链式反应;第二级热核材料的聚变反应;第三级外层^{238}U裂变反应。粗略估计,释放的总能量中聚变和裂变能各占一半。但为了获取特殊的核爆炸效应,或满足核武器一定的重量或尺寸要求,可以采取不同的裂变与聚变当量比,包括从纯裂变到聚变当量占很大比例的武器。

(七)氢弹的爆炸过程

首先引爆裂变反应,氘化锂在高温、高压和中子作用下产生氚,随之氘氚迅速聚合,放出高能中子和巨大能量,引起比原子弹更为猛烈的爆炸。若氢弹的弹壳中含有^{238}U,则氘氚聚变产生的高能中子能会使^{238}U发生裂变,进一步放出能量,增加裂变碎片的产额,使氢弹的爆炸当量可达千万吨以上。三级效应氢弹爆炸时,产生的放射性碎片很多,它们沉降到地面时所形成的放射性污染远比二级效应氢弹严重得多,人们常把这种炸弹称为"脏弹"。

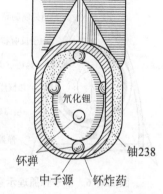

图2.3 – 5 氢铀弹结构示意图

三、清洁的核武器——中子弹

(一)中子弹原理

中子弹(neutron bomb)又称**加强辐射弹**(enhanced radiation weapon,ERW),是一种以高能中子辐射为主要杀伤因素的低当量、弱爆炸冲击波效应的更为先进的热核武器,属于原子弹、氢弹之后的第三代核武器,可以作为战术核武器使用。美国是世界上第一个拥有核武器的国家，也是最早研究中子弹并装备部队的国家，掌握着最先进的核技术。早在 20 世纪 40 年代末，美国就已经认识到了发展中子弹的可能性。经过数十年的秘密研制，到 70 年代中后期，美国在内华达州地下试验室进行了一系列的中子弹试验。1977 年 6 月，美国宣布已经掌握了中子弹的制造技术。1978 年 10 月，美国开始生产代号为 W70 的中子弹，并于 1981 年开始装备部队。法国和苏联也是较早拥有中子弹的国家。从理论上讲，掌握氢弹制造技术的国家都可以研制出中子弹。与原子弹、氢弹相比，中子弹有以下显著特点：

一是早期核辐射效应强。中子弹利用氘与氚、氘与氘、氚与氚的聚变，中子产额高、能量大。与同等爆炸威力的原子弹相比，中子的产额可以大 10 倍，中子的平均能量达 14 MeV，甚至高达 17 MeV。高能中子在空气中有较强的穿透力，且"对人不对物"，可以穿透很厚的钢板、装甲和掩体，杀伤其中的人员。例如，普通原子弹的核辐射在杀伤破坏因素中所占的比例为 5%，而中子弹的核辐射在杀伤破坏因素中所占的比例高达 40%以上，而其光辐射、冲击波作用仅为同当量原子弹的十分之一，对建筑物和武器装备的破坏作用很小。

二是爆炸释放的能量低。中子弹通常在 1 000 吨当量以下，可以用飞机、导弹、榴弹炮来发射，可以作为战术核武器应用于战场支援作战。正因为如此，中子弹比其他核武器更有实战价值。

三是放射性沾染轻微，持续时间短，经过较短时间，人员就可以进入爆炸区，这在军事上具有重要意义，故中子弹又被称为清洁的核武器。

（二）中子弹的结构

如上所述，实际上是一种小型氢弹，它以氘、氚为聚变材料，以尽可能低的核裂变当量弹为"扳机"，使聚变反应产生的中子数额大大增强，聚变释放的能量大部分为高能中子所携带，成为核辐射杀伤的重要因素。中子弹和普通氢弹的最大区别是利用较少的裂变材料就能放出较多能量以满足氘氚聚变反应所需的高温。如图 2.3–6 所示，中子弹储氚器装有含氘氚的混合物，即热核炸药。热核点火装置是亚临界质量的 ^{239}Pu，周围是高能炸药，其实就是一个微型原子弹。储氚器外围是聚苯乙烯，弹的外层用铍反射层包着。以铍作为反射层，可以把瞬间发生的中子反射击回去，同时，一个高能中子打中铍核后，会产生一个以上的中子，称为铍的中子增殖效应。因此，铍反射层能使中子弹体积大为缩小。由于中子弹需要更复杂的技术和更贵重的核材料——氚，造价也比一般核弹昂贵得多。

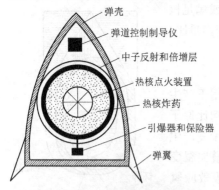

图 2.3–6　中子弹原理示意图

（三）中子弹的爆炸过程

引爆时，炸药给中心钚球以巨大压力，使钚的密度急剧增加，钚球瞬间达到超临界而起爆，产生了强 γ 射线和 X 射线及超高压，比原子弹爆炸的裂变碎片膨胀快百倍以上。当下部的高密度聚苯乙烯吸收了强 γ 射线和 X 射线后，便很快变成高能等离子体，使储氚器里的氘氚混合物承受高温高压引起聚变反应，放出大量高能中子。

四、新概念核武器简介

第二次世界大战以来，一些国家以核威慑作为战略基础，投入巨大的力量，不断提高核武器的规模和技术水平，除中子弹外，还研制开发了为增强某些特定杀伤效能的核电磁脉冲弹、冲击波弹、γ射线弹和感生辐射弹等核武器。

新概念核武器又称**第四代核武器**（the fourth generation nuclear weapon），它以现有核武器原理为基础，无须进行现实意义的核试验，不产生剩余核辐射，是真正干净的核武器。目前正在研究的第四代核武器主要有干净的聚变弹、激光引爆的氢弹和反物质弹。干净的聚变弹主要采用**金属氢、反物质**或**核同质异能素**作为热核扳机。金属氢是将氢气在一定的压力下转化为固态结晶体，稳定性好，室温下无须密封可保存很长时间，便于制成高爆炸药，其威力为 TNT 的 25～35 倍，是目前威力最大的化学爆炸物。反物质与正常物质湮灭所释放出的能量比聚变能大得多，制成反物质武器会产生惊人的巨大威力。若用反氢引爆氢弹，不仅无污染，而且仅用 1 μg 反氢就可以替代 3～5 kg 钚，用 100 μm 直径的小反氢球可点燃 100 g 的氘化锂进行聚变反应。所谓核同质异能素是指质量和原子序数相同、在可测量的时间内具有不同能量和放射性的两个或多个核素，其能量密度高达 1 GJ/g，约为高能炸药的 100 万倍，利用它制成的武器就叫作核同质异能素武器。目前，美国、俄罗斯、法国和瑞士等国都在进行有关研究。激光引爆的氢弹的原理试验已经成功，但实现武器化还有待激光压缩技术的突破。

第四节　核武器的毁伤效应及防护

原子弹、氢弹等核武器的杀伤破坏效应主要有五种：爆炸形成的高温高压火球猛烈膨胀产生的**冲击波**，**光辐射**，大量中子、γ、α、β 等射线产生的**核辐射**，放射性烟云飘散、沉降造成的**核污染**，以及瞬发 X 射线、γ 射线产生的**核电磁脉冲**等。核武器的杀伤破坏效果与核武器的爆炸当量和爆炸方式有关，本节简要介绍核武器毁伤作用及其防护的基本原理。

一、核武器的爆炸当量重量比

前面已经讲过，TNT 当量（TNT equivalent）是指核爆炸时所释放的能量相当于多少吨（t）TNT 炸药爆炸所释放的能量。核弹的当量是可以调节的。在纯裂变装置中，若改变链式反应的引发时间或变换弹芯，就能改变爆炸当量。链式反应是由中子源引发的，如改变中子源状态，也可实现当量可调。在具有一级或多级聚变反应的热核武器中，控制氚的用量或更换弹芯，即可改变当量。此外，也可采用控制附加的聚变级点火的机械措施，即控制是否点燃聚变装药，便可调节核爆炸当量的大小。

当量重量比是指核武器单位重量的爆炸当量。当量重量比与核武器的类型有关，也与核武器的制造技术密切相关。同一类型的核武器，当量重量比越高，说明核装药的利用率越高，制造技术越先进。

1945 年 7 月 16 日美国爆炸的世界上第一个装置，代号"大男孩"，钚装药约重 6.1 kg，由重约 2 268 kg 高能炸药内向爆炸将其压缩到一起，当量约 2.2 万吨。钚装药实际大小同一个柚子差不多，而铀反射层和高能化学炸药使爆炸装置尺寸和重量大大增加。核装药、反射层和高能炸药固定在一个由 12 块五边形构成的金属球内。

1945 年 8 月 6 日投在日本广岛、估计爆高 580 m 的原子弹"小男孩"，装有 60 kg 高浓缩 ^{235}U，采用"枪式"结构。枪管直径约 15 cm，长 1.8 m，重约半吨。核弹本身连同外壳长 3 m、直径 71 cm、重约 4 t，当量 1.25 万吨。

1945年8月9日，投在日本长崎、估计爆高503 m的原子弹"胖子"，它所采用的设计和"大男孩"一样。"胖子"装有稳定翼和一个保护性的直径为1.5 m的弹壳，核弹全重约4.9 t，长3.6 m，钚装药约6.1 kg，当量2.2万吨。两枚内爆式原子弹核装药的利用率约17%，而"小男孩"只有约1.3%。在美国首批核武器设计中，化学炸药和反射层重量占了绝大部分："胖子"的当量重量比是4.5 t/kg，"小男孩"为3 t/kg，与现代核武器相比，都非常低。当量在10万吨以上的现代热核武器，其当量重量比一般为1 000～3 000 t/kg（这一数值比氘氚材料完全聚变所能达到的8万吨/kg的理论极限低得多），例如美国库存核武库中当量最大的弹头B53核弹，当量900万吨，重约4 t，当量重量比约2 200 t/kg，相当于"胖子"的500倍。美国现役洲际导弹"民兵"Ⅲ弹头为3个33.55万吨当量分导式弹头MK-12A，总当量100.65万吨，弹头重955 kg，当量重量比为1 054 t/kg。当量大于10万吨的战略导弹弹头，当量重量比为300～2 500 t/kg。低当量的战术核武器的当量重量比为4～100 t/kg。

二、核武器的爆炸方式

核武器的爆炸方式可直接影响杀伤破坏效应，因此可根据不同的使用目的选用爆炸方式，以达到最大的杀伤破坏效果。也可参照爆炸方式，分析、预测核袭击造成的杀伤破坏情况。因此，了解不同的爆炸方式，对于分析核袭击造成的杀伤破坏与放射性沾染的情况，确定作战行动和防护措施，具有重要意义。

核爆炸方式可以分为**空中爆炸**（air burst）、**地面爆炸**（land surface burst）、**地下爆炸**（underground burst），以及**水面爆炸**（water surface burst）和**水下爆炸**（underwater burst）等几种。

（1）低空爆炸。主要用来破坏较坚固的地面、浅地下目标（野战工事、集群坦克、机库、交通枢纽、人防工事等）和杀伤野战工事中的人员，能造成较严重的地面放射性沾染。

（2）中、高空爆炸。主要用来杀伤地面暴露人员和破坏地面不坚固的目标（武器装备、机场设施、城市地面建筑等），形成的地面沾染较轻。

（3）超高空爆炸。主要用来摧毁飞行中的导弹，火箭等，对地面人员、物体无杀伤破坏作用。

（4）地面爆炸。主要用于破坏地面或浅地下的坚固目标（地下指挥所、导弹发射井、永备工事、地铁等），并能造成严重的地面沾染。在相同条件下，对地面人员、装备的杀伤破坏范围较空爆小。

（5）地下爆炸。主要用于破坏坚固的地下目标，会造成严重的地面沾染。

（6）水面、水下爆炸。主要用于摧毁大型舰船和水下坚固设施，会造成水体污染。大当量水下核爆还可能诱发海啸。

大气层中的核爆炸，通常以火球是否接触地面作为划分空爆和地爆的标准，接触地面为**地爆**；不接触地面为**空爆**。不同爆炸方式用爆炸高度 H（m）和当量 Q（kt）立方根的比值 h 来表示，称为**比例爆高**（scaled height of burst），简称**比高**，其单位是 $m/(kt)^{1/3}$，即：

$$h = \frac{H}{\sqrt[3]{Q}} \tag{2.4-1}$$

不同爆炸方式的比高划分如下：

地爆　　0～60；
空爆　　＞60；
低空爆炸（low altitude explosion）　60～120；
中空爆炸（middle altitude explosion）　120～250；
高空爆炸（high altitude explosion）　＞250。

比高为 0 时刚好为直接贴在地面的爆炸。比高＜60 时，火球接触地面。爆炸高度在 30 km 以上为超高空爆炸。地下或水下爆炸，是指在地下或水下一定深度的核爆炸。

三、核武器的爆炸景象

核爆炸会产生特异的外观景象。除地下（水下）爆炸外，其共同的特点是依次出现闪光（flash）、火球（fire ball）、蘑菇状烟云（mushroom cloud），并发出巨大响声。根据核爆炸外观景象的特征，可以初步估计爆炸方式，如表 2.4－1 所示。还可根据火球大小、上升速度等参数估算爆炸当量。

表 2.4－1　核爆炸外景观特征

外观景象	空　爆	地　爆
火球	不接触地面；空中爆炸开始时为球形，当地面反射冲击波到达时变形；超高空爆炸时始终是球形	接触地面；始终近似半球形
烟云烟尘柱	低空、中空爆炸时，烟云和烟尘柱最初不连接，而后烟尘柱追及烟云，互相连接 高空爆炸时，烟云和烟尘柱始终不连接 超高空爆炸时不形成烟尘柱	烟云和烟尘柱一开始就连接在一起，烟云颜色深暗，烟尘柱较粗大

四、核武器的杀伤作用

核武器的杀伤作用主要以杀伤范围和发生的伤类、伤情来表示，而杀伤范围和伤类伤情又受多种因素的影响。核爆炸瞬间释放的巨大能量，形成光辐射、冲击波、早期核辐射、核电磁脉冲和放射性沾染等五种杀伤破坏效应。前三种因素的作用时间均在爆炸的几秒至几十秒，故称为**瞬时杀伤因素**（instantaneous killing factor）。由核爆炸释放的 γ 射线使空气分子电离，形成**核电磁脉冲**（nuclear electro-magnetic pulse，NEP），作用时间不到 1 秒钟，主要是破坏或干扰电子和电气设备，尚未发现对人畜有杀伤作用。放射性沾染的作用时间长，可持续几天，几周或更长时间，称为**剩余核辐射**（residual nuclear radiation），其作用范围广、伤害途径多，对环境和人员健康危害很大。

在 30 km 高度以下大气层中的核爆炸，上述杀伤破坏因素在爆炸总量所占比例大致为：光辐射 35%，冲击波 50%，早期核辐射与核电磁脉冲 5%，放射性沾染 10%。但由于核武器种类、当量和爆炸环境的不同，能量分配的比例会有很大的差异。例如中子弹的早期核辐射（主要是高能中子）的能量比例可高达 40%～80%，其他杀伤因素的能量比例则显著降低。

（一）光辐射的致伤作用

光辐射（light radiation）也称**热辐射**（thermal radiation），是由核爆炸瞬间产生的几千万

度的高温气团产生的。核爆炸时高能粒子所产生的电磁辐射能量被周围的空气吸收,它们与核反应区内因爆炸变成灼热气体的核燃料一起,形成了一个高温高压的炽热气团,这就是核爆炸产生的耀眼火球,科学家费米称它"比一千个太阳还亮"。火球不断向外发展、扩大,辐射出强烈的光和热。

光辐射的描述:

(1) 能量释放。光辐射能量释放有两个脉冲。第一脉冲为闪光阶段,持续时间极短,所释放的能量仅为光辐射总能量的 1%~2%,主要是紫外线。闪光阶段不会引起皮肤损伤,但有可能引起人眼视力障碍。第二脉冲为火球阶段,火球直径可达数百米,持续时间可达几秒至几十秒,所释放的能量占光辐射总量的 98%~99%,其中主要是红外线和可见光,是光辐射杀伤破坏作用的主要阶段。

(2) 光冲量。光冲量(radiant exposure)是衡量光辐射杀伤破坏作用的主要参数。光冲量是指火球在整个发光的时间内,投射到与光辐射传播方向相垂直的单位面积上的能量,单位是 $J \cdot m^{-2}$ 或 $J \cdot cm^{-2}$。

(3) 光辐射的传播。光辐射具有普通光的特性,在大气中呈直线传播,能透过透明物体发生作用。传播过程中,受到大气中各种介质的反射、散射和吸收,强度逐渐减弱。

光辐射对人员和物体的致伤作用主要是热效应,其毁伤效果取决于光冲量的大小和目标的构成物质。当目标吸收光辐射能量后,其温度会迅速上升,甚至会燃烧或熔化。所以,这种破坏作用是由光辐射与构成目标的物质相互作用的结果。光辐射对人员的杀伤作用分为直接烧伤和间接烧伤。直接烧伤是由于光辐射直接照射而造成的,亦称光辐射烧伤。烧伤多数发生在朝向爆心的暴露部位,如手、脸、颈等。轻者皮肤发红、灼痛;重者皮肤起泡、溃烂;更重者皮肤烧焦。人员直视火球,可能造成视网膜烧伤。间接烧伤是光辐射引起服装、工事、建筑物或装备等着火而造成的烧伤,亦称火焰烧伤。多数伤员往往同时发生直接烧伤和间接烧伤。光辐射可以直接烧焦、烧坏各种物体,还可以由于建筑物、工事或其他易燃、易爆物着火、爆炸而引起物体的间接毁坏。

(二) 早期核辐射的致伤作用

早期核辐射(initial nuclear radiation)是核爆炸特有的一种杀伤因素,是核爆炸后最初几秒钟内产生的 γ 射线和中子流,能量约占整个辐射能量的三分之一。由于 γ 射线和中子流的穿透能力很强,故又称**贯穿辐射**(penetrating radiation)。在原子弹爆炸的早期核辐射中,γ射线的强度远大于中子,可占到早期核辐射能量的 70%~80%;而氢弹爆炸时,早期核辐射中中子的份额则要多一些。

早期核辐射的主要性质:

(1) 传播速度快。早期核辐射中,γ 射线以光速传播;中子传播速度由其能量决定,最大可接近光速。

(2) 作用时间短。核爆炸中 γ 射线主要是核裂变与核聚变、核裂变碎片衰变和中子被空气中氮分子俘获所产生的。裂变碎片 γ 射线,因碎片多为半衰期短、衰变快的元素,又随火球、烟云上升,因此不论当量大小,早期核辐射对地面目标的作用,时间多为十几秒钟以内。

(3) 能发生散射。早期核辐射最初基本上呈直线传播,但在传播过程中与介质相碰撞可发生散射,运动方向呈杂乱地射向目标物。

(4) 贯穿能力强。早期核辐射的贯穿能力强,但在通过各种介质时均会不同程度地被吸收而减弱，各种物质对早期核辐射的减弱能力通常用物质的**半减弱层**表示。半减弱层是指早期核辐射减弱一半所需的物质的层厚度。从表 2.4-2 中可见，14 cm 厚的土层能将早期核辐射减弱 50%。另外不同物质对不同种类射线的减弱能力是不同的。

表 2.4-2 几种常见物质的半减弱层

辐射	半减弱层/cm				
	土壤	混凝土	木材	水	铁
γ 射线	14.0	10.0	30.0	20.0	3.2
中子	13.8	10.3	11.7	5.0	4.7

（5）**产生感生放射性**。土壤、兵器、含盐食品及药品中某些稳定性核素的原子核（钠、钾、铝、锰、铁等），俘获慢中子形成放射性核素。这种放射性核素称为**感生放射性核素**，这种放射性叫**感生放射性**。

（6）**早期核辐射量大**。通常以吸收剂量表示，单位是戈瑞（Gy）；中子量有时用中子通量表示，中子通量是指单位面积（m^2 或 cm^2）上的中子数。

早期核辐射是核武器所特有的杀伤因素，能使人员和物体受到损伤。

当人体受到一定的剂量照射后，可能引起急性放射病，也可能发生小剂量外照射生物效应。早期核辐射对人员和物体造成受伤和破坏的根本原因，是由于 γ 射线和中子与物质作用会引起物质的电离。当它们贯穿到人体内部，便会引起机体组织的原子电离，电子从细胞原子中逸出变成自由电子，从而使细胞组织受到损伤，正常功能遭到破坏，导致细胞的变异或死亡，引起机体生理机能改变和失调（如造血功能发生障碍、肠胃功能紊乱以至中枢神经系统功能紊乱等），产生一种全身性疾病，称为**急性放射病**。

早期核辐射会使某些物质改变性能或失效。例如会使摄影胶卷感光、光学玻璃变暗等；各种兵器的锰钢和铝合金部位，在中子的作用下，易产生较强的**感生放射性**，影响使用。

（三）冲击波的致伤作用

核爆炸在爆心形成的高温高压火球，温度可达数千万度，压强可达几百亿个大气压，炽热的气团向外猛烈膨胀，急剧压缩周围的空气层，形成一个球形的空气密度极高的压缩区。随着压缩区的迅速向外运动，其后形成一个球形的低于正常大气压的区域。两个区域紧密相连，在大气中以超音速向四周传播形成了高速高压气浪，即核爆炸的冲击波（blast wave），是核爆炸的主要杀伤破坏因素。

冲击波的描述：

（1）**冲击波的压力**。冲击波的压力有**超压**（overpressure）、**动压**（dynamic pressure）和**负压**（under pressure, negative pressure）三种。压缩区内超过正常大气压的那部分压力称为超压；高速气流运动所产生的冲击压力称为动压。波阵面上的超压和动压最大，分别称为超压峰值和动压峰值。稀疏区内低于正常大气压的那部分压力称为负压。冲击波的杀伤破坏作用主要是由超压和动压造成的，而负压的作用较小。

（2）**冲击波的传播**。冲击波传播的规律与声波相同。压力越大，传播越快，最初速度往往超过声速，可达数千米每秒。以后随着传播距离渐远，压力渐小，则速度渐慢，当压力降至正常大气压时，冲击波就变成声波而消失。

（3）**冲击波的作用时间**。冲击波到达某一距离所需的时间，称为冲击波的到达时间。冲击波到达某一点，压力从开始上升至达峰值所需的时间，称为压力上升时间。超压持续作用的时间，称为正压作用时间。压力上升时间越短，正压作用时间越长，则杀伤破坏作用就越强，反之则越弱。

（4）**冲击波损伤**，简称**冲击伤**（blast injuries），是冲击波直接或间接作用于人体所造成的各种损伤。冲击波的超压和动压是同时存在的，二者相互影响，整个冲击波形成的高压区像一堵移动的高压空气墙一样压向目标，使目标受到强大的作用力而损坏。动压还会把人撞倒或抛向空中。例如，当一枚2万吨的核武器在600 m高空爆炸时，在距离爆心投影点800 m的地方，能产生1 kg/cm^{2}的超压，能将一定范围内的暴露人员抛出数米至数十米之远，造成皮肤损伤、骨折和内脏破裂，使人员受到致命的杀伤；距离1 600 m时的暴露人员会受到中等程度的杀伤。另外，那些被冲击波破坏和抛射的物体（砖头、石块、玻璃等建筑材料）作用于人体也会造成伤害，我们称之为间接杀伤。有时，间接杀伤作用的范围要比直接杀伤作用的范围大。实验证明，核爆炸冲击波的杀伤，主要是间接杀伤。

冲击波超压能使建筑物门窗和薄弱部位损坏，严重时，造成错位、裂缝、变形或倒塌。在冲击波作用下，机械、工事、装备器材的脆弱部位等易受到破坏，严重时会造成移位、变形、断裂。

（四）放射性沾染的致伤作用

核爆炸时产生的大量放射性核素，在高温下气化，分散于火球内，当火球冷却成烟云时，与烟云中微尘以及由地面上升的尘土凝结成放射性灰尘微粒，在重力作用下向地面沉降，称放射性落下灰（radioactive fallout），简称**落下灰**，形成大片的放射性污染区，由此造成空气、地面、水源、各种物体和人体的沾染称为**放射性沾染**（radioactive contamination）。有些受到早期核辐射中子流作用的土壤和武器等还会产生感生放射性。这些都称为核爆炸的放射性沾染。放射性沾染和早期核辐射一样，能使人员引起放射病。它比瞬时杀伤破坏因素的作用时间长、作用范围广、伤害途径多，但是并不像瞬时杀伤破坏作用那样具有速效性。

放射性沾染的主要性质：

（1）组成成分

放射性落下灰由核裂变产物、感生放射性核素和未裂变的核装料三部分组成，多是一些放射性同位素，能够辐射α、β和γ射线。

（2）理化特性

状态：落下灰粒子呈球形或椭圆形微粒，粒内放射性物质分布均匀。颜色与爆区土壤有关，可呈黑色、灰色或其他颜色。粒径大小与爆炸方式有关，地爆的粒径较大，自几微米至几毫米；空爆的粒径较小，仅为几微米至几十微米。

溶解度：溶解度与落下灰的粒径大小，化学成分以及溶剂的酸碱度有关。水中溶解度较低，仅为10%左右。在酸性溶液中溶解度较高，如在0.1 N的盐酸溶液中溶解度为35%~60%。

比活度：落下灰的比活度，随其粒子径的增大而减小。爆后1小时的落下灰，地爆的比活度为10^7~10^{10} Bq·g^{-1}（贝克/克）。

（3）落下灰的衰变规律

试验证明，在爆后1~5 000小时内，地面辐射级（即剂量率）的衰变可用"六倍规律"

粗略计算，即时间每增加 6 倍，辐射级降至原来的 1/10。如某处爆后 1 小时辐射级为 80 cGy·h^{-1}；爆后 6 小时降到 8 cGy·h^{-1}；爆后 36 小时降到 0.8 cGy·h^{-1}。

（4）放射性沾染量

地面沾染：用距地面 0.7～1 m 高度的辐射级表示，单位是戈瑞（或厘戈瑞）每小时（Gy·h^{-1}、cGy·h^{-1}）。通常将 0.5 cGy·h^{-1} 的地域定为沾染边界。将地面沾染的严重程度划分为四级：0.5～10 cGy·h^{-1} 的地域为轻微沾染区；10～50 cGy·h^{-1} 的地域为中等沾染区；50～100 cGy·h^{-1} 的地域为严重沾染区；大于 100 cGy·h^{-1} 的地域为极严重沾染区。

人体或物体表面沾染：用单位面积上的放射性活度表示，单位是贝可每平方米或贝可每平方厘米（Bq·m^{-2} 或 Bq·cm^{-2}）。

物质污染：用比活度表示，单位是贝可每千克或贝可每克（Bq·kg^{-1} 或 Bq·g^{-1}）。

空气或液体污染：用放射性浓度表示，单位是贝可每升或贝可每毫升（Bq·L^{-1} 或 Bq·mL^{-1}）。

（5）放射性沾染对人员损伤的三种方式

外照射损伤：是落下灰对人员的主要损伤形式。人员在严重沾染区受到 γ 射线外照射剂量＞1 Gy 时，可引起外照射急性放射病。

内照射损伤：落下灰通过呼吸道和食道等途径进入体内，当体内放射性核素达到一定的累积量时，可引起内照射损伤。

β 射线皮肤损伤：落下灰直接接触皮肤，当剂量＞5 Gy 时，可引起 β 射线皮肤损伤。在沾染区停留较久而又没有防护的人员，可能同时受到三种方式的复合损伤。

（五）核电磁脉冲的破坏作用

核电磁脉冲（nuclear electromagnetic pulse，NEMP）是核武器爆炸的产物。核爆炸时，除了产生强烈的光、热、辐射能以外，还能产生强大的核电磁脉冲，其频谱极为丰富，场强很大，作用范围很广，对电子电气设备危害极大。核爆炸电磁脉冲产生的机理、特点、基本规律以及产生的影响取决于爆炸源的条件，一般分为地面核爆炸核电磁脉冲、高空核爆炸核电磁脉冲、低空及地下核爆炸核电磁脉冲（岩石中的核电磁脉冲）。这三种核电磁脉冲的产生机理不尽相同，而波形、场强传播规律、对系统的作用特点也有很大差异。下面简要介绍对电子装备威胁最大的**高空核爆炸电磁脉冲**（high-air nuclear electromagnetic pulse，HNEMP），如图 2.4－1 所示。

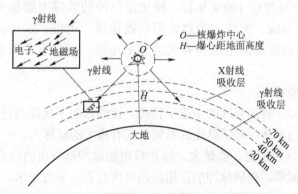

图 2.4－1 高空核爆炸电磁脉冲原理示意图

核电磁脉冲是由核爆炸辐射的 γ 射线与大气空气分子相互作用而产生的，其机理可用康普顿电子模型说明。核爆炸早期辐射的高能 γ 光子使周围空气分子电离，产生的自由电子称为**康普顿电子**。大量的康普顿电子以接近光速从爆心向外运动，形成了一个巨大的电子流，向外发射高强度的电磁脉冲信号，即核电磁脉冲。γ 射线的能量越大，产生的电磁脉冲能量也越大。高空核电磁脉冲系指在大气层外的高空（一般指 100 km 以上）核爆炸产生的电磁脉冲。高空环境最主要的特点是空气密度稀薄，因此各种核辐射粒子的**平均自由程**非常大，即几乎可以毫无阻挡地自由飞行。而 γ 射线基本在地面上 20～40 km 范围内被吸收，转换为康普顿散射电子。大量高速飞行的电子在地磁场的作用下将旋转运动产生电磁辐射，即高空电磁脉冲（HEMP），覆盖范围非常广。若以地球半径 6 000 km 估算，当爆心距地面为 100～400 km 时，在地面覆盖半径约为 1 100～2 200 km。高空核电磁脉冲对于卫星、宇宙飞行体、导弹核武器以及地面的军事设施影响很大，可以说是灾难性的，因此引起军事和民用部门的普遍关注。

一次核爆炸释放的 γ 射线能量约占总能量的 0.2%。虽然这一部分的比例很小，但由于核爆炸释放的总能量很大，因此 γ 射线所携带的能量实际非常大。例如，一次百万吨的核爆炸释放的总能量为 4.2×10^{15} J，γ 射线所携带之能量约为 8.4×10^{12} J，将发射出 5.25×10^{25} 个 1 MeV 的 γ 光子。

在高空核爆炸 0.1～100 s 期间还会出现晚期高空电磁脉冲，亦称为**磁流体动力学电磁脉冲**。这首先是由于核爆炸的火球等离子气体膨胀排斥地磁场产生的低频电磁辐射，在 2～10 s 到达大地表面，遍及全球范围。其次是由于"大气波浪效应"，即空气离子运动越过地磁场在离子球体内引起环流，并在大地内感生电流，延续 10～100 s。这种效应在大地表面产生的电场强度很弱，小于 100 mV/m，但它持续时间长，因此要考虑对长动力线及通信线的电磁防护问题。

在早期电磁脉冲过后，即高空核爆炸后 1 μs～0.1 s，还存在中期电磁脉冲，其峰值电场强度为数百 V/m，主要为垂直极化电场。

总之，高空核电磁脉冲主要为早期电磁脉冲，其频谱范围约为 200 kHz～100 MHz，主频率约为 20 MHz。脉冲的持续时间约为 100 ns，以光速传播，场强可达数千至数十万 V/m，比一般雷电的场强大千倍以上。晚期电磁脉冲之频率极低，为 1 Hz 至数 Hz，幅值＜100 mV/m，但可持续 100 s 左右。核电磁脉冲的效应主要是与具有天线作用的电导体，例如电缆、电力线、天线、金属管道、铁道线、飞机、雷达、导弹表皮等发生作用，在导体内产生很高的感应电压和强大的感应电流，干扰设备正常工作，甚至导致设备直接烧毁。

核电磁脉冲的主要特点：

（1）强度大。它是一种高强度的电磁干扰源，比通常的干扰源高几十甚至上百分贝，对通信系统形成产生强烈干扰，对信息化武器装备具有极大的破坏力。

（2）作用范围广、频带宽、能量大。这是核电磁脉冲最突出的特点。一枚在 320 km 高空爆炸的百万吨级核武器，电磁脉冲的作用范围可达几百万平方千米。因此，即使小型核弹的高空爆炸，对于未施加良好保护的电子设备也是毁灭性的。

（3）对人畜和一般物体（如房屋、服装等）没有杀伤和破坏作用。

五、核武器损伤的防护

核武器虽然具有巨大的杀伤破坏作用,但也具有局限性和可防性,只要掌握其致伤规律,积极做好防护工作,采取有效防护措施和防护方法,就能避免或减轻核武器损伤。

当遭到核袭击,特别是突然袭击时,核爆炸的闪光就是警报信号,人员应立即采取必要的防护措施。

(一)对核爆炸瞬时杀伤因素的防护

对核爆炸瞬时杀伤因素的防护是指对核爆炸产生的冲击波、光辐射、早期核辐射及核电磁脉冲四种杀伤因素采取的防护措施,是核防护的主要内容。

1. 人员在开阔地上的防护

当发现核爆炸闪光时,应立即背向爆心卧倒,同时应半张嘴、闭眼、收腹,两手交叉垫于胸下,两肘前伸,头自然下压于两臂之间,两腿伸直并拢,暂时憋气。人员卧倒后,能减少身体的冲击波迎风面积;闭眼、遮脸、压手、头部下压,能减轻光辐射对暴露部位的烧伤。

2. 利用地形地物的防护

(1) 利用凸起地形地物。当发现核爆炸闪光时,应尽快利用就近凸起的地形地物,如土丘、土坎和山坡等,背向爆心紧靠遮挡一侧的下方立即卧倒(注意:利用就近地形时,应避免间接伤害)。

(2) 利用下凹的土坑、弹坑、沟渠、山洞、桥洞和涵洞等地形地物。当发现闪光时,应迅速跃(滚)入坑内,身体蜷缩,跪或坐在坑内,两手掩耳、闭眼、半张嘴,暂时停止呼吸。

(3) 利用建筑物。坚固的建筑物对瞬时杀伤因素具有一定的防护作用。当发现核爆炸闪光时,室外人员尽量利用墙的拐角或紧靠背向爆心一面的墙根卧倒,室内人员应尽量利用屋角或床、桌卧倒或蹲下,也可以在较小的房间内躲避。要注意不要利用不坚固或易倒塌的建筑物,还有避免门窗等处和易燃易爆物,以免受到间接伤害。

3. 利用工事防护

各类野战工事对核武器的瞬时效应都有较好的防护效果。

(1) 利用掩蔽所、避弹所。当接到核袭击警报信号或发现闪光时,不担负值班的人员,应迅速进入工事,关好防护门,并视情况掩堵耳孔。

(2) 利用堑壕、交通壕、观察所、崖孔。当发现闪光时,应迅速进入壕、所,采取相应的措施,可避免光辐射、冲击波和早期核辐射的伤害。

崖孔(猫耳洞)有一定的自然防护层,对核袭击防护效果好,有拐弯或孔口有护板的防护效果更好。当发现核爆炸闪光时,应立即迅速向崖孔运动,曲身转体进入崖孔,关好护板或放下防护门帘;蹲(坐)下,用手掩耳。

4. 利用装具、服装进行防护

人员利用防护头盔、雨衣、防毒斗篷和衣物等防护措施,在一定距离可以避免或减轻光辐射和冲击波的伤害。一般是浅色衣物比深色衣物防护效果好,厚重的比轻薄的衣物好,密实比稀疏的好。

5. 乘车时的防护

正在行驶的车辆,突然遇到核爆炸闪光时,驾驶员应立即停车,将身体弯曲或卧伏于驾驶室内；乘车人员尽量卧倒。

（二）对放射性沾染的防护

1. 对放射性烟云沉降的防护

当听到或看到防放射烟云沉降口令或信号时，人员应迅速进入有掩盖的工事。为防止放射性灰尘沉降时随呼吸道进入人体内和降落到人的皮肤上，要及时戴上防尘口罩或防毒面具，披上防毒斗篷或雨衣、塑料布，并扎好领口、袖口和裤脚。室内人员应立即关好门窗、贴好密封条、堵住孔口，密封食品、饮水。为减轻照射和沾染的伤害，还应提前服用预防药物，如口服碘化钾等。

2. 通过沾染区的防护

在接近沾染区时，应首先检查武器装备、防护器材是否完好，个人着装和武器携带是否便于行动和防护；其次，口服抗辐射药物，如硫辛酸二乙胺基乙酯、雌三醇与某些硫氢化合物等；再次，利用制式或简易器材进行全身防护，并将粮食、蔬菜和食品等装袋，遮盖好。通过沾染区时，应尽量避开辐射水平高的地区，以减少吸收剂量。人员之间应保持适当距离，加快行进速度，并避免扬起灰尘。如有条件乘车通过，尽量缩短停留时间。

3. 在沾染区内的防护

在不影响执行任务的前提下，充分利用有防护设施的工事进行防护。为减轻照射和沾染，应尽量减少在工事外活动。暴露人员应戴口罩或面具、扎三口（领口、袖口、裤脚口）、穿（披）雨衣或斗篷、戴手套，并服用抗辐射药物。尽量避免接触受染物体，不准随地坐卧和吸烟，尽量不喝水不进食。

总之，对核武器损伤的防护，内容广泛，任务艰巨，必须做到军队防护与人民群众防护相结合，医学防护与其他各种防护相结合，群众性防护与专业技术分队防护相结合，使用制式装备防护与进行简易防护相结合。

第五节　新世纪核武器展望

目前世界上公开拥有核武器的国家主要有：美国、俄罗斯、英国、法国、中国、印度和巴基斯坦，美、俄稳居世界"核老大"。有数据显示，1991年美国拥有战略核弹头总数为1.2万多个，总当量为3 133.7百万吨；俄罗斯拥有1万多个战略核弹头，总当量为5 372.65百万吨。这些核武器足以毁灭地球上万次！随着苏联解体，经过美、俄两次签订《削减战略武器条约》后，两国对其战略核力量进行了较大幅度的削减。斯德哥尔摩国际和平研究所（SIPRI）称，到2016年1月，世界核武器数量为15 395枚，比2015年的15 850枚略有下降。其中美国大约7 000枚、俄罗斯7 290枚。无论从数量上还是质量上，美、俄两国的战略核力量仍占绝对的优势。另一方面，美、俄正大力研制新一代核武器，以保持技术领先优势，继续奉行核威慑战略。其余有核国家也在努力提高其核武器的技术水平和生存能力，以保持有限核威慑战略的有效性。

一、减少数量　废旧留新

纵观核武器的发展历程，它经历了一个从无到有、从少到多，又从多到少的过程。有核国家（特别是美俄）虽然裁掉了那些过时的、性能不够先进的核武器，但保留了技术性能较高的核武器。例如，美国保留了"民兵"Ⅲ洲际导弹、B-52H轰炸机、B-2轰炸机、"三叉戟"Ⅱ和D-5潜射导弹；俄罗斯则保留了SS-19、SS-25、SS-27洲际导弹，图-95"熊"H6、图-95"熊"H16轰炸机，SS-N-18、SS-N-20、SS-N-23潜射导弹。为了提高核武器的威慑能力，美、俄等国都将发射平台的重点转向海洋，核潜艇携带核武器的数量占核武器总数量的比例不断上升。

二、另辟蹊径　变废为宝

核弹头的性能会随着服役年限的增加而下降，而维护费用巨大。为此，美、俄另辟蹊径，采取两种方法将核武器变废为宝。

一是改旧翻新。美国政府决定从2015年到2024年投入3 480亿美元用于更新其核武库。2001年，美国能源部做出决定，将在15年内翻新6 000多枚核弹头，使其可靠性保持到2025年以后。

二是改大为小。将数千个旧弹头上的成百吨裂变材料加以改造利用，制成微型、超微型原子弹。美国已研制成十吨级、百吨级和千吨级三种类型的微小型核武器。俄罗斯也计划利用其过期核弹头中的核材料生产微型、超微型核弹头。俄罗斯还研制过一种可以装在长600 mm、宽400 mm、高200 mm普通公文箱中的"袖珍核弹"，使用和操作都很简便，但其威力却达千吨TNT当量。

三、提高质量　推陈出新

新的世纪，质量优势的比重将进一步增大。核武器在数量减少的同时，质量将不断提高。美、俄等军事强国近年来围绕提高核武器质量竞赛愈演愈烈的趋势将继续延伸。

1997年年初，美国核武库增加了一种新式核武器——B61-11钻地核航弹。这种核武器主要用于对付"深埋的、坚硬的、时间紧迫"的目标，如位于地下数百米深的指挥控制中心以及其他工程设施。该航弹主要由B-2隐形轰炸机运载，也可由B-52、B-1等飞机携带发射。俄罗斯则加快了其"撒手锏"武器——"白杨"-M导弹的装备步伐。这种导弹技术先进，飞行速度快，突防能力强，已成为俄罗斯与美国核力量抗衡的重要筹码。

近50年来，世界上已经出现了几十种不同类型核武器。核武器的进一步发展趋势是小型化、高精度、低当量。战术核武器的现代化趋势包括增加远程投送能力，提高机动性、分散性和安全性；战略核武器的现代化趋势是发展多弹头技术，大幅度提升战略核武器系统的突防能力、生存能力，提高命中精度和快速反应能力，同时不断研制核定向能武器。总之，为了适应未来"核威慑下的信息化战争"，军事大国都在顺应上述核武器发展趋势，积极研制并准备运用新型核武器作为战略平衡的新筹码。

四、技术创新　挑战军控

由于《全面禁止核试验条约》对传统核武器的制约越来越大，核强国开始转向第四代核武器的研究。目前已知的第四代核武器主要有：当量可调弹头、"合二为一"弹头（利用核部件插入技术实现常规弹头与核弹头的相互转化）、干净的聚变弹、反物质弹、激光引爆的炸弹、核同质异能素武器等。

美国为了适应继续研制核武器的需要，积极开发亚临界核试验和模拟核试验技术，并计划拨巨资在未来几十年对其陆海空核武库进行全面升级。通过亚临界核试验，可以评定核弹头某些安全性和可靠性，研究贮存核武器的性能和核部件的力学、物理参数，研制新的核武器，还可以验证模拟核试验的结果。美国将普通核航弹 B61-7 改装成钻地爆炸型核航弹 B61-11，就是利用计算机模拟核试验技术完成的。俄、英、法等国也都掌握了计算机模拟核试验技术。

五、以退为进　攻防兼备

随着世界核军控呼声的不断高涨，美、俄等核大国在核力量的发展上便以退为进，大力推行导弹防御系统，使核武器由纯进攻型向攻防兼备型发展。目前，美国战区导弹防御系统 NMD 已初具规模，正在发展的"全球快速打击系统"，力求在 1 小时内精确打击世界任何地区的目标。俄罗斯也加快了建立反导系统的步伐，计划分阶段建立全军统一的远程导弹防御系统，并把战略核威慑能力建设放在国防建设的优先位置。据报道，针对当前的国际局势，俄罗斯计划在 2016 年将战略弹道导弹的试验发射次数比 2015 年增加 1 倍，达到 16 次。

复习思考题

1. 核能利用的基本原理是什么？目前核能在军事上的应用领域有哪些？
2. 常见的核武器有哪些？其突出特点是什么？
3. 核聚变主要有哪些类型？为什么把核聚变反应称为热核反应？怎样理解劳逊条件？
4. 热核聚变约束的基本形式有哪些？其应用和特点是什么？
5. 核武器的杀伤破坏作用有哪些？人员应采取的防护措施有哪些？
6. 你是怎样理解新世纪核武器的发展趋势的？

第三章 生化武器的化学基础

在人类世界，核武器、生物武器和化学武器都属于大规模杀伤性武器。核武器技术的相关知识已经在第二章中进行了介绍，本章主要介绍生物、化学武器的基础知识。

第一节 生化武器概述

一、生化武器的定义、特点及其禁止使用的国际条约

（一）生化武器的定义

1. 何为生物武器

生物武器（旧称细菌武器）是生物战剂及其施放器材的总称。生物战剂是指能使人畜致病的微生物（细菌、病毒、立克次体等）、其他生物制剂或毒素。它的施放器材包括为此目的而专门设计的武器、设备或运载工具。使用生物武器杀伤人、畜及农作物的军事行动称作生物战。

2. 何为化学武器

化学武器是利用化学物质的毒性杀伤有生力量的各种武器和器材的总称，是一类大规模杀伤性武器。它由以下三部分组成：一是以其直接毒害作用干扰和破坏人体的正常生理功能，造成他们失能、永久伤害或死亡的毒剂（过去也称毒气）；二是装填毒剂并把它分散成战斗状态的化学弹药或装置，如钢瓶、毒烟罐、气溶胶发生器、布洒器、各种炮弹、航弹、火箭弹及导弹弹头等；三是用以把化学弹药或装置投送到目标区的发射系统或运载工具，如大炮、飞机、火箭、导弹等。

（二）生化武器的特点

与核武器一样，生化武器也属于大规模杀伤性武器，但生化武器又是另类特殊的大规模杀伤性武器，因为它们有着一些与核武器完全不同的特点。

生化武器的特殊性，首先表现在其作用的特点上。生化武器区别于任何其他武器的一个基本特征，是其使用目的纯粹是毁灭生命，而不是毁坏物质财富。其次，生化武器的特殊性还在于它始终受到来自道义方面的强大压力。由于生化武器巨大的杀伤力、受害者所遭受的难以忍受的痛苦，以及使用这种武器所造成的无法控制的灾难性后果，人们普遍认为它是一种不人道、不文明的战争手段。最后，生化武器的特殊性还表现在它们是被国际公约所明确禁止的一类大规模杀伤性武器。1925年的《日内瓦议定书》就已经禁止了这类武器在战争中的使用，而1972年的《禁止生物武器公约》和1993年的《禁止化学武器公约》又禁止这类

武器的发展、生产和储存，并要求彻底销毁库存的武器，而对核武器则没有类似的国际条约的限制。

（三）有关禁止生化武器的国际条约

1. 涉及禁止化学、生物武器的早期国际条约

早在 19 世纪后期和 20 世纪初，随着科学技术的进步，特别是随着化学工业的发展，人们越来越意识到把化学物质用于战争的危险，并企图为预防和制止这种危险做出一些努力。后来，鉴于 1870—1871 年的普法战争中普鲁士军队采用了各种野蛮的作战手段，俄、德、美、英、法、奥匈帝国等 15 个国家于 1874 年召开了布鲁塞尔会议。会议通过了《关于战争法规和惯例的国际宣言》（简称《布鲁塞尔宣言》）。这可以说是禁止化学武器的最早的尝试。

在此之后，在荷兰海牙分别于 1899 年和 1907 年召开了两次国际和平会议。第一次海牙会议是应俄国沙皇尼古拉二世的外交大臣米哈伊尔的邀请召开的。这次会议最重要的成果是签订了三个公约并发表了三个宣言。其中有一个就是《禁止使用专用于散布窒息性或有毒气体的投射物宣言》。这一宣言在国际社会禁止化学武器的努力中具有极为重要的意义，它是第一个正式生效的有关禁止化学武器的国际法律文书。

1907 年召开了第二次海牙国际和平会议，会议签订的《陆战法规和惯例公约》（第四公约）重申了关于特别禁止"使用毒物或有毒武器"的规定。

第一次世界大战结束后不久，召开了著名的巴黎和会。和会最主要的收获是签订了举世闻名的《凡尔赛和约》，其中第 171 条对化学、生物武器进行了明确的限制。

2. 1925 年的《日内瓦议定书》

1925 年 3 月 4 日在日内瓦举行的武器、弹药和战争工具国际贸易监控会议上，特别讨论了禁止出口窒息性、有毒和有害气体的问题，最后，就《禁止在战争中使用窒息性、毒性或其他气体和细菌作战方法的议定书》达成了协议，这就是举世闻名的《日内瓦议定书》。

《日内瓦议定书》是历史上第一个在世界范围内禁止使用化学武器和细菌作战方法的国际法律文书，具有重要的历史意义和现实意义。中国政府于 1929 年 8 月 24 日加入了《日内瓦议定书》。中华人民共和国成立后，向法国政府交存了继承书，表示"中华人民共和国承诺在其他缔约国和加入国相互执行的前提下，执行该议定书"。

3. 1972 年的《禁止生物武器公约》

第二次世界大战结束后，联合国开始关注生物武器问题。1971 年 12 月 16 日，联合国大会一致通过了 2826 号决议，决定批准《禁止细菌（生物）及毒素武器的发展、生产和储存以及销毁这类武器的公约》，即《禁止生物武器公约》。

该公约于 1972 年 4 月 10 日在伦敦、莫斯科和华盛顿开放供各国签署，并于 1975 年 3 月 26 日正式生效。

4. 1993 年的《禁止化学武器公约》

1993 年 1 月 13 日，《禁止化学武器公约》的签约大会在巴黎的联合国教科文组织总部隆重举行。

《禁止化学武器公约》的全称是《关于禁止发展、生产、储存和使用化学武器及销毁此种武器的公约》，公约的中文文本共 151 页，由序言、24 条正文和 3 个附件组成。正文规定了缔约国应承担的义务，化学武器的定义和标准，禁止化学武器组织的组成和工作方式，销毁化学武器及生产设施的时限要求，违反此公约的制裁措施以及严格的核查机制等内容。三个附件分别是《关于化学品的附件》《关于执行和核查的附件》和《关于保护机密资料的附件》，对受监控的化学品与检查程序做出了具体规定。

二、生化武器的发展简史

（一）生物武器的发展简史

现代生物武器的历史虽然不长，但利用毒物或传染病征服敌人的思想与行动却早已有之。人类历史上几次瘟疫大流行造成的灾难，以及在历次战争中军队因传染病而战败的事例，更促使将人为传染疾病的手段用于战争。随着微生物学与武器生产工艺的发展，大量生产致病微生物并装于弹药或布洒器制成生物武器成为现实。早期研制生物武器者是具有侵略性且细菌学与工业水平发达的德国。1917年德国一改过去用人工秘密施放致病微生物的办法，用飞机在罗马尼亚的布加勒斯特上空布撒染有生物战剂的水果与玩具。20世纪30年代德国进行生物武器的研究，在第二次世界大战期间，他们集中力量研究利用飞机布撒生物战剂的装置。侵华日军在我国东北建立了庞大的生物武器研制机构（731部队），以我同胞做试验，犯下了滔天罪行，并在我国长江以南的一些省份如浙江、江西、湖南等地进行细菌攻击。从20世纪40年代开始，英、美相继研究生物武器，虽然美国当时并未使用，但第二次世界大战期间美国生物武器的研究水平远远超过其他国家。50年代，美国还进行了大量利用媒介昆虫传播生物战剂的研究。从1952年开始，美军对朝鲜民主主义人民共和国和我国东北地区进行了生物战，投下了多种多样的生物弹容器，媒介动物有蝇、蚊、人蚤，还有小田鼠、羽毛和树叶等。使用的微生物有炭疽菌、鼠疫菌、霍乱菌、伤寒菌和副伤寒菌。在朝鲜和我国人民中发生了一些当地从未发生过的鼠疫、炭疽、霍乱和脑炎疾病。60年代美军也没有停止对生物武器的研究。

西方大国对化学、生物武器的研究与不断扩大试验，引起了广大人民群众及有影响的科学家的反对。1966年联合国大会通过决议要求所有国家遵守1925年的《日内瓦议定书》，不使用生物武器和化学武器。苏联研制生物武器的情况，由于高度保密，具体细节尚不清楚。一方面由于广大群众和科学家的长期反对，另一方面由于长期的研究加深了对生物武器缺点的认识，1972年美、英、苏三国签署了单独禁止生物武器的公约。

随着科学技术的发展，特别是分子生物学和遗传工程技术的飞速进展，用人工合成具有生物活性的物质以及利用基因重组技术都可能获得新的生物战剂，如合成有毒的多肽和通过基因工程利用微生物产生生物毒素，对生物武器的研究进入了新的"基因武器"阶段。而有毒多肽的合成为更多毒素的合成打下了基础，毒素毒剂成为化学战剂发展的一个方向——"生物—化学战剂"。

（二）化学武器的发展简史

化学武器一词始于近代，但在战争中使用有毒物质，却可追溯到公元前6世纪至公元前5世纪。在我国古代的公元前559年，晋、齐、鲁、宋等13国组成声势浩大的联合军团，共同讨伐秦国，并连克秦军。为扭转不利态势，秦军在泾河上游投放毒药，污染水源，致使晋、鲁等国军队因饮用河水而造成大量人马中毒，被迫退兵。在国外，大约是公元前600年的古希腊斯巴达人在与雅典人的战争中首创了"希腊火"。在公元前431—404年，他们在派娄邦尼亚（伯罗奔尼撒）的战役中，把掺杂硫黄和蘸有沥青的木片，在雅典人所占的普拉塔与戴莱两城下燃烧，强烈的带有刺激气味的有毒烟雾飘向城内，使守军深受其苦，但又无计可施。当然，古代人使用化学武器的方法是非常原始的，并且杀伤作用也极为有限。到了近代，随着科学技术的进步，化学武器才被大规模应用于战场。从第一次世界大战开始，化学武器便作为人类文明成果被加以野蛮滥用，造成了不计其数的人员伤亡，"毒气"让人谈之色变。

1915年，第一次世界大战进入了僵持阶段。4月22日，在比利时伊珀尔地区，德国军队与英法联军正在对峙。下午6时5分，沿着德军战壕升起了一道约一人高6米宽的不透明的黄白色气浪，被每秒2~3米的微风吹向英、法联军阵地。紧接着一种难以忍受的强烈刺激性怪味扑面而来，有人开始打喷嚏、咳嗽、流泪不止，有的窒息倒地。许多人丢下枪支、火炮跑出战壕，纷纷逃离战场。这就是世界上首次进行大规模化学攻击的著名的"伊珀尔毒气战"的情景。这场战役德军共施放180吨氯气，使英法联军1.5万人中毒，其中5 000人死亡，被俘5 000人，损失火炮60门。在这场历时4年3个月的漫长战争中，伤亡人数达3 000多万，而毒剂伤亡人数达130多万，占总数的4.3%，给人类带来巨大的伤害。

第二次世界大战期间，各主要交战国都准备了大量化学武器，贮备达到50万吨。德国组建了50个可发射毒剂弹的迫击炮团，共有4 800门火炮。战争后期，德国为挽救失败而企图使用化学武器时，主动权已完全丧失。苏、美等国已具有大规模的化学反击力量和完善的防护装备，德军因害怕遭到报复而未敢使用。但德国法西斯在纳粹集中营用毒气屠杀了数以万计的民众，也是千真万确的事实。1937—1945年，日本在侵华战争中，不仅在战场上大肆进行化学战，而且在占领区使用化学武器惨无人道地大量屠杀无辜民众。日本先后在我国19个省区使用毒剂2 000多次，毒剂使用量达2 000吨，造成我军民中毒伤亡近20万人。战后，侵华日军在中国领土上遗弃了约200万发毒剂弹药和约100吨桶装毒剂，继续危害着我国的生态环境和人民的生命安全。

第二次世界大战结束后，苏、美两国争先接收德国生产化学武器的设施和专家，积极研制和储存各种新型毒剂。到20世纪50年代，苏、美等国已经研制出毒性更大的V类毒剂和失能剂。1950—1953年，美军在侵朝战争中，使用化学武器超过200次，造成中朝军队2 000多人中毒伤亡。1962—1970年，美国在侵越战争中，曾把越南南方作为化学武器试验场，使130多万人中毒、3 000余人中毒死亡，同时使大片森林毁灭、农业生产遭到破坏，严重影响了生态平衡。1979年，苏联在侵略阿富汗战争中使用了化学武器，造成3 000人中毒死亡。1981年9月14日，美国证实越南在柬埔寨和老挝使用了一种被称为"黄雨"的化学武器。两伊战争可谓当代化学战最大的试验场。据可靠资料表明：伊拉克在两伊战争中共使用化学武器241次，有伤亡的为100次，造成44 000多人不幸伤亡。

三、生化武器在现代战争中的应用

（一）生物武器的使用方式

1. 爆炸型生物弹药

爆炸型生物弹药的结构与常规弹药相似，但内装炸药少。使用这类弹药难以控制生成的微生物气溶胶粒子的大小，弹药爆炸时产生的高温高压对生物战剂也有一定的破坏作用。

2. 喷雾型施放装置

（1）飞机喷雾器。利用飞机飞行时所形成的高速气流分散微生物气溶胶。这种装置结构简单，装载量大，分散时对生物战剂的破坏比爆炸方法小，能造成大面积覆盖。但必须在100～200 m的低空分散，生物战剂从空中扩散到地面时易受气象条件与地形地貌影响。

（2）喷雾小航弹。利用活塞原理或压缩空气的水力雾化法分散微生物气溶胶。这种装置能在地面分散造成多点污染源，效能较可靠，分散时对生物战剂的破坏比爆炸方法小。可造成大面积覆盖，但其装置复杂，有效装填量低。

3. 喷粉型施放装置

（1）飞机喷粉器。利用高压气体将生物战剂干粉经漏斗通至飞机外分散成气溶胶，造成大面积污染。其特点是只能喷干粉。

（2）喷粉型小航弹，如二氧化碳喷粉型小航弹、压缩气体喷粉型小航弹等。这些装置与喷雾小航弹相似，但结构相对简单，只能分散生物战剂气溶胶干粉。

4. 携带致病微生物昆虫、动物及杂物

除携带致病微生物昆虫、动物外，还常使用诸如羽毛甚至儿童玩具等杂物，以及诸如四格弹、瓷壳弹、小航弹等器材。

（二）化学武器的使用特点

1. 突然、集中地使用化学武器

主要突击对方的进攻梯队、机动兵力、部队行动的重要地域和交通枢纽，火箭、火炮发射阵地以及指挥中心、后勤设施等，在30秒到1分钟的短时间内造成半致死或杀伤浓度；让对方来不及防护或不能采取有效的防护措施，达到大量杀伤有生力量的目的。通常要造成对方有生力量50%丧失战斗力，主要使用沙林、氢氰酸等新毒剂。选用最有效的袭击兵器，如火箭、多管火箭炮和飞机等进行布撒。

2. 与各种兵器和工程障碍物结合使用

为了增强综合杀伤效果，化学武器可与核武器、常规武器配合使用，还可将化学武器与其他障碍物结合使用，以增加对方机动和排除的困难，有时也可用化学武器在对方的机动道路上造成染毒地段，突击对方的行军纵队，迫其拥挤或诱迫其进入歼敌地域，为核武器或常规武器突击创造有利条件。此种袭击多使用维埃克斯、芥子气和路易氏气等毒剂。化学武器与常规武器配合使用时，可先实施化学袭击，迫使对方离开工事或隐蔽地区，再用常规武器杀伤其有生力量；也可先使用常规武器破坏对方防御工事，然后进行化学袭击，以扩大化学武器的杀伤效果。

3. 根据不同目标选择使用

针对不同目标，正确地选用化学战剂才能达到预期目的。通常突破对方防御或扩大突破口，立即或直接杀伤对方人员，或对己方准备通过或占领的地域，使用暂时性毒剂；如需要限制对方使用或占领某些地域和军队机动以及破坏对方的设施、保障支援系统，使用持久性毒剂；如需要扰乱或降低对方的作战行为、能力，使用刺激剂和失能性毒剂，或以使用化学武器相威胁，破坏和压制对方行动，或迫使对方长时间处于防护状态，造成精神紧张失调、精疲力竭、行动迟缓。有时对一个目标同时使用几种毒剂，既用暂时性毒剂也用持久性毒剂，用来造成对方错觉，增加防护困难。

第二节 生化战剂的特性及其分类

一、生化战剂的基本特性

（一）生物战剂的基本特性

1. 生物战剂的特点

（1）致病力强，传染性大。作为生物战剂的病原体多数是烈性传染性致病微生物，其毒力大，感染剂量小，少量病原体侵入机体就可感染发病。据国外文献报道：A 型肉毒毒素的呼吸道半数致死浓度仅为神经性毒剂维埃克斯的3%；人员吸入1个立克次体，就可能引起Q热感染；在适宜条件下，1克感染Q热立克次体的鸡胚组织，分散成1微米的气溶胶粒子，就可使100万以上的人受到感染。

（2）污染范围广。现代生物战剂武器化技术可以将生物战剂分散成气溶胶，这种气溶胶在气象、地形适宜的条件下可造成大范围污染。另外，投下的带菌昆虫、动物等各种媒介物也可在相当大的范围内活动，造成大面积的污染。

（3）作用时间持久。在外界环境中多数病原体都对各种不利条件有较强的抵抗力，一般生物战剂气溶胶持续时间达到数小时，在各种物体表面能生存数天。在适宜的自然环境中，有些生物战剂可生存较长时间。如霍乱弧菌在20℃井水中，可以存活40天以上；炭疽芽孢在土壤中可以存活10年以上；带菌的媒介昆虫与鼠类，传染性可以保持数天乃至数月。

（4）传播途径多。生物战剂可以通过各种途径使人感染发病。如食入、吸入、昆虫叮咬、污染伤口和黏膜感染等。经呼吸道感染的有天花、肺鼠疫、炭疽、布鲁氏菌及Q热等；经消化道感染的有霍乱等；经皮肤、黏膜和伤口等侵入机体的有黄热病毒、委内瑞拉马脑脊髓炎病毒等。

（5）不易被发现。生物战剂气溶胶无色无味，且多在拂晓、黄昏、夜间或阴天秘密投放。所投的动物、昆虫也易和当地原有种属相混淆。而且敌人可混合使用几种病原菌，所以不易被发觉。

（6）成本费用低。培养微生物或虫媒，一般不需要十分严格的条件，所用的培养基价格也很便宜，来源广泛，容易获得。大量生产时，所需的仪器设备也比较简单。据1969年联合国化学生物战专家组统计，为了杀伤居民，若使用常规武器，每平方千米的成本费可能为2 000美元，核武器为800美元，神经性毒剂为600美元，而生物武器仅为1美元。

当然，生物战剂也有其局限性的一面，主要表现为：

➢ 受自然因素影响。生物战剂多为活的微生物，在生产、保存、运输以及在使用时都会受到一定自然条件的限制，影响其生存时间和效能。一般来说，在寒冷季节不适宜利用昆虫和小动物传播病原体；在大风或强烈阳光下或有上升气流时，不能喷撒气溶胶。

➢ 受社会因素的影响。社会制度和卫生防疫措施的好坏，对生物武器的危害作用影响很大。加强防生物战的教育和训练，改善环境和个人卫生，普及预防接种，都能大大减轻和防止生物武器的危害。生物武器并不可怕，当敌人使用生物武器时，除采取正确防护措施外，还要消除恐惧心理。

➢ 没有立即杀伤作用。生物战剂进入人体后，不会立即减弱部队的战斗力。各种病原体所致的疾病都有长短不一的潜伏期,即使是毒素,进入人体后也要经过 30 分钟以上才能发病。如肉毒杆菌毒素中毒潜伏期为数小时,而布氏杆菌病的潜伏期可长达数周。若在潜伏期内做好紧急预防措施,可以使潜伏期延长,减轻疾病的严重程度,甚至可以防止发病。因此,潜伏期较长的病原体在应用于战术目的时,就会受到一定的限制。

➢ 有反向作用。生物武器使用不当,有危害施放者本身的危险。所以敌人在未做好本身的防护以前,是不敢使用这一类战剂的。

2. 生物战剂侵入机体的途径

病原体可通过不同的途径进入人体,正是这些传染门户对生物战剂的传播起着决定性的作用,主要传染途径如下:

(1)空气传染。吸入空气中的病原体,通过呼吸器官黏膜侵入人体。如果病人或动物咳出的唾沫含有病原体,病原体悬浮于空气中,就称为飞沫传染。

(2)饮食传染。食用污染食物或饮用染菌饮用水后,病原体通过消化道进入人体。活的生物战剂在水和食物中比在空气中存活的时间更长。有时还可以在食物中繁殖,少量的生物战剂即可使水源长期污染。

(3)皮肤传染。吸血昆虫叮咬皮肤,病原体通过皮肤侵入人体。血液中的病原体可被吸血昆虫摄取,在昆虫体内病原体能长期存活,如乙型脑炎病毒和黄热病毒在蚊体内可存活 3~4 个月,有的病原体还可经昆虫的卵传给下一代。各种传染病的传染物质(病原体)都是在宿主身上繁殖,然后再传染到新宿主身上。这种传染可以是直接传染,也可以经某一物体转移,通过动物或人传染或经过中间宿主和中间媒介传播。

3. 生物战剂的战术技术要求

(1)生物战剂应当能够引起这样一种疾病,受攻击一方对此没有免疫力或该地区从来没有此类致病微生物。

(2)生物战剂诱发的疾病应有高度传染性。

(3)目前还没有疫苗,或受攻击一方不能生产预防该病的疫苗,也无特效药物治疗该病。

(4)这种致病微生物生命力强,易于繁殖。

(5)这种致病微生物,对外界环境抵抗力强,性质稳定,易于储存,易于分散成气溶胶。

(二)化学战剂的基本特性

1. 化学战剂的杀伤效应特征

化学战剂也称化学毒剂或军用毒剂(简称毒剂),是有毒化学物质中的一个小家族。各种毒物的毒害作用都是以破坏生物生命过程中的关键化学机制为基础的:毒物进入机体后,与生物大分子发生生物化学反应,从而干扰和破坏其正常生理功能。更简单地说,毒害作用是毒物分子与生物机体间化学反应的结果。毒物所作用的生物大分子称为毒物的分子靶位,毒物的毒理特性及毒性与其所作用的分子靶位之间有密切关系。

化学毒剂是具有特殊军事用途的高毒性物质,其作用靶位也是此类具有重要作用的生物大分子。化学毒剂的毒害作用取决于生物机体吸收毒剂剂量的大小。常见的剂量单位有"阈剂量""最大可耐计量""半致死剂量""半失能计量"和"半效计量"等,详见第四节。

2. 化学毒剂的基本特性

(1)化学毒剂的基本要求。化学毒剂一般来说应该满足毒性大、作用快的条件。能多途径使人中毒的化学毒剂首先应该具有很高的毒性。也就是说，不管是吸入，还是皮肤、黏膜接触少量毒剂都可以引起伤害，使人丧失战斗能力甚至死亡。其次，人在中毒后，毒剂应该在短时间内发生作用，也就是要没有潜伏期或潜伏期很短。另外，毒剂还要尽可能有多方面的毒害作用，即能对多种器官发生作用，引起复合中毒，以增加对方在防护和治疗方面的难度。

另外，还要容易造成一定的杀伤浓度或密度，并有一定的持久度。

化学毒剂应很容易用爆炸或其他方法分散成气溶胶，或靠自身挥发形成蒸气，使其在空气中的浓度达到或超过有效杀伤浓度。但毒剂的挥发度并不是越大越好，它还应该有一定的持久度，要能够在相当长的一段时间，少则数分钟、十几分钟，多则几天，在染毒地域的空气中能够维持有效的杀伤浓度。

（2）难以发现、防护、消毒和救治。毒剂不应该有易于被感觉器官察觉的特征，如颜色、气味、味道等，以增加侦察、防护、洗消和救治的难度。

（3）性质稳定，便于储存。在化学性质方而，要求毒剂不易水解，弹药爆炸时不易分解；在有利的条件下能够长期储存，不易腐蚀金属；不易被空气中的氧气所氧化。

（4）原料易得、便宜，能大量生产。毒剂的生产工艺要简单，产品纯度要高，原料来源要丰富。最好能够做到平战结合、军民结合。也就是毒剂或其前体在平时是民用产品，战时又能用来生产毒剂。

3. 化学战剂的战术技术要求

（1）战术要求：
- 毒性大，能使敌人致死或引起严重伤害；
- 有多方面的毒害作用，也就是能对各种器官发生作用引起复合中毒；
- 作用快并有迷惑效应（中毒初期无知觉也不出现症状）；
- 没有易被感觉器官察觉的特征（毒剂无色无嗅）；
- 染毒作用的持续时间长，物理化学性质和毒性搭配得当；
- 在一定的大气和地形条件下，毒剂在空气中的传播是可监测、可预知的；
- 挥发度——根据战术任务的需要，蒸发有快有慢；
- 持久度——根据战术任务的需要，染毒时间有长有短；
- 对服装、防护装具及皮肤等有良好的穿透能力；
- 不易用化学反应或物理化学的研究方法鉴别。

（2）技术要求：
- 原料立足国内，造价低廉；
- 产品纯度高；
- 对空气、水解及其他化学作用，尤其是对消毒剂的化学作用，其化学稳定性良好；
- 爆炸稳定性良好；
- 有适合战术任务的蒸气压；
- 凝固点低；
- 混溶性良好；
- 能形成稳定的气溶胶。

二、生化战剂的分类

（一）生物战剂的分类

生物战剂的分类方法较多，除按形态及病理特征分类外，一般还可根据生物战剂对人的危害程度、传染特性和潜伏期长短进行分类。

1. 按危害程度分类

根据生物战剂对人的危害程度，可分为失能性生物战剂和致死性生物战剂。一般把病死率在10%以下的生物战剂列为失能性生物战剂，如委内瑞拉马脑脊髓炎病毒、立克次体、葡萄球菌肠毒素等。这类战剂能使大批人员失去活动能力，迫使对方消耗大量的人力、物力。病死率超过10%的生物战剂列为致死性生物战剂，如肉毒毒素、黄热病毒和鼠疫杆菌等。这类生物战剂适用于攻击战略后方。

2. 按传染特性分类

根据生物战剂是否有传染性，可分为传染性生物战剂和非传染性生物战剂。传染性生物战剂，可通过病人的呼吸道、消化道等排出体外，引起健康人感染发病，如天花病毒、流感病毒、鼠疫杆菌和霍乱弧菌等微生物属于传染性生物战剂，可用于攻击敌人的战略后方。非传染性生物战剂，不能从病人体内排出传染他人，如布鲁氏杆菌、肉毒杆菌毒素等属于非传染性生物战剂，适用于攻击与己方距离较近的敌方部队、登陆或空降作战前的敌方阵地等战术目标。

3. 按潜伏期分类

生物战剂亦可分为长潜伏期与短潜伏期两类，如Q热立克次体进入人体后，要经过2~3星期方能发病，属于长潜伏期生物战剂。葡萄球菌毒素经呼吸道吸入中毒后，2~4小时即可发生症状，属于短潜伏期生物战剂。

（二）化学战剂的分类

按不同的目的，化学战剂有多种分类方法。常见的分类方法有以下两种：

1. 按战术作用分类

毒剂的战术作用包括产生毒效的快慢、对人畜的伤害程度和这些伤害持续的时间。

（1）按毒剂产生毒效的快慢，可以将毒剂分为速效性毒剂和缓效性毒剂两类。前者中毒后很快就出现中毒症状，使对方迅速致死或暂时失能而丧失战斗力。如沙林、梭曼、维埃克斯、氢氰酸等；而后者中毒后，其毒害症状通常要在1小时或数小时后（这段时间称为潜伏期）才出现。如芥子气、路易氏剂、光气等。

（2）按毒剂伤害作用的程度，可以将毒剂分为非致死性毒剂和致死性毒剂。前者除非在极高的浓度下，一般不会造成人员死亡，但能够引起躯体或神经失能，从而导致活动能力或战斗力的暂时丧失或降低。

（3）按杀伤作用持续时间，可以将毒剂分为暂时性毒剂和持久性毒剂。前者通常被分散成气雾或烟状，主要用来使空气染毒，其杀伤作用持续时间很短，一般情况下不超过1小时。如沙林、氢氰酸、光气和分散成烟状的毕兹、苯氯乙酮、亚当氏气和西埃斯等。后者使用后通常呈液滴状和微粉状，主要使地面、物体、水源染毒，部分也可造成气雾状使空气染毒，其杀伤作用持续时间较长，一般在几昼夜以上。如梭曼、维埃克斯、芥子气和路易氏剂等。

2. 按毒害作用分类

按照毒剂的毒害作用，可以将毒剂分为以下六类：

（1）神经性毒剂。这类毒剂是现今毒性最强的一类毒剂，因人员中毒后迅速出现一系列神经系统症状而得名。主要代表有沙林、塔崩、梭曼和维埃克斯等。因外军已装备的神经性毒剂都是含磷化学物质，所以又被称为"含磷毒剂"。

（2）糜烂性毒剂。糜烂性毒剂又称起疱剂，是一类接触后能引起皮肤、眼睛、呼吸道等局部损伤，吸收后出现不同程度全身反应的毒剂。主要有芥子气和路易氏剂等。

（3）全身中毒性毒剂。这类毒剂经呼吸道吸入后，能与细胞色素氧化酶结合，破坏细胞呼吸功能，导致组织缺氧，高浓度吸入可导致呼吸中枢麻痹，死亡极快。主要有氢氰酸、氯化氰等。

（4）窒息性毒剂。窒息性毒剂又称肺刺激剂，主要损伤呼吸系统，引起急性中毒性肺水肿，导致缺氧和窒息。主要有光气、双光气等。

（5）失能性毒剂。这类毒剂可以引起思维、情感和运动机能障碍，使人员暂时丧失战斗能力。这类毒剂种类繁多，美军装备的只有毕兹。

（6）刺激剂。接触这类毒剂后会对眼睛和上呼吸道有强烈的刺激作用，能引起眼痛、流泪、喷嚏和胸痛。主要有苯氯乙酮、亚当氏气、西埃斯和西阿尔。

此外，美军在侵越战争中还曾大量使用在农业上用来清除田间杂草的"除莠剂""枯叶剂"和"土壤不孕剂"等来毁坏农作物和森林，军事上被称为"植物杀伤剂"。使用这类毒剂的军事目的是毁灭对方生活基础、暴露对方目标和限制作战人员的行动。人和鸟类吸入、误食或皮肤大量接触，也会引起中毒。

第三节　典型生化战剂

一、可武器化的生物战剂

自然界中致病微生物种类有数百种，许多致病微生物曾作为生物战剂进行过研究，但其中大多数难以适应生产、武器化以及使用环境的必要要求，不能成为有效的生物战剂。据报道，美国、苏联等国重点研制的50余种生物战剂中，只有极少数的种类可以实现武器化，有实际军事价值。

武器化生物战剂亦称为标准化生物战剂，是指外军曾装备成生物弹药的生物战剂，如炭疽杆菌、鼠疫杆菌等。

（一）罕见的致命杀手——炭疽杆菌

20世纪40年代，英国在格林尼亚德岛上进行的炭疽杆菌试验揭示了炭疽炸弹的强大威力，并将其视为最有希望的生物武器填料。美军曾将其列为标准化生物战剂，代号为N（湿），TR2（干）。1998年，美国国防部长科恩曾在电视上讲解有关炭疽杆菌作为生物武器的威胁，科恩手拿一袋2.25千克重的白糖说，要袭击一个大城市，需要同等重量的炭疽杆菌即可。

炭疽杆菌芽孢的抵抗力强，在外界环境中能长期生存，在特定条件下可以存活数十年。炭疽杆菌致病力较强，人的呼吸道半数感染量是8 000~10 000个芽孢，在无防护条件下，呼吸1分钟可引起人群50%发生吸入性炭疽病。它适合于大规模布撒，如布撒炭疽杆菌芽孢气溶胶，污染水源和食物或空投带菌昆虫和杂物，人、畜均可感染，并可造成疫源地。美国1999年发表的一份报告说，如果通过生物武器成功地向空中散播炭疽杆菌，炭疽杆菌孢子可在数小时、最多一天内扩散。炭疽杆菌孢子无色无味，可以传播数千米。

炭疽是一种死亡率很高的急性传染病，尤其是吸入型炭疽杆菌的病死率高、病情急。吸入型炭疽，早期出现高热、胸痛、咳嗽、血痰、呼吸困难、脉搏急促、紫绀，迅速发生周围循环衰竭。病人可发展为炭疽脑膜炎，出现颈强直、昏迷等症状，脑脊液呈血性，多在2～3天死亡。皮肤型炭疽，病原体侵入裸露的皮肤部位（脸、手、脚、颈、肩、臂等），初为红色丘疹或斑疹，迅速变成浆液血性棕黑色血疱，数日后呈出血坏死性创口，形成黑色焦痂，创口不化脓、不痛，伴随有局部水肿扩大，附近淋巴结肿胀疼痛，常有高低不等的发热和轻重不同的毒血症。胃肠型炭疽，主要表现为腹部剧痛、呕吐、腹泻、便血及低热，呕吐物及粪便常带血，可迅速出现休克及脑膜炎症状，患者多死于休克或毒血症，全病程约2星期。

（二）黑死病祸根——鼠疫杆菌

鼠疫，特别是腺鼠疫，又称为黑死病，曾是最流行的疾病之一。据记载，1334—1351年，世界范围内流行此病，使城市人口死亡大半。

鼠疫杆菌自20世纪30年代起就被日军选为战剂。日军在侵华战争中曾使用过鼠疫杆菌进行生物战。鼠疫杆菌对人有高度感染性，估计吸入2 000～3 000个鼠疫杆菌即可使人感染发病。其感染能力与致死率均高于炭疽杆菌，并可通过多种途径传染。特别是肺鼠疫传播迅速，症状严重，死亡率高，属于烈性传染病。鼠疫杆菌可在许多实验介质中培养，如用鸡胚培养，但最好通过原宿主培养。可通过布撒鼠疫杆菌气溶胶或空投受感染的蚤类和啮齿动物造成疫源地。

鼠疫的临床症状由身体各部位的感染而表现出来，常见的有三种类型。腺鼠疫：发病急，有畏寒、高热、头痛和不安等症状。面部及眼结膜充血，走路不稳像醉酒，腋窝、颈部或腹股沟淋巴结肿大，同时有剧烈疼痛，肝脾肿大，脉搏速微，心音低弱，血压逐渐下降，常有严重的神经症状和皮肤、黏膜出血。全病程7～10天。肺鼠疫：除具有上述腺鼠疫的严重症状外，还有咳嗽、胸痛、血痰、呼吸困难、紫绀以及两肺出现轻重不等的实质性病变体征，此型鼠疫如不及时救治，病人多在1～4天内死亡。全病程2星期，病后可终身牢固免疫。败血型鼠疫：此型鼠疫无固定的病灶，然而都有严重的全身中毒症状和皮下黏膜出血，以及极为严重的神经症状，多数病人可发生继发性肺鼠疫。

（三）肠道传染病菌——霍乱弧菌

霍乱是被霍乱弧菌污染的食物和水引起的肠道传染病。自1961年起，霍乱从它的地方性流行区——印度尼西亚的苏拉威西岛传出，先在东南亚地区，以后逐渐传到欧洲、非洲以及美洲，造成霍乱大流行，许多第三世界国家连续20年受霍乱之害。

病菌致病力强，如不治疗病死率高。流行性强，易经水广泛传播，可通过空投带菌物品、食品及带菌苍蝇或污染水源造成疫源地。它在外界环境中能存活较长时间，如可在井水中存活18～51天；在牛奶中存活2～4星期；在鲜肉中存活6～7天；在蔬菜中存活3～8天。

感染霍乱弧菌后，起病突然，多无前期症状。一般可分三期。吐泻期，出现严重腹泻，大便初期为黄水样，后期为米泔样，没有臭味。排便次数增多，量大。呕吐多出现在腹泻之后，呈喷射状，随后出现腓肠肌痉挛，体温下降，脉搏细微，一天之内即进入脱水虚脱期。

这一时期患者皮肤干燥，没有弹性，两颊深凹，两眼下陷无光，声音嘶哑，神志不安，全身出冷汗，口唇和四肢紫绀，腋下体温下降至34℃左右，失音、痉挛、心音微弱、血压下降、尿少或尿闭、血液浓缩、循环衰竭。最后进入恢复期，这一时期病人大部分在脱水纠正以后，症状很快消失，逐步恢复正常，但也有少部分病人出现发热反应，昏迷或钝性头痛、呃逆、深呼吸等尿毒症症状，病程1星期左右，病后有免疫力。

（四）高传染性生物战剂——土拉杆菌

由土拉杆菌引起的疾病称为兔热病。1911年在美国土拉地区首次由发病黄鼠中分离出病原体。第二次世界大战期间，同盟国首先将它作为生物失能剂进行了研究，代号为UL，但没有装备。战后，所储备的UL被销毁。美军将其列为标准生物战剂，代号为UT1、TT（湿）、UT2、ZZ（干）。

土拉杆菌致病力强。感染途径多种多样，如：肺、腺、肠、眼及全身。潜伏期3～4天，有时短至数小时，诊断困难。病原体能大量培养，浓缩培养物在储藏期间相当稳定，耐干燥，可长期生存在外界环境中。布撒该菌气溶胶或人工感染的昆虫，秘密污染水源，可造成持久的疫源地。啮齿动物（野兔、鼠类等）及吸血节肢动物（以蜱为主，蚊）均为其自然媒介。感染土拉杆菌后，临床表现常见有五型。肺型：起病急，有高热、咳嗽、血痰、全身无力、胸痛、肌痛和背痛，严重者可出现肺实质性坏死，形成空洞或胸腔积液。腺型：起病突然，有寒战发热及全身疼痛，在细菌侵入皮肤处可见丘疹，迅速变为脓疱，并穿破形成溃疡。所属淋巴结肿大，伴有压痛，淋巴结的病变有的可迁延数月不愈，但有的病例仅有淋巴结肿大而原发病灶不明显。胃肠型：有严重的阵发性腹痛、恶心、呕吐和腹胀，发热可达4星期，一般无功能障碍；眼型：原发病灶为眼结膜炎，伴有耳及颈部淋巴结肿大，眼结膜上有小结节形成，可成为溃疡；全身型：主要为高热、头痛和肌痛，有时出现神经症状。病程2～4星期，病后有稳固免疫力。

（五）失能性生物战剂——布鲁氏杆菌

第二次世界大战结束前，美国人认识到致死性生物战剂的局限性，开始研制非致死性或失能性生物战剂——布鲁氏杆菌。它的吸引力在于死亡率低，但给受害者带来极大的痛苦。它曾被美军列为标准生物战剂，代号为US剂。

布鲁氏杆菌致病力强，人类吸入约1300个菌即能患病。它对外界环境抵抗力较强。传播途径多样，可布撒微生物气溶胶或利用空投及特务污染食物和水源。慢性患者病程持久，治疗困难，可造成战斗力的丧失。

感染本菌后发病急，症状多样，开始很类似感冒。急性期表现为发热，典型的热型为波浪热型，亦有呈弛张热、不规则热或持续性低热，但神志清醒，同时有寒战及大量出汗。全身关节痛，肌肉酸痛，睾丸肿痛，神经痛，肝、脾及淋巴结肿大等。发热一般持续2～3天，体温可逐渐下降，全身症状消失。但间隔数日可再度发热，全身症状也再度出现。如此可反复2～3次或更多。如经呼吸道感染时，可发生原发性布鲁氏菌肺炎，体检和X射线检查与结核病类似。可出现干性或渗出性胸膜炎和血痰，极易误诊。病程可迁延数月甚至数年。一般病程在3个月以内为急性期；病程存3～12个月为亚急性期；病程在1年以上转为慢性期，多为顽固性的关节或肌肉疼痛，并伴有神经症状等。病后可获得一定的免疫力。

（六）立克次体战剂——伯氏考克斯体

伯氏考克斯体所致疾病称为 Q 热。美国将其列为标准生物战剂。此种病原体在外界环境中存活时间久，对干燥、温度、日光等抵抗力很强，在玻璃、铁、木、纸、土壤、生水和牛乳中可存活数周至数年，能抵抗 22 ℃～70 ℃的温度变化 1 小时。传染性强，1 个 Q 热病原体即可使动物及人类经呼吸道受染。受染蜱体内的病原体可长期存活，并可经卵传播。通过布撒微生物气溶胶形成持久性疫源地。

感染 Q 热病原体后，多为突然起病，有畏寒及发热（2～3 天内体温可达 39 ℃～40 ℃，呈弛张型，持续 1～2 星期）。可伴有出汗、头痛（特别是额、枕部）、肌肉痛（腰部、背部肌肉和腓肠肌）、胸痛、全身倦乏及食欲不振，间或有恶心、呕吐。重症患者常出现颈背强直或神志不清，也可有肺炎、心内膜炎或心包炎等症状，肝、脾可肿大，肺部 X 射线检查，可见大小不等的单个或多发性的圆形或圆锥形病灶，肺门淋巴结肿大。在发病第 5～6 天时可有咳嗽（干咳或带有少量泡沫痰，有时带血）。

（七）最毒的天然毒素——肉毒杆菌毒素

肉毒杆菌毒素作为军用战剂研究是从 20 世纪 30 年代开始的。肉毒杆菌毒素是肉毒梭状芽孢杆菌产生的外毒素，毒素血清型分为 A～G7 型。其中 A、B、E、F 型对人有致病作用，美军曾将肉毒毒素列为标准致死性战剂，第二次世界大战后进行大量生产和储存。肉毒毒素在英国的代号为 M16。英国间谍曾使用它暗杀德国安全部门的头子海德里希，成为第二次世界大战期间特工人员使用细菌武器的最生动的例子。

肉毒毒素是目前生物毒素中毒性最强的，对人敏感的四型中，A 型最强。据报道，部分提纯的 A 型肉毒毒素干粉对人的呼吸道致死剂量约为 0.3 微克。其化学成分为蛋白质，分子量为 150 000。毒素中毒无传染性，潜伏期短，病情严重，如不及时治疗，病死率很高。毒素易大量生产，对热较稳定，煮沸 5～10 分钟才能完全破坏，毒素对乙醇稳定，但可被卤素灭活，毒素溶液在 pH=6.0，4 ℃保存，效价半年不变，冻干毒素在低温条件下可长期保存。毒素本身无嗅无味，识别困难。目前尚无特效治疗方法。可通过布撒毒素气溶胶或用各种方法污染水源和食物造成疫源地。

该病是食物中毒的一种，主要引起副交感神经系统和其他胆碱能支配的神经生理功能的损害，病人多死于呼吸麻痹。各型肉毒毒素所引起的临床症状相同。前期的症状有全身无力、严重口干、食欲减退及呕吐等。重要临床症状为双侧对称性的视力模糊、复视、瞳孔散大、对光反射消失、眼睑下垂、斜视和眼球固定。严重者有吞咽、咀嚼、发音、语言、呼吸困难，甚至失声，共济失调，呼吸浅表，心动过速，但所有病人体温均正常或稍低。病程中知觉正常，意识始终清楚，这和神经系统的其他传染病不同。病程 1 至数星期，病后可获得稳固的免疫力。

二、典型的化学战剂

（一）神经性毒剂

神经性毒剂是破坏人体神经的一类毒剂，是有机磷酸酯类衍生物，可以让神经肌肉间的连接传导失效，使肌肉持续强制痉挛，呼吸停止，最后死亡。

神经性毒剂分为 G 类和 V 类，G 类神经毒剂是指甲氟膦酸烷酯或二烷氨基氰膦酸烷酯类毒剂，主要代表物有塔崩、沙林和梭曼。V类神经毒剂是指 S-二烷氨基乙基甲基硫代膦酸烷酯类毒剂，主要代表物为维埃克斯（VX）。

G类神经毒剂的代表物沙林的化学名称为甲氟膦酸异丙酯，最早是由德国科学家在研制杀虫剂时发现的。由于这种物质挥发性强、毒性大，不适合做农药，于是便放弃了。但是，军方却发现了这种物质的新用途。沙林是一种无色易挥发液体，具有淡淡的苹果香味。其致死浓度很低，在战场上很难被察觉。由于其作用速度快，即使感到了它的存在而戴上防毒面具，往往已经中毒了。

VX、梭曼等神经性毒剂的毒性更强，致死速度更快。

神经性毒剂可通过呼吸道、眼睛、皮肤等进入人体，并迅速与胆碱酶结合使其丧失活性，引起神经系统功能紊乱，出现瞳孔缩小、恶心呕吐、呼吸困难和肌肉震颤等症状，重者可迅速致死。其解毒剂为阿托品。神经性毒剂的化学结构见表 3.3-1，主要理化特性见表 3.3-2。

表 3.3-1 神经性毒剂主要代表物的化学结构

毒剂名称	化 学 名	化学结构
塔崩（Tabum）	二甲胺基氰膦酸乙酯	$(CH_3)_2N-\overset{\overset{O}{\|\|}}{\underset{\underset{CN}{\|}}{P}}-OC_2H_5$
沙林（Sarin）	甲氟膦酸异丙酯	$CH_3-\overset{\overset{O}{\|\|}}{\underset{\underset{F}{\|}}{P}}-OCH(CH_3)_2$
梭曼（Soman）	甲氟膦酸叔己酯	$CH_3-\overset{\overset{O}{\|\|}}{\underset{\underset{F}{\|}}{P}}-OCH\underset{C(CH_3)_3}{\overset{CH_3}{<}}$
维埃克斯（VX）	S-（2-二异丙基氨乙基）-甲基硫代膦酸乙酯	$CH_3-\overset{\overset{O}{\|\|}}{\underset{\underset{F}{\|}}{P}}\underset{SCH_2CH_2N(i-C_3H_7)_2}{\overset{OC_2H_5}{<}}$

表 3.3-2 神经性毒剂的主要理化特性

名称	塔崩	沙林	梭曼	VX
常温状态	无色水样液体，工业品呈红棕色	无色水样液体	无色水样液体	无色油状液体
气味	微果香味	无或微果香味	微果香味，工业品有樟脑味	无或有硫醇味
溶解度	微溶于水，易溶于有机溶剂	可与水及多种有机溶剂互溶	微溶于水，易溶于有机溶剂	微溶于水，易溶于有机溶剂
水解作用	缓慢生成HCN和无毒残留物，加碱和煮沸加快水解	慢，生成HF和无毒残留物，加碱和煮沸加快水解	很慢，生成HF和无毒残留物，加碱和煮沸加快水解	很难，加碱煮沸加快水解
战争使用状态	蒸气态或气溶胶态	蒸气态或气液滴态	蒸气态或气液滴态	液滴态或气溶胶态

(二)糜烂性毒剂

引起皮肤起泡糜烂的一类毒剂叫糜烂性毒剂。主要代表物为芥子气、氮芥和路易斯气,其化学结构及主要理化特征见表3.3-3。

表3.3-3 糜烂性毒剂主要代表物的化学结构及主要理化特征

名称	芥子气	氮芥	路易斯气
化学名	2,2-二氯乙硫醚	三氯三乙胺	氯乙烯氯胂
结构	$S\begin{cases}CH_2CH_2Cl\\CH_2CH_2Cl\end{cases}$	$N\begin{cases}CH_2CH_2Cl\\CH_2CH_2Cl\\CH_2CH_2Cl\end{cases}$	$ClCH=CHAsCl_2$
常温状态	无色油状液体,工业品呈棕褐色	无色油状液体,工业品呈浅褐色	无色油状液体,工业品呈深褐色
气味	大蒜气味	微鱼腥味	天竺葵味
溶解性	难溶于水,易溶于有机溶剂	难溶于水,易溶于有机溶剂	难溶于水,易溶于有机溶剂
战争使用状态	液滴态或雾状	液滴态或雾状	液滴态或雾状

1886年,德国科学家在一次试验中制得了一种无色的油状液体。它具有强烈的大蒜芥末气味,被命名为芥子气。当时,他不慎在皮肤上沾了一滴,随即擦掉了,被沾染的皮肤很快起泡溃烂,最后留下了巨大的疤痕。军方得知这一消息后,经过试验发现,芥子气的化学名称为2,2-二氯乙硫醚,它与蛋白质接触后,可以引起蛋白质巯基、羟基烷基化,使蛋白质永久失去活性,从而引起皮肤黏膜变性糜烂。

芥子气在战场上被施放后,不仅可以渗透进普通的帆布军服,甚至可以透过薄橡胶防毒衣。吸入芥子气后,当时仅仅会感到皮肤发痒,流泪,咳嗽,4~6小时以后,就开始出现皮肤溃烂、失明等症状。受害者往往在数天后死亡,或者留下终生残疾。吸入其蒸气,可以引起严重的肺损伤,死亡率几乎是100%。抗日战争期间,侵华日军先后在我国13个省78个地区使用化学毒剂2 000次,其中大部分是芥子气。

糜烂性毒剂主要通过呼吸道、皮肤、眼睛等侵入人体,破坏肌体组织细胞,造成呼吸道黏膜坏死性炎症、皮肤糜烂、眼睛刺痛、畏光,甚至失明等。这类毒剂渗透力强,中毒后需长期治疗才能痊愈。

(三)窒息性毒剂

窒息性毒剂是指损害呼吸器官、引起急性中毒而造成窒息的一类毒剂。其代表物有光气、氯气和双光气等。光气中毒时,人首先感到强烈刺激,然后产生肺水肿窒息而死。光气中毒有4~12小时的潜伏期。

1812年,英国科学家将氯气和一氧化碳混合,在强光照射下合成了这种物质。光气的化学名称为碳酰氯,分子式为$COCl_2$,其在常温下为无色气体,有烂干草或烂苹果味。难溶于水,易溶于有机溶剂,中毒症状分为四期:① 刺激反应期;② 潜伏期;③ 再发期;④ 恢复期。

光气被吸入后,可以与肺泡中的水作用,生成浓度很大的盐酸。盐酸可以破坏肺泡组织,使肺泡表面活性物质失去作用，血浆即可渗入肺泡，使其失去气体交换能力，受害者最终死于窒息。最早应用的氯气也属于窒息性毒剂。窒息性毒剂最大的弱点就是怕水。所以，使呼吸气体通过碱性溶液就可以很好地破坏这种毒剂。

（四）全身中毒性毒剂

全身中毒性毒剂是一类破坏人体组织细胞氧化功能，引起组织急性缺氧，从而导致窒息死亡的毒剂。这是一类速杀性的毒剂，也称为血液性毒剂，其主要代表物有氢氰酸、氯化氢等。

氢氰酸（HCN）是氰化氢的水溶液，为一种无色易挥发液体，有苦杏仁味。可与水及有机物混溶，战争使用状态为蒸汽状，其蒸汽被吸入后，在血液中解离出氰根离子，随血液循环遍布全身，其症状表现为：恶心呕吐、头痛抽风、瞳孔散大和呼吸困难等，重者可迅速死亡。"二战"期间，德国法西斯曾用氢氰酸一类毒剂残害了集中营里 250 万战俘和平民。

氯化氢（HCl）的毒性与氢氰酸类似。氢氰酸、氯化氢都是最常用的化工原料，生产工艺简单。但其防护也比较容易，不能持久染毒，这也限制了其在现代战场上的应用。

这两种毒剂极易使空气染毒，经过呼吸道进入人体，使人中毒。中毒后，舌尖麻木，严重时很快感到胸闷、呼吸困难、瞳孔散大、强烈抽筋而死。

（五）刺激性毒剂

刺激性毒剂是一类刺激眼睛和上呼吸道的毒剂。刺激性毒剂主要有苯氯乙酮和亚当斯气等，可以强烈刺激人的眼睛和呼吸道，引起流泪、咳嗽和哮喘等刺激症状，使人员因此不能执行战斗任务，无法进行抵抗。而且，它的作用比较持久，中毒人员在脱离毒气环境数分钟甚至数天内都无法恢复正常，严重影响人员的战斗能力，但通常无致死的危险。这种毒剂一般不能引起远期伤害，中毒人员经休养基本可以恢复正常。

按毒性作用可将刺激性毒剂分为催泪性和喷嚏性两类。氯苯乙酮、西埃斯属于催泪性毒剂，而亚当氏气则属于喷嚏性毒剂。刺激性毒剂代表物的化学结构和主要物理特性见表3.3-4。

表 3.3-4　刺激性毒剂代表物的化学结构和主要物理特性

名称	西埃斯（CS）	CN	亚当氏气
化学名	邻-氯代苯亚甲基丙二腈	苯氯乙酮	吩吡嗪化氯
化学结构	$CH=C(CN)_2$ 苯环带Cl	苯环-CO-CH_2Cl	吩嗪环带Cl-As
常态	白色晶体	无色晶体	金黄色晶体
气味	无味	荷花香味	无味
溶解度	微溶于水，易溶于有机溶剂	微溶于水，易溶于有机溶剂	难溶于水，难溶于有机溶剂
战争使用状态	烟状	烟状	烟状

（六）失能性毒剂

失能性毒剂是一类暂时使人的思维和运动机能发生障碍从而丧失战斗力的化学毒剂。它是一类针对神经系统的药物，可以使神经传导发生错误，让中毒人员精神错乱，不会操纵手中武器，不辨敌友，失去抵抗能力。这种精神症状几天以后就可以消除，基本不会留下严重的后遗症。其中的主要代表物是1962年美国研制的毕兹（BZ）。毕兹中毒后，人产生幻觉，判断力和注意力减退，出现狂躁、激动、口干及皮肤潮红等症状。军方人士评价毕兹说："这是一种人道的化学武器。它可以让敌人失去战斗能力，不再对我们造成威胁，我们可以方便地俘获而不是杀死他们来解决战斗。"

毕兹的化学名称是二苯基羟乙酸-3-奎宁环酯，其化学式结构如图3.3-1所示。

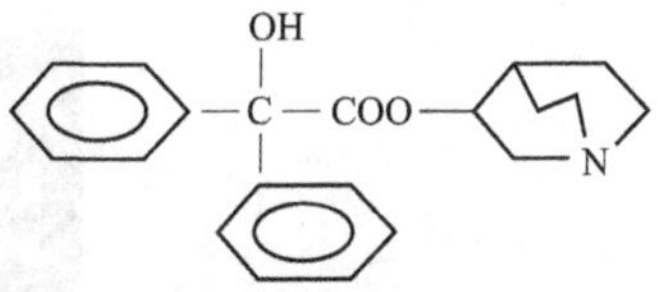

图3.3-1　二苯基羟乙酸-3-奎宁环酯的结构式

该毒剂为无嗅、白色或淡黄色结晶。不溶于水，微溶于乙醇。战争使用状态为烟状。主要通过呼吸道吸入中毒。中毒症状有：瞳孔散大、头痛幻觉、思维减慢和反应呆痴等。

（七）不针对人的化学武器——植物枯萎剂

在越战当中，越南北方和南方之间的主要交通线是位于热带雨林中的一条公路——胡志明小道。由于丛林密布，美军很难准确破坏这条交通线。于是，美军向越南农村的非军事区喷洒了4 200万升俗称为"橙色剂"的脱叶剂，不久就引起植物大量枯萎死亡，爆发的山洪多次冲毁"胡志明小道"，比空军的轰炸还要有效。

"橙色剂"实际上是一种高效除草剂，它是一种人工合成的植物激素，可以使植物迅速畸形生长，随即死亡。但其本身对人也有很大的毒性和致癌、致畸作用。"橙色剂"不但间接使100万越南人或死或病，也使参战的美军官兵身患各种后遗症。至今，喷洒过"橙色剂"地区的居民和越战美军老兵中的癌症和畸形婴儿的发生率还相当高。

第四节　生化战剂对机体的作用与毒性评价

一、生物战剂对机体的作用

如前所述，生物战剂是指能满足军事目的与使用技术要求，对人、畜造成大面积杀伤，对农作物造成大面积破坏的致病微生物以及由这样的微生物所产生的感染性物质的总称。它是构成生物武器杀伤力的决定性因素和基础。由于过去所用的生物战剂仅限于致病的细菌，所以生物武器过去也被称为细菌武器。而今天的生物战剂，除了细菌外，还可以是病毒、立克次体、衣原体和真菌等致病微生物。至于毒素，通常是指由活的生物体（微生物、动物、植物）所产生的有毒物质。它们是没有生命和繁殖能力的。就其作用特点来看，它们似乎更应当属于化学毒剂。事实上，有些毒素就已经被列入《禁止化学武器公约》之内。但从另一方面看，毒素的生产工艺又与生物战剂的生产工艺非常类似，且常常是用生物战剂的生产设施进行生产的，所以也常将毒素归入生物战剂。

细菌是单细胞微生物。它体积很小，只有用显微镜才能看到，通常以微米计算其大小（图

3.4-1）。细菌遍及整个自然界，约占微生物的 60%。细菌大体可分为球菌、杆菌和螺旋菌三种形态。球菌又可分为单球菌、双球菌、四联球菌、八叠球菌、链球菌和葡萄球菌等。杆菌又可分为短杆状、棒杆状、梭状、梭杆状、月亮状、分枝状和竹节状等。螺旋菌中，若螺旋不满 1 环则称为弧菌，满 2～6 环的小型、坚硬的螺旋菌称螺菌，6 环以上称螺旋体。一般细菌都有的构造称为一般构造，不是一切细菌都具有的细胞构造称为特殊构造。

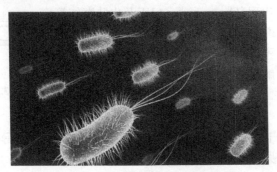

图 3.4-1　电子显微镜下的细菌

病毒是比细菌更小的微生物。普通显微镜看不到，只有在电子显微镜下才能看到。通常以纳米计算其大小。由于病毒是非细胞生物，故单个病毒个体不能称作"单细胞"。病毒粒子又称病毒颗粒。

病毒粒子的主要成分是核酸和蛋白质，核酸位于中心，蛋白质包围在核心周围，构成病毒粒子的衣壳。有些较复杂的病毒，在其核衣壳外还有一层类脂或脂蛋白。由于缺乏代谢和繁殖的酶，病毒只能在宿主细胞中生活。病毒一旦进入活细胞就利用细胞代谢过程进行复制。人类病毒传染病相当普遍，如流感、天花、乙型脑炎等，约占人类传染病的 80%。已作为生物战剂的病毒有黄热病毒、委内瑞拉马脑炎病毒和天花病毒（图 3.4-2）等。

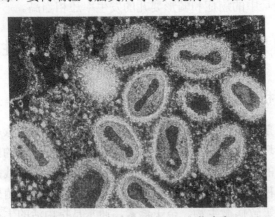

图 3.4-2　电子显微镜下的天花病毒

立克次体是介于细菌和病毒之间的一类微生物。它的形态像细菌，呈圆形，成对排列或呈杆状，其存活条件要求近似病毒。立克次体细胞大小一般为 $0.3～0.6\ \mu m \times 0.8～2\ \mu m$，在光学显微镜下清晰可见。它在一般培养基上不能生长，只能在宿主细胞中生长，大多数寄生于低等动物或节肢动物，通过蜱、虱、蚤等媒介传染给人或动物。虱等叮咬人体时，乘机排粪于皮肤上，在人抓痒之际，虱粪中的立克次体便从伤口进入血液。立克次体的致病机制主要是在宿主血液中大量增殖，同时也与它们的内毒素有关。已作为生物战剂的立克次体有斑疹伤寒立克次体和 Q 热立克次体。

衣原体是一类比病毒稍大的微生物，能在光学显微镜下看到，呈球形、堆状、链状，寄生于人、牛、羊、猪及鸟类的细胞内。衣原体有一个特殊的生活史：具有感染力的个体称为原体，它是一种不能运动的球状细胞，直径小于 0.4 μm。在宿主细胞内，原体逐渐伸长，形成无感染力的个体，称作始体，这种球状细胞，形体较大，直径达 1~1.5 μm，它通过二等分裂的方式可在宿主的细胞质内形成一个微菌落，随后大量的子细胞又分化成较小的感染性原体。一旦宿主细胞破裂，原体又可感染新的细胞。它对抑制细菌的一些抗生素和药物（如青霉素和磺胺等）都很敏感，在实验室中，衣原体可用鸡胚卵黄囊膜、小白鼠腹腔、组织培养细胞或 Hela 细胞进行培养。可作为生物战剂的有鸟疫衣原体等。

真菌，其构造比细菌复杂，是单细胞或多细胞生物，常为杆状，有的成串或长链排列，能形成菌丝和孢子。菌丝是真菌营养体的基本单位。它的直径一般为 3~10 μm。当真菌孢子落在适宜的固体营养基质上后，就发芽生长，产生菌丝和由许多分枝菌丝相互交织而成一个菌丝集团即菌丝体。真菌的孢子具有小、轻、干、多以及形态色泽各异、休眠期长和抗逆性强等特点，每个个体所产生的孢子数，经常是成千上万的，有时竟达数百亿、数千亿，甚至更多。孢子的这些特点，都有助于真菌在自然界中随处散播和繁殖。真菌广泛分布于自然界，大小不一，大的如木耳、灵芝，小的肉眼看不见。可作为生物战剂的有球孢子菌和荚膜组织胞浆菌。

细菌毒素是生物战剂的一个重要类型，主要为大分子蛋白质，是最剧烈的有毒物质，只要极少量就能使人中毒致病。其潜伏期短，致病作用快，可作为战术武器使用。已作为生物战剂的有肉毒杆菌毒素和葡萄球菌肠毒素。两者均为细菌外毒素，即细菌在生活过程中向周围环境分泌的有毒代谢产物。

二、化学战剂对机体的作用与毒性评价

作为毒剂，化学战剂对机体都有毒害作用，尽管不同的毒剂毒害机体的部位、作用机制及毒害效果千差万别，但所有毒剂和作为医药用的化学物质一样，不单是施以一种作用，而总是伴随着一系列的副作用。此外，中毒使机体迅速衰弱，以致使未受损伤的机体也出现继发性感染。毒剂的毒害作用是由化学的、物理的性质以及毒性共同作用的综合结果。就其毒性而言，与化学结构有着密切的关系。毒剂的作用程度不仅取决于毒剂的类型、剂量，而且取决于放毒方式，取决于吸收与排泄。所以，毒剂的杀伤作用是与一系列条件有关的。

（一）施毒及其方式

要使毒剂起到毒害作用，必须施放，即将毒剂从周围环境赋予体内或体表的过程。有三种施毒方式：皮肤接触，继而由皮肤吸收；引入胃肠黏膜（消化道或口服）；通过吸入，使肺部吸收。在发展新毒剂时，考虑到对皮肤的穿透作用，即经过皮肤使毒剂侵入，具有极大的意义。因为持续的皮肤防护要比呼吸道防护更困难。因此，糜类毒剂的重要意义首先在于它有极其良好的皮肤作用。吃了染毒食物，喝了染毒饮料和染毒的水，或者咽下由呼吸而染毒的唾液之后，毒剂就侵入胃肠黏膜，这种放毒方式在敌人使用破坏性毒剂时起很大作用。不论是气体还是蒸汽状毒剂或是气溶胶状毒剂，均能通过呼吸道而侵入机体。在用动物试验以测定毒剂的毒性时，也常常采取各种方式的注射施毒，如皮下注射、肌肉注射、静脉注射和

腹腔注射等。

（二）毒剂的吸收

毒剂的吸收是指从周围环境或由体内局部部位将毒剂吸收到血管，然后毒剂经血液输送到全身的各个器官和组织。并不是任何情况下都一定要经血液扩散毒物来引起毒害作用的，也能在施毒部位直接起作用，称为局部效应。局部效应和吸收效应的区别就在于：前者施毒部位等于效应部位，由施毒直接产生化学反应；后者施毒部位不等于效应部位，施毒由吸收、扩散，再产生化学反应。糜烂性毒剂对皮肤染毒时只限于产生局部中毒症状使细胞中毒，产生局部效应。但像芥子气这样的毒剂，对机体的作用也产生吸收效应。通过皮肤吸收，经细胞组织侵入血液循环系统，然后迅速扩散到全身，芥子气发生作用时出现全身中毒现象即如此。沙林与维类毒剂等有机磷化合物只出现吸收效应。

皮肤接触液体毒剂，多数出现皮肤吸收。有些蒸汽状、气状或气溶胶状毒剂也能经皮肤吸收，如氢氰酸蒸汽。具有中等溶解度，既有脂溶性又有水溶性的毒剂最容易被吸收，如芥子气、有机磷化合物以及游离状态的生物碱等。影响皮肤吸收的另一个物质特性就是化合物的分子量。分子量在 2 000 至 3 000 的大分子毒物几乎根本不能透入皮肤深处，因而不能被皮肤吸收。借助于溶剂能从根本上改变对毒剂的吸收性能。如二甲亚砜（$S(CH_3)_2=O$）可极快地透过完好的皮肤，因而可做毒剂、毒物的助渗剂。例如，添加少量二甲亚砜就能显著提高糜烂性毒剂的皮肤渗透能力。溶于二甲亚砜的 50% 梭曼溶液，皮肤致死量是纯梭曼的六分之一，即混合剂毒性提高到纯毒剂的六倍。当然，由于化学结构和物理性质的原因，不能穿透皮肤的化合物，即使添加任何溶剂也是无济于事的。改变毒剂皮肤吸收作用的另一可能途径是在毒剂或其溶液中添加表面活性剂，由此降低毒剂的表面张力，提高皮肤的润湿性，扩大毒剂与皮肤的接触面。

毒剂进入肠胃后，便会产生肠胃黏膜的吸收。通常胃不大容易吸收毒物，中毒的毒物多为小肠所吸收。脂溶性毒剂可透过胃上皮，因此，有机磷化合物、芥子气容易被胃黏膜吸收。胃黏膜吸收毒剂的先决条件是毒剂在胃液（含 0.1 摩尔盐酸）里有部分溶解，否则，即使脂溶性很好的毒剂，也不被吸收。

吸入中毒会产生毒剂的肺吸收，被吸入的毒剂仅有很小部分沉降在鼻腔和口腔中而通过黏膜吸收，绝大部分被吸进肺里而迅速进入肺泡并直接进入血液。气溶胶状毒剂，进入肺泡的决定性因素在于其微粒的大小，只有直径小于 0.5 μm 的微粒才能进入肺泡，大的微粒在上呼吸道就已被沉降了。

（三）毒剂吸收后的效应

毒剂或毒物进入血管后首先扩散，然后产生毒害作用，损伤机体导致非致命或致命后果。毒剂吸收后，在体内有一个使其浓度下降的过程，这种过程就是毒剂的排除过程。它包含两种作用：如毒剂未发生化学变化即被排除，称为排泄；若毒剂发生了化学变化，就称为生物转变。肾脏是机体最主要的排泄器官，毒剂经肾随尿排出去，也可以通过汗液排泄出去。蒸汽状毒剂还可经肺排出。许多毒剂在体内发生化学变化，这种生物转变可产生低毒或无毒化合物（消毒）。但在某些情况下也可能生成更毒的物质（重毒化）。例如，通过硫和氧的交换，把低毒的对硫磷转换为更毒的对氧磷，就是重毒化的示例。而氰离子在硫氰酸酶的作用下，转变为硫氰根离子，则是消毒的例子：

$$CN^- + S = SCN^-$$

毒剂吸收后效应，除了排除过程以外，还有重要的扩散和毒害过程，吸进血管的毒剂并不是均匀地扩散到全身各部位，而常常是主要聚积在一定的器官或组织里。毒剂在机体内的扩散与聚积，吸附过程起着明显的作用，吸附发生在界面，如细胞膜或大分子上，毒剂在作用部位必须有足够量的分子才能产生毒害作用，毒害作用的部位是体内称为"酶"的物质。酶是能起催化作用的蛋白质，是一种生物催化剂，和无机催化剂一样，加速调节化学反应的平衡。它对正常的生物化学反应是不可缺少的。如果酶受到抑制，正常的生化反应不能进行，生化过程出现失调，于是出现中毒。例如，体内胆碱酯酶是催化分解神经刺激传导时释放的乙酰胆碱的生化反应，当沙林和维类毒剂等含磷化合物对胆碱酯酶进行抑制，则上述生化反应便不能进行，体内乙酰胆碱不能分解而积蓄起来，从而产生了毒害作用。

（四）剂量与毒性

毒剂的毒害作用与吸收的毒剂量（剂量）的大小是有密切关系的。军用毒剂和毒物的毒性通常是用动物试验确定的。由于动物种类、性别、年龄以及健康状况有很大差异，所以所得数据只是近似的，而且这些数据也不能直接转换到人的身上。当然，毒物学家是有办法由此而推断出对人的近似毒性的，毒性的大小可用一系列的指标加以表达。

阈值：指毒剂作用于机体主要中毒部位时，刚好感到刺激或引起典型症状的毒剂浓度。例如，刺激性毒剂达到阈值时，开始流泪，或引起喷嚏和呕吐。糜烂性毒剂达到阈值时，皮肤泛红或明显瘙痒。有机磷毒剂如沙林，开始缩瞳即达阈值。注意阈值是用浓度单位毫克/升或毫克/米^{3}来表示的，而以作用时间 1 分钟为限。例如亚当氏气阈值为 10^{-4} 毫克/升，西埃斯阈值为 10^{-5} 毫克/升。

可耐量：人的机体能忍耐且不留永久性损伤的毒剂浓度，也是用浓度单位表示，作用时间也为 1 分钟。对于刺激性毒剂，眼睛无法睁开时或出现不可抑制的喷嚏和咳嗽时即达可耐量。可见，具有可耐量浓度时，可使人员丧失作战和活动能力。

致死剂量：侵入机体引起致命性中毒的毒剂（或毒物）的量。它以每千克体重的毫克数（毫克/千克）表示。由于致死剂是根据 50%的试验动物死亡时的剂量测定的，比测定绝对致死剂量简单，所以又称半致死剂量，以 LD_{50} 表示，而绝对致死剂量 LD_{100}，是指 100%的试验动物都死亡的毒剂剂量。由于致死剂量值在很大程度上取决于所用动物种类及施毒方法，所以一定要注明这些条件。

致死浓度：空气中的气状、蒸汽状或气溶胶状毒剂作用机体后引起致死性中毒的浓度，以毫克/升或毫克/米^{3}表示，一定要考虑作用时间。与致死剂量一样，致死浓度也是半数致死浓度。

毒害剂量：空气中气状、蒸汽状或气溶胶状毒剂的浓度与对机体作用时间的乘积。它注明中毒的情况，如致死、严重、中等或轻度中毒等。数据用（毫克/升）·分表示。毒害剂量按预期的杀伤作用，分为：90%～100%中毒人员死亡的毒害剂量（$L(ct)_{90\sim100}$）；50%中毒人员死亡的毒害剂量（$L(ct)_{50}$）；50%的人员遭中等程度中毒，不再能完成战斗任务的毒害剂量，即失能剂量（$I(ct)_{50}$）；出现初期中毒症状的毒害剂量，即临阈剂量；不引起毒害现象的剂量，即无害剂量。表 3.4-1 为常见毒剂的毒害剂量。

表 3.4-1 一些毒剂的毒害剂量

毒　剂	$L(ct)_{50}$ / [（毫克/升）·分]	$I(ct)_{50}$ / [（毫克/升）·分]
苯氯乙酮	8.5	0.005～0.01
亚当氏气	30.0	0.002～0.005
西埃斯	61.0	0.001～0.005
光气	3.2	1.6
芥子气	1.0～1.5	0.2（7天眼失明）
氢氰酸	5.0	
塔崩	0.15～0.04	0.02～0.1
沙林	0.07～0.1	0.02～0.055
梭曼	0.04～0.07	0.025
维类毒剂	0.01～0.036	0.005
毕兹	200.0	0.11

潜伏期：毒剂从对机体发生作用到出现初期中毒症状的时间，称为潜伏期。不同毒剂的潜伏期各不相同，取决于毒剂的类型、浓度、施毒方式及吸收方式。浓度越高，潜伏期越短。一般地说，吸入中毒比口服或皮肤渗入中毒潜伏期要短得多。

重复和复合中毒的特点：毒剂或毒物使机体重复中毒会加强或削弱其毒害作用。毒剂排出缓慢并重复中毒，使体内毒剂产生积累从而加强了毒害作用；提高机体的敏感性，也能加强毒害作用，称为增感作用。多次中毒会削弱毒剂的作用，称耐药（或抗药）性，这时，要有更多的毒剂量作用机体，才能产生一定的症状。

两种不同毒剂具有相同的作用，其复合作用是其毒性的相加，称增效作用；若复合作用，其毒性大于二者之和，则称为增强作用。如一氧化碳与氢氰酸合用，或一氧化碳与硫化氢合用，有明显的毒性增强作用。一种毒物被另一毒物所削弱或抵消，称对抗作用。寻找能抵消或削弱毒剂作用的药物是研究抗毒药（或称解毒药）的任务。

第五节　生化武器的防护机理

一、化学侦察的基本原理和方法

化学侦察是军队侦察的重要组成部分，是化学观察、探测、侦毒、报警和化验等概念的总称。

（一）化学侦察的基本概念

1. 侦毒

侦毒就是使用侦毒器材发现染毒，初步辨别毒剂种类，概略测定染毒程度的技术。该技术用于对遭受毒袭人员进行救护、消毒和为下风方向人员报知防护提供依据。一般包括初步判断、实施侦检和综合分析等过程。根据敌毒袭企图、方式、征候以及人员或动物中毒症状判断敌用毒种类；确定侦检点，应用侦毒器材，灵活选用侦检方法，对染毒区域实施侦检；按规定和要求对染毒区域实施侦验，按规定和要求收集染毒样品，以便化验确证；将侦检结果进行综合分析，得出正确结论。

2. 化学观察

化学侦察就是为发现敌人化学袭击、判明袭击等情况而组织的观察。用以保障受危害的部队迅速防护，以避免或减轻伤害，保持战斗力；获取估算化学袭击后果的资料，为组织实施防化保障提供依据。

3. 化学监测

化学检测就是对目标染毒时间、染毒程度及其变化情况的监测。由防化侦察分队组织实施，或由化学观察哨担负。其内容包括：判断毒袭对下风地域的影响范围，预测和发现毒剂云团到达时间；监测毒剂浓度的变化情况，及时向被保障地域人员通报，确定人员解除防护的时机，为部队组织实施化学防护提供依据。实施化学监测可使用各类侦毒、报警、遥测器材与毒剂监测仪等组成监测网，根据部（分）队配置情况建立数道监测线，对重点地区可进行补充性的定点或巡回监测。

4. 化学报警

化学报警就是向上级、下级或友邻报知敌人使用化学武器。通常分为化学预警和化学袭击警报两种。当发现敌人可能使用化学武器时预先发出的警报，称为化学预警；当发现敌人化学袭击的明显征候时发出的警报，称为化学袭击警报。

（二）化学侦察器材的基本原理

化学侦察器材的工作原理随器材类别而定。侦毒、化验器材主要采用化学方法，经采样或提取等步骤，富集空气或其他介质（如泥土、植物碎片、水等）样品中的毒剂，进行初步分离，经化学反应、电化学反应产生不同颜色或电流电压等变化。通过观察颜色或测量电流电压等变化，即可测定毒剂的种类和概略浓度。化学观察、监测和报警器材主要采用物理方法或物理化学方法对毒剂进行检测。物理方法有光学方法、电离方法等。光学方法主要利用每种毒剂具有对特征波长光选择性吸收功能的原理，测定毒剂的种类和浓度。电离方法则是利用毒剂在一定的外界能源场的作用下产生电离的原理，通过对离子碎片或总离子流的测量检测毒剂等。还有利用氢火焰激发毒剂分子发射特征波长光检测的毒剂报警器，其兼有光学方法和电离方法的特点。物理化学方法主要是利用毒剂的化学能转变为电能的原理，通过对电流的测量检测毒剂。化验器材除采用传统的化学分析方法外，已开始应用干法试剂显色、色谱、质谱和红外光谱等新技术。化学侦察器材还广泛应用压电晶体、半导体芯片、场效应管等制作毒剂传感器；利用含磷毒剂对胆碱酯酶的特殊抑制功能和单克隆抗体的特异性反应，制成适用于空气、水等各种样品的高灵敏侦毒、报警和化验器材。

（三）化学侦察器材的分类

化学侦察器材可分为化学观察器材、报警器材、侦毒器材、监测器材和化验器材等。化学观察器材用于观测化学袭击情况和毒气扩散方向。报警器材用于及时发现化学袭击并报警。侦毒器材用于发现并查明毒袭区受染毒剂种类、空气中概略浓度、毒区范围和扩散界、标志毒区边界和采样。监测器材用于连续或间断测定受染空气、水源、地面或各种物体表面的染毒程度及其变化情况。化验器材用于对各种染毒样品进行化验、验证或确定毒剂种类、染毒密度，以及分析未知毒剂的化学结构。化学侦察器材的基本结构形式有袖珍式、便携式、固定式和机动式等，分别配备到一般分队和专业分队。

二、化学防护器材的防毒原理

化学防护是在使用化学武器条件下，军队为保障战斗力而实施的组织指挥、防护措施和使用各种防化装备技术器材的总称。化学防护及其防护器材的出现与发展是随着化学武器的出现与发展日臻完善并不断发展的。限于篇幅，这里仅介绍呼吸道防护器材中的过滤部件的防毒原理。

过滤式防毒面具的滤毒罐或过滤元件统称为过滤部件，它是由炭装填层和滤烟层两部分组成，前者过滤蒸汽状的毒剂，而后者则是过滤气溶胶状的毒剂，其原理不同。

（一）防毒炭的防毒原理

防毒炭对染有毒剂蒸气的空气进行滤除起到三种作用，即物理吸附作用、化学吸着作用及催化作用。

1. 物理吸附作用

所谓吸附，是指蒸气或气体分子在固体表面凝聚或增稠的现象。被吸附物质的分子只是固定下来，并没有发生化学变化，所以称为物理吸附。蒸气或气体分子接近吸附剂的表面，几乎在瞬间发生吸附，且由于微孔对分子从多方面产生引力，所以吸附比在平面上容易得多。防毒炭对神经性、窒息性及糜烂性等大部分毒剂的蒸气都能通过物理吸附作用而实施可靠防护。防毒炭的吸附量，在蒸气浓度一定时，随温度的上升而减小。一般情况下，浓度相同，温度越低，吸附量越大。由此可知，防毒面具对易吸附毒剂的防护能力，在冬季要比夏季强得多。

2. 化学吸着作用

氢氰酸、氯化氰、砷化氢等毒剂很难被活性炭吸附，但用活性炭做载体，把化学活性物质直接加到活性炭上，既提高了活性炭对难吸附毒剂的防护能力，又不使其对易吸附毒剂的防护有很大程度的降低。所谓化学吸着就是指吸着剂或多孔物质内附加的化学物质与蒸气或气体分子起化学反应而吸着的过程。如对氢氰酸，就是靠在炭上添加铜的氧化物与之作用而达到防护目的。

$$2HCN + Cu_2O \rightarrow 2CuCN + H_2O$$
$$2HCN + CuO \rightarrow Cu(CN)_2 + H_2O$$

生成的氰化亚铜和氰化铜均为固体，被留在炭上。但产物可能分解，如：

$$2Cu(CN)_2 \rightarrow 2CuCN + (CN)_2 \uparrow$$

而铬离子能与有害的$(CN)_2$作用，生成铬的化合物，不使其随气流溜出炭层伤害人体。

由于化学吸着作用是在炭上发生化学变化，所以滤毒罐在对氢氰酸之类的毒剂吸着以后，就不能用普通方法再生。

3. 催化作用

催化剂能提高化学反应速度，而本身并不起化学变化。对一些难吸附的毒剂可利用催化作用，来弥补化学吸着的不足。如加在炭上的铬和铜的氧化物能催化氯化氰与空气中的水发生反应

$$ClCN + H_2O \rightarrow HCl + HOCN$$
$$HOCN + H_2O \rightarrow NH_3 + CO_2$$
$$NH_3 + HCl \rightarrow NH_4Cl$$

上述物理吸附、化学吸着和催化三种作用，在对毒剂蒸气的防护中是相辅相成的。如对氢氰酸和氯化氰的吸着和物理吸附作用都是存在的，只不过在不同温度下有所不同罢了。

（二）滤烟层的防毒原理

炭装填层对毒烟的防护是无能为力的，这就要靠滤毒罐中的滤烟层来发挥作用。战场上使用的烟（固体微粒）雾（液体微粒）状毒剂，原子武器产生的放射性微粒，以及由含细菌物质配制成的气溶胶，我们统称为有害气溶胶。滤烟层为什么能过滤这种气溶胶呢？先来了解一下气溶胶的特点，从而可知滤烟层过滤气溶胶的原理。

气溶胶是由固态或液态微粒分散于空气中所构成的分散体系。其微粒的大小远远大于蒸气和气体分子，无论体积还是质量，差别都很悬殊，故运动特点也各有差异。核爆炸的放射性下落尘灰，其微粒呈圆形或椭圆形；地爆形成的放射性灰尘，微粒半径在几微米到几千微米；空爆时的灰尘从几微米到几十微米，小于 $10\ \mu m$ 的占70%左右。战场上用各种方法造成的毒剂气溶胶，通常毒烟的微粒半径为 $0.08\sim 1.0\ \mu m$，数量最多的是 $0.1\sim 0.5\ \mu m$。毒雾的微粒比毒烟要大，通常遇到的是几十到几百微米。活的病菌大小是百分之几微米到数微米（$0.01\sim 5\ \mu m$）。但病毒只能在配剂中生存，它们要造成气溶胶状态使用，此时其微粒接近毒烟大小。

气溶胶微粒处在不断的无规则运动状态，这种运动是由于气溶胶微粒周围的空气分子呈不规则的热运动对微粒进行碰撞所引起的布朗运动。因此，气溶胶微粒是按照一般扩散规律扩散的，它在单位时间内扩散移动的距离与微粒的大小有直接关系。半径为 $0.1\sim 0.5\ \mu m$ 的微粒，在与气流相垂直的方向上，每秒移动 $0.01\sim 0.02\ mm$。这比过滤部件滤料间的空隙小得多。所以在气流通过装填层不足 1 秒的时间内只有极少数微粒碰撞到炭粒上而被阻留，多数微粒将穿过装填层。这就是炭装填层不能防气溶胶的原因。

滤烟层过滤气溶胶不是机械的筛滤作用，要使气溶胶微粒被阻留在滤烟层上，必须具备两个条件：第一，微粒在气流中通过滤烟层的时间内，应来得及达到纤维的表面；第二，微粒接触到纤维后，应停留在纤维上不再被气流带走。那么，气溶胶微粒是怎样接近滤烟层表面的呢？一是微粒靠布朗运动从气流中扩散到纤维表面。微粒越小，扩散迁移距离越大，就容易到达纤维表面。这种原因造成的阻留作用，叫扩散沉积。二是气溶胶微粒是有一定重量的，比气体分子约重 1 000 倍，在通过滤烟层时，要经过弯弯曲曲的孔道。此时微粒就可能因惯性作用离开气流而接触到纤维表面被阻留。微粒越大其惯性越大，就难于随气流不断改变前进的方向，即越容易因惯性作用到达纤维表面被阻留。这种阻留作用叫惯性沉积。

因此，滤烟层过滤气溶胶微粒是由于扩散沉积和惯性沉积作用，即扩散沉积作用对过滤较小的微粒起决定性作用，惯性沉积对过滤较大的微粒起决定性作用。铀的裂变产物中有金属、非金属和稀有气体。放射性稀有气体对空气直接沾染，它们占裂变产物的45%。而装填层吸附放射性稀有气体是极其困难的。但是，由于爆炸后产生的稀有气体绝大部分迅速上升到大气层的上层，仅有小部分留在近地面层的下层。实验证明：这些气体实际上不能造成对人员的危害。除放射性稀有气体外，大气中还有碘和溴的同位素以及它们的挥发性化合物，装填层对这些物质均能很好地吸附，而达到有效防护的目的。

三、洗消原理与方法

洗消是指对受污染对象采取消毒、消除沾染（去污）和灭菌的措施。亦即从表面上去掉放射性物质，使毒剂变成无毒和消灭病原体。

洗消在化学战出现后就成为各国的普遍措施，它与防护、侦察等防护手段共同筑成了核生化防御的坚固屏障，大大削弱了核生化武器的杀伤力，被喻为生化战剂的克星。

（一）生物战剂的灭菌方法及处理

生物战剂可使人、畜感染致病，甚至死亡。生物战剂主要是通过呼吸系统进入体内，还能通过眼结膜、损伤的皮肤和黏膜传染，饮用污染的水、食物等经消化道侵入体内致病。战场环境下必须对受染对象实施及时的消毒灭菌处理，切断导致人员致病死亡的渠道，通常把对生物战剂的消毒措施统称为灭菌。但从整体上讲，与化学毒剂的洗消原理和方法类似，通常采用的灭菌方法有化学法和物理法。

1. 化学灭菌法

化学灭菌法是通过向受沾染对象喷洒灭菌剂，灭菌剂能杀灭体外环境中的各类生物战剂。生物战剂的种类很多，有细菌、毒素、病毒、衣原体、立克次体和真菌等。由于种类不同，其耐受消毒剂的能力也有不同，炭疽杆菌芽孢的抵抗力是生物战剂中最强的一种，通常以能否杀灭炭疽杆菌芽孢为生物战剂灭菌剂的标准。氯化氧化型消毒剂、甲醛溶液、环氧乙烷等对生物战剂都有很好的灭菌效果，对于不同的染毒对象可采用不同的消毒灭菌剂。

对于无防护或不可靠防护状态下，暴露于生物战剂气溶胶扩散、沉降区域的人员，灭菌方法是用个人消毒包擦拭，对于非芽孢生物战剂，可用 3%～5%煤酚皂溶液或 0.05%新吉尔灭擦拭；对肉毒毒素可用皮肤能耐受的碱性溶液擦拭；对于芽孢生物战剂，可使用 0.5%次氯酸钠溶液冲洗，暴露部分使用该消毒液冲洗 10～15 分钟；对暴露于生物战剂气溶胶扩散、沉降区域的军马、军犬以及其他牲畜的洗消，使用的药剂和方法与人员相同，也可使用 1%福尔马林溶液或 1%氢氧化钠溶液进行喷雾或洗刷消毒，使用消毒液要防止进入眼和耳内。眼睛可用生理盐水、3%硼酸溶液冲洗。

对于武器装备则使用 5%的次氯酸钙溶液，消毒时间人约为 30 分钟；也可用高压水或洗涤剂水将武器装备上的生物战剂冲洗下来，然后对收集的废液或地面上的污染进行处理。

对于地面上的生物战剂消毒是非常耗时和昂贵的，在迫不得已的情况下才进行消毒，可以使用 1%～5%的漂粉精（三合二）或甲醛溶液喷洒。例如格林纳达岛在 1943 年感染了炭疽杆菌，岛上土壤中的炭疽孢子一直保持着毒性，1987 年采用每平方米喷洒 50 升的 5%甲醛溶液成功实施了消毒。在大地震过后，为了防止瘟疫流行，也要向震区喷洒漂粉精干粉或溶液。

对于房间、室内、车辆内部、衣物等的消毒可采用甲醛、过氧乙酸和环氧乙烷熏蒸法。

2. 物理灭菌法

物理消毒灭菌包括加热、煮沸、通入热蒸汽以及紫外线照射等方法。热蒸汽比热空气消毒效果好，对于微生物完全消毒，用 160 ℃干燥热空气消毒需 2 小时，而用水蒸气在 121 ℃、100 千帕的外压下就可以把消毒时间降到 20 分钟，这种方法也称为高压灭菌，需要使用特定的设备。大部分生物战剂（除了孢子真菌和病毒）用水煮沸 15 分钟后就能被杀死，因此一般用煮沸法处理沾染生物战剂的服装、防护器材。用 80 ℃～85 ℃的含有合成洗涤剂的水洗涤纤维织物和衣服也是非常有效的消毒方法。紫外线辐射法是消除细菌的好方法，太阳光中的紫外线对生物战剂有一定的消毒作用,日常生活中的紫外线消毒柜就是这个原理。

(二)化学战剂的洗消原理与方法

1. 化学战剂的消毒原理

根据毒剂分子结构在洗消过程中是否受到破坏与变化,可区分为化学反应型消毒原理和物理型消毒原理。

(1)化学反应型消毒原理。消毒剂与毒剂发生化学反应,破坏毒剂的化学结构而使之失去或降低毒性,通常用于消毒的化学反应有亲核反应(如水解)、亲电子反应(如氧化、氯化)、热分解(如高温分解)、催化反应(如酶催化、金属离子催化)、光化学或辐射化学降解。

运用化学反应原理进行消毒一般都比较快速彻底。但化学反应受温度影响较大,温度越低,反应速度越慢,在严寒地区消毒,往往因消毒剂冻结及反应速度慢而难以使用。

(2)物理型消毒原理。消毒剂或其他消毒介质(如热空气、高压水)不与毒剂发生化学反应,即在洗消过程中不破坏毒剂的分子结构,只是通过溶洗、吸附和蒸发等作用将毒剂从染毒表面除去,通过这种原理进行消毒一般都只能将毒剂从染毒表面转移,俗称"搬家",对转移到地面上的毒剂需用化学反应型消毒剂进一步消毒处理。对毒剂的物理消毒简单而有效,突出特点是通用性好,消毒时可不考虑毒剂的化学结构;像吸附消毒,使用效果不受温度限制,在 $-30\,℃$ 以下作用良好;对于精密装备,不能使用有腐蚀性的化学消毒剂,而热空气吹扫和有机溶剂冲洗等都是非常有效的物理方法。因而物理消毒原理使用更为普遍。

2. 毒剂的消毒方法

从受染对象上清除毒剂和生物战剂的措施称为消毒方法。消毒方法有多种,按其消毒原理可分为化学消毒法和物理消毒法。按其作业方式,分为喷刷消毒法、喷洒消毒法、擦拭消毒法、溶洗消毒法、吸附消毒法、煮沸消毒法、火烧消毒法、热空气消毒法、燃气射流消毒法、机械消毒法和自然消毒法等。具体采用哪种消毒方法,主要取决于染毒对象、作战环境和洗消装备的洗消能力。

复习思考题

1. 什么是生化武器?生化武器有什么特点?
2. 有关禁止生化武器的国际条约有哪些?
3. 生物武器有哪些使用方式?
4. 化学武器有哪些使用特点?
5. 生物战剂有哪些特点?生物战剂侵入机体的途径有哪些?
6. 生化战剂如何分类?生化战剂的战术技术要求是什么?
7. 可武器化的生物战剂有哪些?典型的化学战剂有哪些?
8. 化学侦察器材的基本原理及分类是什么?
9. 简述生化战剂的洗消原理与方法。

第四章 军事航天技术的理化基础

航天是指人类及人造天体在地球大气层以外宇宙空间的航行活动。**航天技术**又称**宇航技术**或**空间技术**，是一门探索、开发和利用太空以及地球以外天体的综合性工程技术。它是将科学理论应用于航天器和运载器的研究、设计、制造、试验、发射、飞行、控制和管理等工程实践的一门高度综合、极端复杂的工程技术，是现代科技中最重要的高新技术之一。通常将航天技术划分为航天运载器技术、航天器技术和测控技术三大组成部分。现代航天技术涉及数学、物理学、化学、天文学家、地球科学、力学和生物学等各门基础学科以及喷气推进技术、控制技术、能源技术、通信技术、光电子技术、微电子技术、计算机技术、材料技术、设计和制造技术、测试和试验技术、遥测与遥控技术、环境控制技术、信息处理技术以及生命保障技术等现代工程技术的各个领域。它的应用更是涉及国防军事、导航定位、广播通信、地质勘探、大地测量、环境监测、天文气象、防灾抗灾、农林开发等诸多重要领域。因此，航天技术发展水平是衡量一个国家科学技术水平和国防现代化水平的重要标志之一，是国家战略防卫能力的重要支柱和保证，在国家综合实力的构成要素中，占据着非常重要的地位。本章主要介绍航天技术的一般概念和火箭飞行基本原理、火箭发动机和推进剂的化学性质以及飞行器的飞行轨道，并对军用卫星的分类、用途和特点做一简要介绍。

第一节 军事航天技术概述

军事航天技术是以军事应用为目的进行太空探索、开发和利用的一门综合性工程技术。航天技术与装备大多是军民两用的，与军事有着天然的联系。迄今世界各国共发射了 5 000 多个航天器，其中 70%用于军事目的。军事航天技术以航天运载技术、航天器技术和航天器测控技术等三大技术为基础，主要包括战略弹道导弹技术以及借助于部署在太空的各种遥感器和观测设备、通信设备以及武器系统等，执行侦察与监视、弹道导弹预警、军事通信与导航、气象观测、大地测量、反卫星与反弹道导弹等军事任务的技术。军事航天器主要是指为军事目的服务、在地球外层空间按天体力学规律运行的各类航天器，包括军事卫星和军用载人航天器、军用空间站等。

今天，航天技术已经把战争的触角延伸到地球外层空间，使之成为继陆地、海洋和空中之后的第四维有形战场。美国、俄罗斯等国大力发展军事航天技术和空间武器，加紧建设攻防兼备的太空作战力量。军事专家预测，太空是夺取未来战争胜利的战略制高点，未来的非接触战争将很可能以军事航天技术为核心，建立全球侦察—打击一体化系统，引导陆、海、空、天各种武器平台进行远距离精确打击，运用反卫星和空间作战飞行器干扰、破坏、摧毁敌方军事航天器，争夺制天权。在新时期，我军把战略预警、军事航天、防空反导、信息攻防、战略投送、远海防卫等新型作战力量作为国防建设的重点。这些新型作战力量是确保海洋、太空和网络空间安全的基本手段，它们都与航天技术密切相关。

一、航天技术的发展

人类飞向太空、开发和利用太空的理想，和人类历史一样久远，在我国民间广为流传的嫦娥奔月神话正是这种美好愿望的生动体现。但是，这一理想只有在火箭技术有了长足进步之后才成为现实。20世纪初，俄罗斯科学家齐奥尔科夫斯基、美国科学家戈达德和德国科学家奥伯特等航天先驱，开始了航天领域的理论研究和试验探索，为现代航天技术的发展奠定了基础。"二战"后期，纳粹德国率先研制成功V1巡航导弹和V2弹道导弹。战后，美、苏两国在德国导弹和火箭技术的基础上，发展了各自的远程战略导弹和运载火箭，开始了航天领域的激烈竞争。

1957年10月4日，苏联发射了世界上第一颗人造地球卫星——"人造卫星1号"，标志着人类进入了航天时代。

1961年4月12日，苏联航天员加加林驾驶的世界第一艘载人飞船"东方"号进入太空，绕地球运行108分钟后安全返回地面，揭开了载人航天时代的序幕。

1969年7月20日，美国"阿波罗"飞船实现了人类首次载人登月飞行。

1971年4月和1973年5月，苏联和美国分别发射了各自的试验性航天站——"礼炮1号"和"天空实验室"。

1981年4月美国航天飞机"挑战者"号首次试飞成功，航天技术的发展随即进入了以运载火箭和航天飞机的结合为新方向、以近地空间实用开发为特点的新时代。但30年后，2011年7月20日，随着"阿特兰蒂斯"号航天飞机返回地球，由于成本和安全风险等原因，美国宣告终止了航天飞机项目，转而研究开发可回收利用的运载火箭技术。

人类已经开始以研究太阳系其他行星为目的的深空之旅，突破太阳系的星际航行正在探索之中。1977年9月5日美国发射了"旅行者1号"（Voyager-1，重约815 kg）太空探测器，经过37年的航行，北京时间2014年9月13日2时，美国航空航天局（NASA）宣布，"旅行者1号"已经离开太阳系飞向别的恒星，成为第一个进入星际空间的人造飞行物，是人类航天史上一个极具纪念意义的里程碑事件。

据不完全统计，1957年以来，全世界已发射了5 000多个航天器，其中包括载人飞船200余艘，把800余名航天员送上太空。航天事业是20世纪人类科学发展史上最为壮观的事业，集中体现了人类科技创新的成果。航天技术的发展，有力地促进了人类生产力和生活方式的变革，推动了经济发展和文明进步，给人类社会带来了无限美好的前景。

二、航天器的分类和特点

航天器是在大气层外空间运行的飞行器的总称。按照是否载人，可分为无人、载人航天器两大类。无人航天器按绕地球运行和脱离地球引力运行又可分为人造地球卫星和空间探测器两类。载人航天器则有载人飞船、空间站和航天飞机等类型。根据任务用途不同，对航天器还可如图4.1-1所示进行分类。

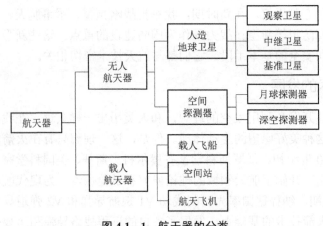

图 4.1-1 航天器的分类

人造地球卫星简称卫星，是目前数量最多的航天器。按其应用目的又可分为观测卫星、中继卫星和基准卫星等种类。观测卫星的任务是对地面、空中或空间目标进行观察，如侦察卫星、地球资源卫星、天文卫星、气象卫星、预警卫星和科学探测卫星等。中继卫星是空间无线电信号"接力站"，转传地球上不同地点之间的电话、电报、电视、传真以及互联网数据等，有通信卫星、跟踪测控卫星、数据中继卫星和直接广播卫星等。基准卫星的任务是为船舶、飞机导航，同时作为大地测量和目标定位的基准点，如导航卫星、测地卫星和全球定位系统卫星等。

空间探测器按探测对象可分为月球探测器和深空探测器，后者有行星和行星际探测器。

载人航天器按飞行和工作方式分为载人飞船、空间站和航天飞机。载人飞船是能保障航天员在外层空间生活和工作，执行航天任务并安全返回的航天器。空间站又称航天站，是长期在空间轨道运行，可供多名航天员巡访、长期工作和居住的航天器。航天飞机是可重复使用、往返于地面和近地轨道或空间站之间运送有效载荷的飞行器。

三、军事航天器的应用及其对现代战争的影响

（一）军事航天器的应用

军事航天技术的发展，使军事侦察、通信、测绘、导航、定位、预警、监视和气象预报等能力空前提高，其应用主要包括航天监视、航天支援、航天作战以及航天勤务保障等方面。**航天监视**是指利用航天器监视范围大、不受地理条件限制、可定期重复监视某个地区、可以较快地获得其他手段难以得到的情报等优势，通过航天器的侦察探测设备对目标进行监视，包括照相侦察、电子侦察、导弹预警、海洋监视和核爆炸探测等。**航天支援**是指支援地面和空中军事活动以增强效能，包括军事通信、军事气象观测、军事导航和测地等。以上两方面均已得到广泛应用，并且随着科技的发展，其能力迅速提高。

航天作战是指利用航天器载定向能武器或动能武器，攻击、摧毁对方的航天器及弹道导弹等目标，或者由载人航天器的机械臂、太空机器人或航天员，直接破坏或擒获敌方的军事航天器。这一方面的技术尚处于初期研究和试验阶段，已能做到利用截击卫星接近对方卫星，采取自爆或撞击方式达到攻击、摧毁的目的。**航天勤务保障**是指在太空利用航天器实施检测、维修，加注推进剂，更换仪器设备、备用件以及其他消耗器材，组装、建造军事航天器等的

活动。这一方面的技术目前尚处于探索阶段。

（二）军事航天器对现代战争的影响

军事航天器的发展和应用为军事活动提供了新的领域，极大地提高了军队的综合作战能力。从近期发生的几场高技术局部战争可以看出，现代战争与军事航天器的联系越来越密切。军事航天器对现代战争的影响将是广泛而深远的。

1. 提高了作战的时效性，增强了作战保障能力

军事航天器在距地球表面几百千米乃至数百万千米的空间运行，不受国界、地理和气候等条件的限制，其视野非常开阔。正是由于具有这些特点，军用卫星已被广泛用于侦察获取各种信息，这是地面观察和空中侦察无法比拟的，使得作战保障能力和水平空前提高。

（1）实时化的全球情报侦察能力。现代作战对情报的要求在数量和质量上都发生了很大的变化，对时效性的要求越来越高。侦察卫星和载人航天器的迅速发展和广泛应用，恰好可以满足实时获取高质量军事情报的需要。

（2）快捷可靠的信息传递能力。与其他通信方式相比，卫星通信具有通信距离远、传输容量大、覆盖区域广、通信质量好、经济效益高等诸多优点，已成为现代通信的重要手段。尤其是卫星通信的多址灵活性和移动性，在军事指挥上更是具有特别重要的意义。

（3）高精度的全球导航定位能力。对战场上各类目标的精确定位是实施作战的重要基础。由于战场上的作战目标种类繁多、性质各异，对目标进行精确定位十分复杂。卫星导航定位，具有精度高、全天候、全球覆盖和用户设备简便等优点，军事意义非常重大。

（4）抢占先机的战略预警能力。与地面远程警戒雷达相比，预警卫星位置高，覆盖范围广阔，可以克服地球曲率对直线传播的无线电波的限制，尽早发现远方甚至地球背面的目标活动情况。敌方导弹一旦发射并进入主动段飞行，星载红外探测器一般能在 60～90 s 测出导弹尾焰的红外辐射信号，同时利用高分辨率电视摄像机跟踪目标，3～4 min 便可将预警信息传到指挥中心，可有效增加宝贵的预警时间。

2. 增添了全新的太空战场，拓展了战争空间

由于多种军事航天器的大量部署和广泛应用，太空战场的重要性日益突出，对太空的控制权（制天权）已经影响到整个战争行动。现代作战离不开太空战场和军事航天器，谁能控制太空，谁就有可能在战争中夺取主动权。

3. 天战正在登上战争舞台，将改变战争形态

在未来的信息化战争中，制信息权越来越占据主导性地位，而制天权恰恰是争夺和保持制信息权的制高点。在所有作战节点中，军事航天器占据了最高的空间位置，是信息获取、传输、分发和加工的重要渠道，并成为最重要的信息节点和军队整个信息流程的关键环节。对军事航天器的攻击和破坏，也自然成为战争的重要内容。所以，除了传统的航天侦察和航天保障等支援行动之外，我们还将会见到真正意义上的天战，对军用卫星的物理摧毁和软杀伤将成为作战行动的重要内容；而从太空向地面、海上、空中和空间军事目标发起攻击，也不再是一种想象。

四、军事航天技术的未来发展趋势

在 21 世纪，太空将进一步成为国家安全和国家利益的"重心"。大力发展军事航天技术，夺取和保持太空优势地位，是 21 世纪世界和地区性强国所追求的重要目标。

（一）军用卫星系统以直接支援部队作战为主

为适应21世纪信息化战争的需要，军用卫星系统的发展与应用正从战略向战术层次延伸与扩展。世界主要航天大国将建成满足战略和战术应用要求、以战术应用为主的军用卫星系统，提高直接支援部队作战的能力。目前，美军正加速发展各种新型军用卫星系统包括天基红外导弹预警卫星系统、未来成像结构（FIA）侦察监视卫星系统以及全球广播服务（GRS）系统和先进的极高频军用通信卫星系统等，着眼于提高直接支援部队作战的能力。

（二）军用卫星系统将逐步向网络化方向发展

未来的军用卫星系统将朝网络化方向发展，部署在不同轨道、执行不同任务的航天器及其相应的地面系统将联结起来，并与陆、海、空中的相关系统组成一体化的C^4ISR体系，从而夺取信息优势。美国准备到2025年建立功能完善、攻防兼备的"空间网"。俄罗斯也提出要建立由115颗卫星组成的、通过星间链路将侦察与通信融为一体的"多功能卫星通信与远程地球监视系统"。

（三）发展更加实用的小型卫星和更加经济的运载工具

小型卫星以其发射机动灵活、快速反应能力强、成本低等优点获得各航天大国的青睐。美国还计划研制纳米卫星，使其在轨道上编队运行，用以取代昂贵的大型卫星，执行各种航天任务。

（四）建立更加完备的载人航天体系和天军

航天大国正在部署建立完备的航天飞机（空天飞机）——空间站——载人飞船三位一体的载人航天体系，并将形成一支可用于控制外层空间、夺取制天权的部队——天军。

（五）军事航天活动将向多极化方向发展

随着航天技术的发展与成熟，航天体系与其他各种武器系统的配合越来越紧密，航天体系的战术作用日益提高。据分析，全球将有超过50个国家拥有自己的航天体系。少数大国垄断军事航天领域的局面将被打破，军事航天体系将呈现多极化的格局。

五、中国航天事业的伟大成就

2016年4月24日，在我国首个航天日到来之际，习近平指出："探索浩瀚宇宙，发展航天事业，建设航天强国，是我们不懈追求的航天梦。"始创于1956年的中国航天事业，经过60年的发展，已经具有独立制造和发射各种地球卫星和深空探测器的能力，走出了一条投资少、效益高、有中国特色的航天路，技术水平跻身世界航天先进行列，在开发利用空间资源、加强国防建设、促进国民经济发展和开展科技活动等方面发挥了重大作用。中国航天事业的发展是我国高新技术发展的一个缩影，对提高我国的国防科技水平和国际威望产生了重大影响。

（一）建立了一支优秀的航天科技人才队伍

1956年，在党中央和毛泽东等老一辈无产阶级革命家的亲切关怀下，以钱学森等为代表的一大批科学家，心怀壮志，肩负重担，开始了我国导弹、航天事业的艰难创业。经过几代科技人员的艰苦奋斗，我国已经建立了一支比肩世界的优秀航天科技人才队伍，形成了包括科研院所、企业集团、发射基地和科技生产队伍完整配套的航天科技和工业体系。

（二）成功研制多种型号系列运载火箭

运载火箭是航天技术的关键。可以说，运载火箭能力有多大，航天舞台就有多大。从1970年"长征一号"运载火箭首次发射成功到目前为止，我国已经研制成功多种不同型号的长征系列运载火箭，为把各种航天器送入太空提供了可靠保证。在刚刚过去的"十二五"期间，我国共发射 86 箭 138 星，发射成功率 97.7%，创造了世界最高航天发射成功率。其中 2015 年共发射 19 箭 45 星，成功率达到 100%。

2015 年 9 月 20 日 7 时 1 分，"长征六号"运载火箭在太原卫星发射中心升空，将随身携带的 20 颗卫星以"天女散花"的方式送入太空。这是我国长征系列运载火箭家族新成员——"长征六号"的首秀。发射任务的圆满成功，标志着我国发射技术和火箭与卫星分离技术上的新突破，不仅创造了中国航天一箭多星的新纪录，也标志着我国在无毒无污染运载火箭领域的关键技术取得重大突破。

2016 年 6 月 25 日，我国新一代中型运载火箭"长征七号"在海南文昌航天发射场发射成功。"长征七号"采用液氧煤油发动机，具有无毒无污染、低成本、高可靠等特点，起飞质量 597 吨，近地轨道能力可达 13.5 吨，是未来新一代运载火箭的主力型号。

2016 年 11 月 3 日，大推力运载火箭"长征五号"首飞成功。"长征五号"是重型运载火箭，俗称"大火箭"，其直径达到 5 米，运载能力是我国现役火箭的 2.5 倍，近地轨道运载能力为 25 吨级，达到国际先进水平。这些新型运载火箭技术的突破，实现了我国航天动力从常规到绿色的巨大跨越，对于完善我国运载火箭型谱、提高火箭发射安全环保性、提升空间能力具有重要意义。

（三）成功研制了各类人造地球卫星

1970 年 4 月 24 日，我国第一颗人造地球卫星"东方红一号"发射成功（见图 4.1-2），开创了中国太空时代的新纪元。这是 20 世纪震动世界的一件大事，标志着一个东方大国的崛起。为了纪念这一历史壮举，中国确定自 2016 年起，每年 4 月 24 日为中国航天日。60 年来，我国卫星研制水平和发射能力日新月异，共研制并发射了 100 多颗各种人造卫星，形成了五大卫星系列：返回式遥感卫星系列；"东方红"通信广播卫星系列；"风云"气象卫星系列；"实践"科学探索与技术试验卫星系列和"资源"地球资源卫星系列。

一些重大航天工程取得突破性进展，各类应用卫星的数量和质量均大幅提升。我国"高分辨率对地观测系统"已经得到应用。1992 年开始建设的北斗卫星导航系统（见图 4.1-3），截止到 2015 年年底已有 20 颗在轨卫星，实现了对亚太地区的全覆盖。到 2020 年左右，将建成由 35 颗卫星组成的全球导航系统，成为全球四大导航系统之一。

图 4.1-2 我国第一颗人造地球卫星"东方红一号"

图 4.1-3 北斗卫星导航系统

2015 年 12 月 17 日凌晨，我国首颗天文卫星——暗物质粒子探测卫星"悟空"在酒泉卫星发射中心发射升空。暗物质被比作"笼罩在 21 世纪物理学天空中的乌云"，从未被直接观测到。科学家估算，宇宙中包含5%的普通物质，它们组成了包括地球在内的星系、恒星、行星等发光和反光物质，其余95%是看不见的暗物质和暗能量，但目前人类对暗物质的认知基本上还是一片空白。"悟空"的任务就是去太空寻找暗物质存在的证据。据了解，"悟空"是世界上迄今为止观测能段范围最宽、能量分辨率最优的空间探测器，它的观测能段是国际空间站阿尔法磁谱仪的10倍。

进入2016年，中国航天迎来新一轮发射高峰。除继续发射北斗导航卫星等各种应用卫星外，还于8月16日成功发射了世界上第一颗量子通信科学实验卫星"墨子"号，11月10日成功发射世界首颗脉冲星导航试验卫星（XPNAV-1）。

（四）高标准建设了完整的航天发射和测控体系

1958年以来，我国先后建成酒泉、西昌和太原三个具有世界先进水平的卫星发射基地。2016年6月25日"长征七号"首发成功，标志着我国在海南文昌建设的技术水平更高的第四个航天发射场投入使用。此外，我国的航天测控体系建设也位于世界领先地位，已经建成遍布全国的陆地测控站和7艘"远望"号远洋测量船，形成了覆盖全球的航天测控网。

（五）载人航天技术和空间站建设取得了突破性进展

1992年9月立项的中国载人航天工程连战连捷，成功发射11艘"神舟"号宇宙飞船。2003年10月15日，"神舟五号"载人飞船发射成功，搭载着中国第一位航天员杨利伟绕地球飞行16圈后安全返回地面，实现了中国人千年的飞天梦，也使我国成为当今世界上有能力进行载人航天的三个国家之一，标志着我国的航天事业取得了重大突破（见图4.1-4）。从"神舟五号"到2016年10月17日"神舟十一号"，共将14名航天员送上太空，并完成了航天员出舱太空行走的任务。

空间站建设实现了零的突破。2011年9月29日，我国重达8.5吨的首个无人空间站"天宫一号"发射成功，在轨期间先后与神舟八号、九号、十号飞船实现6次交会对接，这是中国太空技术的又一次大跨越。

2016年9月15日中秋之夜，我国首个真正意义上的空间实验室——"天宫二号"发射成功。它是我国第一个具有太空补加功能的载人航天实验室，将完成太空高精度冷原子钟等多项科学实验任务。10月19日，"神舟十一号"与"天宫二号"对接，景海鹏、陈冬两名航天员实现中期驻留，验证空间站在轨燃料的补加技术，开展相关科学实验工作，为后续我国建设长时间在轨空间站提供支持。预计到2022年前后，中国将建成首个载人空间站。

（六）深空探测实现跨越式发展

2004年中国启动了探月工程（见图4.1-5），制订了"绕、落、回"三步走计划。目前已经发射"嫦娥"一号、二号、三号探月卫星，并于2013年12月14日把"玉兔"号月球车

图4.1-4 2003年10月15日，"神舟五号"载人飞船发射成功　　图4.1-5 中国探月工程

和一座科学观测站送上月球，圆满完成了"绕、落"两大任务。"嫦娥三号"和"玉兔"号月球车拍摄的迄今为止最清晰的月面高分辨率全彩照片已经公布，为全世界科学家研究月球提供了第一手资料。现在探月工程进入第三步，计划于2017年前后发射"嫦娥五号"探测器，实现月球采样并返回地球。

我国已经制订了更加宏伟的深空探测计划。2016年1月，中国火星探测计划全面启动，计划2020年前后择机发射火星探测器，2021年到达火星进行环绕和着陆巡视探测。

2016年是中国航天60周年。60年峥嵘岁月，60年艰苦奋斗，60年砥砺前行，中国航天走过了波澜壮阔的发展历程。从"东方红一号"，到载人航天、"北斗"导航，再到探月工程；从曾经翘首以盼、望眼欲穿，到如今的淡定从容、习以为常，中国的航天事业创造了一个又一个伟大奇迹。"两弹一星"精神和载人航天精神，已经成为中华民族不断奋发向上的巨大精神动力。据悉，"十三五"期间我国将进行百余次航天发射活动，包括"发展新一代和重型运载火箭、新型卫星等空间平台与有效载荷"，以及"深空探测及空间飞行器在轨服务与维护系统"，涉及运载器、应用卫星、深空探测和载人航天等所有领域。我们相信，随着科学技术的发展和综合国力的进一步增强，我国的空间技术必将取得更加辉煌的伟大成就。

下面简要介绍军事航天技术的物理学、化学基本原理。

第二节 宇宙航行速度

现代火箭之父齐奥尔可夫斯基的名言是：地球是人类的摇篮，但人类不能永远生活在摇篮里。人类要想跳出地球摇篮实现飞天梦，首先要克服地球引力的束缚。牛顿早在300多年前就明确指出，抛体的运动轨迹取决于其抛射速度，预言了发射人造地球卫星的可能性。

一、万有引力定律

众所周知，宇宙中所有物体之间都存在着一种相互吸引力——**万有引力**。在两个相距为 r，质量为 m_1、m_2 的质点间的万有引力，其方向沿着它们的连线，其大小为：

$$F = G\frac{m_1 m_2}{r^2} \qquad (4.2-1)$$

式中，G 为万有引力常数。由于地球的质量巨大，$m_E = 5.976 \times 10^{24}$ kg（约60万亿亿吨），地球上的物体都被束缚在其引力场中。要想逃离地球，物体必须具有足够大的速度来克服地球的引力作用。

二、宇宙航行速度

发射航天器的关键是**抛射速度**，它是航天技术最基本的概念。下面我们借助于抛体速度、能量关系和圆周运动模型来说明它。

（一）第一宇宙速度与人造地球卫星

首先建立物理模型。我们假设地球是圆球形的，半径为 R_E、质量为 m_E。在地面上以速度 v_1 竖直向上发射质量为 m 的物体，到达距地面高度 h 时，以速度 v 绕地球做匀速率圆周运动，成为人造地球卫星。把抛体和地球作为一个系统，略去大气阻力且该系统相距其他星体遥远，可以认为系统的机械能守恒。于是有：

$$\frac{1}{2}mv_1^2 - \frac{Gm_E m}{R_E} = \frac{1}{2}mv^2 - \frac{Gm_E m}{R_E + h} \tag{4.2-2}$$

地球的引力是卫星绕地球做匀速率圆周运动所需的向心力：

$$m\frac{v^2}{R_E + h} = \frac{Gm_E m}{(R_E + h)^2} \tag{4.2-3}$$

解得：

$$v_1 = \sqrt{\frac{2Gm_E}{R_E} - \frac{Gm_E}{R_E + h}} \tag{4.2-4}$$

地球表面附近的重力加速度 $g = \frac{Gm_E}{R_E}$，上式可写为：

$$v_1 = \sqrt{gR_E\left(2 - \frac{R_E}{R_E + h}\right)} \tag{4.2-5}$$

上式给出了人造卫星由地面发射的速度 v_1 与其所应达到的高度之间的关系。发射速度越大，卫星所能达到的高度 h 就越大。

对于低轨道地球卫星来说，$R_E \gg h$。故式（4.2-5）式可简化为：

$$v_1 \approx \sqrt{gR_E} \tag{4.2-6}$$

将 $R_E = 6\,371$ km，$g = 9.8$ m/s² 代入，可得 $v_1 = 7.91$ km/s，这就是在地面上发射地球卫星所需达到的最小速度，通常叫作**第一宇宙速度**。

对于高轨道地球卫星来说，其所需发射速度还要大。我们可以根据（4.2-5）式来估算发射地球同步卫星所需要的速度 v'。将 $h = 35\,840$ km $= 5.63\,R_E$ 代入式中，则：

$$v' = \sqrt{gR_E\left(2 - \frac{R_E}{R_E + h}\right)} \approx 1.36v_1 = 10.76 \text{ km/s}$$

因此，发射高轨道卫星要更困难。

离地面高度为 h 的卫星，做匀速率圆周运动，其运行周期为：

$$T = \frac{2\pi(R_E + h)}{v} = 2\pi\sqrt{\frac{R_E}{g}} \cdot \left(\frac{R_E + h}{R_E}\right)^{3/2} \tag{4.2-7}$$

由上式可知，卫星的运行周期 T 是高度 h 的函数，h 越大则周期 T 越长。如果卫星的运行周期为 24 小时（1 440 min），其轨道与赤道共面同心同向，则在地球上看来卫星是静止的，这就是所谓的**地球同步卫星**，它距地面的高度 h 可通过下式求出：

$$T = 2\pi\sqrt{\frac{R_E}{g}} \cdot \left(\frac{R_E + h}{R_E}\right)^{3/2} = 84.5 \cdot \left(\frac{R_E + h}{R_E}\right)^{3/2} = 1\,440 \text{ min}$$

$$h = 5.63R_E = 35\,840 \text{ km}$$

此即通常所说的地球同步卫星离地面的高度约为 36 000 千米。

下面讨论地球卫星的机械能。将式（4.2-5）代入（4.2-2），可知：

$$E = -\frac{Gm_E m}{2(R_E + h)} < 0 \qquad (4.2-8)$$

式中，E 为机械能。人造地球卫星的机械能小于 0，其轨迹为圆或椭圆。

（二）第二宇宙速度与人造太阳行星

第二宇宙速度是在地面上发射物体使其脱离地球引力所需的最小速度，也称为**逃逸速度**。这时物体将沿抛物线轨道脱离地球引力场，成为太阳系的**人造行星**。

以抛体和地球为系统，忽略大气阻力，系统的机械能守恒。设在 $r = \infty$ 处抛体脱离地球引力的范围，引力势能为零，动能也为零。根据机械能守恒定律可得：

$$\frac{1}{2}mv_2^2 - \frac{Gm_E m}{R_E} = E_{P\infty} = 0 \qquad (4.2-9)$$

$$v_2 = \sqrt{\frac{2Gm_E}{R_E}} = \sqrt{2gR_E} = \sqrt{2}v_1 = 11.2 \text{ km/s} \qquad (4.2-10)$$

式中，v_2 叫作第二宇宙速度，它只是理想情况下抛体脱离地球引力作用的最小速度。

若发射速度大于第二宇宙速度，抛体的机械能大于零，轨道为双曲线。这时抛体将飞出地球空间，在太阳引力作用下，相对太阳做椭圆轨道运动，成为太阳人造行星。图 4.5-7 给出了在地面上水平发射的抛体，其能量与以地球为参考系的运动轨迹之间的关系。当 $E < 0$ 时，抛体的轨迹为椭圆（包括圆）；当 $E > 0$ 时，其轨迹为双曲线；当 $E = 0$ 时，其轨迹为抛物线（参见本章第五节）。

（三）第三宇宙速度与飞出太阳系

在第二宇宙速度的基础上，如果我们继续增大发射速度，抛体将脱离太阳引力束缚而飞出太阳系，成为系外行星。物体从地面起飞脱离太阳引力场所需要的最小速度，称为**第三宇宙速度**，用 v_3 表示。

首先以地球为参照系，抛体脱离地球引力场时，相对于地球的速度为 v_E'

$$\frac{1}{2}mv_3^2 - G\frac{m_E m}{R_E} = \frac{1}{2}mv_E'^2 \qquad (4.2-11)$$

再以太阳为参照系，抛体在地球公转轨道上脱离太阳的引力所需具备的速度 v_S' 至少应为：

$$\frac{1}{2}mv_S'^2 - \frac{Gm_S m}{R} = 0 \qquad (4.2-12)$$

最后考虑地球绕太阳的公转的影响。假设地球绕太阳公转的轨道是圆形的，并且只考虑太阳对地球的引力作用，设太阳的质量为 m_S，地球公转的轨道半径为 R，公转速度为 v_E，由于 $R \gg R_E$，可将地球视为质点，由牛顿第二定律得：

$$G\frac{m_E m_S}{R} = \frac{m_E v_E^2}{R} \qquad (4.2-13)$$

使抛体对太阳运动的方向与地球公转的方向相一致，可减小所需发射能量。根据速度变换关系可知，抛体相对于地球的速度为：

$$v_E' = v_S' - v_E \qquad (4.2-14)$$

联立以上式子，代入 $m_S = 1.99 \times 10^{30}$ kg，$R = 1.50 \times 10^{11}$ m，$m_E = 5.98 \times 10^{24}$ kg，$R_E = 6.37 \times 10^6$ m，可得第三宇宙速度 $v_3 = 16.6$ km/s。

第三节 火箭飞行原理

把航天器送入太空,需要通过运载火箭使它获得足够的速度,以克服地球的引力。

一、火箭的分类

火箭是依靠其发动机喷射工质而产生反作用力推进的飞行器。火箭携带的推进剂包括燃料和氧化剂,因此可以在大气层外飞行。根据不同的任务和用途,火箭可以装载不同的有效载荷。当它装载卫星、飞船等各类航天器,承担将航天器送入预定轨道的任务时,就称为**运载火箭**;装载某些科学仪器,承担探测地球大气层参数的任务时,就称为**探空火箭**;装载战斗部,承担作战任务时,就称为**火箭武器**,其中具有制导控制能力的,称为**导弹**。除此之外,还可以根据火箭的级数、有无控制、能源的种类对火箭进行分类,见表 4.3-1 所示。

表 4.3-1 火箭的分类

火箭分类	按级数	单级火箭	
		多级火箭	串联式、并联式、串并联式火箭
	按有无控制	无控火箭	
		有控火箭	
	按能源	化学能火箭	固体、液体、固液混合火箭
		电火箭	
		核火箭	
		光子火箭	
		太阳能火箭	
	按任务和用途	运载火箭	
		探空火箭	
		火箭武器	火箭弹、导弹

我国是火箭技术的发源地,早在南宋绍兴三十一年(1161年)就有了用火箭发送的炸弹——"霹雳炮"。明代时,已出现两级火箭的雏形——"火龙出水",并广泛采用了飞刀、飞枪、飞箭、火箭车以及多箭头火箭等兵器。目前,我国的火箭技术已达到世界先进水平,例如,CZ-2F(见图 4.3-1)是为"神舟"飞船量身定做的运载火箭,直径 3.35 m,高 58.3 m,第一级捆绑四个助推火箭,起飞总质量 479.8 t,低轨道运载能力达 9.2 t,为我国发射载人航天器创造了条件。新型运载火箭"长征六号"一次发射 20 颗卫星全部获得成功。

图 4.3-1 "长征 2 号 F" 捆绑式火箭（CZ-2F）

二、火箭飞行原理

火箭是**动量定理**应用的典型实例。火箭携带的燃料和氧化剂在燃烧室内混合燃烧后，生成高温高压气体，由喷管高速向后喷出而使箭体获得强大的反冲力，推动火箭向前飞行，原理如图 4.3-2 所示。

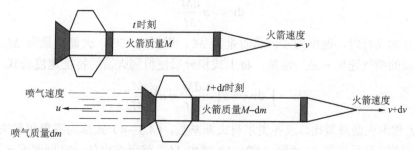

图 4.3-2 火箭飞行原理示意图

由于火箭工作时燃料不断燃烧并向外喷射，因而火箭是一个**变质量系统**。

设在 t 时刻火箭（包括箭体和尚存的燃料）总质量为 M、速度为 v，则火箭动量为 $P_t = Mv$。经 dt 时间，火箭以相对于箭体速度 u 喷出质量 dm 的气体，质量变为 $M-dm$，箭体速度增至 $v+dv$，于是 $t+dt$ 时刻系统总动量为：

$$P_{t+dt} = (M-dm)(v+dv) + dm[(v+dv)-u] \quad (4.3-1)$$

因此，dt 时间内系统总动量增量为：

$$dP = P_{t+dt} - P_t = Mdv - udm$$

由于喷出气体的质量就是火箭质量的减量，即 $dm = -dM$，故上式可写为：

$$dP = P_{t+dt} - P_t = Mdv + udM$$

根据动量定理 $F = dP/dt$，则有：

$$F = M\frac{dv}{dt} + u\frac{dM}{dt}$$

或

$$F - u\frac{dM}{dt} = M\frac{dv}{dt} \quad (4.3-2)$$

这就是火箭运动微分方程，式中 F 为系统所受到的合外力。此式说明使火箭主体产生加速度的原因有两个：一是外力，包括地球引力、大气阻力等；二是由于质量减少而产生的反推力 $u\frac{dm}{dt} = -u\frac{dM}{dt}$。在外力 F 一定的情况下，火箭要获得较大的加速度，必须要有较大的推力，这就要求提高**喷气速率 u** 和**喷气流量 dm/dt**。

衡量火箭发动机性能的基本指标除了推力之外，还有**比推力**，也叫**比冲**，是发动机推力与推进剂的质量秒耗量之比，相当于每消耗 1 千克喷射物质所产生的冲量。显然，比推力越大，则产生一定推力所需的质量秒耗量越少。比推力取决于有效喷气速率。

三、火箭飞行的特征速度

为确定火箭能够达到的最大速度，现在研究一种理想情况，即假设火箭在远离地球大气层之外飞行。此时可认为火箭不受重力和空气阻力等外力作用，并设喷气速率不变，式（4.3-2）可简化为：

$$dv = -u\frac{dM}{M} \quad (4.3-3)$$

若火箭开始飞行时，速度为零，总质量为 M_0；燃料烧尽时，火箭质量为 M_e，并假定燃气相对于火箭的喷气速率 u 是一常量，将上式积分后便得到火箭的**特征速度**公式：

$$v = \int_0^v dv = -u\int_{M_0}^{M_e}\frac{dM}{M} = u\ln\frac{M_0}{M_e} \quad (4.3-4)$$

式中，M_0/M_e 称为火箭质量比，或齐奥尔科夫斯基数，（4.3-4）式称为**齐奥尔科夫斯基公式**。如果我们用燃烧 t 秒后质量 M_t 代换（4.3-4）式中 M_e，就可求出任一时刻速度 v_t 表达式。现以 q_m 表示单位时间内喷气量，则 $M_t = M_0 - q_m t$，于是（4.3-4）式变成：

$$v_t = u\ln\frac{M_0}{M_0 - q_m t} \quad (4.3-5)$$

由此可见，火箭的速度与喷气速率成正比。实际情况要复杂得多，特征速度只是给出了火箭飞行速度的上限，然而它指出了提高火箭飞行速度的基本途径：一是寻求高效能的推进剂，以提高喷气速率 u，即提高**比推力**；二是提高火箭的质量比，这就要求寻求合理的火箭结构型式。实践表明，前者比后者更为有效。

就目前可供选择的化学推进剂来看，提高喷气速率是有一定限度的。这不仅要考虑推进剂的化学性能，还要考虑它的使用条件和经济效益等。增大质量比意味着火箭所携带的推进剂质量与有效质量（包括箭体与有效载荷质量）之差加大，必然要把箭体做得很薄，这在高温、高速、高真空等极端恶劣环境中工作，是难以承受的。假如取喷气速率 $u = 2\,800$ m/s（通常使用的化学推进剂最大喷气速率约 3 km/s），质量比 $M_0/M_e = 15$，则依上式计算可知，火箭末速度 $v = 7\,582$ m/s，低于第一宇宙速度。更何况还没有计及因气动阻力和重力作用所造成的速度损失。时至今日,世界上还没有用单级火箭将卫星送上太空的实例。

四、多级火箭的理想速度

火箭的任务是运送有效载荷达到预定速度。而单级火箭在增加有效载荷的同时,必须同时付出巨大能量使全部箭体都加速。为了解决这一矛盾,齐奥尔科夫斯基提出了多级火箭的设想。其中心思想是将那些已完成任务的无用结构及时抛掉,从而把能量用到提高有效载荷的速度上。

多级火箭是由称为"级"的单个火箭组合(串联或并联)而成,它们在飞行前形成一个飞行整体。图4.3-3是一个三级火箭的示意图。每一级都是一个独立的工作单位,有自己的发动机系统、制导控制系统等。发射时,第一级火箭先点火,燃烧完后便自动脱落;接着是第二级点火,使火箭继续加速上升,等它燃尽后,也随即脱落;再起动第三级;依次进行下去,就能使有效载荷不断加速而达到所需的速度。

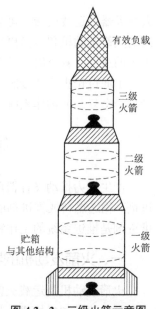

图4.3-3 三级火箭示意图

设想整个火箭与第一级火箭燃料燃烧尽时质量之比为 N_1,第一级火箭脱落后,火箭组与第二级火箭烧尽时的质量之比为 N_2,…,依此类推。在第一级火箭脱离时,火箭组所获得的速度为 $v_1 = u \ln N_1$;当第二级火箭燃料烧尽时,火箭所获得的速度为:

$$v_2 = u_2 \ln N_2 + v_1 = u_2 \ln N_2 + u_1 \ln N_1$$

如此推理可得 n 级火箭最终速度为:

$$v_n = u_1 \ln N_1 + u_2 \ln N_2 + \cdots + u_n \ln N_n \tag{4.3-6}$$

式中 u_1,u_2,…,u_n 为各级火箭的喷气速率。若各级火箭喷气速率均为 u,则火箭最终速度:

$$v = u \ln(N_1 N_2 \cdots N_n) \tag{4.3-7}$$

可见,采用多级火箭技术,可以使火箭获得更大的末速度。例如,取 $u = 2\,800$ m/s,$N_1 = N_2 = N_3 = 15$,则三级火箭的最终速度 $v = 2\,800 \ln(15)^3 = 22.75$ km/s。扣除气动阻力和地心引力造成的损失,是可以满足航天速度要求的,这就是在航天中要采用多级火箭技术的道理。另外,多级火箭还有其他优点:如能控制加速度到人能适应的范围,由于各级的工作要求不同和在空中的不同高度而采用不同的发动机,等等。

在地球表面发射,为使火箭能以较小速度穿过稠密的大气层,一般在开始阶段速度不宜增加过快。例如1969年美国用来运载"阿波罗"飞船的"土星5号"火箭,第一级喷气速率为2.9 km/s,产生3 500 t 的推力,质量比为16,第一级脱落时速度为8.04 km/s(理论值);第二级喷气速率为4 km/s,质量比为14,脱落时速度为18.6 km/s;第三级喷气速率与第二级相同,质量比为12,最终速度可达28.5 km/s。

由于所有的质量比均大于1,因此火箭级数越多,可以获得的速度就越高。然而,级次越高,其质量比就越小,并逐渐趋于1,所以级数很大时,最后速度增加并不显著,却会造成多级火箭组合系统的复杂化和可靠性的降低,因此不能一味地增加级数。目前发射低轨道航天器,一般采用2~3级运载火箭。发射高轨道航天器,用3~4级运载火箭。用于发射载人航天器的运载火箭，可靠性要求更高，一般不超过二级。随着科学技术的进步，新型高性能的火箭发动机和质量更轻的结构材料以及耐高温的材料问世，可以减少火箭的级数而达到更大的速度，甚至用单级火箭发射航天器。

上面讨论火箭速度时，我们是把火箭当作是一个可变质量的质点来看待的。实际上，火箭是一个复杂的物体系统，实际问题比我们所讨论的要复杂得多。

第四节　火箭发动机及其推进剂

产生推力推动飞行器前进的装置称为**推进系统**或**动力装置**，通常包括发动机、燃料或推进剂、输送燃料或推进剂的系统（管道、泵或挤压装置等），以及其他附件、仪表等。燃料或推进剂是推进系统的工作物质。本节主要介绍火箭发动机及其推进剂的基础知识。

一、火箭发动机的特点和基本参数

火箭发动机是运载火箭、导弹和各种航天器的主要动力装置。火箭推进系统可以由单台或多台火箭发动机构成。目前，广泛应用的火箭发动机几乎全部采用化学推进剂作为能源。推进剂在火箭发动机燃烧室中生成高温气体，通过喷管高速喷出而产生推力，为飞行器提供所需的主动力和各种辅助动力。

1. 火箭发动机的特点

活塞式内燃机推进系统和喷气式发动机推进系统需要大气中的氧气作为氧化剂，而火箭推进系统能完全依靠自带推进剂（包括燃烧剂和氧化剂）工作，主要特点是：

（1）可以在任意高度上工作。火箭发动机的工作过程不需要大气中的氧气，可以在距地面任意高度上飞行。同时，由于大气压力随高度增加而减少，火箭发动机的推力也随高度的增加而增加，到大气层外推力最大。所以，火箭发动机是目前航天飞行的唯一动力装置。

（2）推力不受飞行速度影响。由于火箭发动机的推力是依靠自带推进剂在燃烧室内燃烧喷射出的高速气流产生的，因此其大小与火箭飞行速度无关。

（3）体积小，质量轻，效率高。火箭发动机采用特殊的材料、结构型式和工作原理来保证其可靠地工作，相比于其他类型的发动机，体积最小，质量最轻。但由于推进剂消耗量很大，因此，采用高能推进剂，减少推进剂消耗，降低结构重量，始终是火箭发动机研制中要解决的重要问题。

2. 火箭发动机的分类

火箭发动机的种类很多。按所采用的能源的种类可以分为**常规**和**非常规火箭发动机**。常规火箭发动机即化学能火箭发动机，推进剂既是能源又是工质，以推进剂燃烧释放的化学能作为动力，目前技术最成熟，应用最广泛。根据推进剂的物理状态，化学能火箭发动机又可以分为**液体、固体和固液混合型火箭发动机**。

液体火箭发动机使用常温或低温下呈液态的推进剂，具有性能高、推力可调、可多次启动和适应性强等特点，容易满足运载火箭和航天器对推进系统的要求。液体火箭发动机按照所采用的推进剂组元的数目，又可分为单组元、双组元和三组元三种类型。应用最广泛的是双组元发动机，其推进剂的氧化剂和燃烧剂各自存放在单独的贮箱内。工作时，由专门的输送系统分别将它们送入燃烧室混合燃烧。

固体火箭发动机的推进剂是由氧化剂、燃烧剂和其他添加剂组成的固态混合物,推进剂直接装在燃烧室内。与液体火箭发动机相比,固体火箭发动机的优点是结构简单,没有液体发动机所必需的贮箱、阀门、泵和管路等复杂装置;便于长期贮存,固体推进剂装药成型后可长期贮存并长期处于发射准备状态;结构紧凑,可靠性和安全性高,维护和操作简单方便;发射准备时间短。因此,固体发动机主要应用于要求作战反应迅速、机动隐蔽、生存能力强的导弹武器系统,特别是有利于导弹的小型化和机动化,适用于各种战略、战术导弹。美国"民兵-3"和俄国"白杨-M"洲际弹道导弹均采用固体燃料火箭。另外,固体火箭发动机还具有能在旋转状态下工作、失重状态下点火并在短时间内发出巨大推力等特点,在航天器上广泛用于轨道急剧加速或机动飞行助推器,分离、软着陆时的制动火箭,救生、救险系统以及飞行器的定向和稳定系统等。

固液混合型火箭发动机通常将固体燃料装在燃烧室内,液体氧化剂存放在贮箱内。它兼有液体和固体火箭发动机的特点,但尚未进入实际应用阶段。

非常规火箭发动机包括电推进、核推进和太阳能推进等类型,它们不依靠化学反应工作,能源和工质一般是分开的独立系统。如电推进的能源是电能,推进工质氙、氩等气体依靠电能获得动能加速而工作。近年来,各国普遍重视非常规火箭的研发,其原因一方面是空间任务多样化的需求,化学能火箭发动机难以完全适应;另一方面是化学推进剂的发展已趋于极限,进一步提高发动机的性能需要依靠新的非化学能推进系统。

3. 火箭发动机的基本性能参数

(1)**推力**。火箭发动机的推力就是作用在发动机内外表面各种力的合力。发动机的推力室如图 4.4-1 所示,由燃烧室和喷管两部分组成。作用在推力室上的力有推进剂在燃烧室内燃烧产生的燃气压力 p_e,外界的大气压力 p_0,以及高温燃气经过喷管以很高的速度向后喷出所产生的反作用力。由于喷管开口,作用在推力室内外壁的压力不平衡,产生向前的一部分推力,加上喷气流所产生的反作用力,发动机推力的合力为:

$$F = \dot{m}u_e + (p_e - p_0)A_e \tag{4.4-1}$$

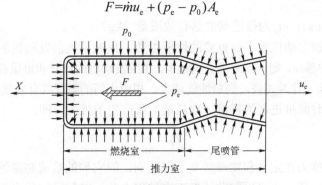

图 4.4-1 燃烧室推力产生的原理

式中,F 为发动机推力(N);$\dot{m}$ 为喷气的质量流率,即单位时间的推进剂消耗流量(kg/s);u_e 为喷管出口的喷气速度(m/s);A_e 为喷管出口的截面积(m^2)。

从上式可知,火箭发动机的推力由两部分组成。第一部分是由动量定理导出的 $\dot{m}u$ 项,即 $\dfrac{dm}{dt}u_e$,它是推力的主要部分,占总推力的 90% 以上,称为**动推力**。它的大小取决于喷气的质量流率和喷气速率。为了获得更高的喷气速率，要求采用高能的推进剂，并使推进剂的化学能尽可能多地转换为燃气的动能。

第二部分是由于喷管出口处燃气压力和大气压力不同所产生的 $A_e(p_e-p_0)$ 项，与喷管出口面积及外界大气的压力有关，称为**静推力**。显然，静推力随外界大气压力的减小而增大。因此，火箭发动机的总推力随高度增加逐渐增大。为方便起见，定义 $p_e=p_0$ 时发动机的工作状态为设计状态。在设计状态下静推力项为零，总推力等于动推力，称为**特征推力**或**额定推力**，用 F_e 表示，则：

$$F_e = \dot{m}u_e \qquad (4.4-2)$$

一般情况下，发动机的额定推力是不变的。在接近真空的条件下工作时，$p_0=0$，这时发动机的推力称为**真空推力**，是其最大推力。

（2）冲量和总冲。物理学中定义作用力与作用时间的乘积为冲量。对于火箭发动机，推力与工作时间的乘积就是发动机的总冲量，简称为**总冲**。在通常情况下，可以近似认为推力为常数，则火箭发动机的总冲为：

$$I = Ft \qquad (4.4-3a)$$

式中，I 为总冲（N·s）；F 为发动机推力（N）；t 为发动机工作时间（s）。

如果发动机的推力随时间变化，其总冲可用积分表示：

$$I = \int_0^t F \mathrm{d}t \qquad (4.4-3b)$$

总冲综合了发动机的推力及其作用时间，是火箭发动机一项重要的性能参数，反映了发动机能力的大小，决定了火箭的射程和有效载荷运载能力的大小。

（3）比冲和比推力。火箭发动机在稳定工作状态下，每单位质量的推进剂所产生的冲量称为**比冲**。即：

$$I_s = \frac{I}{m_p} \qquad (4.4-4)$$

式中，I_s 为比冲（m/s）；m_p 为推进剂的总有效质量（kg）。

比冲是衡量火箭发动机效率最重要的性能参数，反映了火箭发动机的技术水平。发动机的总冲一定时，比冲越高，则所需的推进剂越少，相应发动机的尺寸和重量都可以减少；或者说，如推进剂的质量给定，比冲越高，则总冲就越大，相应火箭的射程或有效载荷运载能力越大。

比推力是单位时间推进剂消耗量（秒耗量）所产生的推力，即：

$$P_s = \frac{F}{\dot{m}} \qquad (4.4-5)$$

尽管比冲和比推力在定义和物理意义上有区别，但它们的数值和量纲是相同的。比冲和比推力都可以取瞬时值，也可以取发动机工作过程中某一时间区间的平均值。一般固体发动机难以直接测量其推进剂的秒耗量，多采用总冲和比冲的概念；液体发动机直接测量秒耗量和推力比较方便，常用推力和比推力表示。

（4）密度比冲。推进剂组合密度与比冲的乘积称为**密度比冲**，即：

$$I_\rho = I_s \rho = \frac{I}{m_p}\rho = \frac{I}{V_p} \qquad (4.4-6)$$

式中，ρ、V_p 分别为推进剂的密度和体积。密度比冲等于单位体积推进剂产生的冲量，因此又称为**体积比冲**。密度比冲是综合评定推进剂性能的一个参数,密度比冲高,推进剂的贮箱就可以做得小些,火箭结构的质量减小。通常火箭的下面级发动机采用密度比冲高的推进剂。

(5)**工作时间**。火箭发动机工作时间是指飞行时发动机产生推力的时间。火箭发动机推进剂的秒耗量一般很大,所以工作时间一般也很短。大型液体火箭发动机工作时间通常为 100～500 s,大型固体火箭发动机工作时间在 100 s 左右。小型火箭发动机根据不同的使用要求,工作时间变化较大,可以是脉冲式或连续工作方式。

(6)**能量效率**。能量效率是由推进剂的化学能转变为高速喷气动能过程的效率。火箭发动机的能量效率包括燃烧效率、喷管效率和输送系统效率,总效率为上述三种效率的乘积。

燃烧效率反映推进剂在燃烧室燃烧是否完全的程度。推进剂燃烧过程的能量损失包括燃烧不完全损失和燃烧产物的分解损失等。燃烧效率是火箭发动机燃烧室设计水平的重要指标,现代火箭发动机的燃烧效率为 0.97～0.995。

喷管效率反映燃气在喷管收缩、膨胀过程中的损失,包括摩擦、激波、化学不平衡、散热等引起的损失,与喷管的结构有关。现代火箭发动机的喷管效率为 0.96～0.99。

输送系统效率是衡量液体火箭发动机推进剂输送系统动力所消耗的发动机能量的参数。现代液体火箭发动机的输送系统效率为 0.98～1。

二、火箭推进剂的特点和基本性质

推进剂对火箭发动机以至飞行器的总体性能都具有重大影响。选择推进剂应从性能、价格、贮存、运输、使用等多种因素进行考虑。理想的推进剂应当具有以下基本特点:

① 能量特性高。即比冲和密度比冲高。密度比冲表示单位容积推进剂在单位时间内产生的推力。这项指标直接影响飞行器的尺寸和起飞重量。

② 使用性能好。包括推进剂的物理、化学稳定性良好,生产、使用安全性好,对外界环境、贮存运输的要求条件低,力学和工艺性能优良等。

③ 经济性能好。包括原料的来源、价格和生产使用全过程的成本等。

④ 燃烧性能好。燃烧稳定,容易点燃。

常规火箭发动机的推进剂既是能源又是工作物质。推进剂燃烧转变为高温气态物质,在喷管内作热力学膨胀向后高速喷射而产生向前的推力。推进剂初始物理状态可以是液体、固体或气体。反应产物通常为高温气态物质,但有些推进剂的一种或多种反应产物可能保持在固态或液态。

目前使用的化学推进剂种类较多,根据物理性质分为液体推进剂、固体推进剂和固液混合推进剂,但实际使用的主要是液体和固体推进剂。

(一)液体推进剂

液体推进剂是要经历化学反应和热力学变化的流体,可分为氧化剂、燃料及包含氧化剂成分和燃料成分的化合物或混合物,上面任何一种加上凝胶介质。液体推进剂分为单组元和双组元两类。按贮存条件又可分为可贮存推进剂和低温推进剂。

液体单组元推进剂在常温下是稳定的,在加压、加热或在催化剂作用下能急剧分解放热,产生大量高温气体。单组元推进剂比冲低,一般仅用于小推力姿态控制发动机或作为涡轮泵的辅助能源。双组元推进剂由分开贮存的液体氧化剂和液体燃料组成。现代火箭发动机普遍采用双组元推进剂。双组元推进剂又有自燃和非自燃两种。自燃推进剂的氧化剂和燃烧剂一接触立即自动燃烧,不需要外加点火能源,如四氧化二氮—偏二甲肼推进剂。

低温推进剂是指在大气压下沸点很低(-110 ℃以下)的推进剂,常用的是液氧—液氢推进剂。低温推进剂性能高,但使用和贮运时须采取绝热等措施。

与低温推进剂相反,某些液体推进剂在相当宽的温度范围内可长期贮存在封闭容器中,称为可贮存推进剂,如硝酸、煤油等。由于这种特性,使得它们在武器和空间飞行器上得到广泛应用。

已经采用、能人工合成或已提出了的可贮存氧化剂和低温氧化剂有很多种。表 4.4-1 为常用液体推进剂的理论比冲。下面介绍几种氧化剂和推进剂的基本性质。

表 4.4-1 常用液体推进剂的理论比冲($p_0/p_e=68$ 时的理论值) m/s

氧化剂 燃烧剂	液氧	液氢	四氧化二氮	红烟硝酸	五氟化氧	二氟化氧
液氧	3 910	4 110	3 420		3 430	4 010
肼	3 130	3 640	2 920	2 830	3 120	3 450
一甲基肼	3 110	3 450	2 890	2 700	3 040	3 510
偏二甲肼	3 100	3 440	2 860	2 770	2 980	3 510
煤油	3 000	3 180	2 760	2 868	—	3 410
甲烷	3 110	3 440	2 830	—	2 930	3 470

1. 液体氧化剂

(1)液氧(O_2)。液氧常缩写为 LOX,在一个大气压下的沸点为 90 K,比重为 1.14,是广泛应用的氧化剂,与大多数烃类燃料燃烧产生明亮的黄白色火焰。液氧常与酒精、喷气燃料(煤油类)、汽油和氢一起配对使用。液氧能达到的性能相对较高,是大型液体火箭发动机常用的氧化剂。

虽然液氧在环境压力下通常不会与有机物发生自燃,但当液氧和有机物的混合物在封闭条件下突然增压时,可能会发生燃烧或爆炸。在所接触的材料干净的情况下,液氧的贮存和处理是安全的。液氧是无腐蚀、无毒的液体,不会使洁净的容器壁变质。若与人的皮肤长时间接触,低温推进剂会严重灼伤皮肤。由于液氧蒸发很快,它不容易长期贮存。

(2)过氧化氢(H_2O_2)。火箭发动机用的过氧化氢是 70%~99%的高浓度过氧化氢,其余主要是水。一般工业过氧化氢的浓度为 30%左右。

在燃烧室中,该种推进剂按以下化学反应方程式分解,生成过热蒸气和气态氧:

$$H_2O_2 \rightarrow H_2O + 0.5O_2 + 热量 \tag{4.4-7}$$

分解是在催化剂作用下发生的,催化剂有各种液体高锰酸盐、固体二氧化锰、铂和氧化铁。实际上大多数杂质均能起催化作用。H_2O_2 与肼接触能自燃,与煤油混合能很好地燃烧。即使在良好的条件下贮存,H_2O_2 也会以缓慢的速率分解,95%浓度的 H_2O_2 年分解率约为 1%,生成的气泡从液体中逸出。受污染的液体过氧化氢必须在达到 448 K(175 ℃)左右的危险点之前处理掉,否则会发生爆炸。高浓度过氧化氢与人体皮肤接触会引起严重的灼伤,与木材、油料和许多其他有机物接触会起火。

（3）四氧化二氮（N_2O_4）。四氧化二氮是一种黄褐色的高密度液体（比重为 1.44），液态温度范围很窄，容易结冰或蒸发，是目前最常用的可贮存氧化剂。纯四氧化二氮有中等程度的腐蚀性，吸湿后或与水混合时会形成强酸。它极容易从空气中吸收水汽，可以在由相容材料制成的密封容器中无限期地贮存。它能与许多燃料自燃，并能与许多常用材料自燃，如纸、皮革和木材，其烟雾呈红褐色，有剧毒。由于它的蒸气压高，因此必须保存在相对较重的贮箱中。加入少量氮氧化物或 NO 可以降低 N_2O_4 的冰点，但缺点是提高了蒸气压。这种 NO 和 N_2O_4 的混合物称为**混合氮氧化物**。

2. 液体燃料

（1）烃类燃料。石油衍生物中有大量不同类型的烃类化合物，其中大多数可用作火箭发动机燃料。最常用的是那些已用于其他用途和其他发动机的产品，如汽油、煤油、柴油和涡喷发动机燃料。它们的物性和化学成分随着精炼出这些燃料的原油类型、生产过程以及在制造中控制精度的不同而有很大的变化。一般来说，这些石油燃料燃烧时形成黄白色的明亮火焰，并具有良好的性能。它们相对容易处理，而且价格低廉，供应量大。有一种经特殊精炼的、特别适合用作火箭发动机推进剂的石油产品名为 RP-1，它基本上是一种与煤油类似的、密度和蒸气压范围较窄的饱和与不饱和烃类混合物。

（2）液氢（H_2）。液氢与液氟或液氧燃烧时性能很高，它与氧燃烧生成无色的火焰。在所有已知的燃料中液氢最轻、温度最低，其比重为 0.07，沸点为 20 K 左右。液氢很低的燃料密度需要庞大的燃料贮箱，故需要很大的飞行器容积。极低的温度使得选择合适的贮箱和管道材料很困难，因为许多金属在低温下会变脆。由于液氢温度很低，贮箱和管路必须很好地隔热，以尽量减少液氢的蒸发、湿气和空气在贮箱外壁的凝结以及随后液态或固态空气的形成。除使用隔热材料外，还常常使用真空夹套。所有常见的液体和气体在液氢中都要固化，这些固体颗粒会堵塞孔和阀门，液氢和固态氧或固态空气的混合物会发生爆炸。因此，在引入推进剂之前必须吹除所有管道和贮箱中的空气和湿气（用氦气吹除或抽真空）。

液氢是由气氢通过逐次压缩、冷却和膨胀过程而制得的。氢气与空气的混合物在很宽的混合比范围内都是很容易着火和爆炸的。为了避免这种危险，常有意将泄漏的氢气（贮箱排气管）在空气中点火烧掉。

氢与氧燃烧产生的废气无毒。因其比冲高，这种推进剂组合已成功地用于运载火箭的上面级发动机。因为对于运载火箭，比冲有较小的增加就会较大提高有效载荷能力。但是，氢的低密度造成飞行器体积很大、阻力相对较高。提高氢密度的一种方法是使用液氢和悬浮小颗粒固态氢的过冷混合物，其密度比液体大。已经开展过有关这种"氢浆"的实验和研究工作，难点是均匀混合物的产生和维持。

（3）肼（N_2H_4）、偏二甲肼［$(CH_3)_2NNH_2$］和一甲基肼（CH_3NHNH_2）。纯无水肼是一种稳定的液体，可以安全地加热到 530 K 以上。它既可用作双组元推进剂的燃料，也可用作单组元推进剂的燃料。肼及其相关的液体有机化合物一甲基肼（MMH）和偏二甲肼（UDMH）有类似的物理和热化学特性。肼是有毒的无色液体，其冰点较高（274.3 K）。肼的点火延迟期较短，肼溅在物体或纤维织物表面会与空气自燃，肼蒸气会与空气形成爆炸性混合物。摄取肼、吸入肼蒸气或长时间的皮肤接触会伤害人体。

偏二甲肼（UDMH）是肼的一种衍生物，常代替肼或与肼混合使用，因为它比肼更稳定。此外，与肼相比它的冰点较低（215.9 K）、沸点较高（336.5 K）。UDMH 常混合 30%~50%

的肼使用。

一甲基肼广泛用作航天器火箭发动机燃料，特别是用于小推力姿态控制发动机，通常与 N_2O_4 氧化剂一起使用。它的抗冲击特性、传热特性以及液态温度范围比纯肼更好。

肼及其化合物能与很多材料发生反应，故必须谨慎处理，避免在贮存时与会使其分解的材料接触。贮箱、管路或阀门必须进行清洗，不得有杂质。与肼相容的材料有不锈钢（303、304、321 或 347）、镍、1100/3003 系列铝材。必须避免使用铁、铜及其合金（如黄铜或青铜）、蒙乃尔合金、镁、锌和某些流明合金。

（二）固体推进剂

固体推进剂由氧化剂、燃料和其他添加剂混合组成，氧化剂和燃料是基本成分。添加剂含量虽少，但种类繁多，功能各异，作用重要。如调节燃速的催化剂和降速剂，改善燃烧性能的燃烧稳定剂，改善贮存性能的防老化剂，改善力学性能的增塑剂，以及改善工艺性能的稀释剂、润滑剂、固化剂和固化阻止剂等。固体推进剂作为火箭与导弹飞行的能源，在外界激发作用下，有规律地释放化学能，并以自身的燃烧产物——燃气作为工质，该工质在流经火箭发动机喷管时膨胀加速，从而产生反作用推力，把火箭送到预定目标。下面将按照功能讨论固体推进剂的一些重要成分。

1. 固体氧化剂

高氯酸铵（NH_4ClO_4）是固体推进剂中使用最广泛的固体氧化剂。由于它优良的特性，包括与其他推进剂材料相容，有良好的性能、质量和均匀性，且可大量获得，所以它在固体氧化剂中占据绝对优势。高氯酸盐的潜在氧化能量一般比较高，这使得该材料适合于高比冲的推进剂。高氯酸铵和高氯酸钾都只是少量地溶于水，这对推进剂来说是有利的。所有的高氯酸盐氧化剂与燃烧剂反应时都会产生氯化氢（HCl）和其他有毒、有腐蚀性的氯化物。因此，发动机点火时要特别小心，操作人员和居民不能在排气云的范围内，对于大功率火箭发动机更是如此。

与高氯酸盐相比，无机硝酸盐是性能相对较低的氧化剂。但是，因其价格低廉、无烟和排气相对无毒，所以硝酸铵在某些情况下也有应用，主要用于燃速低、性能低的发动机和燃气发生器中。另外，硝酸铵（AN）是有吸湿性的，吸湿会使含有 AN 的推进剂降解。

2. 固体燃烧剂

球形铝粉是最常用的固体燃烧剂，其颗粒直径为 $5\sim60~\mu m$，用在很多种复合推进剂和复合改性双基推进剂的配方中，通常占推进剂重量的 14%～20%。小的铝颗粒能够在空气中燃烧，人吸入铝粉会发生轻微的中毒。在发动机燃烧过程中，该燃烧剂被氧化成氧化铝。这些氧化颗粒趋向于凝聚，形成较大的颗粒团。铝粉会增加燃烧热，提高推进剂密度、燃烧温度和比冲。在燃烧过程中，氧化铝是液滴的形态，而在喷管中随着燃气温度的降低它会固化，会形成熔渣，聚集在发动机的凹陷处（例如，在设计不当的嵌入喷管周围），因此会对飞行器质量比产生不利的影响。

硼是一种高能燃烧剂，比铝轻，熔点也比较高（2 304 ℃）。即使在有相当长度的燃烧室里它也难以高效地燃烧。然而，如果硼颗粒足够小，则可以有相当程度的氧化。在火箭吸气组合式发动机中，使用硼就很有利，因为那里有充分的燃烧容积，空气中有充分的氧化剂。

铍比硼更容易燃烧，并且能提高固体推进剂发动机的比冲，通常约增加 15 s，但是铍及其氧化物有剧毒（当动物和人吸入粉末时）。现在，采用铍粉的复合推进剂技术已经通过实验验证，但是其强烈的毒性使之难以应用。

从理论上讲，因为释放的热值高，产生的气体体积大，所以氢化铝（AlH_3）和氢化铍（BeH_2）都是很有吸引力的燃烧剂。但它们都难以制造，并且在贮存过程中会因为氢含量的减少而发生化学变质。

3. 黏合剂

黏合剂为固体推进剂与固体颗粒的黏结提供结构基体。其原料是液体预聚物或者单体，如聚合物、聚酯和聚丁二烯等。黏合剂与固体组分混合后，进行浇注和固化，形成装药的坚硬的橡胶类材料。对固体火箭发动机来说，黏合剂材料也是燃烧剂，它在燃烧过程中氧化。黏合剂成分对发动机的可靠性、机械性能、推进剂加工的复杂程度、贮存、老化和费用都有重要影响。在推进剂固化过程中，一些聚合物发生复杂的化学反应、交联和分支连接。比较好的黏合剂是 HTPB，因为它能够容许较高的固体含量（88%～90%的 AP 和 AI），并且在温度范围内有相对良好的物性。在弹性的黏合剂中加入塑化的双基类型硝化纤维以增强物性。

4. 燃速调节剂

燃速催化剂或燃速调节剂用来加速或者减弱燃烧表面的燃烧，提高或减小推进剂燃速。通过燃速调节剂调节燃速，以与特定的装药设计和推力—时间曲线相适应。

5. 增塑剂

增塑剂通常是黏性相对低的液体有机成分，它也是一种燃烧剂。它的加入是为了在低温下提高推进剂的延伸率和加工性能，例如，已经混合但是未固化的推进剂，在浇注和罐装期间需要低的黏度。

6. 固化剂或交联剂

固化剂或交联剂使聚合物形成较长的链，具有较大的分子量，并且在链之间形成连接。尽管这种材料的含量很低（0.2%～3%），但是其含量的微小变化会对推进剂的物性、制造和老化产生重要影响。另外，它只在复合推进剂中采用，使黏合剂固化硬化。

7. 有机氧化剂或炸药

有机氧化剂是爆炸性有机化合物，带有 NO_2 根或其他组合到分子结构中的氧化成分。它们在高能推进剂或少烟推进剂中使用。可以是固体晶体［如硝胺（HMX 或 RDX）］、含纤维的固体（如 NC）或者活性增塑剂液体［如液体硝化甘油（NG）］。当施加足够的能量时，这些材料自身会反应或燃烧，但是它们都是炸药，在特定的条件下会爆炸。

RDX 和 HMX 在结构和性质上很相似。它们都是白色固体晶体，可以被制成各种尺寸。为安全考虑，它们被放在有减感作用的液体中运输。HMX 的密度和爆轰速度要高一些，产生的单位体积能量更大，且熔点也高一些。NG、NC、HMX 和 RDX 在军事和商业炸药中也得到了广泛应用。DB、CMDB 或复合推进剂中可加入 HMX 或 RDX，以获得较高的性能或得到其他特性。加入的含量可以占到推进剂的 60%。加工含有这些成分的推进剂是危险的，额外的安全预防措施会使加工费用升高。

硝化纤维（NC）是 DB 和 CMDB 推进剂中的一种重要成分。它是将木材或棉花中的天然纤维用硝酸硝化而成，是几种有机硝酸盐的混合物。在确定硝化纤维的主要性质时，含氮量是很重要的，其范围是 8%～14%，但是推进剂采用的等级一般在 12.2%～13.1%。用天然产物制造 NC 不可能有精确的含氮量，需要通过仔细地混合来达到要求的品质。因为固体纤维状的 NC 材料难以制成装药，所以当它用在 DB 和 CMDB 推进剂中时，常与 NG、DEGN 或其他增塑剂混合使之溶解或胶化。

8. 添加剂

添加剂可以用于多种目的，包括加速或者延长固化时间，改进流变特性（便于黏性推进剂原料混合物的浇注），改进物性，增加透明推进剂的不透明度来防止非燃面处的辐射加热，限制推进剂的化学成分向黏合剂迁移或者向相反方向的迁移，减小贮存期间的缓慢氧化或化学变质和改进老化特征，等等。安定剂用来限制推进剂中可能发生的缓慢化学反应或物理反应。润滑剂有助于挤压加工。减感剂可以减弱推进剂对意外能量刺激的感应能力。

第五节 飞行器的飞行轨道

航天器依靠火箭将其送入预定轨道运行。从运载火箭第一级点火（即起飞）到末级火箭熄灭（即到达入轨点），其间的运动轨迹称为**发射轨道**；入轨后到结束轨道寿命，或到返回航天器的制动火箭点火点，其间航天器的飞行轨迹称为**运行轨道**；对于返回式卫星或载人航天器，从制动火箭点火到再入舱降落到地球上，此过程中的飞行轨迹称为**返回轨道**。本节介绍航天器轨道的有关基本知识。

一、运载火箭飞行轨道

（一）运载火箭的发射轨道

用火箭发射航天器时，运载火箭从地面起飞到将航天器送入运行轨道的轨迹称为运载火箭的**发射轨道**。航天器进入运行轨道称为**入轨**。入轨的初始位置称为**入轨点**。入轨点也就是运载火箭最后一级发动机的关机点。入轨点航天器的运动参数决定了航天器的运行轨道，所以，运载火箭发射轨道的设计，必须使末级火箭发动机关机时满足航天器入轨点的运动参数。

运载火箭的发射轨道与弹道导弹的主动段相似，都是从地面垂直起飞，按预定的飞行程序转弯，穿越大气层，达到预定的高度和速度时关闭发动机，将航天器送入预定轨道。

根据入轨情况不同，运载火箭的发射轨道分为**直接入轨**、**滑行入轨**和**过渡入轨**三种类型。

1. 直接入轨

如图 4.5-1 所示，运载火箭从地面起飞后，各级发动机逐级接续工作，按规定程序转弯，在位置、速度和抛射角都达到入轨要求时，发动机关机，航天器与火箭分离进入预定轨道。这种方式与弹道导弹的主动段基本相同，适用于发射**低轨道航天器**。

2. 滑行入轨

将运载火箭的飞行程序分为三段，即主动段、自由滑行段、主动段（如图 4.5-2 所示）。火箭从地面起飞后在第一个主动段加足了飞行时所需的大部分能量，然后发动机关机，依靠惯性自由滑行一段时间，到与目标轨道相切的位置时，发动机再次点火，最后加速到入轨要求的速度，将航天器送入轨道。显然这种类型适合于发射**高轨道航天器**，便于在离地面数千甚至数万千米的高度满足入轨的位置和速度要求，并使火箭消耗的能量最小。

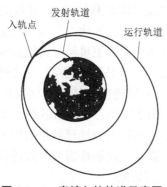
图 4.5-1　直接入轨轨道示意图

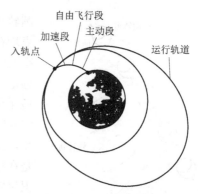
图 4.5-2　滑行入轨轨道示意图

3. 过渡入轨

运载火箭的发射轨道分为加速段、停泊段、再加速段、过渡段和最后加速入轨段五段（见图 4.5-3）。由第一个加速段到停泊段，可以像直接入轨一样经过一个加速段进入围绕地球的圆形停泊轨道，也可以像滑行入轨那样经过两个加速段进入圆形**停泊轨道**运行；根据入轨条件要求，在合适的位置上发动机点火，使航天器加速脱离停泊轨道进入椭圆形的**过渡轨道**；到达过渡轨道的远地点时，发动机再次点火加速，使航天器达到入轨所要求的速度，进入预定的轨道运行。过渡入轨方式常使用于发射地球同步卫星和环月探测器等。

（二）地球同步卫星的发射轨道

早在 1945 年，英国科学家克拉克就在一篇科幻小说中设想把卫星发射到 36 000 km 高空，其运行周期与地球周期相同，且转动方向也与地球自转方向一致，因而相对地面静止。对地面观察者来说，每日相同的时刻，同步卫星就会出现在同一个方向上。这种卫星就叫**地球同步卫星**，也叫**地球静止卫星**或**定点卫星**。如果在赤道上空每隔 120° 相对固定三颗定点卫星，就能实现全球 24 小时通信，如图 4.5-4 所示。

图 4.5-3　过渡入轨轨道示意图

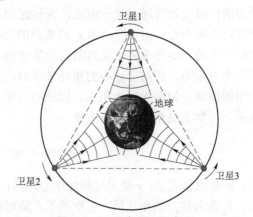
图 4.5-4　同步卫星示意图

为了节省运载火箭的发射能量，在卫星进入同步轨道前，总是使它先经过若干中间轨道。目前一般用一个中间轨道，也有用两个或三个中间轨道的。

用一个中间轨道的同步卫星发射过程大致如下。如图 4.5-5 所示，火箭点火发射后，先是进入停泊轨道依惯性飞行，在这一轨道上运行不久，火箭再次点火把卫星推上一个大的椭

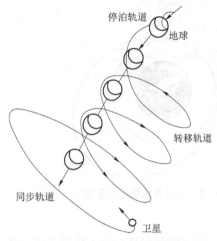

图 4.5-5 地球同步卫星发射轨道示意图

圆轨道——**霍曼轨道**（即转移轨道），其远地点和近地点均在赤道平面上，而且在远地点与同步轨道相交。在霍曼轨道上运行几周后，当卫星经过远地点时，其上的远地点发动机点火，改变卫星的航向，使之进入地球赤道平面，同时增大卫星速度，使之达到同步运行速度（3.07 km/s）。但是由于远地点发动机各种工程参数的偏差，卫星不能一下子就进入对地球静止的同步轨道，而是在这种轨道附近飘移。此后还需要经过遥控调整，使卫星定点于赤道上空某处。

一般来说，卫星的星下点（即卫星在地面上的投影点）轨迹是一条呈"8"字形的封闭曲线。若要求卫星的星下点在地面上静止不动，除了运行周期必须与地球自转周期（23 h56 min4 s）完全相同外，还要求轨道必须是严格的圆形，轨道倾角必须为 0°，否则星下点就要产生飘移。轨道倾角不为 0°，星下点会在赤道南北方向飘移；轨道不圆，星下点每天沿东西方向摇摆；卫星周期大于地球自转周期，星下点向西飘移；反之向东飘移。真正实现卫星定点是很困难的，即使入轨时已严格定点在某个地理经度上空，也会由于地球的扁率、太阳和月球的摄动等因素的影响而产生飘移，若任其发展就会产生大幅度的摆动。为克服轨道误差和摄动引起的飘移，定点卫星必须具有轨道修正能力，定期对轨道进行修正。

二、地球卫星轨道

（一）地球卫星的轨道方程

在初步分析中，可认为卫星的运动只受地球的万有引力作用。我们知道，如果运动质点所受力的作用线始终通过某一定点，则称此力为**有心力**，而这个定点就叫**力心**。由于有心力 F 和质点的矢径 r 共线，作用在质点上的力矩等于零，质点的角动量守恒。卫星受地球的引力为有心力，相对于地心的角动量守恒，卫星作环绕地心的平面运动。如图 4.5-6 所示，以地心为原点建立平面极坐标系，可知卫星角动量大小不变。

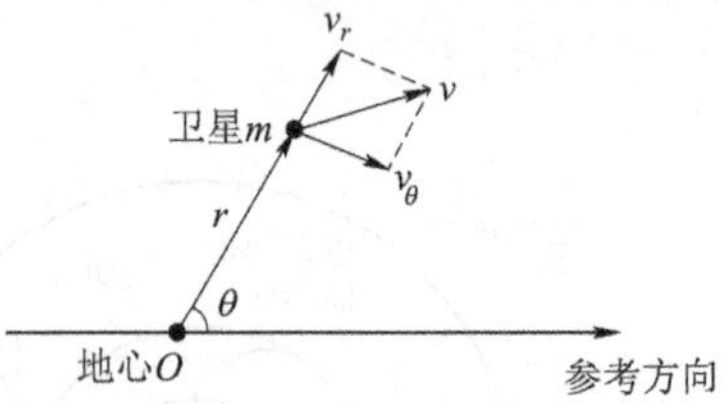

图 4.5-6 计算卫星轨道用图

$$L = mrv_\theta = mr^2 \frac{d\theta}{dt} = L_0 \text{（常量）} \quad (4.5-1)$$

式中，m 是卫星质量；r 是卫星相对地心距离；v_θ 为速度的横向分量，即垂直于矢径方向上的分量；L_0 为入轨点的角动量，它取决于入轨时的初始条件。

万有引力是保守力，卫星在轨道平面上运动时，机械能守恒。以无限远处为势能零点，则有：

$$E = \frac{1}{2}mv^2 - G\frac{Mm}{r} = E_0 \text{（常量）} \quad (4.5-2)$$

式中，M 为地球质量，G 为万有引力常数，E_0 为入轨点卫星的总机械能，它也是由入轨时卫星的初始状态确定。

在以地心为原点的极坐标系中，$v^2 = v_r^2 + v_\theta^2 = \left(\dfrac{dr}{dt}\right)^2 + \left(r\dfrac{d\theta}{dt}\right)^2$，于是上式可写成：

$$E = \dfrac{1}{2}m\left[\left(\dfrac{dr}{dt}\right)^2 + \left(r\dfrac{d\theta}{dt}\right)^2\right] - G\dfrac{Mm}{r} = E_0 \text{（常量）} \quad (4.5-3)$$

利用变量代换消去时间 t：

$$\dfrac{dr}{dt} = \dfrac{dr}{d\theta}\dfrac{d\theta}{dt} = \dfrac{L_0}{mr^2}\dfrac{dr}{d\theta}$$

再代入（4.5-3）式，整理后得出：

$$\dfrac{dr}{d\theta} = \sqrt{\dfrac{2}{m}\left(E_0 + G\dfrac{Mm}{r}\right)\left(\dfrac{mr^2}{L_0}\right)^2 - r^2} = \dfrac{r}{L_0}\sqrt{2E_0 mr^2 + 2GMm^2 r - L_0^2} \quad (4.5-4)$$

分离变量后积分，其结果为：

$$\theta - \theta_0 = \sin^{-1}\left(\dfrac{GMm^2 r - L_0^2}{r\sqrt{m^4 G^2 M^2 + 2mE_0 L_0^2}}\right) \quad (4.5-5)$$

由上式解出 r：

$$r = \dfrac{L_0^2 / GMm^2}{1 - \sqrt{1 + (2E_0 L_0^2 / G^2 M^2 m^3)}\sin(\theta - \theta_0)} \quad (4.5-6)$$

令

$$p = L_0^2 / GMm^2, \quad e = \sqrt{1 + \dfrac{2E_0 L_0^2}{G^2 M^2 m^3}} \quad (4.5-7)$$

同时，为方便，可假设起始时极角 $\theta_0 = \pi/2$，于是（4.5-6）式可写为：

$$r = \dfrac{p}{1 + e\cos\theta} \quad (4.5-8)$$

这就是用极坐标表达的卫星运行轨道方程。显然，它是以地心为一个焦点的圆锥曲线的一般方程，p 为曲线的焦点参数，e 为其**偏心率**。

（二）地球卫星的运行轨道

由轨道方程（4.5-8）可知，在引力作用下，地球卫星的轨道是以地心为焦点的**圆锥曲线**。$\theta = 0$ 时 r 最小，卫星处于近地点。偏心率 e 的数值决定圆锥曲线的类型：$e > 1$ 为双曲线；$e = 1$ 为抛物线；$e < 1$ 为椭圆。从（4.5-7）式可以看出，$e > 1$、$e = 1$ 或 $e < 1$，分别对应于卫星机械能 E 大于、等于或小于零的情况。其中若 $E_0 = -G^2 M^2 m^3 / 2L_0^2$，则 $e = 0$，即 $r = p$（常量），轨道为圆形。图 4.5-7 所示为卫星各种可能的轨道。

由（4.5-3）式可知，$E < 0$，表明卫星所具有的初动能值小于卫星的引力势能的绝对值，这说明卫星所具有初动能不足以克服地球引力做功而达到无限远处，即不能摆脱地球引力的束缚。因此，只能在有限的空间范围内沿椭圆形轨道绕地球运动，成为地球的一颗卫星。若 $E \geq 0$，表明卫星的初动能大于或等于入轨处卫星的引力势能的绝对值，因而卫星具有足够的

动能可以克服地球引力,逃离地球的引力范围。

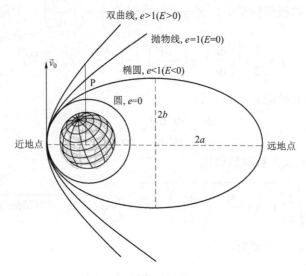

图 4.5-7 航天器运行轨迹

如果卫星入轨时高度一定,即 r_0 给定了,则总机械能完全取决于卫星进入轨道时的速度 v_0,因而轨道的类型也完全决定于初速度的大小和方向。要使卫星进入圆形轨道,必须同时满足两个条件,一是初速度方向垂直于入轨点处矢径方向,即平行于当地的地平线;二是速度的大小必须为一个确定的值,称为**当地环绕速度**。

由 $E_0 = -G^2 M^2 m^3 / 2L_0^2$,利用 $E_0 = mv_0^2/2 - GMm/r_0$ 和 $L_0 = mv_0 r_0$,便可得到 r_0 高度处环绕速度的大小:

$$v_0 = \sqrt{GM/r_0} \quad (4.5-9)$$

如果入轨速度大于当地环绕速度,则入轨点就成为椭圆轨道的近地点;入轨速度越大,则远地点就越远,轨道就越扁;如果继续增大入轨速度,轨道就可能转为抛物线或双曲线了。如果入轨速度小于当地环绕速度,则入轨点就成为椭圆轨道的远地点;入轨速度越小,则近地点的高度就越低,一旦低于 120 km,卫星便进入较稠密的大气层,将导致发射失败,如图 4.5-8 所示。如果入轨速度大于或等于当地环绕速度,而入轨速度方向不平行于当地地平线,卫星轨道也不可能是圆形,而是椭圆形。此时入轨点既不是近地点,也不是远地点,近地点的高度比入轨点高度低。速度方向偏差越大,近地点就越低。当低于 110 km 时,也会导致发射失败。由此可见,精确地控制卫星入轨时速度大小和方向,对于卫星发射是至关重要的。

(三)地球卫星的轨道参数

在天体力学中,用来描述天体运行轨道的基本参数称为轨道参数。椭圆轨道是卫星运行轨道中最常见的,也是最重要的一种,参见图 4.5-9,主要参数如下:

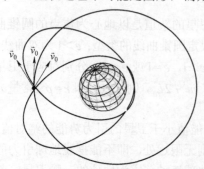

图 4.5-8 卫星入轨速率等于当地环绕速率

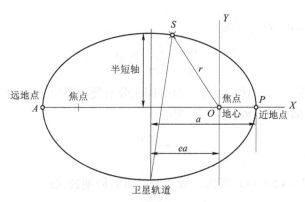

图 4.5-9 轨道要素的平面关系

(1) 焦点参数和偏心率。 这是决定卫星轨道形状的两个基本参数,由式(4.5-7)可知,p 只与卫星的角动量有关,而 e 与总机械能有关,它们都由初始状态 (v_0, r_0) 决定。椭圆轨道的偏心率为 $0 < e < 1$。

(2) 近地点和远地点。 由轨道方程(4.5-8)式可知,当 $\theta = 0$ 时,$\cos\theta = 1$,卫星距地心的距离最小。椭圆轨道上卫星距地心最近的点,叫近地点,近地点与地心的距离为:

$$r_{\min} = \frac{p}{1+e} \tag{4.5-10}$$

当 $\theta = \pi$ 时,$\cos\theta = -1$,卫星距地心距离最大,椭圆轨道上这一点称为远地点,它与地心间距离为:

$$r_{\max} = \frac{p}{1-e} \tag{4.5-11}$$

(3) 长半轴和短半轴。 从图 4.5-9 中可以看出,椭圆轨道的长轴:

$$2a = r_{\max} + r_{\min} = \frac{p}{1-e} + \frac{p}{1+e} = \frac{2p}{1-e^2} \tag{4.5-12}$$

将(4.5-7)式中的 p 及 e 之值代入上式得到:

$$2a = -\frac{GMm}{E_0} = \frac{GMm}{|E_0|} \tag{4.5-13}$$

上式表明,椭圆长半轴 a 只与卫星的总能量 E 有关,而与角动量无关。因此,在长轴相等而短轴不同的椭圆轨道上运行的卫星具有相等的机械能。卫星的能量越大,即 $|E|$ 越小,则长半轴越长,即远地点越远。根据椭圆的几何关系,短半轴 $b = a\sqrt{1-e^2}$,将(4.5-7)式和(4.5-13)式代入后,便可得到:

$$b = \frac{L_0}{\sqrt{2m|E_0|}} \tag{4.5-14}$$

可见,短半轴 b 与角动量有关。

(4) 运行周期。 卫星在 dt 时间内扫过的面积为 $dA = (r^2/2)d\theta$,所以有:

$$\frac{dA}{dt} = \frac{1}{2}r^2\frac{d\theta}{dt} = \frac{1}{2}r^2\omega \tag{4.5-15}$$

又依角动量表达式 $L = mr^2\omega$，于是：

$$\frac{dA}{dt} = \frac{L_0}{2m} \text{（常量）} \qquad (4.5-16)$$

实际上，这正是开普勒第二定律的结果。对时间积分后便可得出 $A = L_0T/2m$，式中 T 为卫星的运行周期。将椭圆面积 $A = \pi ab$ 代入，得：

$$T = \frac{2\pi mab}{L_0} \qquad (4.5-17)$$

再代入（4.5－13）和（4.5－14）两式，最后便可得到周期公式：

$$T = \frac{2\pi}{\sqrt{GM}} a^{3/2} \qquad (4.5-18)$$

可见：

$$\frac{T^2}{a^3} = \frac{4\pi^2}{GM} \text{（常量）} \qquad (4.5-19)$$

这是开普勒第三定律内容。可见只要长轴相同，其运行周期就相等，而与轨道的偏心率无关。

我国第一颗人造卫星的质量 $m = 173$ kg，近地点距地高度 $h_{min} = 439$ km，远地点高度 $h_{max} = 2\,384$ km。由（4.5－13）式可以计算出卫星的总能量：

$$E = -\frac{GMm}{2a} = -\frac{GMm}{r_{min} + r_{max}} = -\frac{GMm}{(h_{min} + R) + (h_{max} + R)} = -4.44 \times 10^9 \text{ J}$$

由（4.5－17）式计算出卫星的运行周期：

$$T = \frac{2\pi}{\sqrt{GM}} a^{3/2} = \frac{2\pi ma}{\sqrt{2m|E|}} = \frac{\pi m(r_{max} + r_{min})}{\sqrt{2m|E|}} = 6.85 \times 10^3 \text{s} = 114 \text{ min}$$

这与我国公布的周期值（112 min）很接近。

（5）卫星的速度。 椭圆轨道上卫星的速度是变化的，近地点速度最大，远地点速度最小。由（4.5－2）和（4.5－13）式，可得出椭圆轨道任一点处卫星的速度：

$$v = \sqrt{GM\left(\frac{2}{r} - \frac{1}{a}\right)} \qquad (4.5-20)$$

可见，卫星距地越远，则速度越小。

应该指出，上述讨论仅考虑卫星只受到地球引力作用，且把地球作为质点来处理。实际情况要复杂得多，卫星实际轨道要有偏离，通常称为"**轨道摄动**"，其中有地球形状摄动、大气阻力摄动、日月引力摄动和太阳光压摄动等。此外，还有潮汐力、电磁效应、广义相对论效应、地球赤道效应以及卫星自身发出的扰动力（如姿态控制的喷气推力）等因素引起的摄动等。有些摄动可在确定初轨时考虑，但有的摄动要由运载火箭的精确制导来加以消除。

（四）卫星轨道的种类

卫星轨道位于一个通过地球中心的平面内，即<u>卫星轨道平面</u>。该平面与地球赤道平面之间的夹角称为**卫星轨道倾角** i，它对于卫星的发射和应用是很重要的因素。按照倾角 i 的大小，卫星的轨道可以分为四种类型（见图 4.5–10）。

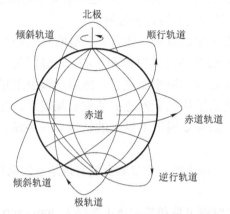

图 4.5–10　人造地球卫星轨道示意图

（1）**赤道轨道**。轨道倾角 $i=0°$，即卫星轨道平面与地球赤道平面重合，卫星始终在赤道上空飞行，这种轨道称为赤道轨道。特别是在离地面 35 786 km 高度运行的圆轨道卫星，其运行周期为 26 h56 min4 s，与地球自转周期相同，这种轨道称为**地球同步轨道**。采用地球同步轨道的卫星称为**同步卫星**。如果这条轨道既是赤道轨道，运行方向又与地球自转方向一致，卫星将与地面之间保持相对静止，称为**定点卫星**。从地面定点上观察，航天器固定地高悬于赤道上空，这种情形便于地面站对其跟踪，因此通信卫星和监视该卫星星下点周围广大地区的导弹预警卫星通常采用这一轨道。

（2）**极轨道**。轨道倾角 $i=90°$，即卫星轨道平面与地球赤道平面垂直，卫星飞越南北两极上空，这种轨道称为极轨道。极轨道上的航天器可对全球所有纬度地区进行观测，气象卫星和对全球进行侦察的侦察卫星通常采用这种轨道。

（3）**顺行轨道**。轨道倾角大于 $0°$、小于 $90°$，卫星自西向东顺着地球自转方向运行。由于地面上一切物体随着地球一起自西向东转动，在赤道上速度最大，约 465 m/s，因此向偏东方向发射卫星，可利用地球自转带来的速度，节省发射的能量。因此，除了有特殊要求的卫星外，绝大多数卫星都采用顺行轨道。

（4）**逆行轨道**。轨道倾角大于 $90°$、小于 $180°$，卫星自东向西逆着地球自转方向运行。采用逆行轨道发射同样质量的卫星要多花费能量，故一般不采用这种轨道。但是有一种**太阳同步轨道卫星**，必须采用逆行轨道。由于地球实际上是一个扁的椭球体，地球扁率的影响使卫星的轨道平面绕地轴进动。适当调整卫星的轨道高度、倾角和形状，可以使卫星轨道面的进动角速度等于地球绕太阳的平均公转角速度。在太阳同步轨道上运行的航天器可以保证在基本相同的太阳光照射条件下飞过地面同一纬度地区，从而充分地利用太阳能。

太阳同步轨道的半长轴、偏心率和轨道倾角三个参数的关系满足下列关系式：

$$\cos i = -4.773\,7 \times 10^{-15} (1-e^2)^2 a^{\frac{7}{2}} \qquad (4.5-21)$$

由上式可知，太阳同步轨道的倾角大于 $90°$，是一条逆行轨道。

（五）卫星变轨原理简要介绍

由于多种原因，往往通过运载火箭还不能直接将卫星送入预定的轨道，需要在卫星入轨后再对轨道进行修正，改变轨道的形状和方位，这种改变轨道形状和方位的过程称为**变轨**。要实现变轨，要求卫星本身携带动力装置和燃料。

典型的变轨过程是定点卫星的发射。通常，卫星的发射场不在地球的赤道上，所发射的卫星最初进入的轨道平面必然通过发射点和地心，轨道倾角 $i \neq 0°$，不与赤道平面重合。这就需要改变轨道倾角，使之与赤道平面重合，然后再调整卫星的速度大小和方向，使之满足静止轨道的条件。即使卫星从位于赤道上的发射场发射，进入轨道后一般也不会正好位于所要求定点的经度上，也需要利用卫星上的轨道修正系统，使卫星飘到预定的经度上定位。

发射同步卫星一般需要三级火箭，卫星本身装有远地点发动机和轨道修正系统。发射和定点过程如下：

第一步，用火箭的前二级将卫星和第三级火箭送入 200～300 km 高度的圆轨道，称为停泊轨道。

第二步，经过实测和计算，选择停泊轨道上的某点，第三级火箭点火，将卫星送入一个椭圆形的转移轨道。转移轨道的远地点高度为 35 786 km，并处于地球赤道上空，到达远地点高度后卫星与火箭分离。

第三步，在卫星到达远地点之前，计算好所需速度增量的大小和方向，并调整好卫星的姿态，当卫星运行到达远地点时，启动远地点发动机，使转移轨道远地点的速度与远地点发动机提供的速度增量的矢量和恰好等于同步轨道所需的环绕速度（3.07 km/s），方向朝正东的水平方向（见图 4.5-11），卫星进入准定点同步轨道。

图 4.5-11 轨道平面改变示意图

第四步，利用卫星上的轨道修正系统，使卫星逐渐飘到预定的经度位置上定点。

我国于 1984 年 4 月 8 日 19 时 20 分首次成功发射试验通信卫星"东方红 2 号"，并在 4 月 16 日 18 时 27 分 57 秒成功地使它定点于东经 125°赤道上空。

（六）星下点轨迹

卫星在轨道上运行时，卫星与地心的连线与地球表面的交点称为星下点。可用地理的经纬度来表示。由于卫星的运动和地球的自转，使得星下点在地球表面运动，形成星下点轨迹。将星下点轨迹画在地图上，就是星下点轨迹图（见图 4.5-12）。有了星下点轨迹图，就可以确切地知道卫星在何时经过什么地区，有利于进行观察和预报。

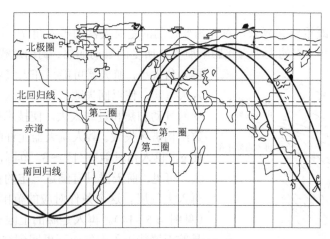

图 4.5-12　星下点轨迹图

由于地球的自转，卫星每绕地球一周的星下点轨迹一般不会重合，相邻两条轨迹的间隔在同一纬度上正好等于一个轨道周期内地球自转的角度。在地图上，近地轨道卫星的星下点轨迹接近一条正弦曲线，轨迹所能达到的最南和最北位置的地理纬度正好等于卫星的轨道倾角。定点同步卫星的星下点轨迹就是一个点。

三、航天器的返回轨道

返回式卫星、载人飞船等航天器完成任务后，脱离原来的运行轨道，再入大气层返回地面，这一过程的运行轨迹称为**返回轨道**。一般返回轨道可分为四个阶段：**离轨段、过渡段、再入段和着陆段**（见图 4.5-13）。

（一）离轨段

离轨段指航天器启动制动火箭或变轨发动机，改变飞行速度的大小和方向，脱离原运行轨道的阶段。一般航天器离轨后转入一条椭圆形的过渡轨道。

（二）过渡段

过渡段指航天器从离开原运行轨道到进入大气层之前的飞行阶段。航天器在过渡段基本上按天体力学规律运动，但为了达到预定的再入条件，一般

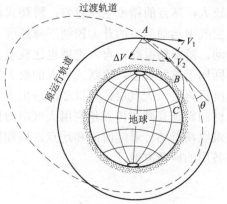

图 4.5-13　返回轨道示意图

A—离轨点；B—再入点；C—着陆点

需要经过多次变轨，以便按时准确地进入再入点。同时，还要调整航天器本身的姿态，为再入大气层做好准备。比如在空间靠旋转稳定的卫星需要消旋，以便进入大气层后利用空气动力稳定，保持预定的再入姿态；航天飞机则需要调整到头部朝前的姿态，以 30°左右的迎角进入大气层。

（三）再入段

再入段指航天器从进入大气层到离地面高度 10～20 km 处的飞行阶段。这一阶段由于空

气的阻力和摩擦作用，航天器将承受高制动过载和剧烈气动加热环境的考验，是返回轨道的技术关键。

再入段的控制既重要又复杂，首先需要控制的是航天器的再入角 θ，即再入点速度方向与当地水平面的夹角。它的大小直接影响航天器所受的气动加热、制动过载和再入段的航程。

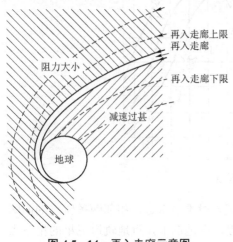

图 4.5－14　再入走廊示意图

再入角太小，航天器可能只在大气层边缘掠过而不进入大气层，使返回失败；再入角太大，则航天器所承受的气动加热和过载太大，使技术难度增加，甚至导致结构破坏失效。载人航天器允许的最大过载不超过 $10g$，再入角只能在 $1°\sim3°$ 范围，因此返回航程增大。可见，航天器只有满足一定的再入条件才能顺利再入大气层。这个条件对应的范围称为"再入走廊"（见图 4.5－14）。再入走廊的上限对应最小再入角，是航天器能进入大气而不再回到空间的界限；下限对应最大再入角，是航天器承受过载或气动加热极限值的界限。再入走廊的范围与航天器在再入点的速度和位置、气动外形、姿态控制能力、允许过载、过渡轨道的参数等有关。

其次，可以通过合理的气动外形设计和再入轨道的设计来改善严酷的制动过载和气动加热环境。再入轨道有**弹道式、滑翔式、跳跃式和椭圆轨道衰减式**四种类型，如图 4.5－15 所示。弹道式再入与弹道式导弹的再入段情况基本相同，航天器进入大气层后不作升力控制，沿着单调下降的轨道返回地面。这种再入方式技术简单，但空气阻力引起的制动过载较大，落点的精度也比较差；滑翔式再入航天器的外形是带有升力面的滑翔体，利用其在空气中运动产生的升力控制下降速度，从而大大减小制动过载。降落时航向可作适当的机动，落点精度高，再入走廊也比较宽。但升力的控制技术复杂，难度较大，航天飞机的返回属于这种类型；跳跃式再入的航天器进入大气层后依靠升力再次冲出大气层，降低了速度后再进入大气层，可以多次进出大气层，使速度不断降低，从而减小过载，调整落点；椭圆轨道衰减式再入是利用大气阻力使轨道逐渐衰减降低高度，最后落到地面。这种方式难以精确估计着陆时间和地点，周期性地穿越地球辐射带会损害航天员的健康，一般作为备用的应急方案。

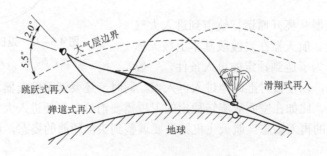

图 4.5－15　再入轨道示意图

（四）着陆段

指航天器进入距地面十几千米以下高度的飞行阶段，将再入航天器速度进一步降低到安全着陆的速度。不带升力控制的返回体一般采用降落伞和着陆制动火箭使航天器安全降落在地面，实现软着陆。带有升力控制的航天器，如航天飞机，则以类似普通飞机的着陆方式操纵着陆过程。

四、登月飞行与环月飞行

月球是地球的天然卫星，是距离地球最近的天体，自然成为人类探索太空的第一个目标。飞往月球的航天器称为**月球探测器**。月球探测器的运行环境有两个特点：一是在地球引力和月球引力的共同作用下运动，这种运动可以看成是三体运动。通过天体力学的计算，要接近月球，航天器相对地球的初始速度必须大于 10.848 km/s。二是仍然处于地球引力范围之内。地球引力作用半径为 93 万千米，而月地之间距离仅为 38 万千米，所以月球探测器还没有脱离地球引力范围，飞往月球的过渡轨道可以是环绕地球的椭圆形轨道，发射月球探测器的初速不必超过第二宇宙速度。这两个特点是设计飞往月球轨道的基础。

根据上述特点，登月轨道可分为两个阶段：一个是以地球引力为主的阶段，另一个是以月球引力为主的阶段。相对于地球的引力，月球引力的作用半径为 66 万千米。因此，以距月心 66 万千米的球面为分界，大于 66 万千米时可以忽略月球引力，航天器主要是受到地球引力，近似认为航天器相对于地球的轨道是椭圆形轨道。当航天器进入月球引力作用面时，忽略地球的引力，航天器受到的力主要是月球引力。这时，航天器相对于月球的速度往往大于月球的逃逸速度（2.36 km/s），相对于月球的轨道为双曲线轨道。将这两段轨道连接起来，就是月球探测器的轨道。这种近似称为**双二体问题**。如果两个阶段的轨道都用航天器轨道摄动的方法解出，可以得到比较精确的轨道。

根据探测目的和探测方式不同，月球航天器的轨道一般采用如下四种：直接登月轨道、环地登月轨道、环月登月轨道和飞越月球轨道。

（一）直接登月轨道

这是一种最简单的登月轨道。轨道形状可以是椭圆、抛物线或双曲线。只要航天器到达月球轨道时能与月球相遇，就能击中月球，实现硬着陆（见图 4.5-16）。这种轨道需要大推力的运载火箭，为保证航天器能与月球相遇，必须预先进行精确的计算。

（二）环地登月轨道

首先将航天器发射到环绕地球的停泊轨道上，然后由地面测控站根据停泊轨道的实际参数确定飞向月球的航线，并选择最有利的时间和位置再次启动发动机，使航天器变轨进入与月球相遇的轨道。采用这种登月方式，探测器与月球相遇的速度大约为 2.5 km/s，所以也是硬着陆。如要求软着陆，可在着陆前用反推火箭使探测器减速。早期月球探测器多采用这种方式的登月轨道。它与直接登月轨道比较，在起飞时间、选择航线、修正轨道偏差方面都有较大的灵活性，同时对运载火箭总发射能量的要求也比较低。

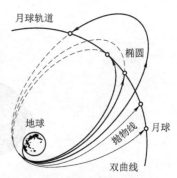

图 4.5-16 直接登月轨道

（三）环月登月轨道

这是目前常用的登月轨道。这种轨道经过三次变轨后实现在月面上软着陆。首先将探测器发射到环绕地球的停泊轨道上，根据停泊轨道的实际参数计算出最有利的航线，然后选择合适的时间和位置启动末级火箭发动机，将探测器送入远地点在月球轨道上的大椭圆转移轨道，探测器与火箭分离，实现第一次变轨。当探测器飞到距离月球 66 000 km 时，进入月球引力范围，由于此时探测器的速度超过月球的逃逸速度，如不加控制探测器将沿双曲线轨道飞越月球或与月球相撞。为了使探测器进入环月轨道，需要启动探测器上的制动发动机，使探测器减速，减到月球的环绕速度 1.68 km/s，进入环月飞行轨道，实现第二次变轨，成为月球的卫星。探测器在环月轨道上运行，通过地面测控站或飞船的控制舱，选择着陆地点，计算离轨时间和位置，分离登月舱。在近月点启动登月舱上的制动发动机，离开环月轨道向月面降落。这是第三次变轨。登月舱进入下降着陆段后，利用制动发动机、小推力发动机和缓冲着陆装置实现软着陆（见图 4.5-17）。

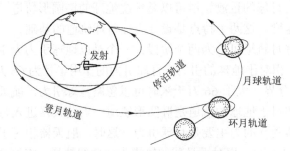

图 4.5-17　环月登月轨道示意图

2007 年 10 月 24 日，我国发射的"嫦娥一号"月球探测器也是采取这一类环月轨道的，但考虑了现有运载火箭的能力和轨道控制的精度和可靠性，专门设计了一种更为复杂的轨道（见图 4.5-18）。这种轨道前后经过七次变轨才进入环月的最终工作轨道。

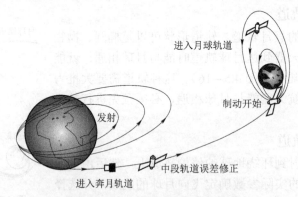

图 4.5-18　"嫦娥一号"奔月轨道

（四）飞越月球轨道

如图 4.5-19 所示，当月球探测器进入月球引力范围，由于速度超过月球的逃逸速度，如不加控制探测器将沿双曲线轨道飞越月球。可以利用这种轨道绕过月球，探测月球背面。当探测器绕过月球离开月球引力范围后，其相对于地球运动的速度大小和方向都发生了变化，结果可能使探测器加速到第二宇宙速度而脱离地球的引力作用。也就是说,尽管探测器离开地球时的速度小于第二宇宙速度,但可能借助于月球引力的加速成为人造行星。

五、行星际航行轨道

我们已经知道,当航天器的速度达到第二宇宙速度时,它就可以脱离地球的引力场,成为太阳的人造行星。在这种条件下,如果对航天器速度的大小和方向做适当的修正,实现一次或多次变轨,就可进入飞向其他行星的星际航线。探测器在星际空间的运动可近似为"**限制性三体问题**",即探测器在两个天体的作用下运动。在引入引力作用范围的概念以后,可以进一步简化为"限制性二体问题",即在探测器飞向目标行星的过程中,假定每一时刻它只受对其运动影响最大的天体的引力作用。根据以上假设,我们可以比较精确地估算出探测器的轨道参数。

(一)最小能量轨道

从地球飞向太阳系各行星,可以有各种不同的轨道。可以证明,如果航天器沿着与两个行星轨道相切的椭圆轨道飞行,所需要的出发速度最小,消耗的能量最小。这种轨道是由霍曼首先提出来的,称为**霍曼轨道**,也称双切轨道(见图4.5-20)。40多年来,人类发射了不少行星探测器,都沿着与这种最小能量轨道相接近的轨道航行。

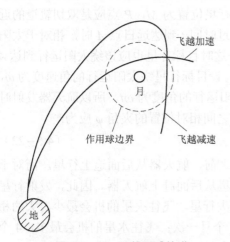

图 4.5-19 飞越月球轨道

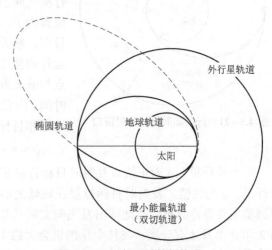

图 4.5-20 行星际航行轨道

实现霍曼轨道的飞行程序是从地面发射,使航天器在主动段终点获得第二宇宙速度。当其到达地球引力的作用边界时,启动航天器上的变轨发动机,改变飞行速度的大小和方向,使航天器沿着双切椭圆轨道运行。当航天器到达与目标行星轨道的切点时,由于双切椭圆轨道的远日点速度小于目标行星的轨道速度,必须再次变轨进入目标行星的轨道。而且必须事先经过精确的计算,使航天器同时与目标行星相遇,进入目标行星的引力作用范围。然后,就可根据航行的目的,按照与上节介绍的登月或环月飞行相同的方法,进入行星着陆,或成为行星的卫星,或飞越该行星飞向另一个目标。

随着运载火箭能力的不断提高,为提高行星际飞行器的出发速度提供了可能性。根据航行目的和要求,比如将来的行星际载人飞船要求缩短航程、减少航行时间,可以采用与目标行星轨道相交的更长更扁的椭圆轨道,以便缩短航程和减少航行时间。

(二)出发速度和发射窗口

行星探测器从地球出发,沿双切轨道飞向太阳系其他行星所需要的最小出发速度及航行时间见表 4.5-1。

表 4.5-1 沿双切轨道飞向太阳系行星的最小出发速度和航行时间

目标行星	水星	金星	火星	木星	土星	天王星	海王星
出发速度/(km·s^{-1})	11.6	11.5	11.6	14.2	15.2	15.9	16.2
航行时间/年	0.29	0.42	0.71	2.75	6	16	30

行星探测器进入目标行星轨道的同时,必须与行星恰好相遇。要达到这一要求,航天器发射时间必须选择在地球和目标行星处于特定的相对位置前后的某个时间区间内,这个时间

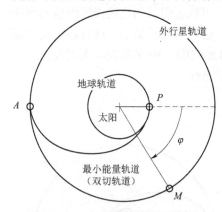

图 4.5-21 行星际航行的发射窗口

区间称为发射窗口。如错过这段时间,地球和目标行星之间的相对位置发生变化,航行轨道和发射窗口也随之变化。

按双切轨道航行时,在航天器发射窗口地球和目标行星之间的相对位置如图 4.5-21 所示,设发射时地球位置为 P,目标行星位置为 M,P 点应是双切轨道的近日点。航天器经过时间 t 到达远日点 A 时,相对于太阳运行的角度为 π,这时目标行星也应该绕太阳运行到达 A 点与航天器相遇。设目标行星绕太阳运行的角速度为 ω,时间 t 内它绕太阳运行的角度为 ωt。所以航天器发射时地球和目标行星之间相对位置的夹角 φ 应为:

$$\varphi = \pi - \omega t \tag{4.5-22}$$

对于外行星,φ 为正值,发射时目标行星在地球之前,航天器从后面追上行星。而对于内行星,φ 为负值,发射时目标行星在地球之后,行星从后面赶上航天器。因此,发射行星探测器需要等待时机。从地球出发飞向太阳系其他七大行星,飞往火星的机会最少,大约相隔 2 年 2 个月才有一次;飞往金星的机会大约 1 年 7 个月一次;飞往水星的机会最多,4 个月就有一次;飞往木星、土星、天王星、海王星的机会是 1 年一次。

同样道理,从其他行星返回地球,也不是随时可以返航的。比如前往火星的飞船,必须等到火星运行到地球前面 75°的时候才能返航,等待时间长达 450 天,加上往返航程 519 天,共 969 天。去金星的飞船需要等待 475 天才能返航,往返一次需要 767 天。去木星的飞船需要在木星停留 215 天,往返一次共需 2 215 天。

六、航天器的空间交会与对接

建立永久性的空间站是空间技术发展的必然趋势。空间站的工作人员需要更替,还需要补充给养、更换和修理仪器设备,需要其他航天器来完成运输任务。此外,人造卫星的修理、回收,都需要 2 个或 2 个以上的航天器进行交会和对接。

交会就是使 2 个或 2 个以上的航天器按预定的时间在轨道上预定的位置相会合，对接则进一步要求交会过程中 2 个航天器在结构上连接在一起。交会主要是航天器的轨道控制和姿态控制问题，对接还需要解决对接机构承受冲击负荷和连接的技术问题。交会和对接一般由四个阶段完成。

（一）远程导引阶段

控制受控航天器的质心运动，将它导引到目标航天器附近。这时两个航天器的距离小于 100 km。远程导引阶段的基本要求是保证交会时间和精度，并且能量消耗最小。达到这一目的有两种方案。

（1）直接从发射轨道接近目标。 直接从发射轨道接近目标的方式要求精确的发射准备和严格控制发射时间（发射窗口），否则受控航天器不能进入目标航天器的轨道，二者的飞行轨道也难以在一个平面上。当然也可以采取前面讲过的变轨技术以放宽发射窗口和降低精确入轨的难度，但应事先计算好变轨控制力的大小、方向和作用时间。

（2）从停泊轨道接近目标。 从停泊轨道接近目标是将受控航天器发射到停泊轨道（一般采用与目标航天器共面的圆轨道），然后由地面测控站对目标航天器和受控航天器的轨道参数做准确的测定与计算，选定最优的过渡轨道（一般可选择霍曼轨道），并确定合适的位置和时间变轨，使受控航天器脱离停泊轨道，进入目标航天器的轨道，接近目标航天器。

（二）近程导引阶段

利用受控航天器上的导引设备，将受控航天器引入交会区。近程导引也有两种方法。

（1）轨道导引法。 轨道导引法首先必须知道目标航天器的轨道参数，由受控航天器上的计算机计算自身和目标航天器之间的相对运动参数，根据相对运动参数启动用于控制的火箭发动机逐渐接近目标。

（2）自主导引法。 自主方法可以在不知道目标轨道参数的条件下进行近程导引，由地面测控站或航天器上的导引设备，随时测定受控航天器和目标航天器之间的相对运动参数，下达控制指令按一定规律逐渐接近目标。

（三）停靠阶段

受控航天器以接近于零的相对速度靠近目标航天器。当两个航天器距离为 30~300 m 时，以 1.5~3 m/s 的相对速度进入停靠阶段。停靠阶段的控制采用六个小推力发动机，它们安装在航天器三个互相垂直的坐标轴上，可以在六个自由度上控制航天器的姿态和运动方向，以满足交会或对接所需要的姿态和相对位置。

（四）对接阶段

通过专门的对接装置使受控航天器和目标航天器互相接触，并由对接机构将二者连接成一个整体。这个过程可以由自控装置自动完成，也可在航天员的指挥和操纵下进行。

第六节　军用航天装备技术简介

军用航天装备技术是指以军事应用为目的，开发和利用太空的航天器装备和技术。它借助于部署在太空的各种遥感器、观测设备、通信设备以及武器系统等装备和技术手段，执行侦察与监视、弹道导弹预警、军事通信与导航、气象观测、大地测量、反卫星与反弹道导弹等任务，为军事目的服务。军事航天装备主要是各类军用航天器，包括军用卫星、飞船、航天飞机、天基武器等。未来军用航天装备不仅可以提高军队的组织指挥和保障能力，提供外层空间火力支援，而且将使太空成为陆、海、空以外的新战场。

航天技术的发展从一开始就和军事上的需要紧密相关。至今，在人类发射的 5 000 多个航天器中，军用航天器和有军事服务价值的航天器约占 70%。总的来看，军用航天器的应用大致可分为三大类：一是支援地面军事力量的航天信息系统，如侦察卫星、预警卫星等；二是执行军事任务的载人航天器，包括载人飞船、空间站、航天飞机等；三是天基或部分天基武器，主要指可攻击敌方航天器的反卫星系统，包括反卫星卫星，反卫星导弹和各种天基能束武器（激光、粒子束武器）等。

一、军用航天信息系统

军用航天信息系统是指由各种军用卫星为主体组成的空间信息系统。它是一体化全球感知、全球交战系统的核心，是实施远程精确打击和杀伤评估的重要手段，是 21 世纪世界各国重点发展的卫星系统。未来将出现一批划时代的侦察、预警、通信、导航、气象等卫星和卫星星座，它们与各种情报系统、指挥控制系统和计算机互联网络相结合，最大限度地发挥空间力量在信息化战争中的支持作用。军用卫星按用途可分为通信卫星、侦察卫星、导航卫星、气象卫星、地球资源卫星、测地卫星等。侦察卫星依靠各种电子、光学侦察器材，从外层空间侦察敌方目标的现状及其变化，来获取所需的情报；通信卫星一般部署在地球同步轨道上，它接收到地面发出的无线电波以后进行放大，然后再转发回地面，具有覆盖范围大、通信距离远、通信容量大、传输质量高、生存能力强等优点；导航卫星是为航天、航空、航海、巡航导弹和洲际导弹等提供导航信息的卫星。

（一）通信卫星（Communications satellite）

以卫星作为中继站而进行的无线电通信称为**卫星通信**；用作无线电通信中继站的卫星称为**通信卫星**，它是卫星通信系统的空间部分。它转发或发射无线电信号以实现地面站之间或地面站与航天器之间的通信，可传输电话、电报、电视、传真和数据等。

1. 卫星通信的特点

通信卫星具有通信距离远、容量大、质量高、抗干扰能力强、安全可靠等优点，在军事上有特别重要的意义。卫星通信的突出优点：**一是覆盖范围大，通信距离远**。一颗静止轨道通信卫星，可覆盖地球表面的 1/3，能供相距 17 000 km 的两个地面站直接通信。在赤道上等距离地布置三颗静止轨道卫星，即可实现除南北两极地区以外的全球通信。**二是通信容量大**。目前，一颗卫星的容量可达数千路以至上万路电话，并可传输高分辨率的照片和其他信息。**三是传输质量高**。卫星通信不受地形、地物等自然条件影响，且不易受自然或人为干扰，通信稳定可靠。**四是机动性好**。卫星通信可作为大型地面站之间的远距离通信干线，也可用于机载、船载和车载的小型机动终端通信，能根据需要迅速建立同各个方向的通信联络。卫星通信已成为现代通信的重要手段，在军事指挥控制上更具有特别重要的意义。

卫星通信也有不足之处，例如同步卫星通信在南北极地区为盲区，在高纬度地区通信效果不好，卫星的发射与控制技术比较复杂；在春分和秋分前后数日内，因太阳干扰过强,每天有几分钟的中断;保密性差,需要靠地面通信终端对信息做特殊处理来保证。

2. 通信卫星的种类

通信卫星的种类较多。按服务区域不同,通信卫星可分为国际通信卫星、国内通信卫星、区域通信卫星。按用途不同,可分为军用通信卫星、海事通信卫星、电视广播卫星、数据中继卫星等。军用通信卫星又分为**战略通信卫星**、**战术通信卫星**和**数据中继卫星**等。战略通信卫星通常在地球同步轨道上运行,为远程直至全球范围的战略通信服务。战术通信卫星一般在几小时周期的大椭圆轨道上运行。这种卫星主要用于地区性近程战术通信,为军用飞机、舰艇、车辆乃至单兵终端机的通信服务。随着微电子技术的发展和卫星能源、大功率器件等新技术的突破,地面站的小型化进展很快,从而给卫星军事通信展现了新的前景。

数据中继卫星是"跟踪与数据中继卫星"的简称,它主要是在地面测控站与航天器之间充当"二传手",是设在空间轨道上的微波接力通信数据中转站,是一个航天大国构建自己独立的全球卫星网和空天一体化测控网所必不可少的"卫星中的卫星"。中继卫星的主要用途是:连续跟踪航天器,转发测控信息;实时高速率地向地面转发在轨航天器,特别是各种侦察卫星所获取的大量信息;为载人航天器与地面之间保持不间断的通信联络;为航天器的交会对接以及分离转发导航和监控信息。它可以极大地提高各类航天器的使用效益和应急能力,尤其是侦察卫星所获取的目标信息只有借助于中继卫星才能实时传回来,军事价值和意义重大。如果没有中继卫星,就无法建立全球战略预警系统,甚至连卫星导航定位、卫星通信、卫星侦察和气象预报等航天系统的功能都要大打折扣。

通信卫星的发展趋势是:建立卫星间通信链路和向高频段扩展;发射造价低、性能好的低轨道小卫星群;大力发展卫星移动通信和直播电视卫星;军用通信卫星将进一步提高保密性、抗干扰性、灵活性和生存能力。

(二)侦察卫星(Reconnaissance satellite)

侦察卫星是用于获取军事情报的人造地球卫星,它利用光电遥感器或无线电接收机等侦察设备,从轨道上对目标实施侦察、监视、跟踪,以搜集地面、海洋或空中目标的情报。侦察设备记录目标反射或辐射的电磁波、可见光、红外信号,用胶卷、磁带等存储于返回舱内,在地面回收,或者用无线电传输方式实时或延时传到地面接收站。收到的信号经处理、判读,可提取有价值的情报。侦察卫星主要承担战略侦察任务,也可执行战术侦察任务,或为战术侦察情报提供旁证。利用卫星进行军事侦察使现代侦察技术发生了重大突破,并把战略侦察提高到了一个新的水平。在军用卫星中,发展最早、数量最多、应用最广的是侦察卫星,发射数量约占卫星总量的一半。同其他侦察手段相比,卫星侦察具有以下优点:

一是范围广。侦察卫星居高临下,视野开阔,在同样的视角下,侦察卫星拍摄的一幅照片,能覆盖几千甚至上万平方千米的地面,相当于几十至上百幅航空照片。一颗运行在 500 km 高轨道上的电子侦察卫星,最大可覆盖方圆 2 000 km 的地域。一颗地球同步导弹预警卫星可监视地球总面积 40% 的区域。

二是速度快。在近地轨道上的侦察卫星,每天可绕地球飞行 16 圈,能很快飞往欲侦察的地区上空。如果适当选择卫星的轨道参数，并恰当地利用地球自西向东不停转动的特点，就可实现全球的监视，几天之内即可普查一遍，对重要目标还可反复侦察。若几颗卫星组网使用，可做到近实地侦察。在弹道导弹发射后 50~60 s，导弹预警卫星就可探测到它，并能在 1 min 内把预警信息传回到地面。这更是其他侦察工具所无法比拟的。

三是限制少。卫星飞行不受国界、地理和气候条件的限制，可以自由飞越地球任何地区，可"合法"地进行太空侦察。另外，在现代战争战场范围广、情况变化快、地面防空火力强的情况下，其他侦察手段均受到一定限制，而侦察卫星却可以畅行无阻，能获得其他手段难以得到的情报。

四是寿命长。侦察卫星在空间可以长时间连续工作，少则几天，多则几年。因此，侦察卫星能获得其他手段难以获得的情报，对军事、政治、经济、外交等均有重要作用。侦察卫星自 1959 年出现以来，发展迅速，已成为一些国家获取情报的有效工具。

目前，天基信息获取技术在太空目标监视和提高侦察精度方面取得了显著进展。美国 2010 年 9 月发射了"天基太空监视系统"首颗"探路者"卫星，试验对高轨、微小、机动太空目标的及时探测、识别和跟踪能力。系统建成后将使美军对太空目标编目的更新周期由现在的 7 天缩短至 2 天，并为实时评估太空安全威胁与进行太空对抗提供关键支撑。

根据侦察的任务和设备的不同，侦察卫星一般分为照相侦察卫星、电子侦察卫星、海洋监视卫星、导弹预警卫星和核爆炸探测卫星。它们利用不同的遥感器或无线电接收机收集地面、海洋或空中目标的信息，获取军事情报。

照相侦察卫星利用光电遥感器拍摄地面图像；电子侦察卫星装有无线电侦听设备，搜集电磁辐射情报；海洋监视卫星用于探测、监视水面舰船和潜艇活动，侦收、窃听舰载雷达和无线电通信信号；预警卫星用于监视和跟踪敌方弹道导弹发射，在战争中为反导系统提供目标信息；核爆炸探测卫星用于探测核爆炸信息。侦察卫星今后的发展方向是：提高侦察设备的分辨率；扩大对地侦察覆盖面和覆盖次数；从单一型向综合型发展；防御反卫星武器的攻击以增强生存能力。

1. 照相侦察卫星

照相侦察卫星有光学成像和雷达成像两种。光学成像侦察卫星的主要侦察设备是光电遥感器，包括可见光相机、红外相机、多光谱相机和电视摄像机等设备。光学成像侦察卫星在高度、速度、视野方面比航空摄影优越，而且卫星运行中没有震动，可以从数百千米高度摄取大面积清晰的地面照片，在战略侦察中具有独特的作用。它将目标信息记录在胶片或电磁存储器上，由地面回收胶片或实时接收无线电传输的信息，经加工处理后，判读确定军事目标的地理位置和性质。它可以用来侦察地面机场、港口、导弹基地、交通枢纽、城市设防、工业布局、兵力集结及其他军事设施。高级成像侦察卫星上装有长焦镜头，不仅能拍摄大型军事设施，还能识别导弹和飞机的种类，区分地面各种小型军事装备和无线电通信设备等。光学成像侦察卫星的目标分辨率较高。目前最先进的美国第六代光学成像侦察卫星 KH-11B "高级锁眼"的地面分辨率可达 0.1 m。

雷达成像卫星的主要侦察设备是雷达，利用雷达获取目标图像信息，分辨率稍低。但成像速度快，覆盖面积大，不受恶劣天气的影响，可以全天候、全天时工作，恰好能够弥补光学成像侦察卫星的不足。雷达成像侦察卫星的雷达先向地面发射微波脉冲信号，利用目标与背景对雷达波散射特性的不同，把目标信息提取出来。根据雷达工作技术体制不同，又分为普通雷达与合成孔径雷达两种。普通雷达主要获取目标反射回波的振幅信息进行成像，其分辨率与雷达工作波长成反比，与雷达天线尺寸成正比。合成孔径雷达成像通过获取目标回波的振幅和相位信息成像，图像分辨率有很大提高，但信息处理技术相对复杂。

从一幅卫星照片上究竟能看到什么，主要取决于卫星照片的地面分辨率。所谓地面分辨率，是指在极限情况下照片上每一条线对的宽度所对应的地面尺寸。通俗地讲，可以理解为在卫星照片上能够显示出的地面最小目标的大小。卫星**地面分辨率 S** 的数值可近似地由下式计算：

$$S = \frac{H}{F} \cdot \frac{1}{R \times 1\,000} \text{(m)} \tag{4.6-1}$$

式中，H 为卫星轨道高度（m）；F 为相机焦距（m）；R 为照相系统分辨力（线对/mm）。例如，美国"大鸟"卫星的照相高度是 160 km，相机焦距为 2.44 m，分辨力 R 为 180 线对/mm，代入上式，可以求得地面分辨率为 0.364 m。

要识别目标，需要看清目标的特征，包括形状、大小、位置、活动等。大量判读实践表明，在一般情况下，只有当目标的长、宽尺寸均相当于地面分辨率的 5~7 倍时，才有可能被识别。在地面分辨率为 0.3 m 的卫星照片上，只有当目标的尺寸达到 1.5~2 m 时，才可能看清其细部特征。由此可知，当地面分辨率小于 1 m 时，就有可能识别坦克、各类牵引车辆、各种飞机机型，能查明侦察地区的兵力部署和调动情况，绘制雷达部署图等。

遥感、数据处理和传输等技术的发展，使卫星拍摄的图像能立即传回地面，这就是实时传输照相侦察卫星。它通常利用电荷耦合器件、合成孔径雷达等先进的光电遥感器摄取地面图像，通过图像扫描、放大、读出，变成电信号，再把电信号进行数字化处理，利用数字通信技术，把数字化的图像信息传回地面，使情报机构随时掌握侦察对象的最新动态。

2. 电子侦察卫星

如果把照相侦察卫星比作天上的"千里眼"，那么电子侦察卫星就是太空中的"顺风耳"。电子侦察卫星上的天线和无线电接收机等电子设备，能截获别国各种军用无线电设备发出的电磁信号，实施电子侦察；获取有关敌方预警、防空和反导雷达的信号特征及其位置数据，为战略轰炸机、弹道导弹的突防和实施有效的电子干扰提供数据；截获战略导弹试验的遥测信号，借以了解导弹核武器的发展情况；探测军用电台的位置，窃听通信信息。卫星将截获的情报数据和资料，首先记录在磁带上或贮存在计算机内，然后当卫星飞到自己地面站上空时，再将这些信号发回地面，据以确定敌方雷达和电台的性能参数和位置。一旦战争爆发，可对敌方电子部队和设备进行干扰、破坏或实施打击。

电子侦察卫星轨道一般选在 300~1 000 km 高度，轨道低了会缩短寿命，轨道高了会影响侦察灵敏度。一般运行周期为 90~105 min，侦察半径为 2 000~3 000 km 的地面范围，经过一个地点上空的时间在 10 min 以上。为连续侦察某一地区，往往采取多颗卫星组网的方法，以弥补侦察"空白"。在 1991 年的海湾战争中，正是由于电子侦察卫星掌握了大量有关伊拉克的情况，才使美军在开战之前和空袭过程中有的放矢地实施电子干扰，成功地压制了伊拉克防空雷达系统，有效地扰乱了对方的指挥通信，从而保证了美军首次空袭的突然性，全部空袭飞机均安全返航，并在以后持续一个多月的大规模空袭中保持了极低的飞机损失率。

电子侦察卫星也有弱点：在当地雷达或电台过多、电子信号过密时，难以从中筛选出有用的信号；易受干扰和假信号欺骗；因卫星飞过某地上空的时间有限，如电台和雷达停机则无法收到信号等。

3. 海洋监视卫星

海洋监视卫星一般携带合成孔径雷达、无线电接收机和红外监测器等设备，主要用来探测、跟踪海上的水面舰船、潜艇和飞机的活动情况，有时也可提供舰船之间、舰岸之间的通信。海洋监视卫星通常分为电子侦察型（又称被动型）和雷达型（又称主动型）卫星。前者只装有被动式电子侦察设备，用于接收水面舰船或潜艇所载电子设备发射或辐射的电磁信号；后者与雷达成像侦察卫星相似，装有大功率和大孔径雷达，通过接收海上目标回波获取目标信息情报。海洋侦察卫星的侦察对象是海上活动目标，总体上属于战术侦察范围。由于地球表面积的71%是海洋，为扩大覆盖范围和便于数据处理，海洋监视卫星通常由几颗卫星组网工作。如美国的"白云"系列电子侦察型海洋监视卫星，每组有4颗星，彼此相距几十千米，一般由4组16颗星组成一个星座。海洋监视卫星多运行在高度1 000 km、倾角63°左右的圆形轨道上，这种轨道近地点和远地点所在的纬度不变，以保证成对卫星之间的相对距离不变。

4. 导弹预警卫星

导弹预警卫星是用于监视、发现和跟踪敌方弹道导弹发射的一种军用卫星。卫星上装有多种遥感器，用于探测火箭发动机尾焰的红外辐射，在别国的弹道导弹和航天运载火箭发射后几十秒钟甚至几秒钟就能捕获到目标，发出警报，是监视外国弹道导弹攻击、试验和航天发射的主要手段。预警卫星上的遥感器通常有红外探测器、电视摄像机和核辐射探测器（X射线、γ射线探测器，中子计数器等）。先进的导弹预警卫星上还有一种由许多光敏元件和微电子线路组成"电荷耦合器件"的探测装置。这种导弹预警卫星不仅能监视洲际弹道导弹，而且还能发现飞机和飞航式导弹那样的小目标。预警卫星的运行轨道主要有地球静止轨道和大椭圆轨道两种，一般由多颗卫星组网实现全球范围的监视。

（三）导航卫星（Satellite Navigation）

卫星导航系统是重要的空间信息基础设施，可向地面、海洋、空中和空间的用户发出导航定位信息，用户可由此确定自身的地理位置和运动速度等。卫星导航是在传统的天文导航和无线电导航的基础上发展起来的，它克服了天文导航对气象条件的依赖和无线电导航在中远距离范围误差较大的缺点，可为地球表面各种目标提供全天候的精确导航数据。一颗导航卫星，就相当于一个开设在天上的无线电导航台，它以固定的频率，按照规定的时间间隔，向地面发射导航信号，说明当时卫星在天上的位置和发信号的时刻。在导航方法上分为时间测距和多普勒测速两种，前者通过测量导航信号传播时间进行导航定位；后者通过测量导航信号的**多普勒频移**来实现。军用导航卫星是为军事用户提供导航和定位服务的导航卫星。导航卫星实现了导航定位的实时化、精确化和全球化，对目标定位、武器制导、指挥控制、效能评估等作战环节产生了重要影响,极大地提高了军队对战场和军事活动的控制能力,使远程精确打击成为现实。

导航卫星系统从 20 世纪 60 年代到现在,已经发展了两代。目前世界上有四大卫星导航定位系统,即美国的全球定位系统(Global Positioning System,GPS)、俄罗斯的格洛纳斯卫星导航系统(Global Navigation Satellite System,GLONASS)、欧洲的伽利略卫星导航系统(Galileo Satellite Navigation System)和中国的北斗卫星导航系统(BeiDou Navigation Satellite System,BDS),其中 GPS 系统已经建成并在民用和军事领域获得广泛应用。GPS 整个星座内有 24 颗卫星分布在六个轨道面内,其中 21 颗工作卫星和 3 颗备用卫星。卫星高度 20 200 km,轨道倾角 55°,运行周期 12 h。可同时保证全球任何地点或近地空间的用户最低限度能连续看到 4 颗卫星,从而实现全天候连续导航。另外,印度等国家也在计划建造自己的卫星导航系统。

北斗卫星导航系统是中国正在建设的自主研发、独立运行的全球卫星导航系统,由空间段、地面段和用户段三部分组成。空间段包括 5 颗静止轨道卫星和 30 颗非静止轨道卫星,采用"东方红三号"卫星平台。2004 年 9 月,我国正式启动了"北斗二代"系统的组网建设工作,并从 2011 年 12 月 27 日起提供连续导航定位与授时服务。到 2015 年年底,北斗卫星导航系统已经有 20 颗在轨卫星,导航服务覆盖了整个亚太地区,计划到 2020 年完成系统建设任务,实现全球导航定位服务,为全球提供高精度、高可靠性的定位、导航和授时服务,展示其开放兼容、走向世界、服务全球的建设宗旨。北斗卫星导航系统与 GPS 不同,它融合了导航与通信能力,具有实时导航、快速定位、精确授时、位置报告和短报文通信服务五大功能,特别适合于需要导航与移动数据通信的场所,如军队指控、交通运输、搜索营救、地理信息实时查询等。详细内容参见第九章。

(四)气象卫星(Meteorological Satellite)

气象卫星从外层空间对地球及其大气层进行气象观测,它是卫星气象观测系统的空间部分。气象卫星就是一个无人高空气象站,上面携带有多种气象遥感器,能接收和测量地球及其大气层的可见光、红外与微波辐射,将它们转换成电信号传到地面。地面台站将卫星送来的电信号复原绘制成云层、地表和洋面图,经进一步处理,即可得出各种气象资料。

气象卫星按所在轨道可分成两类:太阳同步轨道气象卫星(也称"极轨道气象卫星")和地球静止轨道气象卫星。太阳同步轨道气象卫星每天对全球表面巡视两遍,可以获得全球气象资料。静止轨道气象卫星高悬在赤道上空约 36 000 千米处的固定位置,可覆盖地球近 1/5 的地区,将数据实时发回地面。均匀配置 4 颗这样的卫星,就能对全球的中、低纬度地区天气系统的形成和发展进行连续监测,但对高纬度(55°以上)地区的观测能力较差。这两类气象卫星相互补充,就可以得到完整的全球气象资料。气象卫星的数据传输有四种方式:① 气象遥感仪器获得的原始数据向地面数据处理中心站传输;② 遥感数据经卫星初步处理后向地面发送云图等气象资料;③ 遥感数据传到地面处理,再通过气象卫星向各地广播云图等气象资料;④ 转发地面气象站、海洋自动浮标和无人值守的自动气象站所得的温度、压力、湿度等环境资料。

气象对军事行动有着重要影响,无论是战略进攻性武器的使用,还是卫星照相侦察,都需要知道相隔遥远的目标区域的气象情况,而且中长期天气预报还是制订军事行动计划必不可少的条件。气象本身是一个全球性的现象，要想充分了解并准确地预报它，必须占有丰富的全球性的气象资料。采用传统的地面观测、探空火箭、气球、气象雷达等观测方法，只能获得地球表面局部范围的资料。广阔的海洋、严寒的极地、森林、沙漠等荒僻地面，基本上是气象观测的空白点。只有气象卫星才可以观测全球范围的气象变化，在战时敌国对气象资料封锁的情况下更具有特殊的作用。

（五）测地卫星（Geodetic Satellite）

地球形状大体上是圆球形，而在地面上有山、河、平地，还有海洋，因此地球重力场的分布是不均匀的，又由于测量误差和保密的需要，地图上标明的位置常与实地不符。这对导弹弹道计算、对飞机和导弹的惯性制导系统影响很大。如不考虑这些影响就会产生误差，降低命中精度，影响战略武器的效能。因此卫星测地有很重要的军事价值。

测地卫星是专门用于大地测量的人造地球卫星，用于测定地点的坐标、地球形体和地球引力场参数，属卫星测地系统的空间部分，可作为地面观测设备进行目标观测或定位的基准。测地卫星工作原理：由于地球形状和重力场分布不均匀的影响，使卫星在天上的运行轨道不是标准的圆形或椭圆形，而是不断地上下左右波动。其波动一般为几厘米到几米，可以由地面跟踪站测出来。根据测出的轨道波动，就可以反过来确定地球的真实形状和地球重力场的实际分布情况。测地卫星可以测定地球重力场的分布、地球形状、地面目标的精确地理坐标。用卫星进行大地联测，基线可以长达数千千米，因此定位精度比常规大地测量网的精度高一个数量级。比较先进的测地卫星的测地精度可高达厘米数量级，这对现代战争很有价值。测地卫星还可以配备其他专用设备进行地球资源的勘察，成为地球资源卫星，可以了解各国战略资源的储备情况。

二、军用载人航天器

载人航天是指人类驾驶和乘坐载人航天器在空间从事各种探测、试验、研究、军事和生产的往返飞行活动，由载人航天系统实施。载人航天系统由载人航天器、运载器、航天器发射场和回收设施、航天测控网及其他地面保障系统组成。载人航天器的显著优势必将使其在未来战争中具有广泛的应用价值。

（一）载人航天器的特点

高技术条件下，无人航天器，特别是军用卫星对战争的进程和最终胜负发挥着至关重要的作用，军用卫星系统的应用逐步从战略层深入战术层，已成为军事力量的重要组成部分。随着空间对抗技术的发展，还将出现越来越多的具有进攻和防御能力的无人军用航天器。但是，所有这些无人航天器的最大弱点是需要接受地面或其他航天器的指挥控制，自主能力差，容易受到干扰和破坏。

军用载人航天器一般具有较大的容积，可以装载更多的军用有效载荷，不仅能承担无人航天器的职能（如侦察、预警、导航、进攻和防御等），而且由于有了人的直接参与，自主能力和战斗能力均极大加强，既可作为一般信息支援航天器使用，也可作为武器或武器平台使用。目前主要的载人航天器包括宇宙飞船、航天飞机、空间站以及正在研发的空间作战飞行器。

宇宙飞船是一种能保障航天员在外层空间生活和工作，以执行航天任务并安全返回地面的航天器。宇宙飞船既可单独作为人类航天活动的飞行平台，也可作为往返于空间和地面之间的"渡船"，还可以与载人空间站或其他航天器在空间对接组成大型复合体。

航天飞机是部分可重复使用的、往返于地面和近地轨道之间，运送有效载荷的飞行器。航天飞机的用途包括：把卫星、空间实验室等人造天体送入预定空间轨道，排除人造天体的故障，定期接送航天员和运送物资，进行微重力和生命科学试验，对地球和宇宙天体进行观测等。

空间站是一种长期在轨运行、具备一定试验条件、可供多名航天员生活和工作的航天器，是开展航天活动的重要基础设施。空间站在轨运行期间，用飞船或航天飞机接送航天员、运送物资和设备。与载人飞船和航天飞机相比，空间站的优势在于运行时间长、实验空间大，可进行多种实验研究并长期对地球进行观测与监视。

（二）载人航天的军事用途

1. 战略威慑

载人航天代表着一个国家科学技术发展的最高水平，是一个国家科技实力的重要标志。同时，载人航天也同核武器一样，是重要的军事威慑力量，是一个国家国际地位的重要体现。

2. 空间侦察与监视

航天员可以借助于空间优势，通过摄影、摄像和电子侦察等手段，有选择地对地面目标进行侦察与监视，实时分析判断地面战场变化态势，掌握目标国家的军事行动，对敌方发射的火箭、导弹进行持续跟踪，并把结果实时地发送到地面，以便己方及时做出反应。同时，航天员还可以对攻击后的目标进行侦察，评估打击效果，并与地面指挥部进行交流，从而有效地协调作战行动，大幅度提高部队的整体作战能力。

3. 开展多种样式的空天作战保障行动

空天作战保障行动主要包括：① 部署空间武器，执行反卫星和反洲际弹道导弹任务。某些地基武器，如动能武器及激光、粒子束等定向能武器若被部署在载人航天器上，则能量衰减少，有利于对敌方的卫星、空间站等空间目标进行跟踪、干扰、拦截或摧毁；还可充分利用空间优势，摧毁敌方来袭的洲际弹道导弹。② 建立空间控制引导中心。③ 实施空天机动作战。④ 为其他航天器进行维修保障和补给服务。⑤ 进行空间设备加工、材料合成和军事技术试验等。

三、天基武器系统

由于军事航天器在当今的信息化战争中具有特别重要的地位和作用，因此世界上不少国家都在加紧研制各种反卫星武器，包括定向能武器、反卫星卫星、卫星电子对抗武器以及反卫星导弹等四种基本类型。

（一）反卫星武器

反卫星武器是指用于打击、破坏敌方卫星的一种空间武器。它可以攻击在轨运行的各种卫星，使其全部报废、"残废"（丧失部分功能）或"生病"（暂时丧失全部或部分功能），因而被称为"太空杀手"。"冷战"时期，反卫星武器曾作为美、苏战略核威慑力量的重要组成部分而得到大力发展；今天，反卫星武器正作为美、俄等国控制空间、夺取制天权的重要武器装备而备受青睐。

按照设置场所的不同，反卫星武器可分为地基、机载与天基三种，分别设置在地球（陆地与舰船）、飞机与空间轨道或航天器上。按其杀伤手段，可归纳为以下几种类型：① 动能反卫星武器。动能反卫星武器依靠高速运动物体的动能破坏目标，通常利用火箭推进或电磁力驱动的方式把弹头加速到很高的速度，并使它与目标航天器直接碰撞将其击毁，也可以通过弹头携带的高能炸药爆破装置在目标附近爆炸产生密集的金属碎片或散弹击毁目标。② 定向能反卫星武器。定向能反卫星武器通过发射高能激光束、粒子束、微波束直接照射与破坏目标，通常把采用这几种射束的武器分别称为高能激光武器、粒子束武器与微波武器。利用定向能杀伤手段摧毁空间目标具有可重复使用、速度快、攻击空域广等优点，但技术难度较大，易受天气影响，毁伤目标的效果难以评估。③ 反卫星卫星。在卫星上安装跟踪装置和杀伤武器，并使其具有一定的机动变轨能力，以识别、追踪、接近和摧毁敌方卫星。已经研制的反卫星卫星有：拦截式卫星，通过撞击或自爆来摧毁敌方卫星；武装式卫星，利用所载激光武器、粒子束武器或火箭武器来摧毁敌方卫星，或使敌方卫星的侦察照相装置或通信系统毁坏、失灵等；俘获式卫星，利用卫星上的装置将敌方卫星俘获，然后返回大气层烧毁。此外，还有的卫星是作为电子战武器，施放电磁干扰。美国研制了能吸收敌方雷达电磁波的隐形拦截式卫星，并设想将这些拦截式卫星发射到太空，或将它们预先埋伏在敌方卫星的轨道附近，在需要时根据地面指令出击，人们称之为"地雷卫星"。

目前，部分反卫星卫星已具有实战能力，使得未来太空攻防对抗更加激烈复杂，但反卫星武器的使用受到太空非军事化国际条约的限制。

（二）轨道轰炸武器

轨道轰炸武器包括轨道轰炸器和部分轨道轰炸器。轨道轰炸器是一种在近地轨道运行一圈以上再攻击地面目标的空间作战武器。轨道轰炸器装有核弹头或常规弹头，平时环绕地球轨道运行，接到作战命令后，借助于反推火箭脱离轨道再入大气层攻击地面目标。轨道轰炸器的优点是：作战反应速度快；突防能力强。缺点是在目标上空的时间极短，命中精度低，轨道保持与维护工作复杂，目前离实战还有很大差距。部分轨道轰炸器是在近地轨道运行不足一圈再入大气层攻击地面目标的空间作战武器。部分轨道轰炸器装有核弹头或常规弹头，平时储存在地面，作战需要时发射上天，进入目标区后反推进入大气层向目标攻击。部分轨道轰炸器的优点是：可以从同一发射场，通过两个相反的方向去打击同一目标；运行轨道与低轨道卫星相似，不易泄露袭击意图，不易预测落点。

（三）空间作战飞行器

空间作战飞行器又称空天飞机，装有喷气发动机和火箭发动机，是一种利用航空、航天双重技术，既能航空又能航天的新型高超音速飞行器，集航天器和运载器双重功能于一体。与宇宙飞船和航天飞机相比，空间作战飞行器在超高速性能、重复使用性、起降能力、利用大气层能源、灵活机动性、发射操作费用、可维修性及复飞间隔等方面均有大幅改进。研制空天飞机，既可以实现进军太空的目标，同时可以带动高超音速军用飞机、巡航导弹等相关技术的发展，可谓一举多得。空天飞机一旦研制成功并用于作战，可以融空战和太空战于一体，使空袭的突然性变得更大，使情报保障和机动的时效性显著提高，成为进行全球作战乃至控制太空的撒手锏。

目前世界上研发的空天飞机以美国波音公司开发的 X-37B 为典型代表，X-37B 称轨道试验飞行器（OTV），由美国空军航天司令部控制。2010 年以来，X-37B 经过多次秘密的长时间轨道飞行试验，最长一次时间达 22 个月之久，被评为 2014 年十二大太空新闻之一，引发了外界种种猜测。美国军方把 X-37B 的功能和任务列为机密，对于飞行试验细节讳莫如深，透露甚少，只称"首次任务是要证明美已掌握能在太空持久飞行的技术，以及测试自动重返大气层和着陆的能力"。这更增加了人们对其军事色彩的揣测。一些航天界人士认为，X-37B 也可以变成先进的太空战斗机。战时，部署在地球低轨道上的 X-37B，有能力对敌国卫星和其他航天器采取军事行动，包括控制、捕猎和摧毁敌国航天器，对敌国进行军事侦察，甚至向敌国地面目标发起迅雷不及掩耳的攻击。这种太空轨道飞行器平时可在太空巡航侦察，由于它拥有 25 倍音速的最高飞行速度，又能重返大气层执行攻击任务，一旦研制成功，美国便能建立一个两小时全球打击圈，从太空到地面都是其快速攻击范围。因此，有专家认为，从严格意义上说，太空轨道飞行器称得上美国的"第六代"或是"第七代"战机。与此同时，美国还拟将载人航天器开发为太空武器作战平台，发展一种装备多种天战武器和完善指挥控制系统的核动力空天飞机，已列入美国 21 世纪太空系统研制计划。

第七节 军事航天技术的对抗

保存自己，消灭敌人，是战争的基本法则，军事活动的基本特点之一是技术与战术的激烈对抗性。随着军事航天技术的日益发展，与之对抗的技术战术措施也在不断发展。面对军事航天技术对太空活动所造成的威胁，目前可能采取的对抗措施主要有被动和主动对抗措施两大类。

一、被动对抗措施

被动对抗措施是指利用伪装、隐形、示假等技术手段或一些战术措施所进行的对抗。对付各种侦察卫星上使用的侦察探测装置，可对地面的许多重要军事目标用设置伪装遮障、假目标等伪装技术措施，改变或降低目标的可探测特征；也可采用隐形外形设计及隐形材料技术来对付卫星的侦察。

（一）隐真

一般而言，同地面、机载侦察设备一样，各种侦察卫星上所使用的侦察探测装置无非是可见光相机、红外相机或红外热像仪、无线电侦察接收机、合成孔径雷达等。对付各种光学探测设备或红外成像仪的侦察，可对地面的许多重要军事目标，如指挥中心、军火库、导弹发射井、导弹发射器、桥梁、飞机、坦克、火炮等，采用设置伪装遮障等技术措施，改变或降低目标的可探测性，往往能起到很好的效果。随着科学技术的发展，现在的制式伪装遮障网的性能有了大幅度提升，有些多波段伪装遮障网既能防可见光侦察，又能防雷达和红外侦察。通过迷彩涂料使武器装备变得面目全非，使目标消失在背景中而实现隐身，也是一种常用的技术措施。例如，在涂料中添加能反射植物绿色特性的材料，可有效对抗近红外侦察；可吸收电磁波的隐身涂料能使雷达视而不见；用能隔热和漫反射热的隐身涂料，可减少目标热辐射，让热像仪等失去视觉。另外，近年来，新型发烟器材不断涌现，具有体积小、能耗低、成烟快、发烟面积大和滞空时间长的特点，可有效对抗卫星侦察。例如，为提高隐蔽效果，烟雾中添加了能吸收雷达波和红外线的高分子发泡材料、易溶性材料，使其不仅能快速生成和遮挡可见光，而且能有效地遏制激光、红外和雷达探测器材的观察。现在，烟幕已经成为对付各种侦察设备和精确制导武器的多面手，特别是用于对抗光电探测设备和激光制导武器，能获得良好的效果。

（二）示假

兵者，诡道也。示假，就是通过设置假目标、构筑假阵地、散布假情报、实施佯动等示假措施，以假乱真，以假掩真，达到欺骗、迷惑敌人，隐蔽真实目标和意图的目的。示假模拟技术和战术一直深受军事专家的青睐，并在战争中发挥过重要作用。20世纪90年代前后，各国研制出能够模拟目标多光谱特征的高技术假目标，它们不仅"形似"，更能"神似"，在红外、雷达、激光等探测设备面前，外貌特征和内在性能兼顾，几乎与真目标无异。近年所发生的高技术局部战争中，伪装和欺骗技术起到了很好的作用。例如，在海湾战争中，美国几十颗侦察卫星所发现的伊拉克地面目标大部分是假目标。据估计，以美国为首的多国联军击中的目标中 80%是假目标。在遭受连续 42 天、使用大量精确制导炸弹、11.2 万架次飞机狂轰滥炸后，伊军仍保存下来约 70%的坦克、65%的装甲车和火炮。

（三）错时

沿一定的轨道飞行和周期性是航天器运行的基本特点。因此，只要有先进的探测设备，就能掌握侦察卫星的运动规律。错时，就是避开敌侦察卫星的临空时间完成作战准备任务。特别是对于电子侦察卫星，根据其轨道参数（倾角、高度、周期等）合理选择地面雷达和各种电子设备的开机时间，也是一种有效的对抗措施。如一般电子侦察卫星的运行周期为 90～105 min，每次临空侦察时间约为 10 min。如果此时间内地面雷达和其他电子设备不开机，电子侦察卫星就很难发现它们。即使有几颗电子侦察卫星轮流地经过同一地点上空，其临空总有间隔存在，在此时间内，雷达和电子设备仍可获得较充分而又安全的开机时间。

对于导弹预警卫星，采用速燃助推器是与之对抗的一种可能的措施。美国在 20 世纪 80 年代实施"星球大战"计划时，曾提出并研究过如何用速燃助推器缩短洲际弹道导弹助推火箭的点火时间，来对付天基反导拦截器的探测、监视与跟踪问题。如果能将助推火箭的点火时间缩短为 1 min 左右，则使红外探测器的天基监视与跟踪系统就难以发现并跟踪洲际导弹。实际上，高能量密度的新型燃料的使用，可将洲际导弹的助推时间大为缩短。因此，洲际弹道导弹采用速燃助推技术对付导弹预警卫星是可以实现的。

对于通信卫星和实时传输侦察情报的侦察卫星，还可以通过截取和破译电子信号的方法掌握敌方所获取的情报，或预先了解敌方的动向，从而有针对性地及早采取相应的对策。

二、主动对抗措施

采取主动对抗措施，直接摧毁敌方航天器或使之失效，是对付军事航天器所造成的威胁的最可靠最有效的手段。已经研究和试验的此类主动对抗措施主要有：用反卫星卫星摧毁敌方军用卫星或破坏其侦察照相装置与通信设备；用装备有武器系统（如速射炮、动能武器、激光武器等）的作战卫星（或天基武器平台）以武器摧毁敌方军用卫星或其他军用航天器；用直接上升式地基、机载反卫星武器直接摧毁军用航天器或使之失效。

此外，航天飞机、空天飞机或空间站都可以对付（干扰、捕获、破坏）军用卫星或其他军用航天器。定向能武器和高能激光武器无疑是未来摧毁或杀伤各种军用航天器最理想的武器系统。

100 km 以上太空属于国际公共空间，航天器飞行高度一般都在 200 km 以上的太空。尽管太空军事化受到国际条约禁止，但利用太空为军事目的服务的活动却从未停止过。20 世纪 80 年代以来，美、俄（苏联）都进行过大量的空间武器技术研究和试验，取得了一定进展，使得未来太空攻防对抗更加激烈复杂。

复习思考题

1. 什么是航天技术？其主要组成部分有哪些？
2. 什么是军事航天技术？军事航天分为哪几类？
3. 军事航天技术对现代战争的影响主要表现在哪些方面？
4. 火箭发动机的分类和特点是什么？比冲和比推力是怎样定义的？其物理意义是什么？
5. 火箭发动机的基本性能参数有哪些？火箭发动机的推力包括哪两部分？
6. 三个宇宙速度是怎样推导出来的？
7. 理想火箭推进剂的特点有哪些？
8. 弹道导弹与运载火箭飞行轨道有什么不同？运载火箭的发射轨道分为哪几种类型？
9. 什么是卫星地面分辨率？
10. 查找资料，简要论述未来军事航天技术发展的趋势。

第五章 军事激光技术的物理基础

1960年世界第一台激光器诞生。50多年来，激光技术飞速发展，不仅在工业、农业、国防、医疗、科技乃至日常生活等各个领域都获得了日益广泛的应用，而且还带动了一大批与激光相关的新兴学科与技术，如全息光学、非线性光学、光通信、光存储和光信息处理技术等。激光技术主要研究激光的产生、变换、传输、探测及其与物质的相互作用等内容，而军事激光技术则特指激光在军事及其与军事密切相关的领域的应用。本章将简要介绍激光的基本原理和激光技术在军事上的应用。

第一节 激光技术概述

激光是物理学理论发展的成果，与原子能、半导体和计算机并列为20世纪四项重大科技成就。激光的出现标志着人类对于光的认识和利用进入了一个新阶段。

一、激光的诞生

激光的研究起源于对雷达技术的研究。

20世纪50年代初，美国哥伦比亚大学的汤斯（C. H. Townes）在从事研究产生毫米波和亚毫米波电磁辐射的方法，但工作进展缓慢。后来他另外开辟制造相干电磁波辐射振荡器的路子，设想用原子、分子做电磁波的振荡器。用这样的振荡器可以产生微波，甚至产生可见光波段的相干辐射。一个原子、分子振荡器产生的电磁波辐射强度固然很弱，但如果大量的这种振荡器能够以相同的相位发射相同波长的电磁波，就能"众志成城"，获得强大的单色相干电磁辐射波。

汤斯按照这个思想，在1954年成功地研制出了氨分子振荡器，产生出波长为1.25 cm的相干电磁辐射，这种振荡器被命名为Maser（微波激射器）。之后，他与在贝尔电话实验室工作的肖洛（A. L. Schawlow）合作，于1958年12月把研究成果投寄到《物理学评论》杂志，论文题目是《红外和光学激射器》，论述了激光器的可能性和实验方法。

到20世纪50年代末，提出的制造激光器的方案已有好几种：汤斯和肖洛提出用碱金属蒸气（主要是钾和铯）做激光器的工作物质，用金属气体放电灯做泵浦源；贝尔实验室的贾万（A. Javan）提出用氦氖混合气体做激光器的工作物质，采用气体放电把氦、氖原子激发到高能级；休斯实验室的梅曼（T. M. Maiman）采用红宝石晶体为工作物质，用氙灯做泵浦源。结果是梅曼的工作方案首先获得成功，于1960年5月制成世界上第一台激光器。汤斯则因提出激光理论而获1964年诺贝尔物理学奖。

1961年9月，中国科学院长春光学精密机械研究所的青年科学家们制成我国的第一台激光器。激光问世后,在国内没有统一的译名,不便于学术交流和技术的发展。1964年12月,在准备召开全国第三届光受激辐射学术会议的前夕,著名科学家钱学森建议称为"激光"。此后,在我国的学术研究和交流中,统一使用激光、激光器这两个名称。

二、激光的基本物理特性

激光器与普通光源(如太阳、白炽灯、气体放电灯等)相比,有着根本不同的发光机理,因而具有一系列与普通光辐射截然不同的新颖特点,主要表现在:

(一)方向性好

光的方向性用发散角来描述,发散角越小,则方向性越好。激光光束的光斑很小,一般光斑半径仅为零点几毫米,激光束的发散角可小于 0.2 mrad,比最好的探照灯光束发散角还小约 2 个数量级。如果采用透镜系统对激光光束加以准直,进一步压缩发散角,则激光就几乎是笔直前进的平行光束了。激光束方向性好的特性,使其可用于测距、定位、导向和准直等。例如,用激光测定地球与月球的距离,精度可达到 15 cm 左右。激光测距仪已在军事领域得到了广泛使用。

(二)单色性好

众所周知,原子从高能级 E_2 跃迁到低能级 E_1 时,所发射出来的光(即一条光谱线)的频率为:

$$\nu = (E_2 - E_1)/h \tag{5.1-1}$$

但实际上,光谱线的频率扩展为一定范围,即所谓谱线宽度。谱线加宽有多种原因,例如能级实际上是有一定宽度的(见能带理论),它根源于微观粒子的波粒二象性,服从不确定关系,即能级宽度 ΔE 与原子在能级上存在的平均寿命 τ 间的关系为:

$$\Delta E \cdot \tau \geq \frac{h}{4\pi} \tag{5.1-2}$$

式中,h 为普朗克常量。显然,寿命越短,则能级宽度越大,反之亦然。由于能级本身有一定宽度,在两个能级间跃迁中所发出的谱线也必然有一定的宽度。此外,原子的热运动及其相互碰撞也是造成谱线增宽的因素。

光的单色性与谱线宽度有关。**通常把谱线强度降为最大值 $I(\nu_0)$ 一半时所对应的两个频率间隔 $\Delta \nu$(或波长间隔 $\Delta \lambda$),定义为谱线宽度。**单色性常用 $\Delta \lambda/\lambda_0 = \Delta \nu/\nu_0$ 来表征,其关系为:

$$\Delta \nu = c \frac{\Delta \lambda}{\lambda_0^2} \tag{5.1-3}$$

谱线宽度越小,则单色性越高。式中 c 为真空中的光速,$\lambda_0(\nu_0)$ 为中心波长(频率)。

例如,一台单模稳频 He-Ne 激光器发射波长为 0.632 8 μm,谱线宽度 $\Delta \lambda < 10^{-11}$ μm;而目前最好的普通单色光源 Kr^{86} 灯光波长为 0.605 7 μm,谱线宽度 $\Delta \lambda = 0.47$ μm。可见,激光的单色性比普通光源好得多。

激光的高单色性,一方面是由于工作物质粒子数反转只能在有限的能级之间发生,因而相应的激光发射也只能在有限的光谱线(带)范围内产生;另一方面是由于光学共振腔的选频作用,使得真正能产生振荡的激光频率范围进一步受到压缩。如果采取限模和稳频技术,将会使其单色性进一步提高。利用激光单色性好的特性，可以把激光的波长作为长度标准进行精密测量。在光纤通信中，利用激光单色性好的特性来减少光信号在光纤中传播时的损耗。

（三）亮度高

光源的亮度是表征光源定向发光能力强弱的一个重要指标。**光源单位面积上，在单位时间内向法线方向上单位立体角内发出的光能量，称为光源在该方向上的亮度**。可表示为：

$$B = \frac{\Delta P}{\Delta S \Delta \Omega} \quad (5.1-4)$$

式中，ΔP 为光源在面积为 ΔS 的发光面上和 $\Delta \Omega$ 立体角范围内发出的光功率。对于激光器而言，ΔP 相当于输出激光功率，ΔS 为激光束截面积，$\Delta \Omega$ 为光束立体发散角。由上式定义的亮度，通常也称为定向亮度，其单位为 $W/(cm^2 \cdot sr)$。

自然界中最亮的普通光源莫过于太阳，其发光亮度在 $10^3 \ W/(cm^2 \cdot sr)$ 左右，而目前大功率激光器输出的亮度可高达 $10^{10} \sim 10^{17} \ W/(cm^2 \cdot sr)$，比太阳亮亿万倍。需要指出的是，这里所讲的亮度与人眼对不同波长的感光灵敏度无关。亮度高，并非视觉亮。亮度很高的红外激光，如 CO_2 激光器辐射出的激光，波长为 10.6 μm，虽然看不见，但却能切割金属。激光的亮度高，主要是它能把能量在空间和时间上高度集中起来，即光能量是在很短时间内，向空间很小范围内发射。激光的这一特性可用于对金属或非金属材料进行打孔、切割、焊接等精密机械加工。在医学上，可以制成激光手术刀。激光武器则利用激光亮度高的特性杀伤目标。

（四）相干性好

激光是受激辐射产生的，具有很好的相干性。

光的相干性包括时间相干性和空间相干性。时间相干性用相干长度 L 量度，它表征相干光的最大光程差；也可以用光通过相干长度所需的时间，即相干时间 τ 来量度，二者关系为：

$$\tau = \frac{L}{c} \quad (5.1-5)$$

c 为光速。可以证明，相干时间 τ 与光谱的频宽成反比，即 $\tau = 1/\Delta \nu$。所以，

$$L = \frac{c}{\Delta \nu} \quad (5.1-6)$$

可见，光的单色性越好，即 $\Delta \nu$ 越小，则相干长度越长，其时间相干性就越好。激光的高相干性源于激光的高单色性和高定向性。例如，普通光源中单色性很高的 ^{86}Kr 灯发射的光，其相干长度只有 77 cm，而激光的相干长度可达几十乃至几百 km。

激光的高相干性有许多重要应用。例如，用激光干涉仪进行检测，比普通干涉仪速度快、精度高，激光全息术可以再现物体的立体图像等。

三、军事激光技术

由于具有单色性和方向性好、亮度高等显著特点，激光一问世就迅速地被运用到军事技术领域中，主要用于侦测、导航、制导、通信、显示、模拟、信息处理和光电对抗等方面，甚至可以直接作为杀伤性武器，展现了极其诱人的应用前景。

作为最早的军事激光装备，激光测距仪可迅速准确地测定目标距离，早已装备部队；它被引入火控系统中，极大地提高了武器的命中率。激光制导武器的高精度，使之在炮弹、航

空炸弹、地空导弹和反坦克武器中展现出极大的应用价值。激光通信容量大、保密性好、抗干扰性强，已经成为自动化指挥系统的重要组成部分；机载、星载的激光通信系统和对潜艇的激光通信技术正在快速发展。激光雷达可以准确测距、测速，具有普通雷达不可比拟的优点；激光陀螺的大动态范围、高灵敏性和高可靠性，使之在飞机、舰船和导弹导航中有广阔的应用前景。激光全息和存储技术为特定军事目标辨识和定位提供了高实时性的新手段。激光模拟训练器材成本低廉、效果逼真，已广泛应用于射击训练和作战演习。激光还可以用于非致命武器，可使人眼眩晕、致盲或使敌光电传感器失效；高能激光武器甚至可直接摧毁敌飞机、舰船、导弹和卫星，在防空反导中具有独特优势。战术和战略激光武器正在快速走向实用，成为一类重要的新概念定向能武器。

第二章已经介绍，激光核聚变技术利用高功率激光轰击氘、氚微粒，研究在惯性约束条件下核聚变的物理过程（即模拟氢弹爆炸过程），是发展现代核武器的重要方法。激光同位素分离技术也有重要的军事应用价值。

以上仅是列举激光军事应用的几个实例，后面将对有关问题进行比较详细的讨论。

第二节　光辐射理论概要

激光的理论基础主要是光的受激辐射理论。下面简要介绍光辐射基本理论。

一、爱因斯坦的光子学说

1905 年，爱因斯坦（Albert Einstein，1879—1955）在普朗克能量子假说的基础上提出了光量子学说。他认为光是由运动着的光量子组成的，简称光子。光子能量与频率 v 成正比：

$$E = hv \tag{5.2-1}$$

式中，h 是普朗克常数。光子学说确立了光的粒子性，是人类对光本性认识的重大发展，爱因斯坦因此获得了 1921 年诺贝尔物理学奖。

二、玻尔关于原子的定态理论

1913 年，为了解释氢原子光谱规律，丹麦物理学家 N·玻尔（Niels Bohr，1885—1962）提出了一种半量子化的理论，即关于原子的定态理论。这个理论至今仍然是我们讨论原子发光问题的入门基础。

（一）定态与能量量子化

玻尔理论提出，原子内的电子只能沿着具有一定半径或一定能级的轨道运动，被称为"定态"。处在定态的原子不辐射能量。原子的能量是量子化的，其中能量最低的状态叫作基态，基态以上能量状态叫作激发态。

（二）角动量量子化

对于原子内的电子可能存在的定态，其轨道运动角动量 L 必须等于 $h/2\pi$ 的整数倍，即电子的轨道角动量是量子化的：

$$L = n\frac{h}{2\pi} = n\hbar, \quad n = 1, 2, 3 \cdots \tag{5.2-2}$$

式中，n 为主量子数，不同的 n 代表不同的能级。

（三）能级跃迁辐射光子

原子内的电子可以由某一定态跃迁到另一定态，这一过程要吸收或辐射光子，光子的频率 ν 由下式决定：

$$\nu = |E_i - E_j|/h \tag{5.2-3}$$

式中，若 E_i 为始态，E_j 为终态，则 $E_i > E_j$ 时，辐射光子；$E_i < E_j$ 时，吸收光子。

三、玻尔兹曼能量分布律

统计物理学理论指出，在热平衡状态下，由大量粒子所组成的系统，其粒子数密度 n_i 按能级的分布服从玻尔兹曼能量分布律：

$$n_i \propto e^{-\frac{E_i}{KT}} \tag{5.2-4}$$

由上式可知，若分布处在 E_1 和 E_2 能级上的粒子数密度分别为 n_1、n_2，则有：

$$\frac{n_2}{n_1} = e^{-\frac{E_2 - E_1}{KT}} \tag{5.2-5}$$

式中，玻尔兹曼常量 $K = 1.38 \times 10^{-23}$ J/K，T 为热力学温度。因 $E_2 > E_1$，所以 $n_2 < n_1$。上式表明，在正常情况下，处于最低能级的粒子数总是多于高能级的粒子数，能级越高粒子数就越少。例如，氖原子的某一激发态和基态能级的能量差 $\Delta E = 16.9$ eV $= 27.04 \times 10^{-19}$ J。当该原子体系处于室温（$T = 300$ K）时，由玻尔兹曼分布律可知，在热平衡状态下，处于激发态的原子数密度 n_2 与基态原子数密度 n_1 之比为：

$$n_2/n_1 = e^{-653} \approx 0$$

即室温下处于激发态的原子数远小于基态的原子数。这一理论对于理解激光原理很重要。

四、光与物质的相互作用

光与物质的相互作用就是光子与原子的相互作用，有三种不同的基本物理过程：受激吸收、自发辐射和受激辐射，如图 5.2-1 所示。在包含大量原子的系统中，三种过程总是同时存在的。在普通光源中，自发辐射是主要的；在激光器工作过程中，受激辐射则起主要作用。

（一）受激吸收

设平衡态下原子具有两个能级 $E_2 > E_1$。如果有一个原子开始时处于低能级 E_1 上，当它受到能量为 $h\nu_{21} = E_2 - E_1$ 的光子作用时，就有可能吸收这个光子，从 E_1 能级跃迁到 E_2 能级，如图 5.2-1（a）所示。这个过程称为**受激吸收**，简称**吸收**。

设处于 E_1 能级的原子数密度为 n_1，入射光辐射能量密度 $\rho(\nu)$，则单位时间内通过受激吸收跃迁到 E_2 能级的原子数密度 n_{12} 正比于 n_1 和 $\rho(\nu)$，即：

$$n_{12} = B_{12}\rho(\nu)n_1 = \omega_{12}n_1 \tag{5.2-6}$$

式中，B_{12} 为受激吸收的爱因斯坦系数，$\omega_{12} = B_{12}\rho(\nu)$ 是单位时间内原子从 E_1 能级跃迁到 E_2 能级的概率。

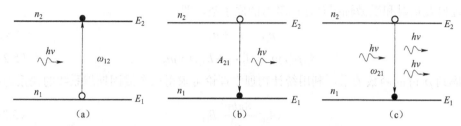

图 5.2-1　原子的三种跃迁过程示意图

（二）自发辐射

处于高能级的原子是不稳定的，即使不受外界的影响，它们也会自发地回到较低能态，同时放出能量为 $h\nu_{21} = E_2 - E_1$ 的光子。这种自发地从高能态返回较低能态而放出光子的过程，叫作**自发辐射**。原子在高能态停留的时间一般都非常短，大约在 10^{-8} 秒的数量级。图 5.2-1（b）表示了自发辐射过程。

设处于 E_2 能级的原子数密度为 n_2，则单位时间内自发辐射的原子数密度 n_{21} 与 n_2 成正比，即：

$$n_{21} = A_{21} n_2 \qquad (5.2-7)$$

式中，A_{21} 为自发辐射的爱因斯坦系数，它表示了单位时间内原子自发辐射的概率。

自发辐射的特点是与外界作用无关，各原子辐射的光子在发射方向、偏振态和初位相上都不相同。此外，由于原子激发态不止一个，不同原子可能处于不同能态上，在不同能级间进行跃迁，因此自发辐射光的频率不可能是单一的。普通光源的发光机理为自发辐射，因而不是相干光。例如，当霓虹灯加上高电压放电时，部分氖原子被激发到多个激发态。当它们从激发态跃迁回到基态时，便发出多种频率的红色光。

（三）受激辐射

1917 年，爱因斯坦在研究光与原子的相互作用时指出：处于激发态 E_2 的原子，在发生自发辐射之前，如果受到能量恰好为 $h\nu_{21} = E_2 - E_1$ 的外来光子的刺激，就可能因感应而引起原子从高能态向低能态的跃迁，同时辐射出一个与外来光子频率、相位、偏振状态以及传播方向完全相同的光子。这种过程叫作**受激辐射**，如图 5.2-1（c）所示。单位时间内受激辐射的原子数密度 n'_{21} 与 n_2 成正比，即：

$$n'_{21} = B_{21} \rho(\nu) n_2 = \omega_{21} n_2 \qquad (5.2-8)$$

式中，B_{21} 为受激辐射系数，$\omega_{21} = B_{21} \rho(\nu)$ 为单位时间内原子通过受激辐射而跃迁的概率。

受激辐射的光子与外来刺激的光子处于同一量子态。而且，由于输入一个光子，就可以同时得到两个完全一样的光子，这两个光子又可再刺激其他原子引起受激辐射，产生四个完全相同的光子，以此类推，就能获得大量的全同量子态的光子，即形成了**光放大**。激光的特性主要源于大量光子都处于同一量子态，爱因斯坦的受激辐射理论为激光奠定了理论基础。

（四）光的吸收、自发辐射和受激辐射三者的关系

大量光子与多原子系统相互作用时，同时存在着吸收、自发辐射和受激辐射三种过程，

达到平衡时，单位体积单位时间内通过吸收过程从基态跃迁到激发态去的原子数，等于从激发态通过自发辐射和受激辐射跃迁回基态的原子数，即：

$$n_{12} = n_{21} + n'_{21} \tag{5.2-9}$$

$$B_{12}\rho(v)n_1 = A_{21}n_2 + B_{21}\rho(v)n_2 \tag{5.2-10}$$

考虑到 $\rho(v)$ 的函数关系，利用统计物理学理论可求得三个爱因斯坦系数的关系为：

$$A_{21} = \frac{8\pi h v^3}{c^3} B_{12} \tag{5.2-11}$$

$$B_{21} = B_{12} = B \tag{5.2-12}$$

式（5.2-12）表明，在外来光子的刺激下，原子在两个能级之间的受激辐射跃迁和受激吸收跃迁具有相同的概率。同时，由式（5.2-5）可知，占据高能级 E_2 的原子数 n_2 总是小于占据低能级 E_1 的原子数 n_1，因此有：

$$n_{21} < n_{12} \tag{5.2-13}$$

这表明处于平衡态的原子系统产生受激辐射的原子数小于产生受激吸收的原子数，因此不能实现光放大。

第三节　激光产生的基本条件

受激辐射理论是激光的理论基础。理论和实验都证明，要使受激辐射起主要作用而产生激光，必须具备三个条件。一是有提供放大作用的增益介质作为激光工作物质，其激活粒子（原子、分子或离子）有适合产生受激辐射的能级结构；二是有合适的外界激励源，使激光上下能级之间产生粒子数反转；三是有激光谐振腔，使受激辐射的光能在谐振腔内维持振荡。其中工作物质的能级间粒子数反转是产生激光的内在依据，光学谐振腔则是形成激光的外部条件。

一、粒子数反转分布

根据玻尔兹曼的能量分布律（5.2-4）式，在物质处于热平衡状态时，处于高能级的粒子数总少于低能级的原子数，$n_2 < n_1$，吸收的能量总是大于受激辐射的能量，吸收过程总是胜过受激辐射过程。如果我们能够通过某种方法破坏粒子数的热平衡分布，使 $n_2 > n_1$，则受激辐射能量将大于吸收的能量，受激辐射过程将胜过吸收过程，粒子数这种反常分布叫作**粒子数反转**，如图 5.3-1 所示。

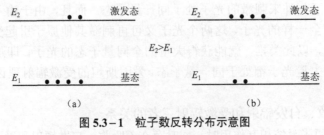

图 5.3-1　粒子数反转分布示意图

(a) 正常分布；(b) 反转分布

粒子数反转是实现受激辐射光放大的前提,这需要有两个条件。一是要有能够实现粒子数反转的工作物质——**激活介质**提供合适的能级结构。激活介质可以是固体、液体或气体。气体又可以是原子、分子、准分子或离子气体。二是要有合适的能量输入系统——激励能源不断为原子系统提供能量,将低能级上的原子激励到高能级。"**激励**"又叫作"**抽运**""**泵浦**"。目前常用的激励方法有:光激励、气体放电激励、化学激励与核激励等。

假定激励满足需要,下面我们分析激活介质应该具有何种能级结构。

二、激活介质的能级结构

激活介质能实现粒子数反转。但在激活介质中,也不是任意两个能级间都能实现粒子数反转。要实现粒子数反转,必须具备一定的条件。玻尔兹曼能量分布律指出,在平衡态原子系统中,能态越高原子数越少。原因是原子激发态的寿命很短(10^{-11} s~10^{-8} s),而基态的寿命很长。被激发到高能态的电子很快就会自发跃迁到低能态,直至基态。因此,我们需要寻找或设计激活介质的能级结构,以利于实现粒子数反转。在某些物质的原子能级中,存在一些特殊的激发态——**亚稳态**,它不如基态稳定,但比激发态要稳定得多,寿命可达 10^{-3} s~1 s,有利于实现粒子数反转。目前已知氢原子、氖原子、氩原子、钕离子和二氧化碳等粒子都存在亚稳态,可作为激活介质。目前常用的激活介质的能级结构有三能级和四能级系统。

(一)三能级系统

首先对三能级系统实现粒子数反转的过程进行一般分析。

图 5.3-2 为三能级系统的示意图,E_1 为基态,E_2 和 E_3 为激发态,其中 E_2 是亚稳态,E_3 是激励能级,亦称抽运能级或泵浦能级。在外部能量激励下,基态 E_1 上的粒子以很大的速率 ω 抽运到 E_3,处于 E_3 的粒子可以通过无辐射跃迁(不产生光辐射)转移到 E_2,也可以自发辐射回到 E_1。假定从 E_3 回到 E_2 的速率 A_{32} 很大,大大超过从 E_3 回到 E_1 的速率 A_{31} 和从 E_2 回到 E_1 的速率 A_{21},能级 E_2 和 E_1 之间就有可能形成粒子数反转。下面进行数学分析。

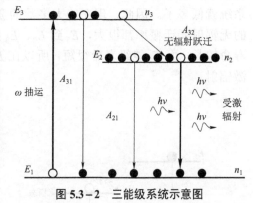

图 5.3-2 三能级系统示意图

先写出能级 E_3 和 E_2 上的粒子数变化率的方程:

$$\frac{dn_3}{dt} = \omega n_1 - A_{31} n_3 - A_{32} n_3 \quad (5.3-1)$$

$$\frac{dn_2}{dt} = A_{32} n_3 = A_{21} n_2 \quad (5.3-2)$$

在系统达到稳定时,$\dfrac{dn_3}{dt} = \dfrac{dn_2}{dt} = 0$

$$n_3 = \frac{\omega n_1 + A_{21} n_2}{A_{31} + 2A_{32}} \quad (5.3-3)$$

将（5.3-3）式代入（5.3-1）或（5.3-2）式，因为 $A_{32} \gg A_{31}$，可得：

$$\frac{n_2}{n_1} = \frac{\omega}{A_{21}} \quad (5.3-4)$$

可见抽运速率足够大时，就有可能使 $\omega > A_{21}$，从而使 $n_2 > n_1$，这样就可能实现 E_2 和 E_1 能级间的粒子数反转。

从上面的分析中可以看到，三能级系统中能实现粒子数反转的上能级 E_2 是亚稳态能级，下能级 E_1 是基态能级。由于基态能级上总是集聚着大量的粒子，因此要实现 $n_2 > n_1$，外界抽运就需要相当强，或者说它的激光阈值很高。这是三能级系统的一个显著缺点。

1960年世界第一台激光器就是三能级系统的典型代表。它以红宝石（Cr^{3+}：Al_2O_3）作为激光工作物质，铬离子（Cr^{3+}）是激光粒子，其能级结构如图5.3-3所示。它的 E_3 能级的寿命很短，约为 5×10^{-8} s；而亚稳态 E_2 能级寿命较长，约为3 ms，于是就在 E_2 和 E_1 能级间形成了粒子数反转。

（二）四能级系统

为克服三能级系统的缺点，人们找到了四能级系统的工作物质。含钕的钇铝石榴石（简称 YAG）激光器、钕玻璃激光器、氦氖激光器和二氧化碳激光器都是四能级系统激光器。

图5.3-4为一个四能级系统的示意图。与三能级系统最大的不同是它的一对激光能级 E_3 和 E_2 均是激发态，激光下能级 E_2 不是基态。这一点非常重要，因为 E_2 常态下几乎没有粒子，是空的，这就使粒子反转状态很容易实现，或者说，它的激光阈值相对于三能级系统就低多了。因此，现在绝大多数的激光器都是四能级系统。另外，E_4 到 E_3、E_2 到 E_1 的无辐射跃迁概率都很大，E_3 到 E_2、E_3 到 E_1 的自发跃迁概率都很小；E_3 能级为亚稳态，寿命较长，而 E_2 能级寿命很短，所以在 E_3 和 E_2 之间很容易实现粒子数反转，产生光的受激辐射。

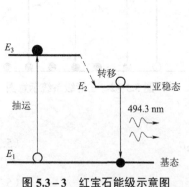

图5.3-3 红宝石能级示意图

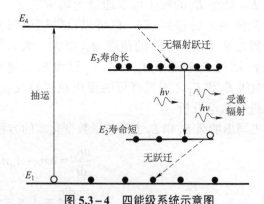

图5.3-4 四能级系统示意图

总之，要实现粒子数反转分布，必须具备两个条件。一是内有合适能级的活介质提供亚稳态，这是产生激光的内因。必须注意，以上所谓三能级或四能级结构，只是对形成粒子数反转的物理过程的抽象概括，实际的能级结构则要复杂得多，而且一种激活介质内，可能同时存在几对特定能级间的粒子数反转，相应地产生几种波长的激光。理论和实际测量都表明，真实的能级具有一定的宽度，形成一个能带，能带宽度ΔE与寿命τ的关系满足不确定关系（5.1-2）式，亚稳能级的带宽较小。另一方面，能级有宽度，其跃迁的光子频率就有了相应的宽度，称为**跃迁带宽或线宽**。对激光系统而言，其吸收（泵浦）线宽很宽，而激光线宽很窄，这就是激光单色性好的物理基础。二是外有激励源，粒子的输运过程必定是一个往复循环的非平衡态过程，这是产生激光的外部条件。现在人们已经掌握了各种实现粒子数反转的有效方法，例如，对于含铬的刚玉（红宝石）、含钕玻璃、含钕钇铝石榴石等固体工作物质，采用强光激励；对于氮-氖、二氧化碳等气体工作物质采用放电激励，对于砷化镓（GaAs）等半导体工作物质采用大电流注入式激励，以及化学激励、热激励、核能激励等。

三、光振荡

（一）受激辐射与自发辐射的矛盾

受激辐射除了与吸收过程相矛盾外，还与自发辐射相矛盾。处于激发态能级的原子，可以通过自发辐射或受激辐射回到基态。在这两种过程中，自发辐射往往是主要的。设高低能级的粒子数密度分别为n_2和n_1，根据（5.2-3）式和（5.2-4）式，可得到受激辐射和自发辐射光子数之比：

$$R = \frac{n'_{21}}{n_{21}} = \frac{\rho(v)B}{A_{21}} \tag{5.3-5}$$

如果要使$R \gg 1$，则能量密度$\rho(v)$必须很大，而在普通光源中，能量密度$\rho(v)$通常很小，自发辐射远超受激辐射。

怎样解决这一困难呢？我们可以设计一种正反馈装置，使某一方向上的受激辐射不断得到放大和加强。这样，我们就能在这一方向上实现受激辐射占主导地位，这种装置叫作光学谐振腔。

（二）光学谐振腔

要实现光振荡，除了有放大元件以外，还必须具备正反馈系统。为了实现光输出，在激光器中除了谐振系统外，还要有输出装置。在激光器中，实现粒子数反转的工作物质就是放大元件，而光学谐振腔就起着正反馈、谐振和输出的作用。如图5.3-5所示，在工作物质两端，分别放置一块全反射镜和一块部分反射镜，全反射镜的反射率在99%以上，部分反射镜的反射率为40%～80%，激光由部分反射镜一端输出。下面介绍光学谐振腔的工作原理。

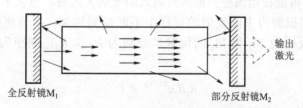

图 5.3-5 光学谐振腔原理示意图

当激光工作物质受到外界的激励后，就有许多粒子跃迁到激发态去。激发态的粒子是不稳定的，它们在激发态寿命的时间内会纷纷跳回到基态，而发射出自发辐射光子。这些光子射向四面八方，其中偏离轴向的光子经过有限次反射后逸出谐振腔外。只有沿着轴向的光子，由于受到两端平行反射镜的反射而在腔内来回振荡，使激活介质中处于反转态的高能级粒子产生了受激辐射，辐射出来更多同频率、同相位、同偏振态、同方向的光子。这种雪崩式的放大过程，使谐振腔内沿轴向运动的光子数骤然增加并在部分反射镜中输出，这便是激光。

需要指出的是，根据波的干涉理论可知，要使谐振腔轴线方向的光在腔内形成稳定振荡并得到放大，就必须在腔轴方向上形成驻波。谐振腔轴线长度应满足：

$$l = n\lambda/2 \tag{5.3-6}$$

式中，n 为正整数，λ 为激光波长。另外，反射镜的镜面，应由只能对该波长的光产生全反射的多层介质膜制成，从而使光得到放大。

总之，光学谐振腔有三个作用，一是产生并维持光振荡，二是使激光的方向性好，三是有选频作用，使激光的单色性好。

（三）增益系数

介质对光的放大能力用增益系数 G 来描述，简称增益。在介质中传输一束光，设在 x 处光强为 I，在 $x+\mathrm{d}x$ 处光强变为 $I+\mathrm{d}I$，则：

$$\mathrm{d}I = GI\mathrm{d}x \tag{5.3-7}$$

因此 G 的物理意义可理解为光在单位距离内光强增量的百分比。由上式，设入射光强为 I_0，在激活介质中传播 x 距离后，出射光强 $I(x)$ 与 I_0 的关系为：

$$I(x) = I_0 \mathrm{e}^{Gx} \tag{5.3-8}$$

增益 G 与光强 I 和频率 ν 都有关系。典型的增益曲线大致轮廓如图 5.3-6 所示，它随光强的增加而下降。这是因为 G 正比于粒子数的反转程度 (n_2-n_1)，光强 I 越大，意味着单位时间内从亚稳态向低能级跃迁的粒子数越多，在同样的抽运条件下，粒子数反转的程度将减弱，因此增益也随之降低。

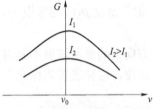

图 5.3-6 增益曲线示意图

（四）光振荡的阈值条件

有了合适的工作物质和光学谐振腔，还不一定能引起受激辐射的光振荡而产生激光。因为工作物质在谐振腔内虽然能够引起光放大，但是在光谐振腔内还存在诸多耗散因素，如反射镜的吸收、透射和衍射，以及工作物质不均匀所造成的折射或散射，等等，所有这些损耗都使谐振腔内的光子数目减少。如果由于种种损耗的结果，使得工作物质的放大作用抵偿不了这些损耗，那就不可能在谐振腔内形成雪崩式的光放大过程，也就不可能得到激光输出。因此，要使光强在谐振腔内来回反射的过程中不断得到加强，必须使增益大于损耗。可以证明，若谐振腔两反射镜 M_1 和 M_2 的反射率分别为 R_1 和 R_2，间距为 l，则形成振荡的条件是：

$$R_1 R_2 \mathrm{e}^{2G(\nu)l} \geq 1 \tag{5.3-9}$$

所以满足激光振荡的阈值条件为：

$$R_1 R_2 \mathrm{e}^{2G(\nu)l} = 1$$

对于给定的 R_1、R_2 和 l，满足上式的最小增益称为阈值增益。

$$G_{\min}(v) = -\frac{1}{2l}\ln R_1 R_2 \qquad (5.3-10)$$

由

$$G(v) = (n_2 - n_1)\frac{c^2 A_{21}}{8\pi v^2} \qquad (5.3-11)$$

知道，$G(v)$ 正比于激光上下能级粒子数之差 (n_2-n_1)。由此可见，只有当粒子反转数达到一定数值时，光的增益系数才足够大，可以抵偿光的损耗，从而使光振荡的产生成为可能。总之，为了实现光振荡而输出激光，除了具备能实现粒子数反转的工作物质，以及一个稳定的光学谐振腔外，还必须减少损耗，加快抽运速率，从而使粒子反转满足激光的阈值条件。

第四节 激光器简介

激光器是激光技术的核心。从前面的讨论可知，要产生激光，必须具有合适的激活介质、光学谐振腔和泵浦源，三者缺一不可。把三者恰当地组合起来，就构成了激光器。

一、激光器基本结构

激光器的基本结构如图 5.4-1 所示。

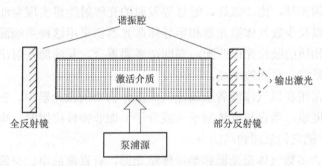

图 5.4-1 激光器基本结构示意图

（一）激活介质

激活介质即产生激光的工作物质。从理论上来说，凡是光学上透明的固体材料、气体、液体、半导体等均可以用作工作物质。不过从产生激光的难易程度（即产生激光振荡的阈值高低）、产生激光的能量转换效率、能够产生的激光功率（或者能量）大小，以及能否连续输出激光等几方面来考虑，对工作物质的基本要求有以下几个方面：① 材料的光学性质均匀，光学透明性好，而且物理性能和化学性质稳定；② 平均寿命比较长的亚稳态能级，这有利于实现能级粒子数反转和降低维持振荡的泵浦功率；③ 有较高的量子效率。

（二）光学谐振腔

如图 5.4-1 所示，谐振腔是由两块安放在工作物质两端的反射镜组成（也有采用多块反射镜组成的谐振腔），两反射镜的光轴和工作物质的轴线重合。固体激光器有时也在工作物质两端面镀上反射膜构成谐振腔。光学谐振腔主要作用有三个：**一是正反馈作用，实现光放大并维持光振荡**。从工作物质发射出来的光辐射，在两块反射镜之间来回传播，由于发生受激辐射跃迁，光子的数目不断地增加，它反过来又加剧受激辐射跃迁，产生出数量更大的光子，最后形成光振荡。**二是定向作用，提高激光的方向性**。在谐振腔内，只有沿工作物质的轴线传播的那些光子才能形成光振荡，沿其他方向传播的光子，很快会逸出谐振腔外，这样就保证了激光具有极好的方向性。**三是选频作用，提高激光的单色性**。对于特定的能级间的受激辐射，原子发出的光子频率（或波长）是确定的。但由于各种因素（例如多普勒效应）的影响，实际上发出的光子频率仍有一定宽度。谐振腔长度确定后，光的波长满足驻波条件时，沿相反方向传播的相干光相干叠加形成驻波。实际上，只有形成驻波的光才能形成光振荡，产生激光；不满足驻波条件的光会很快衰减、消失，从而使输出的激光具有很好的单色性，这就是谐振腔的选频作用。

总之，谐振腔通过光振荡实现光放大，限制激光传播方向，并具有选频作用，从而提高了激光的方向性、单色性。

（三）泵浦源

泵浦源就是激励源。泵浦源的作用是向工作物质输入能量，把物质的原子、分子从低能态激发到高能态，是实现粒子数反转的外部条件，是激光器产生激光的能源。目前激光器主要有光泵浦、气体放电泵浦、化学能泵浦等方式。

光泵浦是利用闪光灯，比如氙灯、氪灯等发射的光辐射能量实现泵浦，几乎全部固体激光器和液体激光器以及少数气体激光器和半导体激光器都采用这种泵浦源。泵浦光源的发射光谱分布要与工作物质的吸收光谱匹配，亦即两者要重合，泵浦源发射出来的强辐射能量才能被工作物质有效吸收，泵浦效率高。

气体放电泵浦常用在以气体或者金属蒸气做工作物质的激光器中。在气体放电中形成的电子从电场中获得能量，当它与气体原子（或分子）做非弹性碰撞时，电子把自己的能量传给原子（或分子），把它们泵浦到高能态。

电激励用于绝大多数气体激光器和半导体激光器，有直流放电、交流放电、脉冲放电和电子束注入等形式。

化学能泵浦是利用物质发生化学反应时释放出来的能量实现粒子数反转。比如氢原子气体和氟分子气体、氘原子气体和氟分子气体相混合发生化学反应，形成 DF 分子、HF 分子，同时释放出能量，这部分能量把形成的 DF 分子、HF 分子泵浦到激发态，并形成能级粒子数分布反转。有些物质在光辐射作用下发生分解反应，并同时释放出能量，这部分能量也会把其中一种反应产物的原子或者分子泵浦到高能态，并形成能级粒子数反转。这类激光器叫作化学激光器，它不需要外配泵浦源，而且有功率大等特点。有代表性的有 $CF_3(CF_2)_n I$（全氟烷基碘）激光器、HF（氟化氢）激光器和 $DF-CO_2$（氟化氘－二氧化碳）转移式化学激光器。氧碘化学激光器（COIL）是目前研究得较多的一种。

热激励用高温加热方式使工作物质高能级粒子数增多，然后突变（如绝热膨胀）降低系统温度，利用工作粒子在高低不同能级上热弛豫时间之不同，建立起粒子数反转而产生激光。加热方式可通过放电、燃烧、压缩或爆炸等手段，热膨胀则通过高速气动喷管实现。气动 CO_2 激光器是这类器件的典型。

核能激励利用小型核裂变反应所释放出的能量来激励工作物质,在特定能级间实现粒子数反转。目前成功的实例有核泵浦氦氙激光器等。

除化学激光器外,自由电子激光器也不需要专门的泵浦源。从电子束发生器输出的高能电子束通过空间周期磁场时,在适当的条件下就会产生相干辐射。

二、激光器的种类

激光器种类很多,可按不同方式进行分类,下面简要介绍。

(一)按工作物质分类

固体激光器 其工作物质为固体,是用人工方法把能产生受激辐射的金属离子掺入晶体或玻璃基质中制成的,这些掺杂的金属离子都容易产生粒子数反转。通常用作基质的晶体有刚玉(Al_2O_3)、钇铝石榴石($Y_3Al_5O_{12}$,简记 YAG)、钨酸钙($CaWO_4$)、氟化钙(CaF_2)等;用作基质的玻璃主要是优质硅酸盐光学玻璃,如冕玻璃和钙冕玻璃。做基质用的材料要求容易掺入起激活作用的发光金属离子,具有良好的光谱特性、光学透过率和光学均匀性,还需具有能适于长期激光运转的理化特性。有代表性的固体激光器有红宝石($Al_2O_3:Cr^{3+}$)激光器、掺钕钇铝石榴石($YAG:Nd^{3+}$)和钕玻璃激光器。固体激光器具有输出功率大、结构紧凑、牢固耐用等优点,常用于激光测距、激光加工、跟踪制导等方面。

气体激光器 依工作物质不同又可区分为原子气体激光器、离子气体激光器、分子气体激光器、准分子气体激光器等。原子气体主要是氦、氖、氩、氪、氙等惰性气体,有时也有用铜、锌、镉、汞等金属原子蒸气,典型代表是氦–氖气体激光器;分子气体有CO_2、CO、N_2、H_2、HF 和水蒸气等,典型代表有二氧化碳激光器;离子气体主要有惰性气体离子和金属蒸气离子,典型代表有氩离子(Ar^+)激光器和氪离子(Kr^+)激光器。气体激光器的单色性和相干性比其他激光器好,而且能长时间稳定工作,常用于精密计量、准直、加工、医疗和通信等方面。

半导体激光器(LD) 以半导体材料为工作物质,通过一定的激励方式,在半导体的能带(导带和价带)之间,或者在能带与杂质(受主或施主)能级之间,实现非平衡载流子的粒子数反转。当处于粒子数反转状态的大量电子与空穴复合时,便产生受激辐射作用。目前性能较好、应用较广的是双异质结构的砷化镓(GaAs)二极管激光器。半导体激光器是实际应用中最重要的一类激光器,它体积小、重量轻、效率高、寿命长,可采用简单的电流注入方式来泵浦;其工作电压和电流与集成电路兼容,因而有可能与之单片集成;可用高达吉赫兹(10^9 Hz)的频率进行电流调制以获得高速调制的激光输出。由于这些突出优点,LD 在激光通信、光纤通信、光存储、光陀螺、激光打印、光盘刻录、测距、制导、引信以及激光雷达等方面获得了广泛应用。从 20 世纪 70 年代开始,LD 明显向着两个方向发展,一类是以传递信息为目的的信息型激光器,另一类是以提高光功率为目的的功率型激光器,输出功率从几十毫瓦到几千瓦。

液体激光器 工作物质主要有两类,一类是有机染料溶液,另一类是含有稀土金属离子的无机化合物溶液。前者应用较普遍,现已在数十种有机荧光染料(如若丹明、荧光素、香豆素等)溶液中实现了激光发射,其中若丹明 6G 染料激光器是常用器件之一。后者是将稀土金属化合物(如氧化钕、氯化钕)溶于一定的无机物溶液中,其中稀土金属离子(如钕离子）起工作粒子作用，而无机物液体则起基质作用，因此，其发光机制类似固体工作物质。有代表性的无机液体激光器是 $SeOCl_2:Nd^{3+}$（掺钕二氯氧化硒）和 $POCl_2:Nd^{3+}$（二氯氧化磷）激光器。

自由电子激光器（PEL） 这是一种特殊类型的新型激光器，工作物质是在空间周期性变化磁场中高速运动的电子束。只要改变自由电子束的速度就可以产生可调谐的相干辐射。由于输出波长可调；不存在介质击穿问题，输出功率可大幅度提高；光束质量好，效率高。这种激光器目前还不够成熟，但因具有许多潜在的优点，近年来格外为人们所重视。

（二）按运转方式分类

由于采用的工作物质和使用目的不同，激光器可实行不同的运转方式。

单次脉冲运转激光器 采用这种运转方式的激光器的工作物质激励和相应的激光发射都是以单次脉冲进行，即在短时间内施加较强的激励作用，获得较大程度的粒子数反转，从而获得较强的脉冲输出。这种工作方式可提供中等水平的脉冲激光功率和较高水平的脉冲激光能量，能承受较大负载，可不采用冷却措施。单次脉冲激光器常用于激光打孔、点焊和基础研究中。

重复脉冲运转激光器 这种激光器的输出为一系列重复脉冲。为此，对工作物质可进行重复脉冲方式激励，也可进行连续激励，但要以一定方式调制激光振荡，以获得重复脉冲激光输出。此种激光器可提供中等水平的脉冲激光功率和中等水平的脉冲激光能量。在测距、雷达、通信以及激光照明、计量、显示等技术中有重要应用。

连续运转激光器 此种激光器对工作物质的激励和相应的输出，在一段较长时间内均以连续方式进行，一般功率低于前两种激光器。多应用于激光通信、多普勒雷达、光学外差、精密测量等方面。

Q 突变运转激光器 这是通过改变激光器谐振腔 Q 值，从而获得高功率输出的特殊脉冲激光器。谐振腔的 Q 值是描述激光器谐振腔光学损耗大小的量。所谓调 Q 技术是在谐振腔内安装一个快速光开关，在激励作用开始后一段时间内，开关处于关闭状态，即不产生光振荡（实际上是增大谐振腔损耗，即降低 Q 值，故得名调 Q 技术）。随着激励的不断进行，粒子数反转程度不断提高，当达到一定值时，光开关突然打开（即谐振腔 Q 值快速增大），腔内光振荡立即开始。于是，就会在极短时间内输出一束宽度很窄、峰值功率很高的光脉冲。从总的效果来看，调 Q 开关起到了压缩脉冲宽度的作用。这种激光器的功率可高达 $10^6 \sim 10^{12}$ W，脉冲能量在 $10^{-2} \sim 10^2$ J，脉冲持续时间为 $10^{-8} \sim 10^{-10}$ s，在远距离测光测距、雷达、激光核聚变以及一些强光（非线性）光学研究中，有重要的应用价值。

模式可控激光器 由于光学谐振腔的几何线度都远大于光波波长，因此光振荡模式必然是多种的。一般情况下，各种模式所对应的波型间位相关系不确定，频率不相同，也影响输出光束的发散角。因此，在一些应用场合下，为提高光束质量，就要求对振荡模式加以控制。在实际应用中根据不同的需求，采取不同的专门技术。如稳频技术，是使激光频率稳定在一个较小的区间内，这在精密测量中特别重要；锁模技术，即位相锁定技术，是采用适当办法使不同振荡波型间保持确定位相关系；还有限模技术，是使振荡波型只限定为一种，形成单模输出。

（三）按输出波长分类

远红外激光器 输出波长范围为 25～1 000 μm，某些分子气体激光器以及自由电子激光器的激光输出即落入这一区域。

中红外激光器 输出激光波长处于中红外区（2.5～25 μm），较典型的有 CO_2 分子气体激光器，波长为 10.6 μm，CO 分子气体激光器，波长为 5～6 μm。

近红外激光器 输出激光波长处于近红外区（0.75～2.5 μm），代表者有掺钕固体激光器，波长为 1.06 μm，GaAs 半导体二极管激光器，波长约 0.80 μm，以及某些气体激光器。

可见光激光器 输出激光为可见光，波长范围为 0.40～0.76 μm，包括红宝石激光器（0.694 3μm）、氦-氖激光器（0.632 8 μm）、氩离子激光器（0.488 0 μm、0.514 5 μm）、氪离子激光器（0.476 2 μm、0.520 8 μm、0.568 2 μm、0.647 1 μm），以及一些可调谐染料激光器等。

近紫外激光器 输出激光波长范围处于近紫外光谱区（0.2～0.4 μm），如氮分子激光器（0.337 1 μm）、氟化氪（KrF）准分子激光器（0.249 μm），以及某些可调谐染料激光器等。

真空紫外激光器 其输出激光波长范围在 0.05～0.2 μm，如氢分子激光器（0.109 8～0.164 4 μm）、氙准分子激光器（0.173 μm）等。由于波长短于 0.2 μm 的紫外线在空气中传播时损耗大，常把这一波段的紫外线叫真空紫外线，称此类激光器为真空紫外激光器，适合在外层空间使用。

X 射线激光器 输出波长处于 X 射线谱区，即 0.1～5.0 nm。X 射线激光器除了作为定向能武器应用外，还可用于生命细胞的全息照相，对生物和生命科学研究有特殊用途。正因如此，近年来也成为研究的热点。

表 5.4-1 列出了部分常见激光器及其特点。

三、军用激光器的发展趋势

军用激光器是指应用于军事目的的激光器，主要有两大领域：用于光电装备的激光器，如激光测距、激光制导、激光通信和激光雷达等装备的激光器；用于激光武器的激光器，如高能激光武器（俗称激光炮）和低能激光武器（俗称激光枪）的激光器。激光的重大军事应用价值和广阔发展前景，有力地推动了激光技术的发展，各种新型激光器的研制方兴未艾。

（一）光电装备对激光器的发展需求

各类光电装备对激光器的要求主要是工作波长和光束质量。例如，人眼安全波长激光器能保证战术激光装备在训练中充分发挥其功能，战时充分发挥激光装备的威力。现在已有 1.54 μm 和 10.6 μm 两种，正在发展的是 2 μm 激光器，如二极管抽运掺钬 YAG 激光器。这个波长不仅对人眼安全、大气传输损耗小，而且由于绿色植被和潮湿土壤对它吸收大、反射小，从而在探测中有利于地面目标与背景的区分。光电装备常用激光器主要性能及军事应用情况见表 5.4-2。

（二）激光武器用激光器的发展趋势

经过 50 多年的快速发展，军用激光器正在成为实战武器。自 20 世纪 70 年代开始发展激光武器技术以来，研究重点是提高激光器的输出功率、改善光束质量和系统小型轻量化。从目前情况看，激光器的平均输出功率和光束质量均已达到了实战的要求。例如，氟化氘（DF）、氟化氢（HF）化学激光器的平均输出功率已达到兆瓦级，且光束质量良好；Nd:YAG 激光器的输出功率超过了 100 kW，工作时间达 300 s 以上，光束质量小于 1.5 倍衍射极限不成问题。

重量和体积已经成为决定激光系统能否被部署到战场的重要因素。尽管采取了很多措施，如提高激光器的效率、采用非冷却高功率部件、采用复合材料等，已经使激光器在小型化、轻量化方面取得了许多进展，但即使成熟的化学激光器，要把它们集成进武器平台仍面临巨大的挑战。例如，美国和以色列耗资 2 亿美元开发的战术高能激光武器（THEL，采用 DF 化学激光器），整个武器系统重 180 t，运输时要装 8 个集装箱。下一代固体激光器虽然比化学激光器小得多，但为了保证激光器稳定工作，冷却系统也是十分笨重的。所以，要把固体激光器集成进飞行平台，在未来相当长的一段时间里仍然是一大难题。

表 5.4−3 列出了部分可能应用于武器的激光器主要性能及军事应用情况。

表 5.4−1 部分常见激光器及其特点

类　型		激光器名称	工作物质	主要谱线波长/μm	输出功率/W	其他特征
气体激光器	原子	氦—氖	He−Ne 原子	0.632 8 1.152 3 3.391 9	0.1	广泛应用
	分子	CO_2	CO_2−N_2−He 等混合气体	10.6	100～1 000	高功率输出
		氮分子	N_2 分子	0.337 1	$5×10^5$	无谐振腔
	离子	氩离子	Ar^+ 离子	0.488 0 0.514 5	1.0	常做泵浦光源
		氦—镉	He−Cd 蒸气	0.325 0 0.441 6	$4×10^{-3}$ $2×10^{-3}$	
固体激光器		红宝石（Cr^{3+}） 掺钕钇铝石榴石（Nd^{3+}）	$Cr:Al_2O_3$ Nd:YAG	0.694 3 1.06, 1.08	10^4 5.0	广泛应用
		钕玻璃（Nd^{3+}）	Nd^{3+} 玻璃	1.06	$5×10^4$	可产生高功率输出
液体激光器		染料	若丹明有机染料	0.32～1.85		波长范围宽且可调
半导体激光器		GaAs/GaAlAs	化合物半导体 GaAs	0.80	5.0（常温）	短波长光通信光源
		InP/InGaAsP	化合物半导体 InP	1.30～1.55		长波长光通信光源

表 5.4-2　光电装备常用激光器主要性能及军事应用情况

激光器类型	波长	重复频率	平均功率	军事应用前景
YAG 固体激光器	1.06 μm 和 1.54 μm 可切换输出	大于几百赫兹至上千赫兹。光束质量优于 2~3 倍衍射极限	大于 1~2 kW（窄脉冲）	对抗激光制导武器、激光测距机、激光跟踪器等
CO_2 固体激光器	9~11 μm 中间选择 2~3 个波长值，或对 10.6 μm 倍频	大于 kHz。光束质量优于 2 倍衍射极限	10~100 kW（窄脉冲）	干扰红外成像（末制导）制导武器、红外热视仪，破坏光学窗口等
可调谐激光器	0.53 μm，0.65~1.1 μm	大于几十赫兹至上百赫兹	300~500 W（窄脉冲）	干扰电视观瞄/跟踪器、光学系统及操作人员的眼睛
半导体激光器	在 0.6~0.93 μm 范围内，首选 0.8~0.9 μm	大于几百赫兹至上万赫兹；激光发散角通过光学系统可压缩到 1~2 mrad 以内	大于 10 kW（窄脉冲）	主动激光探测、激光成像雷达、激光引信干扰等
DF 化学激光器	在 3.8~403 μm 范围内可选	连续工作时间大于 10 min	大于 1 000 W	机动平台用于干扰红外制导武器

表 5.4-3　常见可用于武器的激光器主要性能及军事应用

激光器	波长/μm	优点	存在问题	军事应用前景
脉冲钕玻璃激光器	1.06	位于 1~3 μm 的大气窗口，波长短，所需发射系统小，与目标耦合系数高	需要相当大的储能装置；器件效率低、体积大、发射间隔长，不符合武器装备基本要求	经过多年研究，发现不适合作为武器发展使用
CO_2 激光器	10.6	位于 8~14 μm 的大气窗口。利用燃料的化学能作为泵浦能，不需要大功率电源，波长长，大气中粗粒子对其散射小	波长长，需要大发射系统，系统庞大。大气中水分子对其吸收较强，不适于舰载或潮湿地区使用	适合在尘土飞扬、硝烟弥漫的陆战场使用
氟化氘化学激光器 DF	3.8	位于 3~5 μm 的大气窗口。利用燃料的化学能作为泵浦能，不需要大功率电源，波长较短，不易被大气中水分子吸收	工作物质具有腐蚀性，需采用化学泵排放；价格昂贵	适合在海上和陆地战场使用，是目前激光武器的典型激光器之一
氟化氢化学激光器 HF	2.7	功率大，光束质量好	易被大气强烈吸收，不能在大气中传播	适合在外层空间使用。例如美国正在发展的"阿尔法"氟化氢天基激光反导系统，用于拦截助推阶段的弹道导弹

续表

激光器	波长/μm	优点	存在问题	军事应用前景
氧碘化学激光器 COIL	1.315	位于 1~3 μm 的大气窗口，波长短，所需发射系统小，与目标耦合系数高，能量转换效率高，连续输出功率高		适于地基、机载使用。美军正在发展机载反导激光系统，用于拦截助推阶段的弹道导弹
二极管泵浦激光器 DPL	1.06	位于 1~3 μm 的大气窗口，可制成小型、全固体器件	功率尚不够武器级	是正在发展的新一代高能器件，具有较好发展前景。美军正在利用它发展小型无人机机载激光武器
自由电子激光器 FEL	1~10	波长连续可调，可选择与目标耦合效果最佳、大气传输性能最好的波长	功率尚不够武器级	是发展中的新一代高能器件，具有很好的发展前景和潜在优势

第五节 激光的军事应用

激光的特性可以概括成两个方面，即定向性非常好的强光光束和单色性非常好的相干光束。因其特殊的优异性能，激光一出现，人们首先就想到其军事应用价值。随着激光技术的迅猛发展，激光已经在军事领域获得广泛应用，例如激光测距、激光通信、激光雷达、激光制导、激光武器、激光模拟和激光核聚变等。下面介绍几种典型应用的基本原理。

一、激光测距

测距对军事行动非常重要，激光在军事上最早的应用就是激光测距。激光测距机可以迅速地测出远方目标的距离，而且精度很高。激光测距系统种类很多，但从工作方式上可分为两大类：脉冲激光测距机和连续波激光测距机，前者应用比较普遍，后者适用于高精度测量。

（一）脉冲激光测距机

1. 工作原理

脉冲式测距是基于对光波在本机与目标间渡越时间的计量而感知目标距离，属于"时基法"测距，其原理如图 5.5-1 所示。

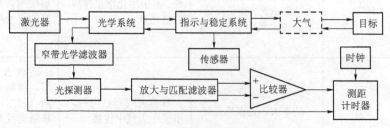

图 5.5-1 激光测距机原理框图

测手或火控计算机下达测距指令，激光器输出一束脉宽小于 50 ns 的细窄光脉冲，经扩束准直光学系统（一般为望远镜），在由瞄准镜和方向机构组成的导向稳定系统作用下，穿过大气射向目标；与此同时从发射光束中取出参考脉冲信号，启动测距计时器开始计时；光脉冲达到目标表面后部分被反射回测距机，经接收物镜和窄带光学滤波器到达探测器；探测器输出的电信号经放大器和匹配滤波器处理后，进入比较器与设定的阈值比较；比较器输出信号关闭测距计时器，终止计时。通过测量光脉冲从发射到返回接收机的时间 Δt，可算出测距机与目标之间的距离 R。因光速与介质折射率有关，考虑到大气的非均匀性和非稳态特性，折射率应是时间和空间的函数。在工程上常把光束路径上大气的折射率用一个平均值 $\bar{n}$ 近似，则：

$$R = c \cdot \Delta t / (2\bar{n}) \tag{5.5-1}$$

式中，c 为光在真空中的传播速度。由于 Δt 非常小，实际是通过计数进入接收机的脉冲数 m 来测量 R 的。假设计时器时钟振荡频率为 f，Δt 时间内有 m 个脉冲进入计数器，脉冲的时间间隔为 τ，则目标距离：

$$R = cm\tau / (2\bar{n}) = mc / (2f\bar{n}) \tag{5.5-2}$$

2. 最大可测距离 R_m

最大可测距离 R_m 是测距机的主要性能之一，影响因素很多。当测距机激光束全部投射到目标表面时，R_m 取决于目标的反射率 ρ、激光器发射功率 p、接收物镜入瞳面积 S_e、被照且在测距机视场内的目标面积 S、大气通过率 τ_a、光学系统透过率 τ_o、目标被照表面与光束截面夹角 α 以及系统的最小可测功率 $p_{\min}$，其关系为：

$$R_m = \left(\frac{\tau_o \tau_a \rho S S_e p \cos\alpha}{0.25\pi^2 \theta^2 p_{\min}} \right)^{1/4} \tag{5.5-3}$$

而当测距光束并非完全投射到目标表面时，R_m 除了与上述因素有关外，还与目标被光束照射的面积、光束投射角以及激光器输出光束的发散角密切相关。

若定义"目标截面"为：

$$\sigma_T = \rho S / \Omega_b \tag{5.5-4}$$

式中，Ω_b 是自目标反射的激光束发散立体角，在测距光束有部分射在目标之外时，对漫反射目标有：

$$\sigma_T = \rho S / \pi \tag{5.5-5}$$

此时（5.5-3）式可写为：

$$R_m = \left(\frac{\tau_o \tau_a \sigma_T S_e p \cos\alpha}{0.25\pi \theta^2 p_{\min}} \right)^{1/4} \tag{5.5-6}$$

像涂有无光漆的车辆、普通地表、树叶等表面，反射率 ρ 值随入射波长不同而明显变化，在一般估值计算时，典型目标截面可取 $0.1S$。大气对最大可测距离的影响不仅表现在它的透过率，大气湍流产生的光斑抖动、光强闪烁、波面畸变，以及大气对出射激光束的后向散射也影响 R_m。

（5.5-3）式和（5.5-6）式指出了提高 R_m 的技术途径，主要是提高激光发射功率、压缩激光发散角以及选用性能更好的光电探测器。对合作目标,加装后向角反射器是一种行之有效的办法。脉冲激光的亮度很高,所以可以测量很远的目标距离,一般最大测距可达几百千米,对合作目标甚至可达几十万千米。

3. 测距精度

激光脉冲的宽度可以很窄,所以脉冲式测距机测量精度较高,对非合作目标一般小于 10 m,但目前小于 1 m 还有困难。引起测量误差的主要因素有大气环境折射率变化、时标振荡器的振荡频率不稳、脉冲计数不准,以及系统时间响应特性造成的时间误差等。

(二) 连续波激光测距机

目前普遍使用的是脉冲激光测距机,不适于航测地形和海浪起伏等需要更高精度的场合。连续波激光测距机可弥补这一缺陷。连续波激光测距机利用激光高相干性,测距精度很高,可达 2 mm 左右,大多用来对目标进行较为精确的测距。典型的应用有:自动目标跟踪系统中的精密距离跟踪,如导弹飞行初始段的测距和跟踪;要求高精度的距离测量,如大地测量等。它能从空中感知地面小量起伏、辨别凸起的公路、战场的壕沟、被炸机场的弹坑等。但由于连续波激光测距系统的峰值功率远低于脉冲激光测距系统,故测距能力远不如后者。对漫反射目标相位测距的最大测程为 1~3 km。

连续波激光测距通常是基于对目标回波相位的测量,属于"相位法"测距,其原理如图 5.5-2 所示。

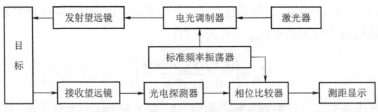

图 5.5-2 相位式激光测距原理框图

标准频率振荡器驱动电光调制器,对连续激光器输出光束进行调制。调制后光束经发射望远镜压缩发散角,射向被测目标。从目标返回的光波进入接收器物镜,聚焦于探测器;对被延迟的调制信号进行解调后进入相位比较器,与标准频率振荡器的信号进行比较,得到二者的相位差 φ,利用相位差与光程差的关系,即得目标距离:

$$R = \frac{\lambda_m}{2}\left(N + \frac{\varphi}{2\pi} + \frac{\varphi_0}{2\pi}\right) \tag{5.5-7}$$

式中,R 为测距;$\lambda_m = c/f_m$ 为调制波的波长;N 为调制波长数;φ_0 为测量系统本身固有的恒定相位差。

如果目标距离 R 大于 λ_m,在确定 N 时会产生不确定解。为了得到较高的测距精度,又不使距离测量产生不确定解,可循序地用几个波长去调制激光器,并测量每个波长的相位差。在多个调制波长中,最短的调制波长将决定测距精度,称为精测波长或基本波长,其频率称为精测频率或基本频率。其他波长称为粗测波长或辅助测量波长。为了保证测量精度,精测频率必须选得足够高,其典型值为 100~1 000 MHz。实际上,采用多个调制频率相当于拿不同长度的尺子对目标进行分级测量,从而保证了测量精度。例如,先用长尺测得距离的高位数值；再用次长尺，得到与长尺测量精度衔接的较低位数值；最后用短尺，得到与要求的精度相应的尾数。将各级数值组合，得到实测距离。

幅度调制的连续波相位测距精度取决于相位测量的极限值和精测波长，设相位测量的极限值为0.5°，则测距精度为：

$$\sigma_R = \frac{0.5°}{360°}\lambda_m \qquad (5.5-8)$$

式中，λ_m为精测波长。

（三）激光测距机的应用

现代武器射程和威力的增大、机动性的提高，使作战双方都力求在最大有效射击距离上首发命中目标，因此对射击保障器材的作业速度和精度提出了更高的要求。激光测距机因具有精度高、速度快、单站测距、轻便灵活等特点，已取代了普通光学测距机。

手持式、便携式脉冲激光测距仪广泛用于步兵、炮兵和装甲兵，作用距离为几百米至几十千米，误差 5~10 m。在火炮、坦克、飞机和舰船上，有包含激光测距仪的火控系统。如高重复频率的激光测距仪与红外、电视跟踪系统结合，可组成舰载近海面反导弹的光电火控系统。激光测距仪与微波雷达结合，可弥补后者在低仰角下易受地面杂波干扰的不足。大型激光测距仪可精确测量卫星的轨道；使用角反射器时，测程可达月球，误差为厘米量级；蓝绿激光可探测水下目标。相位式激光测距作用距离为几十至几万米，误差为毫米量级，可做地形测绘。

20 世纪 70 年代以来，各国重视发展对付低空快速目标的小高炮防空火力系统，与这种武器相匹配的光电火控系统发展很快，对空激光测距机在光电火控系统中得到了广泛应用。目前，对空激光测距机的应用大体有两种类型：一种是与光学或光学陀螺瞄准具、模拟或数字计算机组成的简易火控系统，用以对付低空目标；另一种是与微光、红外、电视等光电跟踪系统组成的综合光电火控系统，作为雷达火控系统的补充手段。对空火控系统用的激光测距机，其基本原理与一般激光测距机相同。但在测距能力、重复频率、发射功率及光束发散角等方面较地炮或坦克激光测距机要求更高一些。

二、激光雷达

（一）激光雷达的组成与特点

激光雷达工作在电磁波的光波段，以激光探测目标。激光雷达在原理、结构和功能上与微波雷达有许多相似之处。在工作原理上，激光雷达也是利用电磁波（激光）先向目标发射探测信号，然后将接收到的从目标反射来的信号与发射信号做比较，以获得目标的有关信息，如目标位置（距离、方位和高度）、运动状态（速度、姿态和形状）等，从而对飞机、导弹等目标进行探测、跟踪和识别。

在结构上，激光雷达是在激光测距机的基础上，配置激光方位与俯仰测量装置、激光目标自动跟踪装置而构成的，从而具有目标跟踪和速度测定功能，更先进的还有目标成像识别功能。一部普通的激光雷达常由发射、接收和信号处理与显示三部分组成。图 5.5-3 是激光自动跟踪雷达原理示意图。发射部分主要有激光器、调制器、光束成形器和发射望远镜；接收部分主要有接收望远镜（配有收发开关时，收发共用一个望远镜）、滤光片、数据处理线路、跟踪伺服系统等,其中光电探测器一般采用四块性能相同的光电二极管组成四象限结构(见图 5.5－6)。当目标回波的光斑均匀照射每一象限时,光电探测器输出的方位和俯仰误差信号为零;当光斑位置偏离时,则输出相应的方位和俯仰误差信号,通过伺服系统调整接收望远镜重新对准目标,实现目标的自动跟踪。

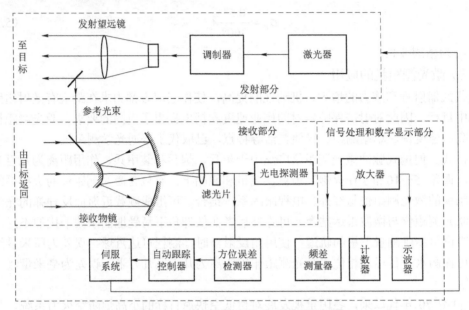

图 5.5－3　激光自动跟踪雷达原理示意图

根据应用目的不同,激光雷达还分为火炮控制雷达(简称火控雷达)、指挥引导激光雷达、靶场测量激光雷达、导弹制导激光雷达等。

由于激光雷达工作波长比微波雷达短得多,与微波雷达相比,其主要优点有:

(1) 分辨率高。 根据波动光学理论,光学仪器的分辨率

$$R = D/1.22\lambda \tag{5.5-9}$$

式中,D 是光仪通光孔径,λ 为工作波长。可见要提高分辨率,需要从增大孔径和采用较短的工作波长两个因素入手。由于光的波长比微波短几个数量级,因此其分辨率,包括角分辨率、速度分辨率及距离分辨率都要比微波雷达高得多,这是它的一个显著优点。

(2) 抗干扰能力强。 激光雷达几乎不受电磁干扰信号的影响,适于工作在日益复杂的电磁环境和激烈的各种电子战环境中。

(3) 体积小,重量轻,隐蔽性好。 雷达分辨率与天线口径成正比。由于光的波长很短,激光雷达的望远镜口径一般只要几厘米,就可达到较高的分辨率。

与微波雷达相比,激光雷达也有不足:一是受天气和大气影响大。激光一般在晴朗的天气里衰减较小,传播距离较远;而在坏天气(如大雨天、浓烟浓雾天等)里衰减大,传播距离较近。例如,工作波长为 10.6 μm 的 CO_2 激光,是所有激光中大气传输性能较好的,坏天气对它的衰减是晴天大气对它衰减的 6 倍左右,地面或低空使用的 CO_2 激光雷达的作用距离在晴天为 10～20 km,在坏天气则降为 3～5 km,在恶劣天气甚至降至 1 km 内。二是搜索、捕获目标困难。激光光束由于很窄,只能小范围搜索、捕获目标;而微波则由于波束宽,可

大范围搜索、捕获目标。

为充分利用激光雷达的优点，克服其缺点，当前的激光雷达多设计成组合系统，如将激光雷达与红外跟踪器或前视红外装置（红外成像仪）、电视跟踪器、电影经纬仪、微波雷达等构成组合系统。与单独的激光雷达比较，这种组合系统具有明显的优点：兼具各分系统的优点，各系统能相互取长补短。例如，在使用激光雷达与微波雷达组合系统时，首先利用微波雷达实施远距离、大空域目标捕获和粗测，然后用激光雷达对目标进行近距离精密跟踪测量，这样就克服了单独的激光雷达目标搜索、捕获能力差的缺点；而在微波雷达电子战剧烈的环境中，则使用激光雷达，这样又可弥补微波雷达易受干扰攻击的不足。

（二）激光雷达工作体制

激光雷达工作体制有**直接探测**和**相干探测**两种。

直接探测体制是直接把接收到的回波信号强度变化转换为光电探测器输出的电信号变化，电信号强度正比于接收的光功率，不要求信号具有相干性，因此这种方法又称为非相干探测，基本原理如图5.5-4所示。这种方法探测灵敏度和信噪比要比相干探测低。但它具有结构简单、系统可靠性和稳定性好、适应战场条件等优点，所以目前绝大多数激光雷达采用直接探测方式，如激光火控测量系统、激光测距系统、激光侦察系统和激光大气雷达等。

图 5.5-4　激光雷达直接探测原理框图

相干探测是由目标回波信号（频率 f_s）与本振信号（频率 f_L）经外差混合器混频后，通过中心频率为 $f_c = |f_s - f_L|$ 的窄带滤波器输出目标信息，基本原理如图5.5-5所示。这种探测体制可以大幅度消除探测器内部噪声和背景噪声的影响，具有极高的噪声抑制能力和探测灵敏度。但这种体制对光电系统的光学设计、加工、调试和应用环境要求也很苛刻，难以适应复杂的战场环境。

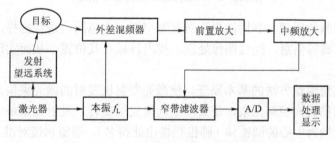

图 5.5-5　激光雷达外差探测原理框图

（三）激光雷达工作原理

1. 测速原理

目标速度的测量原理可分为两大类：一是通过测量目标单位时间内距离的变化率，直接得到速度；二是通过测量目标回波的多普勒频移 Δf 来间接得到速度。其中前者较简单，后者较精确。下面简单介绍一下后者的原理。

多普勒效应是波动的一种普遍效应，多普勒频移 Δf、目标径向速度 v（沿测量仪与目标连线方向的速度）与激光波长 λ 的关系为：

$$\Delta f \approx 2v/\lambda \qquad (5.5-10)$$

因此，只要测出多普勒频移Δf，因已知激光工作波长λ，故可得目标的径向速度v。

2. 目标跟踪

（1）四象限跟踪测角原理。如图5.5-6所示，四象限光电探测器为接收器件，它的作用是把接收的光能量转化为电脉冲信号。

目标反射的激光回波信号经过光学系统在接收器件上形成光斑，光斑的位置反映了系统的跟踪情况。当系统的瞄准轴对准目标时，光斑中心与四象限光电探测器的中心重合，此时四个象限输出的电脉冲相等；当瞄准轴偏离目标时，四个象限输出的电脉冲不相等，跟踪头根据四个象限输出的电脉冲信号强度大小进行和差运算，给出方位、高低的误差信号输入转台伺服系统，实现对目标的自动跟踪。基本关系如下：

$$f_a = [(A+B)-(C+D)/(A+B+C+D) = \Delta A/\Sigma \qquad (5.5-11)$$

$$f_e = [(A+D)-(B+C)/(A+B+C+D) = \Delta E/\Sigma \qquad (5.5-12)$$

式中，f_a为方位误差函数；ΔA为方位误差信号；f_e为高低误差函数；ΔE为高低误差信号；A、B、C、D代表四个象限输出的信号幅度；Σ为和信号。

由于激光方向性好，光束极窄，所以激光雷达具有很高的角跟踪精度。

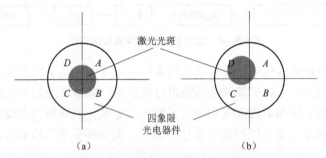

图 5.5-6　四象限跟踪测角基本原理

（2）**成像跟踪测角原理**。利用激光束对探测空域一定范围内进行扫描，建立成像视场内每一点的强度、距离等信息，经过图像处理，找出目标及其位置，从而实现对目标的距离、角度等参数的测量。

（3）**圆锥扫描角跟踪方法的基本原理**。使激光发射机发射的激光束偏离望远镜中心光轴一个角度，并用扫描机构控制光束，使其绕望远镜光轴旋转。发射光束最大辐射方向在空间画出一个以望远镜轴为中心的圆锥体（圆锥扫描由此得名）。当望远镜对准目标时，假设回波信号没有瞬态起伏，则接收机输出为一串等幅脉冲（发射激光为脉冲调制波形时），或为等幅波（发射激光为连续波时）。若目标与望远镜轴相偏离，随着光束旋转在不同的角位置，接收机输出的信号幅度会呈现周期性正弦调制，此信号就构成了角度跟踪的偏差信号。该偏差信号经自动控制设备放大、变换后，驱动望远镜转动，使误差信号向减小方向变化，直到对准目标，其剩余偏差即表现为跟踪精度。

3. 目标成像

像微波雷达一样，激光雷达也可对目标扫描成像。

（1）**扫描成像**。采用高重复率激光脉冲对目标进行逐点扫描照射，在接收每个脉冲信号的同时对跟踪架机械轴角传感器进行采样，然后由计算机绘出以方位角为横坐标、俯仰角为纵坐标的每点信号强弱的目标图像。如果采用的是单元探测器，则采用二维扫描成像；如果采用的是阵列多元探测器，则采用一维扫描成像。

（2）**凝视成像**。激光凝视成像原理与普通数码相机相同，只是照射物体的光源不同，前者采用的是脉冲激光，后者则为自然光或闪光灯。采用激光的优点是可用窄带滤光片滤去大量非激光的白光，还可以采用距离门技术减少后向散射，极大地提高信噪比。

（3）**三维成像**。在空间二维成像外增加距离信息即三维成像。例如，采用具有时间分辨率的多元阵列探测器，每个像元都能测量对应目标相应的距离，经过信号处理后，便获得具有三维信息的立体图像。

激光雷达成像接收机大都可采用前视红外装置，构成红外激光成像雷达。前视红外装置是根据目标温度产生的热辐射与背景辐射之间的对比度来成像的。相关内容参见第六章。

（三）激光雷达的应用

激光雷达能弥补微波雷达的某些不足之处，甚至能完成微波雷达难以胜任的任务，在军事上的应用非常广泛。下面列举几例：

1. 跟踪识别

激光雷达早期的应用，是对武器试验等合作目标进行跟踪测量。外军最先发展的就是靶场激光雷达。例如，美国的典型靶场激光雷达精密自动跟踪系统（PATS）曾成功地跟踪了 70 mm 火箭和 105 mm 炮弹的全程。据称，利用 10 台左右的 PATS 接力测量，可测量巡航导弹的全程，测距精度可达 10 cm，测角精度可达 0.02 μrad。

20 世纪 70 年代以来，外军开始重点研制与武器配套的非合作测量激光雷达。这样，激光雷达对目标的跟踪识别应用范围就变得很广，如空中侦察（目标侦察，地图、海图测绘）、敌我坦克识别、导弹制导（指令、驾束、主动或半主动回波制导）、航天器与再入飞行器的跟踪识别、高空机载早期预警、卫星海洋监视和光通信的目标瞄准跟踪、技术情报搜集（观测目标结构、性能等特征，以监视对方技术发展）等。以美国的"火池"相干单脉冲 CO_2 激光雷达为典型代表。"火池"采用 1.2 m 的巨型收/发望远镜，CO_2 激光器平均功率达千瓦级，工作波长 10.6 μm，用四象限碲镉汞外差探测器接收，主要用于对卫星的跟踪识别和再入大气层目标的跟踪测量，以及高能激光武器的精密瞄准跟踪系统。它瞄准跟踪洲际弹道导弹的作用距离达 1 500 km，跟踪精度为 0.1~0.2 μrad。

2. 武器火控

按照如上所述，激光雷达能弥补微波雷达存在低空盲区、易受电磁干扰、测量精度低等不足。因此，激光雷达被广泛应用于各种武器系统中，用于地对空监视和目标探测（点防御）、地对地监视和目标探测（坦克战）、空对地目标探测（近空支援和封锁）等，高性能的激光雷达系统是高能激光武器精密瞄准跟踪系统的重要组成部分。

目前，许多武器上已配有含激光测距机的光电火控系统，火控用的激光雷达就是在此基础上发展起来的。现在，已研制出能在几千米内对目标进行精密跟踪测量的激光雷达，如舰载炮瞄激光雷达能跟踪掠海飞行的反舰导弹，使火炮可在安全距离以外拦截目标。

3. 指挥引导

这种激光雷达主要用于航天器交会、对接，恶劣天气飞机起飞与精确着陆，卫星对卫星的跟踪、测距和高分辨力测速等。

4. 大气测量

大气对某些波长的激光有较为强烈的吸收和散射作用,这是在开发和应用激光雷达时必须重点考虑的问题。这可分为两个方面:一是尽量减少激光的大气吸收和散射,以提高激光雷达的性能;二是利用大气对激光的吸收或散射来测量大气。激光雷达在大气测量方面的应用非常广泛,如对化学、生物毒剂和目标废气等的侦测;局部风速测量(以利导弹等武器校准),晴空大气湍流探测(以利飞机安全飞行)等。

激光侦毒系统采用的光源主要是CO_2激光器,这是由于大部分化学毒剂的吸收谱线在9~11 μm波段,而这种激光器的工作波长恰在此波段。例如,美国空军在机载多功能CO_2成像激光雷达的基础上,研制了遥感相干CO_2激光雷达,这种激光雷达可用于侦测低浓度的化学战剂或大气污染物。

5. 机载激光探潜

机载激光探潜是在大范围海域中搜索潜艇的有效手段。机载激光探潜利用红外和蓝绿两束准直激光同时工作。其中红外激光经海面产生反射光束,而入射海水中的红外激光将很快被海水吸收而消失。通过测定反射的红外激光束,则可探知载机距海平面的高度H,即飞机的高度。海水对蓝绿激光吸收较少,蓝绿激光进入海面以下,遇潜艇表面产生反射,则可测定潜艇在海面下的深度d。有关计算式为:

$$H = \Delta t_1 c/2 \qquad d = (\Delta t - \Delta t_1)c'/2 \qquad (5.5-13)$$

式中,Δt_1为红外激光由载机发出经海面反射后,被载机接收所经过的时间;Δt为蓝绿激光射入海面,并由潜艇表面反射后返回载机所需的时间;c为真空中的光速,c'为海水中的光速。

机载激光探潜搜索速度快、区域大。当飞机高度为500~2 000 m、飞行速度为70 m/s时,每小时可探几百平方千米的范围,探潜深度定位精度高,误差在1 m以下。若采用较细的激光束,则可用计算机描绘出潜艇外形,从而获得目标的图像信息。

三、激光通信

(一)激光通信的概念和意义

我们的祖先曾用烽火台的烟火、火光来传送战争警报,这可算是原始的光通信方式。激光的发明为光通信提供了理想的光源。

激光通信就是以激光为信息载体的通信技术。通信理论指出,通信所传输的信息量与载波的频率密切相关。载波频率越高,传输的信息量就越大。激光通信频率高达10^{13}~10^{15} Hz,(比微波高4~5个量级),因此其通信容量极大。理论上,一束激光便可同时容纳100亿路电话或1 000万套彩色电视节目,这是以往任何通信技术都无法比拟的。此外,保密性强是激光通信的另一大优点,这是因为激光传播方向性好、波束窄,光束在空间的发散很小。

图5.5-7所示为激光语音通信的原理和系统组成。发话器送出的语音信号经过电信号发生器变成电信号,由编码器编码后加至调制器;调制器利用编码电信号把来自激光器的稳定激光束调制成光载波信号;光学发射机(天线)把这种光信号发送出去;接收机对准发射方向接收光信号,并把它汇集于光探测器,转变为电信号;经由解码器解码后送往电信号接收

器，还原为语音信号由受话器放出。目前光通信多采用半导体激光器。这是因为它效率高、寿命长、重量轻、体积小、易调制。其次是采用 YAG 激光器和 CO_2 激光器。

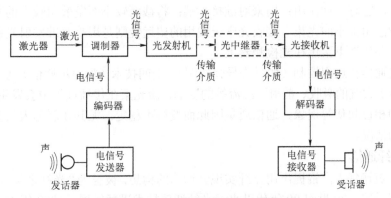

图 5.5-7 激光通信系统原理示意图

至于光调制方法，可用直接调制、电光调制、磁光调制等。例如，把电信号直接加在半导体激光器上就可实现直接调制（GaAs 双异质结激光器的直接调制频率可达 10^9 Hz）。若把电信号加于电光晶体，同时让光通过该晶体，即可实现电光调制；对铁石榴石等晶体施加磁场，可做磁光调制。

光接收机中的探测器，目前多用光电二极管。例如，在可见光波段可用硅光管；在近红外波段用 PIN 光电二极管或雪崩光电二极管（APD）；中、远红外波段分别用 InAs 和 HgCdTe 二极管。其中 APD 的响应速度快，且有较大的电流放大作用，利于提高信噪比，适于远程大容量通信。

光通信系统中的中继器，是为弥补光信号传送中的衰减损耗（如介质吸收、散射）和失真（如色散）而设置的，以便在一定的距离上对光信号做放大、整形等技术处理，以保证信号质量。

激光通信分为有线通信和无线通信两种形式。光纤通信或光缆通信属于有线激光通信；无线激光通信包括大气激光通信、水下激光通信和空间激光通信。

保密和抗干扰是军事通信手段必备和首要的条件。激光通信以优良的保密性和抗干扰性而在军事领域获得广泛应用。例如指挥所与前沿阵地、岛屿之间、大河两岸、作战平台之间，采用光纤通信就十分合适。而在远程控制（如远程导弹控制）、空间技术（如人造卫星通信、飞船通信）等方面，激光大气通信就有突出的优点。以半导体激光器为辐射源的大气激光电话，其载波光束发散角可被控制到毫弧量级，不易被敌方截获。另外，因为载波是不可见的红外光，又增强了其隐蔽性。若利用光纤的波导作用，还可排除窃听、信息泄露的危险。由于普通电磁干扰对光波信号无效，而光频干扰又易于屏蔽，故激光通信的抗干扰能力很强。

此外，载波光束的优异方向性（发散角小）不仅提高了保密性，还大大增强了到达接收端的光能密度，有利于减小接收机体积、重量及功耗。现已实用的便携式激光电话，形似小型双目望远镜，瞄准对方即可通话；还有装在头盔上的激光电话，使用更加方便。光波的极高频率不仅大大丰富了频率资源，提供很高的数据传输速率，满足大容量军用信息传输需要，还为天/地一体化信息获取和完成空间多功能任务提供了时间保障和根本性优势。

（二）大气激光通信

大气激光通信是以大气为激光传输介质的无线光通信。其光发射机或光学发射天线是一个望远镜系统，它有两种作用：用来对准接收端；将截面较小而发散角较大的发射光束变成截面较大而发散角很小的光束。接收光学天线用的望远镜则是用来对准发射光束和尽可能多地接收能量，并使光束聚焦在光检测器上。

大气激光通信在远程控制（如远程导弹控制）、空间技术（如卫星通信）等方面，有突出的优点。但由于大气的吸收、散射、湍流等的影响，激光束在传播过程中会发生衰减、抖动、偏移、强度和相位起伏等现象，通信质量因此而变得不稳定。尤其在恶劣天气里，可能会发生通信中断的情况。

（三）光纤通信

1966年，英籍华人高锟提出用光纤实现光通信的构想，被誉为"光纤之父"，并荣获2009年诺贝尔物理学奖。20世纪80年代以来，光纤通信技术迅猛发展。1988年12月，美、英、法合建的长达6 000多千米的大西洋海底光缆铺设成功，并于1989年春投入商用。目前世界上的通信干网几乎全部是光缆，称为"信息高速公路"，光纤通信已走进亿万家庭。有的文献把激光工作波长在 $0.8\sim0.9\ \mu m$ 范围者叫第一代光纤通信系统；在 $1.0\sim1.7\ \mu m$ 范围者叫第二代光纤通信系统；采用单模光纤和集成化光纤元件者叫第三代光纤通信系统。美国国防部列出了2010年十大国防技术，其中两项是"光子学·光电子学"和"点对点通信"，而光纤通信在"点对点通信"中占有举足轻重的地位。

光纤通信系统由光发送机、光纤光缆、光中继器、光接收机以及电发送机、电接收机等部件组成，原理框图如图5.5-8所示。

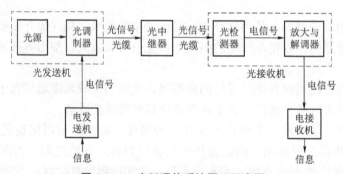

图 5.5-8　光纤通信系统原理示意图

在发送端，信息由电发送机转换为电信号，对光载波进行调制，经过光纤传至接收端；光接收机将其转换成电信号，由电接收机复现原信息（语言、图像、文字、数据、控制指令等）。另外，光纤激光通信系统中还需要采用连接器、耦合器、分束器、光开关、复用器等。

目前，光发送机主要采用半导体激光器，光检测有直接检测与外差检测两种方式。

光纤通信在军事上的应用领域有：

（1）陆基光纤通信。 包括战略和战术通信的远程系统；基地间局域通信网；卫星地面站、雷达等设施间的通信链路。

（2）海上光纤通信。 包括舰载高速光纤网和高级水下作战系统（Submarine Advanced

Combat System，SUBACS）。SUBACS 是美国海军最大的舰载水下光纤通信计划项目，它规划在所有"洛杉矶"688 级攻击型核潜艇和新型"三叉戟"弹道导弹潜艇中装备光纤数据总线，把传感器与火控系统接入分布式计算机网，这可大大提高潜艇的数据处理能力。

（3）航空光纤通信。航空光纤通信包括点对点的数据传送、高速网络和计算机互联及"光控飞行"（飞机和发动机的控制）等几个方面。飞机内电缆的电噪声辐射成为一种暴露源，易被敌雷达探测。采用光纤系统实施"光控飞行"不仅可以有效屏蔽电磁干扰，对"隐身飞机"很有意义，还可减轻机载设备重量，这对提升飞机的性能很重要。

（4）航天器光纤通信。光纤可在运载火箭的起飞倒计时（T-O）脐带系统、航空电子设备互联网、监控传感器等三个子系统中替代电缆，以提高火箭的可靠性。航天器无源光纤监测系统，可以解决航天器缺乏视觉数据，特别是不完全展开的问题。

（四）卫星与地面站、卫星间激光通信

卫星与地面站间的激光通信简称星地激光通信。图 5.5-9 表示了星地/星间/星地通信链路的一种方案，可把由低轨卫星从西半球空域获得的情报经由高空同步卫星转接，传至位于东半球的地面站。这比微波通信简便、可靠、经济。外层空间没有大气对光束质量的破坏和强度衰减，这是空间激光通信的长处。

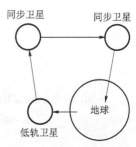

图 5.5-9 卫星激光通信原理示意图

借助于低轨卫星、地球轨道同步卫星实现重要作战平台（飞机、潜艇等）及地面指挥中心之间的通信是极有意义的方案。美国海军的星基舰艇激光通信系统便是一例。它采用拉曼移频的 XeCl 激光器，发射波长为 $0.449\sim0.459\ \mu m$ 的蓝色光，单个脉冲能量为几焦耳。

（五）水下激光通信

水下激光通信的研究重点是对潜艇，特别是对战略核潜艇的通信。激光对潜通信主要有三类：星载系统、机载系统、陆基反射镜系统，其原理基本是一样的。以星载对潜激光通信系统为例，激光发射器置于同步卫星上，地面站首先用微波将信息传送给卫星，卫星将微波转换成电信号，并以电信号控制激光发射器，使其产生调制的编码蓝绿或蓝色激光输出。在扫描反射镜控制下，激光束对一预定海域进行扫描，位于该地区的潜艇收到激光信号，将其解调即得到信息。

四、激光目标指示器

（一）激光目标指示器的作用

随着精确打击技术的发展，激光目标指示器应运而生并已大批量装备部队。激光目标指示器有以下功能：

（1）为激光半主动制导武器指示目标，并提供导引信息。
（2）为装有激光跟踪器的飞行器指引航向。
（3）为其他武器提供目标数据。
（4）为实现全天候作战而实施目标照明。

激光目标指示器可以由地面单兵携带（手持或三脚架支撑），成为便携式装备，也可车载、

机载、舰载,以提高其机动性、生存力和战场适应能力。

(二) 基本结构

激光目标指示器的基本结构包括激光器、发射系统、激光接收系统与测距机、目标瞄准系统与跟踪机构、自检自洽系统、固连结构、光轴稳定机构等。图 5.5-10 表示了一个典型结构。

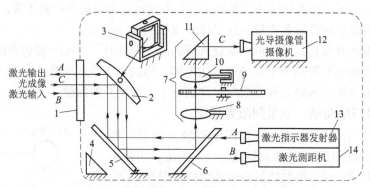

图 5.5-10 激光目标指示器原理示意图

1—窗;2—可控稳定反射镜;3—陀螺;4—角隅棱镜;5—可调反射镜;6—分束镜;7—光学成像系统;
8、10—透镜;9—中性密度滤光片;11—棱镜;12—电视摄像机;
13—激光指示器发射器;14—激光测距机

目标的光学图像信号 C 由光学窗片 1 进入系统,经可控稳定反射镜 2、可调反射镜 5、分束镜 6 和光学成像系统 7,在电视摄像机 12 上成像;操作者根据显示器上的图像选择目标,控制陀螺 3 携反射镜 2 转动,使显示器上跟踪窗套住目标并使之保持在自动跟踪状态。瞄准目标后向目标发射编码激光束 A,到达目标的激光将目标照"亮";由目标返回的一部分激光反向进入激光测距系统,测量目标距离;还可提供导引信息。

系统内的角隅棱镜 4 是为系统自检而设置的。当陀螺稳定反射镜转向角隅棱镜时,发射激光按原路返回,在电视摄像机上应出现与瞄准点重合的像,这就表明激光发射、接收系统及瞄准系统三光轴一致。否则,要调整电视荧光屏上跟踪窗口的位置予以修正。电视瞄准系统有大、小两种视场,搜索目标时用大视场系统;而跟踪目标时宜用小视场系统(此时透镜 10 从光路中移出)。中性密度滤光片 9 可保证电视图像有良好的对比度。

在全系统的三个光轴被校正得彼此平行之后,目视瞄准系统对准目标就成为激光束正确指向的关键。为保证昼夜工作和天候条件较差时发挥作用,目视瞄准系统除了有普通可见光瞄准镜之外,还配备微光夜视仪、热像仪等系统。

(三) 激光器系统

目前装备的激光目标指示器多采用 YAG:Nd^{3+} 固体激光器(调 Q 重频),图 5.5-11 表示了一种结构。

图中 9 是脉冲重复频率控制/编码器,它一方面发出点燃泵浦灯 7 的信号,另一方面经延时器 10 给出稍许滞后的 Q 开关信号;脉冲间隔由其内的编码器决定。为了使激光目标指示器能提供足够高的数据率,在对付固定目标时,脉冲重复频率在 5 p/s(每秒 5 个脉冲)即可;而对活动目标,则应在 10 p/s 以上。实验表明,重复频率大于 20 p/s 时作用无明显改进,而激光器系统的体积重量却大大增加，故通常取 10～20 p/s。在此重频范围内，可用的只有脉冲间隔编码（PIM）技术。其思想是以两个或多个脉冲为一组，而每组内各脉冲间的时间间隔各不相同。这种由集成电路实现的编码器设有拨盘指示，用户按拨盘设定编码，激光目标指示器即按要求向目标发送编码激光束。此光束经目标漫反射，成为具有同样编码特征的信息载体。在己方接收端设有译码器（由拨盘示数），作战时事先约定（或临时联络）装定同一组码。

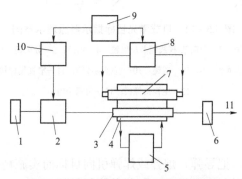

图 5.5-11　YAG 调 Q 激光系统示意图

1—全反射镜；2—Q 开关；3—YAG 棒；4—泵浦腔；5—冷却器；6—部分反射镜；
7—泵浦灯；8—电源；9—频率控制/编码器；10—延时器；11—输出光束

显然，"编码"的作用之一是防止外来干扰和排除假的激光信号。另外，也可适应战场多目标的情况。在多目标出现时，各指示器按不同的编码指示各自的目标，寻的器便"对号入座"。

在激光目标指示器中通常采用电光调 Q 技术。电光晶体（一般用铌酸锂或磷酸二氘钾），与相应的偏振器（如格兰-富科棱镜）组合形成 Q 开关。

激光目标指示器的有效作用距离与激光器发出的激光功率 P 密切相关，P 可由下式计算：

$$P = \pi(R_d + R_M)P_S / [T_t T_r \rho_t A_r \cdot e^{-\sigma(R_d + R_M)} \cdot \cos\theta_r] \tag{5.5-8}$$

式中，P 由脉冲能量 E 和脉宽 τ 决定，即 $P = E/\tau$；P_S 是接收端接收到的功率；T_t 是激光发射系统的透过率；T_r 是接收系统的透过率；σ 为大气衰减系数；R_d 是指示器至目标的距离；R_M 是接收端（如寻的器）至目标的距离；ρ_t 是目标反射率；θ_r 是目标反射角；A_r 是接收孔径面积。

（四）光学系统

从激光目标指示器的运作需要而论，它应包括三套光学系统：发射激光束的扩束准直系统、测距光束的接收汇聚系统、瞄准目标的成像系统。为减小全系统的体积、重量，三者常有一定程度的"共光路"设计。"共光路"还可减小三者的失调误差，有利于系统的稳定。

图 5.5-12 是一机载激光目标指示器的光学系统原理图。图中 4、6 组成伽利略望远镜式扩束准直系统，承担激光发射任务。同时，4 又兼作激光接收物镜和电视摄像物镜。电视摄像机 12 可借助于棱镜 10、11 的切换改变视场角。角隅棱镜 13 和透镜 14 可完成三轴平行性的自检。

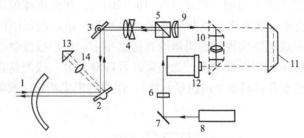

图 5.5-12 机载激光目标指示器原理示意图

1—球罩;2—万向架反射镜;3—万向架/视线调节反射镜;4—物镜;5—分束镜;6—负目镜;7—反射镜;
8—激光器;9、14—透镜;10—宽视场棱镜;11—窄视场棱镜;
12—电视摄像机;13—角隅棱镜

五、激光制导

以激光作为信息载体,把导弹、炮弹或炸弹引向目标而实施精确打击的技术称为激光制导。激光制导炸弹最早使用在 20 世纪 70 年代美国侵越战场上。目前,激光制导武器有激光制导炸弹、激光制导导弹和激光制导炮弹等武器系统。激光制导炮弹极大地提高了火炮远程射击的首发命中率,机载激光制导武器的应用极大地提高了载机和飞行员的战场生存能力。同时,激光制导武器有良好的抗干扰能力,因为任何自然物体都不可能辐射激光,故对激光制导武器而言,不存在自然干扰,这是它优于红外制导武器的绝妙之处。

激光制导分为**全主动式、半主动式和驾束式**三类。全主动式激光制导,就是在同一的弹体上,既能主动地发射激光束照射目标,又能同时捕获、跟踪目标反射回来的激光信号,引导炸弹飞向目标。这是一种"发生后不用管"的理想方案,难度很大,目前尚未实现。当前主要采用的是半主动激光制导以及激光驾束制导,前者属于"**寻的式**",后者属于"**视线式**",又有激光驾束制导和激光视线指令制导之分。

(一)半主动式激光制导

1. 半主动式激光制导的特点

以弹外专用编码激光束照射目标,而弹上激光寻的器利用从目标漫反射的激光,实现对弹体的自动控制和对目标的跟踪,使弹体飞向目标实施打击,这就是半主动式激光制导。

由于携带目标信息的激光束是己方特意向目标发射的,故有"主动"的意义。同时,这种"主动"不是弹自身的行为,而是由另外的专用装置实施,故冠以"半"字,以区别于"主动式"寻的方式。若照射目标的激光束是由弹上发射,使目标指示器与寻的器集成于弹内,就构成"主动式"寻的。

半主动式激光制导可用于导弹、炮弹和炸弹,其优点是制导精度很高,抗干扰能力强,结构简单,成本较低,能对付多个目标,容易实现通用模块化等。其缺点主要是目前使用的激光波长种类很少,容易被敌方侦测和对抗;同时,由于需要对目标实施主动照明,增加了被敌发现的概率;另外,它受气象条件影响较大。

2. 组成与工作原理

半主动式激光制导系统主要包括目标指示器、弹上寻的器、弹上控制单元、战斗部等几部分。关于激光目标指示器，前面已有介绍，它是半主动式激光制导的关键技术。寻的制导激光目标投射器的激光束照射在攻击目标上，形成散射激光斑，并以此斑点为目标，引导带有导引头的弹体飞向光斑击中目标。目前有手持、车载、机载和舰载等多种投射器，其中激光器用得最多的是波长为 1.06 μm 的 YAG 激光器和波长 10.6 μm 的 CO_2 激光器。需要强调的是，指示器应保持对目标实施稳定的照射，否则，可能引起飞弹脱靶。因此，手持式指示器一般只能用于静止目标。地面三脚架式指示器除了要用稳固的支撑架之外，还需有方位、俯仰机构以实现对活动目标的跟踪和角位置测量。为减小跟踪过程中的震颤、跳动，要采用胶黏性阻尼器结构。机载、车载、舰载激光目标指示器还要采用陀螺等精密自动跟踪部件，以确保当载体运动和颠簸时，激光光束总能稳定地对准目标。

弹上寻的器系以球形整流罩封装于弹头前端，接收自目标反射的激光，感知弹体运动方向与目标视线方向的偏差，并输出相应的误差信号。它包括激光接收系统、光电探测器和处理电路等。为便于探察目标和减小干扰，寻的器常有大小两种视场。大视场（一般为几十度）用于搜索目标，小视场（一般为几度或更小）用于对目标跟踪。处理电路包括解码电路、误差信号处理和控制电路等。其中解码电路保证与激光目标指示器的激光编码相匹配。

弹上控制单元包含控制舱和舵翼，前者将寻的器送来的误差信号转换为舵面动作的控制指令；后者借助于其翼面的偏摆控制飞弹的运动方向。舵翼有"鸭"式翼和尾翼两种，舵翼与气流相互作用产生力矩并起稳定作用。战斗部装有弹药，执行爆炸任务。

图 5.5-13 是这种制导武器的工作原理框图。瞄准目标后，目标指示器发射编码脉冲激光束照射目标，随即发射激光制导导弹；导弹在飞行中由其头部的寻的器接收来自目标的反射激光信号，经光电转换、解码、放大和运算，得到误差信号，驱动执行机构不断修正航向，直至击中目标。

一般说来，较长的制导距离容易获得较高的制导精度，故总是希望寻的器有尽量大的探测距离。假定大气中激光能量透过率为 0.5，目标对工作激光的反射率为 0.33，光学系统的总透过率为 0.4，目标在 2π 立体角范围内能各向同性漫反射，则寻的器的最大探测距离 R_M 可估计为：

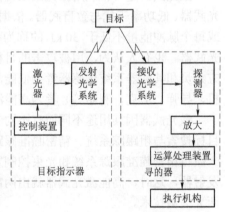

图 5.5-13 激光寻的制导原理示意图

$$R_M = 0.09D(P_T/P_r)^{1/2} \quad (5.5-14)$$

式中，D 为寻的器入瞳直径，P_T 为目标指示器激光峰值功率，P_r 是寻的器能探测的最小功率。

例如，$P_T = 10^7$ W，$P_r = 5$ μW，$D=80$ mm，则 $R_M = 10$ km。

R_M 的进一步增大受到弹体尺寸和当前激光器、探测器水平以及大气激光衰减等因素限制。一般军事目标（战车、舰船、飞机、碉堡等）对照明激光束的反射率与观察方向有关，故通常存在一个以目标为顶点,以照明光束方向为对称轴的圆锥形角空域,俗称为"**光篮**"。激光制导的弹体必须投入此角域内,寻的器才能搜索到目标。目标表面越光滑,则"光篮"开口越小,弹体被投入光篮就越是困难,但探测距离越远。目标表面越是粗糙,则情况正相反。

(二)驾束式激光制导

与上述"寻的式"激光制导武器不同,驾束式激光制导属于"视线式"制导范畴,目前主要用于地面防空和地对地作战。无论是型号品种或是装备的数量,它都不如"半主动式"激光制导武器多。

驾束式激光制导系统需要一个跟踪瞄准具和激光投射器,前者保持对目标的跟踪和瞄准,后者则不断向目标(或预测的前置点)发射经过调制编码的激光束。调制使光束在横截面内的强度分布成为点在该面上所处方位的函数。制导弹体沿瞄准线(瞄准镜入瞳中心与目标的连线)发射并被笼罩于编码激光束中,弹尾的激光接收机从上述调制光束感知弹体相对于光束中心线的方位,经过弹上计算机解算和电信号处理,变成修正飞行方向的控制信号,使弹体沿着瞄准线飞行。因为瞄准线一直指向目标,故弹体总趋于沿瞄准线前进。一旦偏离,则弹上产生误差信号控制舵翼进行修正。目标运动时,只要瞄准具保持对目标的精确跟踪,则调制激光束就"咬"住它不放,直至弹体击中目标。

六、激光武器

(一)激光武器的概念和作战样式

激光武器是一种利用激光束来直接毁伤目标或使之失效的定向能武器。它可分为**高能激光武器、低功率干扰与致盲武器**。依据美国国防部的提法,常把平均输出激光功率大于 20 kW 或每个脉冲能量不低于 30 kJ 的称为高能激光武器,而功率或能量低于上述水平的为低能激光武器。也有人认为,用被攻击的目标对象来划分激光武器可能更为合适:只能有效攻击敌方人员和其武器系统传感器者为低能激光武器;能直接摧毁或严重损伤敌大型武器装备(飞机、导弹、坦克、舰船等)者为高能激光武器。

激光武器因其用途不同而有不同的结构,但同时也有大致相似的基本部件,比如激光器、目标搜索与粗跟踪系统、精密瞄准跟踪系统、光束控制发射系统和信息处理系统等。考虑到一般将精密瞄准跟踪系统和光束控制发射系统安装在同一跟踪架上,常将其统称为**光束定向发射器**,这时,高能激光武器就由两部分即高能激光器和光束定向器组成,称为激光武器的两大关键技术。

高能激光武器的主要指标包括:输出功率($P > 100$ kW 为武器级)、工作波长(位于大气窗口内)、光束质量(发散角要小)和武器化程度。可能用于激光武器的激光器有:掺钕钇铝石榴石激光器(Nd:YAG)、气动 CO_2 激光器(GDL)、化学激光器(CL)、二极管泵浦激光器(DPL)和自由电子激光器(FEL)。但由于激光器重量和体积的限制,要实现武器化并部署到战场,还有很大的差距。

光束定向器包括激光束发射系统和跟瞄系统,主要指标为发射系统的口径、跟踪速度和跟瞄精度。

我们以高能激光武器拦截导弹的过程为例,来了解激光武器的作战过程。如图 5.5–14

所示，首先，由远程预警雷达捕获跟踪目标，将来袭目标的信息传给指挥控制系统。通过目标分配与坐标变换，指挥控制系统就可引导精密瞄准跟踪系统捕获并锁定目标。精密瞄准跟踪系统则引导光束控制发射系统，使发射望远镜准确对准目标。当来袭目标飞到适当位置时，指挥控制系统会发出攻击命令，启动激光器。最后，由激光器发出的光束经发射望远镜射向目标，并在其上停留一定时间，直至将目标摧毁或使其失效。

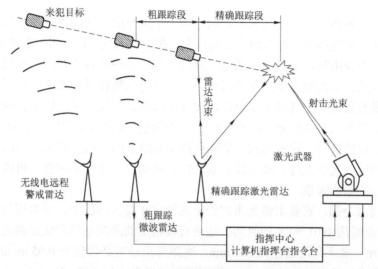

图 5.5-14　激光武器防空反导原理示意图

低能激光武器主要用于攻击人身或干扰与致盲人眼与光电传感器件，可在一定距离内使人眼致眩、致盲或破坏敌方夜视仪、测距机等光电传感器。低能激光武器已 20 世纪 80 年代用于战场。

（二）激光武器的特点

同任何武器一样，激光武器也不是万能的，既有优点也有不足。

1. 激光武器的优点

（1）以光速射击，瞬间"冻结"目标。激光束以光速射向目标，一般不需要提前量，即发即中，适于拦击低空或超低空的快速运动目标。

（2）光束无惯性，可机动灵活地向任意方向射击。发射激光束时，由于光子没有静质量，故能迅速地变换射击方向，对载体的高速运动毫无影响，并且射击频度高，能够在短时间内拦截多个来袭目标。此外，激光武器能灵活地选择交战的损伤程度，选择不同等级的发射功率和辐照时间，可以对目标造成从失能到摧毁等不同程度的破坏。

（3）攻击精度高，目标可选择性好。方向性好是激光的一个突出特点，经高能激光武器中光束定向器处理后，可将很细的激光束精确地对准某一方向，跟踪和瞄准的精度目前可达 0.1 μrad，这相当于激光光斑在传输 10 km 后的定位和锁定误差不大于 1 mm。因此，可选择攻击目标群中的某一目标或目标上的某一脆弱部位。

（4）无污染，不受电磁干扰，作战效费比高。激光武器属于非核杀伤，无放射性污染。激光传输不受外界电磁波干扰，目标难以利用电磁干扰手段规避激光武器的攻击。

（5）使用范围广。激光武器既可应用于战略范围，摧毁敌各种卫星和来袭的弹道导弹，也可用于战术范围,打击敌方飞机、导弹等武器装备和人员。

2. 激光武器的不足

激光武器也有明显的局限性。从目前看来,激光武器的主要缺点是:

(1) 毁伤目标所需的高光能密度与武器系统体积、重量形成矛盾,实用受限。随着射程的增大,照射到目标上的激光束功率密度也随之降低,毁伤力减弱,故有效作用距离受限制。

(2) 受环境影响较大,大气传输的影响成为一个重要的制约因素。在战场条件下,激光武器受天气条件、战场烟尘、人为烟雾影响较大,在恶劣天气(雨、雪、雾等)时难以作战。在稠密的大气层中使用时,大气会耗散激光束的能量,并使其发生抖动、扩展和偏移。大气折射率的无规变化、湍流对光束波面的破坏、大气散射与吸收等,都严重影响激光对目标的毁伤效果;强激光通道上空气被击穿电离,大气中水汽、尘埃、气溶胶的含量等,也都是影响激光武器作战效果的重要因素。同时,大气状况的随机变化直接影响光束对目标的"锁定"跟踪和对攻击部位的选择,这就对武器的瞄准跟踪系统、随动机构提出了很高要求,并且使远程攻击需要自适应光学支持。故系统的复杂性、机动性、环境适应性、可维护性能及成本等,都是很重要的制约因素。

以激光热烧蚀为例,它要求激光束被稳定地锁定在要害部位上,并根据目标的毁伤阈值(称为硬度)需要经历 $0.01 \sim 1$ s 的时间。这要有很精密的跟踪系统和优异的光束质量。假定目标距离为 2 km,聚焦光斑直径为 100 mm,则跟踪角精度必须优于 0.05 mrad;若目标距离为 10 km,仍要求光斑直径为 100 mm,则跟踪角精度必须优于 0.01 mrad,必须配以激光精跟踪雷达。

(3) 激光武器系统精密、复杂且庞大,又包含大型易损部件,其战场生存易受威胁。

(三)激光武器的破坏机理

(1) **热破坏效应**,又称燃烧效应。激光束能产生几百万度的高温,目标被一定能量(或功率)密度的激光辐照后,其受照部位表层材料吸收光能而变热,出现软化、熔融、汽化现象,甚至电离,由此形成的蒸气将以很高速度向外膨胀喷溅,同时把熔融材料液滴和固态颗粒冲走,在目标上造成凹坑甚至穿孔。这种主要出现在表层的热破坏效应叫作"**热烧蚀**",是连续波激光武器的主要破坏效应。有时目标表面下层的温度比表面更高,致使下层材料以更快的速度汽化;或者下层材料汽化温度较低而先行汽化。这两种情况都会在材料内部产生强大的冲击压力,以致发生爆炸,这种热破坏效应叫作"**热爆炸**"。"热爆炸"现象多出现于采用脉冲式激光武器的情况。由于其形成比"热烧蚀"要难,故不常出现。

(2) **力学破坏效应**,又称激波效应。在目标受到短脉冲的强激光辐照时,所生气化物及等离子体云的高速外喷会在极短时间内对目标本体产生强大的反冲作用力,在固态材料内部生成应力波,从而产生变形、断裂等力学破坏效应。因为它是脉冲式激光武器产生的主要破坏效应,故受到特别的关注。

(3) **辐射破坏效应**。目标受强激光辐照后形成的高温等离子体有可能引发紫外线、X 射线等,这些次级辐射可能损伤或破坏目标的本体结构及其内部的电子线路、光学元件、光电转换器件等,这就是辐射破坏效应。

上述三种效应是同时存在的,但相对于热破坏和力学破坏而言,辐射破坏效应一般较弱。

实验表明，若到达目标表面的连续波激光功率密度为 1~10 W/cm², 并稳定维持足够的时间，则多数飞机、导弹和飞船的热控系统就会呈饱和状态，温升可达 700 K, 其上光敏元件、电子设备等将全部毁坏。若用脉冲激光，则光能密度达到约 10 J·cm⁻² 时可毁坏光电探测器、太阳能电池板等半导体器材、天线和整流罩。若想使飞机、导弹、卫星等目标的金属外壳熔化、穿孔或断裂，则激光能量密度还要提高 4~5 个数量级。有资料报道，欲在 0.1 s 内使 10~20 km 处的光学及电子传感系统失灵，激光发射功率约需 10^6 W；要在 1 s 的时间内，穿透 10 km 高空的飞机蒙皮，发射激光功率约需 10^7 W；击穿 1~5 km 远处 100 mm 厚的坦克装甲，约需 10^9 W；摧毁 20~50 km 高的来袭导弹，则约需 10^{10} W。这里考虑了传输损失。

（四）激光武器的发展展望

激光武器的独特优点使得它成为当前最受关注、最可能率先投入实战的新概念武器。2014 年，美国海军已经将激光武器部署在"庞塞"号两栖船坞运输舰上，并开展了一系列试验和验证工作。另外，美国海军计划为"福特"级航母安装多种激光武器，以应对日益严峻的导弹威胁。综合来看，目前低能激光干扰与致盲武器已用于战场，成为增强战斗力、提高战场生存能力的重要手段；战术高能激光武器在技术上已基本成熟，已经进行过多次样机打靶试验，可用来对付巡航导弹、战术导弹、火箭弹、低空飞机等战术目标，在地面防空、舰载防空、反导系统和大型轰炸机自卫等方面均能发挥重要作用；战略高能激光武器也已进行过反卫星试验，开始走向实用化。

七、激光实战模拟

部队为了适应战时要求，要不断地进行各种军事训练和演习。为了提高效果，各种模拟器材应运而生。随着激光技术的发展，激光模拟训练器材成本低廉、效果逼真，在部队日常训练和作战演习中获得了日益广泛的应用。

激光模拟器是一种以发射激光脉冲来模拟武器射击的器械或装备，可以分为两大类：一类是激光射击模拟器，供瞄准射击用，其目标一般是固定或变化不大的靶标；另一类是激光实战模拟器，可供战术作战演习用，其目标一般是活动的人员或武器装备平台，目标距离可在武器的有效射程内任意变化。由于目标是运动的，激光实战模拟器必须能从各个方向射击目标，还要能适应各种恶劣的环境。

激光模拟器原理比较简单，可看成由发射和接收两大部分组成。发射部分就是安装在枪、炮和导弹发射架上的半导体激光器，当瞄准并扣动扳机时，扳机与激光器联动，发射出一串带有武器类别和命中情况的激光脉冲信号，通过光学系统射向靶标。接收部分就是一套光电探测器，内有解码电路，以区分不同武器的激光束。接收部分安装在人员头盔、战车、飞机或其他武器装备平台上，当接收到"敌方"发射的激光信号时，就会触发相应解码电路，控制微型发烟器的引信和声光报警装置，通过发烟和声光信号告知"你被对方击中了"。由于不同武器射击的激光束都有各自的编码，不会发生"步枪击毁坦克"的谬误。

为防止演习中作假，一般激光"弹"由两束截面为同心圆的同轴激光束组成，两束激光都带有各自的编码。中心的一束表示命中，外面的一束表示近距离脱靶。被击中者身上的探测器接收到对方射来的激光信号,将立即被译码器识别,并发出相应指令。若是近距离脱靶,其蜂鸣器发出断续响声,告知被击中者"有人向你开枪",应设法躲避或赶紧把对方打掉;如果是命中,蜂鸣器发出持续的响声,被击中者必须将一把特制的钥匙取下,方能消除叫声。但钥匙一经取下,本人的激光模拟器就不能再发射激光,因而只能退出战斗。

目前世界上比较先进的激光训练模拟器材是美军的 MILFS 系统。该系统有 40 多种模式可供各类演习选用,可以模拟的武器包括各类枪支、地炮、坦克炮、舰炮、火箭炮和战术导弹等,可供师一级部队进行有声有色像真实战斗一样的演习。

第六节 激光对抗技术原理

随着激光在军事上的应用和发展,激光对抗问题便应运而生。所谓激光对抗,就是交战双方采用专门的技术措施干扰对方,使对方的激光军事装备丧失功能和战斗力,如侦察迷盲、通信中断、制导失控、引信失灵等,并保障己方人员和光电设备正常工作的各种战术技术措施的总称。采取激光对抗措施之前必须首先侦察和探测敌方的激光装备特性,比如方位、距离、所发射激光的频率、调制或编码特点、脉冲宽度和重复率等。在获得有关敌方激光辐射的详细情况后,制定出最佳的激光对抗战术并实施之,因此,激光对抗必须从激光侦察做起。

一、激光侦察与告警

激光侦察与告警是指利用专用激光侦察设备,搜索、截获敌方激光设备所辐射的激光信号,并进行分析、识别,为对抗敌方激光设备和武器系统的威胁提供依据。实施激光侦察与告警功能的装置称为**激光侦察告警器**,通常装备在飞机、舰船、坦克及单兵头盔上,或安装在地面重点目标上,对敌方激光测距机、激光雷达、激光制导武器及激光致盲设备的激光信号进行实时探测、识别和告警,以便载体适时地采取规避机动或施放干扰等各种对抗措施。图 5.6-1 是激光侦察告警器原理示意图。它主要由光学接收系统、光电传感器、信号处理器和显示与告警装置等部分组成。光学接收系统用于截获敌方激光束,然后滤除大部分杂散光后将激光束汇聚到光电传感器,光电传感器将光信号转变为电信号后送至信号处理器,经信号处理器处理后送至显示器,显示器可显示出目标类型、威胁等级以及方位等有关信息,并发出告警信号。需要时还可将来袭目标的威胁信息数据通过接口直接送到与其交连的对抗设备中,直接启动和控制这些对抗设备。激光告警器按探测原理的不同有**光谱探测型、相干探测型、成像探测型和全息探测型**等四种类型。

图 5.6-1 激光告警器原理示意图

(一)光谱探测型

光谱探测型激光告警器又叫光电探测器阵列型激光告警器。它是将多个能探测激光的光电探测器按一定的规律在空间排列成阵列,用以探测在空间不同方向上射来的激光束。当某一方向上的探测器接收到激光信号后,就会在此方向上产生相应的电信号输出,通过对电信号的处理即可获得激光源的方位信息。它对水平 360°范围和来自上方的激光辐射均可以探测。光谱响应带宽为 0.66～1.1 μm,虚警率 3～10/h。这种告警器的角度分辨率依赖光电探测器的数量,组成数量越多,则分辨率越高,反之则越低。在实际装备中,探测器的数量不可能太多,一般均在 12 个以下,这样其角分辨率通常不高于 15°。

(二)相干探测型

相干探测型激光告警器是利用激光具有极好的相干性这种特点设计的。通常采用法布里—珀罗或迈克耳孙干涉仪光学系统使入射激光束产生干涉,利用所形成的干涉条纹间距确定入射激光的波长,利用干涉图的横向位移量确定入射激光方向。由于相干探测型告警器是利用激光的相干性探测激光源的,因而对入射光具有较好的选择性(普通光源没有相干性),从而大大降低了虚警率。它特别适于存在杂光干扰的环境,适应的激光波长范围较大,探测精度较高,但其光学系统较复杂。

(三)成像探测型

成像探测型激光告警器采用特殊摄像器材,通过大视场光学系统将激光辐射源发射的激光光斑在摄像器上成像,通过图像处理技术确定激光辐射源的方向。常用的摄像器材为电荷耦合器(CCD)。CCD 构成的告警器体积小、质量轻、空间角度分辨率高,但对探测器件及光学系统要求高,图像处理技术复杂。

(四)全息探测型

全息探测型激光告警器采用全息透镜,利用全息成像对波长及激光入射方向的依赖性来测定入射激光的波长和入射方向。全息探测型激光告警器的空间角度分辨率高,不需要机械扫描装置,但全息透镜的制作工艺复杂,激光的有效透过率较低,因此灵敏度较低。

激光侦察告警器的战术技术性能通常包括:具有较高的探测灵敏度和探测概率,较大的空间覆盖范围和较高的空间角度分辨率,较低的虚警率,同时还应具备多目标探测能力及识别编码激光脉冲的能力。但这些要求中有些是相互制约的,如灵敏度较高时则不易做到较低的虚警率。因此,在实际装备中首要考虑的是综合平衡,使各方面参数均在可以接受的范围之内。

二、激光干扰

激光干扰是通过辐射、散射、吸收激光能量,达到破坏或削弱敌方激光制导系统和激光观测系统正常工作能力的一种干扰。通常分为有源干扰和无源干扰两类。

(一)激光有源干扰

激光有源干扰是用激光干扰机发射激光束,对敌方激光接收机或其他光电传感器进行照射,使其不能正常工作甚至毁坏。目前所使用的激光干扰机主要有转发欺骗式干扰机和致盲压制式干扰机两种。

1. 转发欺骗式干扰

转发欺骗式干扰是指将敌方激光照射信号脉冲接收下来,经过一定的处理后再向敌方发射回去,以欺骗敌方激光系统,使其误认为接收的是真实的目标回波。这种干扰通常用来欺骗敌激光测距机、激光引信和激光制导武器。图 5.6-2 是激光欺骗干扰系统原理框图。

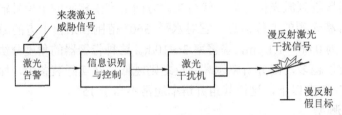

图 5.6-2　激光欺骗干扰示意图

对激光测距机进行干扰时，一般采用在截获敌方激光照射脉冲后，在极短的延迟时间内顺来光方向发射一个与入射信号同波长、同脉宽的干扰信号，让它与真正的目标回波相继进入激光测距机的接收系统。由于激光测距机是以测定发射脉冲和回波脉冲的时间差来推算距离的，当发射一个脉冲而接收到两个脉冲后，激光测距机将会误认为在同一方向上出现了两个目标，从而有可能产生判断错误。

对激光制导武器进行干扰时，通常先用激光侦察设备接收敌方照射的激光信号，经处理后用干扰机发射相似的干扰激光信号，并将其用放置在保卫目标附近的若干反射器向空间反射，如果反射激光能量足够强，则可诱使敌激光制导武器沿着干扰激光束飞行，从而命中反射器，达到保护目标的目的，此种干扰方法也叫激光诱饵。激光引信干扰则是专门用来欺骗装有激光引信的各种炮弹、导弹的引信系统的。当用激光对引信系统进行干扰时，可诱使激光引信系统产生错误的判断，从而提前引爆战斗部。

2. 致盲压制式干扰

激光致盲压制式干扰所使用的设备就是激光致盲武器。它可以使各种光电设备暂时饱和失效或永久性损坏。

激光致盲的途径主要有两个方面：一是破坏光电器件，二是破坏光学系统。实验表明，当受到较强激光辐射照射时，热电型探测器将出现破裂和热分解现象；光电型探测器则被气化或熔化；光学玻璃表面将可能发生龟裂，严重时会出现磨砂效应，致使玻璃变得不透明，如果激光强度大于 300 W/cm^2，且照射时间在 0.1 s 以上时，光学玻璃表面将开始熔化，光学系统就将立即失效。

从总体上说，激光有源干扰技术尚处于初级阶段，目前装备的少量激光有源干扰设备其性能还不能充分满足实际作战的要求，发展新的激光干扰技术，研制高性能的激光干扰设备是今后的重要课题。

（二）激光无源干扰

激光无源干扰是目前对付激光武器的较有效而且简便的方法。对激光的无源干扰主要是采用将激光束隔断和对激光能量进行散射或吸收的方法，使激光能量不能到达目标或即使到达目标也不能产生大量的反射，从而使各种激光武器不能有效地利用激光束对目标进行侦察和攻击。目前常用的激光无源干扰手段有烟幕和气溶胶等。

烟幕是最常用的无源干扰手段，它对近红外和可见光激光具有十分有效的吸收和散射作用，如果在普通烟幕中再增加一些添加剂，将使烟幕的遮蔽波段更宽。常用的发烟器材有烟幕弹、发烟罐等。烟幕使用起来快速、便捷、有效，特别是对付敌坦克上的激光测距机和空中使用的激光制导炸弹有较好的效果。

比烟幕干扰先进的是气溶胶云干扰。所谓气溶胶是指悬浮在空气中的液体或固体微粒所构成的分散体，它和烟幕一样能强烈吸收（或散射）激光能量或其他光波能量，甚至可以吸收（或散射）射频电波能量。气溶胶从类型上可分为绝缘材料与导电材料两种：典型的绝缘材料有水雾、高岭土、滑石粉、碳酸铵等，用某些方法使这些材料的微粒在空中迅速扩散开，形成气溶胶云，能有效地遮蔽某些波长的光波能量；还有一些有机化合物，如硅氧烷基团等，也有较强的消光作用。导电材料则是某些金属（如铝、铜等）的鳞片状粉末，它们对光波也有较强的吸收作用。

应该指出的是，不同材料构成的气溶胶对不同波长光波的吸收能力是不一样的，如高岭土材料形成的气溶胶可以遮蔽波长 14 μm 的红外辐射；而硅氧烷基团对 8.7～9.5 μm 的红外辐射的吸收较强，在实际使用时需要区分干扰对象，有针对性地使用。

三、激光主动对抗技术

主动式对抗主要包括火力摧毁、饱和照射等技战术。

（一）火力摧毁

当我方侦察并掌握敌方发射的激光信号后，以此信号作为我方导弹的激光制导源，将配有相应激光制导导引头的导弹射入敌方的光束通道，在敌方激光束或激光信号的导引下，摧毁敌方的激光发射装置，其工作原理类似于微波反辐射导弹。

（二）激光饱和照射

饱和照射的工作原理与电子干扰中的阻塞式干扰相似，它利用高能激光束照射敌方的激光侦察系统，使其光学探测元件等过载饱和甚至烧毁，即使达不到烧毁的程度，也能将其回波信号"淹没"。

四、抗激光加固技术

（一）光电设备的激光加固

激光致盲武器对各种光电设备构成了严重的威胁。目前光电设备抗激光加固技术方法主要有：

1. 改进滤光片

滤光片可以滤除系统工作波长以外的各种干扰光波，是保证光电系统获取高信噪比输入信号的重要部件，如损伤将直接影响系统的正常工作。加固的方法有：采用双层膜机制（适当牺牲一点光透过率），一层膜被破坏后，还有一层膜可以工作；采用强度高的材料制造滤光片，从而减少在强激光脉冲作用下发生断裂或破碎的情形；使滤光片旋转，不让入射激光停留在某一区域上的时间过长，从而避免局部过热而烧毁。

2. 改进光电传感器

光电传感器在光电系统中占有极其重要的地位，必须作为重点予以防护。加固的方法有：在响应速度允许的条件下选用大光敏面积的光电传感器，光敏面越大，光学系统汇聚的光直径就越大，光功率密度也就相应降低；采用高熔点焊剂或特殊方法焊接各接头，以免稍有温升即脱焊，造成整套系统无法正常工作；设置备份传感器，以便必要时接替失效的传感器，以维持正常工作。

3. 采用防护外罩

在某些光电设备的透光窗口外，加装适当形式的不透光防护罩，在光电设备尚未工作时自动罩上，以防干扰激光进入，需要工作时自动打开。如激光制导武器处于惯性或指令飞行段时，就可以将其罩上，这样可以减少干扰的有效作用时间。也可采用在透光窗口上涂敷光致变色涂料，它可以随入射光强而改变透过率，防止较强激光的进入。

4. 采用变视场光学系统

如红外制导武器在对目标进行搜索时用大视场，而锁定目标进行跟踪时转为小视场，这样可以有效地防止干扰激光能量从侧面进入。

5. 尽量采用多元探测系统

多元探测系统由众多的单元探测系统组合而成，因而其中少量单元被激光干扰所压制，也不至于对整套系统的工作能力产生太大影响。

6. 采用新型光学元件

现有光学系统大多采用玻璃材料，在强激光照射下，常发生炸裂、发毛等现象，如改用一些新型材料，如塑料等，则碎裂的可能性变小；或者在原有光学材料中掺入一些塑性材料，使之脆性降低。目前国外已在一些光学系统中采用塑料透镜。对这些材料的要求是，透明度高、耐高温、抗腐蚀等。

（二）武器装备的激光防护

对武器装备的防护，就是在目标或在目标周围采取措施，让敌方侦察不到，即使发现也破坏不了。

1. 反射干扰

一种方法是在飞机、导弹等外壳较薄的目标表面上，涂覆对激光反射率高的涂层，使来犯激光束反射而进不到壳体内，从而达到保护目的。

另一种是在目标周围，比如飞机周围的空间抛撒无数很轻的反光物质，像金属箔条、角反射器等。当飞机受到敌方激光雷达跟踪时，就可以大量投放这些反光物，把飞机隐蔽起来。又由于它们的反光能力很强，被它们反射的激光回波自然比飞机反射的激光回波要强，结果激光雷达也就因此跟踪飘散的反光物而丢失目标。

2. 吸收干扰

对于靠激光回波信号工作的激光测距、雷达、制导、引信等装备，可以在目标表面涂覆对激光能强烈吸收的涂层，使之不产生反射信号，或产生的回波信号很弱，因为没有目标反射的回波信号，或即使有回波信号也弱到难以探测，敌方就无法侦察。在飞机、导弹等的壳体上制作冷却吸光夹层也是一种好办法。因为冷却吸光夹层可以通过厚度和材料的选择来实现对高能激光的强烈吸收，即使高能激光束射来，由于冷却吸光夹层的吸收作用，起码激光射束进不到壳体内部去。冷却吸光夹层的保护原理与坦克的复合装甲相类似。

第七节　激光武器对人眼的损伤与防护原理

激光的方向性极好，能量密度很高。低能激光武器已经投入战场使用，主要用于人眼或光电传感器件致盲。

人眼具有优异的聚光性能，其细胞色素又能大量吸收光能，同时它又暴露在体表，容易遭受激光损伤。激光武器照射人眼能使人在短时间内（例如几十秒钟至几十分钟）视物模糊或丧失视觉甚至永久性失明，从而使人员丧失战斗力。如果攻击正在使用望远镜、瞄准镜、指挥镜等光学仪器的人，则后果更为严重。因此，了解激光对人眼的损伤机理和防护措施非常重要。

一、人眼的基本结构和光学特性

（一）人眼的基本结构

众所周知，在人体五官中，眼居首位。这是因为在人类的各种感觉器官中，眼睛从周围环境获取的信息最多。有资料称，在点感觉信息总量中，有 80%～90% 来自视觉。毫无疑问，眼睛也是获取敌情和战场信息的最重要的通道。

人眼相当于一个特殊优异的光学仪器，其外观近于球状，直径约为 24 mm，如图 5.7-1 所示。人眼作为一个完整的视觉系统，我们可以把它与一般光学仪器做类比。

① 光学系统——由角膜、前室、虹膜、晶状体、后室组成（虹膜中央的圆孔相当于光阑）。

② 光敏面和信号转换单元——主要是视网膜，其上有黄斑和盲点。

③ 信号传输通道——视神经。

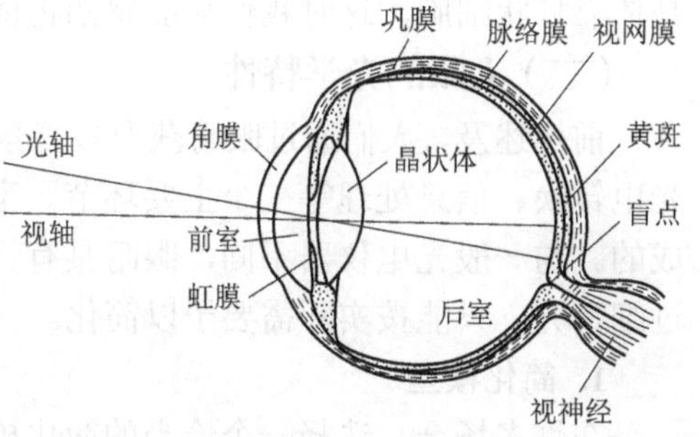

图 5.7-1 人眼剖视图

角膜由角质组成，形为双球面，厚约为 0.55 mm，折射率约为 1.376。

虹膜中央的圆孔称为瞳孔。虹膜可以调节瞳孔的大小，以改变进入眼睛的光能量，故虹膜相当于可变光阑。

晶状体由多层生理薄膜组成，其中间层较硬，外层较软；各层折射率也不同，中央层为 1.420，最外层为 1.373，在自然状态下，前表面曲率半径约为 10.2 mm，后表面曲率半径约为 6 mm。晶状体将眼分为互不相同的两个空间——前室和后室，前室充满水状液，厚约为 3.05 mm，折射率约为 1.337；后室充满类似于蛋白质的透明液（俗称玻璃液），其折射率约为 1.336。晶状体周围睫状肌的张弛可以改变前表面的曲率，因而改变眼睛的焦距，使不同远近的物体都能清晰成像在视网膜上。从这个意义上讲，水晶体是一个可自由调焦的变焦距系统。

视网膜是一层由视神经细胞和神经纤维构成的薄膜，是视觉系统的光敏单元。其上最敏感的区域叫黄斑。黄斑上有中央凹，直径约为 1.5 mm。黄斑下方是视神经纤维的出口，这里没有感光细胞，不能产生视觉，故称为盲点。

脉络膜是包围视网膜的一层黑色膜。它可吸收透过视网膜的光线，禁止其散射，并保护感光细胞免受强光的危害。

巩膜是一层不透明的白色外皮，它将眼球包裹住。

黄斑中央与眼睛光学系统像方焦点的连线称为视轴。这里视觉最灵敏，具有最高分辨力。与一般光学仪器类比，眼睛的有效视场很大，可达 135°～160°；但其清晰识别视场只在视轴周围 6°～8° 的范围内。

当注视某物体时，眼睛依靠周围肌肉的牵动，自动把该物体的像调整至黄斑上。在观察大范围的景物时，眼球不断地转动，以便"看清"各部分的细节。

视网膜上有两种不同的视觉细胞——锥状细胞和杆状细胞，总数约 1.1 亿个，其中锥状细胞约 700 万个，不足总数的 10%。锥状细胞在黄斑上分布最密（约 4 000 个），且每个细胞都有单一的视神经通道，能独立传递感光刺激，故黄斑区域具有最高分辨力。这个区域完全没有杆状细胞。锥状细胞直径为 2~6 μm，长约 40 μm，其功能是在较高照度下感知景物，并能从物体明暗和颜色两方面提取视觉信息，了解细节。杆状细胞直径为 2~4 μm，长约 60 μm。其细胞数量比锥状细胞多得多，但它不是每个细胞与独立的神经相连，而是多个连成一簇。因此杆状细胞具有极高的视觉灵敏度（很弱的光能量即能产生视觉刺激）。有资料称，它的视觉灵敏度比锥状细胞高 3 个数量级，故能在低照度条件下获取景物亮度信息。但它辨别细节的能力较差，且只能感知明暗程度，不能区分颜色。例如，在月光下观察物体，主要是依靠杆状细胞，这时我们只能感知物体的总体轮廓形态，不能了解其细节和颜色。

（二）人眼的光学特性

前已述及，人们通过眼睛获取被视景物信息，也像军用光电仪器那样，经过了光能接收、光电转换、信息处理等三个主要环节。毫无疑问，作为首要环节的光能接收是由光学系统完成的。与一般光电仪器不同，眼睛具有许多绝妙的光学性能。鉴于人眼的复杂性，我们不便过细考究，只能按实际需要予以简化。

1. 简化模型

在许多场合，选择一个恰当的简化模型来代表人眼是必要的。通常将人眼做如下简化：

（1）认为其两个主点重合（实际相差 0.254 mm）。

（2）认为是由一种透明介质完成整个屈光过程，因而以单一折射面取代眼睛的光学系统，并由此选择折射球面的曲率半径，使之具有眼睛光学系统的光焦度。这样，简化眼在视网膜上造成的物像大小与真实人眼一致。

基于以上思想，至今已有多种简化眼的方案模型，而目前国际上使用较广的是 A. Gllstrand（高尔斯特兰）简化眼，光学参数是：

曲率半径 $r=5.7$ mm

介质折射率 $n \approx 1.333\ 3$

视网膜曲率半径为 9.7 mm

因为将其视为空气中的单一折射面，故由上述 r、n 可以算出以下参数：

物方焦距 $f=-5.7/0.333\ 3=-17.10$ mm

像方焦距 $f'=1.333\ 3 \times 17.10=22.80$ mm

像方光焦度 $\varphi'=0.333\ 3/(5.7 \times 10^{-3})=58.48$

这种简化眼模型可用于对与人眼耦合的光电成像系统进行像质评价，即认为在光电成像系统的出瞳处配有上述简化眼，考察自光电成像系统出射的光束，看它们在穿过上述简化眼之后，怎样分布在曲率半径为 9.7 mm 的简化网膜球面上。这种简化模型也可用于目视仪器的设计。

2. 屈光调节

正常人眼观察前方无限远的物体时，无须进行屈光调节，其像正好呈现在视网膜上，这时眼肌处于自然状态，最不易疲劳。因此，目视光学仪器的像都应设计在无限远（如望远镜）。

在观察近处物体时，眼肌收缩，使水晶体前表面曲率增大，眼的像方焦距变小，后焦点移至视网膜前方，而物体的像仍呈现在视网膜上。为表示眼肌的调节程度，引入"视度"这一概念，用 SD 表示。

若视网膜对应的物方共轭面离眼的距离为 l（m），则眼的视度为：

$$SD = 1/l \tag{5.7-1}$$

例如，观察 0.5 m 处的物体，眼的视度为–2。

眼在自然状态下能看清物体的最远距离称为远点距离；而依靠调节能看清物体的最近距离称为近点距离。近点与远点对应的视度之差表示人眼的调节范围，它是人眼屈光能力的标志。

正常人眼的远点在前方无限远处，近点在前方某一有限距离上，这一距离随年龄而变化。例如，10 岁、20 岁、50 岁的正常人，最大调节范围各为–14、–10、–2.5 视度，对应于近点距离依次是 70、100、400 mm。

正常人眼在 250 mm 和无限远这一范围内可以轻松地进行调节。故通常把物体置于 250 mm 处观察，这一距离也称为明视距离。明视距离对应的视度为–4。注意，它不是最大调节范围。

3. 眼睛视力的缺陷与矫正

正常人眼在自然状态下，其像方焦点恰好落在视网膜上。但通常所说的"近视眼"，其像方焦点却位于视网膜前方；"远视眼"的像方焦点则在视网膜后方。近视、远视都是眼的缺陷。

近视眼的远点在前方有限距离处，这一距离所对应的视度可代表近视的程度。例如，眼科医学上所说的近视 200 度，即对应于光学上的–2 视度，相应的远点在眼睛前方 0.5 m 处。近视眼依靠调节也只能看清远点以内的物体。上例的人眼，对 0.5 m 以外的物体是看不清的。

若眼的调节能力没有变化，则近视眼的明视距离、近点距离都会变小，且

$$1/L_{md} = -4 + SD_m \tag{5.7-2}$$

$$1/L_{mn} = SD_a + SD_m \tag{5.7-3}$$

式中，–4 是正常人眼明视距离对应的视度，SD_m 是近视眼的视度，L_{md} 是近视眼的明视距离，SD_a 是眼调节能力对应的视度，L_{mn} 是近视眼的近点距离。

例如，近视为–2 视度的青年人，其调节能力为–10 视度，则由上可知：

明视距离 L_{md} =–166.67 mm，近点距离 L_{mn} =–83.34 mm。

远视眼在自然状态下的像方焦点位于视网膜后，依靠自身调节，可能看清前方无限远的物体，但其近点距离会比具有同样调节能力的正常人眼远些，且

$$1/L_{hn} = SD_a + SD_h \tag{5.7-4}$$

式中，SD_h 是远视眼的视度，L_{hn} 是远视眼对应的近点距离。

例如，具有+2 视度、调节能力为–4.5 视度的中年人，近点距离为–400 mm；而具有同样调节能力的 40 岁左右的中年人，其正常近点距离约为–220 mm。

目视光学仪器通常具有±5SD 的视度调节能力，正是为了适应不同人眼的需要。近视眼的人在不戴眼镜的条件下，可通过仪器的负视度调节做正常的观察；远视眼的人则可利用仪器的正视度状态正常工作。

4. 视场角与瞳孔

像许多具有搜索跟踪能力的光电成像系统一样，人眼的有效视角分**凝视视场**和**搜索视场**两种。前者指眼球不转动的情况，其数值为 6°～8°，后者指眼球转动的情况。以视轴为准，

在水平面内,往太阳穴方向视角可达95°,往鼻子方向为65°;在铅垂面内,向上为60°,向下约72°。可见,对单眼而言,无论在水平面内或在铅垂面内,其有效视角都不是对称分布的,这由人体生理条件决定。

在按视场角把光学系统分类时,通常把视场超过100°者称为超广角系统。照此看来,眼睛是超超广角系统了,但其清晰视角只有6°~8°。

眼睛的虹膜可以自动改变瞳孔的大小,使之在2~8 mm 直径范围内变化。例如,白天光线较强,瞳孔缩到2 mm;夜晚可扩至8 mm左右。

二、激光对人眼的损伤机理

激光对人眼的损伤主要有物理损伤和化学损伤,前者包括热效应、光压效应和电磁场效应,后者主要是光化学效应。

(一)热效应

眼生物组织吸收光能后内能增加,热运动加剧;局部瞬间升温可达100 ℃以上,蛋白质被破坏,伴有灼伤、熔融、炭化、蒸发等现象。

(二)光压效应

光束辐照生物组织表面,由于光子具有动量而产生机械压力。试验表明,当光能密度达到10^3 W·cm^{-2}时,所生光压约为$3.4×10^{-2}$ atm。另外,当热效应引起生物组织膨胀蒸发时,若其次生冲击波压强达到1.2~1.3 kg·cm^{-2},则能直接破坏细胞组织。眼内温度和压强达到一定程度时,可引起眼球破裂。

(三)电磁场效应

聚焦光波的电磁场能使生物组织的原子、分子激励和振动,达到一定程度时会造成生物组织电离而被破坏。

因为人眼的透过率特性与入射光的波长密切相关,故激光能量相同因其波长不同而有不同的破坏效果。例如,紫外光易被角膜和晶状体吸收,一般不能到达眼底,故它不易对眼底造成损伤,但对角膜和晶状体则容易造成伤害。可见光易于穿过屈光介质,加上眼的聚焦作用,极易对视网膜造成灼伤。取人眼瞳孔直径的平均值为5 mm,假定入射的可见光光束能充满眼瞳,且在临近眼前的光功率密度为0.05 mW·mm^{-2},则经过眼的聚焦成为视网膜上直径为0.01 mm(近于眼的衍射极限)的光斑,其在视网膜上的光功率密度被放大约$2.5×10^5$倍,达到约12.5 W·mm^{-2},视网膜瞬间就被烧坏。在可见光波段,尤以波长在0.5 μm左右的绿光危害甚,例如波长为0.53 μm的YAG倍频激光和波长为0.514 5 μm的氩激光。近红外光对角膜、屈光介质和眼底均可致伤。如波长为1.06 μm的近红外光可被屈光介质吸收约60%,而其余约40%便射至眼底,若光能密度达到一定数值,则分别损伤屈光介质和视网膜。

远红外光(如波长10.6 μm的CO_2激光)不能通过屈光介质和角膜,几乎全被角膜吸收,损害眼角膜。

(四)光化学效应

激光的辐照可以使生物组织的分子分解,就像染料受光照分解而褪色一样,产生光化学变化,造成眼睛组织的破坏。

三、激光损伤人眼的症状

(一)眼底症状

可见光穿过视网膜前层和感光细胞层主要是被较薄的色素上皮层吸收,其余的被厚度约 200 μm 的脉络膜吸收。由于视网膜和脉络膜含有大量色素,若吸收的可见波段激光足够强,则瞬间便造成损伤。光子能量被转换为生物组织的内能,形成热灼伤。当灼热部位温度上升 10 ℃后,色素上皮层便萎缩或增生,邻近视网膜外层的血管充血,脉络膜组织蛋白凝固。轻者出现柱状和锥状细胞水肿、充血或出血,色素层变薄或厚度不匀,经一周到数月后症状可逐渐消失。重者会出现明显的出血点和红斑,几天后变黑遗留一个盲块,表皮产生缺口并有气泡进入玻璃体使之混浊,症状不易消失。更有甚者则视网膜出血、穿孔并有脉络膜损伤,血流入玻璃体呈蘑菇状,穿孔处有大量气泡涌入玻璃体,使之更混浊。这种情况若在黄斑中央发生,则会永久失明。

一般说来,连续波激光主要表现为热灼伤,而脉冲激光多以力学损伤为主。但若脉冲激光的脉宽小于 10^{-7} s,则热灼伤和力学损伤都可能较严重。

(二)浅表症状

眼角膜吸收紫外光后升温膨胀,使细胞蛋白质和组织分子脱氧核糖核酸(DNA)和核糖核酸(RNA)发生光化学变化,上皮细胞脱落。轻者出现灰白或白色混浊点;重者产生穿透角膜全厚度的柱状白色伤斑;严重者会发生溃疡焦化现象。由于角膜表面受损使神经暴露在外,眼睛出现磨痛感,就像受电焊弧光伤害一样。一般是当时无明显感觉,几小时后出现反应。

(三)屈光介质症状

这里所说的屈光介质包括前室中的水状液、水晶体、后室中的玻璃液等。水状液、玻璃液吸收光能后温度升高、压强增大,部分成分改变,蛋白渗出。水晶体受损表现为浑浊,重者形成白内障。这是眼内压强增大、温度升高所致。屈光介质的损伤以光化学效应为主,造成的生理反应比角膜损伤快,比视网膜损伤慢。

总之,角膜、水晶体、视网膜受损都能致盲。但相比之下,视网膜损伤的危害最大,且易于造成永久性伤害,其黄斑中心受伤就会造成失明。

四、影响眼损伤的因素

(一)激光波长

紫外激光主要损伤角膜。波长越短,则角膜吸收率越高,损伤阈值就越低,病情潜伏期越短。例如,在 0.26~0.28 μm 波段,损伤阈值仅为 5 mJ·cm^{-2},而在 0.32 μm 波长,此阈值高达 10 J·cm^{-2}。超短波长 X 激光和 γ 激光是眼睛的大敌。

(二)激光脉冲宽度

在单个脉冲能量一样的条件下,脉宽越小,则峰值功率越高,对眼的损伤就越严重。况且,调 Q 激光或超短脉冲激光作用于人眼时,除了有热效应损伤外,还有光压力学效应造成的损害,后果更为严重。

（三）激光功率

毫无疑问，同样波长的激光，功率（或能量）密度越大，则对眼的损伤便越严重。对于连续波激光，损伤程度还与眼睛受辐照的时间（简称为曝光时间）密切相关：曝光时间越长，则进入眼睛的光子越多，眼睛受损越严重。例如绿色氩离子激光，当曝光时间各为 0.01 s、0.1 s 和 1 s 时，对人眼的安全功率分别为 20 mW、10 mW 和 6 mW。而对其连续波、一般脉冲光和超短脉冲光，视网膜的安全值能量密度分别为 $(1\sim5)10^{-6}$ J·cm^{-2}、$(1\sim5)10^{-7}$ J·cm^{-2} 和 $(1\sim5)10^{-8}$ J·cm^{-2}。

（四）其他因素

军用望远镜等助视仪器都有收集大孔径光束的作用，故正在使用此类仪器的人，其眼睛受激光损伤的危险明显增大。又由于人在暗环境（如傍晚、阴雨天）条件下工作时，瞳孔自动扩大。因此，这时比亮环境时更易遭受激光损伤。黄斑是人眼视觉最敏感的区域，而沿着人眼视轴方向射来的激光将聚焦于黄斑中央，故该方向入射的激光比其他方向的危害更大。另外，眼组织色素越多越深，则吸收光能越多，受损就越严重，故眼底常是易受损部位。

表 5.7-1 列出了美国国防部公布的损伤人眼的激光能量阈值。表 5.7-2 列出了裸眼和有助视装置时激光对人眼的损伤效应。

表 5.7-1 美国国防部公布的损伤人眼的能量阈值

激光器	运转方式	波长/μm	辐照时间	激光能量阈值
红宝石	单脉冲	0.694 3	1～18 ns	5×10^{-7} J·cm^{-2}/脉冲
红宝石	10 Hz	0.694 3	1～18 ns	1.6×10^{-7} J·cm^{-2}/脉冲
YAG:Nd^{3+}	单脉冲	1.06	1 ns～100 μs	5×10^{-6} J·cm^{-2}/脉冲
YAG:Nd^{3+}	20 Hz	1.06	1 ns～100 μs	1.6×10^{-6} J·cm^{-2}/脉冲
YAG:Nd^{3+}	连续波	1.06	100 s～8 h	0.5 mW·cm^{-2}
CO$_2$	连续波	10.6	10 s～8 h	0.1 W·cm^{-2}
铒	单脉冲	1.54	1 ns～1 μs	1 J·cm^{-2}/脉冲
钛	单脉冲	2.01	1 ns～100 μs	10^{-2} J·cm^{-2}/脉冲

表 5.7-2 激光对人眼的损伤效应

损伤效应与距离 波长	玻璃体出血		视网膜烧伤	
	裸眼	有光学放大装置	裸眼	有光学放大装置
0.53 μm	0.65 km	2.9 km	3.2 km	10.5 km
0.69 μm	0.47 km	2.4 km	1.7 km	6.6 km
1.06 μm		0.25 km	0.61 km	3.0 km

注：1）上表中的激光器为 Q 开关脉冲激光器，脉冲能量为 100 mJ，发散角为 0.25 mrad。

2）光学放大装置指 M-17 双筒望远镜。

3）传输环境为清洁、无扰动的大气层。

五、激光致盲（致眩）武器的防护

眼睛是一个暴露在体表的良好聚光系统，极易受到激光损伤，所以对人的保护主要是对眼睛的保护。一般来说，防御激光致盲（致眩）武器的有效措施是佩戴适当的防护眼镜。对护目镜的要求是：既能有效地保护眼睛不被敌方的激光损害，又不降低使用人员的视力而影响观察和操作。它的性能主要由**光密度、可见光透过率、防护波长和破坏阈值**等四个参数来表征。光密度是表征光通过一定厚度的传输介质后衰减程度的物理量；可见光透过率是指可见光透过滤波片的光强与入射到滤光片的光强之比；防护波长是指护目镜能对哪些波长的激光加以防护；破坏阈值是指防护器材不被破坏时其单位面积所能承受的最大激光辐射功率。

护目镜按其工作原理可分为吸收型、反射型、反射吸收型、微爆炸型、光电型、光化学反应型、变色微晶玻璃型等几种，其中最常用的是前三种，其他尚需进一步完善。若使用观瞄仪器，可把防护镜做成滤光片形式，套在原仪器目镜后。

（一）吸收型护目镜

镜片用对特定波长有强吸收作用的有色光学玻璃或光学塑料制作，能有效防范特定波长的激光损伤。由于一种材料能吸收光的波段宽度有限，当需对几种激光进行防护，而这几种激光又处于不同波段时，效果就要受到严重影响，有时甚至是无效的。镜片材料目前多用有色玻璃或塑料。

（二）反射型护目镜

在镜片上镀以多层光学薄膜，实现对特定入射光波长的高度反射，阻止其进入人眼，也能达到防范的目的。由于介质膜的反光本领与光入射角有关，若镜片偏转某角度，防护性能要起变化。

（三）反射/吸收型护目镜

这是前两种技术类型的组合，例如在有色光学玻璃镜片上镀多层反射膜，就能在一定程度上满足多个波段防护的需要。它的优点是防护波长范围广又不降低眼睛的能见度，因而被广泛采用。

此外，还有一些正在探索的新型防护技术，如：

（1）微爆技术。在光学镜片上涂敷一层可爆药物，在受到超过人眼安全值的激光辐照时，这层药物迅速发生对人眼无害的微型爆炸而变得不再透明。

（2）光化学技术。把一种能产生光/色互易现象的液态透明药物注入两层光学镜片之间，当入射光强超过人眼安全值时，药物迅速反应产生大量吸收光能的色素。

（3）采用可变色微晶玻璃。可变色微晶玻璃受强光辐照时会自行变色，其色度与入射光强有关。它既能吸收一定波段的能量，也能反射另一波段的能量，使进入人眼的光能下降。它适应的波段很宽（从紫外至红外），反应极快（10 ns 量级）。光照停止后，还能恢复透明。恢复时间较长（ms 量级）是它的缺点。

顺便提一下，1998 年制定的《禁止激光武器议定书》等国际公约，禁止对人使用激光致盲武器。

复习思考题

1. 什么是受激辐射理论？激光产生的基本条件有哪些？
2. 激光器的基本组成有哪些？激光器的分类方法是什么？
3. 激光的基本物理特性是什么？哪些特性最适合军事应用？
4. 激光武器的特点有哪些？如何理解激光武器将使未来战争发生革命性变化？
5. 简述激光测距机的工作原理和应用领域。军用激光测距机发展趋势是什么？
6. 激光雷达有什么特点？工作原理是什么？
7. 简述光纤通信系统组成和原理。你了解的光纤通信在军事上主要应用领域有哪些？请举例说明。
8. 激光目标指示器的基本功能有哪些？简述激光角跟踪的基本原理。
9. 何谓激光对抗？激光对抗的基本技术有哪些？
10. 激光对人眼睛损伤的机理和因素有哪些？防范的基本方法是什么？

第六章　军事红外技术的物理基础

红外科学技术主要研究红外辐射的相关规律与应用。红外辐射是电磁波的一种，其在国民经济和社会生活中的应用价值不断凸显，在军事领域也越来越受到重视。本章先对军事红外技术进行概要描述，然后在红外线产生、特性与传输规律的基础上，讲解红外探测器件的基本原理及红外成像系统的基本概念，并介绍红外技术在军事领域中的应用及其对抗。

第一节　军事红外技术概述

红外技术是以物理学中相关理论、方法和实验为基础，研究红外辐射应用的技术领域，它围绕红外辐射的产生、传输、接收和处理等环节，具体包括红外辐射的测量、红外目标的仿真、红外检测技术、红外探测与成像器件及系统的研制开发、红外信号与信息处理、红外激光技术和红外应用技术等领域，在军事领域和科学研究、工农业生产、医疗卫生、交通运输、空间探测等方面都占有十分重要的地位。红外技术最重要的理论基础是红外物理学，即以红外辐射为特定研究对象，研究红外辐射基本规律及其与物质之间相互作用的物理学分支。

所谓"红外辐射"，也称为"红外线"或"红外光"，最早是英籍德国物理学家、恒星天文学之父威廉·赫歇尔（F. W. Herschel, 1738—1822）在 1800 年发现的。当时他为了解决观测太阳时阳光过强过热的问题寻找合适的滤光片，采用牛顿（Isaac Newton, 1642—1727）的方法用棱镜得到太阳光谱，并对其中各色光的热效应进行研究，结果意外地发现在红光外侧部分仍有很强的热效应，他认为存在一种不可见的射线，并称其为"热射线"。1834 年，意大利科学家梅隆尼（Macedonio Melloni, 1798—1854）发现热射线传播时与光非常类似，也会发生反射、折射、衍射甚至偏振等现象，次年法国科学家安培（André-Marie Ampère, 1775—1836）也发现了热射线的这些性质，并认识到它和光本质上是一种东西，只是波长比红光更长，所以命名为红外线。

随着物理学的发展，在麦克斯韦（J. C. Maxwell, 1831—1879）电磁理论建立以后，人们认识到电磁波的存在和光的电磁波本性，才知道红外线是一种波长在 $0.75\sim1\,000\,\mu m$，但上限并不很确定的电磁波，在整个电磁波谱中处于可见光和微波波段之间。在光谱学等不同学科中，出于不同的研究目的，对红外线的波长分段有不同的划分方法，但在红外技术领域中，考虑到红外线的大气传输特性及应用的方便，通常将其划分为近红外（$0.75\sim3\,\mu m$）、中红外（$3\sim6\,\mu m$）、远红外（$6\sim15\,\mu m$）、极远红外（$15\sim1\,000\,\mu m$）等四个波段。电磁波及红外波段划分如图 6.1-1 所示。

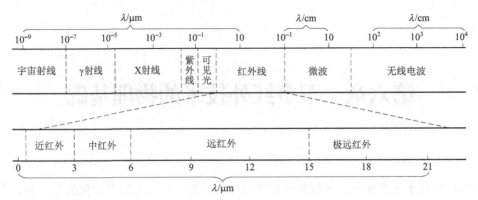

图 6.1-1 电磁波谱

另一方面，在基尔霍夫（G. R. Kirchhoff, 1824—1887）、维恩（W. C. Werner, 1864—1928）、普朗克（Max Planck, 1858—1947）等人的努力下，人们建立了热辐射的基本定律，并在此基础上认识了光（包括红外线）的波粒二象性。对热辐射本性的深入认识和其规律的定量研究，为红外科学和技术的发展奠定了理论基础。

红外线除具有电磁波的一般性质外，还具有一些特殊的性质：其一，由于红外线不能引起人的视觉效应，因此红外射线源具有良好的隐蔽性；其二，自然界中的一切物体都要随温度不同而辐射不同强度的红外线，因此对红外辐射强度的测量和分析就成为一种既普遍且实用的探测物体温度分布的方法；其三，红外线的某几个特定波段在大气中具有良好的穿透性（称为"大气窗口"），便于发展相应的遥感与空间探测技术。

由于具有上述特点，红外线的技术应用很早就为人们所注意。近代红外技术始于第二次世界大战期间，在战后的五十余年中，不仅红外技术有了很大的发展，而且由于红外技术的独特功能，军事红外技术已逐步实现了向民用的转化，并已成为各行各业争相选用的先进技术。以红外技术和激光技术为代表的光电子技术已成为光学、精密机械、电子学和计算机科学相结合的新兴科技领域，在国民经济和国防建设中正发挥着十分广泛而重要的作用。

其中，军事应用始终是推动红外技术发展的主要动力。红外线具有人眼不能觉察、抗干扰、隐蔽性能好和能在薄雾及黑夜中进行被动探测等一系列特点，特别适合军用要求，所以早在第一次世界大战期间就已获得应用。第二次世界大战以后，近代物理学的巨大成就促使红外技术得到了惊人发展，高性能的新型红外探测器也相继问世，使红外技术在军事领域获得了广泛的应用，各种直接用于军事目的的跟踪、制导、预警、夜视、通信、导航、气象遥测等红外仪器日益增多。可以说，作为军用光电子技术的一个重要分支，军事红外技术在增强目标信息和战场情报的获取能力、提高制导武器的打击精度、提高武器装备的智能程度等方面，都发挥着日益重要的作用，有力地促进着武器装备的更新换代和战争形态的继续改变。

不论红外技术的具体应用领域如何，其共同基础都是红外线与物体相互作用产生的各种效应，这些效应可分为热效应和光子效应。

热效应显著，是红外线最突出的特点。红外线被物体吸收时，电磁运动就转化为物体分子内的热运动，物体内部晶格的振动加剧，温度升高。红外辐射越强烈，物体的温度升得越高，其内部物理性质的变化也越显著，测量这些量的变化，就可探知红外辐射的强弱。由于物体发射的红外辐射的强弱与物体温度有密切关系，因此准确测定物体发射的红外线强度，可间接地测定物体表面温度，这就是红外测温的原理。红外测温有别于其他测温方法的最大特点就是不必直接接触被测物体，因此在温度遥测及运动物体测温方面显示出巨大的优越性。例如，在设计新型枪炮时，很希望了解实际射击时枪（炮）膛和枪（炮）口的准确温度，以便合理选择材料、改进结构，利用红外测温仪很容易实现这种测量。

红外线也能产生光电效应。虽然由于红外线波长较长，其光子能量小于紫外线和可见光，但只要采用合适的探测或感光材料，其光子仍然能够作用于电子产生光伏效应、光电导效应等光电效应，或产生化学效应而使胶片感光。因此可以利用光电管、光电池或光敏电阻等元件对红外线进行探测或照相。例如，红外预警卫星上装有峰值为 2.7 μm 的硫化铅红外探测器，当洲际导弹发射时，由于其喷管所排出的尾焰温度高达 1 000 K 以上，辐射出大量 2~3 μm 波长的红外线，这正是硫化铅红外探测器的工作波长，故可探测到一个位置连续变化的很强的信号，表征导弹运动状态的连续信号传到地面后，经高速电子计算机计算，便可立即确定导弹的弹着点。另外，利用光电效应制成的红外变像管已广泛装备在多种军事设施上。

红外线与可见光一样，照到物体上也能发生反射，但是可见光波段反射特性相同的不同物体，红外反射特性可以很不相同，据此可以利用红外线探测来识破敌方目标的伪装。例如，叶绿素对红外线和可见光的反射率不同。绿色植物和绿色涂料被可见光照射后，具有相同的反射率，因此，利用可见光进行观察的人眼容易将这两者混淆，这就是绿色涂料经常用于伪装的原因。但是绿色植物被红外线（近红外波段）照射后，其反射率接近 40%，而绿色涂料被同样波段的红外线照射后的反射率只有 20%。这样，在近红外黑白照片上，绿色植物反射能力强，颜色发白，好像盖上一层霜，而涂以普通绿色涂料的装备显得灰暗，从而容易暴露。对于砍下的树枝树叶，其中的叶绿素成分在离体后 2~3 小时内就会被破坏掉，因而伪装用的树枝树叶与其周围树木的红外辐射特性就会显示出非常明显的差别，很容易鉴别。

所以，与雷达系统相比，红外系统的尺寸小、重量轻、精确度较高；跟可见光仪器相比，它又具有抗可见光伪装、受云雾影响较小、适合全天候工作等特点。

但红外技术也有其自身的局限性。例如，红外线与无线电波不同，它在大气中传播时会随传播距离而明显衰减，这是因为大气中的悬浮粒子（灰尘、水滴）会造成红外线的散射，大气（主要是大气中的水蒸气和二氧化碳）对红外光谱中的某些波段也有较强的吸收作用。所以，军事应用中红外线的波段选择，通常避开水和二氧化碳的吸收波段，选择在所谓"大气红外窗口"中。即使如此，雾霾天气、云层乃至战场硝烟等，都会对红外线传播造成影响，利用红外线的这种局限对敌方造成干扰，也是红外对抗的手段之一。

第二节 热辐射的基本规律

实验表明，在任何温度下，物体都向外发射各种频率的电磁波，且电磁波能量按频率的分布依赖物体的温度。这种由于物体中的分子、原子受到热激发而发射电磁辐射的现象，称为热辐射。除了极高温的情况外，各种物体的热辐射能量主要分布在红外波段。例如，地球表面、大气层、各种生物体包括人体等，其热辐射能量以红外辐射为主；白炽灯、火炉、太阳等物体，其热辐射中除可见光部分外，也主要是红外辐射；军事上各种装备，如坦克、车辆、舰船、飞机、导弹等，也都在发出红外辐射，特别是其高温部分往往是强红外辐射源。

物体在辐射电磁波的同时，还吸收照射到它表面的电磁波。如果在同一时间内从物体表面辐射的电磁波的能量和它吸收的电磁波的能量相等，物体的温度不变，物体和辐射就处于温度一定的热平衡状态。这时的热辐射称为平衡热辐射。下面只讨论平衡热辐射。

为了定量表明物体热辐射的规律，引入光谱辐射出射度（又称单色辐射出射度）的概念。频率为 v 的光谱辐射出射度是指单位时间内从物体单位表面积发出的频率在 v 附近单位频率区间的电磁波的能量。光谱辐射出射度（按频率分布）用 M_v 表示，它的 SI 单位为 W/(m²·Hz)。光谱辐射出射度是频率（或波长）的函数，具体函数关系由温度 T 和物体性质决定。

实验发现，辐射能力越强的物体，其吸收能量也越强。物体对热辐射的吸收能力用光谱吸收比（又称单色吸收比）来表征，物体所吸收的频率在 v 到 $v+dv$ 区间的辐射能量占全部入射到该区间的辐射能量的份额，称作物体的光谱吸收比，以 $\alpha(v)$ 表示，它是频率的函数，具体函数关系也由温度和物体性质决定。理论上可以证明，尽管各种材料的 M_v 和 $\alpha(v)$ 可以有很大的不同，但在同一温度下二者的比却与材料种类无关，而是一个确定的值，也就是说 $M_v/\alpha(v)$ 只由温度决定。显然光谱吸收比不可能大于 1，而光谱吸收比为 1 的物体，也必然具有最强的发射本领，这种能把各种频率的入射光完全吸收的物体称为绝对黑体，简称黑体。黑体只是一种理想模型，实验上常将任意材料做成的空腔壁上开一个小孔，用来模拟黑体，因为无论什么频率的光一旦入射到这样的小孔上，都将在空腔内部被反复反射和吸收，而几乎不会再从小孔中射出，相当于小孔能完全吸收各种波长的入射电磁波。加热这个空腔到不同温度，小孔就成了不同温度下的黑体。用分光技术测出由它发出的电磁波的能量按频率的分布，就可以研究黑体辐射的规律。

黑体辐射的光谱辐射出射度 M_v 随频率 v 的变化关系只由热力学温度 T 决定，1900 年普朗克导出了其定量关系，即普朗克黑体辐射公式：

$$M_{bv} = \frac{2\pi h}{c^2} \cdot \frac{v^3}{e^{hv/kT}-1} \qquad (6.2-1)$$

式中，$c = 2.997\,924\,58 \times 10^8$ m/s 为真空中的光速，$h = 6.63 \times 10^{-34}$ J·s 称为普朗克常量，$k = 1.38 \times 10^{-23}$ J/K 为玻尔兹曼常量。

由普朗克公式还可以导出当时已被实验证实的两条定律。一条是关于黑体的全部辐出度的斯特藩—玻尔兹曼定律：

$$M_b = \sigma T^4 \qquad (6.2-2)$$

式中，σ 称为斯特藩—玻尔兹曼常量，其值为 $\sigma = 5.670\,51 \times 10^{-8}$ W/(m²·K⁴)，M_b 表示黑体的辐出度，物体的辐出度定义为单位时间内从黑体单位表面积发出的各种频率热辐射的总能量，即：

$$M = \int_0^\infty M_v dv \qquad (6.2-3)$$

另一条是维恩位移定律。它说明在温度为 T 的黑体辐射中，光谱辐射出射度最大的光的频率 v_m 由下式决定：

$$v_m = C_v T \qquad (6.2-4)$$

式中，C_v 为常量，其值为 $C_v = 5.880 \times 10^{10}$ Hz/K。此式说明当温度升高时，v_m 向高频方向"位移"。图 6.2-1 为黑体辐射规律示意图。

对于实际物体（非黑体），其辐射规律一般比较复杂，为借助于黑体的辐射规律来研究非黑体，引入发射率和光谱发射率的概念。

发射率 ε 定义为非黑体的辐出度与同温度下黑体的辐出度之比，即：

$$\varepsilon(T) = M(T)/M_b(T) \tag{6.2-5}$$

ε 也称为物体的黑辐射系数，ε 越大，物体的辐射特性越接近黑体。

在相同温度下，实际物体的光谱辐出度小于黑体的光谱辐出度。定义光谱发射率

$$\varepsilon_\nu(T) = M_\nu(T)/M_{b\nu}(T) \tag{6.2-6}$$

影响材料发射率的因素很多，除了频率和温度外，发射率还与材料种类、表面状况、样品的制备方法、环境条件以及观测方向、立体角等因素有关。

非黑体通常可分为两类，一类为灰体，另一类为选择性辐射体。图 6.2－2 为黑体与非黑体辐射规律对比示意图。

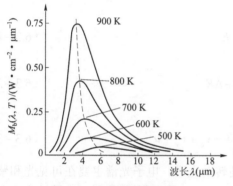

图 6.2－1　黑体辐射规律

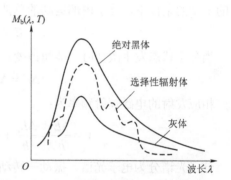

图 6.2－2　黑体与非黑体辐射规律对比

灰体也是一种理想化的模型，特点是在一定的温度下，$\varepsilon_\nu = \varepsilon =$ 常数，与频率无关。这就是说在相同的温度 T 下，灰体的光谱辐出度与黑体仅相差一个小于 1 的确定的倍数 $\varepsilon(T)$。在计算灰体的光谱辐出度时，只要从有关的数据中查出该灰体的 $\varepsilon(T)$ 即可。

$$M(T) = \varepsilon(T)M_b(T) = \sigma\varepsilon(T)T^4 \tag{6.2-7}$$

相应地，由于 $\varepsilon(T)$ 与频率无关，所以灰体的维恩位移定律与黑体的相同。

工程上通常遇到的热辐射的主要波长位于红外波段范围，并且物体的光谱发射率随频率没有明显的变化，实验表明，在红外波段范围内可把大多数工程材料当作灰体处理而不会引起太大的误差。

选择性辐射体的光谱发射率随频率变化，而且往往在某些波段内有明显的增大或减小，即表现出随频率有显著起伏的特点。从热辐射的全波段来看，自然界中的实际物体都是选择性辐射体，但是在具体研究某个较窄的波长范围内的辐射时，有时也忽略 ε_ν 随频率 ν 的变化而将其近似视为常数，即将选择性辐射体按灰体处理，从而简化分析计算。

第三节　红外线的产生、特性与传播规律

红外辐射就其本性来讲是电磁辐射的一种，因此物理本质和传播规律等方面具有一般电

磁波的共性；其波长长于可见光而短于无线电波，又因此具有不同于其他波段的特殊性质，包括：其产生的最常见机制是热辐射或分子光谱，不同于无线电波的自由电子震荡和可见光的原子能级跃迁；其与物质的相互作用主要表现为热效应，以及散射、衍射和在某些材料中的选择性吸收等，一般没有显著的化学和生物效应，等等。本节论述红外线的产生机理、特性以及传播规律，特别是在地球大气中的传输规律。

一、红外辐射的发射机理

红外辐射是分子光谱的一部分。根据原子的量子理论，分子的内部运动决定着分子的能量状态，而每一种运动的能量都是量子化的。首先，组成分子的各个原子的外层电子以电子云的形式环绕分子运动，它们的每一个量子态都对应一定的电子云运动能量 E_e；其次，组成分子的各个原子在平衡位置附近振动，使分子具有振动能量 E_v；最后，分子作为一个整体还会绕其通过质心的某些轴转动，使分子具有转动动能 E_r。在不考虑原子核内部运动及整个分子的平动的条件下，分子内部运动的总能量为：

$$E = E_e + E_v + E_r \qquad (6.3-1)$$

当分子状态发生改变时，能量改变：

$$\Delta E = \Delta E_e + \Delta E_v + \Delta E_r \qquad (6.3-2)$$

相应发射的电磁辐射频率为：

$$\nu = \frac{\Delta E}{h} = \frac{\Delta E_e}{h} + \frac{\Delta E_v}{h} + \frac{\Delta E_r}{h} = \nu_e + \nu_v + \nu_r \qquad (6.3-3)$$

分子光谱分为电子光谱、振动—转动光谱和纯转动光谱。电子光谱主要在可见光和紫外区，只有少部分处于近红外区；振动—转动光谱主要在近红外和中红外区；纯转动光谱在远红外和极远红外区，并一直延伸到微波区（极高频）。因此，从辐射机理上来说，红外辐射的主要贡献就来自分子的振动和转动。

二、红外辐射源

任何一种具有一定温度的物体都是一个热辐射源，因此一般辐射在加以波长限制后（例如加红外透光板，只允许红外辐射通过），都可变成红外辐射源。但是，一般物体的红外辐射很弱且辐射的波段也不可能随意选择和控制，所以研究和制作红外辐射源就成为红外研究与红外技术中一个不可缺少的组成部分。

从红外辐射和探测技术角度来考虑，红外辐射分为两类，一类是人工红外辐射，一类是目标和背景的红外辐射。

（一）人工红外辐射源

由于使用的目的和场所不同，对人工辐射源的要求也不同。例如，在红外雷达、红外通信、红外夜视等军事应用上，对红外光源的主要要求是功率大、调制性能好（辐射红外光的强弱很容易随外界控制信号变化而变化）、便于在大气中传播等。在科学研究上，主要是要求光源辐射性能稳定，能量按波长分布符合一定要求。在工业上，主要是要求光源的能量转换效率高、功率大、辐射波长适宜被物体吸收、安全防火等。

因为适于各种用途的万能红外光源是不存在的，所以人们需要制造出各种各样的光源以满足不同要求。按红外光源工作的物理机制，通常将它们分为以下四类。

1. 热辐射源

热辐射源辐射的是连续光谱，辐射遵守热辐射的基本定律，辐射特性主要由温度和辐射体的发射率决定。它们由于构造简单，所以应用最广。

供红外设备的定标、校准及器件测试等使用的标准辐射源是空腔黑体辐射源，主要由腔芯、腔体、加热线圈、保温层、测量与控制腔体温度的温度计和温度控制器组成。此种辐射源的小孔空腔辐射接近于黑体。

实验室中常用的热红外辐射源有能斯脱灯、钨丝灯、碳弧灯、硅碳棒等，这些都是热激发的固体红外光源。例如能斯脱灯就是一种由氧化锆和氧化钇及少量其他物质混合制成的棒状（或管状）的固体红外光源。能斯脱灯发出的光谱从中红外直至远红外，近于黑体辐射，所以是中红外区的一种优良的辐射源。

常用于加热、烘干等方面的一种热辐射源叫远红外辐射器，它由热源、涂层和基体三部分组成。热源常采用电热、气体燃烧热和蒸气热，作用是向涂层供热，以保证辐射层正常发射远红外线所需要的温度。常用的涂层有二氧化钛、二氧化锆、三氧化二铬、二氧化锰、三氧化二铁、氧化镍、二氧化硅、碳化四硼和碳化硅等物质，也可以选择几种化合物制成符合要求的远红外涂层。基体常用金属或陶瓷等材料制作，用来安置热源和涂层，远红外辐射材料就涂敷在基体表面形成涂层，热源发出的热也是通过基体而传到涂层的。远红外辐射器主要有灯式、管式和板式三种结构。

2. 电致发光辐射源

最常见的电致发光辐射源是电荧光辐射源，利用气体或金属蒸气放电时产生的发光现象，发出线状光谱和连续光谱。电荧光辐射源在红外技术中有广泛的应用，最常见的是气体放电管。在一根玻璃管两端封入一对电极，管内抽到一定真空度时再充以不同的气体或蒸气，就构成了气体放电管。当电极间加上一定的直流电压后，就能激发气体放电。气体放电的发光光谱由所充气体或金属蒸气的种类、充气条件以及放电的形式来决定。因此改变气体或蒸气的成分、压强以及放电的电流强度，就可获得主要在某一光谱区域辐射的辐射源。实用中常见的水银灯、氙灯等都是电荧光辐射源。

半导体发光二极管（LED）也是一种电致发光辐射源。LED 与普通二极管一样由一个 PN 结组成，具有单向导电性。当给发光二极管加上正向电压后，从 P 区注入 N 区的空穴和由 N 区注入 P 区的电子，在 PN 结附近数微米内分别与 N 区的电子和 P 区的空穴复合，产生自发辐射的荧光。LED 器件具有效率高、热耗低、寿命长、可靠性好、体积小、可集成等突出优点，随着材料及具体结构不同，不同的 LED 可涵盖从紫外到近红外的各个发光波段。红外发光二极管（IRLED）一般采用砷化镓（GaAs）等直接带隙半导体材料制成，近年来采用塑料材料、有机材料、硅基材料的 IRLED 也在发展中。

3. 混合辐射源

混合辐射源是同时利用热辐射现象和电荧光现象的辐射源，碳弧灯是一种典型的混合辐射源。

4. 红外激光辐射源

普通光源利用的都是自发辐射，而激光器是利用受激辐射实现的全新光源，不同激光器可以产生不同的辐射波长，涵盖从紫外直到微波的波段范围。激光有许多独特的优点，如极好的相干性、极好的方向性和极高的亮度。由于激光的这些优点，它为红外技术的革新和发展开辟了新的途径，红外激光器已成为具有特殊重要性的理想红外光源。现有的激光器中，气体、半导体、染料、固体、化学激光器都能产生红外激光。

（二）目标和背景的红外辐射

目标辐射是红外探测器进行探测、定位或识别时对象所发出的辐射，而背景辐射则是目标以外的其他辐射体的辐射总和。其实目标和背景只是相对而言，同一个红外辐射系统，对于不同的探测目的来说，既可能是目标，又可能是背景。

无论是目标还是背景，都有一定的温度，尤其是带有动力装置的目标，在工作时会发出很强的辐射，因此很容易被红外探测系统探测和识别。

地面上的目标一般是指人体、车辆、工厂、桥梁、道路、田野等；天空的目标一般是指飞机、导弹、火箭和卫星等各类人造飞行器、航天器等。

在背景辐射中，常见的是一些自然红外辐射源的辐射，所谓自然红外辐射源指的是太阳、月亮、星星、地面、大气、云层等。背景辐射对目标的探测起着干扰的作用。但自然红外辐射源有时也可以当作目标。例如，各类星体作为宇宙空间的点源，可用于宇宙飞船的定向。

三、红外线的特性

从物理上看，红外线是波长处在可见光和微波波段之间的电磁波，它既具有电磁波的共性，又因其特殊波长特点而具有特性。

（一）电磁波的共性

电磁波是电场、磁场互相激发在空间形成的波动传播过程。它是一种波，能发生干涉、衍射等现象。其电场和磁场互相垂直，两者又都与电磁波的传播方向垂直，是一种横波。

电磁波在真空中以光速 c 传播，c 是自然界的基本常数之一，其近似值为 3.0×10^8 m/s，所以电磁波的频率和在真空中的波长成反比。

$$\lambda v = c \tag{6.3-4}$$

在介质中传播时其传播速度小于 c，且决定于材料的性质（电容率、磁导率），并因频率（波长）不同而不同，发生色散现象。

电磁波具有物质性，可与各种实物物质发生相互作用，使物质的状态和电磁波的传播都发生改变，即发生反射、折射、吸收等现象。

从近代物理学的角度看，电磁波具有波粒二象性，由大量光子构成，光子的能量、动量与其波长、频率有关。

$$E = hv \tag{6.3-5}$$

$$p = \frac{h}{\lambda} \tag{6.3-6}$$

通常电磁波在传播中波动性更显著，而与物质相互作用（发射、吸收、散射）时粒子性更显著；频率越高（波长越短），粒子性越显著，反之波动性越显著。

（二）红外线的特性

红外线的波长处在可见光、微波波段之间，但与两者间并没有截然区分的界限，特别是极远红外与微波波段之间界限并不十分明确，但通常规定其波长范围为 0.75～1 000 μm，这决定了其性质也介于可见光与微波之间，而具有自己的特性。

红外线的衍射效应较可见光显著，比可见光易于透过烟尘和云雾。但与微波和无线电波相比，它又具有比较明显的直线传播特性。

红外线的光子能量、动量较低，其化学效应和生物效应弱于紫外线和可见光，也不能形成人类的视觉，它最突出的效应是热效应。

红外线也可与物质产生各种相互作用，发生散射、吸收等现象。特别是大气中的某些成分（水蒸气、二氧化碳等）能产生较强的共振吸收作用，所以研究其传播规律必须考虑到大气的作用。

四、红外线在大气中的传输

红外辐射不仅与辐射源的特性有关，而且在传播过程中还会与媒质相互作用，从而受到媒质的吸收、反射、散射等的影响。这些影响会使红外辐射的能量大小、能量的光谱分布状况及光束的传播方向等发生不同程度的变化。

随着军事技术的发展，越来越要求红外系统（探测、侦察、制导等红外系统）提高其作用距离，而作用距离的提高受到多种因素的限制，其中之一就是辐射在大气传播过程中产生的衰减。了解大气对辐射的衰减特点，对于学习掌握和正确使用红外武器系统都是必要的。

大气对辐射能的衰减情况是很复杂的。通常是在不同气象条件下，对不同高度、不同波长的红外辐射的透过率进行大量测量，由实测所得数据形成经验公式和数学模型来近似描述各种气象条件下的大气透过率（或衰减）。

从机理上讲，辐射能通过大气所产生的衰减是由以下三种作用引起的，即大气分子的吸收、大气分子的散射和大气中液态或固态悬浮物（如尘埃、烟、霾的质点，雨、雾、雪及云的质点）所引起的散射。因此首先必须了解大气的组成，然后才能了解它对辐射能的衰减作用及其他传输特性。

（一）大气的组成及空间分布

地球大气压强随高度按指数规律衰减，并可近似标示为：

$$p = p_0 e^{-h/8} \tag{6.3-7}$$

式中，p_0 表示海平面大气压强，h 为海拔高度（km），p 为海拔高度 h 处的压强。

经计算可知，高度为 16 km 处的大气压强已降为海平面处的 1/10，高度为 25 km 处的大气压强已降为海平面处的 2.5%，随着高度的增加，大气压强和气体密度都变得很小，衰减作用一般可忽略不计。因此，对于战术红外武器系统，只需研究高度低于 25 km 以下的所谓低层大气的衰减作用。在高度低于 25 km 的大气层中，大气可看成是由不变成分和可变成分组成的。不变成分为干燥大气，可变成分为水蒸气和臭氧（O_3）。

在干燥大气中的各种气体成分的相对比例几乎是不变的，通常称它们为大气的不变成分。空气的基本成分（体积比）：氮（N_2）78%；氧（O_2）20.9%；氩（Ar）0.93%；而其他气体（包括 CO_2、H_2、CH_4、N_2O、Ne、Kr、Xe 等）所占的分量小于 0.1%。CO_2 在大气中的含量恒定在 0.03%~0.05%。

水蒸气在大气中的含量随温度、高度和位置而变化，由于水蒸气对辐射的衰减特别严重，因此成为人们研究的主要对象之一。空气中的水蒸气随高度的增加迅速减少,水蒸气主要集中在 6 km 以下,从地面向高空升高 1.5～2 km,水蒸气含量减少 50%,在 5 km 高度上的水蒸气含量约为地面的 10%,高度大于 12 km 以上,可认为不存在水蒸气。

臭氧(O_3)是不稳定的气体,在常温下,臭氧(O_3)能慢慢分解为 O_2。臭氧(O_3)在海平面上难以观测到,主要分布在 10～40 km 的高度范围内,且含量很少。

此外,大气中还有许多液态或固态悬浮物,如灰尘、烟、霾、雾、雨、雪等,它们的大小在 0.5 nm～5 μm 不等。大气中经常存在的雾粒,其大小在 1～60 μm,但常见的是 4 μm。云由水滴或冰晶组成,其颗粒半径在 25～50 μm。这些大气中的液体或固体悬浮物对辐射传播的影响很大,如厚度大于 50 m 的云层,可将射入的辐射能全部吸收干净。

(二) 大气的吸收作用

大气中对红外辐射有吸收作用的主要有 CO_2、H_2O、N_2O、CH_4 等多原子分子气体,CO 也对红外辐射有吸收作用。对红外辐射的吸收主要由这些分子的振动—转动能量状态的改变而引起的。在每个电子绕原子核转动能级的基础上,可以有多种振动能级,而每个振动能级的基础上又可以有许多转动能级。所以它们之间可能会有许多不同组合的能级状态。当太阳连续光谱(可认为在整个频谱范围内光谱强度为常量)通过大气时,就会在一些频率附近产生吸收谱线(对应于该处的太阳能将无法通过大气到达地球表面)。大气对辐射能的吸收还和通过的路程有关。

(三) 大气的散射作用

大气中气体分子的热运动使其光学折射率不均匀,大气中的悬浮粒子使大气混浊,由此造成了大气对辐射的散射。散射发生的程度与大气中悬浮粒子的特性、数量、大小及入射辐射波长有关。散射和吸收共同导致了大气对红外辐射的衰减作用。通常认为在红外区中,大气对辐射的吸收作用是主要的,而散射是次要的;而在可见光到 1 μm 左右的近红外区,大气散射将是引起辐射能衰减的主要因素。

在浓雾的情况下,大气对各波段的衰减都是十分严重的,致使没有专门措施的光电系统性能大为下降,甚至失去工作能力。这是红外武器系统最大的弱点。

(四) 红外波段的大气窗口

大气对红外辐射的衰减是不均匀的,在有些频率附近衰减很小,相应波长辐射的"透明度"很高,这些"透明度"很高的频率范围称为"大气窗口"。

图 6.3-1 为距离海平面 1 800 m 高的水平路径上大气光谱透射特性曲线,图的上部标明红外辐射受何种气体分子的吸收。对现代红外技术意义最大的窗口是 0.95～1.05、1.15～1.35、1.5～1.8、2.1～2.4、3.3～4.2、4.5～5.1 和 8～13 μm。只有有效地利用这些窗口波段,才能使红外系统有效地工作。在红外技术中,人们习惯于把这些窗口分成:① 0.4～1.3 μm 的可见光至近红外窗口;② 3～5 μm 的中红外窗口;③ 8～14 μm 的远红外窗口;④ 其他小窗口,主要有 1.60～1.75 μm 和 2.10～2.40 μm 等。事实上,对近红外(0.75～3 μm)、中红外(3～6 μm)、远红外(6～15 μm)、超远红外的波段划分,就考虑到了大气窗口的分布情况——这样划分使得除超远红外波段以外,其他各个波段都有一个大气窗口。

在大气窗口波段的红外辐射,尽管在大气传输时也有衰减,但可以被有效地传输至一定距离。在窗口之外,大气基本是不透明的,故红外系统在大气中的典型探测距离约为 10 km,

以战术应用为主,如探测飞机、舰船、车辆等。只有在大气层之外,目标各波长的红外辐射才都可以被有效地传输,红外系统的探测距离可延伸两个数量级,达到1 000 km以上,可供战略应用。

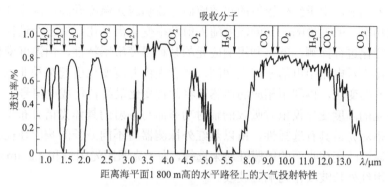

距离海平面1 800 m高的水平路径上的大气投射特性

图6.3-1 大气光谱透射特性曲线

第四节 热红外探测器

在任何红外测量和成像系统中,红外探测器都居于核心地位,只有通过探测器把红外辐射转化为相应的电信号,才可能利用电子手段对信号进行测量、处理,并从中提取被探测目标的各种信息。而红外探测器中最核心的部分是对红外辐射敏感的元件——响应元,任何红外探测器都由一个或多个响应元及附带的支架、外壳、透红外光窗口、配合工作的光学和电子部件、必要的致冷部件等构成,但具体结构种类繁多。本节先对红外探测器的分类进行大致介绍,然后重点论述热红外探测器件的原理及应用。

一、红外探测器的分类

红外探测器可按照不同的标准进行分类。如按工作温度分,可以分为低温(液氮温区以下,需要用液氢、液氖、液氮等进行冷却)、中温(195～200 K,需用热电致冷器冷却)和室温红外探测器,或分为致冷型和非致冷型红外探测器;按照响应波长范围,可分为近红外、中红外和远红外探测器及多波段红外探测器;根据用途可以分为成像型和非成像型红外探测器;根据结构,可以分为单元探测器和多元阵列探测器;按照响应元的材料,又可以分成气动红外探测器、固体红外探测器,或者具体到硫化铅(PbS)、锑化铟(InSb)、铟砷化镓(InGaAs)、汞镉碲(HgCdTe)等红外探测器。

从物理上看,按照响应元的响应机理,可以把红外探测器分成热红外探测器和光子红外探测器。前者利用红外线的热效应,通过探测红外辐射引起的温度变化实现对红外线的探测;后者则利用红外光子与物质中电子的相互作用,通过光电效应将红外信号转化成可测的电信号。下面先介绍热红外探测器。

二、热红外探测器的基本原理与特点

红外线最显著的物理效应就是热效应,由此可以将红外辐射信号转化成温度信号,再将

温度信号直接或间接转化成电信号，制成热红外探测器。事实上，赫歇尔首次发现红外线，就是利用了红外线的热效应，所使用的水银温度计，就是最原始的一种热红外探测器。

从原理上看，热红外探测器对红外辐射的响应可分成两个过程：第一个过程，热探测器响应元吸收红外辐射，由于红外辐射的热效应而导致响应元温度升高，温度升高的程度依赖照射红外线的功率，或者说响应元的温度随入射功率变化而变化；第二个过程，对由此引起的响应元温度变化进行探测，就是利用响应元的某种温度敏感特性，由温度变化引起其某种电学性质的变化，对电路中电信号产生调制，或者先由温度变化引起某种非电学量（例如气体压强或体积）的变化，再利用相应的传感器将此种变化最终转化成电信号。

虽然响应元的温度变化仅依赖吸收的辐射功率而与辐射的具体光谱分布无关，但由于其接收面的吸收率对光谱具有选择性，所以热红外探测器对不同波长的响应往往并不相同，其响应波段可以通过改变接收面的镀膜性质来选择，为了克服阳光闪烁和 4.2 μm 处的大气吸收峰，通常多选用红外长波段作为响应波段。

热红外探测器的灵敏度通常不如光子红外探测器，响应速度也较光子红外探测器慢，但它可以工作在室温下而无须致冷，具有体积小等优点，因此与光子探测器一样受到重视。

三、常见的热红外探测器

热红外探测器中响应元对温度信号的响应，既可以是非电学量，如体积（或压强），也可以是电学量，如热敏电阻的阻值、铁电晶体的自发极化强度、热电偶的温差电动势等，每种响应都可以制成一类热红外探测器，下面分别介绍。

（一）气动热红外探测器

气动热红外探测器又称气体热红外探测器，其原理是利用气体的热膨胀实现对温度的响应。由气体的状态方程，n 摩尔气体在保持体积为 V 的定容条件下，其压强改变 Δp 与温度变化 ΔT 之间的关系为：

$$\Delta p = nR\Delta T \qquad (6.4-1)$$

式中，R 为气体普适常量，$R = 8.31\text{J/(mol·K)}$。

而其温度变化 ΔT 与其吸热量（即接收到的辐射能量）之间的关系为：

$$\Delta T = \frac{Q}{nC_V} \qquad (6.4-2)$$

式中，C_V 是气体的等体摩尔热容，对确定的气体而言为常量。

可见，气体压强增加的大小与吸收的红外辐射能量成正比，据此可测量被吸收的红外辐射功率。利用上述原理制成的红外探测器叫气动热红外探测器。最早的气动热红外探测器由高莱（Marcel J. E. Golay, 1902—1989）在 1947 年制成，所以又称**高莱管**或高莱池。高莱管的结构如图 6.4-1 所示。

当吸收膜吸收红外辐射后，气室内氙气温度升高、压强增大，通过小管使得小管后侧柔镜发生形变，形变量与吸收的辐射能量相关。为了测量柔镜的形变量，在柔镜后侧镀有可见光反射膜，用一束可见光通过透镜光路照射到该反射面上，并在光路中插入一栅格状光阑，选择其位置使得当柔镜处于原始状态时，栅格中透过的光反射后恰被栅格的不透明部分挡住，或者说栅格及像恰好互补，光电管接收不到可见光。但当柔镜发生形变后，光阑的像发生位移，使反射光得以进入光电管，光电管接收到的信号强弱可反映光阑像的位移，也就反映了柔镜的形变量。

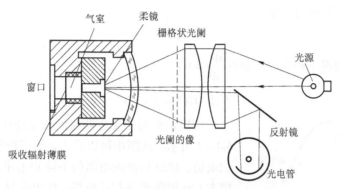

图 6.4-1　气动热红外探测器结构示意图

高莱管的响应速度较慢，若使用调制过的红外辐射，则使用的调制频率比较低，一般小于 20 Hz。

（二）测辐射热敏电阻

热敏电阻也可作为热红外探测器的响应元。热敏电阻对温度的依赖程度可用电阻温度系数来表征，该系数定义为升高单位温度时电阻值的相对变化，即：

$$\alpha = \frac{1}{R}\frac{\mathrm{d}R}{\mathrm{d}T} \tag{6.4-3}$$

式中，R 为电阻值，T 为电阻的温度。

对不同类型的电阻，温度系数 α 可以为正或为负，通常金属电阻的 $\alpha > 0$，称为正温度系数热敏电阻（PTC），而半导体电阻的 $\alpha < 0$，称为负温度系数热敏电阻（NTC），另外还有在升至某一温度时电阻会急剧减小的临界温度系数热敏电阻（CTR）。这里以热红外探测器中常用的金属氧化物半导体（如由锰、镍、钴的氧化物混合后烧结而制成的）NTC 为例。测红外辐射所用的热敏电阻常见结构如图 6.4-2 所示，其中电阻薄片的厚度大约为 10 μm，形状和大小视应用方便而定，通常为边长几个毫米的长方形或正方形。

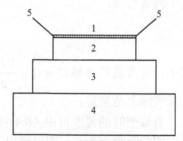

图 6.4-2　热敏电阻的结构示意图
1—黑化层；2—热敏电阻薄片；3—衬底；
4—导热基体；5—电极引线

对于这种半导体热敏电阻，实验发现其温度系数为：

$$\alpha = -\frac{\beta}{T^2} \tag{6.4-4}$$

式中，β 为由电阻自身参数决定的常量（单位为 K），量级通常在几千 K。

决定热敏电阻温度变化的，除接收的红外辐射功率外，还有接入电路后电流产生的焦耳热功率、环境温度和电阻的散热系数等因素。显然有下列关系：

$$IV + W_a - G(T - T_a) = C\frac{\mathrm{d}T}{\mathrm{d}t} \tag{6.4-5}$$

式中，W_a 为接收的辐射功率，T、T_a 分别为电阻温度和环境温度，V、I 分别为电阻两端的电压和电流（两者乘积即电热功率），t 为时间，G 为散热的热导，C 为电阻的热容量。

V、I 之间满足欧姆定律：

$$V = IR \tag{6.4-6}$$

无入射辐照情况下稳定时，最终 $\dfrac{dT}{dt} = 0$，

$$I^2 R - G(T - T_a) = 0 \tag{6.4-7}$$

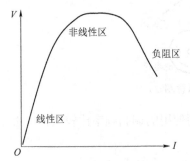

图 6.4-3 半导体热敏电阻的伏安特性

可以由此得出无辐照时的伏安特性，其形状大致如图 6.4-3 所示。从图中可以看出，其工作温度不能超过一定的限值，超过后会因电阻的下降和电流增大（焦耳热功率增大）互相促进引起正反馈，使电阻最终烧毁。通常工作范围应选择在线性区。

另外，从上述论述可知，即使无任何辐照入射，电阻的工作温度 T_1 也高于环境温度，其值由工作电压和电阻自身特性等条件决定，通常有辐照入射时，其温度在此基础上略有升高，但升高值不能太大，设为 ΔT。

所以焦耳热功率由无入射时的值增加 $\dfrac{d(I^2R)}{dT}\Delta T$，考虑到（6.4-7）式，可把（6.4-5）式改写为：

$$\frac{d(I^2R)}{dT}\Delta T + W_a - G\Delta T = C\frac{d(\Delta T)}{dT} \tag{6.4-8}$$

或者写成：

$$W_a - G_e \Delta T = C\frac{d(\Delta T)}{dT} \tag{6.4-9}$$

式中，等效散热热导 $G_e = G - \dfrac{d(I^2R)}{dT}$，考虑到工作中温度始终不远离无入射时的平衡温度，此量实际上是常量。

有辐照时的温度可由（6.4-9）式解出，例如若入射辐照为调制后的 $W = W_0 e^{j\omega t}$，而电阻对辐照的吸收率为 η，则可解出：

$$\Delta T = \Delta T_0 e^{-\frac{G_e}{C}t} + \frac{\eta W_0 e^{j\omega t}}{G_e + j\omega C} \tag{6.4-10}$$

前一项中 $\dfrac{C}{G_e}$ 可视作响应时间，在时间远大于响应时间后，第一项衰减为 0，温度随入射调制红外功率的变化而周期性变化。可见为提高响应速度，应减小电阻热容并提高热导。

温度的变化引起电阻变化，电阻变化可引起电信号的变化，其规律可由上述（6.4-3）（6.4-6）（6.4-10）结合测量电路的特点具体求解，例如若以一远大于热敏电阻阻值的负载电阻 R_L 与其串联后接入电路，并以热敏电阻两端的电压作为输出信号 V_s，则可解得其幅值为：

$$V_{s0} = \frac{I|\alpha|\eta W_0 R}{1 + (\omega^2 C^2 / G_e^2)^{1/2}} \tag{6.4-11}$$

R 为无辐照时热敏电阻在电路中的阻值，α 为在该温度附近的电阻温度系数。应用中测得 V_{s0} 则可反推出 W_0。

值得指出的是，热敏电阻不但可用作单元红外探测器，而且可以集成成线列或二维阵列，目前许多国家都已用热敏电阻材料研制出非致冷型的焦平面阵列器件。

（三）测辐射热电偶和热电堆

热电偶是利用温差电效应测量温度的，温差电效应又叫塞贝克（Seebeck, 1770—1831）效应。把逸出功不同的两种不同材料一端连接在一起并作为高温端，不相连的一侧作为低温端，则在低温端的两种材料之间产生电动势，若连接之则可以产生电流（如图 6.4-4 所示）。

塞贝克效应是不同材料内电子热扩散情况不同而造成的，产生的电动势称为温差电动势，该电动势的大小与热端与冷端的温差有关。

温差电偶常用纯金属、合金或半导体材料制成。例如用纯金属与合金制成的镍铬—镍铝、铜—康铜等热电偶也用于直接测温，被广泛用于测量 1 300 ℃以下的温度。而用作热红外探测器响应元的热电偶通常件用半导体材料制成，与金属和合金热电偶相比，具有灵敏度高、响应时间短等特点。

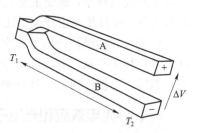

图 6.4-4 塞贝克效应示意图

热电偶的温差电动势依赖两材料之间的塞贝克系数和温差：

$$V_S = \alpha \Delta T \qquad (6.4-12)$$

此电压可直接用作输出信号，而无须另加偏置电压。上式中 α 依赖材料的选择，但通常 α 越大的材料，导热系数也越大，导致在同样强度的红外辐射下温差减小，所以选择材料时应同时考虑到塞贝克系数和导热系数。

实用中还可以将多个温差热电偶在电路中串联起来，同时使其有共同的热端和冷端温度，构成热电堆。此时输出信号变为 $V_S = N\alpha\Delta T$，N 为热电堆中热电偶的个数。

（四）热释电型红外探测器

有些类型的晶体（所谓极性晶类）材料中，由于晶胞内正负电荷不重合，以及晶胞的有序排列，导致整个晶体内电偶极矩之和不为 0，也就是产生所谓"自发极化"，使得晶体表面上产生极化的束缚电荷，表面间存在电势差，因为自发极化的强度跟温度有关，所以也称为热释电材料。

尽管晶体的自发极化跟温度有关，却不能由此静态地直接用来测量温度，因为静置足够长时间的热释电晶体，其表面上的束缚电荷总会吸引晶体内和环境中的杂散自由电荷，使表面上的电荷代数和为 0，电势差消失。但当热释电晶体的温度发生变化时，自发极化电荷随之快速发生变化，其弛豫时间可达 10^{-25} s，这远小于杂散电荷积聚所需要的时间，所以在动态条件下，可以测量自发极化电势差的变化，并因此得到温度变化和入射红外辐射的功率。

常见的用于热红外探测器的热辐射晶体，有硫酸三甘肽、钽酸锂和铌酸锶钡等。

第五节 光电效应与光子探测器

红外线具有波粒二象性，可视作光速运动的光子流，当其照射到合适的材料表面时，与紫外线、可见光一样，可以发生光电效应，即光子与材料中的束缚电子发生相互作用，使电子吸收光子后发生状态跃迁（或称为使电子受到激发）的效应。若电子跃迁后获得足够能量，从材料表面逸出，则为外光电效应，若激发出的电子（或空穴）仍保留在材料内部，则为内光电效应。利用红外光入射到响应元表面产生的光电效应，可制成光子红外探测器。它们一般具有响应速度快、灵敏度高等特点。由于单位入射辐射功率产生的光电信号与入射光子的波长有关，所以它们是对波长有选择性的器件。

光子红外探测器件有不同的分类方法：按电子（或空穴）跃迁情况的不同可分为本征红外探测器（本征半导体中电子吸收光子跃迁到高能态）、非本征红外探测器（掺杂半导体中施主电子跃迁到导带，或受主空穴跃迁到价带）、自由载流子探测器（不会由于跃迁导致载流子数目变化，而只是产生载流子迁移率变化）、量子阱或量子点红外探测器（用人工生长办法形成特殊的半导体结构使电子和空穴处在势阱内，在其中形成的量子化能级基态和激发态间跃迁）等；按工作模式分，则可分为光电子发射探测器、光电导探测器、光伏探测器、光磁电探测器等。下面按照后一种分类方法进行介绍。

一、外光电效应和光电子发射型探测器

这种类型的光子探测器利用的是外光电效应。外光电效应遵守爱因斯坦光电效应方程：

$$\frac{1}{2}mv^2 = h\nu - W \tag{6.5-1}$$

式中，$\frac{1}{2}mv^2$ 是光电子的最大初动能，h 为普朗克常量，ν 为入射光子的频率，W 为材料的逸出功，对金属材料而言，逸出功等于金属表面势垒高度（也称表面的亲和势）与电子费米能级之差：

$$W = E_A - E_F \tag{6.5-2}$$

显然，电子吸收光子能量后，至少需要从费米能级跃迁到表面势垒高度才能逸出，在各种散射损耗是 0 的情况下，剩余的能量（表现为逸出的动能）最大，由能量守恒即得上式。严格地说，由于绝对零度以上时，金属内部电子并不都处于费米能级，而是有高于费米能级的电子分布，所以光电子初动能有大于上式的概率，但事实上常温时这种概率是非常低的。

由爱因斯坦方程可知，对确定的材料，存在着一个红限频率 $\nu_0 = W/h$，当频率低于此值（或者说波长大于红限波长 $\lambda_0 = c/\nu_0$）时不会有外光电效应发生。对纯金属材料而言，红限频率都处在紫外和可见光波段（逸出功最小的金属材料铯，其红限波长大约为 0.64 μm），而不能用于红外探测。

但对于半导体，逸出功等于电子从发射中心激发到导带底部的最小能量和从导带底部逸出的能量之和，即本征半导体：

$$W = E_g + E_A \tag{6.5-3}$$

式中，E_g 为禁带宽度。

掺杂半导体：

$$W = \Delta + E_A \tag{6.5-4}$$

式中，Δ 为施主能级到导带底的能量差。

半导体的电子表面亲和势可以很小（甚至可以做出所谓负表面亲和势的材料），所以其逸出功可以较小，外光电效应的红限波长可以扩展至近红外区，例如 GaAs 光电阴极材料的红限波长为 0.89 μm，银氧铯阴极材料的光谱响应范围可覆盖 0.3～1.2 μm。

最常见的光电子发射探测器件有光电管和光电倍增管。

二、光电导效应和光电导型探测器

当光照射半导体材料时，由于材料吸收外来的光能而使材料内部载流子浓度增大，从而使半导体材料的电导率增大，这种效应称为光电导效应。具有光电导效应的物体称为光电导体。利用光电导效应制成的光探测器称为光电导探测器。光电导效应是一种内光电效应，这是因为入射的光子在材料中直接转变为传导电子，而使材料的电导率发生变化。由于材料对光的吸收可分为本征型和非本征型，所以光电导效应也有本征型光电导效应和非本征型光电导效应。对于本征型光电导，入射光子能量大于材料禁带宽度，使电子从价带跃入导带产生电子—空穴对。对于非本征光电导，入射光子能量激发杂质半导体中的施主或受主，使它们电离，产生光生自由电子或自由空穴，从而增大材料的导电率。

光电导探测器按晶体结构可分为单晶和多晶两类。单晶类中常见的有锑化铟（InSb）、汞镉碲（HgCdTe）等。多晶类的代表是硫化铅（PbS）光电导探测器，它是最早被用于导弹制导系统中的红外探测器，也是被广泛地应用于许多空空、地空导弹制导系统中的红外探测器。

典型的光电导探测器在电路中的连接如图 6.5-1 所示。它在图中相当于电阻 R_d。当光经过调制后照到探测器上时，其阻值 R_d 发生变化，因而在负载电阻 R_l 两端的电压也随之变化，通过耦合电容 C 可将信号输至前置放大器。

当红外线照到探测器上时，若 R_d 发生 ΔR_d 变化，则输出信号电压为：

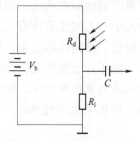

图 6.5-1 光电导探测器在电路中的连接

$$V = -V_b \frac{R_l}{(R_l + R_d)^2} \Delta R_d \quad (6.5-5)$$

容易证明，当 $R_l = R_d$ 时，信号电压最大。

三、光伏效应和光伏型探测器

当光照射 PN 结时，只要光能量大于材料的禁带宽度，则无论在 p 区、n 区或结区都会产生电子—空穴对。那些在结附近 n 区中产生的少数载流子由于存在浓度梯度而要扩散。只要少数载流子离 PN 结的距离小于它的扩散长度，总有一定概率扩散到结界面处。它们一旦到达 PN 结界面处，就会在结电场作用下被拉向 p 区。同样，如果在结附近 p 区中产生的少数载流子扩散到结界面处，也会被结电场迅速拉向 n 区。结区内产生的电子—空穴对在结电场作用下分别移向 n 区和 p 区。如果外电路处于开路状态，那么这些光生电子和空穴积累在 PN 结附近，使 p 区获得附加正电荷，n 区获得附加负电荷，使 PN 结获得一个光生电动势。这种现象称为光伏效应。光伏效应也属于内光电效应。根据选用材料的不同，可分为半导体 PN 结势垒、金属与半导体接触势垒、异质结势垒等多种结构的光伏效应。

依据光伏效应制成的光探测器称为光伏探测器。根据光伏探测器外加偏置与否,可分为光电二极管、光电三极管和光电池。光电二极管和光电三极管都是结型器件,在它们内部具有内建电场形成的势垒。当光照射这些器件时,光生电子—空穴对被内建电场分开而形成光生电动势。

光电二极管和光电三极管是可见光、近红外光波的主要探测器,由于它们具有高频性能好、量子效率高、灵敏度高、偏置电压低、功耗小、线性范围大、体积小,重量轻和价格便宜等一系列优点,因此在光电系统中越来越被人们所利用,雪崩二极管甚至可与光电倍增管相媲美。

常用的光伏探测器有锑化铟(InSb)光伏探测器和汞镉碲(HgCdTe)光伏探测器。锑化铟(InSb)光伏探测器是在 3~5 μm 波段内最常用的高性能红外探测器,它已被应用于全向攻击型的许多红外制导导弹上。

四、光磁电效应和光磁电型探测器

将半导体响应元置于强磁场中,入射光子流激发产生的载流子(电子—空穴对)浓度在其内部形成梯度分布,并因此发生浓度扩散,在扩散过程中受到强磁场洛伦兹力作用而偏转,积累于表面而在表面间形成电势差,称为光磁电效应。显然,其他条件一定时光磁电电势差的大小与入射光强度有关,所以也可以用于红外光电探测。但由此制成的探测器芯片需要磁场装置,结构比较复杂,所以不常用。

除了光子型单元探测器件以外,光子型的探测器件也可以集成为阵列。如光子型红外焦平面阵列正在发展中。但目前的光子型红外焦平面阵列器件都需要致冷,造价较热敏电阻型的红外焦平面阵列昂贵。

第六节 红外光学系统的一般概念

大多数热辐射目标均为非定向辐射,这些目标产生的辐射能量在很宽的立体角内传播。因此灵敏面不大的探测器,只能接收到目标辐射极少的能量。

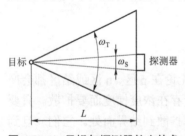

图 6.6-1 目标与探测器的立体角

如图 6.6-1 所示,若点目标的辐射亮度为 I(定义为:辐射源在单位面积上向单位立体角内发出的辐射功率,单位为 $W \cdot cm^{-2} \cdot sr^{-1}$),与探测器之间的距离为 L,则目标辐射的总功率:

$$P_T = I \cdot \omega_T \quad (6.6-1)$$

式中,ω_T 为目标辐射均匀分布的立体角。而入射面积为 S_T 的探测器接收到的辐射功率为(不计大气衰减):

$$P_S = I\omega_S = IS_T/L^2 \quad (6.6-2)$$

显然

$$P_S = I\omega_S = \frac{P_T}{\omega_T}\omega_S = \frac{\omega_S}{\omega_T}P_T \quad (6.6-3)$$

当距离很大时,$P_S \ll P_T$,这将严重地限制对目标的探测距离。从表面上看,增加探测器敏感面积可以提高探测能力，但这将使探测器的性能大大降低，因此不得不另寻其他途径。在红外探测系统中，解决这一问题的方法是采用光学聚焦系统。

在红外探测系统中，光学聚焦系统的任务就是聚集从目标来的辐射能，并将它传送给探测器。同时要求聚焦系统在目标距离发生变化的一定范围内都能保持良好的像质。

如图 6.6-2 所示，如果在探测器前放一聚焦透镜，并使探测器位于透镜的焦点上，由于透镜的汇聚作用，将使探测器对目标所张的立体角增加为 ω_F，使入射功率增加为：

$$P'_S = \frac{\omega_F}{\omega_T} P_T = kP_S \quad (6.6-4)$$

式中，$k = \omega_F/\omega_S$ 称为聚焦系统的放大系数，其值通常为 25～5 000。

通常的红外光学系统是望远系统。望远系统最重要的部件是望远物镜，红外系统的物镜通常具有口径大、视场小的特点。红外物镜常可分为反射式、折射反射式和折射式三种类型。目前红外光学系统的物镜采用反射式的较多，这是因为在红外波段内既能有高透过率，又能满足各种物理、化学和机械特性的红外光学材料不多，因而要设计一个能消色差的折射系统比较困难。反射系统无色差，口径可做得较大。大多数红外反射式光学系统是在天文学家们设计的古典反射系统的基础上发展起来的。图 6.6-3 所示为导弹上常用的红外反射式光学聚焦系统，图中最左边是一个半球形的同心球面透镜，为导弹的头部外壳，称为整流罩。它具有有良好的空气动力和光谱滤波特性。

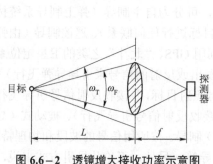

图 6.6-2　透镜增大接收功率示意图

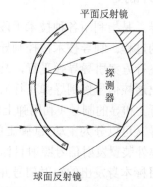

图 6.6-3　反射式聚焦系统

第七节　红外技术在军事上的应用

被发现并确认为电磁波近一个世纪以后，红外辐射才真正获得实际应用，首先注意到其应用价值的就是军事部门。红外技术在军事应用方面有很多独特的优点，如：由于红外辐射不可见，可以避开敌方的目视侦察；可以昼夜使用，特别适合夜战需要；利用目标和背景辐射特性的差异，可以识别各种军事目标，特别是能揭示伪装的目标，等等。因此早在第一次世界大战期间，人们就开始研制各种红外信号闪烁器、红外搜索装置等器材，尝试用于战争，初步显示出了红外技术的军用潜力。

第二次世界大战前夕，德国首先研究出红外变像管并将其用于战场侦察。此后的战争期间，德美等国开始大力研究红外辐射源、红外望远镜、红外探测器等各种红外装备。战后各军事大国普遍重视军用红外技术的发展，使红外探测技术取得了长足进步，军用红外技术的应用越发广泛。如美国"响尾蛇"导弹上的红外制导装置、U-2间谍飞机上的红外相机等，代表着20世纪五六十年代军用红外技术的发展水平。

此后，以前视红外装置为代表的红外装备继续迅猛发展，并在海湾战争中得到了充分展示。广泛应用红外夜视装备进行夜间作战，是那次战争的最大特点之一。在作战一方的多国部队中，广泛装备了夜视装置，如仅美军第二十四机械化步兵师一个师装备的夜视仪就达上千套，各种装有先进热成像系统的武器装备，像美军F-117隐形战斗轰炸机、"阿帕奇"直升机、F-15E战斗机、英国"旋风"GRI对地攻击机等，也被大量投入作战，并取得显著战绩。例如，在前视红外装置的帮助下，曾创造过2架F-15E战斗机发射16枚激光制导导弹，弹无虚发地摧毁16辆坦克的战例。红外夜视和光电装备的优势，使多国部队在战争全程中掌握了绝对的主动权。

进入新世纪以来，军用红外技术继续迅速发展，在军事上日益占有举足轻重的地位。由于红外技术装备与可见光装备和微波雷达等相比具有不可替代的独特优势，使得红外成像、红外侦察、红外跟踪、红外制导、红外预警、红外对抗等，在现代和未来战争中都成为重要的技术手段。本节对红外技术在军事领域中的应用进行介绍，重点介绍红外制导、红外夜视技术的原理与应用。

一、红外制导

所谓制导，是指利用各种技术手段控制飞弹的飞行方向、姿态、高度和速度，引导其准确命中目标的过程。制导技术按控制导引方式的不同，可分为自主制导（弹上制导系统按照预先拟定的飞行方案引导导弹飞行，无须与指挥站及目标进行任何联系）、遥控制导（由弹外的制导站发出遥控信号控制导弹飞行）、卫星制导（利用GPS、"北斗"之类的卫星定位系统引导导弹飞行）和寻的制导（利用弹上设备接收目标发出或反射的信号来引导导弹飞行）等，其中寻的制导又可以分为主动式（弹上的装置发射信号照射目标，并接收反射信号引导飞行）、半主动式（弹外装置发射信号照射目标，导弹导引头接收反射信号引导飞行）、被动式（导弹导引头接收目标本身发出的辐射信号并用以引导飞行）制导。按所用信号的波段和物理特性，又可以分为雷达制导、电视制导、红外制导、激光制导等。另外，无论从导引方式来说，还是按工作波段来说，都可以在导弹飞行的不同阶段分别或同时采用多种制导手段，称为复合制导。采用多种工作波段制导的，又称为多模制导。

红外技术用于制导，通常是用在遥控制导和寻的制导中。由于红外辐射的具体特性，红外寻的制导通常采取被动式或半主动式，即利用目标本身发射的红外辐射信号，或者利用弹外红外辐射装置照射目标后的反射红外信号，来引导飞弹飞行并命中目标，大致可分为非成像红外制导和成像红外制导。另外，红外激光制导也可纳入红外制导的范畴。

（一）视线指令红外制导

实际上属于遥控制导的一种，采用光学瞄准、红外跟踪、导线传输指令的半自动制导方式。法国、德国的米兰（Millan）和霍特（Hot）及其改进型，美国的陶式（Tow）及其改进型，瑞典的比尔（Bill），日本的重型马特（MAT），以及我国的红箭-73B/C和红箭-8等型号的导弹都属此类。

例如欧洲导弹公司（由法国航天航空公司战术导弹部和德国MBB公司组成）研制的米

兰反坦克导弹作战时，射手直接使用可见光瞄准具或将热像仪耦合到可见光瞄准具对目标进行瞄准后发射导弹，导弹飞行中一边向后抛放导线，一边由其尾部信标向后发出 2.2 μm 的红外辐射，射手处的红外测角仪据此信号测出导弹与目标瞄准线偏差，并由此产生控制信号，经导线传至弹上的飞行控制机构，控制导弹修正飞行偏差，直至命中目标。在改进后的米兰－3型导弹中，尾部信标采用脉冲氙灯，并在发射前将氙灯与控制装置上的鉴别器进行耦合同步，可有效防止干扰。

（二）红外点源寻的制导

红外点源寻的制导又称热点式制导，在采取此类制导方式的导弹中，弹上红外位标器（导引头）对目标红外特性进行探测时，目标与背景相比张角很小，把探测目标作为点光源处理，利用空间滤波等背景鉴别技术，把目标从背景中识别出来，得到目标的位置信息，达到跟踪目标的效果。图 6.7-1 所示为红外点源寻的制导导弹组成框图。

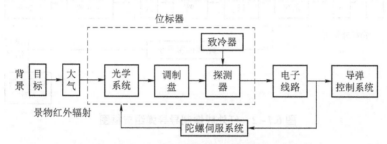

图 6.7-1　红外点源式制导导弹组成框图

此类制导方式历史最为悠久，从美国 1948 年研制的"响尾蛇"导弹即开始采用，至今已发展了三代：第一代以美国的"响尾蛇"AIM-9B、俄罗斯的 K-13 和 SAM-7 等导弹为典型代表，采用非致冷硫化铅探测器，工作波段为 1～3 μm，导引头只能探测飞机的喷气式发动机尾喷管的红外辐射。第二代有英国的"红头"（Red Top）、美国的"响尾蛇"AIM-9D 和法国的玛特拉 R530 等导弹为典型代表，工作波段为 3～5 μm，探测器采用致冷技术，光敏元件为锑化铟探测器。此种导弹导引头可以同时探测喷气式发动机尾喷管和发动机排出的 CO_2 废气的红外辐射，甚至可以敏感机体蒙皮温度升高产生的红外辐射。第三代的典型代表有美国的"毒刺"和"响尾蛇"AIM-9L/M、法国的"魔术"R550 和以色列的"怪蛇-3"等导弹，其红外制导系统普遍采用了高灵敏度的致冷锑化铟光敏元件，对光信号采取了新的调制方式，并具有自动搜索和自动截获目标的能力，可以在近距离内全向攻击高机动能力目标。"毒刺"导弹曾在阿富汗反抗苏军入侵的战场上战果卓著，在 2001 年的阿富汗战争中又成为对美军的威胁。

与雷达制导等相比，红外点源制导的优势在于：系统体积小、质量轻、造价相对便宜；分辨率和制导精度高；无源探测，工作隐蔽，不易受电子干扰；不受多路径效应影响，可以探测低空目标。但其工作原理也决定了其固有的不足，主要是抗干扰能力较差，无法排除张角较小的点源红外干扰或复杂的背景干扰，且容易被曳光弹、红外诱饵和其他热源诱惑而偏离和丢失目标，也没有区分多目标的能力，影响导弹作战效率；此外，红外点源寻的制导作用距离有限，所以一般只用作近程武器的制导系统或远程武器的末制导系统。

(三) 红外成像寻的制导

红外成像制导系统是根据所探测目标与背景之间不同的热辐射效率，利用红外探测器描绘出温差图像，据此实现对目标的识别与追踪。即其弹上探测器实为一种红外摄像头，探测时将目标按扩展源处理，摄取目标及背景的红外信息得到数字化图像，经图像处理和图像识别后，区分出目标、背景，识别出要攻击的目标，跟踪处理器按预定方式跟踪目标图像，并把误差信号送到摄像头跟踪系统，控制摄像头继续瞄准目标，同时通过弹上的飞行控制机构控制导弹的飞行姿态，使导弹飞向选定的目标。系统框图如图 6.7-2 所示。

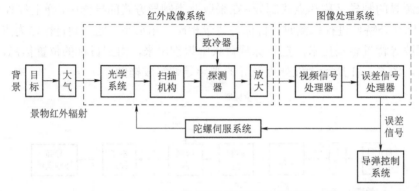

图 6.7-2 红外成像制导导弹组成框图

红外成像制导导弹从 20 世纪 70 年代开始研制，当时多采用多元线列探测器和旋转光机扫描器相结合的方法，实现探测器对空间二维图像的读出，采用并扫或串并扫扫描体制。新一代型号则去掉了光机扫描红外器件而采用扫描或凝视红外焦平面器件。前者以美国 AGM-65D/F 幼畜空地（空舰）、AIM-132 空空及远程攻击型 AGM-84E 斯拉姆（SLAM）等导弹为典型代表，这些型号曾在海湾战争中大显身手。后者则以美国"坦克破坏者"（Tank Breaker）、欧洲的 ASRAAM、美国"响尾蛇"后续型 AIM-9X、以色列的"怪蛇"-4/5、法国麦卡空空导弹等为代表。其中"响尾蛇"AIM-9X 空空导弹是美国海、空军于 1992 年开始研制的"响尾蛇"AIM-9L/M 后续型导弹，2002 年才开始装备部队，采用 128×128 元、3～5 μm 中波凝视红外成像导引头和低成本微型信号处理电子线路技术，具有在发射之前锁定目标和发射后不管的能力，并可与国际视觉系统公司的联合头盔指示系统（JHMCS）联用，显示由雷达等传感器探测到的目标信息和导弹导引头信息，该型导弹正处于初期生产阶段，计划到 2018 年生产约 10 000 枚。

与遥控制导等其他导引方式和雷达、可见光制导及红外点源寻的制导相比，红外热成像制导不但适应性强、可准全天候作战，而且具有较强的探测灵敏度、制导精度和抗干扰能力，可以实现发射后不用管。

但是，红外成像制导系统的热图像只相当于单目观察而无立体感，其显示的热图像实质上只是一幅单色辐射强度的分布图，因此在目标与干扰物的图像重叠时，不能根据图像灰度辨认出目标和干扰物。另外由于雨水对红外的吸收作用较强，此类制导技术实际上也很难实现真正的全天候使用。

（四）红外激光制导

所谓激光制导，是指制导中使用激光作为信号载体。如所使用的激光在红外波段，则也可以纳入红外制导的范畴。由于作战中很难捕捉到敌方激光信号，被动式激光寻的制导难以实现；另外激光发射、接收装置都置于弹上的全主动式红外激光制导目前也很难实现，所以现采用的多是半主动寻的方式，即激光发射装置设在弹外（地面、车船或飞机）的指挥站，而接收目标反射激光信号的接收装置在弹上的导引头中。

如美国的"海尔法"反坦克导弹即为一种典型的半主动式激光红外制导导弹。"海尔法"又称"地狱火"，其基本型 AGM—114A 使用半主动激光导引头，装备美国陆军，其改进型 AGM—114B/C/D 除半主动激光制导外，还有射频/红外和红外成像两种导引头选择，美国陆军、海军和海军陆战队都已列装使用。图 6.7-3 为战车发射红外激光制导"海尔法"激光制导导弹。

红外激光制导还有一种被称为"驾束制导"的工作方式：用激光波束瞄准目标后发射导弹，并使导弹位于波束中心，在导弹飞行过程中，激光光束始终跟踪和对准目标，而安装在导弹尾部的激光接收器不断接收激光辐射，一旦导弹偏离光束中心，接收器接收到的激光信号将发生变化，导弹控制系

图 6.7-3 "海尔法"激光制导导弹发射

统根据由此产生的偏差信号不断修正导弹飞行偏差，直至命中目标，好像导弹"驾"着激光束飞行一样。此种制导方式要求激光束与导弹的发射方向严格配合，因此具有较高的技术难度，但整个制导系统小巧轻便、机动性好。

目前红外激光制导已经应用在不同类型不同用途的精确制导武器中，包括：制导炸弹，最著名的如"宝路石"系列，其最新型为 EGBU-12"宝路石"Ⅱ型，法国的"马特拉"激光制导炸弹也属此类；制导导弹，如前所述；制导炮弹，如美国的"铜斑蛇"系列和俄罗斯的"红土地"系列。

另外，在红外制导武器中还有一类用来攻击敌方大规模目标（如坦克集群或机场跑道等）的红外末敏弹，即在弹道末端能够探测出目标方位并使战斗部朝着目标方位爆炸的炮弹。它通常采取子母弹结构，利用"母弹"（可以是炮弹、火箭、飞机撒布器等）运载"子弹"，在到达目标上方时，母弹将子弹释出，子弹在制导系统引导下自动探测、识别和攻击目标。典型的如美军的"斯基特""萨达姆""大黄蜂"等。

红外制导武器的发展趋势，一方面是由非成像红外制导向成像红外制导发展，另一方面其工作波段正由近红外、中红外向远红外发展，并与其他波段（紫外、可见光、毫米波）互相配合，由单一工作波长的"单模"模式向多波长的"多模"模式发展。

二、红外夜视

红外夜视有助于人们在黑暗中观察景物。根据不同的需要可制成不同的红外夜视仪器，例如红外瞄准仪供步枪、机枪、火炮等在夜间瞄准用；红外驾驶仪用在各种装甲车辆上，驾驶员可借助于这种仪器观察前进道路和地物；红外观察仪用于夜间军事行动时发现目标，等等。夜视技术的发展在军事上形成了"制夜权"的概念。拥有夜视技术优势的一方，能在隐蔽处掌握敌方的信息，从而能有效地指挥、联络，能有效地打击敌人，并使敌方的夜战能力受到压制。例如：

1982年的英阿马岛战争,英军于5月20日夜间在马尔维纳斯群岛发起登陆作战。

1983年10月25日美军入侵格林纳达,1986年4月15日美军空袭利比亚,1989年12月20日美军入侵巴拿马,均是选择在漆黑的无月之夜开始行动的。

1991年1月17日2时40分,以美国为首的多国部队向伊拉克发动大规模空袭,揭开了海湾战争的序幕。2月24日4时,多国部队乘夜色向伊拉克发起大规模地面进攻。

2002年2月,美国在阿富汗某山区发起了"蟒蛇行动",整个行动以夜间作战为主。

美军及其盟军的一些本来不擅长夜战的部队之所以选择在夜间或凌晨发动攻势,主要是因为他们拥有高技术兵器和先进的夜视器材,使其在夜间作战中处于主动地位。因而由不擅长夜战转而高度重视和充分利用夜暗环境作战。美军认为,"在夜间能见度不良的条件下持续战斗,这对获得指挥主动权,战胜装备较差和不大适应在夜暗条件下作战之敌,具有决定意义"。人们从近几次高技术局部战争中认识到,制夜权对于赢得胜利的作用已上升到与制海权、制空权和制天权同等重要的地位。

红外夜视仪分为主动式和被动式两种。主动式红外夜视仪工作时,利用红外探照灯主动照射目标,并将反射情况通过红外变像管转变为人眼可见的图像。所谓红外变像管,是将红外图像直接变换为可见光图像的器件,它接收红外辐射,聚焦到管一端的光电阴极(例如银氧化铯材料)上,利用外光电效应发射光电子,然后利用加速和聚焦电场(称为"电子透镜")控制电子轰击荧光屏成像。变像管的工艺很成熟,造价低廉,主动式红外夜视仪视野场景反差大、闪烁小、成像清晰,但红外光源造价较高、比较笨重,限制了其使用;另外,其主动发射的红外辐射易被敌方侦知,隐蔽性较差。

被动式红外夜视仪不主动发射红外线,只是利用目标自身的红外热辐射成像,因此又称为"热像仪"。它能发现和识别经过一定伪装的目标,隐蔽地实施昼夜观察,具有较高的抗干扰能力,但其作用距离受气象条件影响较大;另外,早期造价较高曾影响了其应用,现造价降低,应用范围正在迅速扩大。

除用于制导和夜视外,红外技术还被用于战场侦察,用来探测采取了其他波段隐身或伪装措施的目标;用于红外通信,与微波手段相比,红外通信具有更好的方向性因而不易被敌发现和侦听;用于红外预警系统,等等。这里不一一列举。

第八节　红外对抗技术原理

"矛"与"盾"总是在互相竞争中促进着对方的发展。随着红外技术的飞速发展,采用了军用红外技术的武器装备进攻效果越来越突出,美国国防部的研究表明,在1975年到1985年十年间,历次局部战争中被炮火(导弹)击中的飞机90%以上是由红外导弹所致;在海湾战争多国部队的战机总损失中,被红外制导导弹击落的也占到90%以上。为了应对红外武器这种日益严重的威胁,提高己方装备和人员的生存能力,各国军队都高度重视对红外武器装备的防守和对抗,红外对抗技术因此迅速发展起来。

红外对抗是指在战争中,敌对双方互相用多种手段破坏敌方红外装备,或采取诱骗、干扰、压制等措施消减其效能,同时以各种措施防止敌方对己方的此类破坏和消减,保证己方红外装备正常工作的对抗过程。它是广义的电磁对抗在红外波段的体现。

红外对抗的最主要手段是对敌方各种红外探测设备进行干扰,包括红外有源干扰和红外无源干扰。本节对此分别进行论述。

一、红外有源干扰

红外有源干扰是指利用各种装置主动发出红外辐射照射敌方探测设备，从而干扰其工作或破坏其设备。一般采用红外干扰弹和干扰机、定向红外对抗装置和激光致盲设备等。

（一）红外干扰弹

红外辐射干扰弹由侦察机上的照明闪光弹发展而来，它发射后能通过燃烧等过程发出模拟各种目标的红外辐射，利用点源式制导系统只跟踪视场内最强的辐射中心的原理，使制导系统将闪光弹误认为目标，以保护真正的目标。随着红外导弹采取双色传感器等技术识别假目标能力的提高，红外干扰弹也发展出了多波段辐射等类型。

目前常见的红外干扰弹的辐射波段在 $1\sim3~\mu m$、$3\sim5~\mu m$ 和 $8\sim12~\mu m$。例如德国研制的 130 mm "巨人"（Giant）红外干扰弹含有 5 个诱饵，被舰载发射装置发射后分别在距舰艇不同距离处点火燃烧，从而模拟出舰艇的多光谱红外特征；美国的"海尔姆"红外干扰弹，从舰载发射装置发射后，由降落伞降落到海面后展开，单个干扰弹即能模拟大型舰船的辐射密度；改进后的"海尔姆"Ⅱ型干扰弹能提供更长的覆盖时间和更强的辐射输出。

今后红外干扰弹的发展趋势，一是发展能够模拟飞机尾焰多波段光谱特性和空气动力特征的新型干扰弹；二是开发发射后能够随超音速飞机飞行而不致流失的红外干扰弹；三是扩展干扰弹的光谱波段范围，使其能适用于对付采取多模制导技术的导弹。

（二）红外干扰机

红外干扰机是另外一种常见干扰设备。它由红外辐射源（电热石墨棒、大功率铯灯或氙灯、燃油加热陶瓷棒等）、离合开关调制器和光学发射系统组成，能够发送经过调制的强红外辐射脉冲，降低甚至破坏红外导引头获取目标红外信息的能力，使其跟踪失败。

与红外干扰弹相比，红外干扰机的特点在于其能连续工作和重复使用，具有较宽的干扰视场和较好的隐蔽性，尤其是对低辐射强度的目标具有很好的防护能力。

目前国外现役的红外干扰机型号繁多，较新型和典型的如美国的"斗牛士"机载红外干扰机、MIRTS 机载红外干扰机及英国的 BAE 机载红外干扰机等。

红外干扰机今后的发展趋势，一是功率更高和波段更宽；二是发展调制频率可变、自带指令系统的新型干扰机，扫描速度更快更智能；三是装置进一步一体化和小型化。

（三）定向红外对抗

定向红外对抗，即在发现红外制导导弹来袭后，发射能量集中的高强度红外光束（可以是非相干光束，也可以是激光光束）照射来袭导弹的导引头，使其跟踪失败。

例如，美国 Northrop 公司研制的"萤火虫"定向红外对抗系统，使用氙灯作为红外干扰光源，以与光源设置在同一转塔架上的 256×256 元红外焦平面阵列作为导弹逼近告警系统，跟踪精度约 0.05 度，干扰光束宽度不大于 6 度。为了更好地对付成像型前视红外传感器制导的导弹，目前正研制采用激光光源的定向红外对抗系统。

（四）激光致盲技术

使用激光致盲技术的设备属于广义的"激光武器"的一种，是一种实施主动攻击的光电干扰设备。它利用光电侦察或激光雷达等手段发现攻击目标，确定目标大致方位后，利用精

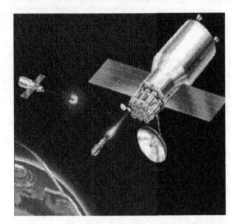

图 6.8-1 美国天基激光致盲武器效果图

密瞄准跟踪装置捕获和锁定目标，然后引导光束控制装置发出激光光束，破坏敌方导弹引导头或其他光电探测设备，使其永久"致盲"。

要使目标"致盲"，需要一定功率密度的激光照射一定时间，所以实现激光致盲的关键在于提高脉冲激光器的功率；另外，为使激光精准地对准目标发射并积累一定的时间，还需要一个高精度和高稳定性的伺服平台。

20 世纪 90 年代，美国曾提出研制激光致盲武器用于反导系统的计划——"红外对抗计划"。图 6.8-1 是美国天基激光武器致盲导弹效果图。

二、红外无源干扰

红外无源干扰又称消极干扰，指不主动发射红外辐射，而通过一定手段来削弱或改变己方目标红外辐射特性，或在目标周围采取遮蔽、烟雾等其他装置来改变可能为敌方所探测到的红外特征，达到对敌干扰目的。主要包括红外隐身和红外烟幕等。

（一）红外隐身

红外隐身是指通过改变己方目标外形、表面特征乃至内部温度等手段，降低目标的红外辐射强度或改变其波长，降低其被敌方探测发现概率的技术。红外隐身的具体措施包括：

1. 降低目标的辐射温度

例如，喷气式飞机的喷口在加力燃烧时，温度可达 800~1 000 K。这是一个极好的红外源。为减少其辐射，早年在飞机喷口处附加辐射系数较低的红外抑制器，隐蔽高温喷口，以较大面积的低温辐射来代替面积较小的高温辐射，还可利用涡扇发动机代替涡喷发动机以降低发动机及其尾焰的温度，或使用特殊燃料降低温度等。当目标为 $1 m^2$、1 000 K 时，其总辐射功率为 $5.67×10^4$ W，$3~5\ \mu m$ 的辐射功率为 $1.95×10^4$ W，如将目标变为 $2 m^2$，平均温度为 600 K，其总辐射功率为 $1.47×10^3$ W，$3~5\ \mu m$ 波段中的辐射功率为 $3.4×10^3$ W。后者在 $3~5\ \mu m$ 波段的辐射功率只有原来的 1/5 左右。这对点源探测来说是很好的对抗措施。而对热成像系统来说，由于最小可分辨温差与空间分辨率间是非线性关系，当表观温差，即目标—背景温差经大气衰减后到达热像仪处的温差提高时，相应的空间分辨率也提高，也就是说对同样目标的观察距离随之增加。但当温差增大到一定程度后，曲线迅速上弯，相对应的空间频率增大极少，这时限制观察的不是温差，而是系统的空间分辨能力。因此对热成像系统来说，降低辐射温度在上述"一定程度"之内是有效的，在"一定程度"之外却意义不大。特别是前述以增大目标面积来降低温度的途径，有时反而会带来更易暴露的结果。因为目标面积的增大意味着对应空间频率的降低，相应所要求的最小可分辨温差也减少，如果这时降低后的温差仍能满足要求，则增加了观察的可能。

由上述的讨论可以得到一些有用的启示：

（1）对点目标探测系统来说，降低目标源的温度，甚至以增大目标面积来降低目标源的温度都是有效的对抗手段。

（2）对于热成像系统来说，降低目标源的温度一般来说是有效的，但在"一定程度"以外，降温将没有多大的意义。

（3）对于热成像系统，应慎用增加散热面积以降低辐射温度的方法作为减少辐射的措施，因为有时会带来相反的效果。

（4）对机动目标来讲，分散的散热不如集中的高温散热，这是由于热成像系统空间分辨率存在实际极限，只有当目标大于瞬时视场时才会被发现。

2. 利用选择性材料的涂层

对于机动目标，内部必然存在热源，要将产生的热量传输出去，辐射将是不可避免的一种形式。但如何才能既形成辐射，又不被红外仪器所发现呢？为此提出了选择辐射涂料的方案。

由于大气吸收特性的限制，非"窗口"的辐射将能很快被大气所吸收。如能研制一种具有非窗口选择性辐射的材料涂敷在目标上，减少窗口的有效辐射，便可减少被红外系统发现的可能性。最常用的方法就是利用伪装涂料，为适应瞬息万变的战场环境，新型的红外伪装涂料考虑从电致变色、热致变色、光致变色等材料中开发研制，使其具有模拟植物背景全天热特征的特点，且反射特性和辐射特性可以随着空间和时间而变化。

另外，也提出了利用干涉原理，配制非"窗口"选择性的多层增透膜的方案。对于可见光的干涉膜通常要求精度很高，如 $\lambda/4$ 或 $\lambda/2$ 的单层膜的厚度为 $0.15 \sim 0.3~\mu m$，而对 $10~\mu m$ 的红外光波，其波长相当于可见光波长的 20 倍，要求膜层厚度达 $3 \sim 5~\mu m$，这样膜的配制要容易得多。可见这是一种有希望的方法。

3. 改变自身的热外形

红外热成像技术有许多优点，但也存在两个缺点：

（1）不论是直视还是电视的热图像，只相当于单目观察而无立体感，加之热图像与可见光图像的差异会给目标判别带来一些困难；

（2）显示的热图像不论是什么颜色，实质上只是一幅单色辐射强度的分布图，也将给识别带来困难。

由于上述两个缺点，人们在观察热图像时主要是通过目标的几何外形来加以识别。因此可通过改变目标的热外形，包括几何外形，形成与背景类似的热分布特性，使之融合在背景中，达到更难以察觉的目的，这也就是所谓的热伪装、热迷彩。目前采用的方法主要有：带隔热层的伪装网；红外掩蔽泡沫；按热迷彩要求涂布吸红外辐射漆或散热漆等。

总之，文学作品中完全透明的"隐身"是绝对不可能的，而一味地减小辐射、降温以致辐射低于背景辐射时，也不能实现隐身，反而形成黑目标，使目标更容易被发现。因此，所谓热隐身只可能是模拟背景辐射的特性，包括图案及辐射量。

（二）红外烟幕

红外烟幕分为散射型和吸收型两种。散射型烟幕是由无数个小灰体组成的固体悬浮颗粒云，它们较长时间悬浮在空中，除了对入射光略有吸收外，主要是把入射光散射到各个方向。而吸收型烟幕的每个小颗粒相当于一个小黑体，能够强烈地吸收军用目标发出的红外线，当然，这会使烟幕颗粒的温度升高而发射红外辐射，但由于烟幕温度与军事目标相比还是较低，因此辐射出去的光波长大于原先的入射波长，同时其强度也比原入射辐射弱。所以无论是散射型还是吸收型烟幕都会使得目标的红外辐射在进入敌方探测装置之前被削弱和变化，这使得敌方的夜视装备或寻的导弹的导引头难以探测和追踪目标。

随着烟幕技术的发展,现代烟幕不但能对抗可见光和近红外波段的目视瞄准系统,而且可以对抗中红外、远红外波段的成像系统。

如何在使敌方的红外制导导弹迷航失控的同时,确保己方各种红外装备的正常工作,是红外对抗技术的关键。目前,为确保此目的的各种技术原理的理论研究、各种多波段的复合干扰系统和各种隐身材料、综合对抗系统的研究开发,都在积极进行中。

复习思考题

1. 红外辐射的本质是什么?它有哪些物理效应?
2. 军事上常用的红外辐射源有哪些,它们各有什么特点?
3. 什么叫"大气窗口"?它们是怎么形成的?对红外技术有何意义?
4. 热红外探测器有哪些种类?其各自的具体原理是什么?
5. 光子型红外探测器有哪些种类?分别利用了什么物理效应?
6. 红外技术在军事上的应用有哪些方面?
7. 红外对抗技术有哪几类?每一类中的具体措施有哪些?

第七章 精确制导技术的物理基础

在现代局部战争的需求和牵引下，在新理论、新技术、新环境的推动下，精确制导技术应运而生并飞速发展，尤其在近几十年，精确制导技术与装备有了长足的发展，并在战争中得到广泛的运用，已成为高技术武器家族中的重要成员，对战争的进程和胜败起到了重要的作用。对精确制导技术的掌握程度和运用能力已成为衡量一个国家军事现代化程度的重要标志之一。

第一节 精确制导技术概述

在1991年年初的海湾战争中，精确制导武器大显身手，充当了战场上的主角，确立了精确制导武器在战争中的特殊地位，战争的形态也发生了根本变化，由传统的机械化战争向高技术信息化战争转变。随着制导技术的不断提高，精确制导武器已成为高技术信息化战争中物理杀伤的主要手段，并在战争中发挥越来越大的作用。

精确制导是20世纪70年代提出来的制导技术。精确制导技术是指确保制导武器精确命中目标乃至目标易损部位，又尽可能减少附带破坏的制导技术。它与一般制导技术的区别在于精确制导不仅能制导导弹直接命中目标，而且具有命中点（易损部位）选择的能力和更强的抗干扰能力。精确制导技术涉及多个专业技术领域，是一项综合多种现代高新技术的应用技术。

一、精确制导技术的分类

精确制导系统有多种类型，其分类方法各不相同。按实施控制的阶段可分为初制导技术、中制导技术、末制导技术；按所用物理量的性质可分为无线电制导、红外制导、激光制导和电视制导等；按制导方式可分为自主式制导、寻的式制导、指令式制导、波束式制导、图像匹配制导和复合式制导等。其中常用的制导技术有寻的制导、遥控制导、匹配制导、惯性制导、全球定位系统制导和复合制导。

（一）寻的制导技术

寻的制导是通过弹上的导引装置（导引头或称寻的器）接收目标辐射或反射的某种能量（如无线电波、红外线、激光等）形成导引信号，自动跟踪目标，并控制导弹飞向目标的一种制导技术。寻的制导的精度高，但作用距离比较短，因而多用于末制导。

根据目标信息的来源，寻的制导又可分为主动式、半主动式和被动式三种；按导引头工作的波长又可分为微波寻的制导、红外寻的制导、电视寻的制导和毫米波寻的制导。

1. 微波寻的制导

微波是指分米波和厘米波，频率范围在 300 MHz～300 GHz。微波寻的制导是利用目标反射或本身辐射的微波作为制导系统探测的信号，有主动式、半主动式和被动式三种制导方式。

2. 红外寻的制导

红外寻的制导系统是一种被动的制导系统。它利用红外探测器捕获和跟踪目标辐射的红外信号实现制导。根据获取信息量的差异，红外寻的制导可分为红外点源寻的制导和红外成像寻的制导两种。

红外点源寻的制导的精度比较高，昼夜作战都可使用，攻击隐蔽性好。缺点是受云、雾和烟尘的影响较大，并且会被红外诱饵、阳光和其他热源干扰。

与红外点源寻的制导相比，红外成像寻的制导有更好的目标识别能力和更高的精度，它甚至可以有选择地攻击目标的最薄弱部位，全天候作战能力和抗干扰能力也有较大提高。

3. 电视寻的制导

电视寻的制导是一种被动式制导。它利用装在精确制导武器头部的电视摄像机获取目标信息。由于电视的分辨率高，可提供清晰的目标影像，不仅制导精度很高，而且便于鉴别真假目标，同时不受电磁干扰。电视寻的制导主要缺点是受气象影响大，在能见度低的情况下作战效能差，在夜间使用受限，因此不如红外制导应用广泛。

4. 毫米波寻的制导

毫米波指波长为 1～10 mm，对应频率为 30～300 GHz 的电磁波。它介于微波与红外波段之间，兼有两个波段的特性，是高性能制导系统比较理想的选择频段。毫米波寻的制导既克服了电视、红外制导系统全天候能力差的缺点，又比微波制导精度高、抗干扰性强，并且由于毫米波制导系统的天线和其他元器件尺寸小、重量轻，所以特别适于在小尺寸的精确制导武器上使用，甚至可以装在制导炮弹的弹头上。

（二）遥控制导技术

遥控制导是以设在精确制导武器外部的制导站来测定目标和导弹的相对位置，然后引导精确制导武器飞向目标。它是综合应用自动控制技术和无线电技术实现远距离控制，并对远距离控制效果进行监测的系统。根据导引信号的形成和传输方式的不同，遥控制导又可分指令制导和波束制导两类。

1. 指令制导

制导站根据制导武器在飞行中的误差计算出控制指令，将指令通过有线或无线的形式传输到制导武器上，控制其飞行。

有线指令制导系统主要用于射程为几千米的反坦克导弹，它依靠射手目视观测目标并进行定位和制导。新出现的有线指令制导是"光纤制导"，利用光纤传输能力强的特点将目标图像送到制导站，制导站形成的控制指令再经光纤传回导弹。这种导弹可攻击直视观测不到的障碍物后方的目标。

无线电指令制导的常用形式是微波雷达指令制导，由制导雷达分别测出目标和导弹的位置和速度，并根据这些数据计算出控制指令，然后发送出无线电遥控指令纠正导弹的飞行误差，直至命中目标。这种制导方式的作用距离比较远，弹上设备的成本较低，但易受干扰，且制导距离越远精度越低，因此一般只用于中段制导。

2. 波束制导

波束制导系统由指挥站和制导武器上的控制装置组成。指挥站发现目标后，对目标自动跟踪并通过雷达波束或激光波束照射目标，当制导武器进入波束后，控制装置自动测出其偏离波束中心的角度和方向，控制制导武器沿波束中心飞行，直至命中目标。

波束制导的优点是可以同时制导数枚制导武器。由于控制装置直接接收波束信号，因此不易受到干扰。其缺点是在整个攻击过程中，指挥站必须不间断地以波束照射目标，导致指挥站连同载体很容易受到对方攻击。此外，这种制导方式缺乏同时对付多个目标的能力。

（三）地图匹配制导技术

地图匹配制导是一种自主式制导，它通过遥感特征图像将导弹自动引向目标。目前使用的地图匹配制导有两种：一种是地形匹配制导，另一种是景象匹配制导。

地图匹配制导系统通常用来修正远程惯性制导的导弹在中段和末段制导中的误差。其方法是：把选定的飞行路线中段和末段下方的若干地区的地面特征图预先存储在弹上系统中，当导弹飞行到这些地区时，将导弹探测器现场实测到的地面图像同预先储存的地面图像做相关对照，检查两者的差别，根据地图计算出导弹的飞行误差，再由弹上的计算机发出控制指令，修正导弹的航向使之沿预定的航线飞向目标。

景象匹配制导的工作原理与地形匹配制导相似，是利用弹载"景象匹配区域相关器"获取目标区域景物图像数字地图（灰度数字模型/地图），将其与预存的参考图像（灰度数字地图）进行相关处理，从而确定导弹相对于目标的位置。

（四）惯性制导技术

惯性制导系统简称惯导，是一种完全自主的制导系统。它利用惯性仪表测量导弹运动参数进行制导。惯性制导系统全部安装在弹上，主要有陀螺仪、加速度计、制导计算机和控制系统。采用此类制导技术的多是中远程导弹，一般用于攻击固定目标。制导程序和初始条件是预先输入弹载计算机的，导弹飞行过程中，计算机根据惯性测量装置测得的数据和初始条件给出制导指令，弹上控制系统根据指令控制导弹飞向目标。惯性制导系统分为平台式惯性制导系统和捷联式惯性制导系统。

惯性制导系统既不接收外来的无线信号，也不向外辐射电磁波，工作不受外部环境的影响。具有全天候、全时空工作能力和响应快、更新率高、抗干扰性强、隐蔽性好、不受气象条件影响等优点。其主要缺点是制导精度随飞行时间（距离）的增加而降低。因此，工作时间较长的惯性制导系统，常采用其他制导方式来修正其积累的误差，这就构成了复合制导。

（五）卫星定位制导技术

卫星定位制导是当代许多先进精确制导武器的主要制导方式。在制导武器发射前将侦察系统获得的目标位置信息预装在武器中，武器在飞行中接收和处理分布在空间轨道上的多颗导航卫星发出的信息，可以实时准确地确定自身的方位和速度，进而形成制导指令。它可代替地形匹配制导，与地形匹配制导的作用相似，但在攻击前的准备上要简便得多，所以可缩短制订攻击计划所需时间，也可用来攻击非预定目标。

卫星制导突出的优点就是武器只接收卫星发来的信号，而不向外发射信号，因此具有良好的保密性和隐蔽性。目前比较成熟的全球卫星导航系统包括：美国的 GPS 全球定位系统、俄罗斯的 GLONASS 卫星导航系统、欧洲的伽利略卫星导航系统和我国的北斗卫星导航系统。

（六）复合制导技术

每一种制导方式都有各自的优缺点，如能取长补短则能趋利而避害，所以远程的精确制导武器一般都用两种以上的制导方式构成复合制导系统。复合制导是在导弹飞行的初始段、中间段和末段同时或者先后采用两种以上的制导方式，其不同传感器之间有串联、并联、串并联等组合方式。这样不仅提高了制导精度而且增强了抗干扰的能力。

复合制导可分为频率复合和方式复合两种。通常把同时使用至少两种频率目标传感器的制导方式称为频率复合；方式复合是指不同方式的制导传感器的组合，如主、被动复合等。

复合制导系统一般比较复杂，体积大、成本高，而且因元器件多而降低了系统的可靠性。随着科学技术的发展，复合制导系统的小型化、低成本、高可靠性会逐步得到实现，其应用将日趋广泛。

二、精确制导技术的特点

（一）具有精确的导引和控制作用

无论何种精确制导技术都需通过各种高技术手段由导引系统随时测定与目标之间的相对位置和相对运动速度，计算出飞行弹道与理论弹道的偏差，给出消除偏差的指令，然后由控制系统形成控制信号，调整武器的运动姿态直至命中目标。因此，这种由导引系统和控制系统所组成的制导系统，能精确地导引和控制受控武器对目标进行攻击。

（二）直接命中精度高

常用圆概率偏差来衡量导弹或炮弹的命中精度。也就是以目标为中心，弹着点概率为50%的圆域或半径称为圆概率偏差（CEP），精确制导武器的 CEP 应小于该武器弹头的杀伤半径，制导鱼雷脱靶量小于引信作用半径的概率应为50%以上。

（三）综合作战效能高

精确制导技术可使受控武器的综合作战效能达到最佳。精确制导武器的效能一般用精度、威力、射程、重量、尺寸、效费比、可靠性和全天候作战能力等主要战术、技术指标来衡量。在性能覆盖的基础上，突出一两项指标，作战效能就能达到出色的发挥。例如"战斧"巡航导弹在海湾战争中用于从 1 000 千米以外发射，精确命中并摧毁严密设防的巴格达市内高价值的战略目标，其综合作战效能远远优于普通轰炸机群使用常规航空炸弹的空袭。同常规武器相比，显然无制导武器单价要低得多，但用精确制导武器完成同一作战任务的消耗量少，所需费用仍远远少于无制导武器。

三、精确制导技术的发展趋势

随着科学技术特别是信息技术的不断发展，人类战争已经由机械化战争过渡到信息化战争。现代战场环境日趋复杂，给精确制导技术提出了新的挑战。为了适应信息化战争的要求，精确制导技术将进一步发展，其发展趋势为：

（1）复合制导技术凭借其自身独特的优势将成为今后主要的制导方式。一方面双色红外成像，红外成像和毫米波，红外成像与宽带微波被动雷达，主、被动雷达等多模或复合制导将成为发展的重点；同时，将普遍采用中制导和末制导复合制导技术，打破飞行距离对打击精度的束缚，实现远程精确打击。

（2）复杂昂贵的武器系统很难进行大规模生产列装。因此，精确制导技术将在保证性能的条件下，向低成本的方向发展，尽可能兼顾经济性。

（3）精确制导技术将向着智能化的方向发展。随着智能化的搜索技术、识别技术、跟踪技术和网络技术的广泛应用，精确制导技术在复杂战场环境下的自适应搜索、跟踪和抗干扰能力将显著提高。

（4）新概念、新波段、新体制精确制导技术不断涌现，并逐步得到应用，精确制导技术的战场适应能力将进一步提高。

第二节 电磁波的特性

电与磁是一体两面，变化的电场会产生磁场，变化的磁场又会产生电场，变化的电场和变化的磁场构成了一个不可分离的整体，这就是电磁场，而变化的电磁场在空间的传播形成了电磁波，具有波粒二象性。

一、电磁波概述

1865 年英国物理学家麦克斯韦建立统一的电磁场理论，并预言周期变化的电场在其周围要产生周期变化的磁场，同样，这些周期变化的磁场又在其临近区域产生周期变化的电场，如此变化的电场和磁场交替产生，由近及远向周围传播，便形成了电磁波。1888 年，德国物理学家赫兹通过电磁实验证实了电磁波的存在，并于次年进一步测定了电磁波的传播速度。

通过电磁场理论可以推导出自由空间的电磁波具有以下性质：

（1）电磁波是横波，其电矢量 $\vec{E}$、磁矢量 $\vec{H}$ 与传播速度 $\vec{u}$ 三者相互垂直，如图 7.2-1 所示。

（2）其电矢量 $\vec{E}$ 和磁矢量 $\vec{H}$ 的振动相位相同，并且 $\vec{E}$ 和 $\vec{H}$ 幅值间的关系满足：

$$\sqrt{\varepsilon}E = \sqrt{\mu}H \tag{7.2-1}$$

（3）沿给定方向传播的电磁波，$\vec{E}$ 和 $\vec{H}$ 分别在各自的平面内振动，这一特性称为电磁波的偏振性。

（4）$\vec{E}$ 和 $\vec{H}$ 以相同的波速传播，在真空中电磁波的速度与光速相等。

（5）电磁波具有能量，电磁波的传播伴随着能量的传播，电磁波的强度（也称能流密度或坡印廷矢量）与 $\vec{E}$、$\vec{H}$ 的关系为：

$$\vec{S} = \vec{E} \times \vec{H} \tag{7.2-2}$$

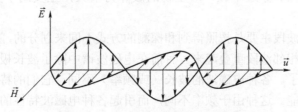

图 7.2-1 电磁波的横波特性示意图

二、电磁波谱

自从赫兹用电磁振荡的方法产生电磁波,并证明电磁波的性质与光的性质相同以后,物理学家又做了大量的实验,不仅证明了光波是电磁波,而且证明了后来发现的伦琴射线、γ射线等都是电磁波,它们在真空中的传播速度都等于光速,并具有电磁波的共性。

电磁波的范围很宽,为了便于比较,将电磁波按照波长(或频率)大小排列成谱,称为电磁波谱,如图 7.2-2 所示。

在电磁波谱中,波长最长的是无线电波,波长可从几千米到几毫米。无线电波又可分为长波(3 000 m 以上)、中波(3 000~200 m)、中短波(200~50 m)、短波(50~10 m)、超短波(10~1 m)和微波(1~0.001 m)几个波段。有时按照波长的数量级大小也常出现米波、分米波、厘米波、毫米波等名称。不同的无线电波,其特性与应用不尽相同。长波主要用于远洋长距离通信和导航;中波多用于航海和航空定向,以及一般无线电广播;短波多用于无线电广播、电报通信等;超短波、微波多用于电视、雷达、微波通信、无线电导航等。

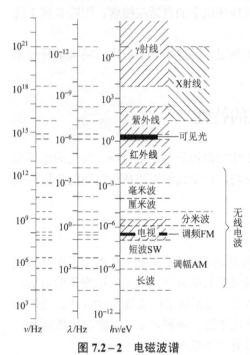

图 7.2-2 电磁波谱

红外线、可见光和紫外线的波长比无线电波短得多,能引起视觉的电磁波称为可见光,其波长在 0.76~0.40 μm。波长在 600~0.76 μm 的为红外线,其热效应最为显著,透过云雾能力比可见光强。在国防上,可利用红外线的热效应进行红外照相,用于夜间侦察。红外雷达、红外通信等都是利用定向发射的红外线,在军事上有重要用途。波长在 0.40~0.005 μm 的为紫外线,具有显著的化学效应和荧光效应,可用来杀菌、诱杀昆虫,在医疗上也有广泛应用。

伦琴射线又叫 X 射线,波长从 5 nm~4×10^{-2} nm,随着 X 射线技术的不断发展,它的波长范围也在不断朝着两个方向扩展,在长波段已与紫外线有所重叠,短波段已进入 γ 射线领域。X 射线是由于原子中的内层电子跃迁发射出来的。X 射线具有很强的穿透能力,广泛用于人体透视和晶体结构分析。

γ 射线的波长比 X 射线的波长更短,其波长在 4×10^{-2} nm 直到无穷短。这种不可见的电磁波是从原子核内发出来的,放射性物质或原子核反应中常有这种辐射伴随着发出。γ 射线具有比 X 射线更强的穿透本领,对生物的破坏力很大,主要用于金属探伤和研究原子核的结构。

电磁波谱中的各波段主要是按照得到和探测的方式不同来划分的,随着科学技术的发展,各波段都已破界与其相邻波段重叠起来。目前在电磁波谱中除了波长极短的一端以外,已不再有任何未知的空白了。各种电磁波的波长(或频率)不同,它们的特性也有很大差别,从而导致各自的特殊功能。这种由于频率不同,而引起各种电磁波特性的质的区别,是自然现象中量变引起质变这一辩证规律的生动实例之一。

第三节 雷达制导技术原理

雷达，是英文 Radar 的音译，源于 Radio Detection and Ranging 的缩写，意思为"无线电探测和测距"，即利用不同物体对电磁波的反射或辐射能力的差异性来发现目标并测定目标至电磁波发射点的距离、速度、方位、高度等信息。随着雷达技术的发展，雷达的探测精度大大提高，尤其是运用毫米波雷达技术已能够细致地区分目标的形状与要害部位，并且降低了雷达导引头的体积和重量，从而消除了导弹形体、外界干扰和惯性造成的导引误差，提高了导弹的命中率。雷达制导是制导技术发展的一个重要方向。

一、雷达制导的分类

雷达制导是指利用导弹头部的雷达导引头（或称寻的器）接收目标反射或辐射的电磁波信息探测目标，并从电磁波中提取高精度的目标信息（包括目标的距离、角度、速度、形状与几何结构等），通过精确控制自动地把导弹引向目标的制导技术。

精确制导一般用于制导武器的末制导（对导弹飞行轨迹的末段进行控制），雷达制导一般采用自动寻的制导方式。所谓"自动寻的"，指的是导引头自动获取目标信息，自动控制导弹进行必要的姿态和轨迹修正并最终击毁目标。自动寻的雷达制导主要有以下三种方式，如图 7.3-1 所示：

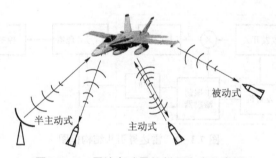

图 7.3-1 雷达自动寻的制导方式示意图

（一）被动式雷达制导

导弹上的雷达导引头本身不发射信号，通过接收目标辐射的电磁波信号来探测和跟踪目标。

（二）主动式雷达制导

导弹上的雷达导引头发射电磁波并接收目标反射回来的电磁波（称为目标回波），并以此实现对目标的探测和跟踪。

（三）半主动式雷达制导

由地面或飞机上的电磁波照射器发射电磁波，对目标进行照射，导弹上的雷达导引头接收目标反射的电磁波，并以此探测和跟踪目标。

被动式雷达制导和主动式雷达制导是雷达制导主要的发展方向。二者都具有如下的优点：一是具备"发射后不管"的自主制导能力，制导武器一经发射就能自主地飞向目标，不用再控制。而半主动制导则需要额外的照射装置，如空对空或空对地半主动雷达制导导弹在使用时，携带电磁波照射器的载机不能立即撤离战场，容易受到敌方地面或空中火力的反击。二是制导武器投掷系统具有同时对付多个目标的能力。但这两种制导方式使导引头结构复杂，增加了制导武器的成本。

半主动式雷达制导起源于20世纪60年代，由于制导武器成本较低，且性价比优良，目前仍在广泛使用。半主动式雷达制导与主动式雷达制导的差别仅在于照射器是否安装在弹体上，所以对主动式雷达的讨论可以很容易推广到半主动式雷达制导系统。同样，被动式雷达制导系统可看作半主动式的一种。雷达制导具有全天候的特性，可以实现全天候攻击，且制导距离远，但容易受到电子干扰，一般多用于应对空中目标。

二、主动式雷达制导的基本原理

雷达导引头是雷达制导武器的技术核心。它的任务是捕捉目标，对目标进行角坐标、距离和速度的跟踪，并计算控制参数和形成控制指令，导引导弹飞向目标。

（一）雷达导引头的基本组成

自动寻的雷达制导有被动式、主动式和半主动式三种制导方式，对应三种不同形式的雷达导引头。但从总体上讲，半主动式和被动式雷达导引头除没有发射机外，其他主要功能部分与主动式导引头基本相同。下面以主动式雷达导引头为例，介绍其组成。

如图7.3-2所示，雷达导引头主要由天馈系统、雷达发射/接收机、信号处理器、控制信号产生器等部分组成。

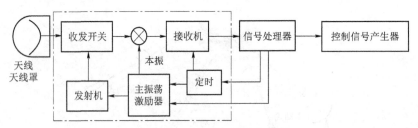

图7.3-2 雷达导引头结构框图

在实际应用中，有的雷达导引头是直接固定在导弹的弹体上，称为固定式（捷联式）雷达导引头。在更高要求的情况下，导引头的天线是安装在陀螺稳定平台上的，称为非固定式雷达导引头。

（二）主动式雷达导引头的工作原理

主动式雷达导引头的工作过程为：导弹的载机（或其他发射平台）发现目标并发射导弹，导弹进入稳定飞行状态时主动向目标方向发射电磁波，导引头接收目标的反射波并进行信号处理，产生控制信号，引导导弹飞向目标。导引头各部分的具体功能如下：

1. 天馈系统

主要包括天线、高频馈线和天线罩。主要功能是：发射天线将发射机产生的电磁波集中成一个窄波束，并在一定的空间区域内进行扫描搜索。接收天线（当发射的电磁波为脉冲波时，接收与发射可共用一副天线）跟随发射天线一起扫描，接收目标与背景反射的电磁波并送入接收机。

2. 雷达发射机

主要功能是产生特殊形式的电磁波信号，经放大后的电磁信号通过收发转换开关（对脉冲雷达而言）、馈线和天线向目标方向发射出去。为了获得最大的作用距离，发射机平均功率必须是实际可达到的最大功率。小尺寸、重量受限制的战术导弹为了获得良好的距离分辨率，雷达发射机一般采用脉冲方式发射电磁波。

3. 雷达接收机

主要功能是将接收天线上接收到的从目标反射来的微弱电磁波进行滤波、放大，并从背景噪声中分离出有用的目标信号（包括搜索区域内所有可能目标的距离、角度或角速度等信息），把这些信号送给信号处理器做进一步处理。

4. 信号处理器

信号处理器用于完成对目标信号的检测、识别和跟踪。在导弹接近目标时，还可识别目标的要害部位并对要害部位进行跟踪，并向控制信号产生器提供目标或目标要害部位的位置信息。

5. 控制信号产生器

控制信号产生器也称为制导指令形成器。主要功能是根据信号处理器提供的目标位置信息（如距离、角度等）产生控制导弹飞行和控制导引头工作状态的指令，引导导弹攻击目标。

三、雷达精确制导的发展趋势与对策

未来的精确制导武器必须具有全天候能力、精确打击能力、抗干扰能力、自动目标识别能力、对付多目标能力等。这些要求牵引着雷达制导武器向着高精度、智能化、战场环境中的高可靠性等方向发展。

（一）雷达制导技术的主要发展方向

1. 毫米波精确制导技术

毫米波雷达导引头是雷达导引头家族中的后起之秀，其工作原理与微波雷达基本相同。毫米波的波长在 1~10 mm，频率范围为 30~300 GHz，介于微波与红外频段之间，兼有这两个频段的固有特性，是制导武器系统较为理想的频段。

随着毫米波技术的日趋成熟和毫米波器件的迅速发展，毫米波导引头已经投入使用，使雷达制导技术有了质的飞跃，成为雷达制导发展的重点。与微波雷达相比，毫米波雷达具有下面一些特点：

（1）精度高。导引精度取决于目标的空间分辨率，由于毫米波的波束窄（一般为毫弧度量级），因此毫米波雷达导引头能提供更高的测角精度和角分辨率。

（2）可识别目标的要害部位。毫米波的波长很短，通常远小于被探测目标的尺寸（如飞机、坦克等），当毫米波雷达发射的是特殊调制的宽带信号时，可实现高的距离分辨率，目标的回波能够精确地反映该目标的一维结构像，不但可以识别目标的类型，还可识别目标的要害部位，引导导弹进行攻击。

（3）抗干扰能力强。由于毫米波波段的频谱宽度比微波波段高出 10 倍以上，所以毫米波波段可使用的频率更多，除非敌方预知确切使用频率，否则很难实施干扰。此外，毫米波天线的波束很窄、旁瓣小，敌方截获制导信号比较困难。

（4）多普勒分辨率高。当目标与雷达之间有相对运动时，引起的多普勒频移为：

$$f_d = 2f_0 \frac{v_r}{c} \qquad (7.3-1)$$

式中，f_0 为雷达发射的频率，v_r 为目标相对雷达运动的径向速度，c 为光速。

从公式中可以看出，在 v_r 一定时，f_0 越高（即波长越短），则多普勒频移 f_d 越大，即多普勒分辨率越高。由于毫米波雷达导引头使用的频率比微波雷达高得多，所以更容易从背景噪声中区分运动目标，并能给出运动目标的速度。

（5）低仰角跟踪性能好。毫米波雷达导引头发射的波束窄、旁瓣小，从而减小了波束对地物的照射面积，即减少多路径干扰和地物杂波，有利于低仰角跟踪。

（6）天线口径和元件、器件体积小，宜于飞机、卫星或导弹使用。

此外，毫米波雷达导引头还具有穿透等离子体的能力，区别金属目标和周围环境的能力强，与光电导引头相比有较好的穿透云雾能力，具备全天候工作的能力。

毫米波雷达导引头的主要缺点是：作用距离较近，下雨时工作受限制，波束窄影响搜索目标的速度等。

2. 两维成像制导及多维高分辨制导技术

毫米波雷达具有成像能力。但只有"距离"这一方向上的高分辨，称为"一维高分辨"，虽然它初步具有识别目标及要害部位的能力，但在很多方面仍存在一定的局限性，如不能对方位上靠得很近的多个目标进行有效分辨和选择等。因此，一维高分辨扩展成多维高分辨是其发展的重点。

3. 雷达制导与其他多模及复合制导技术

任何一种单一频段的制导体制，既有它的优点，也有它的缺点。因此，雷达制导尤其是毫米波雷达制导，与光电制导进行多模或复合制导，将成为多模或复合制导的重要方式。其突出优点是可以取长补短，提高制导武器的反隐身、抗干扰和突防能力，提高制导武器的命中精度。

（二）抗雷达制导的措施

1. 实施电子干扰

雷达制导虽然有许多优点，但最致命的弱点是容易被电子干扰，只要干扰信号的频率与雷达的工作频率一致并具有一定的功率时，雷达就很难正常工作。例如在马岛战争中，阿根廷空军曾用一枚价值25万美元的"飞鱼"导弹（惯性+主动式雷达制导）击沉英军一艘造价高达2亿美元的"谢菲尔德"号导弹驱逐舰，轰动了世界。英军吸取了教训，加强了电子干扰措施，使得"飞鱼"导弹很难再创辉煌。这也从另一个侧面说明，精确制导武器必须具有抗干扰能力，才能发挥其作战效能。

2. 使用反辐射导弹

主动式或半主动式雷达精确制导（包括雷达指令制导），都必须向被攻击的目标发射电磁波，这样，自己也必然成为对方反辐射导弹的攻击目标。一旦雷达的发射设备（在弹上或其他载体上）被毁，就无法实现制导。

第四节 红外制导技术原理

20世纪40年代，美国最先开展红外制导的研制，研制出了以"响尾蛇"为代表的红外制导导弹，这标志着红外制导技术已经从理论研究走上实际应用阶段，并发展成为精确制导技术领域的一个十分重要的组成部分。此后，红外制导系统广泛应用于反坦克导弹、空空导弹、地空导弹、空地导弹、末制导航空炸弹等。红外制导武器以其制导精度高、隐蔽性好、夜间仍能正常工作和抗电子干扰能力强等一系列优点而成为精确制导武器家族中的重要一员。

一、红外制导的分类

红外制导，是指在导弹的制导系统中，利用目标辐射的红外信号对目标进行捕获、跟踪和测量，并给出能满足导引规律所要求的控制信号，精确控制和引导导弹飞向目标的一种制导技术。红外制导系统是由红外探测器、信息处理系统和控制系统三部分组成的，它们是红外制导系统的核心，又称作红外寻的器或红外导引头。根据制导方式不同，红外制导可分为红外遥控制导（即指令制导）和红外寻的制导两种。

（一）红外遥控制导

红外遥控制导是指红外视线指令制导，是用导弹外的红外探测系统对目标和导弹进行测量，提供目标和导弹的位置信息，根据导引规律形成相应的指令，在远距离上通过无线或有线方式传到导弹上，控制导弹飞向目标或预定区域。这种制导方式的精度会随着导弹与制导站距离的增加而降低，适用于短程的红外制导武器，主要用在地对地、地对空导弹系统中，而在空对地、空对空导弹系统中较少采用。

（二）红外寻的制导

红外寻的制导是一种被动式制导，它是通过接收目标辐射的红外信号形成制导指令。红外寻的制导系统的探测、导引和控制系统全部在弹体上。随着导弹离目标越来越近，探测的误差逐渐缩小，因此，红外寻的制导精度较高。根据获取目标红外信息量的差异，红外寻的制导可分为红外点源寻的制导和红外成像寻的制导两种。目前红外波段点源寻的制导和成像寻的制导都在使用，后者代表红外制导技术的发展方向。鉴于红外被动寻的制导已成为众多导弹（主要是战术导弹）的主要制导方式之一，因此，本节只介绍红外被动寻的制导技术。

二、红外点源寻的制导技术

红外点源寻的制导是一种被动寻的制导，它是利用弹上设备接收目标辐射的红外信号，将目标整体作为一个辐射点源，利用目标与背景相比有很小的张角特性，采用空间滤波等背景鉴别技术，把目标从背景中识别出来，实现对目标的自主跟踪和对导弹的自动控制，使导弹飞向目标。

（一）红外点源导引头的组成

红外点源导引头是红外制导系统的核心。导引头接收目标辐射的红外信号，确定目标的位置及角运动特性，形成相应的导引指令。目前多采用自主跟踪式红外导引头，其组成如图 7.4-1 所示，主要由红外接收器（也称位标器）和误差信号放大器构成。其中红外接收器一般由红外光学系统、调制器、光电转换器及导引头角跟踪系统组成。

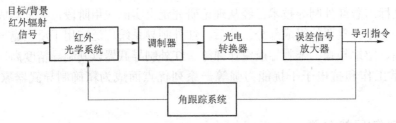

图 7.4-1　红外点源导引头构成图

(二) 红外点源导引头的工作原理

红外点源导引头的基本工作原理是:红外光学系统不断接收目标和背景辐射的红外信号,并将其聚焦到调制器上,光学调制器将目标和背景的连续热辐射信号进行调制,并进行频谱滤波和空间滤波,调制后的信号携带了目标相对于导弹的方位偏差信息。光电转换器将红外脉冲信号转换成电脉冲信号,经过信号放大器和捕获电路后,根据目标与背景噪声及内部噪声在频域和时域上的差别,鉴别出目标。捕获电路发出捕获指令,使接收光学系统停止搜索,自动转入跟踪。导引头角跟踪系统用来使导引头连续、稳定地跟踪目标。红外点源导引头在航向和俯仰两个方向上跟踪目标,并分别向自动驾驶仪输出控制电压,控制导弹飞向目标。红外导引头的各组成部分功能如下:

1. 红外光学系统

光学系统位于红外接收器的最前部,用来接收目标辐射的红外信号,即把对应于一定空间立体角内的目标红外辐射接收并聚焦到尺寸足够小的调制器上。红外接收光学系统一般由各种透镜、反射镜、场镜、聚焦锥体、整流罩、调制盘和滤光片组成。对光学系统的要求是:有足够大的视场;工作波段内传输损耗小;像差限制在一定程度内;在各种气候条件下,光学性能稳定。在实际应用上,光学系统一般被安装在陀螺稳定平台上,其目的是消除导弹运动的影响,使光轴始终对准目标。实际应用中典型红外光学系统结构如图 7.4-2 所示。

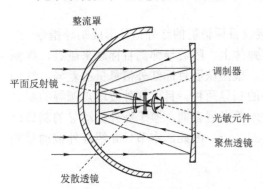

图 7.4-2　红外点源导引头典型光学系统

2. 调制器

经光学系统聚焦后的目标像点,是一种强度稳定的红外信号,如直接进行光电转换,得到的电信号只能表明导引头视场内有目标存在,但无法判定其准确方位。为此,需在光电转换前对信号进行调制,即把接收的连续红外信号转换为脉冲信号,并使转换后的红外信号的某些特征(幅度、频率、相位等)携带目标位置信息。调制后的脉冲信号,经光电转换为脉冲电信号,以方便放大处理。由此可见,调制器是导引头的关键部件,其主要功能有:① 将连续信号转变成交变信号;② 进行空间滤波,去除背景干扰,突出目标;③ 产生目标所在空间位置的信号编码。

按扫描方式分,调制器可分为旋转式调制器、章动式调制器和圆锥扫描式调制器;按照调制方式分,调制器可分为调制器调制方式和非调制器调制方式。调制器调制方式又分为调幅式、调频式、调相式、脉冲编码和脉冲调宽式。非调制器调制方式可分为玫瑰线扫描系统和带"十"字形或"L"形探测器系统。这些调制方式在红外点源导引头中都有很好的应用。

3. 光电转换器

光电转换器在红外制导中也叫红外探测器，用来探测目标红外辐射的存在、分布及强弱，并将红外辐射信号转换成可测量的电信号，是导引头的重要组成部分，对导弹的整体性能有很大影响。红外探测器按照物理属性可分为热探测器和光子探测器，它们分别由热敏元件和光敏元件构成。在红外制导系统中，目前主要采用光子探测器，其优点是灵敏度高、结构简单、坚固。但为了降低探测器自身产生的噪声，需要采取致冷措施。

4. 误差信号放大器

从红外探测器（光敏元件）输出的电信号包含了目标的位置信息，通常称之为误差信号。此误差信号极其微弱，又是一种不能直接用于制导的调制信号，必须进一步放大、频谱滤波、解调和变换，使陀螺转子进动，使导引头跟踪目标，并形成正比于目标视线角速度的直流误差信号（误差指令），送至控制系统，修正导弹的飞行偏差。即误差信号放大器兼有误差信号处理器的功能。

5. 角跟踪系统

角跟踪系统用来对运动目标进行跟踪。角跟踪系统由解调放大器、角跟踪电路和随动机构组成。

前面讨论的光学系统、调制器、光电转换器和误差信号放大器，解决了测量角度的问题，导引头的角跟踪系统则是利用误差信号放大器的输出，使导引头的光轴与目标视线重合，并得到视线转动的角速度信号，以便按导引规律将导弹引向目标，当导弹攻击的是空中目标时，目标和导弹的运动速度都较高，因此，对导引头角跟踪系统的要求是：跟踪系统的时间常数要小；尽量减小或消除与弹体运动（如摆动、振动）的耦合；跟踪精度要满足作战要求等。为了达到上述要求，目前红外点源导引头广泛采用了陀螺稳定跟踪系统。

红外点源寻的制导的主要优点是：制导设备体积小、重量轻、角分辨率高、工作可靠。主要缺点是：识别目标和抗红外干扰能力较差，受气候的影响较大，不能全天候工作。而红外成像寻的制导技术的出现解决了这一难题，已成为精确制导的重要发展方向，并具有广泛的应用前景。

三、红外成像寻的制导的基本原理

第一代红外点源寻的制导由于点源提供目标的信息量少，使得这种制导方式只能用于背景相对简单的情况下，并针对单一的热源。红外点源寻的制导一般不能识别目标，抗红外干扰的能力差，因此，人们又发展了第二代红外成像寻的制导技术。

（一）红外热图像与寻的制导

近代物理学指出，一切温度高于绝对零度（-273.15 ℃）的物体都会产生热辐射，热辐射的光谱是连续的，波长覆盖范围理论上可从零到无穷大，一般的热辐射主要集中于波长较长的可见光和红外线，因此，热辐射又称为红外辐射，其本质上仍是电磁能量的辐射。由于景物各部分的温度差异而形成的温度不均匀分布叫作红外热图像。热红外成像通过对热红外敏感的红外探测器对物体进行成像，能反映出物体表面的温度场。弹上寻的设备依据目标与背景的热图像，实现对目标的捕获和跟踪并将导弹引向目标的过程就是红外成像寻的制导。

红外成像寻的制导技术的突出优点是：

（1）制导系统有很强的抗红外干扰的能力；

（2）灵敏度和空间分辨率较高；

（3）与可见光成像相比，红外线穿透雾、烟的能力强，其探测距离可提高 3～6 倍；

（4）命中精度高，能识别目标类型和识别并攻击目标的要害部位，这是点源寻的制导无法做到的。

（二）红外成像寻的制导系统的组成及原理

装在导弹头部的红外成像寻的制导系统又称为红外成像导引头，它与点源寻的制导导引头的区别在于接收和处理目标与背景红外辐射的方法不同。红外成像寻的制导系统由红外成像系统、图像处理系统和随动系统三大部分组成，如图 7.4-3 所示。

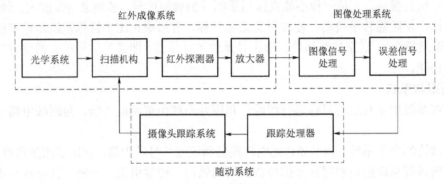

图 7.4-3 红外成像寻的制导系统组成

发射导弹前，首先由发射控制站搜索、捕获要攻击的目标，一旦目标的位置被确定，立即引导导弹上的导引头跟踪并锁定目标。导弹发射后，目标的红外辐射经红外成像系统成像并进行预处理，再经图像处理系统处理后得到数字化目标图像。经图像处理和图像识别，区分出目标和背景信息，识别出真目标，并测定目标在视场中的位置以及视场中心的偏离量。经过误差处理器得出相应的误差信号电压，经功率放大后驱动随动系统方位和俯仰的执行电动机。跟踪处理器形成的跟踪窗口的中心按预定的跟踪方式跟踪目标图像，并把误差信号送到摄像头跟踪系统，控制红外摄像头继续瞄准目标。与此同时，装在随动系统轴上的角度传感器将输出的角速度信号和误差信号一并传输给自动驾驶仪处理，然后输出与设定的制导规律相对应的制导电压，令导弹舵面按要求的弹道飞行，直至命中目标。随着导弹与目标之间距离的缩小，目标在图像平面上的投影将扩大，且变得越来越清晰，此时导引头根据目标的形状识别出它的要害部位，并选择目标要害部位的中心作为攻击点。

（三）红外成像方法

红外导引头要实现红外成像寻的制导，首先必须获取目标的热图像，这一工作是由红外探测器（也称红外摄像头）来完成，它是红外成像制导的核心部件。红外探测器成像方式可分为光学机械扫描式和凝视焦平面阵列式两种。

1. 红外光学机械扫描成像

光学机械扫描成像的扫描过程是逐行进行扫描的，红外探测器"视线"的摆动和移动是由光学镜头和精密机械配合来实现。因此，这种成像方法叫作光学机械扫描成像。这种成像的形式又可以分成多种,但它们的基本原理是相同的,如图 7.4-4 所示。

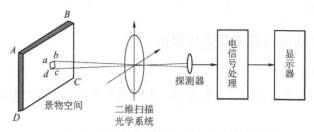

图 7.4-4　光学机械扫描成像原理示意图

图中,物平面 $ABCD$ 表示景物所在的空间。在入射光路中放入可做二维偏转的光学扫描系统,它可以绕 x 轴转动,也可以绕 y 轴摆动。景物的红外辐射经光学扫描系统后,被聚焦在探测器上。不过,探测器在每一瞬间只能"看"到物平面中很小的面积,通常叫作"瞬时视场"。瞬时视场与景物空间单元相对应。当扫描系统绕 x 轴转动时,瞬时视场就会沿水平方向变化,这就是水平扫描;当扫描系统绕 y 轴摆动时,瞬时视场就会沿垂直方向变化,这就是垂直扫描。这样,只要扫描系统绕 x 轴转动和绕 y 轴摆动的速度配合适当,瞬时视场就可以从左到右、从上到下,逐行地扫视整个目标区域。可以看出,扫描光学系统偏转角的大小决定了扫描的空间范围(即观察空间范围)。

红外探测器在探测到每一瞬时视场时,只要探测器的响应时间足够短,就会立即输出一个从瞬时视场接收到的与红外照度成正比的电信号,经放大处理后,电信号按扫描顺序输送给显示系统,就可以看到红外图像了。

红外光学机械扫描成像方式有两个主要缺点:一是扫描机构比较复杂,抗震能力差;二是成像速度慢,不利于跟踪高速运动目标。因此,产生了一种新型的也是备受关注的红外凝视焦平面阵列式成像方式。

2. 红外凝视焦平面阵列式成像

在焦平面阵列中,探测器的数目大大增加,整个背景都可以被同时记录下来,形成视场内的红外图像,图 7.4-5 是红外焦平面阵列的示意图。

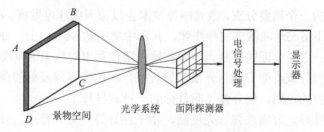

图 7.4-5　红外焦平面阵列示意图

在焦平面阵列中,目标空间的分辨元(像素)都直接在探测器阵列上成像,而被显示出来。面阵中的每个单元对应物空间的相应单元,整个面阵对应整个探测的空间。焦平面阵列类似于照相机或电视摄像机,整个目标空间都被同时记录在胶片上,或记录在固态成像装置上。采用采样接收技术,将面阵各探测元接收到的景物信号依次送出。这种固态自扫描系统是 20 世纪 70 年代中后期以后伴随半导体电荷耦合器件的出现而产生的,对红外热成像技术产生了巨大的影响,导致了新一代小体积、高性能、低功耗、无光机扫描及无电子束扫描的红外成像系统的出现。

四、红外精确制导的发展趋势与对策

(一)发展趋势

由于红外成像制导具有许多显著的优点,因此是红外精确制导的发展方向,今后的研究重点:

(1)发展凝视长波红外成像技术,提高红外图像的分辨率;
(2)提高精度,尤其是提高对小目标、弱信号的检测能力;
(3)发展智能制导技术,提高抗干扰能力;
(4)提高对攻击点选择的灵活性、可靠性和稳定性;
(5)实现系统优化设计,进一步小型化;
(6)发展复合、多模制导技术,以适应各种作战环境。

(二)抗红外制导的措施

抗红外制导的任务是从整体上降低制导武器的效能,即削弱乃至破坏红外制导设备的正常工作,其核心是控制红外电磁频谱。主要措施有:

(1)实施假目标欺骗干扰,采用拥有适当功率的热源进行干扰;
(2)使用红外干扰弹,对红外制导武器进行误导;
(3)降低与改变目标自身的红外辐射特性,使之与背景融为一体;
(4)根据红外制导的工作波长,改变其传输介质的透过特性,如施放烟雾、人工降雨等,使其不能正常跟踪目标;
(5)实施致盲式干扰,使红外制导的探测器失效,甚至将其彻底摧毁,最有效的办法是采用高功率的激光器照射。

第五节　激光制导技术原理

作为精确制导的一个重要分支,激光制导技术正以惊人的速度发展。在 42 天的海湾战争中,多国部队共投下 6 520 吨激光制导炸弹,其命中率高达 90%以上,使人们目睹了激光制导武器的卓越表演,更充分证明了激光制导武器在现代军事对抗中的重要作用。

激光制导是用弹外或者弹上的激光束照射目标,利用目标漫反射的激光,实现对目标的探测、跟踪和对导弹的控制,使导弹飞向目标的一种制导技术。

激光具有单色性好、方向性强、亮度高、相干性好等一系列特点,使激光制导具有制导精度高、抗干扰能力强、体积小、重量轻等优点。但激光在传输过程中易受气候、环境等影响,导致激光制导不能全天候使用。

按照制导系统采用的制导方式不同,激光制导技术可分为激光寻的制导技术、激光驾束制导技术和传输指令制导技术,如图 7.5–1 所示。不同类型的制导系统其组成和结构也不尽相同。

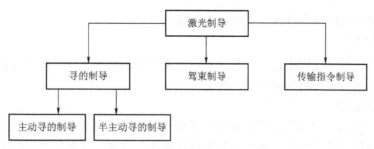

图 7.5-1　激光制导技术的分类

一、激光寻的制导

激光寻的制导是由弹外或弹上的激光束照射在目标上，弹上的激光寻的器利用目标漫反射的激光，实现对目标的跟踪和对导弹的控制。按照激光源所处的位置不同，激光寻的制导又分为激光主动寻的制导和激光半主动寻的制导。

激光主动寻的制导系统的激光照射器和导引头都安装在导弹上，为了能够有效检测到激光信号，它要求被照射的目标与周围背景对激光的反射相差较大，这只有在目标上设置了反射镜这样的协同目标才有可能，因此在实际应用中受到一定的限制，尚处于实验测试阶段。

激光半主动寻的制导是目前应用最广泛、技术最成熟的一种激光寻的制导方式。在这种制导系统中，激光照射器与导引头是分开放置的。激光照射器（又称激光目标指示器）放置在弹外载体上，用来指示目标。导引头（又称寻的器）放置在弹体上，随弹飞行，导引头通过接收目标反射的激光信号，引导导弹飞向目标。图 7.5-2 是激光半主动寻的制导系统构成图。

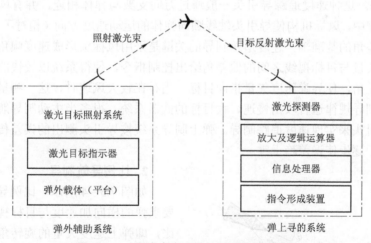

图 7.5-2　激光半主动寻的制导系统构成图

系统主要由弹外载体平台、安装在载体平台上的激光目标指示器及安装在弹上的寻的系统构成。激光目标指示器向目标发射激光束为导弹指示目标。弹上的寻的系统一般由激光探测器、放大及逻辑运算器、信息处理器及指令形成装置组成。激光探测器接收目标反射的激光信号，经放大和逻辑运算产生误差信号，测出目标所处的位置及导弹飞行偏差，再由信息处理器依据角误差信号计算出纠正导弹偏离的引导信息，由指令形成装置产生导引指令，控制导弹沿着正确的方向飞向目标,直至命中目标。

(一)制导规律

制导规律是指制导过程中调节武器飞行参数所遵循的某种规律。激光寻的制导系统中主要采用速度追踪制导和比例导航制导两种。

1. 速度追踪制导

如图 7.5-3 所示,速度追踪制导规律要求制导武器的速度矢量指向目标。弹上导引头除了要探测目标反射的激光信号,还要测量出目标视线与武器速度矢量之间的夹角。

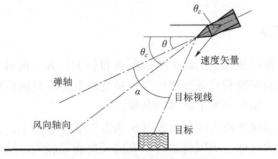

图 7.5-3　速度追踪制导原理

图中,α 是目标视线角(目标视线与弹轴之间的夹角);θ_c 是导弹速度矢量与水平面之间的夹角(弹道倾角)。导引头测出误差角,其制导规律的数学方程是:

$$\varepsilon = \alpha - \theta_c \tag{7.5-1}$$

要实现这一制导规律,首先要在导引头上建立速度矢量的测量基准,然后通过探测激光光斑位置测出 ε。这种速度追踪导引头一般通过万向支架与弹体相连,并有风标机构,这样在导弹飞行过程中,风标机构使导引头轴线顺向弹体的运动速度方向(相对于大气),此轴线就成了测量误差角的基准轴。速度追踪制导的关键是采用风标头形成速度倾向反馈,并通过测量导弹速度矢量与目标视线之间的偏差角给出控制指令,使得系统以较快的速度修正速度矢量,消除偏差角,使导弹速度矢量指向目标。当存在较大风速时,这一测量基准会存在原理误差。这种制导规律适合攻击慢速、大目标的武器系统。很多半主动制导航空炸弹就采用这种风标式导引头来实现速度追踪制导。弹上制导系统按导引头测出的误差传动舵面,经弹体动力学环节,逐步使误差趋于零。

2. 比例导航制导

如图 7.5-4 所示,比例导航制导的规律要求弹的横向加速度与目标视线角速度成正比,即弹上速度矢量的旋转角度与视线角速度成比例。这种导引头首先要跟踪目标(激光光斑),并测出视线角速度。这通常是通过将陀螺机构装载在导引头上来实现的。

图中,α 是目标视线角(目标视线与弹轴之间的夹角);θ_c 是导弹速度矢量与水平面之间的夹角(弹道倾角);θ_1 是导引头瞄准角。

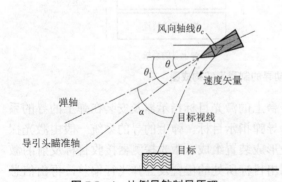

图 7.5-4　比例导航制导原理

首先导引头对目标进行跟踪，使 $\theta_1 \to \alpha$，然后测出 α，通过控制系统使弹轴变化，并使 $\theta_c = k\alpha$。这就是比例导航制导的数学方程式，其中 k 为导航系数。比例导航制导的规律要求导弹速度矢量的旋转角速度与目标视线的旋转角速度成正比。这种制导方式的优点是导弹比较平直，技术上容易实现，能对付机动目标和截击低空飞行的目标，并且制导精度高，因此被广泛应用。

（二）激光目标指示器

激光目标指示器是激光制导系统的重要组成部分。激光目标指示器的基本功能是向目标发射经过编码的激光脉冲，弹上半主动激光导引头接收目标反射的激光编码信号，引导导弹命中目标。在半主动寻的制导系统中，激光目标指示器要保证激光光斑始终稳定在目标上，同时其激光功率经目标反射后进入导引头探测器中要满足导引头最小可探测信号的要求。激光目标指示器可以在地面使用，也可以是装在车上和飞机上。激光目标指示器由激光器、瞄准和发射光学系统以及跟踪装置三个主要部分组成。目前，激光目标指示器一般都兼有测距功能，也被称为激光测距目标指示器。

1. 激光器

激光器是半主动寻的制导的信号源。目前，激光指示器基本上都采用脉冲式掺钕钇铝石榴石（YAG:Nd^{3+}）激光器。其工作波长在 1.06 μm 近红外波段，具有脉冲重复频率高、功率适中的特点。其缺点是大气衰减较为严重，工作时会受到气象和烟尘的影响。今后趋向于使用工作波长处于 10.6 μm 远红外波段的二氧化碳激光器，以改善全天候作战能力和抗干扰的能力，弥补 YAG:Nd^{3+}激光器的不足，但这种激光指示器的光学系统复杂，并且探测器探测该波长也很困难。

为了实现在同一战区分别用多枚制导武器攻击不同的目标，或在导引头视场内出现多个目标时，能够准确地攻击指定目标，并提高武器的抗干扰能力，在激光目标指示器中有激光编码器，激光指示器发出的是经过编码后的激光束。

2. 瞄准和发射光学系统

瞄准系统是用于初始捕获目标的，瞄准系统可以是独立的瞄准具，也可以是与火控系统相结合的瞄准系统。发射光学系统则起到压窄光束发散角的作用，这与激光测距机中的激光发射天线的作用类似。在地面激光指示器中，瞄准和发射光学系统比较简单，而在机载激光目标指示器中，由于相对运动速度较大，瞄准和发射光学系统往往与跟踪系统结合在一起。

3. 跟踪装置

由于激光本身对目标和背景的识别能力不强，在激光目标指示器中还需要跟踪装置来确保激光目标指示器照射到目标。常用的跟踪手段有手动跟踪、半自动跟踪、电视自动跟踪、红外自动跟踪和激光光斑自动跟踪等。

4. 激光目标指示器主要性能指标

脉冲峰值功率：由系统总体要求确定，应保证导引头中的探测器能够响应。

脉冲宽度：满足探测器的响应时间和发射器的带宽要求。常用电光调 Q 激光器，脉冲宽度在 10 ns 左右。

重复频率：决定了制导控制指令的数据率。重复频率越高，可达到的制导精度也就越高。但重复频率过高，会使数据率过大。目前脉冲重复频率一般在 10~20 Hz 或更高一些。

束散角：应尽可能小。主要是采用非稳腔技术，利用发射光学系统来压缩束散角，使其低于 0.1 mrad。

激光光斑的均匀性：关系到武器的飞行误差，一般要求激光光斑尽可能均匀。主要利用非稳腔技术及选模技术来保证光斑的均匀性。

（三）激光导引头

由于激光导引头具有良好的跟踪、捕获性能，其技术已成为精确制导武器的核心技术之一。激光导引头用来完成对目标的自主搜索、识别和跟踪，并给出制导规律所需要的控制信息，在制导过程中，确保制导系统不断地跟踪目标，形成制导信号，送入自动驾驶仪，操纵导弹飞向目标。在半主动寻的制导中，无论采用哪种制导规律，都需要有激光导引头。激光导引头有两个主要功能：探测目标反射的激光信号；按制导规律测定某参数，送入控制系统。

激光导引头由光学系统、激光探测器、电子部件和机械部件几部分构成。

1. 光学系统

激光导引头光学系统起着收集和汇聚激光信号的作用。光学系统有折反射式的，也有纯透射式的。光学系统一般安装在万向支架上，以适应对跟踪的要求。目前的半主动激光制导系统多采用 1.06 μm 的 YAG:Nd^{3+} 激光器，所以光学系统一般采用玻璃材料。整个光学系统还包括符合减小气动阻力要求的前端整流罩以及仅允许所用激光波长透过的窄带滤光片。

2. 激光探测器

激光导引头的探测器可以是旋转扫描式的，但更多的是采用四象限探测器阵列。探测器主要功能是测量目标相对于光轴的偏移量大小和偏移方位。四象限元件是由高性能且相互独立的四只光电二极管构成，其响应波长与激光指示器的工作波长一致。四个光电二极管处于直角坐标系的四个象限中，以光学系统的轴为对称轴，每个二极管代表空间的一个象限。目标反射的激光信号经导引头光学系统成像于光学系统焦平面附近的探测器上，形成一个近似圆形的光斑，四个光电二极管分别测出四个象限的光斑信号，输出的光电流反映了激光光斑所成的像点在四个象限上的分布，比较相互间的大小，即可得到导引头轴线和目标视线之间的角误差。图 7.5－5 给出了四象限探测器的信号处理过程。四个探测元件的输出分别经过前置放大器放大，由于光斑很小，可用近似的线性关系求得目标的方位坐标 y、z，经过综合、比较及除法运算，得出俯仰和偏差两个通道的误差信号。

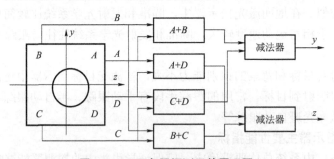

图 7.5－5　四象限探测元件原理图

$$\begin{cases} y = \dfrac{(I_A + I_B) - (I_C + I_D)}{I_A + I_B + I_C + I_D} \\ z = \dfrac{(I_A + I_D) - (I_B + I_C)}{I_A + I_B + I_C + I_D} \end{cases} \quad (7.5-2)$$

式中，I_A、I_B、I_C、I_D 分别为四个象限中的二极管输出电流值，对应四个象限二极管接收到的光功率。

若目标像点的中心与导引头的光学系统的光轴重合，那么光斑就在四个象限的中心，此时四个象限中的二极管输出的电流相等，误差信号为零；如果目标偏离导引头光学系统的光轴，光斑就偏离四象限的中心，就会出现误差信号。经过信号处理将误差信号送入控制系统的俯仰和偏航两个通道，分别控制舵机偏转。

四象限光电二极管输出的信号形式可以是"有—无"式，也可以是线性的。"有—无"式的信号形式只能反映哪个象限有信号，哪个象限无信号；线性式的信号形式最终产生的控制信号是与角误差成比例的。为使系统有较大的动态范围，改善探测器的性能，可以采用自动增益控制技术，在电路中加入对数放大器，使系统具有更大的动态范围。

3. 电子部件

激光导引头的电子部件用来对四象限探测器的输出进行放大和比较处理，并将其送入自动驾驶仪或直接传送给控制系统的电子元器件。在比例导航制导的导引头中，电子部件还包括陀螺电路，用以完成跟踪和输出视线角速度。

4. 机械部件

导引头的机械部件主要用来支撑光学部件、探测器以及电子部件，并与弹体进行连接，同时要通过导引头机械部件和其他部件实现制导规律。姿态追踪制导方式中的导引头是与弹体固定在一起的，机械结构简单。速度追踪制导中的导引头通过万向支架与弹体相连接，由风标将导引头轴线稳定在弹体的空速方向。

二、激光驾束制导

激光驾束制导是利用激光束导引导弹飞向目标的遥控制导技术。激光驾束制导适合在近距离（一般在10千米以内）通视条件下使用。所谓"通视"就是没有障碍物遮挡，从发射点到目标之间构成一条无遮蔽的直视空间。其工作过程是：激光器向目标发射一束激光束，导弹在激光束中飞行，弹上设备自动测出导弹偏离波束的参数并形成制导指令，弹上的控制系统根据制导指令引导导弹飞向目标。

（一）激光驾束制导原理

激光驾束制导遵循"三点法"制导规律，即在武器制导飞行过程中，激光照射器、弹、目标三点始终在一条直线上。

激光驾束制导一般都是用同一激光束跟踪目标，并控制导弹的飞行。激光驾束制导多用于地空武器系统中。采用激光驾束制导时，导弹在发射前必须完成对目标的瞄准和跟踪，并确定导弹发射点与目标之间的瞄准线。为保证导弹沿瞄准线"轨道"飞行，激光束的中心线必须是沿着瞄准线投射到目标。图7.5-6是激光驾束制导系统工作示意图。其制导的基本过程是：激光照射器先捕获并跟踪目标，给出目标所在方向的角度信息，形成瞄准线并把它作为坐标基准线，当目标移动时，瞄准线不断跟踪目标。将激光束的中心线与瞄准线重合，并使光束在瞄准线的垂直平面内进行空间编码（即激光束通过调制编码器按照一定规律围绕瞄准线旋转），并向目标方向照射。然后经火控计算机控制导弹发射，以最佳角度发射驾束导弹，使它进入激光波束中，进入波束的方向尽量与激光束轴线的方向一致。在飞行过程中，弹上的激光接收机接收激光器直接照射在导弹上的激光信号，并从中处理出驾束制导所需的误差量，即弹体轴线与激光束轴线的偏离方向和大小，由它送入导弹的控制系统，操纵舵面或改变推力方向,使弹体的飞行方向改变,从而使弹体轴线顺向激光束轴线。导弹刚发射时,照射波束的宽度应该宽些,以便使导弹尽快进入波束内接受制导。随着导弹逐步逼近目标,波束宽度也应同步减小,以提高制导精度。在这个过程中,目标在运动,激光照射器要不停地跟踪目标,使激光束轴线始终指向目标。

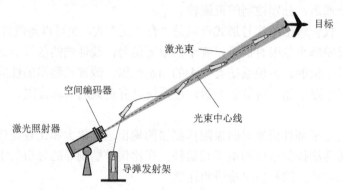

图 7.5－6　激光驾束制导系统工作示意图

波束制导系统的控制装置比较简单,成本很低,为使制导的精度高,波束应当尽量窄,但波束过窄,又很难将精确制导武器发射到波束中去。为解决这个矛盾,指挥站通常要发出宽窄不同的两个波束,两个波束的中心线重合,宽波束用来引导精确制导武器进入波束,当精确制导武器进入窄波束后,就要用窄波束来制导。

(二) 激光驾束制导的关键部件

1. 空间编解码器

驾束制导的核心问题是判断弹体在激光束中相对光束中心的位置,这个任务是通过一套空间编码/解码机构来完成的。

在驾束制导用的激光发射器中,利用激光某种特性对光束中空间位置进行空间编码,即设法使光束中的某一位置处的激光特性包含位置信息。在弹末端的接收系统中有解码机构,根据探测到的包含了位置信息的激光信号,处理出导弹在光束中偏离的位置信息。在激光驾束制导武器系统中采用的激光空间编码的方式有扫描编码、相位调制编码、频率调制编码和偏振编码。

2. 激光照射器

驾束制导的激光照射器多采用半导体激光器,也有的采用二氧化碳激光器和固体激光器。激光器工作在脉冲模式,输出脉冲在几千赫兹以上。驾束制导系统对激光器功率要求相比寻的制导系统要低,例如,地空驾束制导导弹在作用距离 3～5 km 时,激光器的平均功率只需瓦量级。

3. 激光接收器

激光接收器安装在导弹的末端,其核心部件是能探测制导激光波长的探测器。在用近红外半导体激光器做光源时,接收器多采用硅光电二极管,而探测长波红外（10.6 μm）CO_2 激光信号则需要低温下(低于 77 K)工作的碲镉汞探测器。探测器数量可以是单个或对称分布的四个,前者适用于旋转弹体,后者只能用于滚动方向稳定的弹体。

（三）激光驾束制导的优缺点

激光驾束制导的优点：
（1）激光驾束制导可以同时制导数枚精确制导武器。
（2）激光驾束制导系统结构简单，只需要单个信息传输信道。
（3）接收系统在弹体的末端，背向目标，不易受到干扰。
（4）激光驾束制导精度高、作用距离远。

激光驾束制导的不足：
（1）作战时要求发射点和目标之间始终保持通视。
（2）在摧毁目标之前必须不间断地以光束照射目标，导致指挥站连同载体很容易受到对方攻击。
（3）一般要求激光照射器和导弹发射器在同一地点。
（4）激光驾束制导缺乏同时对付多个目标的能力。

驾束制导对激光功率的要求不高，但对空间编码的要求使激光器照射系统变得复杂。驾束制导还要求初始弹道能保证导弹进入极窄的激光束中，这给发射系统提出了更高的要求。此外，为了不丢失目标，对目标视线运动角速度需有一定的限制。

三、传输指令制导

用激光束传输制导指令的制导方式本质上属于激光通信，但由于许多制导武器中采用这种方式，所以仍作为一种制导方式。

这种与驾束制导不同的指令制导方式又分为视线指令制导和非视线指令制导。在激光视线指令制导方式中，激光可起到跟踪目标和传递控制指令的双重作用，也可以只起传输控制指令的作用，而跟踪目标则依靠红外测角、电视测角等手段完成。

激光非视线指令制导方式用在光纤制导中。图 7.5-7 为光纤制导原理示意图。在隐蔽阵地上将导弹发射出去，越过视线障碍物后，导弹成像导引头（如电视或热成像导引头）获得目标区域图像视频信号，该信号调制二极管激光器的输出光脉冲，经过光纤传回到制导站；在制导站上，光信号经过激光接收机接收，转变成电信号再解调出图像视频信号，供显示跟踪处理。控制指令可由操作者发出，也可由跟踪器自动生成。控制指令调制制导站上的激光二极管的输出，经光纤送到弹上的激光接收机，从而控制导弹对目标实现跟踪直至命中。

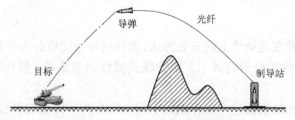

图 7.5-7 光纤制导原理示意图

第六节　惯性制导技术原理

惯性制导是利用惯性原理控制和导引运动物体（如导弹、运载火箭等）飞向目标的技术。惯性制导的原理是利用惯性测量装置测出目标的运动参数，形成制导指令，通过控制发动机推力的方向、大小和作用时间，把运动体自动引向目标区。惯性制导系统工作时不依赖外界信息，也不向外辐射信号，以自主方式进行工作，无须外部基准，所以不受任何盲区效应或干扰的影响，属于自主式的制导系统。这种自主式惯性技术已经成为民用和军用航空、航海及航天系统中的一项关键技术。

一、概述

（一）组成

惯性制导系统通常由惯性测量装置、计算机、控制和显示器等组成。

惯性测量装置包括陀螺仪和加速度计，又称惯性导航组合，如图 7.6-1、图 7.6-2 所示。主要用于实时测量导弹的位置、速度、飞行姿态等信息，并将测量信息传送给计算机。

计算机对接收的数据进行运算，获得导弹的位置、速度等信息，并根据惯性测量信息及发射诸元等完成制导控制计算，形成控制指令。

控制器通过计算机提供的控制指令控制执行机构的姿态，或者控制发动机推力的方向、大小和作用时间，将导弹引导到目标上。对于飞机和船舶来说，这些数据送到控制器显示器上，然后由领航员、驾驶员或者由自动驾驶仪下达控制指令，操纵飞机、船舶航行。

图 7.6-1　陀螺仪

图 7.6-2　加速度计

（二）分类

按照惯性测量装置在运动体上的安装方式，惯性制导系统可分为平台式惯性制导系统（惯性导航组合安装在惯性平台的台体上）和捷联式惯性制导系统（惯性导航组合安装在飞行器上）。

平台式惯性制导系统根据建立坐标系的不同，又分为空间稳定平台式惯性制导系统和本地水平平台式惯性制导系统。前者的台体相对于惯性空间是稳定的，用以建立惯性坐标系。由于受到地球自转和重力加速度的影响，空间稳定平台式惯性制导系统需要进行补偿。这种制导系统多用于运载火箭的主动段和一些航天器上；而本地水平平台式惯性制导系统所用的加速度计输入轴所构成的基准平面始终跟踪运动物体所在的水平面，因此，其加速度计不受重力加速度的影响，这种系统多用于沿地球表面做近似等速运动的物体上（如飞机、巡航导弹等）。平台式惯性制导系统的惯性平台能隔离运动物体角运动对测量装置的影响，因此测量装置的工作条件较好，并能直接测到所需要的运动参数，计算量小，容易补偿和修正仪表的输出，但结构复杂，重量和尺寸较大。

捷联式惯性制导系统根据所用陀螺仪的不同，分为位置型捷联式惯性制导系统和速率型捷联式惯性制导系统。位置型捷联式惯性制导系统采用自由陀螺仪，输出角位移信号；速率型捷联式惯性制导系统采用速率陀螺仪作为敏感元件，输出瞬时平均角速度的矢量信号。捷联式惯性制导系统由于敏感元件直接装在运动物体上，受到的震动较大，工作的环境条件较差并受其角运动的影响，必须通过计算机计算才能获得所需要的运动参数。这种系统对计算机的容量和运算速度要求较高，但省去了平台，所以结构简单，整个系统的重量和尺寸较小。

（三）特点

惯性导航系统属于一种推算导航方式。即从一已知点的位置根据连续测得的运载体航向角和速度推算出其下一点的位置。因而可连续测出运动体的当前位置。惯性导航系统中的陀螺仪用来形成一个导航坐标系使加速度计的测量轴稳定在该坐标系中，并给出航向和姿态角；加速度计用来测量运动体的加速度，经过对时间的一次积分得到速度，速度再对时间积分即可得到位置。惯性导航系统有如下主要优点：

（1）惯性制导在工作时不依赖任何外部信息，也不向外辐射电磁信号，因此惯性制导系统抗干扰性强、隐蔽性好。

（2）可全天候、全时空地工作于空中、地球表面乃至水下。

（3）能提供位置、速度、航向和姿态角数据，所产生的导航信息连续性好而且噪声低。

（4）数据更新率高、响应速度快、短期精度和稳定性好。

惯性制导系统其缺点如下：

（1）惯性制导系统本质上是一个时间积分系统，为了得到飞行器的位置数据，需对惯性导航系统每个测量通道的输出进行积分。陀螺仪的飘移将使测角误差随时间成正比增加，而加速度计的常值误差又将引起与时间平方成正比的位置误差，导致惯性制导系统的制导参数随时间不断累积，因此，惯性制导系统的最大缺点就是精度差。

（2）每次使用之前需要较长的初始对准时间。

（3）设备的价格较昂贵。

（4）不能给出时间信息。

惯性导航系统的导航精度与地球参数的精度密切相关。高精度的惯性导航系统需参考椭球来提供地球形状和重力的参数。由于地壳密度不均匀、地形变化等因素，地球各点的参数实际值与参考椭球求得的计算值之间往往有差异，并且这种差异还带有随机性，这种现象称为重力异常。正在研制的重力梯度仪能够对重力场进行实时测量，提供地球参数，解决重力异常问题。

二、惯性仪表

惯性仪表主要指陀螺仪、加速度计以及这两者的组合装置，是惯性系统的重要组成部分。陀螺仪用来检测运动载体在惯性空间中的角运动，加速度计用来检测运动载体在惯性空间中的线运动。

（一）陀螺仪

陀螺仪是用高速回转体的角动量敏感壳体相对惯性空间绕正交于自转轴的一个或二个轴的角运动检测装置，陀螺仪已成为现代惯性制导系统的核心部件。利用其他原理制成的角运动检测装置起同样功能的一般都可称为陀螺仪。

陀螺仪是一种既古老而又很有生命力的仪器。关于陀螺运动的理论研究早在18世纪就开始了。早期采用的是根据回转仪原理设计的机械陀螺，从第一台真正实用的陀螺仪问世以来已有大半个世纪，但直到现在，陀螺仪仍在吸引着人们对它进行研究，这是由它本身具有的特性所决定的。陀螺仪最主要的特性是它的稳定性和进动性。研究陀螺仪运动特性的理论是绕定点运动刚体动力学的一个分支，它以物体的惯性为基础，研究旋转物体的动力学特性。经典陀螺仪具有高速旋转的转子，能够不依赖任何外界信息而测出飞机等飞行器的运动姿态。现代陀螺仪的外延有所增大，已经推广到没有转子而功能与经典陀螺仪相同的仪表上。近年来，随着光电技术的迅猛发展，光、机、电一体化的光电惯性陀螺及利用光电技术加工的新型惯性陀螺，如激光陀螺、光纤陀螺、静电陀螺、微机电陀螺等，凭借各自独特的优势在惯性制导系统中不断得到应用。

陀螺仪的种类很多，按用途来分可分为：传感陀螺仪和指示陀螺仪。传感陀螺仪用于飞行体运动的自动控制系统中，作为水平、垂直、俯仰、航向和角速度传感器。指示陀螺仪主要用于飞行状态的指示，作为驾驶和领航仪表使用；根据支承方式的不同可分为：由框架支承的框架陀螺仪，利用静电场支承的静电陀螺仪，利用液体或气体润滑膜支承的液浮或气浮陀螺仪，利用弹性装置支承的挠性陀螺仪；也可根据转子旋转轴的自由度不同分为单自由度和双自由度陀螺仪。

1. 机电陀螺仪

常见的机电陀螺仪有液浮陀螺仪、挠性陀螺仪和静电陀螺仪等。

液浮陀螺仪是最早研制成功和应用的一种惯性机电陀螺仪。液浮陀螺仪的转子和内环组成的浮筒组件泡在浮液里，浮液的比重足够大，使得浮力刚好和浮筒组件的重力平衡，这样在内环轴上负荷几乎为零，因而摩擦力矩很小。液浮陀螺采用液体浮力支承代替传统的轴承支承，是惯性导航技术发展史上的一个重要里程碑。液浮陀螺仪包括单自由度液浮陀螺仪、双自由度液浮陀螺仪和静压液浮陀螺仪。液浮陀螺仪具有精度高、抗震性能好、速度适应性好等优点。但液浮陀螺仪要求较高的加工精度、严格的装配、精确的温控，因而成本较高。主要应用于潜艇惯性导航系统和远程导弹制导系统中。

挠性陀螺仪没有传统的框架支承结构，转子采用挠性方法支承（即柔软的弹性支承），是双自由度角位置陀螺仪。但是，挠性支承本身所固有的弹性约束，使自转轴进入锥形进动，破坏了自转轴的方向稳定性（定轴性），造成陀螺仪不能正常工作。现采用动力调谐法补偿支承的弹性约束，保护双自由度陀螺的进动性和定轴性不受破坏，这种挠性陀螺仪称为动力调谐式挠性陀螺仪。目前，惯性制导系统中使用的挠性陀螺仪，绝大多数是动力调谐式挠性陀螺仪。动力调谐式挠性陀螺仪具有中等精度、体积小、重量轻、结构简单、成本较低和可靠性高等优点，广泛应用于航空、航天和航海惯性导航系统中。

静电陀螺仪是目前精度最高的惯导元件，属于双自由度角位置陀螺仪。静电陀螺仪的球形转子处于超真空的腔体内，由静电场产生的吸力支承取代传统的机械支承，是一种精度非常高，结构简单，可靠性高，可承受较大的加速度、震动和冲击的惯性陀螺仪，但是需要复杂的高精度加工工艺，造价昂贵。广泛应用于航空、航海、潜艇的惯导系统和导弹制导系统，不仅适用于平台式惯导系统，在捷联式惯导系统中也特别适用。

2. 光学陀螺仪

光学陀螺仪是20世纪60年代以后发展成熟的一种敏感惯导元件。与传统的机械转子陀螺仪相比，它具有全固态、性能稳定、可靠性好、抗震动、抗冲击、寿命长、动态范围宽、启动迅速等一系列优势。

光学陀螺基于法国物理学家萨格奈克（Sagnac）于1913年提出来的萨格奈克效应。在环形光路中，分光镜将同一光源发出的一束光分解为两束，让它们沿着相反方向传播一周后会合，相遇的两束光产生干涉，这就是萨格奈克效应，如图7.6-3所示。

如果环路相对于惯性空间无转动，则沿着相反方向传播的两束光相遇时两束光的光程相同；当环路绕着与光路平面垂直的轴以角速度 ω 相对惯性空间旋转时，由于分光镜和光路一起旋转，导致沿着相反方向传播的两束光再次相遇时的光程不再相同，两束光的光程差为：

$$\Delta L = \frac{4A}{c}\omega \quad (7.6-1)$$

式中，A 为闭合环路路的面积，c 为光速。

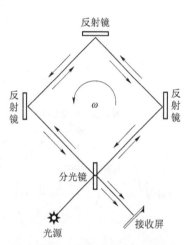

图 7.6-3 萨格奈克效应原理图

这个光程差导致两束光相遇形成的干涉条纹图样的横向移动，条纹移动的个数与旋转角速度 ω 和环路所围面积 A 之积成正比，该结论对其他形状的环路也成立。光学陀螺仪就是利用这种干涉方法来测量旋转角速度或转角的。

激光陀螺仪和光纤陀螺仪统称为光学陀螺仪，主要由光学传感器和信号检测系统两部分组成。

光学陀螺仪是利用光路代替传统陀螺仪的机械转子，陀螺无旋转和运动部分，具有传统机械陀螺无可比拟的优势。光学陀螺仪性能稳定，可靠性好；能够承受强烈的速度和震动冲击，使用寿命长，动态范围宽；不存在马达的启动和稳定问题，启动时间短，具有很高的标度因子稳定性；动态测量范围宽，可直接固联于载体，便于构成捷联式惯性制导系统。

（1）激光陀螺仪。

激光陀螺仪是一种无质量的光学陀螺仪，其原理是利用环形激光器在惯性空间转动时正反两束激光随转动而产生相位差来测量敏感物体相对于惯性空间的角速度或转角。

激光陀螺仪的基本元件是环形激光器，工作原理如图7.6-4所示。环形激光器由三角形或正方形的石英制成的闭合光路组成，内有一个或几个装有混合气体（氦氖气体）的管子。两个反射镜和一个半透半反镜。为维持回路谐振，回路的周长应为光波波长的整数倍。用半透半反镜将激光从回路中导出，使两束激光发生干涉，光电探测器将光信号转变成电信号输出，经放大器放大并转换成脉冲信号，由频率计测量出频差，此频差反映了转动角速度的大小，或由可逆计数器对脉冲数进行计数，得到激光陀螺仪转过的角度。

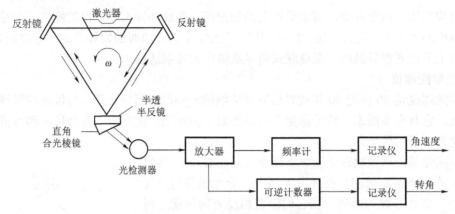

图 7.6-4 激光陀螺仪工作原理图

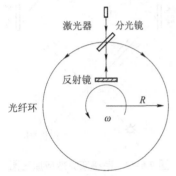

图 7.6-5 光纤陀螺仪工作原理图

（2）光纤陀螺仪。

光纤陀螺仪是以光导纤维（光纤）线圈为基础的敏感元件，工作原理如图 7.6-5 所示。相比于激光陀螺仪，光纤陀螺仪采用光纤环实现环形光路，由激光二极管发射出的光线在光纤中沿着相反方向传播，利用萨格奈克相移与转动角速度之间的关系，求出角速度或转过的角度。

光纤陀螺仪与传统的机械陀螺仪相比，优点是全固态，没有旋转部件和摩擦部件，寿命长，动态范围大，瞬时启动，结构简单，尺寸小，重量轻。与激光陀螺仪相比，光纤陀螺仪没有闭锁问题，也不用进行光学精密加工，成本低。光纤陀螺仪已成为发展新一代陀螺仪的主要对象。

光纤陀螺仪的分类方式有多种。依照工作原理可分为干涉型、谐振式以及受激布里渊散射光纤陀螺仪三类。其中，干涉型光纤陀螺仪是第一代光纤陀螺仪，它采用多匝光纤线圈来增强萨格奈克效应，目前应用最为广泛。相比于干涉型陀螺仪，谐振式陀螺仪要求的光源必须有很好的单色性。按电信号处理方式不同，可分为开环光纤陀螺仪和闭环光纤陀螺仪。一般来说，闭环光纤陀螺仪由于采取了闭环控制因而拥有更高的精度。按结构又可分为单轴光纤陀螺仪和多轴光纤陀螺仪，其中三轴光纤陀螺仪由于体积小、可测量空间位置，因而是光纤陀螺仪的一个重要发展方向。

（二）加速度计

加速度计是用来测量运动物体在惯性空间中线性运动的仪表。惯性导航系统中的加速度计可连续测出加速度，然后经过积分运算得到速度分量，再积分即可得到一个方向的位置坐标信息，由三个坐标方向的仪器测量结果就可绘出运动曲线并给出瞬时航行器所在的空间位置。惯性技术中常用的加速度计有液浮式加速度计、挠性加速度计、摆式陀螺加速度计和静电加速度计等。

液浮式加速度计也称液浮摆式力反馈加速度计或力矩平衡摆式加速度计，是液体悬浮技术应用于摆式加速度计的成果。液浮式加速度计是应用于惯性导航和惯性制导系统中最早的一种加速度计。其摆组件置于一个浮子内，浮液产生的浮力能卸除浮子摆组件对轴承的负载，减小支承摩擦力矩，提高仪表的精度。浮液不能起定轴作用，因此在高精度摆式加速度计中，同时还采用磁悬浮方法把已经卸荷的浮子摆组件悬浮在中心位置上，使它与支承脱离接触，进一步消除摩擦力矩。浮液的黏性对摆组件有阻尼作用，能减小动态误差，提高抗震动和抗冲击的能力。波纹管用来补偿浮液因温度而引起的体积变化。为了使浮液的比重、黏度基本保持不变，以保证仪表的性能稳定，一般要求有严格的温控装置。液浮式加速度计结构复杂、装配调试困难、温度控制精度要求高。

挠式加速度计也是一种摆式加速度计，它的摆组件用挠性方法支承（柔软的弹性支承）。其基本工作原理与液浮式加速度计类似，与液浮式加速度计的主要区别在于它的摆组件不是悬浮在液体中，而是弹性地连接在挠性支承上，挠性支承消除了轴承的摩擦力矩。这种系统有一高增益的伺服放大器，使摆组件始终工作在零位附近。这样挠性杆的弯曲很小，引入的弹性力矩也很小，因此仪表能达到很高的精度。挠性加速度计有充油式和干式两种。充油式的内部充以高黏性液体作为阻尼液体，可改善仪表动态特性和提高抗震动、抗冲击能力。干式加速度计采用电磁阻尼或空气膜阻尼，便于小型化、降低成本和缩短启动时间，但精度比充油式低。

摆式陀螺加速度计是利用自转轴上具有一定摆性的双自由度陀螺仪来测量加速度的仪表。如果转子不转动，陀螺组件部分基本上是一个摆式加速度计。当沿输入轴（即陀螺外环轴）有加速度作用时，摆绕输出轴（即内环轴）转动，使轴上的角度传感器输出信号，经放大后馈送到外环轴力矩电机，迫使陀螺组件绕外环轴移动，在内环轴上产生一个陀螺力矩。它与惯性力矩平衡，使角度传感器保持在零位附近。陀螺组件绕外环轴转动的角速度正比于输入加速度，转动角度的大小就是输入加速度的积分，即速度值。通常在外环轴上安装一个脉冲输出装置，用以得到加速度计测量的加速度和速度信息；脉冲频率表示加速度，脉冲总数表示速度。这种加速度计靠陀螺力矩来平衡惯性力矩，它能在很大的量程内保持较高的测量精度，但结构复杂、体积较大、价格较贵。远程战略导弹的惯性系统中就常采用这类加速度计。

三、平台式惯性制导系统

平台式是将加速度表装在惯性平台上，利用陀螺仪使平台保持稳定。不管导弹飞行时姿态发生多大变化，平台相对于惯性参考坐标系的方向始终保持不变，因而可以简化导航计算。平台还能隔离弹体的震动，为惯性仪表提供良好的工作环境。因此，洲际弹道导弹、潜地弹道导弹、远程巡航导弹和大型运载火箭基本上都采用平台式惯性制导。

平台式惯性制导系统由三轴陀螺稳定平台（包含陀螺仪）、加速度计、导航计算机、控制显示器等部分组成，如图7.6-6所示。

1. 平台式惯性制导系统各部分功能

（1）三轴陀螺稳定平台：由陀螺仪及稳定回路进行稳定，平台的三根稳定轴模拟一种导航坐标系，该坐标系是加速度计的安装基准。从平台环架轴上安装的角信号器可获取载体的姿态信息。

（2）加速度计：固定在平台上，其敏感轴与平台轴平行，用来测量载体运动的线加速度。

（3）导航计算机：完成制导参数的计算，给出控制平台运动的指令角速度信息。

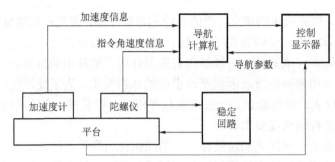

图 7.6-6　平台式惯性制导系统组成示意图

（4）控制器：用于向计算机输入初始条件以及系统所需的其他参数，控制执行机构的姿态，或者控制发动机推力的方向、大小和作用时间，将导弹引导到目标区内。

系统组成中，三轴稳定平台是惯性制导系统的核心，它确定了一个平台式坐标系 $Ox_p y_p z_p$，平台坐标系 p 用来精确模拟某一选定的导航坐标系。如果陀螺仪的控制轴不受任何控制力矩，则平台台体将处于几何稳定状态（相对惯性空间稳定）。这时，平台坐标系 p 用来模拟某一惯性坐标系；如果在陀螺仪的控制轴上施加适当的控制力矩，则平台台体将处于空间积分状态，平台坐标系 p 用来模拟某一当地水平坐标系，保证两个水平加速度计的敏感轴线所构成的基准平面始终跟踪当地水平面，Oz_p 轴与当地地理垂线相重合。

2. 平台式惯性制导系统分类

（1）半解析式平台惯性制导系统。又称本地水平平台式惯性制导系统。系统有一个三轴稳定平台，台面始终平行于当地水平面，方向指地理北（或其他方位）。陀螺仪和加速度计放置在平台上，测量值为载体相对惯性空间沿水平面的分量，需消除地球自转、飞行速度等引起的有害加速度后，计算载体相对地球的速度和位置。主要用于飞机和飞航式导弹，可省略垂直通道加速度计，简化系统。

（2）几何式平台制导系统。该系统有两个平台，一个装有陀螺，相对惯性空间稳定。另一个装有加速度计，跟踪地理坐标系。陀螺平台和加速度计平台间的几何关系可确定载体的经纬度，故称几何式平台惯性制导系统。主要用于船舶和潜艇的导航定位。其精度较高，可长时间工作，计算量小，但平台结构复杂。

（3）解析式平台惯性制导系统，又称空间稳定平台惯性制导系统。该系统陀螺和加速度计装于同一平台上，平台相对惯性空间稳定。加速度计测量值包含重力分量，在导航计算前必须先消除重力加速度影响。求出的参数是相对惯性空间，需进一步计算转换为相对地球的参数。平台结构较简单，计算量较大，主要用于航空航天领域及弹道式导弹。

半解析式平台惯性制导系统根据平台两个水平轴指向不同，还可分为：指北方位惯导系统、自由方位惯导系统和游动方位惯导系统。指北方位惯导系统工作时，平台的三个稳定轴分别指向地理东、地理北、当地地平面的法线方向，即平台模拟当地地理坐标系；自由方位惯导系统工作时，平台的方位可以和北向成任意夹角，始终指向惯性空间的某一方位，台面仍要保持在当地的水平面内。由于地球的旋转和飞机的转动，平台的横轴、纵轴不指向地理东、北方向，而是有一定自由夹角，故称为自由方位惯导系统，其平台称为自由方位平台；游动方位惯导系统与自由方位惯导系统类似，平台的台面处于当地水平面，方位轴只跟踪地球自转的分量。

四、捷联式惯性制导系统

捷联式惯性制导系统将惯性仪表（陀螺仪和加速度计）直接固连在运动载体上，载体转动时，加速度计和陀螺仪的敏感轴也跟随转动。陀螺仪测量载体角运动，计算载体姿态角，从而确定加速度计敏感轴指向，再通过坐标变换，将加速度计输出的信号变换到导航坐标系上，进行导航计算。

捷联式惯性制导系统的工作原理如图7.6-7所示。陀螺仪测量运动载体坐标系轴向的角速度信息，并传入导航计算机，经误差补偿计算后进行姿态矩阵计算。加速度计测量运动载体坐标系轴向的加速度信息，并传入导航计算机，经误差补偿计算后，进行由运动载体坐标系向平台坐标系的坐标变换计算。加速度计测量的是载体坐标系（b系）相对于惯性空间的加速度在载体坐标系中的投影a_{ib}^b，该测量式也称比力。对于捷联式惯性制导系统，导航计算机要在导航坐标系（p系）中完成。因此，需要将载体坐标系中的加速度投影a_{ib}^b转换成导航坐标系中的对应量a_{ip}^b，即实现由载体坐标系到导航坐标系的坐标转换。这一转换由姿态矩阵c_b^p完成，而c_b^p是利用陀螺仪输出的角速度ω_{ib}^b，即载体相对惯性空间转动的角速度，在载体坐标系中的投影计算得到。姿态矩阵是随时间不断变化的，从姿态矩阵中可以确定飞行器的姿态角。捷联式惯性制导系统需要实时求取姿态矩阵，以便提取运动载体姿态角以及变换比力。因此，在捷联式惯性制导系统中，是由导航计算机来完成具有常平架的稳定平台功能，即用数学平台取代平台式惯性制导系统的物理稳定平台。图7.6-7中虚线框部分起了平台的作用。

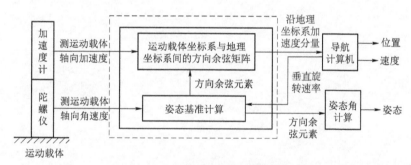

图7.6-7 捷联式惯性制导系统原理图

捷联式惯性制导系统的敏感惯性仪表直接固连在运动载体上也带来新的问题，即导致惯性仪表的工作环境恶化。受到运动载体的震动、冲击及温度波动等影响，惯性仪表的输出信息会产生严重的动态误差。这对陀螺仪和加速度计提出了更高的要求。为保证仪表的参数和性能稳定，要求制导系统中必须对惯性敏感器采取误差补偿措施。此外还需要用计算机对加速度计测得的加速度信号进行坐标变换，再进行导航计算，得出需要的导航参数（航向、航行距离和地理位置等）。这种系统需要进行坐标变换，而且必须进行实时计算，因而要求计算机具有很高的运算速度和较大的容量，但整个系统的重量和尺寸均较小。光学陀螺仪和石英挠性加速度计特别适合捷联式惯性制导系统使用。

捷联式惯性制导系统根据所用陀螺仪的不同分为速率捷联和位置捷联两类。速率捷联惯性制导系统采用速率陀螺仪（如单自由度挠性陀螺仪、激光陀螺仪等）作为敏感元件，输出运动载体的角速度信号；位置捷联惯性制导系统采用双自由度陀螺仪（如静电陀螺仪），输出运动载体的角位移。通常所说的捷联式惯性制导系统是指速率型捷联式惯性制导系统。

现阶段，捷联式系统的误差比平台式系统要大一些，故在要求精度高的场合多数采用平台式惯性制导系统。但随着计算机、计算技术和惯性仪表的飞速发展，捷联式惯性制导系统的误差将越来越小，应用范围也将越来越广泛，并逐步取代平台式惯性制导系统。

复习思考题

1. 什么叫精确制导技术？精确制导技术有哪些主要特点？
2. 精确制导有哪些分类方法？
3. 简述主动式雷达制导系统的基本工作过程。
4. 说明主动式寻的制导的基本工作原理。
5. 试述指令遥控制导的基本工作原理。
6. 红外点源寻的制导和红外成像寻的制导各自的优缺点有哪些？
7. 激光寻的制导的制导规律有哪些？并做简要说明。
8. 什么叫惯性制导？其主要的组成部分有哪些？
9. 平台式惯性制导系统和捷联式惯性制导系统各有什么特点？
10. 激光制导的制导规律有哪些？

第八章 伪装隐身技术的物理基础

在现代战争中,信息的获取与反获取已成为战争的焦点,先敌发现、先敌攻击是克敌制胜的重要保障,武器装备的伪装隐身化能够打破现有的攻防格局,提高战略武器系统的突防能力,提高战术武器的生存能力和作战效能。因此,伪装隐身技术在现代战争中的作用越来越受到重视。军事科学家把隐身武器视作未来战争中的尖端武器之一,各国投入大量人力、物力和财力进行开发,已有许多伪装隐身武器系统投入战场使用。本章将简要阐述伪装隐身技术的基本概念和物理学原理,并介绍其发展及应用情况。

第一节 伪装隐身技术概述

一、伪装技术

(一)伪装技术的内涵

伪装技术是为了隐蔽自己和欺骗、迷惑敌人所采取的各种隐真示假的技术措施,是军队作战保障的一项重要内容。

军事目标的伪装是指采用工程技术措施和利用地形、地物,对人员、装备和各种军事设施等目标所实施的伪装。军事目标的伪装技术,就是利用电磁学、光学、热学、声学等技术手段,改变目标原有的特征信息,隐真示假,降低敌人的侦察效果,使敌方对己方的位置、企图、行动等产生错觉,造成其指挥失误,最大限度地保存自己、打击敌人。因此,可以通过采用各种技术措施来消除、降低、歪曲或模仿目标与背景之间在外貌和波谱特性等方面的差别,如通过加盖伪装网、涂覆迷彩涂料来缩小目标与背景之间的差别。

伪装技术措施很多,主要有以下几种:

(1)利用地形、地物、夜暗以及能见度不良的天候等自然条件,来隐蔽目标或者降低目标的显著性。

(2)利用涂料、染料等材料,改变目标、遮障物、背景的颜色或图案,以迷惑敌人。

(3)通过种植植物、采集植物和改变植物的颜色等方法,达到伪装目标的目的,这就是植物利用伪装技术。

(4)人工遮障伪装,简单地说就是利用制式的伪装器材,设置对目标进行遮蔽的障碍,防止敌方侦察到。

(5)利用烟雾来遮掩目标,干扰敌方的光学侦察,用以迷惑敌人。

(6)假目标伪装技术,就是利用假飞机、假坦克、假工事、假桥梁等迷惑敌人,吸引敌人的注意力和火力。

另外，还可以通过消除、降低和模拟目标的灯火与音响效果，来隐蔽目标、迷惑敌人。

（二）伪装技术的发展

1. 发展历史

伪装是一项重要的作战保障工作，所以自有战争，就有伪装。随着战争发展，伪装也在发展。

我国古代军事家就很重视伪装。春秋末期著名军事家孙武在其《孙子兵法》中就指出："兵者，诡道也。故能而示之不能，用而示之不用，近而示之远，远而示之近。"这就是关于如何运用伪装的最早论述。在古代战争中，也有过很多成功实施伪装的战例，如我国春秋时期的平阴之战、战国时期的即墨之战。

到了近现代，伪装得到进一步的广泛运用，成为保障军队作战必不可少的战斗措施。在第二次世界大战的诺曼底登陆战、朝鲜战争、第四次中东战争、马岛战争、海湾战争、科索沃战争中，伪装在新的技术基础上得到广泛运用，所采用的隐蔽、佯动、设置假目标、施放烟幕和兵器隐身等技术措施，发挥了很大作用。

2. 发展方向

大量高新技术的形成与发展促进伪装技术迅速进入现代伪装与隐身技术的新阶段。主要发展方向如下：

（1）采用多种高新技术，大跨度的专业技术合作和渗透。

（2）建立现代伪装技术研究的数学模型、仿真模型、材料工程模型。

（3）研制新的伪装隐身技术、方法、材料和器材，如多谱段兼容技术、可调节低辐射率表面层、吸收散射性结构、防灰尘和化学毒剂沾染、多层复合技术等。

伪装技术涉及量子物理、热物理、现代光学、高分子材料和现代薄型多层复合工艺技术等，这些发展方向也是导弹机动发射装置及地面设备现代伪装与隐蔽技术的研究方向。

（三）伪装技术的应用

目前各国装备部队的伪装器材一般都是配套的遮蔽伪装器材，包括遮障面和支撑系统。其中遮障面（伪装网、伪装盖布）是进行遮障伪装的主体，可单独使用。针对现代侦察技术和手段，世界各国所使用的遮障面都具有防可见光、红外线和雷达侦察的综合性能。其中美军伪装装备在性能上较为优越。我军现装备的人工遮障制式器材有成套遮障、各种伪装网、角反射器等。

伪装装备的应用趋势主要体现在以下两点：

（1）伪装网所能对付的电磁波段越来越宽，而质量越来越轻。

随着侦察器材工作波段的不断扩展，伪装器材所能适应的电磁波段也不断展宽，从对付可见光侦察的伪装器材开始，逐渐增加反近红外、反紫外、反雷达和反热红外的伪装器材。同时伪装网向多频谱兼容发展，目前已研制出多频谱兼容伪装网。

另一方面，伪装网的质量却越来越轻。一般伪装网的单位面积质量在（300±50）g/m^2。美国 Brunswick 防御公司生产的超轻型伪装网具有极好的防热红外和雷达波散射性能，其单位面积质量也只有 136 g/m^2。

（2）欺骗器材备受重视，假目标器材向简单、廉价、高效的方向发展。

美国陆军在 20 世纪 80 年代后期就把假目标的研制作为陆军贝尔沃研究发展和工程中心

的第一主攻方向,此后不久,该中心研制并鉴定了一系列假目标器材。美国在海湾战争结束后举行的第一次伪装、隐蔽和欺骗研讨会上,重点研讨的内容之一就是模拟和欺骗技术。在海湾战争中,双方在战术欺骗方面均获得成功,而使用的器材却多是一些简单、廉价的器材。

二、隐身技术

(一) 隐身技术的内涵

隐身技术是指减小目标的各种可探测特征,使敌方探测设备难以发现或使其探测能力降低的综合性技术。隐身技术可分为可见光隐身、红外隐身、雷达隐身、激光隐身和声波隐身等技术。不同的隐身技术,针对不同的可探测特征:可见光隐身技术针对的可探测特征是目标和背景之间的亮度、对比度和色差;红外隐身技术针对的可探测特征是目标和背景之间的温度差、辐射功率对比度;激光雷达和无线电雷达隐身技术针对的可探测特征是雷达截面;声波隐身技术针对的可探测特征是噪声。针对具体可探测特征的隐身技术将在后续相关章节详细介绍。

实现目标隐身的方法主要有外形隐身技术和材料隐身技术,在隐身材料中,又有结构型隐身材料和涂覆型隐身材料之分。将涂料用于隐身技术具有许多优点,如使用方便,特别适宜现场及野战条件下对武器装备和重点目标实施快速隐身;不需对武器装备的外形做出改动,特别适宜在现场装备上推广使用;可制成隐身网或隐身罩等。因而隐身涂料在现代隐身技术中具有广阔的发展和应用前景。

据统计,空战中 80%~90%的飞机损失是由于飞机易于被探测。因此,隐身的目的就是通过增加敌人探测、跟踪、制导、控制和预测平台或武器在空间位置的难度,大幅度降低敌人获取信息的准确性和完整性,减少和降低敌人成功地运用各种武器进行作战的机会和能力,以达到提高己方生存能力的目的。

隐身武器的出现是人们千百年来不懈追求的结果。现在正在秘密研制中的隐身武器有隐身飞机、隐身导弹、隐身舰船、隐身水雷、隐身坦克和装甲车辆等。未来隐身武器将朝着多兵种、全波段、全方位、更隐蔽的方向发展,使整个战场成为捉摸不定的隐身世界。

(二) 隐身技术的发展

隐身技术和武器系统的发展可以分为探索阶段、发展阶段和应用阶段。

1. 探索阶段

在军用领域,飞机一出现,人们就试图降低它的可见光特征信号,如涂覆迷彩伪装等。后来,重点转为反雷达探测隐身。在第二次世界大战中,德国、美国和英国都曾尝试降低飞机的雷达特征信号。另外,德国潜艇的通气管也采用了能够吸收雷达波的涂料。

20 世纪 60 年代中期以后,一体化防空系统效能得到很大提高,提高飞机生存能力的重要性和迫切性变得异常突出,西方国家研制出了一些战术对抗措施,并研制出 U-2、A-12、YF-12、SR-71、D-21 等具有一定隐身能力的飞机。但由于缺少支撑隐身的先进技术,所以还没有出现真正的隐身武器系统。

2. 发展阶段

在采用降低特征信号以提高飞机生存能力的强烈需求推动下,提出了研制以降低雷达截面为主要目标的、实用的、真正的隐身飞机的要求。由于理论以及计算机、电子、控制、材料技术的进步，以减小雷达截面为主要目标的实用第一代隐身飞机——F-117A"夜鹰"于1975年问世。美国空军1981年开始发展第二代隐身飞机——B-2隐身轰炸机。

此外，隐身技术还推广到各种导弹、直升机、无人机、水面舰艇上面。潜艇的噪声以每10年降低10~20 dB的速度下降，世界上最好的核潜艇的噪声已经降低到90~100 dB，低于海洋环境噪声。

3. 应用阶段

在第一代、第二代隐身飞机多次参加军事行动并取得显著战果后，20世纪90年代，美国开始研制第三代隐身飞机，例如F-22"猛禽"战斗机。同时，隐身技术开始向导弹、舰艇、直升机、战车，甚至弹药、地面设备、服装和机场等领域推广和移植。

这一时期，隐身飞机开始大量装备部队和应用。1991年海湾战争期间，美国部署的43架F-117A隐身飞机出动了1 270架次，攻击了伊拉克40%的战略目标，这一出色表现和令人吃惊的战果使得隐身技术进一步受到世界军事强国的重视，随之隐身技术的研究及其应用获得了突破性进展。世界各军事强国已经拥有不同隐身程度和不同数量的隐身武器。

近几年内，随着隐身理论研究和实际应用技术的不断深入和拓展，以及在现代战争中探测防御系统飞速发展的推动下，隐身技术正在不断向各类作战武器系统渗透，发展宽隐身频带、全方位、全天候、智能化的隐身武器已成为隐身武器研制的大趋势。在雷达隐身研究和应用的基础上，开始大力开展红外、声、视频、磁等隐身技术的研制工作。

下面将分别介绍可见光波段伪装隐身、雷达波段伪装隐身、红外波段伪装隐身和反隐身技术的物理学原理。

第二节 可见光波段伪装隐身技术原理

可见光波段伪装隐身是指在人眼可观测的400~760 nm光波段采取各种措施，降低目标本身的可视特征，使对方的可见光相机、电视摄像机和微光夜视仪等光学探测、跟踪、瞄准设备和系统不易探测到目标的可见光信号。要达到这个目的，必须了解各种目标的光学特性；而要了解目标的光学特性，首先必须掌握光在遇到目标时发生的各种物理现象，这就是目标对光的辐射、反射、散射和吸收等现象。

一、光辐射的基本量

以下介绍伪装和隐身中涉及的光学常见参量、单位和基本定义。

（一）辐射参数

1. 辐射能量 Q

以辐射形式发射、传播或接收的能量。单位：焦耳（J）。

2. 辐射通量（辐射功率）P

以辐射形式发射、传播或接收的功率。单位：瓦特（W），即1 W=1 J/s。

3. 辐射强度 I

在给定方向上的立体角元内，离开点辐射源的辐射通量dP除以该立体角元$d\Omega$。单位：W/sr，用于描述点源发射的辐射功率在空间的分布特性。

4. 辐射度（总发射本领）$M(T)$

温度 T 时，单位面积单位时间所发射的各种波长的总辐射能。单位：W/m²。

5. 单色辐出度（单色发射本领）$M_\lambda(T)$

温度 T 时，在波长 λ 附近单位波长间隔内的辐射强度。其与辐出度两者之间的关系为：

$$M_\lambda(T) = \frac{dM_\lambda}{d\lambda} \tag{8.2-1}$$

$$M(T) = \int_0^\infty M_\lambda(T) d\lambda \tag{8.2-2}$$

如图 8.2-1 所示，讨论单色辐出度：

（1）温度 T 一定：dM_λ 随波长变化，反映了该温度下辐射能按波长的分布。

（2）温度 T 改变：反映了辐射能按波长的分布与温度 T 的关系。

（3）与材料有关。

（二）本征辐射参数

第六章第二节对黑体热辐射的相关规律已有介绍，但实际上大多数物体并非黑体，即光谱吸收比 $\alpha \neq 1$，称为灰体。与黑体不同，灰体表面能反射一部分入射的辐射。有关反射的参数定义如下：

1. 光谱反射率 $\rho_t(\lambda)$

反射的光谱辐射通量与入射的光谱辐射通量的比值。结合实际应用，这里只考虑漫反射。

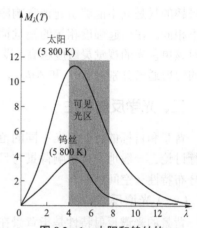

图 8.2-1 太阳和钨丝的单色辐出度随波长变化曲线图

2. 反射率 ρ

反射的辐射通量与入射的辐射通量的比值，它是将 $\rho_t(\lambda)$ 对 λ 求积分而得，表达式为：

$$\rho = \frac{\int_{\lambda_0} \rho_t(\lambda) M(\lambda, T) d\lambda}{\int_{\lambda_0} M(\lambda, T) d\lambda} \tag{8.2-3}$$

对非吸波材料而言，物体表面与周围平衡的辐射能守恒，则有 $\rho_t + \alpha = 1$。

（三）光度参数

1. 光通量 Φ

光源在单位时间内发射出的光能量（功率）称为光源的发光通量。单位：流明（lm）。

2. 发光强度 I

光源在给定方向的单位立体角中发射的光通量定义为光源在该方向的发光强度。

$$I = d\Phi/d\Omega \tag{8.2-4}$$

单位：坎德拉（cd）。式中，$d\Phi$ 为光源在给定方向上的立体角元 $d\Omega$ 内发出的光通量。

3. 光亮度 L

光源在给定方向的光亮度是在该方向上的单位投影面积上单位立体角内发出的光通量。

$$L = dI/dA\cos\theta \tag{8.2-5}$$

单位：坎每平方米（cd/m²），有时也称尼特（nits）。式中 θ 为给定方向与面源法线间的夹角。

4. 光照度 E

被照明物体给定点处单位面积上的入射光通量称为该点的照度。

$$E = d\Phi/dA \qquad (8.2-6)$$

单位：勒克斯（lx）。式中，$d\Phi$ 为给定点处的面元 dA 上的光通量。

5. 人眼视见函数

辐射通量代表了光辐射源面积元在单位时间内辐射的总能量的多少，而在光度学中我们感兴趣的只是其中能够引起视觉响应的部分。相等的辐射通量，由于波长不同，人眼的感觉也不相同。在引起强度相等的视觉情况下，若所需的某一单色光的辐射通量越小，则说明人眼对该单色光的视觉灵敏度越高。设任一波长为 λ 的光和波长为 555 nm 的光产生相同视差所需的辐射通量分别为 $\Delta\Phi_\lambda$ 和 $\Delta\Phi_{555}$，则比值 $V(\lambda)$ 称为视见函数。

二、光学反射特性

背景和目标的特性可在不同的范畴进行不同的描述，这里我们仅从伪装隐身原理的角度进行讨论。一般地说，影响背景与目标的光学反射特性有两方面的因素：光谱反射特性和亮度分布特性（空间结构）。

（一）光谱反射特性

背景的光谱反射特性是指背景在可见光和近红外波段范围内对不同波长的光具有不同的反射本领的性能。它常用背景的光谱反射率与波长的关系曲线来表示。光谱反射率是指在特定的、波长一定的单色光照明下，在规定的立体角和限定的方向上，从样品反射的辐射通量与相同照明、相同方向上完全反射漫射体反射的辐射通量之比。

任何材料对于入射其表面的光，都要产生不同程度的反射、吸收和透射。绝对黑体在自然界是没有的，只在理论上可以存在。不同材料对不同波长的光的反射会各不相同，这是材料性质决定的，也正是人们区别不同材料的依据。有的材料对某些波长的光反射较强，而对另外一些波长的光反射较弱，这种材料就称为选择性反射材料。有的材料对各种波长有大致相同的反射，这种材料就称为非选择性反射材料。材料对不同波长反射的不同，物体表面的色彩和亮度就不相同。自然界的特性之所以呈现出多种多样的颜色，就是因为物体的表面材料对入射光具有不同反射特性的缘故。

（二）亮度分布特性

亮度分布特性表示不同光谱反射特性和背景的空间状态（形状和大小）、空间分布及其组合规律。亮度分布特性又称空间结构，它是背景光学伪装隐身特性的主要研究内容之一，只有了解并掌握了背景的空间特性，才能更好地理解可见光波段伪装隐身的基本原理。

背景表面的粗糙（平整）程度（也称表面空间组织特点）不同，会使得反射光的空间分布不同，并使得观察者从不同角度观察时，得到的亮度不同。理想的反射表面称为漫射面，其特点是无论入射光从什么角度入射，其反射光在各个方向上的亮度都是均匀的。

表面空间分布特性仅影响其反射光在各个方向上的分布，并不影响其光谱反射特性，所以粗糙程度不同只影响表面颜色的亮度，而不影响其颜色的色彩。例如压实的黄土要比松土亮，践踏过的草地要比未触动过的草地的绿色亮，涂在粗糙面上的颜色要比涂在光滑面上暗等等。所以，在光学伪装隐身中，要消除目标与背景之间的颜色差别，除了要求它们的光谱反射特性近似一致外，还应要求它们的粗糙程度近似一致。闪光是必须避免的，许多人工涂料或材料表面较为光滑，存在较强光泽，就必须采取措施，进行消光处理，降低光泽水平，使其尽量接近漫射面。

三、人眼和视觉探测

（一）颜色的定义

颜色定义：色是光作用于人眼引起的除形象以外的视觉特性。根据这一定义，色是一种物理刺激作用于人眼的视觉特性，而人的视觉特性是受大脑支配的，受各人的经历、记忆力、看法和视觉灵敏度等因素的影响。

光映射到我们的眼睛时，波长不同决定了光的色相不同；波长相同而能量不同，则决定了色彩明暗的不同。日光中包含有不同波长的辐射能，它们混合在一起刺激人眼时，产生白光视觉。白光通过三棱镜便分解为 7 种不同颜色，这种现象称为色散。色散所产生的可见光各色光波长如表 8.2-1 所示。

表 8.2-1　可见光的各种颜色对应光谱段

光色	波长/nm	代表波长/nm	光色	波长/nm	代表波长/nm
红（Red）	780～630	700	青（Cyan）	500～470	500
橙（Orange）	630～600	620	蓝（Blue）	470～420	470
黄（Yellow）	600～570	580	紫（Purple）	420～380	420
绿（Green）	570～500	550			

颜色分为光源色与物体色两大类。物体色与物体本身的特性有关，当光照射到物体表面时，反射光随物体表面的反射特性不同其光谱组成也不同，于是入射到人眼的光的颜色也不同。人眼对物体的颜色感觉决定于照明光源的光谱组成和物体表面对光源入射各波长的反射比（或透射比）。对光源而言，人眼对光源的颜色感觉取决于进入人眼的辐射光谱组成。白黑变化相当于光源的亮度变化。

（二）人眼的视觉特性

眼睛所看到的物体的视觉现象称为视知觉，它是可见光刺激眼睛视网膜上的锥体细胞和杆体细胞，作为一种神经信号传递给视神经中枢所形成的知觉。人眼中能够感受光的视觉细胞有锥体细胞和杆体细胞。锥体细胞感光灵敏度低，在光亮度 3 cd/m² 以上的条件下起作用，它能分辨颜色和物体的细节，称为明视觉；杆体细胞在亮度 0.001 cd/m² 以下的条件下起作用，称为暗视觉；如果亮度介于两者之间，锥体细胞和杆体细胞同时起作用。由图 8.2-2

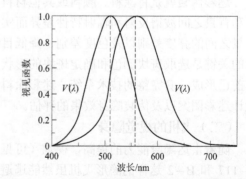

图 8.2-2　明视觉和暗视觉的相对视见函数实验图线

可知，锥体细胞和杆体细胞对中波光最为敏感，在明视觉条件下，锥体细胞对波长为 555 nm（在黄绿色之间）的光感受最为敏感，感受范围 400～700 nm；在暗视觉条件下，杆体细胞的最大感受性的波长为 510 nm（绿色），感受范围 400～650 nm。

1. 绝对视觉阈

全黑视场下，人眼感觉到的最小光刺激值，约 10^{-9} lx 量级。

2. 阈值对比度

时间不限，使用双眼探测到的一个亮度大于背景亮度的圆盘，察觉概率为 50% 时，不同背景亮度下的对比度。

3. 人眼的分辨率

人眼能区分两发光点的最小角距离称为最小分辨角 θ，其倒数为人眼分辨率。从内因分析，影响分辨率的因素为眼睛的构造；从外因分析，是目标的亮度与对比度。人眼会根据外界条件自动进行适应，从而可以得到不同的最小分辨角。

（三）人眼观察物体的要求

1. 灵敏度

以量子阈值表示时，最小可探测的视觉刺激是 58～145 个蓝绿光（波长为 0.51 μm）的光子轰击角膜引起的，据估算，这一刺激只有 5～14 个光子实际到达并作用于视网膜上。

2. 对比度

图案不同，对对比度的要求也不同（如点与点之间：26%；方波条纹之间：3%）。

3. 信噪比

人眼观察物体需要排除干扰，如果干扰太大将影响到人眼的观察效果。图案不同，人眼对信噪比的要求也不同（如方波图案：1～1.5；余弦图案：3～3.5）。

四、可见光隐身技术和发展

可见光波段伪装隐身的技术途径就是通过减少目标与背景之间的亮度、色度和运动的对比特征，达到对目标视觉信号的控制，以降低可见光探测系统发现目标的概率。因此，可见光波段伪装隐身技术主要是在目标表面涂覆迷彩涂料，使目标尽量与背景一致；消除飞行器飞行尾迹，以免被光学观瞄器材或战斗人员发现。

（一）迷彩伪装

迷彩伪装就是将涂料、颜料或其他材料直接喷涂或粘贴在目标表面，用以减少、改变目标和背景之间波谱反射和辐射特性差异而实施的一种伪装隐身技术，其目的是要缩小目标与背景之间的亮度差别以及色度差别、降低目标的显著性和改变目标的视觉外形。迷彩伪装技术的关键是选取斑块颜色和确定斑块的形状大小。迷彩伪装隐身是最基本的伪装隐身技术，目前已形成一套完整的技术系统：迷彩涂料的规格化、迷彩作业的机械化和应用计算机技术设计迷彩图案以及伪装隐身效果的评估。

（二）飞机的视觉隐身

随着雷达隐身能力的提高，视觉（可见光）隐身成为飞机隐身技术的主攻方向之一。像 F-117 和 B-2 这样的隐形飞机虽然能逃避雷达的探测，但它们的黑色伪装很容易被地面观察人员或敌方战斗机探测到。飞机的视觉隐身可通过以下五方面的措施提高效果：

1. 改进目标外形的光反射特征

如飞机和直升机的座舱罩设计成多面体，用小水平面的多向散射取代大曲面的反射，从而将太阳光向四周散射开去，减小光学探测系统发现目标的概率及其瞄准、跟踪的时间。

2. 控制目标的亮度和色度

如在目标表面涂覆迷彩涂料，从 20 世纪 20 年代至今，已为飞机研制和采用了数十种涂料；还可以挂伪装网，使目标与背景的亮度匹配。

3. 控制目标发动机喷口的火焰和焰迹信号

采用不对称喷口降低喷焰温度，从而降低喷焰光强；采用转向喷口或进行遮挡，以使目标在探测方向上减小发光暴露区；改进燃烧室设计，使燃料充分燃烧，或在燃料中加入特殊添加剂，以减小焰迹；在飞机战术运用上不进入拉烟层等。

4. 控制目标照明和信标灯光

如对夜间照明和信标灯光多的目标进行灯火管制；对必要的灯光在一定角度范围内进行遮挡。有关有源光学伪装的工作已经扩大——使用灯和传感器调节机体的亮度，以便与背景相匹配。

5. 控制目标运动构件的闪光信号

试验表明，飞机二叶旋桨的闪烁信号要高于四叶或多叶旋桨；高于 16 Hz 的旋桨频率可避免桨叶的明显闪光信号。

（三）动态伪装隐身

以上介绍的都属于被动隐身技术，在取得较好的隐身效果的同时，会降低被伪装隐身的武器目标的作战效能。而动态隐身作为一种主动的隐身技术，能够在不影响武器装备作战效能的条件下实现伪装隐身的目的，因此成为研究的重点方向。

动态隐身和动态伪装类似，能够感知背景的变化，自动调节目标的亮度和色度，从而使目标融入背景中，其发展依赖自适应隐身变色材料合成开发的进展。自适应隐身变色材料是指在接收到激活信息，如光、电、热等，颜色和亮度会随之改变的材料。目前，正在研制的可见光自适应隐身智能变色材料有热致变色材料、光致变色材料和电致变色材料等。

第三节　雷达波段伪装隐身技术原理

雷达波段的伪装隐身技术是最早受到关注的隐身技术，而且是发展和应用最为成熟的隐身技术。雷达隐身主要是减小雷达截面，降低被对方发现的概率。

一、雷达的工作原理与组成

（一）雷达的工作原理

现代雷达是多种电子设备所构成的一个整体，它利用目标对电磁波的反射、应答或自身的辐射来发现目标。利用目标对电磁波的反射而发现目标的雷达，称为一次雷达。通过对询问信号的应答而发现目标的雷达，称为二次雷达。利用目标自身的电磁辐射来发现目标的雷达，称为被动雷达。一次雷达是使用最多的一种雷达，雷达隐身主要是以一次雷达为对象。

雷达最基本的功能是发现目标，测量目标的坐标。电磁波在空间传播的介质为各项均匀同性时,其传播速度为一常数,传播路径是一直线,利用这两个特点,可以测量目标的距离。设 R 是雷达站到目标的直线距离。电磁波离开天线到达目标,被目标反射又回到天线所用的时间为 t_R,那么 t_R 这段时间内,电磁波所走的距离就是 $2R$,而电磁波在空气中和自由空间中传播的速度是很接近的,即 $c=3\times10^8$ m/s,故可以认为 $2R=ct_R$,则:

$$R = \frac{ct_R}{2} \tag{8.3-1}$$

这就是雷达测量目标距离的基本公式。

由式(8.3-1)可知,只要测出时间 t_R 就可以计算目标的距离。而雷达对目标角坐标的测量是利用天线的方向来实现的。

(二) 雷达的组成

任何功能的雷达系统都必须包括至少四个基本组成部分,它们是发射机、天线、接收机和显示器,如图 8.3-1 所示。发射机产生射频(RF)信号,这一信号传送到天线,由天线朝目标发射。一部分发射的电磁波被目标散射到接收天线所在的方向,并被收集起来送到接收机。雷达系统的最后部件是显示器,它将目标信息传递到雷达操作者。现代雷达通常还包括可提高雷达性能的信号处理机。不过,这样的信号处理机通常可以合并到接收机或显示器分系统中。

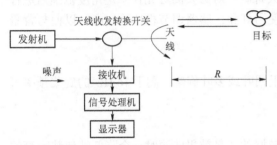

图 8.3-1 基本的雷达系统单元

(三) 雷达波段

雷达的工作频率是雷达的重要指标。从本质上来说,雷达的工作频率没有严格的限制。任何能够检测目标所发射的电磁波以发现目标并对它进行定位的设备,都可以称为雷达,而具有这一功能设备的工作频率是很广的。

国际上给雷达的工作频率范围取了一些代号,形成了雷达波段的名称,如表 8.3-1 所示。这些名称在后续讨论雷达隐身和反隐身的时候都会用到。

表 8.3-1 雷达波段名称与频率范围

名 称	频率范围/MHz	名 称	频率范围/MHz
HF	3~30	C	4 000~8 000
VHF	30~300	X	8 000~12 500
UHF	300~1 000	Ku	12 500~18 000
P	230~1 000	K	18 000~26 500
L	1 000~2 000	Ka	26 500~40 000
S	2 000~4 000	毫米波	大于 40 000

雷达的工作频率,同雷达的工作性能关系密切。

当频率低于 3 MHz 时,为中波波段,电磁波将沿着地球表面传播,不受地球曲率的限制,所以作用距离可以很远。但是，由于波长很长（大于 100 m），在这个波段要制造有方向性的天线将会非常庞大，环境噪声的电平高，地物回波的干扰也较大，而且频谱的使用拥挤，所以一般的雷达不使用这个波段。

在 3～30 MHz，即短波波段，电磁波的传播既可以沿地面进行，也可以经过电离层反射而传播，所以用这一波段，可以发现远处的目标。

甚高频（VHF，30～300 MHz）是雷达可用的频率波段范围。因为在这个波段，高频率和大功率器件比较容易解决。由于发射机和接收机在这个波段工作稳定，所以动目标显示器设备性能较好。但由于天线不宜过大，所以角分辨率不高。目前很少有新的雷达使用这个波段。

超高频（UHF，300～1 000 MHz）波段的情况与甚高频相似，但因为频率提高了，天线的波瓣容易做得窄一些。但这一波段已划归电视使用，这是一个限制。

P 波段同超高频波段重合，一部分延伸到甚高频波段，只是名称上的不同，没有性能上的差异。

L 波段（1 000～2 000 MHz）是目前警戒雷达最常用的波段。工作在这个波段的雷达，作用距离可以相当远，外部噪声较低，天线的尺寸并不太大，角分辨率较好。

S 波段（2 000～4 000 MHz）也是目前使用较多的波段，中距离的警戒雷达和跟踪雷达均可使用这一波段。在这个波段，能够用合理的天线尺寸得到较好的角分辨率。但是动目标显示的性能比 P 波段要差，电磁波的传播受气象条件影响已变得明显起来。

C 波段（4 000～8 000 MHz）是使用较晚的波段，它的性能是 S 波段和 X 波段的折中。中距离的警戒雷达可以使用这个波段。工作于这个波段的雷达，常用于船舶导航、导弹跟踪和武器控制等。

X 波段（8～1.25 GHz）也是使用较多的一个雷达波段。在这个波段，雷达的体积小，波瓣窄，适于空用或其他移动的场合。多普勒导航雷达和某些武器控制都是采用这个波段的雷达。

比 X 波段的波长更短的是 Ku、K 和 Ka 波段，频率的范围为 12.5～40 GHz，频率高于 40 GHz 则为毫米波波段。这些波段的共同特点是天线尺寸小，而且可以得到窄波瓣，角分辨率高，电磁波在大气中传播时的衰减大。在这些波段，已有的高频器件能够产生的功率不大，所以雷达的作用距离短。最近几年，由于回旋管的发明，已经可望突破功率的限制，在这些波段甚至毫米波波段雷达将会有新的进展。

二、雷达的散射截面与隐身原理

从雷达的工作原理可知，雷达探测目标是通过向目标发射一束强的电磁波，检测从目标反射回来的电磁波信号。这个反射信号就带有目标的信息特征。目标对入射电磁波的反射特性用雷达截面积来表征。雷达截面积（RCS）就是目标受到雷达电磁波的照射后，向雷达接收方向散射电磁波能力的量度，反映了目标的散射能力。

从直观的物理意义上讲，任意目标的 RCS 都可用一个各项均匀辐射的等效反射器的投影面积（横截面积）来定义，这个等效反射器与被定义的目标在接收方向单位立体角内具有相同的回波功率。习惯上用 σ 来表示 RCS 的量值，具有面积量纲。

如果用 I_i 表示目标处入射波的功率流密度，I_r 表示在接收机处散射波的功率流密度，A 表示接收天线的等效面积，那么由 RCS 的定义，目标在单位立体角 Ω 内的散射功率应与在接收机方向所接收的功率相等，即：

$$\sigma I_i/4\pi = I_r A/\Omega = I_r R^2 \quad (8.3-2)$$

整理，得：

$$\sigma = 4\pi R^2 \frac{I_r}{I_i} \quad (8.3-3)$$

由于天线与目标的距离很大，认为 $R \to \infty$，所以雷达截面积可表达为：

$$\sigma = \lim_{R \to \infty} 4\pi R^2 \frac{I_r}{I_i} \quad (8.3-4)$$

根据电磁场理论，功率流密度正比于电场强度 E 的平方，或正比于磁场强度 H 的平方，因此式（8.3-4）可写为：

$$\sigma = \lim_{R \to \infty} 4\pi R^2 \frac{|E_r|^2}{|E_i|^2} \quad (8.3-5)$$

$$\sigma = \lim_{R \to \infty} 4\pi R^2 \frac{|H_r|^2}{|H_i|^2} \quad (8.3-6)$$

式中，R 为目标到雷达的距离；E_i 为雷达在目标处的照射电场强度；E_r 为目标在接收天线处的散射电场强度；H_i 为雷达在目标处的照射磁场强度；H_r 为目标在接收天线处的散射磁场强度。

以上两式即为 RCS 的标准数学表达式。根据式（8.3-5）和（8.3-6），雷达散射截面也可定义为：目标在单位立体角内向接收机处散射功率密度与入射波在目标上的功率密度之比的 4π 倍。

在理论上，把物体的边界条件代入麦克斯韦方程即可计算出雷达目标截面积。由于军用目标的形状极为不规则，很难精确地计算出其雷达目标截面积，因此提出了雷达目标截面积的试验定义公式为：

$$\sigma = 4\pi \frac{\text{目标向接收天线方向单位立体角内散射功率}}{\text{雷达在目标处单位面积上的照射功率}}$$

$$= 4\pi R \frac{\text{目标在接收天线处单位面积上的散射功率}}{\text{雷达在目标处单位面积上的照射功率}} \quad (8.3-7)$$

根据雷达的测距方程式（8.3-1），若已知发射功率 P_t，发射和接收天线增益 G，天线波束宽度 θ_a（方位）和 θ_b（俯仰），雷达波长 λ，测出接收功率 P_r，则雷达的目标截面积为：

$$\sigma = \frac{(4\pi)^3 R^4 P_r}{G^2 \lambda^2 P_t} \quad (8.3-8)$$

雷达隐身就是要减小雷达截面积 σ。从式（8.3-8）可知，当雷达设计参数确定后，要减小雷达截面积，就是要减小目标对入射电磁波的散射，这就是雷达隐身的出发点和基本原理。

决定目标 RCS 的主要因素是目标本身的物理性质和几何外形。但是由于观测系统的某些参数不同，即入射到目标上的电磁波的各种参数不同，RCS 也不同。RCS 取决于下列因素：

（1）目标的物理特性，即目标材料的电性能。通过选择适当电性能的材料，能缩减飞行器的 RCS。

（2）目标几何外形。目标的几何外形与其 RCS 关系很大，可利用改变目标外形来控制其 RCS。

（3）目标被雷达波照射的方位。一般来说，目标的 RCS 随方位角剧烈变化。同一目标，由于照射方位不同，其 RCS 可以相差几个数量级。

（4）入射波的波长。

（5）入射场极化形式和接收天线的极化形式。

三、雷达隐身措施和发展

（一）雷达的隐身措施

武器装备的雷达截面积与其外形、材料、雷达波入射角等因素有关。武器装备实现雷达隐身的主要技术途径有以下几种方式。

1. 精心设计的外形

大量研究表明，外形设计对隐身性能的贡献占 2/3，材料占 1/3。因此，外形设计在雷达隐身中占有重要地位。隐形外形设计的原则是：避免外形出现任何较大平面和凸状弯曲面边缘、棱角、尖端、间隙、缺口和垂直交叉的截面；外形应为一种平滑过渡曲线形体，尽量减少镜面反射雷达波，避免角反射器结构。

2. 采用雷达吸波材料和透波材料

雷达吸波材料是吸收衰减入射的电磁波，并将电磁能转换成热能而耗散掉，或使电磁波因干涉而消失，或使电磁能量分散到另外方向上的特种材料。按其用途可分为涂层和结构型；按其工作原理可分为干涉型和转换型。干涉型是使雷达波在入射和反射时的相位相反，或材料表面的反射波与底层的反射波发生干涉，相互抵消，如图 8.3-2 所示。转换型是材料与雷达波相互作用时，产生磁滞损耗或介质损耗，使电磁波能量转换为热能而散发掉。

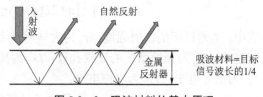

图 8.3-2 吸波材料的基本原理

3. 采用电子措施

（1）自适应加载技术。在兵器的金属表面人为地附加集中参数或分布参数负载，当受到雷达波照射时，它即产生一个与雷达回波频率相同、极化相同、幅值相等、相位相反的电磁波，与雷达回波相抵消，从而使兵器避开敌方雷达的探测。

（2）电子对抗措施。隐身兵器若再采用干扰措施，则隐身效果会更好，其生存能力可提高 40% 以上。目前所采用的干扰措施有有源干扰和无源干扰两种。

（3）采用有源对消技术。采用相干手段使目标散射场和人为引入的辐射场在雷达探测方向相干对消，使敌方雷达接收机始终位于合成方向图的零点，从而抑制雷达对目标反射波的接收。

（二）雷达隐身技术的发展趋势

在传统的隐身外形、材料、结构等技术研究的基础上，各国都在不断探索新的隐身机理，主要有仿生学隐身、等离子体隐身、微波传播指示和有源隐身等技术。

隐身材料的开发和利用一直是隐身技术发展的重要内容,是飞机等隐身兵器实现隐身的基石,目前正在研制开发的新型隐身材料主要有宽频带吸收剂、高分子隐身材料、纳米隐身材料、手征材料、结构吸波材料和智能隐身材料等。

第四节 红外波段伪装隐身技术原理

红外波段的伪装隐身通过改进结构设计和应用红外物理来衰减、吸收目标的红外辐射能量,利用屏蔽、低发射率涂料、热抑制等措施,降低或改变目标的红外辐射特征,也就是降低目标的红外辐射强度与特性,从而实现目标的低可探测性,使红外探测设备难以探测到目标。

一、红外隐身原理

之前由第六章的相关讨论可知,物体辐射能量由斯特藩—玻尔兹曼定律决定,见式(6.2-1)。因此,物体辐射红外能量不仅取决于物体的温度,还取决于物体的发射率。温度相同的物体,由于发射率的不同,而在红外探测器上显示出不同的红外图像。由于一般军事目标的辐射都强于背景,所以采用低发射率的材料可显著降低目标的红外辐射能量。另一方面,为降低目标表面的温度采用热红外隐身材料,其在可见光和近红外具有较低的太阳能吸收率和一定的隔热能力,使目标表面的温度尽可能接近背景的温度,从而降低目标和背景的辐射对比度,减小目标的被探测概率。

红外侦察系统能探测目标的最大距离 R 为:

$$R = (I\tau_a)^{1/2} [\pi/2D_0(NA)\tau_0]^{1/2} [D^*][1/(\omega\Delta f)^{1/2}(V_s/V_n)]^{1/2} \quad (8.4-1)$$

式中,I 为目标的辐射强度;τ_a 为大气透过率;NA 为光学系统的数值孔径;τ_0 为光学系统的透过率;D_0 为光学系统的接收孔径;D^* 为探测器的探测率;ω 为瞬时视场;Δf 为系统宽带;V_s 为信号电平;V_n 为噪声电平。

在式(8.4-1)中,第一项反映了目标的红外辐射特性和大气传输特性;第二项反映了红外探测系统中光学系统的特性;第三项反映了红外探测系统中探测器的特性;第四项反映了红外探测系统中系统特性和信号处理特性。红外隐身的目的主要就是减少公式中第一项的各项取值。

二、红外隐身措施

通过上面的介绍可以知道,目标的红外隐身基本技术措施应包括以下几方面内容。

(一)改变目标的红外辐射特性

1. 改变红外辐射波段

改变红外辐射波段,一是使目标的红外辐射波段处于红外探测器的响应波段之外;二是使目标的红外辐射避开大气窗口,而在大气层中被吸收和散射掉。具体技术手段可采用可变红外辐射波长的异型喷管、在燃料中加入特殊的添加剂来改变红外辐射波长。

2. 调节红外辐射的传输过程

通常采用在结构上改变红外辐射的辐射方向。对于直升机来说,由于发动机排气并不产生推力,故其排气方向可任意改变,从而能有效抑制红外威胁方向的红外辐射特征;对于高超声速飞机来说,机体与大气摩擦生热是主要问题之一,可采用冷却的方法,吸收飞机下表面热量,再使热量向上辐射。

3. 模拟背景的红外辐射特征

模拟背景的红外辐射特征是通过改变目标的红外辐射分布状态,使目标与背景的红外辐射分布状态相协调,从而使目标的红外图像成为整个背景红外辐射图像的一部分。

4. 红外辐射分布控制

红外辐射分布控制就是通过改变目标各部分红外辐射的相对值和相对位置,来改变目标易被红外成像系统识别的特定红外图像特征,从而使敌方难以识别。目前主要采用涂料来达到此目的。

(二)降低目标的红外辐射强度

降低目标的红外辐射强度也就是降低目标与背景的热对比度,使敌方红外探测器接收不到足够的可探测特征,减少目标被发现、识别和跟踪的概率。其原理主要包括减热、隔热、散热和降热等。

1. 减少散热源技术

尽量减少散热源、采用散热量小的设计和部件,采用闭环冷却系统,改善气动力特性,减少气动力摩擦。

2. 热屏蔽技术

采用热屏蔽技术,以隔阻目标内部发出的热量,使之难以外传。一是在整体布局上考虑热屏蔽手段,以求降低目标的红外辐射强度;二是对喷管等重要部位进行红外遮挡。

3. 空气对流散热技术

红外探测系统只能探测热目标,而不能探测热空气。空气对流散热技术充分利用空气的这一特性,将热能从目标表面或涂层表面传给周围空气。

4. 热废气冷却技术

为降低发动机排气管的温度,通常会采用隔热层,它能使得排气管的红外辐射大大降低。在隔热层上进行空气对流冷却也能使排气管外表面的红外辐射特征进一步降低。目前研制的有夹杂空气冷却和液体雾化冷却两种系统。夹杂空气冷却就是用周围空气冷却热废气流,液体雾化冷却主要通过混合冷却液体的小液滴来冷却热废气。

(三)降低红外探测器至目标光路上的大气透过率

设法降低或改变传输路径上的大气透过率,一是采用自然环境的方法,如利用雾天、霾、灰尘等气象条件,但对自身的红外探测系统同样产生重要的影响,因此可采用第二种方法,即用人工方法来降低红外探测器至目标光路上的大气透过率。如采用人工气溶胶、烟雾等技术措施来降低大气透过率。

三、红外隐身材料

红外隐身材料是目标红外隐身发展的重点。红外隐身材料具有隔断目标的红外辐射能力,同时在大气窗口波段内,具有较低的红外发射率和红外镜面反射率。按照工作原理,红外隐身材料可分为控制发射率和控制温度两类。前者主要有涂料和薄膜,后者主要有隔热材料、吸热材料和高比辐射率聚合物。

（一）控制红外隐身材料的发射率

控制红外隐身材料的发射率主要用涂料和薄膜。涂料一般是采用具有较低发射率的涂料，以降低目标的红外辐射能量，且涂料还应具有较低的太阳能吸收率和一定的隔热能力，以避免目标表面吸热升温，并防止目标有过多热红外波段能量辐射出去。涂料通常由颜料和胶黏剂配制而成。

1. 颜料

颜料是影响红外隐身涂料性能的基本因素之一，其选用应符合以下要求：

（1）在红外波段有较低的发射率。

（2）在近红外波段具有较低的吸收率。

（3）能与雷达、可见光和近红外等波段的隐身要求兼容。

目前，用于红外隐身涂料配方中的颜料大致可分为金属颜料、着色颜料和半导体颜料。

2. 胶黏剂

胶黏剂是影响红外隐身涂料性能的另一个基本因素，其选用应符合以下要求：

（1）可保护颜料并在涂层的整个使用期内保持其红外特性不变。

（2）在所选光谱范围红外透明。

目前在红外隐身涂料配方中使用的胶黏剂包括有机胶黏剂和无机胶黏剂，其中以有机胶黏剂使用最为广泛。

3. 其他影响因素

（1）涂层厚度。

（2）涂覆工艺。

（3）衬底。

（二）控制温度的红外隐身材料

控制温度的红外隐身材料包括隔热材料、吸热材料和高比辐射率聚合物。

隔热材料用来隔阻装备发出的热量使之难以外传，从而降低装备的红外辐射强度，有微孔结构材料和多层结构材料两类。隔热材料可由泡沫塑料、粉尘、镀金属塑料膜等组成。泡沫塑料能储存目标发出的热量，镀金属塑料薄膜能有效地反射目标发出的红外辐射。隔热材料的表面还可涂各种涂料，以达到其他波段的隐身效果。

吸热材料利用高焓值、高熔融热、高相变热储热材料的可逆过程，把热辐射源的温度一时间曲线拉平，有利于减少升温引起的红外辐射增强。

高发射率聚合物涂层施加在气动加热升温的飞行器表面。这种涂层应当在气动加热达到的温度范围内具有较高的发射率，使飞行器具有最大的辐射散热能力，使表面温度能迅速降下来，而在室温下则具有较低的发射率。

（三）远红外伪装涂料

远红外伪装涂料是一种使 $3\sim 5\ \mu m$ 和 $8\sim 14\ \mu m$ 工作波段的红外探测设备难以探测、造成错觉的隐身技术。按红外伪装的方式和性质，可分为隐身型和干扰型两大类。应用隐身型涂料红外伪装技术可以降低和改变目标的热辐射特性。

目前，红外隐身材料主要采用红外涂层材料。现有两类涂料：一类是吸收型，通过涂料本身（如使用能进行相变的钒、镍等氧化物或能发生可逆光化反应的涂料）或某些结构和工艺技术，使吸收的能量在涂层内部不断消耗或转换而不引起明显的升温，减少物体热辐射；另一类涂料是转换型，可吸收红外能量或改变反射方向，或使吸收后放出来的红外辐射向长波转移，使之处于红外探测系统的工作波段以外，最终达到隐身的目的。涂料中的胶黏剂、填料的形态、涂层的强度与涂层的施工技术，现已达到实用阶段，并收到较好的隐身效果。

第五节 反隐身技术原理

随着隐身技术的发展，发展反隐身技术和武器系统已成为重要而紧迫的任务。反隐身，就是探索探测隐身目标的手段，改进和提高现有光电武器系统的探测性能，以对付隐身目标。针对可见光隐身、雷达隐身、红外隐身，已经提出了各种反隐身的方法和措施。

一、新型雷达反隐身

提高和改进雷达性能仍然是反隐身探测的重要措施，实施的技术途径有两个：一是改进现有雷达本身的探测能力；二是研制新型雷达或使用新的探测方法。

（一）超视距雷达

超视距雷达也称超地平线雷达或散射雷达，它能探测地平线以下区域即视距以外的目标。因此，用在预警系统中能提早发现远程导弹之类的远距离目标，能够增加预警时间。当前飞机等隐身武器系统主要对抗频率为 $0.2\sim29$ GHz 的厘米波雷达，超视距雷达工作频率为 $2\sim60$ MHz，工作波长可达 10 m，靠谐振效应探索目标。电磁波的波长与目标的尺寸相当时，目标对它的反射最强，隐身飞机的尺寸与超视距雷达的波长相当，因此很容易被这种雷达发现。

超视距雷达按电磁波传播方式不同，可分为天波超视距雷达和地波超视距雷达两类。前者利用电离层折射，后者利用地球表面绕射。天波超视距雷达又可分为前向散射和后向散射两种类型。天波前向散射雷达的发射站和接收站相距数千千米，利用目标对电离层的扰动来探测目标，必须多站配置才能求得目标距离，现已极少采用。天波后向散射雷达和地波超视距雷达的发射站及接收站均位于邻近地点，利用目标后向散射原理探测目标，可提供目标方位、距离和径向速度。天波后向散射雷达能探测地面距离为 $900\sim3\,500$ 千米的低空目标。地波超视距雷达必须架设在海岸边，以减小传播损耗，对飞机的作用距离可达 $200\sim400$ 千米。

（二）相控阵雷达

我们知道，蜻蜓的每只眼睛由许许多多小眼组成，每只小眼都能成完整的像，这样就使得蜻蜓所看到的范围大得多。相控阵雷达的天线阵面也由许多个辐射单元和接收单元（称为阵元）组成，单元数目和雷达的功能有关，可以从几百个到几万个。这些单元有规则地排列在平面上，构成阵列天线。利用电磁波相干原理，通过计算机控制馈往各辐射单元电流的相位，就可以改变波束的方向进行扫描，故称为电扫描。辐射单元把接收到的回波信号送入主机，完成雷达对目标的搜索、跟踪和测量。每个天线单元除了有天线振子之外，还有移相器等必需的器件。不同的振子通过移相器可以被馈入不同的相位的电流，从而在空间辐射出不同方向的波束。天线的单元数目越多，则波束在空间可能的方位就越多。这种雷达的工作基础是相位可控的阵列天线，"相控阵"由此得名。

相控阵雷达又分为有源和无源两类。其实，有源和无源相控阵雷达的天线阵相同，二者的主要区别在于发射/接收元素的多少。无源相控阵雷达仅有一个中央发射机和一个接收机，发射机产生的高频能量经计算机自动分配给天线阵的各个辐射器，目标反射信号经接收机统一放大（这一点与普通雷达区别不大）。有源相控阵雷达的每个辐射器都配装有一个发射/接收组件，每一个组件都能自己产生、接收电磁波，因此在频宽、信号处理和冗度设计上都比无源相控阵雷达具有较大的优势。正因为如此，也使得有源相控阵雷达的造价昂贵，工程化难度加大。但有源相控阵雷达在功能上有独特优点，大有取代无源相控阵雷达的趋势。

（三）超宽带雷达

所谓超宽带雷达，即工作带宽大于或等于其中心频率25%的雷达。其具有高距离分辨率，在雷达探测、成像、精确定位、目标识别等方面得到广泛应用。

1. 反外形隐身的原理

为了达到外形隐身的目的，隐形飞机采用了多种外观设计手段以消除反射效应。当常规窄带雷达照射目标时，若经过外形隐身的飞机处于瑞利区、光学区或谐振区的极小频率值附近，外形隐身的作用将得到充分的发挥，使窄带雷达难以进行目标识别。

而工作在谐振区的超宽带雷达可以通过对目标谐振频率的提取进行目标识别。因为雷达的空间分辨率与雷达的脉冲宽度成正比：

$$d = \tau c/2 \qquad (8.5-1)$$

式中，d 为雷达的最小空间分辨率，τ 为雷达波脉宽，c 为光速。由式（8.5-1）计算可知，当雷达波脉宽为100ps级时，雷达可以达到1.5 cm空间分辨率。高空间分辨力和宽频谱的结合为目标识别提供了雷达回波的两个特征。从隐身飞机散射中心返回的超宽带雷达回波是一系列回波，而不是窄带的一个集中回波，这些回波携带了一系列不同角度的信息，可通过逆合成孔径处理进行目标成像，从而实现隐身飞机识别。

2. 反材料隐身的原理

材料隐身是通过在作战飞机表面涂覆隐身材料来减小雷达散射截面（RCS）。在目前技术条件下，隐身材料一般都是窄带宽的，而且通常都是针对常规雷达的波段设计的，故其对常规雷达具有很好的隐身能力。

超宽带雷达由于具有很大的带宽，因此吸波材料即使吸收雷达波，也只是吸收总能量的小部分，因此隐身性能对超宽带雷达来说并不明显。目前，隐身材料大部分为铁氧体的电磁波吸收体，其吸收机理是磁壁共振和磁畴旋转共振引起的电磁波损耗，这就是铁氧体的弛豫现象。由于磁壁共振和磁畴旋转共振的建立需要一定的时间，当一个极短的超宽带雷达脉冲作用于吸收体时，在此时间间隔里共振根本无法建立，吸波材料难以吸收雷达波的能量，使其无法实现材料隐身，因此超宽带雷达具有优越的反隐身能力。

二、反红外隐身技术

红外隐身的实质只是通过各种技术措施对能量、频段、热源和方向等辐射特性的减弱，使红外探测系统难以达到预期的效果，但任何目标不论隐身与否，都有红外辐射。因此，反红外隐身技术通过在红外目标探测技术基础上进行改进、组合及发展，提高探测隐身目标的能力，它的发展起步较之反雷达隐身技术要晚，理论和实践还不十分成熟。以下介绍普遍采取的反红外隐身措施。

（一）用对比度检测法探测红外隐身目标

探测红外隐身目标时，所能探测到的目标辐射能量都很弱，且目标的有效辐射亮度与环境的辐射亮度相差无几。这时，不宜采用通常的能量探测法，而应用对比度检测法对隐身目标进行探测。对比度检测的扫描系统可采用多元线阵或多元面阵器件，探测灵敏度高达 $10^{-12} \sim 10^{-13}$ W/cm^2，而能量检测系统不能进行多元检测，其灵敏度一般为 $10^{-8} \sim 10^{-9}$ W/cm^2。

（二）把探测器放置在探测红外隐身目标的最佳空间

把探测器放在卫星和飞机上构成天基或空基红外探测系统，对探测红外隐身目标是有利的。如美军为加强低空监视，曾用气球把探测器升至 4.5 km 高空进行实验。实验表明，监视半径可达 300 km，大大扩展了对入侵隐身目标的探测范围。

（三）兼容雷达和光学探测器的复合体系

雷达和光学体系探测系统各有优缺点，将二者兼容结合，可扩大波段范围，提高探测精度、距离分辨力、空间分辨力以及热辐射分辨力，构成对隐身目标的严重威胁。例如美国和瑞士联合研制的阿塔茨低空近程导弹搜索跟踪系统，就是这样一种复合探测体系，它包括一台 X 波段的全相干脉冲多普勒雷达、一台 8～12 μm 波段的前视红外仪、一台微光摄像机、一台激光测距仪和一台二氧化碳激光器。

（四）其他

红外隐身目标的红外辐射特征，会随燃料成分的改变、目标表面涂层的作用、发动机工作状态的变化以及其他隐身措施的作用而变化。如要反隐身，就要掌握这种变化。为此，应对隐身前后的目标红外特征，进行理论计算或实际测量，把隐身前后的红外特征建模建库，作为反隐身的识别判据。

入侵的红外隐身目标处于突防状态时，通常视野都很小，因而成像面积不大，识别方法应以点目标识别方法为主。由于像差的缘故，目标像点总还具有一定的面积，但目标的纹理信息很少，只有一般的形状信息。因此，应以统计识别为主、结构识别为辅。

三、比较和小结

综上所述，各种反隐身技术都有它的特点，但同时也会存在一些不足，这是我们选择反隐身措施时应当注意的。表 8.5－1 所示为几种反隐身技术的性能比较。

伪装隐身和反隐身作为一对矛盾的两个方面，以上介绍中未曾提及的技术措施还有不少，但不管多么复杂，都是以基本的物理学原理为基础的。随着今后科学理论的发展，隐身与反隐身技术这对矛盾也必将相互检验、刺激和推动彼此不断发展，在未来的光电对抗中成为高科技竞争的焦点之一。

表 8.5–1 主要反隐身技术的比较

应用场合	反隐身技术	特　点	存在问题
远程、超远程预警	超视距雷达	作用距离可达几千千米	目标方位分辨率和测量数据置信度差
	米波和分米波相控阵雷达	工作在谐振区，隐身目标 RCS 减小有限	目标方位分辨率差
	机载预警雷达	俯视工作方式，隐身目标 RCS 减小有限	使用和维护费用高
	星载雷达	俯视工作方式，隐身目标 RCS 减小有限	技术难度大
中远程引导指示、火控制导	米波雷达	工作在谐振区，隐身目标 RCS 减小有限	目标方位分辨率差
	毫米波雷达	因波长短而具有较好的反隐身能力	作用距离有限且受天气影响大
	成像雷达	增加相参脉冲数可提高检测弱信号能力	成像处理技术较复杂
	超宽带雷达	有反隐身效果	存在电磁兼容等方面问题

复习思考题

1. 伪装和隐身技术的定义是什么？
2. 迷彩伪装隐身利用了什么原理？
3. 隐形飞机怎样实现隐形？
4. 雷达隐形的关键是什么？
5. 红外波段吸波材料有哪些种类？
6. 反导弹隐身技术如何发展？
7. 设计隐形舰艇要注意哪些方面？

第九章 卫星导航定位技术的物理基础

卫星导航是通过接收导航卫星发送的导航定位信号,并以导航卫星作为动态已知点,实时测定运动载体的位置和速度进而完成导航。1963 年 12 月第一颗导航卫星的入轨开创了陆海空卫星无线电导航的新时代。1994 年 3 月,第二代卫星导航系统——GPS 全球定位系统的全面建成,不仅给无线电导航带来了一场深刻的技术革命,而且为大地测量学、地球物理学、天体力学、载人航天学、全球海洋学和全球气象学提供了一种高精度和全天候的测量新技术。今天,卫星导航已成为名副其实的跨学科、跨行业、广用途、高效益的综合性高新技术,在现代化战争中的作战部队定位、精确制导、作战授时、指挥管制、救援服务等方面发挥着重要的作用,能极大地提高作战效率,赢得作战的时机,成为现代化战争不可或缺的组成部分。本章主要学习卫星导航的定位原理和技术实现,向读者展示卫星组网、基站授时、信号发射和接收、接收机定位、误差分析、差分定位等理论讲解和技术应用。

第一节 卫星导航定位概述

卫星导航定位是采用导航卫星对陆地、海洋、空中和空间用户进行导航定位的技术。导航卫星如同太空灯塔,它综合了传统导航的优点,实现了全球、全天候、高精度的导航定位。导航定位按参考点的不同位置可划分为:① **绝对定位**(单点定位):在地球协议坐标系中,确定观测站相对地球质心的位置。② **相对定位**:在地球协议坐标系中,确定观测站与地面某一参考点之间的相对位置。按用户接收机作业时所处的状态可划分为:① **静态定位**:在定位过程中,接收机天线相对于地球静止不动。静止状态只是相对的,在卫星大地测量中的静止状态通常是指待定点位置相对于周围位置没有发生变化,或变化极其缓慢,以至于在观测期内可以忽略。(2) **动态定位**:在定位过程中,接收机天线相对于地球处于运动状态。在绝对定位和相对定位中,又都包含静态和动态两种形式。卫星导航技术按应用目的可分为民用和军用,民用的定位精度一般较低,以 GPS 为例,定位精度约为 20 m;军用的定位精度较高,以 GPS 为例,定位精度约为 5 m。目前全球共有四大卫星导航系统:美国的全球定位系统(GPS)、俄罗斯的格洛纳斯卫星导航系统(GLONASS)、欧洲的伽利略卫星导航系统(GALILEO)、我国北斗卫星导航系统(BDS)。

一、卫星导航定位的历史与发展

（一）美国 GPS 全球定位系统

1957 年第一颗人造地球卫星的发射，引起了各国军事部门的高度重视。1958 年年底，美国海军和约翰·霍普金斯大学应用物理武器实验室开始着手建立美国海军舰艇导航卫星系统，目的是为北极星核潜艇提供全球导航，称为美国海军导航卫星系统（Navy Navigation Satellite System，NNSS）。由于该系统卫星都通过两极，也称"子午（Transit）卫星系统"。1964 年该系统建成，并由美国军方启用。尽管 NNSS 在导航技术的发展中具有划时代的意义，但由于该系统卫星数目少（5～6 颗）、运行轨道低（1 000 km）、观测时间长（1.5 小时），无法提供连续全天候实时三维导航，同时获得一次导航解的时间长，难以满足军事要求，尤其是高动态目标（飞机、导弹等）的导航要求。而从大地测量看，定位速度慢，一个测站一般平均观测 1～2 天，精度低，单点定位精度 3～5 m，相对定位精度 1 m，使得在大地测量和地球动力学研究方面的应用也受到很大限制。

随着技术的进步和发展，为使 GPS 具有高精度连续实时三维导航和定位能力，以及良好的抗干扰性能，1973 年 12 月，美国国防部批准研制"授时与测距导航/全球定位系统"，通常称为全球定位系统（GPS）。迄今为止，GPS 共设计了三代。第一代主要用于试验；第二代用于全球定位系统的正式工作，1994 年发射完毕；第三代于 20 世纪 90 年代末开始陆续发射，数量 20 颗，取代第二代卫星，用于改善全球定位系统。GPS 系统由空间段、地面段和用户段三大部分组成。卫星星座由分布在 6 个轨道面上的 24 颗卫星组成，目前在轨卫星 27 颗。GPS 由美国国防部控制，可提供军民两种服务。军码定位精度 5 m，仅供美军及盟友使用；目前美国军方授权 27 个国家和地区的军方使用 GPS 精码 P（Y），其中主要是北约国家的军方，授权亚太地区军方使用的国家和地区主要有：韩国、中国台湾、日本、新加坡、沙特阿拉伯、科威特、泰国等。民码定位精度 10 m 左右，平时向全球开放，战时能实施局部关闭。GPS 在海湾战争特别是科索沃战争中，对空中平台导航、武器发射瞄准、精确制导、打击目标定位等重要作战环节都起到了难以替代的关键作用。GPS 具有在海、陆、空进行全方位实时三维导航与定位能力和精密授时能力。目前是世界上最实用，也是应用最广泛的全球定位导航系统，占据 90%以上卫星定位导航的市场份额。

2004 年 12 月 8 日，美国总统布什批准了一项新的天基定位、导航与授时服务国家政策。"中央情报局将确定、监视和评估国外对使用 GPS 定位、导航和授时体系和相关服务的威胁的进展；为国防部长决定开发对抗手段提供支持信息"；"为保障国土安全，改进拒绝和阻断敌方使用任何天基定位、导航和授时服务"；"在实际的条件下，培训、装备、测试和训练美国的军事力量和国家安全能力，包括 GPS 的拒绝与阻断"。任何其他国家都有可能被美国政府认定为"敌方"，因此唯一使用 GPS 对于国家安全是致命的。

（二）俄罗斯 GLONASS 卫星导航系统

20 世纪 70 年代初，苏联国防部提出了全球导航卫星系统（GLONASS）的方案设想，1978 年开始系统设计，1982 年 10 月 12 日，苏联发射了第一颗军用导航卫星，1996 年 1 月 18 日系统组网成功并投入运营，建设耗资 40 多亿美元。系统星座由分布在 3 个轨道面上的 24 颗卫星组成，俄军方控制。GLONASS 在系统组成、定位测速原理等方面类似于 GPS，但在一些具体技术体制上与 GPS 存在一定的差别。GLONASS 可提供军民两种导航定位服务，民码精度 50 m 左右，军码精度与 GPS 相当。GLONASS 的民用市场应用程度远不及 GPS，但其军用系统已在其武器装备中普遍使用。

由于俄罗斯经济不景气，系统补网不及时，随着星座中卫星寿命到期失效，到 2002 年 8 月只有 5 颗卫星在轨工作。其中 3 颗（1 组）为 2000 年 10 月发射的，2 颗为 2001 年 12 月发射的。从高技术战争需要出发，俄罗斯已下决心恢复和进一步发展该系统，截止到 2014 年 6 月 15 日，在轨的 GLONASS 系统卫星共 28 颗，其中 22 颗正常工作，4 颗正接受技术维护，2 颗处于"预备役"状态。2014 年索契冬奥会物流与交通中心项目应用了 GLONASS 导航与定位系统，这是俄罗斯首次为货运运营商开发的公用信息系统。

（三）欧洲伽利略卫星导航系统

1992 年 2 月，欧洲伽利略计划提出，拟于 2008 年建成该卫星导航系统，计划投资约 28 亿美元，系统星座由分布在 3 个轨道面上的 30 颗卫星组成，是欧盟 15 个国家参与建设的民用商业系统。该系统提供三种类型的服务，即：面向市场的免费服务，定位精度 12～15 米；商业服务，定位精度 5～10 米；公众服务，定位精度 4～6 米。其中后两种服务是受控和收费的。中国投资参与合作。

伽利略卫星导航系统空间段由 30 颗（其中 3 颗为在轨备份）均匀分布在高度 23 616 千米、倾角 56°的 3 个圆轨道面上的中圆轨道（MEO）卫星组成，星上装有导航和搜救载荷。

该系统地面段与 GPS 和 GLONASS 相比，增加了对系统差分、增强与完好性监测，具有比上述两个系统更高的定位精度、可用性和更好的连续性。因此，伽利略卫星导航系统可以满足航空、道路交通管理等与人身安全紧密相关的应用要求。但是，由于参与国家政治和经济利益的争执，建成时间不断推迟。截止到 2014 年 8 月，伽利略卫星导航系统第二批 1 颗卫星成功升空，太空已有的 6 颗正式的伽利略系统卫星可以组网，初步发挥地面精确定位的功能。

（四）我国北斗卫星导航系统

中国的"北斗一号"卫星导航系统 1983 年由陈芳允院士提出原理，1994 年 1 月批准立项研制建设。系统于 2002 年 1 月 1 日试运行。该系统投资少、见效快，适合我国国情，特别是系统具有监控、指挥调度等特点。系统运行后，已经在部队演习、发射飞船、边境勘察、海军舰艇编队出访和抗震救灾等多项任务中发挥了重要作用，受到广大官兵好评。

"北斗一号"系统空间部分由 3 颗地球同步轨道卫星（GEO）组成。卫星上带有信号转发装置，可完成地面控制中心站和用户终端之间的双向无线电信号的中继任务。与 GPS 系统不同，"北斗一号"所有用户终端位置的计算都在地面控制中心站完成，因此控制中心站可以保留全部"北斗一号"终端用户机的位置及时间信息。同时，地面控制中心站还负责整个系统的监控管理。用户终端是直接由用户使用的设备，用于接收地面中心站经卫星转发的测距信号。根据执行的任务不同，用户终端分为定位通信终端、集团用户管理站终端、差分终端、校时终端等。

新一代北斗卫星导航系统建设正在实施过程中，它由 5 颗静止轨道卫星和 30 颗非静止轨道卫星组成。根据系统总体规划，2012 年左右，系统具备覆盖亚太地区的定位导航能力，这一步已经实现。预计到 2020 年左右所有卫星发射完毕，具备全球导航和定位能力。可在全球范围内全天候、全天时为各类用户提供高精度、高可靠性定位、导航、授时服务，并具备短报文通信能力，定位精度 10 m，测速精度 0.2 m/s，授时精度 10 ns。

2012 年 12 月 27 日，北斗系统空间信号接口控制文件正式版 1.0 正式公布，北斗导航业务正式对亚太地区提供无源定位、导航、授时服务。2014 年 11 月 23 日，国际海事组织海上安全委员会审议通过了北斗卫星导航系统认可的航行安全通函，标志着北斗卫星导航系统正式成为全球无线电导航系统的组成部分，取得了面向海事应用的国际合法地位。截止到 2016 年 6 月 12 日，共发射了 23 颗北斗导航卫星，其中 18 颗正常工作，按照预定计划到 2020 年左右实现全球服务。

另外，日本、印度、澳大利亚等国也打算建立自己的卫星导航定位系统。

二、卫星导航定位的应用

卫星导航技术相对于传统的惯性导航和无线电导航等，具有操作简单、观测时间短、定位精度高、能提供实时三维全天候定位等优点，所以一经开发便引起了广泛的关注。从市场份额来看，军用市场较之民用要小很多，但是军用仍然是很重要的一部分，它保证并提供了早期开发的启动资金，更重要的是，卫星导航的军事价值是其技术存在并得以持续获得资助的主要原因。

（一）卫星导航技术的军事应用

GPS 导航定位系统在海湾战争特别是科索沃战争中，对空中平台导航、武器发射瞄准、精确制导、打击目标定位等重要作战环节都起到了难以替代的关键作用。GPS 具有在海、陆、空进行全方位实时三维导航与定位能力和精密授时能力，成为现代化战争不可或缺的制胜法宝。

1. 导航定位

卫星定位导航系统可用于飞机、卫星、水面舰艇、潜艇的定位导航。为飞机、卫星、舰艇、车辆等安装上卫星定位导航系统后，能够大幅度地提高其作战效能。由于美军航母及其舰载机大量采用 GPS 和夜视系统等装备，航母全天候、全天时作战能力显著提高，每天出动飞机从原来的 125~140 架次增加到 200 架次以上，许多袭击活动都选在夜间进行。B-2 轰炸机采用了 GPS 辅助瞄准系统，具有一次精确瞄准 16 个分散目标的能力。坦克利用 GPS 接收机与负责后勤的油柜车、弹药车和修理车及时会合，进行战场加油、加弹、修理，可以扩大其作战半径，增加其作战效能。

2. 精确制导

卫星定位导航系统高精度、低成本的特点，使其大量应用于精确制导武器。美军在科索沃战场上使用的精确制导武器中，1/3 采用 GPS 制导技术。"战斧"巡航导弹将价格昂贵、准备时间长、复杂的惯性导航加地形匹配导航技术改进为惯性导航加 GPS 导航技术，使得发射前的 10 个小时左右的准备时间和对完整的侦察资料（连续的地形图像）的要求，改变为发射准备时间 20~30 分钟，不需要完整的侦察资料（连续的地形图像），命中精度也有较大的提高。英国研制了一种 GPS 炮弹，命中率几乎达到 100%，而且成本低。

3. 作战部队定位

地面部队传统的定位方法是用地图和罗盘（指南针）在现地标定地图，通过现地对照和测量（包括目视测量和仪器测量）来完成的。其准确性和及时性受到观测者经验和目视条件的影响，特别是在夜、雨、雾天气或地物（树林、草丛等）高而多、不便通视时，以及有敌情顾虑等条件下，要及时准确地判断站立点、测控点、目标点的位置坐标是相当困难的。

GPS 接收机可以做到小型化、手持式，可与其他手持式通信设备组合在一起，是野战部队和机动作战部队不可缺少的装备。部队或单兵有了 GPS 系统后，可以准确地知道自己所处的地理位置。特别是在夜晚，GPS 系统可以帮助完成近 50% 的训练和作战任务，有效降低了误伤率。

炮位定位系统小于 10 m 的定位精度，满足了炮位定位精度的要求，使原来一天的测量工作量仅用几分钟就能完成。多点炮位定位测量定位精度均可小于 10 m，比用传统方式测量提高工作效率几百倍，极大地提高了炮兵部队的快速反应能力。

军用自由伞降（MFF）导航系统可以帮助美国特种作战部队的士兵在浓雾、有云，甚至下雨或下雪的情况下，从高空伞降到预定渗透点。该系统用来将作战力量安全、精确和隐蔽地空降到敌方地域，就像飞行员在没有目视参照物时利用仪表控制飞机一样。空降特种兵可在恶劣的天气环境下，从 7 620 米高度离机并操纵冲压空气降落伞飞向距离载机数千米的预定着陆点。

美国及其盟国部队已采购了 48 000 套国防先进全球定位卫星接收机（DAGR）。DAGR 是一种手持、双频、轻型、抗干扰的精确定位系统，重量不及 1 磅①，在战场上作为轻型精确 GPS 接收机（PLGR）的补充，并与集成了 PLGR 的平台相兼容。DAGR 能够提供实时定位、速度、导航和授时信息，为水面作战人员、潜艇以及水面舰艇执行水上作战任务提供辅助导航。

4. 救援服务

英雄飞行员王伟的牺牲是因为没有配备卫星定位无线电救生系统，撞机跳伞后大量搜救舰船和飞机多日无法找到他。王伟的牺牲是中国人心中永远的痛。美军飞行员目前装备了 Hook-112 救生无线电装置，在飞机被击落时，能够利用 GPS 系统为营救人员指引方向。在科索沃战争中，被击落的美军 F-117 飞行员一落地便利用所携带的救生无线电进行 GPS 定位并发出带有位置信息的紧急呼救信号。美军派出包括 EA-6B 电子战飞机在内的数架飞机和直升机进行营救，七个小时之后，飞行员被救走。

5. 精确授时

GPS 系统实际上是一个处于 20 000 km 高空的高精度的空中时钟，可提供大范围覆盖的高精度的时、频信号。GPS 卫星上装有高精度的原子频标，频率稳定度高达 10^{-13} 量级，并且几个 GPS 系统的地面监测站不断地校正它的精度。因此，它可以随时提供准确的频率标准。用 GPS 卫星作为时间源，可实现精确授时，从而实现远距离设备的精确同步。GPS 可提供高精度授时，为军用通信网络提供统一的时标信息，从而使通信网络速率同步，保证通信网中的所有数字通信设备工作于同一标准频率上。

6. 指挥管制

北斗卫星导航系统具有用户与用户、用户与地面控制中心之间双向数字简短通信能力。一般用户一次可传输 36 个汉字，经核准的用户可利用连续传送方式最多可传送 120 个汉字。这种简短的通信服务，GPS 无法提供。由于"北斗一号"卫星导航系统独特的简短通信功能可进行"群呼"，在军事上意味着可主动进行各部队的定位，也就是说各部队一旦配备"北斗一号"卫星导航系统，除满足自身定位导航外，上级指挥机关可随时通过"北斗一号"掌握部队位置，并传递相关命令，实现了指挥管制和战场管理功能。

---

① 1 磅=0.453 6 千克。

（二）卫星导航定位技术的民用

1. 海上导航

虽然海上导航并不是市场中最大的一部分，但它却是民用市场中第一个利用卫星进行导航的。如今这块市场在不断成熟。与无线电和雷达一样，卫星导航接收机是任何一艘远离海岸的船只的一个标准配件。

2. 汽车导航和城市交通管理

卫星导航定位系统为汽车出行提供了极大的便利，如选择合理的目标路线，躲避日益拥堵的城市交通，选择最佳行驶路线并实时指导驾驶员按正确的路线行驶。利用卫星导航定位系统和电子地图可以实时显示车辆位置，可实现多窗口、多车辆、多屏幕同时跟踪，利用该功能可以对重要车辆和货物进行跟踪运输。

3. 事故救援

通过卫星导航定位系统和监控管理系统可以对遇有险情或发生事故的车辆进行紧急救援，监控台的电子地图可显示求助信息和报警目标，规划最优援助方案，并以报警声、光信号提醒值班人员进行应急处理。

4. 农业生产

在农业生产中利用卫星导航定位系统配合遥感技术和地理信息系统，能够做到监测农作物产量分布、土壤成分和性质分布，做到合理施肥、播种、喷洒农药、精确收割和统计收成，从而节约费用、降低成本，达到增加产量、提高效益的目的。

5. 森林防火和抗震救灾

在森林防火中利用卫星导航定位系统可以迅速精确地定位火场，引导飞机合理灭火，指挥扑火队员安全有效灭火，进行火场调查等。卫星导航定位系统依据其高精度、全天候观测地壳的运动，对预测地震、震中救援、震后评估都可起到重要作用。

此外，卫星导航定位系统在大坝及地面沉降的监测、绘制道路图等方面都有重要的应用。

第二节 卫星导航系统的定位原理

卫星导航定位系统由空间部分——卫星星座、地面部分——基站、用户部分——接收机三部分构成，其中每一部分都很重要。卫星星座提供多个已知位置坐标的参考点，目标用户测量与已知卫星的相对距离，解算可得到其实时的位置坐标。卫星的在轨运动情况完全受地面监控部分监视，对所有在轨导航卫星授予统一时标，把监测所得卫星实时情况通过导航电文播放出去，使目标用户得到准确的卫星位置。目标用户通过接收导航电文并解算得到自己的位置坐标，进一步求出速度等重要的运动信息。以下为卫星导航定位系统的具体工作原理。

一、基于时间测量的多球交会原理

利用卫星定位目标的关键是测定目标与已知卫星的距离。距离的测定需知道测距信号从发射源至目标用户所经历的时间。测距信号采用载有伪随机噪声的电磁信号，具体产生机理将在下面介绍。通过接收机解码得到传播信号的时间，信号传播时间乘以信号的传播速度（光速）便得到发射源到接收机间的距离。接收机通过测量从多个已知位置的发射源所发射的信号传播时间折算成距离，便能确定目标接收机的位置。

（一）时钟

由于测定距离需要精确的传播时间，因此卫星上关键的设备便是高稳定度的卫星钟。GPS 早期的两颗试验卫星采用了霍普金斯大学应用物理实验室的石英晶体振荡器，其相对日稳定度为 $10^{-10} \sim 10^{-10}$ s/d。这样的频率标准给卫星位置带来的误差为 14.5 m。1974 年采用了文富拉德姆公司研制的铷钟。这种铷钟的稳定度为 $(5 \sim 10) \times 10^{-13}$ s/d。经多次测试，所造成的卫星位置误差为 8.0 m。1977 年，采用了马斯频率和时间系统公司研制的铯原子钟，其稳定度为 $(1 \sim 2) \times 10^{-13}$ s/d。它给卫星定位带来的位置误差为 2.9 m。经过这些试验比较，在正式发射的工作卫星上采用了铯钟作为频标。它能保证所有的卫星在一个月或更长时间内独立工作而无须地面校正，同时也保证了定位精度。

（二）四球交会定位原理

为了说清楚定位原理，我们不妨以二维平面定位入手而后拓展到三维空间定位。航海中在能见度较低的情况下，可采用雾号角定位船只位置。假设雾号角可以准确到分钟标记发声，并且船只时钟与雾号角时钟是同步的，船员记下从分钟标记至听到雾号角声音之间所经历的时间，让传播时间乘以音速（约为 335 m/s）便是从雾号角到船员的距离。例如雾号角信号经过 6 s 到达船员耳朵，那么距雾号角的距离为 2 010 m，将此距离记为 R_1，船员便知船只处于以雾号角 1 为圆心、半径为 R_1 的圆周上的某个地方，如图 9.2－1 所示。

依据同样的方法船员同时测量到第 2 个雾号角的距离为 R_2，这里假设各个雾号角号音发送时间同步于公共时间基准。因此船只应定位于分别以雾号角 1、2 为圆心，以测量值 R_1、R_2 为半径的两圆的交点上，由于交于两点 A、B，所以有待于进一步确定其位置。可以通过测量到第 3 个雾号角的距离来消除这种多值性，如图 9.2－2 所示。

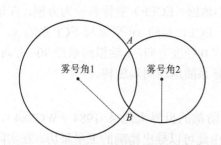

图 9.2－1　对两个信号源的测量带来多值性

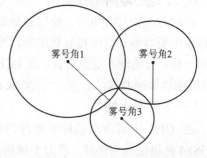

图 9.2－2　通过对第 3 个信号源测量消除多值性

GPS 卫星定位在原理上与雾号角定位船只相同，区别是卫星测距信号为电磁信号并以光速传播。区别还在于是空间三维定位。假定有一颗卫星正在发射测距信号，卫星上的时钟控制着测距信号广播的定时，该时钟和星座内每一颗卫星上的其他时钟与一个记为 GPS 系统时的内在系统时标有效同步，用户接收机也包含一个时钟，我们假定它与系统时同步，接收机记下接收信号的时刻，便可以算出卫星至用户的传播时间。将其乘以光速便求得卫星至用户的距离 R_1。所以用户定位于以卫星为球心、以 R_1 为半径的球面上。同理依据第 2 颗卫星可定位在以该卫星为球心、以 R_2 为半径的另一个球面上，因此可知卫星定位于两球面的交线（圆周）的某处。利用第 3 颗卫星重复上述测量过程，便将用户定位在第 3 个球面和上述圆周的交点上，第 3 个球面和圆周交于两点，此时的多值性可用第 4 颗卫星数据进行消除。因此卫星定位的原理为四球交会定位原理，如图 9.2－3、图 9.2－4 所示。

 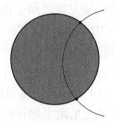

图 9.2-3　第 3 个球面与前 2 个球面的交线圆周相交　　图 9.2-4　第 3 个球面与圆周交于两点

二、参考坐标系

为建立卫星定位的数学关系式，需选定参考坐标系以便确定卫星和接收机的位置及运动状态。典型情况下是选用笛卡尔坐标系，而在实际测量目标用户时选用地心球面参考系比较方便。

（一）地心惯性坐标系

在测量和确定导航卫星轨道时，利用地心惯性（ECI）坐标系是比较方便的，其原点位于地球的质心，坐标轴指向相对于天球来说是永远不变的。因此在 ECI 系中，导航卫星的运动服从牛顿运动定律。ECI 系中 x、y 平面取与地球赤道面相重合，z 轴与 x、y 平面垂直指向北极，x、y、z 三轴成右手系。

（二）地心地固坐标系

在定位用户接收机时，使用随地球同步旋转的地心地固（ECEF）坐标系较为方便，在该坐标系中更容易计算出接收机的经纬坐标及高度坐标。ECEF 系的 xy 平面与 ECI 系的 x、y 平面一样，与地球赤道面重合，在 ECEF 系中，x 轴指向 0 经度方向，y 轴指向东经 90°方向，z 轴沿地轴指向北极，x、y、z 三轴成右手系。整个坐标系随地球同步旋转。

（三）世界大地系

在 GPS 中所使用的标准地球物理模型是美国国防部的世界大地系 1984（WGS84），WGS84 是以地球为椭球、重力不规则为模型建立的。由此可以导出精确的卫星星历。在实际导航定位中用 WGS84 坐标。现给出从 WGS84 变换为 ECEF 坐标的变换公式。已知大地参数 λ（经度）、ϕ（纬度）和 h（高度），求 ECEF 的笛卡尔坐标（x_u, y_u, z_u）：

$$\begin{cases} x_u = \dfrac{a\cos\lambda}{\sqrt{1+(1-e^2)\tan^2 j}} + \beta\cos\lambda\cos j \\ y_u = \dfrac{a\sin\lambda}{\sqrt{1+(1-e^2)\tan^2 j}} + \beta\sin\lambda\cos j \\ z_u = \dfrac{a(1-e^2)\sin\lambda}{\sqrt{1-e^2\sin^2 j}} + \beta\sin j \end{cases} \quad (9.2-1)$$

式中，a 为地球椭球的半长轴；$\beta = \dfrac{(R_e+h)}{\cos\phi} - \dfrac{a}{\sqrt{1-e^2\sin\phi}}$

三、卫星轨道

（一）卫星轨道六参量

空间部分是由播发导航信号的多颗卫星组成的星座。卫星运行在距地球表面以上约为 2 万千米的近圆轨道上，运行周期约为 12 小时。卫星绕地球的运动类似于行星的运动，研究卫星的运动便可借助于有关行星运动的理论。开普勒关于行星运动的三条定律如下：

第一定律：行星运行的轨道是一个椭圆，太阳位于椭圆的一个焦点上。

第二定律：单位时间内，行星与太阳的连线所扫过的面积不变。

第三定律：行星运行周期的平方正比于椭圆轨道半长轴的立方。

上述三定律同样适用于卫星绕地球的运动。对于理想宇宙空间绕地球作无动力飞行的卫星来说，据开普勒第一定律，卫星运行轨道是以地心为焦点的椭圆：

$$r = \frac{a(1-e^2)}{1+e\cos\theta} \tag{9.2-2}$$

式中，a 是轨道半长轴，e 是偏心率，θ 是极角或真近点角，r 表示地心指向卫星的矢径。

根据开普勒第二定律有：

$$\frac{dA}{dt} = \frac{1}{2}\sqrt{\frac{\mu}{a}}b = \text{const} \tag{9.2-3}$$

式中，b 是轨道短半轴，μ 为地球引力常数，其值 $\mu = 3.986\,005 \times 10^{14}\ m^3/s^2$。

根据开普勒第三定律有：

$$\frac{T^2}{a^3} = \frac{4\pi^2}{\mu} \tag{9.2-4}$$

要确定卫星任意时刻的精确位置，需解上述开普勒方程。为了简化问题，通常采用标准两体问题算出卫星的理论精确位置，然后考虑日、月及地球的非正球的影响，进而对该位置进行修正。首先简化模型把卫星视为质点，地球为理想球体，这时需要六个积分常数就可以给出轨道的定解：a（轨道半长轴）、e（偏心率）、i（轨道倾角）、Ω（升交点赤经）、ω（近地点幅角）、θ（真近点角）。该方法是由拉格朗日在 1808 年提出的。轨道六参量的具体定义如下：

(1) 轨道半长轴 a

描述轨道尺寸的大小，为椭圆轨道长轴的一半。它与卫星运行周期 T 的关系为：

$$T = 2\pi\sqrt{\frac{a^3}{\mu}} \tag{9.2-5}$$

(2) 轨道偏心率 e

描述轨道的形状，为椭圆轨道的焦距 c 与半长轴 a 之比。a 和 e 决定了卫星的近地点矢径 r_p、近地点高度 h_p，以及远地点矢径 r_a、远地点高度 h_a。

$$\begin{cases} r_p = a(1-e) \\ r_a = a(1+e) \\ h_p = r_p - R \\ h_a = r_a - R \end{cases} \tag{9.2-6}$$

（3）轨道倾角 i

轨道倾角 i 描述轨道空间取向，为卫星角动量和地轴方向的夹角，i 的取值为 $0\sim\pi$。满足 $0\leqslant i\leqslant\frac{\pi}{2}$ 的轨道称为顺行轨道，即卫星的运行方向和地球自转方向一致；满足 $\frac{\pi}{2}\leqslant i\leqslant\pi$ 的轨道称为逆行轨道，即卫星的运行方向和地球自转方向相反。$i=0$ 或 $i=\pi$ 的轨道称为赤道轨道，此时卫星总在赤道上空运行，$i=\frac{\pi}{2}$ 的轨道称为极地轨道，此时卫星经地球两极运行。

（4）升交点赤经 Ω

升交点赤经 Ω 的取值范围为 0 到 2π，是描述轨道空间取向的另一参数，为升交点（卫星上行至赤道面上的位置）与春分点对地心的角度，在赤道面内沿地轴的右旋测量。

（5）近地点幅角 ω

近地点幅角 ω 的取值范围为 0 到 2π，是描述轨道形状取向的参数，为近地点 p 与升交点对地心的夹角，在轨道平面内沿卫星运行方向测量。

（6）真近点角 θ

真近点角 θ 的取值范围为 $0\sim2\pi$，是近地点 p 与卫星位置 S 对地心的夹角，描述卫星在 t 时刻轨道上的角位置。

（二）卫星 ECEF 坐标计算

在实际的导航定位中，我们需要的是卫星的实时位置坐标数据，而非轨道的六参量。因此，需要将电文中播发的轨道六参量转化为卫星的坐标数据。

首先，需要计算卫星运行的角速度 n_0：

$$n_0 = \frac{2\pi}{T} = \sqrt{\frac{\mu}{a^3}} \quad (9.2-7)$$

然后利用卫星电文给出的角速度修正就可以得出修正后的角速度：

$$n = n_0 + \Delta n \quad (9.2-8)$$

电文中给出的时间都是相对于基准时刻 t_{oe}（对 GPS 基准时刻是每周六/日的子夜零点）的，因此我们需要将电文中的时间转化为规化时间：

$$t_k = t - t_{oe} \quad (9.2-9)$$

卫星电文中给出参考 t_0 的平近点角 M_0，由此我们可以得出卫星的平近点角：

$$M_k = M_0 + nt_k \quad (9.2-10)$$

利用电文中的偏心率 e 就可以得到偏近点角（需迭代计算）：

$$E_k = M_k + e\sin E_k \quad (9.2-11)$$

所以，我们就可以进一步得到卫星的真近点角：

$$\cos\theta_k = \frac{\cos E_k - e}{1 - e\cos E_k} \text{ 及 } \sin\theta_k = \frac{\sqrt{1-e^2}\sin E_k}{1 - e\cos E_k} \quad (9.2-12)$$

考虑到摄动修正项（不同卫星系统可以采用不同的修正方式），我们就可以得到卫星在轨道平面系中的坐标了（x 轴指向升交点方向，z 轴为卫星公转的角动量方向，y 轴与其他两轴满足右手螺旋关系）：

$$r_k = a(1 - e\cos E_k) + \delta_r \qquad (9.2-13)$$

$$\begin{cases} x_k = r_k \cos(\omega + \theta_k + \delta_u) \\ y_k = r_k \sin(\omega + \theta_k + \delta_u) \\ z_k = 0 \end{cases} \qquad (9.2-14)$$

其中 δ_r、δ_u 分别为卫星矢径、近地点幅角，由于地球非球形和日月引力等因素引起动量，可由卫星导航电文给出。

为了进一步将卫星的位置转化到地心地固坐标系，我们需要修正升交点赤经和轨道倾角：

$$\Omega_k = \Omega_0 + \dot{\Omega} t_k - \omega_e(t_k + t_{oe}) \qquad (9.2-15)$$

式中，ω_e=7.292 115 146 7×10^{-5} rad/s，是地球的旋转角速度，Ω_0 为始于格林尼治子午圈到卫星轨道升交点的准经度，$\dot{\Omega}$ 为升交点赤经的时间变化率，其值均可以从卫星电文中获取，Ω_k 为修正后的观测时刻的升交点赤经。

$$i_k = i_0 + \dot{i} t_k + \delta_i \qquad (9.2-16)$$

式中，i_0 为参考时刻，t_{oe} 为轨道倾角，$\dot{i}$ 为轨道倾角的时间变化率，δ_i 为轨道倾角的摄动量，其值均可以从卫星电文中获取，i_k 为修正后的观测时刻的轨道倾角。

$$\begin{cases} X_{ek} = x_k \cos\Omega_k - y_k \cos i_k \sin\Omega_k \\ Y_{ek} = x_k \sin\Omega_k - y_k \cos i_k \cos\Omega_k \\ Z_{ek} = y_k \sin i_k \end{cases} \qquad (9.2-17)$$

四、目标用户的坐标定位

上述为利用轨道六参量计算卫星位置的全过程。有了卫星各时刻的 ECEF 坐标，下一步我们据此可以求出卫星到目标用户的距离。计算距离采用的是用信号传播时间乘以信号传播速度的方法，下面我们讲解如何实现测距信号的产生、接收和目标定位。

（一）伪随机噪声码

卫星定位技术中引入了一个很重要的概念：伪距技术（也称 TOA）。所谓的伪距可以理解为与距离是同一量纲，而且包含有距离信息，却又不单纯是距离的物理测量量。伪距定义为：

$$\rho = r + \Delta r \qquad (9.2-18)$$

式中，ρ 为伪距，r 为真实的距离，Δr 为由各种因素引入的，可为确定性的，也可为随机性的距离畸变。例如，通常的 Δr 可以简单地认为是用户与卫星之间的钟差 Δt_{su}，或多计入通道中传输媒介引入的影响 Δt_{cm}。考虑的因素越多，模型越精确，定位精度越高。但是，有时却会导致技术上过于复杂而难以实现。特别是在一些测量信息较少的系统中，往往避免进行伪距测量，而利用其变形，如距离差、距离和、多普勒积分距离差、有源距离测量等。

通常测量伪距的方式主要有码伪距和相位伪距。下面我们分别介绍其测量方法。

1. 码伪距测量

伪码又称作伪随机码，是现代扩频通信中广泛采用的一种信道编码。一种二进制伪随机序列如图 9.2-5 所示。它具有类似于随机二进制序列的"0""1"分布特性、宽的频谱、优良的相关特性，但并不是真正的随机序列，而是因具有预先确定性和周期性，所以称为伪随机序列。由于其在实际中易于产生、复制，从而可以实现利用其进行相关接收。由图 9.2-5

可知，当伪随机序列码长度越小，序列周期的码元数目越大，则其信号频谱越宽，相关峰也越接近δ函数。

图 9.2-5　伪随机码示意图

伪随机码测距的原理如图 9.2-6 所示，卫星发射经伪码扩频调制的载波信号，调制方式一般采用相移键控或频移键控。由于伪码的可复制性，用户本地接收机产生一个与卫星发射的伪码不同相的本地伪码信号，接收机搜索卫星发射的信号，对信号进行相关检测，实际上也就是对本地伪码的相位进行粗调，一旦捕捉到信号，即相关峰超过一定的门限，便转入对信号跟踪调整，伪随机码延时锁定环路使用户产生的本地伪随机序列的相位始终跟踪被接收的伪随机序列。在精确锁定的情况，本地伪随机序列将与被接收序列相位同步，而后将本地伪随机序列变换成便于进行时间测量的脉冲，将此脉冲在用户本地的时间轴上读数，同时从电文中解读出该脉冲的发射时间，两者之间的时间差值 τ 就相应于所要测量的伪距。

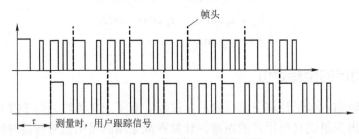

图 9.2-6　伪随机码测距原理图

伪随机序列测距的精度主要取决于码跟踪环路的精度，而码环路之所以有高度跟踪精度，主要是利用了伪随机序列良好的相关特性，采用窄带的环路滤波器也有利于压制噪声。伪随机序列虽然是连续的信号，但我们从其相关特性可知，它仍有良好的距离分辨能力，通常码跟踪精度可以达到 0.1～0.01 码位。

2. 载波相位测量伪距

载波相位测量伪距原理和用 C/A 码测量伪距相同，只有这时以载波波长作为测量时延的尺度。载波相位测量的观测量是按接收机所接收的卫星载波信号与本振参考信号的相位之差。接收机所接收的信号是卫星发播的调制信号，欲利用其载波进行测量首先要去调制。在已知码结构的情况下，通过相关处理可以得到纯净载波。在不知码结构的情况下同样可以得到纯净载波。一旦去掉调制，取得了纯净载波，就可以对信号进行相关测量。如图 9.2-7 所示。

本地参考信号的频率接近卫星发射的载波频率，但是由于多普勒效应，所接收到的载波频率与本地参考信号的频率是有差别的。另外由于时刻起点不同和空间的差异，从而导致两个信号的相位产生差值。通常的相位测量只是给出一周以内的相位值。因此存在整周模糊的问题。

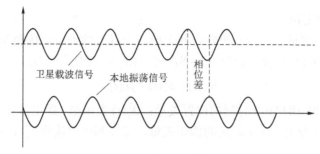

图 9.2-7 载波相位测距原理图

在接收机中通常把所接收的高频信号与本地信号进行混频,取得中频信号以便进一步处理。事实上,中频信号的相位值即所接收的信号与本地信号的相位差。也就是说,接收机接收到的卫星播发的信号与本地参考信号的相位差值是通过测量中频信号的相位值得到的。事实上,如果对整周进行计数,则自某一初始取样时刻以后就可取得连续的相位测量值。这就可以用作载波相位伪距。

载波相位测量的精度很高,为 1~2 nm。但是载波相位测量存在载波整周多值性问题,此处不作介绍,有兴趣的可参看相关资料。

(二)用户到卫星的伪距计算

用户到第 i 颗卫星的伪距 ρ_i 可定义为:

$$\rho_i = c(T_R - T_{Ti}) \tag{9.2-19}$$

式中,c 表示光速;T_R 表示与 GPS 接收机时钟相对应的接收时刻;T_{Ti} 表示第 i 颗卫星的发射时刻。

第 i 颗卫星所用的伪随机噪声码编号设为 i,记为 PRN_i。PRN_i 码的每一个码片线性对应该卫星的时钟时间,而卫星与接收机都采用 GPS 系统时,且所有卫星的伪随机码都在本星期末到下星期初的零时刻对齐,这样接收机接收码片对应的时间 T_R 就可以得到,另外所接收的卫星发射码片的对应时间 T_{Ti} 也可以查出,将它们进行运算可以转换为卫星 i 到用户的伪距。

实际上伪距测量是采用了逐步放大精度的方法得到的。

(1)用导航电文 6 s 子帧的同步码测量 1.8×10^6 km 以内的距离,称为同步粗测值。

(2)用 C/A 码的 1 ms 时间周期测量 300 km 以内的距离,称为 C/A 码粗测值。

(3)用 C/A 码的码元相位测量 300 m 以内的距离,称为 C/A 码精测值。

(4)用 P 码的码元相位测量 30 m 以内的距离,称为 P 码精测值。

相当于尺长为 $1.8 \text{ km} \times 10^6$ km、300 km、300 m、30 m 的四把"电尺"同时测量接收机和卫星之间的距离,它们的精度逐步加大,如表 9.2-1 所示。

表 9.2-1 伪距测量电尺及其测距精度

电 尺	尺 长	测量误差
同步粗测尺	1.8×10^6 km	$< \pm 150$ km
C/A 码粗测尺	300 km	$< \pm 150$ m
C/A 码精测尺	300 m	$< \pm 15$ m
P 码精测尺	30 m	$< \pm 0.43$ m

(三)目标用户定位

通过以上伪距的测量后,接收机联合四个或四个以上的到卫星伪距和相应卫星的位置坐标解算出接收机的 ECEF 坐标。如图 9.2-8,用户在 t 时刻的位置为:

$$\vec{R}_U(t) = \vec{R}_i(t) + \vec{\rho}_i(t) \tag{9.2-20}$$

式中,$\vec{R}_U(t)$ 表示 GPS 用户在 t 时刻的位置矢量;$\vec{R}_i(t)$ 表示第 i 颗卫星在 t 时刻的位置矢量;$\vec{\rho}_i(t)$ 表示用户与第 i 颗卫星在 t 时刻的伪距矢量。考虑到用户接收机对导航系统的钟差可得到如下方程:

$$\rho_i(t) = \sqrt{(x_U - x_i)^2 + (y_U - y_i)^2 + (z_U - z_i)^2} + ct_U \tag{9.2-21}$$

通过解四个方程联立的方程组就可以把用户的位置坐标计算出来。

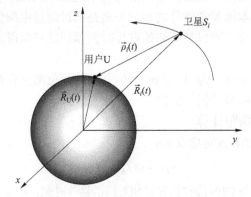

图 9.2-8 目标用户定位原理图

$$\begin{aligned}
\rho_1(t) &= \sqrt{(x_U - x_1)^2 + (y_U - y_1)^2 + (z_U - z_1)^2} + ct_U \\
\rho_2(t) &= \sqrt{(x_U - x_2)^2 + (y_U - y_2)^2 + (z_U - z_2)^2} + ct_U \\
\rho_3(t) &= \sqrt{(x_U - x_3)^2 + (y_u - y_3)^2 + (z_U - z_3)^2} + ct_U \\
\rho_4(t) &= \sqrt{(x_U - x_4)^2 + (y_U - y_4)^2 + (z_U - z_4)^2} + ct_U
\end{aligned} \tag{9.2-22}$$

式中,t_U 为用户接收机对导航系统的钟差,x_U、y_U、z_U 为用户的位置坐标,x_i、y_i、z_i 为第 i 颗卫星的位置坐标。

第三节 卫星导航定位系统的组成与技术实现

卫星导航定位系统是由空间部分、地面测控部分和用户终端三部分组成的。以下我们以 GPS 导航定位系统为例介绍各个组成部分和技术上的实现过程。

一、卫星导航定位系统的组成

组成卫星导航定位系统的几部分各有分工:空间部分——卫星星座负责提供测距信号和数据电文;地面测控部分——基站负责对卫星的跟踪和维护,监测卫星的健康状况和信号是否完好,并调整由于扰动偏离轨道的卫星,以维持稳定的星座分布;用户终端——接收机用于实现导航以及与导航有关的功能（例如测绘）。

（一）空间部分（GPS 卫星星座）

GPS 系统的空间部分由 GPS 卫星组成，称为卫星星座。卫星星座的分布设置要保证地球上任何地点、任何时刻至少可以同时观测到 4 颗卫星。

1. GPS 星座参数

卫星：24 颗

轨道：面 6 个

长半轴：26 609 km

偏心率：0.01

轨道面相对赤道面的倾角：55°

各轨道面升交点赤经相差：60°

相邻轨道卫星升交距角相差：30°

卫星高度：20 200 km

卫星运行周期：11 小时 58 分钟

2. GPS 卫星的基本功能

（1）接收和存储由地面监控站发来的导航信息，接收并执行监控站的控制指令。

（2）利用卫星上的微处理机，对部分必要的数据进行处理。

（3）通过星载的原子钟提供精密的时间标准。

（4）向用户发送定位信息。

（5）在地面监控站的指令下，通过推进器调整卫星姿态和启用备用卫星。

（二）地面控制部分

GPS 的地面监控部分由分布在全球的 5 个地面站组成，其中包括卫星监测站（5 个）、主控站（1 个）和注入站（3 个）。

1. 地面控制部分简介

（1）**主控站**：除协调和管理地面监控系统外，主要任务是：

① 根据本站和其他监测站的观测资料，推算编制各卫星的星历、卫星钟差和大气修正参数，并将数据传送到注入站。

② 提供全球定位系统的时间基准。各监测站和 GPS 卫星的原子钟均应与主控站的原子钟同步，测出其间的钟差，将钟差信息编入导航电文，送入注入站。

③ 调整偏离轨道的卫星，使之沿预定轨道运行。

④ 启用备用卫星代替失效的工作卫星。

（2）**监测站**：是主控站直接控制下的数据自动采集中心。站内设有双频 GPS 接收机、高精度原子钟、计算机 1 台和若干台环境数据传感器。观测资料由计算机进行初步处理，存储并传输到主控站，以确定卫星轨道。

（3）**注入站**：主要设备为 1 部直径 3.6 m 的天线、1 台 c 波段发射机和 1 台计算机。主要任务是在主控站的控制下，将主控站推算和编制的卫星星历、钟差、导航电文和其他控制指令等，注入相应卫星的存储系统，并监测注入信息的正确性。

整个 GPS 系统的地面监控部分，除主控站外均无人值守。各站间用现代化通信网络联系，在原子钟和计算机的驱动和控制下，实现高度的自动化、标准化。

2. 地面控制部分的作用

（1）负责监控全球定位系统的工作。

（2）监测卫星是否正常工作，是否沿预定的轨道运行。

（3）跟踪计算卫星的轨道参数并发送给卫星，由卫星通过导航电文发送给用户。

（4）保持各颗卫星的时间同步。

（5）必要时对卫星进行调度。

在导航定位中，首先必须知道卫星的位置，而位置是由卫星星历计算出来的。地面支撑系统测量计算每颗卫星的星历，编辑成电文发送给卫星，然后由卫星实时播送给用户。这就是卫星提供的广播星历。工作卫星的地面支撑系统包括一个主控站、几个注入站和若干个监测站。图 9.3-1 为地面支撑系统的方框图，它清楚地表明了主控站、注入站和监测站之间的关系。

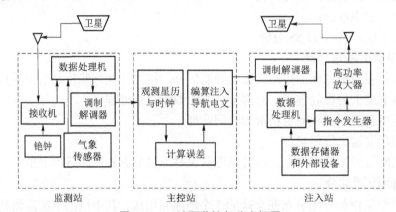

图 9.3-1 地面监控部分方框图

主控站将编辑的卫星电文传送到注入站，定时将这些信息注入各个卫星，然后由卫星发送给广大用户，这就是所用的广播星历。

3. GPS 用户设备部分

GPS 信号接收机及相关设备主要作用是：接收、跟踪、变换和测量 GPS 的无线电设备信号，以获得必要的定位信息和观测量，并经过数据处理而完成定位工作。

GPS 信号接收机组成：天线、接收机、处理器、控制显示单元、电源。

GPS 信号接收机按用途可分为授时型、精密大地测量型、导航型接收机；按性能可分为 X 型（高动态）、Y 型（中动态）、Z 型（低动态或静态）接收机；按所接收信号（L1、L2、C/A 码、P 码、Y 码）和观测量（码伪距、L1 相位、L2 相位）可分为：

① L1、C/A 码伪距接收机；

② L1 载波相位、C/A 码接收机；

③ L1/L2 载波相位、C/A 码、P 码接收机；

④ L1/L2 载波相位、C/A 码、P/Y 码接收机。

其中①②两种用于标准定位服务，③④两种用于精密定位服务，只有美国军方和特许的非军方用户才能享受精密定位服务。

（1）按编码信息分类

① **有码接收机**：这种接收机是已知卫星编码结构信息，利用相关技术进行接收的。各种用于导航和定位的接收机都采用这种技术。它的观测量主要是伪距。为了提高定位精度，经过改进增加了多普勒计数和载波相位观测量。

② **无码接收机**：这种接收机不需要预先知道编码内容和结构。其观测量是载波相位、码相位和信息比特流，用于精密测地工作，定位精度很高。

（2）按工作模式分类

① **单点定位接收机**：是指利用一台任何类型的接收机进行绝对定位的接收机。一般几秒到几分钟内就可给出一个位置数据。定位精度取决于接收机类型、观测时间长短以及观测量的类型。

② **相对定位接收机**：是指利用两台以上接收机进行相对静态定位的接收机。定位精度取决于接收机的类型、观测时间长短以及观测量的类型。

③ **差分定位接收机**：是指利用两台以上任何类型的接收机进行差分定位的接收机。它的特点是：一方面能给出消除公共误差的较准确的位置信息；另一方面它给出的位置信息不是相对定位的坐标增量，而是单点定位的绝对坐标。这就是说，它克服了单点定位误差大的缺陷，又克服了相对定位的相对性。

二、卫星导航系统的技术实现

卫星导航定位系统的基本原理我们已经清楚了，下面我们讨论一下各部分具体实现导航定位的细节情况。例如：卫星星座如何排布，才能既经济节约，又能稳定实现定位功能；卫星信号系统采用怎样的信号传递方式，才能既可有效利用卫星上稀缺的能量，又可以稳定辐射信号；接收机部分是如何根据不同需求得到不同精度的定位要求的。

（一）卫星星座设计

1. 卫星覆盖区

现在我们讨论一下卫星的天线系统，天线系统的功能是发射与接收无线电信号。由于卫星发射和卫星在轨运行等条件的限制，卫星天线要求体积小、重量轻、馈电方便、便于折叠和展开，其工作原理、外形等都与地面天线相同。概括起来，卫星天线可分为两类。一类是遥测、指令和信标天线，一般为全向天线，以便可靠地接收指令向地面发射遥测数据和信标。常用的天线形式有鞭状、螺旋形、绕杆式和套筒偶极子天线等。另一类是通信天线，按其波束覆盖区的大小，可分为全球波束天线、点波束天线和区域波束天线。

（1）全球波束天线：对静止卫星而言，天线波束的半功率宽度 $\theta_{1/2}=17°$，一般由圆锥喇叭加上 $45°$ 的反射板构成。

（2）点波束天线：覆盖区域范围小，一般为圆形。波束半功率宽度只有几度或更小，因而天线有很高的增益。

（3）区域波束天线：主要用于覆盖不规则区域。它可以通过修改天线反射器的形状来实现，或是利用多个馈源照射反射器，由反射器产生多个波束的组合形状来实现。波束截面的形状同各馈源的位置排列、照射反射器的方向、电波功率、相位等因素有关，这些可以利用波束形成网络实现。如图 9.3-2 所示。

下面我们介绍卫星覆盖区的概念。从通常意义上讲，卫星覆盖区指的是地球表面所能够

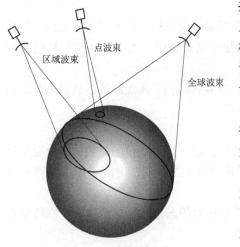

图 9.3-2 三种天线类型

接收到卫星信号,并能提供服务的区域,有时也称为卫星的工作区域。由于卫星的覆盖区在地面并没有严格的界定,因此它只是一个大概的范围。所以,为了讨论问题的方便,我们暂且把地球看作圆球来,进而计算卫星最大的可能覆盖区。

假定卫星相对地面的高度为 H。如果不考虑大气折射的影响,则卫星的覆盖区为如图 9.3-3 所示的顶角为 2θ 的圆锥所笼罩的扇面形区域。其中,S_0 为星下点,即卫星与地心连线与地面的交点。C_1、C_2 分别为锥面和地球表面的切点。

由图 9.3-3 可知,卫星离地越高,对应地面的覆盖区就越大,对应的地球中心角 β 就越大。卫星高度与地球中心角之间的数学关系为:

$$\beta_0 = \arccos \frac{R}{R+H}$$
$$\theta = \frac{\pi}{2} - \beta_0$$

(9.3-1)

地面上的用户所能观测卫星的空域称为卫星可视区。卫星离地越高,卫星可视区就越大。以上只考虑电波的直线传播特性。实际上当用户以低仰角观测卫星时,电波将穿越大气层中很长的一段路径,电波的衰减较大,信号较弱,而大气噪声增强。总之,在低仰角观测时,会导致信噪比严重变坏。为了保证正常的导航需要,通常当卫星的仰角小于 10° 时,不再进行观测。这时给定高度的卫星的可视区将进一步减小。

如图 9.3-4 不难导出此时的地球中心角为: $\beta = \arccos \frac{R\cos\delta}{R+H} - \delta$

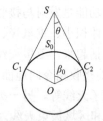
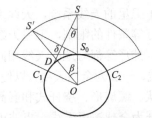

图 9.3-3 卫星覆盖区   图 9.3-4 卫星有效覆盖区

假如对卫星波束角限制在 2θ 之内,那么相应的地球中心角为:

$$\beta = \arccos\left(\frac{R+H}{R}\sin\theta\right) - \delta$$

(9.3-2)

按以上讨论,我们得到了卫星覆盖区所对应的地球中心角。不难看出,地球中心角对应于地面覆盖区的维度范围:$\varphi_0 - \beta \leqslant \varphi \leqslant \varphi_0 + \beta$,其中 φ_0 为星下点的地理维度。

至于经度范围,由于受到经度汇聚度的影响,将随着维度的变化而变化,也不难导出覆盖经度的范围:

$$\begin{cases} \lambda_0 - \Delta \leqslant \lambda \leqslant \lambda_0 + \Delta \\ \Delta = \dfrac{\cos\beta - \sin\varphi\sin\varphi_0}{\cos\varphi\cos\varphi_0} \end{cases} \quad (9.3-3)$$

2. 卫星星座设计

卫星导航解算最少需要 4 颗用户可视卫星，以提供用户确定三维位置和时间所必需的最少 4 个观测量。因此，星座的一个主要限制是它必须一直提供至少 4 个重覆盖。为可靠保证这种覆盖水平，实际的卫星星座设计为提供 4 个以上的重覆盖，这样即使一颗卫星出现故障，也能够维持至少 4 颗卫星可视。因此要求符合以下条件：

（1）覆盖应是全球的。

（2）对于所有时段任意位置，用户至少需要 6 颗卫星可视。

（3）为了提供最好的导航精度，星座需要有很好的几何特性，这些特性限定了从用户来看卫星的方位角和仰角的分布。

图 9.3－5 是 GPS 的星座平面投影图。

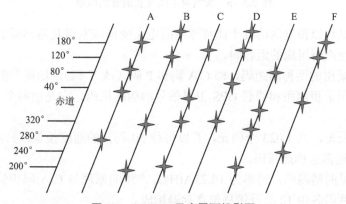

图 9.3－5　GPS 星座平面投影图

（二）卫星信号系统

导航卫星定位的重要一环是信号的设置，下面我们以 GPS 为例介绍卫星信号系统。卫星信号采用 L（22 cm）波段作为载波。采用 L 波段的优点是：

（1）减少拥挤，避免"撞车"。

目前 L 波段的频率占用率低于其他波段，与其他工作频率不易发生"撞车"现象。

（2）适应扩频，传送宽带信号。

导航卫星信号采用扩频技术发送卫星导航电文，其频带高达 20 MHz 左右，在占用率较低的 L 波段上，易于传送扩频后的宽带信号。

（3）大气衰减小，有益于研制用户设备。

图 9.3－6 中表示大气吸收系数随电磁波的工作波长不同而变化。由图可见，当工作波长为 0.25 cm 和 0.50 cm 时，氧气对该电磁波产生谐振吸收，而发生最大衰减。当工作波长为 0.18 cm 和 1.25 cm 时，水汽对该电磁波产生谐振吸收，而发生最大能量损耗。GPS 卫星采用 19 cm 和 24 cm 的工作波长，避开了谐振吸收，有利于用较经济的接收设备测量信号。

GPS 信号采用调制波，它不仅采用 L 波段的载波，而且采用扩频技术传送卫星导航电文。

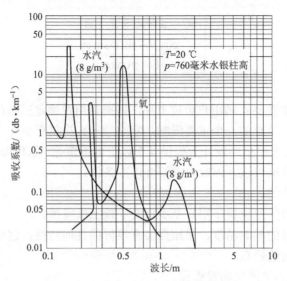

图 9.3-6　大气对不同波长的波的吸收

所谓"扩频",是将原拟发送的几十比特速率的电文变换成发送几兆甚至上十兆比特速率的由电文和伪随机噪声码组成的组合码。

GPS 卫星所采用的两种测距码,即 C/A 码和 P 码(或 Y 码),均属于伪随机码。

C/A 码:是用于粗测距和捕获 GPS 卫星信号的伪随机码。它是由两个 10 级反馈移位寄存器组合而产生。

C/A 码的码长短,共 1 023 个码元,若以每秒 50 码元的速度搜索,只需 20.5 s,易于捕获,所以 C/A 码通常也称捕获码。

P 码:是卫星的精测码,码率为 10.23 MHz,产生的原理与 C/A 码相似,但更复杂。发生电路采用的是两组各由 12 级反馈移位寄存器构成。

根据美国国防部规定,P 码是专为军用的。目前只有极少数高档次测地型接收机才能接收 P 码,而且美国国防部的 AS 政策绝对禁止非特许用户使用。

GPS 卫星导航电文:GPS 卫星的导航电文是用户用来定位和导航的数据基础。

导航电文包含有关卫星的星历、卫星工作状态、时间系统、卫星钟运行状态、轨道摄动改正、大气折射改正和由 C/A 码捕获 P 码等导航信息。导航电文又称为数据码(或 D 码)。

导航电文也是二进制码,依规定格式组成,按帧向外播送。每帧电文含有 1 500 bit,播送速度 50 bit/s,每帧播送时间 30 s。

GPS 卫星信号的载波和调制:GPS 卫星信号包含三种信号分量:载波、测距码和数据码。信号分量的产生都是在同一个基本频率 $f_0 = 10.23$ MHz 的控制下产生,GPS 卫星信号如图 9.3-7 所示。卫星取 L 波段的两种不同电磁波频率为载波:L1 载波频率为 1 575.42 MHz,波长为 19.03 cm;L2 载波频率为 1 227.60 MHz,波长为 24.42 cm。在

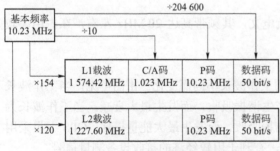

图 9.3-7　GPS 卫星信号示意图

L1 载波上，调制有 C/A 码、P 码（或 Y 码）和数据码；在 L2 载波上，只调制有 P 码（或 Y 码）和数据码。

（三）接收机工作简介

在导航定位测量时，GPS 信号接收机一般采用以下工作程序：
（1）检验并校正接收机的自身性能。
（2）捕获和跟踪视野内的待测卫星。
（3）校正接收机时钟。
（4）采集和记录导航定位数据。
（5）不断选用适宜的定位星座。
（6）实时计算点位坐标和行驶速度。

接收机捕获 C/A 码，识别 GPS 信号，分两步进行：

第一步：逐元搜索，迫使 C/A 码进入跟踪区间。在搜索状态下，存在下述两种 C/A 码：其一是来自 GPS 卫星的 C/A 码，叫作接收码。另外，接收机自身 C/A 码发生器所产生的 C/A 码，称为本地码。与此对应的还有接收载波和本地载波。由于 GPS 卫星运行所导致的多普勒效应，接收载波的频率是随时间不断变化的。因此搜索 C/A 码的目的是要迫使本地码基本上对准接收码，又要迫使本地载波频率锁定在接收载波频率上。

第二步：精细调节，双跟踪环路解译出 D 码。上述搜索的 C/A 码只能解决本地码和本地载波基本上分别对准接收码和接收载波。两者的精准对齐还需伪噪声码跟踪环路和载波跟踪环路。有关的电路问题此处不作为重点介绍，有兴趣的读者可以参阅相关书籍。

第四节　卫星导航定位的误差分析与差分定位

卫星导航定位系统的定位精度是衡量该系统优劣的一个重要指标，可表示为位置测量值与真值的接近程度，常用误差来定量分析。用户接收机定位误差是多种因素共同作用的结果，下面我们将对产生定位精度的误差来源进行分析，并依据误差的来源进行修正，采取行之有效的方法达到我们对定位精度的要求。

一、导航定位的误差分析

根据卫星导航定位原理：接收机被动接收测量来自导航卫星的定位信号的时间延迟，由此计算出卫星和接收机的距离，最后联合其他卫星与接收机的距离确定接收机位置的三维坐标。按照误差来源可分为以下三类：

卫星误差：卫星信号广播的星历误差以及人为的 SA 误差。
传播误差：信号在传播过程中由传播介质等因素引起的误差。
接收误差：卫星导航接收机所产生的误差。

（一）星历误差（δt）

所有卫星星历的最佳估计值都是通过计算得到的，并利用地面基站注入给相应的卫星，卫星接收后混合其他数据电文播发给用户。由于计算时采用的地面监测站对卫星位置的估算是用曲线拟合产生的，所以会存在误差。我们不妨记为 δt。

在2000年5月前，美国国防部为使用户导航解变差而人为引入的误差称为SA误差。该误差通过卫星时钟颤动来使精度降低，2000年5月以后美国取消了SA策略。

（二）传播误差（δt_D）

卫星信号的PRN码分量穿过大气层时会产生延迟，这使得其伪距大于它在真空中传播时的伪距。信号载波分量经由对流层产生了延迟；在经过电离层时，由于"电离层发散"也会使传播时间产生误差，我们把所有的传播误差归为一个整体，记为：δt_D。

$$\delta t_D = \delta t_{atm} + \delta t_{noise} + \delta t_{mp} \quad (9.4-1)$$

式中，δt_{atm} 表示大气层引起的延迟；δt_{noise} 表示噪声或干扰引起的误差；δt_{mp} 表示多径偏差。

（三）接收误差（δt_U）

接收误差是由接收机时钟与导航系统时间的偏差及接收机硬件引起的偏差。记为：δt_U。

（四）伪距的计算

伪距的时间等效值是信号（即一个特定码相位）被接收时的接收机时钟的读数和信号发送时的卫星时钟的读数之差。如图9.4-1所示。

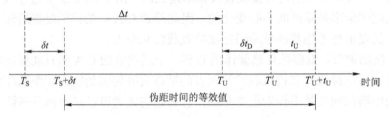

图 9.4-1 伪距时间测量误差示意图

所以，伪距

$$\begin{aligned}
\rho &= c\left[(T'_U + t_U) - (T_S + \delta t)\right] \\
&= c(T'_U - T_S) + c(t_U - \delta t) \\
&= c(T_U + \delta t_D - T_S) + c(t_U - \delta t) \\
&= c(T_U - T_S) + c(t_U - \delta t + \delta t_D)
\end{aligned} \quad (9.4-2)$$

其中 $r = c(T_U - T_S)$ 为伪距的真值。

二、差分定位

一个单频SPS GPS（民用）用户在全球范围内可以获得优于10 m的定位精度和20 ns的授时精度。然而很多应用所要求的顶角、可用性和连续性甚至超过了PPS GPS（军用）用户接收机所能提供的水平。因此需要采用增强GPS接收设备定位能力的技术。增强分两类：① 差分GPS（DGPS）；② 外部传感器。其中差分GPS简单实用，我们重点介绍差分GPS原理。

差分GPS需要地面基准站提供定位的纠正信息，并实时传给用户接收机，用户接收机接收以此校正位置，从而使得定位精度大大提高。

（一）DGPS技术的分类

1. 绝对差分定位和相对差分定位

绝对差分定位要求每个基准站在ECEF坐标系中的位置必须是确定不动的，并以此确定用户相对于 ECEF 坐标系的位置坐标。飞机利用这种定位来帮助自身保持在所期望的航迹内，轮船利用它来帮助自身保持在正确的航道中。

相对差分定位中基准站可以是移动的，并由基准站确定用户在基准站所关联的坐标系中的相对位置坐标。例如：如果 DGPS 装备在航母上以供飞机着陆使用，这种情况下，只需获得飞机相对于航空母舰的相对位置即可。

2. 局域、区域和广域差分定位

这是按 DGPS 所服务的区域大小分类的方法。最简单的 DGPS 系统工作于一较小的地理区域内（用户距基站的距离小于 10 km）。如果用户的活动范围超过 100 km，则需要采用多个基准站用加权平均的方式消除误差，称为"区域"或"广域" DGPS。区域系统一般可以覆盖 1 000 km，广域系统的范围更大。

3. 基于码和基于相位的差分定位

DGPS 按运算的信号分类，可分为基于码和基于载波相位两种。基于码的差分系统能提供分米级的定位精度。更为先进的基于载波相位的差分系统可提供毫米级的定位精度。

（二）用户接收机和基准站的相对误差

如图 9.4−2 所示，我们把实际的轨道卫星位置记为 S；通过伪距计算出的卫星位置记为 S'；计算位置相对于真实位置的误差为 ε_S；基准站与用户之间的距离为 p；d_M 和 d'_M 分别表示基准站距 S 和 S' 的距离；d_U 和 d'_U 分别表示用户距 S 和 S' 的距离；φ_M 和 φ'_M 分别表示基准站观察 S 和 S' 的仰角；α 为 S 和 S' 对基准站的张角，由余弦定理：

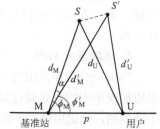

图 9.4−2 接收机差分误差分析

$$d'^2_U = d'^2_M + p^2 - 2pd'_M \cos\varphi'_M$$
$$d^2_U = d^2_M + p^2 - 2pd_M \cos\varphi_M$$
（9.4−3）

解
$$d'_M - d'_U \approx -\frac{1}{2}\left(\frac{p}{d'_M}\right)p + p\cos\varphi_M + \alpha p\sin\varphi_M + \frac{1}{2}\alpha^2 p\cos\varphi_M$$

$$d_M - d_U \approx \frac{1}{2}\left(\frac{p}{d'_M}\right)p - p\cos\varphi_M \tag{9.4−4}$$

以上计算忽略了高阶小量。

令 $\varepsilon_U = d'_U - d_U$，$\varepsilon_M = d'_M - d_M$，分别表示用户和基准站的伪距测量误差。

$$\varepsilon_M - \varepsilon_U = (d'_U - d'_M) + (d_M - d_U) = \alpha p\sin\varphi_M + \frac{1}{2}\alpha^2 p\cos\varphi_M \tag{9.4−5}$$

差值 $\varepsilon_M - \varepsilon_U$ 为用户采用基准站误差数据校正后的残留误差，假定 φ_M 角大于 5°，用户与基准站间的距离小于 100 km，那么：

$$\varepsilon_M - \varepsilon_U \leq \alpha p\sin\varphi_M \approx \left(\frac{\varepsilon_S \sin\varphi_M}{d_M}\right) p\sin\varphi_M = \left(\frac{\varepsilon_S}{d_M}\right) p\sin^2\varphi_M \tag{9.4−6}$$

设卫星的测量误差 $\varepsilon_S = 5\text{ m}$，则 $\dfrac{5}{2\times 10^4 \text{ km}}\times 100\text{ km} = 2.5\text{ cm}$。可见采用基准站误差校正后测量精度大大提高了。

(三）差分 GPS 的定位原理

1. 局域差分 GPS

假设接收机接收的第 i 颗卫星的位置坐标为 (x_i, y_i, z_i)，基准站的位置坐标为 (x_M, y_M, z_M)，则基准站到卫星的距离为：

$$R_{iM} = \sqrt{(x_i - x_M)^2 + (y_i - y_M)^2 + (z_i - z_M)^2} \qquad (9.4-7)$$

基准站对第 i 颗卫星伪距测量值 ρ_{iM}，这个测量值包括到卫星的距离及误差：

$$\rho_{iM} = R_{iM} + c\delta t_M + \varepsilon_M \qquad (9.4-8)$$

式中，ε_M 表示伪距误差，δt_M 表示基准站时钟与 GPS 系统时钟的差异。

基准站将计算出几何距离 R_{iM} 与伪距的测量值之差，即差分校正值。

$$\Delta\rho_{iM} = R_{iM} - \rho_{iM} = -c\delta t_M - \varepsilon_M \qquad (9.4-9)$$

这个校正值传递给用户接收机。用户接收机将它加至同一颗卫星的伪距测量值上：

$$\rho_{iU} + \Delta\rho_{iM} = R_{iU} + c\delta t_U + \varepsilon_U + (-c\delta t_M + \varepsilon_M) = R_{iU} + c\delta t_{UM} + \varepsilon_{UM} \qquad (9.4-10)$$

其中 ε_{UM} 为校正后的残留误差，较之校正前要小很多，因此可以获得一个更精确的定位解。δt_{UM} 为用户时钟与接收机时钟相对于 GPS 系统时钟的相对误差，可以采用其他方式去掉。

2. 区域差分 GPS

当用户的活动范围进一步扩大后，实际测量时可采用多个基准站来校正测量值，校正时采用加权平均的方式确定精确的位置解。权值通过用户与基准站距离的远近来确定。例如三个基准站，分别用纬度 ϕ 和经度 λ 来表示位置 $M_1(\phi_1, \lambda_1)$、$M_2(\phi_2, \lambda_2)$ 和 $M_3(\phi_3, \lambda_3)$，三个权值分别为 w_1、w_2 和 w_3，则用户位置 $U(\phi, \lambda)$，可以联立下列三个方程确定。

$$\begin{aligned} \phi &= w_1\phi_1 + w_2\phi_2 + w_3\phi_3 \\ \lambda &= w_1\lambda_1 + w_2\lambda_2 + w_3\lambda_3 \\ w_1 &+ w_2 + w_3 = 1 \end{aligned} \qquad (9.4-11)$$

关于广域差分 GPS 这里不作介绍。

第五节 北斗卫星导航系统简介

"北斗"系统的全称是北斗卫星导航系统，新华社的英文通告中也称 Compass Navigation System。北斗是我国自主研发的卫星导航定位系统。正在开发中的"北斗二代"系统包括 35 颗卫星，将是一个真正的全球卫星导航定位系统。

一、北斗卫星导航系统发展蓝图与现状

北斗卫星导航系统按照"三步走"的总体规划部署和"先区域、后全球；先有源、后无源"的总体发展思路实施，形成了突出区域、面向世界、富有特色的发展道路。

（一）发展路线图

第一步，1994 年启动北斗卫星导航试验系统建设，2000 年形成区域有源服务能力，2003 年正式建成覆盖我国及周边的基于双星有源定位机制的"北斗一号"卫星导航系统。

第二步,2004年启动"北斗二号"一期区域导航定位系统建设,并于2011年12月27日正式向亚太地区开通服务,2012年形成区域无源服务能力。

第三步,2020年左右建成覆盖全球的无源导航定位系统,即"北斗二号"二期系统,目前正在建设中。2016年6月16日国务院新闻办公室首次发布《中国北斗卫星导航系统》白皮书。迄今已经发射了23颗北斗导航卫星,其中包括4颗试验卫星(即"北斗一号")和19颗"北斗二号"卫星。

(二)使命和目标

北斗系统是一个军民两用的系统。按照"质量、安全、应用、效益"的总要求建设北斗卫星导航系统,是为了满足国家对卫星导航的战略需求,实现卫星导航产业的经济效益,促进国家信息化建设和经济发展方式转变。

主要要求有三点:

(1)为保证国防、经济、社会发展安全使用,所建成的北斗卫星导航系统必须是高质量的。

(2)为最大限度地满足国防、经济、社会发展的需求,所建成的北斗卫星导航系统必须是技术一流的。

(3)为使国家获取更大的经济利益,所建成的北斗卫星导航系统必须在核心技术领域掌握自主知识产权。

北斗系统目标定位为建设一整套高性能、高可靠、高效益的卫星导航系统。

(三)任务

北斗卫星导航系统建设有三大任务。

1. 关键技术攻关与试验

经过艰苦攻关,已初步突破星载原子钟、高精度伪距测量、精密定轨与时间同步等一系列卫星导航系统核心关键技术。

2. 工程建设

(1)分阶段实现:2012年形成区域无源服务能力;2020年形成全球无源服务能力。

(2)研制生产5颗GEO卫星和30颗Non-GEO卫星,在西昌卫星发射中心用CZ-3A系列运载火箭发射35颗卫星,西安卫星测控中心提供卫星发射组网与运行测控支持。

(3)系统组成:

空间段由5颗GEO卫星和30颗Non-GEO卫星组成。

地面段由主控站、上行注入站和监测站组成。

用户段由北斗用户终端以及与其他GNSS兼容的终端组成。

2000年分别发射了北斗卫星导航试验系统第一颗、第二颗卫星,2003年发射了第三颗卫星,建成了区域有源卫星导航系统,使我国成为世界上第三个拥有自主卫星导航系统的国家。该系统可为我国及周边地区的中低动态用户提供快速定位、短报文通信和授时服务。北斗卫星导航系统进入星座组网阶段。

2004年8月,正式启动"北斗二号"卫星导航系统建设工作;2009年启动"北斗二号"卫星导航系统预先研究与关键技术论证;2010年完成了从"北斗一号"系统向"北斗二号"系统的平稳过渡;计划到2020年建成"北斗二号"卫星导航系统,性能达到同时期国际先进

3. 应用推广与产业化

2003 年北斗卫星导航试验系统正式提供服务以来，在交通、渔业、水文、气象、林业、通信、电力、救援等诸多领域得到广泛应用，注册用户已达 6 万，产生了显著的社会效益和经济效益。

我国广泛开展国际交流与合作，积极参加 ICG（全球导航卫星系统国际委员会）、ITU（国际电联）、中欧伽利略合作、国际卫星导航领域会议等，推动频率协调、兼容与互操作等有关工作。目前，"北斗"已成为 ICG 认可的全球卫星导航系统四大核心供应商之一，跻身于卫星导航国际舞台。

二、北斗卫星导航系统工作情况简介

（一）"北斗一号"系统

"北斗一号"系统为用户提供三大业务。

业务一：快速定位。（精度：20～100 m，时间：0.7～2 s）

业务二：短消息通信。（每次可发送 120 个汉字或 1 680 bit 数据）

业务三：高精度授时。（提供 20 ns 双向授时和 100 ns 单向授时业务）

1. 双星定位原理

"北斗一号"系统利用 2 颗 GEO（地球静止轨道）卫星实现定位，其定位依据是三球交会测量原理，如图 9.5-1 所示。

（1）分别以 2 颗卫星为球心，以卫星到用户接收天线距离为半径，构成两个球面。

（2）两球面相交得一圆（称为交线圆），该圆垂直于赤道平面。

（3）在地球不规则球面的基础上增加用户高程，获得一个"加大"的不规则球面，该球面以地面数字高程库的形式保存在地面中心站。

（4）圆与不规则球面相交，得到两点，分别位于南北半球，取北半球的点即为用户设备的位置。

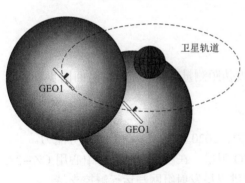

图 9.5-1 三球交会原理图

2. 定位流程

（1）地面中心站向 2 颗卫星同时发送询问信号；

（2）卫星接收到询问信号，经卫星转发器向服务区内的用户播发询问信号；

（3）用户响应其中 1 颗卫星的询问信号，并同时向 2 颗卫星发送响应信号；

（4）卫星收到用户响应信号，经卫星转发器发回地面中心站；

（5）地面中心站收到用户响应信号，解调出用户申请的服务内容；

（6）若是定位申请，地面中心站测出两个时间延迟，由中心控制系统最终计算出用户所在点的三维坐标，这个坐标经加密由出站信号发送给用户；

（7）若是用户通信申请，则把用户的通信内容再发送；

（8）卫星接收到地面中心站发来的坐标数据或者通信内容，转发给用户或者收件人。

（二）"北斗二号"系统

由于"北斗一号"卫星导航定位系统是一种有源定位方式，定位速度较慢，每次定位时间不少于 0.6 s，不能连续导航，显然不适应高动态环境，只能提供动态和静态定位服务；系统需要地面中心站提供数字高程图数据和用户设备发送的上行信号，从而使该系统用户容量、导航定位维数、隐秘性方面受到限制；系统在体制上不能与国际上的 GPS、GLONASS 及伽利略系统兼容。因此，为满足国家对卫星导航定位应用和长远经济发展的要求，我国在"北斗一号"卫星导航系统的基础上发展了"北斗二号"卫星导航系统。

"北斗二号"卫星导航系统空间段由 5 颗静止轨道卫星和 30 颗非静止轨道卫星组成，提供两种方式的服务，即开放服务和授权服务。开放服务是在服务区免费提供定位、测速和授时服务，定位精度为 10 m，授时精度为 50 ns，测速精度为 0.2 m/s。授权服务是向授权用户提供更安全的定位、测速、授时和通信服务以及系统完好性信息。

"北斗二号"系统在 ITU 登记的无线电频段为 L 波段，包括三个频点（B1、B2、B3），也分为军码和民码信号，其中 B2 频点一般用于测控等特殊用途。由于民用接收机可在两个频点上获得导航信号，这使得民用终端也可以进行双频信号接收。

复习思考题

1. 卫星导航定位的工作原理是什么？
2. 信号系统对导航定位的作用是什么？
3. 影响导航卫星定位精度的因素有哪些？
4. 导航卫星是如何提高定位精度的？
5. 试思考卫星导航定位系统如何与武器完美组合，以实现对军事目标的精确打击。
6. 试述卫星导航定位系统在现代战争中的地位和作用。

第十章 新概念武器的理化基础

20世纪后半叶，特别是80年代末期以来，随着世界各主要国家开始全面签署限制核武器和生化武器的国际公约，也随着科学技术的发展，人们陆续提出和开始实现一些全新的武器装备设想。这些新式武器类型众多，具体工作原理、使用目的等方面各不相同，但共同特点是具有全新概念，在技术原理、实施效果等方面不同于以往的传统武器，所以统称为新概念武器。本章对新概念武器中的一些常见种类进行讨论，重点分析其物理、化学基础。

第一节 新概念武器概述

新概念武器是随着科学技术发展而出现的具有全新概念，在工作原理、杀伤破坏机制、运用方式以及作战效能等方面与传统武器有显著不同的新武器家族的统称。本节对其总体特征和分类等进行概要论述。

一、新概念武器的主要特征

前述新概念武器的含义，可以通过其以下主要特征来把握。

（一）创新性

新概念武器与其他已有的武器有着明显差别，它特别强调概念的创新和对技术实现的原理性突破。从其发展来源看，新概念武器是在科学技术不断取得重大成就的基础上发展起来的新型武器，具有概念新、原理新、技术新的特点；从其使用及效能看，它们又具有破坏机理新、杀伤效能新、作战用途新、指挥方式新的特点。

很多新概念武器的工作原理完全不同于传统武器。例如枪、炮等传统武器，其基本工作原理通常是利用发射药（推进药）燃烧、爆炸将弹丸发射出去，弹丸在空中经过一定时间的飞行，当击中目标时，弹丸起爆，通过释放大量的化学能摧毁目标，或通过弹丸自身的运动能量击毁目标。随着现代科学技术的进步，传统武器的射击距离、射击精度和打击效能也有所提高，但限于这些传统武器系统的工作原理，其性能往往已达到或接近其物理极限值，要实现进一步革新存在很大困难。而新概念武器中的一类——动能武器，就从基本原理、结构和作用机理方面进行了全面的创新，从而突破了传统武器的极限。动能武器的工作原理是通过发射超高速运动的、具有极大动能的弹头直接碰撞摧毁目标。它也发射弹丸，但与传统武器的弹丸飞行原理不同，通常采用火箭加速、电磁加速和电能加热加速等方法使其以超高速运动，飞行速度可达 $10\sim20$ km/s，这是传统武器的弹丸速度所不能比拟的。

在破坏机制方面，新概念武器也与传统武器有显著不同。传统武器的杀伤破坏机制主要有两种：一种是通过化学能或核能的瞬间释放，形成强大的冲击波、光辐射等来摧毁和烧毁目标；另一种是弹丸在化学能、核能的作用下快速射向目标，通过聚集在弹丸上的能量击毁（穿透）目标。尽管传统武器的种类繁多、性能各异，但其杀伤破坏机制基本上没有超出以上两种形式。而新概念武器采用了不同于传统武器的、全新概念的杀伤破坏机制，而且形式多样，几乎每一种新概念武器都有着不同于其他武器的杀伤破坏机制。例如，激光武器是通过向目标辐射高强度的激光能量，使目标表面汽化、膨胀、穿孔、熔化直至被摧毁；粒子束武器是通过向目标发射高速粒子流，使目标表面破碎、汽化，并能穿透目标外壳，熔化、烧穿目标内部材料，所产生的激波还将引爆目标中的炸药和热核材料；微波武器通过发射强大的微波波束攻击目标，使人产生烦躁、头痛、神经紊乱、记忆力减退，甚至造成人员皮肤或内部组织的烧伤以至死亡，使敌方武器装备的光电设备受到干扰甚至完全毁坏，从而造成整个武器系统丧失战斗力，等等。可以说，在新概念系统中，每一种武器都具有不同的打击对象和破坏机制，都能在各自的作战领域充分发挥独有的作战效能。

（二）高效性

新概念武器往往具有高度的智能化、高度的可控性、高度的灵活性或超常规的高能量，这使得它们具有武器装备发展史上前所未有的高效性。

新概念武器的高智能化特征，就是其往往具有很强的识别能力和自主作战能力。如信息化弹药，能将情报、监视、侦察功能与火力打击能力融为一体，既能够发现和快速跟踪目标，也能够攻击和摧毁目标。

新概念武器的高可控性来源于先进的无人平台和人工智能控制软件技术的发展，以及由此而来的更为灵活、自主的控制手段。例如，2006年美国陆军进行了"猎人—防区外杀手协同编队"项目演示，演示中"长弓—阿帕奇"直升机通过战术通用数据链实现了对"猎人"战术无人机的指挥和控制。又如，美国海军 RQ-8B"火力侦察兵"无人侦察机，可以建立与近海作战舰艇之间的数据传输和控制链路。这些数据链技术的开发和应用，将使无人平台与控制台之间建立起高速率、实时的无线链路，大大增强平台对终端设备的实时控制和灵活操纵能力。

高能量也是不少新概念武器，特别是定向能武器的显著特征。如目前微波武器的功率已从 400 MW 发展到 15 GW，频率从 1 GHz 发展到 140 GHz；电磁加速和电能加热加速等方法可使弹丸以超高速运动，飞行速度达到几倍甚至十几倍音速，动能达到几十、上百兆焦耳；又如高能激光武器、高能粒子束武器，等等，都体现了新概念武器的高能量特点。

单从破坏毁伤效果看，新概念武器也具有非同以往的高效性。在以往的武器装备中，破坏效能最高的是核武器，在核战争不被允许的情况下，实现武器的高破坏效能，是各国新概念武器发展的目标之一。例如有报道称，美国的"重型钻地弹"超大的重量和坚固的弹体能够使其穿透厚达 60 米的混凝土，并能摧毁工事里的任何物体。

（三）前瞻性

新概念武器是追随科学技术前沿、处于研制或构思中的前瞻性武器。当代科学技术的发展是新概念武器产生的重要基础。20世纪是人类历史上科学技术发展最为迅猛的一个世纪，量子力学和相对论的提出，推动了科学的革命并引发了技术上的革命；信息技术、微电子技术、航天技术、生物技术、新材料技术、新能源技术、人工智能技术等高新技术蓬勃兴起，并迅速向社会各个领域尤其是军事领域渗透，推动了精确制导技术、电子对抗技术、指挥自动化技术、定向能技术、军用航天技术等军事高技术的发展。新概念武器是运用这些科学技术成果的直接产物。

（四）动态性

所谓新概念武器，本身是一个阶段性的动态的概念，它与传统武器的分界不是绝对的。新概念武器中一些起步较早、发展较快的类型，随着其技术越来越成熟，逐渐开始装备部队，甚至应用于战场，将逐渐不再被认为是新概念武器；同时，随着科学技术的进步，又将有一些更新类型的武器被提出和研制，使得新概念武器的外延发生与时俱进的改变。例如，核武器在首次被发明时，其破坏机理不同于之前的任何传统武器，无疑属于当时的"新概念武器"（虽然那时还没有新概念武器的提法），但发展到今天，核武器已经是发展成熟的传统武器的一种，并不属于我们目前所讲的新概念武器家族。

二、新概念武器的分类

新概念武器的外延非常宽泛，其具体种类极其繁多，工作原理、毁伤机制、打击目标和运用目的各有不同，目前已经从直接打击敌方建筑工事、武器装备、人员生命拓展到影响环境、气象等外部条件（气象武器、地球物理武器），从硬件攻击拓展到软件破坏（如计算机病毒武器），甚至打击目标已经从物理域拓展到认知域（心理武器等）。举凡激光武器、微波武器、次声武器、动能武器、电磁脉冲武器、隐身武器、纳米武器、等离子体武器、计算机网络病毒武器、反卫星武器、非致命武器、基因武器、环境武器等，都属于新概念武器的范畴，很难找到某种统一的标准对林林总总的这些武器种类进行划分，目前得到公认的新概念武器分类方法并不存在。本书从论述新概念武器的物理、化学基础的目的出发，按照打击目标从硬件向软件，对物理、化学原理的应用从直接到间接的顺序，采用下述类别对新概念武器进行划分：

新概念能量武器，包括动能武器（电磁炮、电热炮、电热化学炮等）、定向能武器（激光武器、粒子束武器、电磁脉冲武器、微波武器等）、声波武器（超声武器和次声武器）、新概念原子能武器（中子弹、反物质弹）等种类。

新概念生化武器，包括基因武器、新概念化学武器（非致命武器、超级润滑剂、超级腐蚀剂）等种类。

新概念环境武器，主要包括气象武器（人造雨雾、人造干旱、人造台风等）、地球物理武器（如地震武器）两类。

新概念信息武器，包括微型武器（如纳米武器等）、智能武器（军用无人机、军用机器人等）、网络攻防武器（如计算机病毒武器）等种类。

新概念心理战武器，即通过图像、声音等影响敌方人员心理的武器，如噪声干扰器、空中投影等。

本章主要介绍新概念能量武器和新概念生化武器中的若干类别，如电磁发射动能武器、定向能武器、非致命化学武器等，对其物理、化学基础进行重点讲解。

第二节　电磁发射武器的基本原理

电磁发射武器是利用电磁能量或其转化来的高温高压等离子体热能等来推进弹丸，靠弹丸的直接撞击摧毁目标的一种动能武器。此类武器因其崭新的工作原理，可以突破传统火炮难以突破的物理极限，是目前广受关注、发展很快的一种新概念武器。本节对常见种类的电磁发射武器发展情况和物理原理进行介绍。

一、电磁发射武器的特点与分类

电磁发射技术早在近百年前就已萌芽，1920 年法国人就取得了有关电磁炮的三项专利，但直到 20 世纪 80 年代以来，其技术才真正得到重视和开始取得突破。目前世界上许多国家都极其重视电磁炮的研究，试验中的电磁炮口径已从 20 mm 增大到 90 mm，弹丸质量也从 1 g 提高到了 2 kg 以上。特别是美国，早在 20 世纪 80 年代，在前总统里根"战略防御倡议"的影响下，就有多家公司进行了电磁炮的研制，并组织了大量的实验。2010 年 12 月，美国海军宣布成功地试射了电磁轨道炮。据报道，该次试射的电磁炮发射的弹丸初速达到 5 倍声速，动能达 33 MJ；2012 年 3 月，这一数据又有上升，弹丸速度达到了 7 倍声速。

电磁发射武器之所以能赋予弹丸如此高的速度，是由其迥异于传统火炮的发射机理所决定的。传统火炮采用底部火药产生的火药气体点燃化学工质，靠化学工质的膨胀压力推动弹丸发射，它虽曾在战争史上功勋卓著，甚至被誉为"战争之神"，其性能也曾随着科学技术的发展而不断提高，但其固有的作用原理决定其终将遇到难以突破的物理极限，例如炮弹初速的极限大约在 2 km/s；而电磁发射武器利用的是电磁能量，直接靠电磁作用力或者靠电能产生的高温高压等离子气体膨胀压力来发射弹丸，由于具有完全不同于传统火炮的发射机理，因此可以突破上述限制，其发射的弹丸速度、射程、精度以及穿透力均远远超过常规火炮的性能极限。

与传统火炮相比，电磁发射武器具有如下特点：

其一，**动能大，毁伤能力强**。电磁炮的发射速度大大突破了常规火炮发射速度的极限，其发射的弹丸所具有的动能，可达同等质量传统弹丸的几十倍，甚至上百倍，因此电磁炮具有较大的摧毁力。一些防御坚固的目标虽可抵御常规武器的打击，却难逃电磁炮的摧毁。

其二，**射程远，并具有可调性**。电磁炮的发射靠的是电磁动力，而不是像传统火炮那样由火药燃烧产生冲力。电磁力由电能转换而来，可给弹丸以巨大的推动力，从而使弹丸按照预定方向高速运行至较远的位置。而且常规火炮的射程是通过改变射角和不同发射药来调整的，操作复杂，且变化范围有限，而电磁炮只需控制输入的能量即可达到调节射程的目的，方法简便易行。

其三，**隐蔽性强**。电磁炮射击时，炮声微小，既不产生烟雾，又无有害气体放出。无论是白天还是夜晚，射击时都非常隐蔽，对方很难发现，可大大提高其战场生存能力。

其四，**发射成本低**。电磁发射武器的能源与常规火炮、火箭等所需要的特种推进剂比起来，十分廉价。比如用陆基电磁发射器对空定向发射质量大的有效载荷，其成本仅是化学火箭的千分之一；发射同样动能的弹丸，成本仅是常规火炮的百分之一。

其五，**发射弹丸可大可小**。小到几克重的弹丸，大到几吨重的抛射体，电磁发射装置都可以利用同样机理将其发射出去，这比传统枪炮或火箭的适用范围广泛得多。

按照具体工作机制，电磁发射武器可分为电磁炮、电热炮和混合炮。电磁炮直接利用电磁作用力发射弹丸，包括电磁轨道炮、电磁线圈炮和电磁重接炮。电热炮利用电能转化为工质的热能，靠工质的膨胀压力推动弹丸，单纯利用电能将工质转化为高温高压等离子体来推进的称为直热式电热炮，靠等离子体加热其他工质推进的称为间热式电热炮（因其中被加热的工质会释放化学能，并非单纯利用电能转化来的热能推进，故又称电热化学炮）。将前述种类中的两种结构或原理综合为一体的，称为混合炮。

二、电磁炮

电磁炮也称为脉冲能量电磁炮，它是直接利用电磁力代替火药爆力来加速弹丸的电磁发射系统，一般主要由电源、高速开关、加速装置和弹丸等四部分组成。按照电磁力产生的具体机制不同，又分为电磁轨道炮、电磁线圈炮和电磁重接炮三种。

（一）电磁轨道炮

电磁轨道炮是目前发展较快的一种电磁发射武器，它以电为能源，利用轨道—弹丸的磁场与电流间的安培力推动弹丸发射。

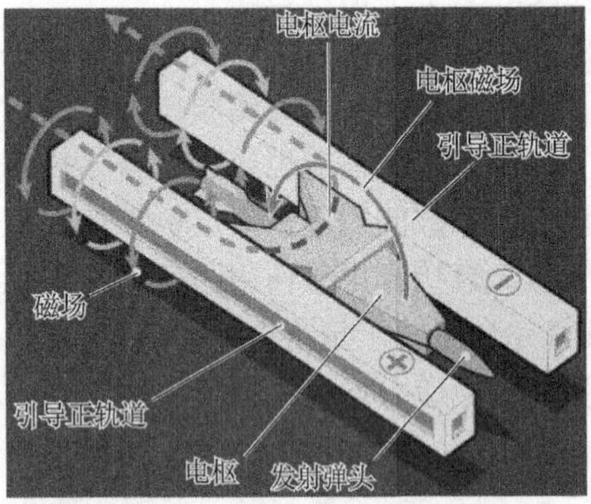

如图 10.2-1 所示，简单的电磁轨道炮具有两条平行的金属导轨，一端与电源相接，中间放置导电且可滑动的电枢，电枢前面是弹丸。当电源接通后，强电流从一根导轨经炮弹底部的电枢流向另一根导轨时，在两导轨之间形成巨大的强磁场，磁场与电枢的电流相互作用，产生强大的电磁力，推动弹丸从导轨之间发射出去，可使弹丸获得极大的动能（理论初速可达 6~8 km/s）。

图 10.2-1 电磁轨道炮结构与原理图

按照安培定律，弹丸所受的电磁推动力正比于磁感强度与电流之积，而由毕奥-萨伐尔定律可知，磁感强度也正比于电流，故弹丸所受推力正比于电流的平方，弹丸的出口动能决定于该推动力与放电时间（或导轨长度）。所以为提高弹丸出口动能，需要电源在一定时间内提供尽可能强（例如 MA 级）的电流，或者说需要提供极高的能量、极高的瞬时功率。例如，要把 1 kg 的弹丸加速到 3 km/s，就要求电磁炮提供 2 GW 的瞬时功率，虽然这种高功率无须持续提供，但仍需要有特殊的电源供能。早期的电容器储能密度较低，要满足电磁轨道炮所需能量，所需电容器重达 1 000 多吨，这显然不便于机动作战。随着科技的发展，电容器的储能密度发生了惊人的突破，用于电磁轨道炮的电介质电容器仅重 10 吨，双电层电容器则仅重 3 吨，完全可用车载。目前，为满足作战需要，人们还在研制高能量密度电容器等新型电源。研究和发展高能量密度、结构紧凑的电源装置是电磁轨道炮技术的关键环节。

电磁力除使电枢和弹丸向前运动外，也作用于导轨使之向外扩张。当电流加大到几百万安培时，导轨向外扩张力很大。必须将轨道加固，如用高强度的绝缘材料把导轨固定成方形或圆形的炮管。

另外，电磁轨道炮中的电枢需要既与导轨保持电接触，又能够自由滑动，所以实践中使用的多是等离子体电枢，即在电源接通时使电枢材料离解为等离子体，以此使导轨间电路导通。但由此带来的高温高压等离子体对轨道内壁的烧蚀和变形作用，会影响发射并降低使用寿命。过去几年中，美国已使电磁轨道炮炮膛寿命提高了上百倍，目前已基本达到了战术系统的使用要求。

除了这种结构简单的轨道炮外，科学家还在此基础上研制出了分散馈电轨道炮、增强型轨道炮、多轨导轨炮和多相导轨炮等。

（二）电磁线圈炮

电磁线圈炮是一种用脉冲或交变电流的电磁感应产生作用力并以此来驱动射弹的发射装置。线圈炮的主要结构如图 10.2-2 所示，由若干固定线圈和一个弹丸线圈组成。固定线圈起驱动作用，称作驱动线圈，有时也叫炮管线圈，弹丸线圈是被驱动的电枢，其内装弹丸或射弹。弹丸线圈的直径比驱动线圈的小，以便它能通过驱动线圈。

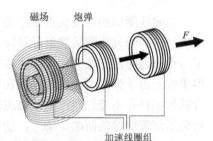

图 10.2-2 电磁线圈炮原理示意图

各驱动线圈口径相同，依次同轴地排列固定在电磁炮管上，当向炮管的第一个线圈输送强交变电流时，形成变化的磁场，并在炮弹的线圈上形成感应电流。由楞次定律可知，轨道线圈的磁场会对感应电流产生斥力，推动炮弹前进。当炮弹到达第二个线圈时，立即向第二个线圈供电，适当控制第二个线圈的通电时机或者与第一个线圈电流的相位差，使炮弹继续获得与前述同向的推力，推动炮弹前进。然后经第三个、第四个线圈……直到最后一个线圈，炮弹被不断推动，逐级加速到很高的速度发射出去。

为了说明线圈的加速作用，可进行如下近似计算：以加速线圈接通的瞬间为计时起点，设所加电动势为：

$$\varepsilon = \varepsilon_0 \sin(\omega t + \phi) \quad (10.2-1)$$

设没有铁磁质且忽略线圈电阻，固定线圈和弹丸线圈的自感系数和电流分别为 L_1、L_2 和 i_1、i_2，两线圈间互感系数为 M（但忽略互感对 i_1 的影响），有：

$$L_1 \frac{di_1}{dt} = \varepsilon_0 \sin(\omega t + \phi) \quad (10.2-2)$$

$$L_2 \frac{di_2}{dt} = -M \frac{di_1}{dt} \quad (10.2-3)$$

通过第一个线圈的初始电流可设为：

$$i_1(0) = i_2(0) = 0 \quad (10.2-4)$$

这样可以解出：

$$i_1 = \frac{\varepsilon_0}{L_1 \omega}[\cos\phi - \cos(\omega t + \phi)] \quad (10.2-5)$$

$$i_2 = \frac{M\varepsilon_0}{L_1 L_2 \omega}[\cos(\omega t + \phi) - \cos\phi] \quad (10.2-6)$$

可见 i_1、i_2 始终反相，因此量线圈间始终存在斥力相互作用使弹丸加速，直到 i_1、i_2 再次同时为 0。这意味着固定线圈一个周期内的能量可完全转化成弹丸动能（即线圈炮的近似理论效率可达100%），由（10.2-5）在一个周期内求方均根，可知电流的 i_1 的有效值为：

$$i_{1\text{eff}} = \frac{\varepsilon_0}{L_1 \omega} \sqrt{\cos^2 \phi + \frac{1}{2}} \qquad (10.2-7)$$

若认为一个周期内固定线圈输出的能量为：

$$W = \frac{1}{2} L_1 i_{1\text{eff}}^2 \qquad (10.2-8)$$

则经 N 级加速后（忽略摩擦等因素）可算得弹丸动能为：

$$E_k = \frac{N \varepsilon_0^2}{2 \omega^2 L_1} \left(\cos^2 \phi + \frac{1}{2} \right) \qquad (10.2-9)$$

电磁线圈炮的主要优点是：第一，由于其像磁悬浮列车那样存在磁悬浮效应，因此不用导轨导向，弹丸线圈就能借磁悬浮力而悬浮前进，不与驱动线圈（"炮管"）接触，因此炮弹与炮管之间没有摩擦，其电能转换成动能的效率比较高（如前所述理论近似值可达100%，但事实上由于弹丸所受电磁力存在着较大的径向分量而并非只有轴向分量，或者从能量角度看欧姆损耗并不能忽略，故即使忽略摩擦等因素，其效率事实上仍无法达到100%），同时也避免了炮管烧蚀的问题。第二，能发射较重的载荷，因此还可用来发射航天飞机等航天器或弹射飞机等航空器。第三，由于电磁线圈炮效率高且可逐级加速，因此每级所需的电源功率比电磁轨道炮要小得多。电磁线圈炮的缺点是：为了保证线圈放电与弹丸线圈运动的同步，需要比较复杂的电路系统。

（三）电磁重接炮

电磁重接炮实质上也是一种感应型线圈炮，跟上述线圈炮一样同属多级加速的无接触电磁发射装置。但它与线圈炮的主要差别在于：重接炮没有炮管，也没有弹丸线圈，而是使用抗磁性良导体材料做成的实心弹丸。

电磁重接炮的弹丸是实心的不导磁物体，常用铝板或铜板做成；每级驱动线圈是上下两组，若对射弹的两个侧翼都进行加速时，每级需用四个驱动线圈（如图10.2-3所示），上下两线圈间留出小间隙，以便弹丸能在其间通过。上下驱动线圈串联，使它们产生的磁感应线方向相同。

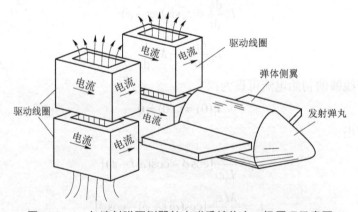

图10.2-3 加速射弹两侧翼的电磁重接炮之一级原理示意图

电磁重接炮发射弹丸时，要求弹丸在进入前有一定的初速度。当弹丸运动至侧翼开始遮盖线圈开口时，脉冲电容开始向线圈充电，电流开始上升，在线圈腔内出现磁通，因为弹丸是非导磁材料，磁感应线一时不能进入弹丸材料内（良导体的瞬时抗磁性），上下线圈的磁通被弹丸"遮断"，实质是在弹丸侧翼内产生的感应涡流抵消了线圈磁场；控制充电脉冲，当弹丸侧翼面积恰好把线圈的开口覆盖上时，使电流达到最大，并在此刻将电源断开，这时电磁能量以磁能的形式储存在上下线圈的磁场中。弹丸继续向前，其后缘与线圈口露出缝隙时，缝隙区域内的磁感应线不再是分别通过上下线圈，而是连续通过上下线圈，这一磁场对侧翼内涡流的安培力指向前方，推动弹丸前进。从表现上看，好像是上下线圈的磁场线由被遮断而"重新连接"、由弯曲变为伸直的过程推动弹丸前进，正如弓弦伸直推动箭矢前进一样。"重接炮"的命名即由此而来，但其实质仍是弹丸内的感应涡流与磁场作用的结果。

重接炮是电磁炮的最新发展形式，除了具有无接触、无烧蚀等一般线圈型电磁炮的优点外，其径向磁力极小而用于加速的轴向磁力大，欧姆损失小，因此可以实现更大的能量利用效率。

三、电热炮

电热炮又叫电热发射器，是全靠或部分依靠电能加热工质来推进弹丸的发射装置，它利用高功率脉冲电源输出的高电压和大电流向工质放电，把电能转化成高温高压等离子体的热能，以此直接或间接地推动弹丸前进。电热炮分直热式电热炮和间热式电热炮。

（一）直热式电热炮

这是一种"纯"电热炮，它利用特定的高功率脉冲电源向某些惰性工质放电，把工质加热变为等离子体，利用具有热能和动能的等离子体去直接推动弹丸运动，工质本身不释放能量，所有能量都来自电能。对于直热式电热炮的探索已有一些成果，例如1995年德国进行的105 mm电热炮试验已经能够把2 kg的弹丸加速到2.4 km/s；但研究发现，直热式电热炮中电能转化为机械能的效率难以提高，为其供能的电源体积很难缩小，所以目前人们更多地关注电热化学炮，而非这种"纯"电热炮。

（二）间热式电热炮

间热式电热炮不是直接利用电能产生的等离子气体推动弹丸，而是用电能加热第一工质，产生等离子体后再加热其他更多质量的轻工质（第二工质），使之气化而推进弹丸。在绝大多数间热式电热炮中，第二工质是含能工质，被加热后释放化学能，即此类电热炮的能量来源不单纯是电能，而是综合利用电能和含能工质的化学能，故又称电热化学炮，目前主要有液体发射药和固体发射药电热化学炮两种类型。

图10.2-4所示是一种电热化学炮的结构和原理图，可见其结构类似于常规火炮，但增加了电源系统和放电装置（毛细放电管）。其工作过程大致为：当闭合开关S后，高功率脉冲电源G把数千伏到数十千伏的高电压加在毛细放电管两端的电极上使之放电，用0.1～1 MA的强电流加热第一工质，使其变为高温高压等离子体，并以高速注入燃烧室，使其与第二工质相互作用，作用产生的高温高压气体快速膨胀做功，推动弹丸前进。

在电热化学炮中，通过安装多个电极并控制各个电极的放电时序，或者通过控制第一工质等离子体进入燃烧室的时机，可以延缓腔内压力的下降，展宽压力—时间曲线，使压力曲

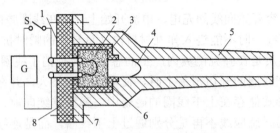

图 10.2-4 电热化学炮结构原理图

G—电源；S—开关；1—电极；2—第二工质；3—药筒；4—弹丸；5—炮管；6—第一工质；7—连接件；8—盖板

线出现"平台"效应，从而提高内弹道性能，提高弹丸出口速度。电热化学炮可以看作化学炮到电磁炮的过渡型，所以一些化学火炮的技术仍然可以应用于其中；另外与电磁炮相比，电热化学炮的电源比较简单，容易小型化，因而电热化学炮被看作未来坦克火炮系统最有力的竞争者。从 20 世纪 90 年代以来，美、法、德、以色列等国都在积极进行相关探索，其中值得一提的是，美国 2004 年在加利福尼亚的罗伯茨靶场进行了 120 mm 电热化学炮系统在战车上的集成发射实验，对电热化学炮系统的一系列关键技术进行了验证。

四、混合炮

前述的电磁发射武器原理也可以综合运用，从而制成各类混合炮。这种"混合"，可以是全电磁能的混合，例如轨道炮与线圈炮混合；也可以是电磁能与其他能量（化学能）混用，如电热炮与轨道炮混合。混合的具体形式，既可以是形体的组合，即把两种类型的炮在结构上结合起来；也可以是原理的混用，即在同一种炮中综合运用前面所述两种炮的工作原理。

混合炮的具体种类，有电热—轨道炮、轨道—线圈炮、电磁化学—轨道炮、电磁—火箭炮等。通过形体组合或者原理的混用，可以结合不同原理或结构的优点，扬长避短，进一步提高武器效能。

五、电磁发射武器的军事用途和发展前景

电磁发射武器作为发展最为迅速的一类新概念武器，其发展前景非常乐观，潜在的军事用途非常广泛。例如，用于天基反卫星和反导弹系统。电磁炮由于初速极高，可用于摧毁空间的低轨道卫星，还可以用于对弹道导弹和潜射导弹的拦截。尽管第一种部署在太空的导弹拦截武器可能是常规火箭拦截器，但电磁发射武器与之相比有许多独特优点，已经被美国正式列入反战略导弹系统的研究当中。将来随着电力微波传输技术、陆基电源及其机动性和天基小型化等技术的突破，电磁发射武器在此领域将大有用武之地。

再如，用于舰上武器系统。电磁炮有望首先应用在舰船上。在研的电磁舰炮的炮口能量有望达到 60～300 MJ，这不但远大于目前 127 mm 舰炮的炮口能量，甚至大于舰用增程制导炮的炮口能量。一旦电磁舰炮成功投入使用，海战的面貌将随之改变。电磁舰炮可取代昂贵的巡航导弹攻击内陆目标，在对岸火力支援、对舰作战、对付飞机、反导弹防御等方面，电磁发射技术（包括电热发射技术）都有用武之地。目前美军对用电磁发射武器发展未来的远程舰炮保持浓厚兴趣，甚至认为发展顺利的话有望代替研制中的

155 mm 先进舰炮系统。

还可用于坦克炮。未来陆地作战任务要求坦克炮的弹丸初速及威力大幅提高。在此领域，电磁发射技术也是有力的竞争者，特别是电热化学炮，因其既能获得极高的出口动能，又便于小型化，被普遍看好作为新的坦克炮形式。

此外，电磁发射系统还可以用于航天器的发射、反装甲武器、野战火炮的替代型等用途。

第三节　定向能武器的基本原理

除了电磁发射动能武器，新概念能量武器中最受瞩目的种类就是定向能武器。它是随着激光、新材料、微电子、声光、电光等高技术的发展而产生的，利用各种束能产生强大杀伤威力的"聚能武器"，具有全新的工作原理、独特的性能特点和广泛的应用前景。本节首先对定向能武器的这些原理、特点进行概要介绍，然后具体论述定向能武器中的若干种类，重点是分析其各自的物理原理。本书所讲的定向能武器包含声波（超声与次声波）武器。

一、定向能武器的特点与分类

定向能武器也称为束能武器，是利用激光束、粒子束、微波束、等离子束、声波束等各种束能，产生高温、电离辐射、声波等综合效应，能够实现激光、微波等电磁能或高能粒子束的定向发射、聚束和远距离传输，快速攻击并毁伤目标的武器系统。作为一类重要的新概念武器，定向能武器利用各种原子、亚原子、电磁波或声波的能量，采取束的形式，向一定方向发射，在目标表面或内部产生高温、高压、电离、辐射、形变等综合效应，从而实现对目标的快速攻击和毁伤。

与现有武器相比，定向能武器有其独特优点：第一，定向能武器中的主要种类所用载体，如激光束、微波束、粒子束等，以接近光速直接射向目标，攻击速度快，瞄准即能命中，且能量高度集中、穿透力强、毁伤效应大。第二，定向能武器使用隐蔽，作战不受"弹药量"影响，战场生存能力强。第三，通过控制射束，可快速改变攻击方向，反应灵活。第四，能量高度集中，只对目标本身甚至其中的某一部位造成破坏，而不像核武器或化学、生物武器那样，造成大范围破坏或污染；其中的一些种类，如声波武器可以只针对人员进行打击，而不会造成装备损坏；一些种类，如激光致盲武器、声波武器等，可以作为非致命武器。第四，定向能武器既可用于进攻，如电子战；也可用于防御，如拦截来袭的飞机和导弹，潜在用途非常广泛。

虽然如此，但定向能武器发展中存在的障碍也是明显的：如在基础研究上还存在很多难题；在技术上高密度定向能量获取困难，关键环节有待突破；同时研发难度大、对人员设备要求高，需要投入巨额的人力、物力和财力。因此，目前国内外多数定向能武器研究仍处于预研阶段。

定向能武器的主要种类有激光武器、微波武器、粒子束武器，这三者被称为"三大定向能武器"；以及电磁脉冲武器、声能武器等，也都可以归为定向能武器。其中激光武器本书第五章已有讲述，本节主要论述其他几种定向能武器。

二、高功率微波武器和电磁脉冲炸弹

微波是指波长为 1 mm～1 m 的电磁波，其传播速度与光速相同，并具有近直线传播、穿透能力强、能被某些物质反射或吸收和抗干扰性能好等优异的特性，因此在通信、气象、天文、医疗、能源等方面被广泛应用；在军事领域，微波也被普遍用于军事通信、雷达等装备部门。微波达到较高功率时，会对武器装备、人员等产生一定的杀伤作用，现在已经将其作为武器进行研究和应用，这就是高功率微波（High Power Microwave，HPM）武器和电磁脉冲（Electromagnetic Pulse，EMP）武器。

（一）微波的特性及其效应

微波是介于红外线与超短无线电波之间、频率 300 M～300 GHZ、波长 1 mm～1 m 的电磁波，它同样具有波粒二象性，但其波长比红外线长，光子能量小于红外光子，具有不同于其他波段的特性。

第一，穿透性。微波比可见光、红外线、远红外线等波长更长，因此具有更好的穿透性。微波的穿透性和其光速传播使得微波对物体的作用可以瞬间由表及里，例如微波加热物体时，热量不是由物体表面传导至内部，而是微波在物体内部传播的同时产生热量，使得物体各部分几乎同时被加热。

第二，似光性。微波波长很短，比常见地形、地物、建筑及军事目标（如飞机、舰船、汽车等）尺寸小得多，使得微波在这些物体间传播时，有与几何光学相似的近直线传播特性。

第三，似声性。由于微波波长与无线设备等物体尺寸差距不大，使得微波的特点又与声波相似，例如微波波导类似于声学中的传声筒，喇叭天线和缝隙天线类似于声学喇叭，微波谐振腔类似于声学共鸣腔，等等。

第四，共振性。微波光子能量通常小于常见分子、原子的电离能，所以它通常不像可见光那样产生光电效应或使分子、原子发生电离，但其能量与分子、原子的振动能级差相近，使得分子、原子核等在微波电磁场的周期力作用下，常可以呈现出许多共振现象。

第五，信息性。由于微波频率很高，所以在不大的相对带宽下，其可用的频带很宽，可达数百甚至上千兆赫兹，其信息容量远大于较低频无线电波，所以现代多路通信系统，包括卫星通信系统，都几乎毫无例外地工作在微波波段。另外，微波信号还可以提供相位信息、极化信息、多普勒频率信息等，这对于目标的探测和分类识别具有重要的意义。

微波在与物体的相互作用过程中，主要产生电效应和热效应。电效应是指微波在与物体作用时，在导体表面形成的电磁感应，或在电介质中造成的极化作用。热效应是微波所经过的介质吸收微波光子能量后导致的热量产生和温度升高，我们常用的微波炉就是采用这一原理对食物进行加热的。当微波功率较高时，也会产生较可观的生物效应，对人体产生影响，包括热效应烧伤和非热效应伤害。

（二）高功率微波武器的特点与分类

高功率微波武器（HPW Weapon，HPWW）是利用高功率微波源产生的高功率（峰值功率在 100 MW 以上）微波脉冲，经高增益定向天线辐射，以极高的强度照射目标，以破坏敌方电子设备和杀伤敌方人员的武器系统。

高功率微波进入敌方目标，主要有"前门""体""后门"三种耦合途径。所谓"前门"，主要是指辐射目标的各种天线,如搜索天线、高度雷达天线、指挥系统指令接收天线等;"后门"主要是指辐射目标的电源导线、传输电缆、系统回路等;"体"耦合则主要指辐射电磁波对目标外壳,各种门、窗、缝隙、孔洞的穿透和散射等。微波能量通过这些途径耦合进入目标内部后,可依功率或能量不同对敌方装备和人员产生下列毁伤效果:

第一,热效应破坏。高功率微波脉冲可在纳秒或微秒量级时间内瞬间产热,在这样短的时间内热量弛豫无法完成,可看作绝热过程。热效应可作为点火源和引爆源,瞬时引起易燃、易爆气体或电火工品等物品发生燃烧、爆炸;也可以使电子设备中的微电子器件、电磁敏感电路过热,造成局部热损伤,导致电路性能变坏或失效。

第二,电磁效应破坏。这包括强电场效应、磁效应和射频干扰与"浪涌"效应。高功率微波造成的瞬间强电场,可以使金属氧化物半导体(MOS)电路的栅氧化层或金属化线间介质被击穿、电路失效,对电子器件的工作可靠性造成影响;放电、强微波脉冲引起的强电流可以产生强磁场,使电磁能量直接耦合到系统内部,干扰电路系统的正常工作;电磁辐射引起的射频干扰,给电子设备带来电噪声、电磁干扰,使其产生错误动作或功能失效;高功率微波在目标结构的金属表面或金属导线感应出较强的感应电流或感应电压,造成电子器材的状态反转、器件性能下降、半导体结被击穿,强微波脉冲产生的电流甚至会使电路不可逆损坏,造成硬损伤。

第三,生物效应对人员的杀伤。高功率微波的生物效应,是指高功率微波照射到人体或动物后所产生的热效应和非热效应伤害。非热效应是当较弱的微波能量照射到人体或动物后,使之出现的神经紊乱、行为失控、烦躁不安、心肺功能衰竭,甚至双目失明等症状。热效应是由较高的微波能量照射所引起的人和动物被烧伤的现象。

总之,微波武器的杀伤机理多样、杀伤目标多元,可造成软硬两种杀伤,这是微波武器的重要优点之一。表 10.3-1 列出了不同功率密度微波脉冲的不同作用效果。

高功率微波武器具有以下特点:

第一,传播迅速。微波射束与激光一样可以光速传送,攻击速度快,可实现一发即中。

第二,易于瞄准。与激光武器相比,微波波束相对发散,可以照射到整个目标,因此对目标的瞄准和跟踪比常规武器所需精度低得多,而击中概率又比任何常规武器高约一个数量级,并且能同时攻击多个目标。但这也带来了微波的功率发散而不易集中的问题。

第三,效果多样。高功率微波武器与各种炸弹等传统武器相比,其杀伤机理不是摧毁整个目标,而是破坏其作战平台,如飞机、舰艇、车辆中火力与指挥控制系统的电子设备,或者导弹、制导炸弹中导引头的电子系统,使其作战平台失去控制和作战能力,或者将导引头在空中引爆,以达到摧毁之目的。它也能对敌方人员造成杀伤,耦合途径多样、杀伤效果多元,兼有软硬杀伤两种功能,可以作为一种攻防兼备的武器系统。值得一提的是,隐身飞机等各种隐身装备为了减小微波雷达的反射,其表面往往采用各种吸波、透波材料,在受到高功率微波照射时更容易受到微波损伤,所以微波武器尤其适用于对隐身装备的攻击。

表 10.3-1　不同功率密度的微波辐射产生的损伤效果

辐射强度	作用效能
0.01～1 μW/cm²	可冲击和触发电子系统产生假干扰信号，干扰雷达、通信、导航、敌我识别系统和计算机网络的正常工作或使其过载而失效
3～13 mW/cm²	使作战人员神经紊乱、情绪烦躁不安、记忆力衰退、行为错误
20～50 mW/cm²	人体出现痉挛或失去知觉
100 mW/cm²	致盲，致聋，使心肺功能出现衰竭
0.5 W/cm²	人体皮肤轻度烧伤
0.01～1 W/cm²	可使雷达、通信、导航、敌我识别系统和计算机网络的器件性能降低或失效，尤其会损伤或烧毁小型计算机芯片
20 W/cm²	照射 2s 就可造成人体皮肤 3 度烧伤
80 W/cm²	在 1s 内即可致人死亡
10～100 W/cm²	利用其形成的瞬变电磁场，在金属表面形成强大的感应电流，通过天线、金属开口或缝隙进入设备内部，可直接烧毁电子设备的微波二极管、混频器、计算机逻辑电路、集成电路，甚至装甲车辆点火系统中的半导体二极管等
1 000～10 000 W/cm²	可使几千米外的传感器失效，可使 12 km 外的目标被击毁，如果微波辐射能量很强、能束高度集中，可瞬间引爆导弹弹头、炸弹、炮弹或燃料库，从而破坏整个武器系统

第四，适应性强。与粒子束武器相比，微波穿透大气、云层、烟雾等遮蔽的能力更强，受雨雾天气影响较小，可近于全天候作战。当然，微波在大气中传播时仍然会不可避免地受到折射、吸收等作用，微波武器系统设计时需考虑到这些因素。

第五，控制方便。微波在用于直接打击武器之前，早已经在雷达系统中应用，对微波束的控制手段相对比较成熟。例如控制微波瞄准方向，可不必使用机械转动设备，而完全可以采用与相控阵雷达相似的电子扫描。将来也许能设计一种既可当作雷达又可作为武器的系统，它首先探测并跟踪目标，然后增大功率对目标实施超强功率干扰和定向摧毁，成为一种既有雷达探测功能，又有超级干扰机和定向能武器功能的多功能武器系统。

高功率微波武器既可固定设置或者随运载平台机动，也可以投掷式的炸弹、导弹等作为载体。前者为固定或机动微波射束武器，能重复发射微波脉冲，可以称为"微波炮"；后者是一次性工作，可以称为"微波弹"，包括各种微波炸弹、微波导弹等。另外，工作波段超出微波范围的，还有利用小型核爆等造成的电磁脉冲炸弹。

（三）高功率微波武器的结构与原理

高功率微波武器系统结构如图 10.3-1 所示，通常由能源系统、超高功率微波源（即微波振荡器）、高增益定向天线和瞄准、跟踪、控制系统构成。发射时，高增益定向天线把超高功率微波源输出的微波汇聚在窄波束内，以极高的强度照射目标。

高功率微波武器的核心是超高功率微波源。它不同于常规微波源，高功率微波武器所用的微波源通常采用强流相对论技术，即在兆伏（MV）级激励电压和数十千安培（kA）量级激励电流的作用下，从阴极发射出能量可以达到数百千电子伏（keV）以上的电子射束，当这些电子射束进入器件内相互作用区时，其运动动能转换成微波场的电磁能，电子加速运动产生高功率微波脉冲射束。探索和发展中的具体装置有：相对论速调管、相对论磁控管、虚阴极振荡器、波束管离子产生器及自由电子微波激射器等。

以技术相对比较成熟的虚阴极振荡器为例，其结构如图 10.3-2 所示。其基本原理是：栅网阴极加速强流电子束，使许多电子通过阴极网，在阴极后面形成一个空间电荷"泡"，称为虚阴极。在适当的条件下，虚阴极将后来的电子反射回去，形成电子在阴极与虚阴极之间的来回振荡而产生微波。如果使这个空间电荷区位于适当调谐的谐振腔中，就能达到很高的峰值功率，一般功率在 0.1~40 GW，波长在分米波段和厘米波段，然后微波通过天线辐射到空间。

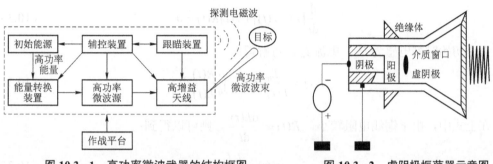

图 10.3-1　高功率微波武器的结构框图　　图 10.3-2　虚阴极振荡器示意图

要使高功率微波波源工作，还需要一个高功率的电源，或者说需要一个强流电子束来激励，这个电子束的峰值电流值需要高达几十兆安培。高功率微波武器大都使用脉冲型激励电源，这是因为：首先，脉冲型微波比连续型更容易射入电子设备中，因此更适合作为武器使用；其次，高功率微波武器的体积和重量主要由激励电源和空调设备决定，要在有限的体积内使电源提供很高的功率，也只能使电源脉冲工作。高功率脉冲电源也是高功率微波武器发展中的关键技术之一，如果利用电容、电感储能，固定和机动微波武器的电源体积要分别达到几十和几个立方米，才能适合两者几百兆焦和几个兆焦的发射脉冲能量需求。

对于抛射型的高功率微波武器（各种微波炸弹或微波导弹），比较可行的强流源是所谓磁通量压缩发生器。图 10.3-3 是磁通量压缩发生器的结构与工作原理示意图。

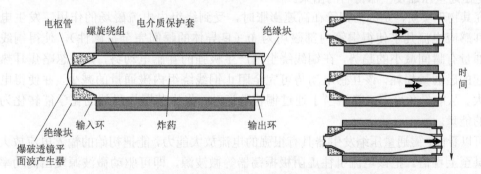

图 10.3-3　磁通量压缩发生器的结构与工作过程示意图

磁通量压缩发生器的常见结构为圆柱形，最外层是保护层，一般由玻璃纤维等高强度绝缘材料组成，用来防止在高能量电磁脉冲产生之前就被破坏；保护层里面是高强度铜线螺旋电感绕组,绕组输入环用来在工作开始时对电感绕组通电,输出环用来输出强电流,中间部分有一铜管电枢,中间装填炸药。其工作过程是,首先在螺旋绕组两端加上很大的电流,强度要求达到数千安培到百万安培数量级(这可以用高压电容组来驱动,或者用一个小一些的初级磁通量压缩器产生),等到电流启动达到峰值以后,开始引爆电枢中的炸药;从爆破透镜处引爆后,会使电枢管膨胀,并形成圆锥体迅速向前扩张;随着爆炸波前进,将电感绕组从电流输入环到电流输出环逐步短路,其电感量逐步减小一直到零,就可以从输出环得到放大几十到数百倍的输出电流。其原因可以从下述计算得到解释。

随着铜管膨胀前进,螺旋绕组在任意时刻 t 的电感 $L(t)$、电阻 $R(t)$ 都在变化,设电流为 $I(t)$,则由自感电动势及欧姆定律可知:

$$\frac{d}{dt}[L(t)I(t)] + I(t)R(t) = 0 \qquad (10.3-1)$$

考虑初始时刻电感为 L_0、电流 I_0,可解得:

$$I(t) = \frac{I_0 L_0}{L(t)} \exp\left(-\int_0^t \frac{R(t)}{L(t)} dt\right) \qquad (10.3-2)$$

在上式中,由于铜线电阻较小,$R(t) \ll \frac{dL(t)}{dt}$,则可以得到:

$$I(t) = \frac{I_0 L_0}{L(t)} \qquad (10.3-3)$$

磁能

$$W(t) = \frac{1}{2}L(t)I^2(t) = \frac{1}{2}L_0 I_0^2 \cdot \frac{L_0}{L(t)} = W_0 \frac{L_0}{L(t)} \qquad (10.3-4)$$

故随着铜线螺旋电感绕组被铜管短路、电感不断减小,其电流得到不断放大、能量不断增强。

从 10.3-4 式还可以得到 $L(t)I(t) = L_0 I_0$,可见电感线圈中的磁通量不变(称为基尔霍夫磁通守恒定律),但绕组的匝数不断减小,电感不断减小,于是电流变大。这样,就相当于是在保持磁通量不变的情况下,由于磁场空间突然被压缩,导致磁通密度增大而使电流放大的,这也是磁通量压缩发生器得名的由来。

究其物理实质,是因为铜管在高速膨胀时,受到绕组内电流磁场的作用,发生电磁感应,其感应电流几乎使得铜管内部磁场为 0(良导体的瞬间完全抗磁性),使得铜线绕组内磁通量有瞬间减小的趋势,在铜线绕组内产生极强的互感电动势,如果忽略焦耳热等因素引起的磁通量损耗,该互感电动势可完全阻止铜线绕组内磁通量的减少,并使得电流急剧增大。从能量角度看,就相当于通过铜管的运动,将炸药爆炸释放的化学能转化为电流磁场的能量。

可以看出,磁通量压缩发生器具有很强的电流放大能力,能把初始的输入电流放大到几十倍甚至上百倍。把该电流引往虚阴极振荡器等微波源,即可驱动微波源发出高功率微波脉冲。采用炸药作为能源,使得该装置适合装备在一次性工作的弹载微波武器中,但限于弹载微波武器的体积和质量,无法在其中安装很大的初级电流源,单靠初级电源无法获得很大的初始电流。一种可行的方法是先将初始电流经一级磁通量压缩发生器放大后,再作为第二级磁通量压缩发生器的初始电流,即采取级联方式工作。通过级联,可以在数十到数百微秒时间内产生 10 亿 kW 以上的峰值功率（10^{12} W～10^{13} W),产生的电流甚至超过一般闪电的千倍以上。如图 10.3 – 4 所示的高功率微波脉冲炸弹,就采取了级联磁通量压缩发生器作为电流源。

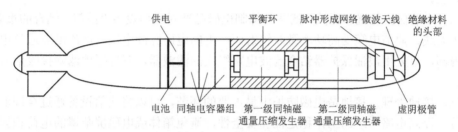

图 10.3 – 4　弹载高功率微波武器结构示意图

（四）电磁脉冲武器

电磁脉冲武器是一类与高功率微波武器概念交叉、互相联系而又有所区别的新概念电磁能量武器,是利用高功率（峰值功率可达 10^{10} W）、短脉冲（ns 至亚 μs 量级）、宽波谱范围（数 Hz 到 GHz）的强电磁脉冲作用于目标人员或装备系统,以造成杀伤破坏的新概念武器。可见广义的电磁脉冲武器包括高功率微波武器,甚至有人把激光武器也归为电磁脉冲武器（因激光的本质也是一种相干电磁波）。

电磁脉冲对电子设备的独特破坏力,是美国在 20 世纪 60 年代一次核试验中无意发现的。1962 年 7 月,美国在距夏威夷瓦湖岛约 1 300 km 的太平洋上进行了一次代号为"海星"的高空核爆炸试验,在海面上空 4 km 处爆炸了一颗当量为 140 万吨的核弹。试验过程中夏威夷出现了几种反常情况:广播电台的无线电信号中断,街道路灯照明系统因保险丝熔断而无法使用,一些小汽车因发电机烧坏而停驶,一些电话系统无法工作。这类效应在远达 1 600 km 以外仍有表现。研究者们在两年后发现,核试验与这些反常现象之间存在联系,这事实上是核爆引起的电磁脉冲造成的。因此人们开始注意到电磁脉冲的潜在军事用途并开始发展相应的武器系统。

目前的电磁脉冲武器按脉冲产生方式可以分为三类:利用低当量（约 1 000 t 级 TNT 当量）核弹在高空引爆产生电磁脉冲的"弱核爆电磁脉冲弹",利用高爆炸药及相关装置（磁通量压缩发生器或磁流体动力学产生器）的"非核爆电磁脉冲弹",利用高功率微波器件（磁控管、虚阴极振荡器等）的高功率微波武器。后面两类统称为"非核爆电磁武器"。

电磁脉冲武器比单纯的微波武器工作频率更宽（从近乎直流到 GHz,涵盖电力、通信和雷达工作频段）,既可以高定向发射（波束）,也可以全向（近乎各向同性）发射,也可以是它们中间的任一状态；另外,其产生方式简便多样（从微波弹装置到低当量核爆）,因此有其独特优势,也受到广泛关注。各类电磁脉冲炸弹等装置都在发展中。

（五）针对电磁脉冲武器的防护措施

随着电磁脉冲武器的发展和开始逐渐用于实战,针对电磁脉冲武器的防护措施也日益得到重视。由于电磁脉冲武器主要针对电子系统,这些防护措施也一般是面向电子系统的。具体措施可以有以下几种:

第一,设置屏蔽。屏蔽是指利用对电磁波具有吸收、衰减、反射等特性的材料,来屏蔽阻挡电磁波的传输。它可以有效提高整个屏蔽体的电磁防护性能,并具有设计简单、成本低廉、防护效果好等优点,既可以防止系统内部的电磁泄漏,又可以减少外界电磁辐射。但很多电子系统需要跟外界交换信息,完全屏蔽是不可能的,在屏蔽的同时采用光纤传输信息是可行的方法。

第二,终端保护装置和滤波。滤波是抑制电磁脉冲对通信设备"前门"耦合的重要方法。为了防止天线、通信电缆受高功率微波辐射而产生的电磁脉冲电压或电流沿着通信电缆传播至设备内部,可采用浪涌保护器结合滤波电路组成的滤波器,有选择地滤除接收信号之外的频率成分。

第三,接地处理。接地是电磁防护中最重要的环节,可以将通信设备通过合理的途径与大地连接,提高电路系统的工作稳定性和安全性,避免箱体或电磁屏蔽罩的电荷积累过多而发生静电放电等现象。

第四,采用具有冗余度和故障跨越机理的电路模块拓扑结构。这可以有效避免因电磁干扰造成部分节点、链路受损而使整个设备功能丧失的情况,可有效提高通信设备在电磁脉冲武器打击下的战场生存能力。

第五,选择合理的工作频率。当微波在大气层传播时,会受到大气环境因素的影响,大气层中水蒸气、氧气以及雨水在一定的频率下会对微波产生吸收作用,当微波频率在 22 GHz、185 GHz 时会被水蒸气吸收,在 60 GHz、118 GHz 时会被氧气吸收。因此,在保证有效通信距离的情况下,根据战场地区雨水、水蒸气、氧气等天气特征,合理选择通信设备的无线工作频率,可有效减小微波武器的损伤效应,能够起到一定的防护作用。

第六,采取时间回避法。利用灵敏度极高的传感器在高强度电磁场到来之前,切断设备与电源、天线等之间的连接,等待电磁脉冲过后再重新连接。

三、粒子束武器

同激光武器和高功率微波武器一样,粒子束武器也属于定向能武器的范畴。所谓粒子,系指电子、质子、中子和其他带正、负电的重粒子一类物质。粒子束武器,指的是通过特定的方法将这些粒子加速到光速或接近光速,聚集成密集的束流,然后直接射向目标,以束流的动能或其他能量对目标进行杀伤和破坏的武器。它是一种威力巨大、战场适应能力极强、具有良好发展前景的新概念武器。尤其是由于粒子束武器具有能量高度集中、束流运行速度快、无放射性沾染等显著特点,非常适合对在大气层内飞行的核导弹的拦截,因此,人们将其视为反导弹的有力武器。

(一)粒子束武器及其毁伤效应

世界上常见的各种实物物质,都是由分子、原子组成的,原子又是由原子核和电子组成的,而原子核中又有带正电荷的质子和不带电荷的中子。物理学中把电子、质子、中子之类的粒子称为"微观粒子"。粒子束武器就是利用高速运动的微观粒子去摧毁目标的。具体来说,粒子束武器就是用加速器把粒子源产生的粒子(电子、质子、离子或重粒子)加速到接近光速,用磁场把粒子聚集成密集的束流并发射到远距离目标上,利用这些高能粒子束把大量的能量在短时间内传递给目标,与目标物质产生很强的相互作用,以此摧毁目标的定向能武器。

粒子束武器射出的粒子束流具有很大的能量，能穿透各种目标的外壳并产生热破裂。当它射到目标上时，粒子和目标壳体的分子发生非弹性碰撞，经过多次碰撞，粒子束将能量传递给目标的壳体材料。粒子束传递的能量，以热的形式沉积在壳体材料中，当沉积的热量大于壳体材料放出的热量时，壳体材料的温度迅速上升，直到局部被熔融成洞，或由于热应力引起壳体材料破裂为止。这种热破裂的杀伤力很大，如果坦克被粒子束流击中，热破裂可杀死所有的坦克乘员。

粒子束流可以轻而易举地点燃战斗部的引爆炸药。在密闭情况下，绝大多数引爆炸药在500 ℃时才能起爆，而粒子束武器发射的粒子束，在500 ℃以下即能导致炸药起爆。

粒子束武器发射的粒子束，还能有效地破坏目标的电子设备和器件。使用低强度的粒子束照射，可造成目标电子线路元件的工作状态改变、开关时间改变和漏电，使线路性能严重恶化，并产生误动作，从而使导弹等武器的制导或控制系统失灵。而当使用高强度的粒子束照射时，则可直接烧熔电子器件表面使其损坏。

（二）粒子束武器工作原理与分类

如图 10.3-5 所示，通常粒子束武器主要由粒子束生成装置、电源系统、预警系统、目标跟踪与瞄准系统和指挥控制系统等五大部分组成。粒子束生成装置是其核心部分，包括粒子源、粒子注入器、高能粒子加速器等设备。其中，高能粒子加速器是粒子束武器的关键部分；能源系统是粒子束武器的动力源，为了满足粒子束武器系统的需要，要有非常强大的能源（脉冲峰值功率应在 10^{13} W 以上）。

粒子束武器产生高能粒子束的基本原理，如图 10.3-6 所示。首先由发电机输出巨大的电能，通过贮能及转换装置变成高压脉冲，然后粒子束生成装置将高压脉冲转换为粒子束，其中的粒子进入粒子加速器后，被加速到接近光速，最后由电磁透镜中的聚焦磁场，把大量的高能粒子聚集成一股狭窄的束流。粒子获得高速度的关键在于粒子加速器，目前在探索的主要方法是利用线性感应加速器，但是目前这种加速器仍然太笨重，难以投入战场使用，因此目前许多国家正在加紧研制小体积的线性感应加速器。

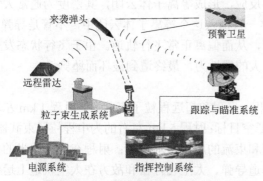

图 10.3-5　粒子束武器基本组成示意图

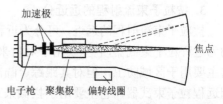

图 10.3-6　粒子束的聚焦和偏转示意图

（三）粒子束武器的分类

从原理上说，可能实现的粒子束武器的种类很多，其分类方法也多种多样。目前，主要有以下三种分类方法：

1. 按武器系统所在的位置分

粒子束武器大体有三种类型：天基粒子束武器、舰载粒子束武器、陆基粒子束武器。

天基粒子束武器又叫空间或星载粒子束武器。和天基激光武器一样，天基粒子束武器系统可装置在人造卫星或宇宙飞船上，在外层空间拦截敌人导弹。粒子束武器部署在外层空间的优点是覆盖范围大，加之外层大气极稀薄，粒子高速飞行时几乎不与气体分子碰撞而损失能量，因此可攻击更远的目标。

舰载粒子束武器主要用来截击敌人的巡航导弹以保护自己的舰船。由于巡航导弹体积小，往往接近舰船时才能发现，但此时仅剩几秒钟时间，常规武器根本来不及对付，这时粒子束武器就会派上用场。

陆基粒子束武器有两种部署方式：一是部署在地下导弹发射基地附近，用以防止敌人的"第一次打击"，此时要求用粒子束武器摧毁十几千米以外的目标；另一种是部署在城市周围，用以保卫城市，此时要求至少在 100 km 以外摧毁目标。

2. 按照粒子束的电性质分

按照粒子束的电性质，可分为中性粒子束（None–charged Particle Beam，NPB）武器、带电粒子束（Charged Particle Beam，CPB）武器、等离子体射束武器。

中性粒子束武器又叫"亚原子束武器"，它使用的粒子是不带电的中性粒子束，如氢及其同位素氘、氚等原子束。由于会受到大气分子的碰撞阻碍，中性粒子束武器难以在大气层中远距离传播，通常用于天基粒子束武器系统。

带电粒子束武器使用的粒子是带正电荷或负电荷的基本粒子，如质子、电子等。带电粒子束在非电离的大气中传输时，也会产生很大的衰减（根据估算，传输 200 米就会损失 50% 的能量），但可发射带电粒子脉冲，前面的脉冲会通过碰撞使空气分子电离成为导体并向四周飞散，使空气中形成一条低压和导电的通道，供后续脉冲通过，这样传输距离就可以得到增加，所以带电粒子束武器可以在大气层中使用。

等离子体射束武器使用的工作物质为等离子体。所谓等离子体是电子、离子及少量中性气体分子和原子混合构成的物质。等离子体射束武器的工作原理是：将超高频电磁波在高空中聚焦，焦点处的空气便会发生高强度的电离反应，形成等离子体云团，其密度为通常大气电离层的相应指标的 1 万～10 万倍。飞行物体一旦撞入这个等离子体云团中，不管是导弹、飞机还是陨石，其飞行环境都会遭到完全破坏，从而偏离正常飞行轨道。由于飞行状态发生剧烈变化，根据惯性原理，飞行物体将承受巨大的惯性力，最终遭到破坏而坠毁。

3. 按粒子束流射程的远近分

按粒子束流射程的远近，可分为近程、中程、远程和超远程粒子束武器。射程 1 km 左右的为近程粒子束武器，它主要用于对付来袭的低空目标；射程 5 km 左右的为中程粒子束武器，它主要用于区域防卫，但对其跟踪、瞄准系统和束流的质量要求较高；射程在数百千米的为超远程粒子束武器，它主要用于拦截来袭的弹道导弹、太空飞行器和敌方在太空轨道上运行的卫星等，它要求具有较高的功率和非常精密的瞄准与跟踪系统。

（四）粒子束武器的显著特点

粒子束武器的杀伤机理与其他武器有很大不同，因而具有与其他武器所不同的特点。与激光武器、电磁脉冲武器相比，粒子束武器除了具有能量高度集中、束流运行速度快、变换射向灵活等定向能武器的一般优点以外，还有以下特殊优点：

第一，受气象条件影响轻微。粒子束武器和激光武器相比，虽然有许多相似的方面，但是激光武器发射出的光子受云雾等气象条件的影响较大，不能在复杂气象条件中作战，所以有人称激光武器是一种"晴天武器"；粒子束武器则不同，它发射出去的粒子比光子具有更大的动能，而且能够穿透云雾，受气象条件的影响小，因而具备全天候作战能力，不论在什么天气情况下，粒子束武器都可以对付大气层中的各种飞行器。

第二，无放射性污染。传统武器中的核弹杀伤能力很强，但爆炸后会产生很强的放射性污染，甚至还会给己方造成不应有的损失。核爆型电磁脉冲武器虽采用小当量核爆，但仍不可避免地产生一定程度的核污染，而粒子束武器则不会出现这种情况，它射击后既不会造成任何污染，也不会给己方带来什么不良影响。

第三，可协助识别假目标。来袭导弹等为了对抗拦截，往往会采取一些干扰措施，例如在接近目标或遭受拦截时释放诱饵弹等假目标，使拦截武器错失真目标。然而释放的诱饵弹的红外光谱、微波反射特性等虽然可以模拟真目标，其质量却必然不同于真目标，而粒子束与目标的碰撞作用与质量相关，故可以通过碰撞效果的不同来识别真假目标，这使得粒子束武器在导弹拦截方面具有独特的优势。

当然，粒子束武器也存在固有的弱点：一是带电粒子在大气层内传输时，不可避免地要损失大量动能；二是由于束流扩散，粒子束武器往往只能打击近距离目标；三是地球磁场使束流弯曲，影响粒子束武器的瞄准和命中。

四、声波武器

声波武器也可以归于定向能武器的范畴。声音是由物理振动而产生的机械波，其频率和强度的变化会使人体产生明显的主观感受或印象，达到一定强度时，其携带的振动能量也能对物体产生相当强的作用。声波武器就是利用发射声波与人体的某些器官产生共振，从而造成人体器官损伤，或通过声波传递的高能量损毁敌方设备的武器。

（一）声波武器的原理与分类

按照声波频率的不同，一般可将声学武器分为次声波武器、强声波武器、超声波武器，另外，现在还在探索一种水下声能武器。

超声波武器。超声波是指超过人耳可听声波频率上限（20 kHz）的声波，超声波武器是利用高能超声波发生器产生的高频声波形成强大声压，其具有两种明显的物理效应：一是机械效应。超声波能量容易集中，因而会形成很大的强度，能使物质做激烈的受迫机械振动。二是热效应。媒质对超声波的吸收会引起温度上升，一方面，频率越高，这种热效应就越显著；另一方面，在不同媒质的分界面上，超声波能量将大量转换成热能，往往造成分界面上的局部高温。作用于人体时，超声波能在一定范围内对人体造成伤害，主要表现为使人视觉模糊、恶心、呕吐、失去平衡感和方向感，甚至意识丧失。这种强烈的不适导致参战人员无法正确操作武器，以致战斗意志减退或完全丧失作战能力。但由于超声波在空气中具有较明显的衰减现象，超声波武器的实用化进程受到诸多限制。

强声波武器。强声波武器利用的是高强度的可听声波（频率 20 Hz～20 kHz），是一种非致命性武器。它通过高声压级强声阵列产生高定向性和高强度的声波束攻击敌方人员，使之遭受听觉刺激逃离目标区域或在一段时间内丧失作战能力，以达到为保护争端领土、军事基地、重要基础设施而强行驱散或拒止来犯人员的目的。另外，强声波武器还可以实现远距离语音传输，因此也是心理战中警告、威慑、规劝人群的有效手段。目前，强声波武器技术成熟度较高，包括陆基、车载、舰载等多种产品形态，广泛应用于警戒防卫、反恐防暴、处突维稳、海上维权缉私等多个领域。

次声波武器。次声波武器利用的是功率很强的超低频声波，其频率范围在 20 Hz 以下，按作用方式主要有神经型和器官型两类，分别通过共振刺激敌方人员的大脑神经系统和内脏器官。

水下声能武器。水下声能武器的基本原理就像用激光发生器发射激光拦截导弹那样，在瞬间触发声能发生器，向水中发射极短周期的高能电脉冲，产生强大的压缩冲击波，用电液效应摧毁鱼雷、水雷等水下目标，是一种反鱼雷和水下近程防御新技术。

在这些类别的声波武器中，最受各国重视、最有可能首先投入实战的是次声武器。下面对其进行重点介绍。

（二）次声波与次声波武器

通常认为人耳的可闻声波频率为 20~20 000 Hz，次声波是人耳听不到的频率低于 20 Hz 的声波。自然界中存在着一些次声源，会产生不同强度的次声波，通常情况下，次声波既不能使人产生听觉，也不会对人体造成伤害。但在一些特定的条件下，当自然界所产生的次声波频率"合适"并超过一定的强度时，就会造成毁灭性的灾难。例如1948年，一艘名为"乌兰格梅达奇"号的荷兰货船，在通过马六甲海峡时突然遇到海上风暴，船上的无线电报务员一边拍发国际通用紧急呼救 SOS 信号，一边断续地报告："船长及大部分船员已经死去，我也快死了。"随后，船上发出的信号便中断了。当救生人员紧急赶到时，船上所有人员都已莫名其妙地死去，尸体上找不出半点伤痕。在相当长时间的调查后人们发现，造成上述海难事故的罪魁祸首是次声波。在辽阔的海面上，疾驰的飓风和惊涛骇浪相互作用，可以引起海洋表面空气发生大功率的次声波振荡。在飓风天气里，这种平均为 6 Hz 的次声波高达几十甚至上百千瓦，能够传播数千千米，在数秒钟内致使船上的所有人员死亡。

深入的研究发现，次声波，特别是频率低于 7 Hz 的次声波，对人体的危害尤为严重。它能使人精神错乱、癫狂不止，肌肉痉挛、全身颤抖，头痛恶心、上吐下泻、脱水休克。当次声波达到一定强度（约 170 dB）时，可造成呼吸困难，失去知觉，甚至内脏器官破裂出血，导致死亡。其原因在于，人体及各器官的固有振动频率在 3~17 Hz，例如腹部内脏的固有振动频率在 4~8 Hz，头部的固有振动频率在 8~12 Hz，心脏是 5 Hz，等等，这些频率正在次声频段内，可与次声波发生共振，所以当次声频率、强度满足一定条件时会对人体生理状态产生强烈的作用。

次声波武器实质上就是利用次声波的这种特殊性质，通过人工的方式产生与人体固有振动频率相同的高能强次声波，使人体与次声波发生共振，从而达到杀伤目标的一种武器。这种武器在使用时，既没有隆隆的炮声，也没有弥漫的硝烟，是一真正的无形无声的"隐形杀手"。

（三）次声波武器的特点

次声波武器的杀伤机理与传统武器截然不同，它利用的是人耳听不见、眼看不到的次声波产生杀伤效应的。这种武器不仅具有很强的隐蔽性，而且具有很强的穿透性，即使躲在防御工事、坦克等设施内，也很难逃过其打击。其显著特点是：

隐蔽性强。次声武器在使用时，完全没有任何声音，具有很强的隐蔽性，因而是一种真正的突袭武器。目前已研制出的次声枪，可由射手隐蔽在比较安全的地方定向发射，突然向某一地区实施攻击，使敌方在不知不觉中遭到攻击和杀伤。

传播速度快。次声波在空气中以声速传播，在水中的传播速率可达 1 600 m/s。由于在传播过程中次声波强度不易被削弱，其传播距离较远。一般来说，空气或水对声波的吸收和衰减作用，与声波的频率成正比，声波的频率越高，空气和水对它的吸收和衰减作用越大。频率为 10 000 Hz 的可听声波，大气对其吸收和衰减的作用要比频率为 0.1 Hz 的次声波大 1 亿倍。因此，次声波可以传播很远，如炮弹爆炸产生的可听声波频率高，在几千米之外就听不到了，而同时产生的次声波则可以传到 80 km 以外。氢弹爆炸产生的次声波可以绕地球好几圈，行程达十几万千米。大气波导和水下声道的作用，可以使次声波传播得更远。当然，次声波在传播过程中，也会受到许多自然因素和人为因素的影响，因而其有效作用距离要比最大传播距离小得多。

穿透力强。与普通声波不同，次声波具有较强的穿透能力，能够穿墙入缝，无孔不入，不易防护。根据物理学原理，声波的穿透能力与频率成反比，次声波的频率低，媒质对其的吸收小，所以穿透能力很强。如频率为 7 kHz 的声波，用一张普通厚纸就可以挡住，一堵墙可以挡住一般的可听声波，但频率为 7 Hz 的次声波却可以穿透 10 多米厚的钢筋混凝土墙。此外，声波频率越低，通过孔洞而传播的能力也越大，只要防护设施上有小孔洞，次声波就会乘隙而入。因此，即使人坐在飞机、坦克、装甲车里，或藏在钢筋混凝土的掩蔽部中，或躲在深海中的潜艇内，也难以逃脱次声波武器的攻击。

当然，次声波武器能否对掩蔽部内的有生目标造成伤害，还决定于次声强度、墙壁厚度、孔洞大小等具体因素。次声波的能量随着距离的增大也会不断扩散和衰减，穿透能力会下降；当次声波穿透厚厚的防护层后，杀伤作用会进一步降低。但一般战争中所有起防御作用的装备和建筑物，只要存在很小的孔隙，次声波都会一穿而过，全不在话下。因此组织对次声波的有效防护，也并非易事。

（四）次声波武器的分类

目前已经研制出的和正在研制的次声波武器，若按其杀伤效应来分，有神经型次声波武器和器官型次声波武器两种类型。神经型次声波武器的振荡频率与人类大脑的 α 节律相近，产生共振时，能强烈地刺激人的大脑神经，使人精神错乱、头痛不止；器官型次声波武器的振荡频率与人体内脏器官的固有振荡频率相当，可使人的五脏六腑发生强烈共振，出现各种症状，直至死亡。

若以次声波产生的方式分，则有气爆式、炸弹式、扬声器式、频率差拍（相减）式等。其中以气爆式和炸弹式最为引人注目。下面对此分别论述。

气爆式次声波武器是将压缩空气、高压蒸汽或高压燃气以有控制的脉冲形式突然放出，用这些高速排出的气体来引起周围媒质的低频振动，形成所需的次声波。次声枪就是以这种气爆方式做次声源的。由于这种次声源体积小，故人们形象地称其为次声枪。次声枪最早是在用地震法勘探海洋地质时出现的，以取代炸药爆炸式的次声源。后来由于次音频引信水雷的出现，专门用来对付这种水雷的"次声枪"也就应运而生了。因为这种次声枪具有频率低、易控制和使用方便等优点，近些年来发展较快，目前已具有燃气式、组合式、蒸汽式多种。但次声枪的声强较低，只有在近距离使用才能奏效。

炸弹式次声波武器是利用爆炸来产生强次声波的，因此有人称其为次声弹。炸药在爆炸时所释放的能量，约有50%形成冲击波，而绝大部分冲击波在最后又都变成了次声波，所以用爆炸方法产生高强次声波比较理想。目前设想的一种方法是将已有的燃料空气炸弹加以改进，使原来只能形成一个燃料空气云雾团并只能引爆一次的炸弹，变成可以形成若干云雾团和能连续多次引爆的次声弹。改进的思路是，使每颗燃料空气炸弹按需要形成3~17个云雾团，然后再按一定时间间隔逐次引爆，这样产生的多次冲击波的声响，就可以形成一定强度和频率的次声波脉冲串，只要控制好云雾团的形成数量和起爆的时间间隔，就能获得所需频率的次声波。

管式次声波武器是利用管内空气柱与管子本身产生的共振来形成次声波的，其构造和工作原理很像乐器中的笛子。当管子中的空气柱的振动频率与管子本身固有频率相同时，就可以产生较强的次声波。可在一根长管子的一端装上一个活塞，然后用发动机驱动它，当活塞振动频率所对应声波波长的$\frac{1}{4}$与管子长度相等时，获得的次声波强度最大，足以传播十几千米远。但用此方法产生的次声波强度较低。

扬声器式次声波武器的原理与扬声器工作原理相似，是利用特殊的振动膜片的振动来产生一定频率的次声波。

频率差拍式次声波武器是采用两个不同频率的声波发生器同时工作，利用它们频率相减的原理来获得所需频率的次声波。

（五）次声波武器的困难与缺陷

实际上，次声波武器真正实现仍存在许多困难。这是因为目前所研发的次声波的强度、频率、方向性和持续时间等诸方面尚达不到杀伤人员的程度。要使次声波武器投入战场实用，还需攻克许多技术难关，包括：其一，次声波的强度还有待提高，要使次声波达到杀伤人员的程度，其强度必须足够大；其二，次声波武器的体积还有待小型化，由于次声波的波长较长，扬声器式和管式次声波武器用的次声波发生器的体积将十分庞大；其三，定向聚束传播的问题还有待解决，次声波在空间的传播是不断向四周散射的，即使能产生高强度次声波，能量也会迅速衰减。

此外，次声波武器还有一个致命的缺陷，就是在对敌产生危害时，也会伤害己方人员。因此，次声波武器只有当己方采取了相应的防护措施以后才能使用。

五、定向能武器发展现状与动向

如上所述，不同于传统武器以具有适当体积的投射物的动能或爆炸能量来破坏目标，定向能武器是通过亚原子、粒子或电磁波、声波等，将能量传递出去并直接投放到目标上，产生毁伤效果的。它作为一种隐身、"零"飞行时间的高精度武器，可打击多个目标，拥有无限量"弹药"。与常规武器相比，它具有射束快、精度高、反应灵活、杀伤效率高、附带毁伤小、无污染等特点，既可用于进攻，也可用于防御，能够大大提高部队和设施的防护能力，特别是可用于对抗精确制导武器和多种自主武器系统。由于这些特点，定向能武器已经受到广泛关注，如美国前总统里根1983年提出"战略防御倡议"，使定向能武器引起了许多国家的高度重视；美国战略与预算评估中心（CSBA）于2012年4月19日发布报告《改变游戏规则：定向能武器的前景》，指出定向能武器相比于传统武器具有压倒性优势，美国应该关注发展定向能武器，以应对那些限制美军行动自由的活动；美国国防部也将定向能技术列为未来

10 年可能改变军事竞争态势和战争规则的五大技术领域之一;俄罗斯等各个国家也都在对定向能武器进行积极探索。下面对定向能武器技术的军事应用前景、发展动向和重点发展的关键技术进行简要论述。

(一)定向能武器的军事应用前景

定向能武器技术的不断发展成熟,将推动定向能武器在军事领域加快应用,使攻防双方的战略战术都面临新的挑战,从而在根本上改变未来战争的作战样式,为未来战场提供全新的终极利刃。

1. 激光武器将成为防空防天和导弹攻防作战的利器

激光武器目前已经进入实战应用阶段,成为防空反导武器体系中的新成员,能够在反卫星、防空反导和反恐等多种作战中发挥重要作用。激光武器具有能量集中、传输速度快、射击精确、转向灵活、作用距离远、抗干扰、效费比高等特点。采用地基、空基或天基作战平台的各型激光武器既可以用于空间信息对抗,破坏敌方信息链,对付中远程弹道导弹,发挥战略威慑作用,也可用于近距离拦截巡航导弹和无人机等目标,干扰或致盲各类光电制导精确打击武器,保护地面重要设施,具有较高的战术应用价值。关于激光武器的发展和应用详情,请参考本书第五章。

2. 高功率微波武器将成为攻击敌方信息链路或节点的主要手段

高功率微波武器将成为 21 世纪初信息化战争中攻击敌方信息链路或节点的重要手段之一,将在空间攻防对抗和信息对抗中发挥重要作用,对新军事变革产生深远的影响。其特点是全天候、光速攻击、精确打击、面杀伤、丰富的弹药、低成本,主要用于毁伤电子设备,使敌方电子设备效能下降,甚至完全不能工作,以瓦解敌方武器的作战能力。其主要作战对象包括雷达、预警飞机、通信电子设备、军用计算机、战术导弹与隐身飞机等。在相对目标适当的距离上,高功率微波武器发射的电磁脉冲能够毁伤敌军电子侦察与监视系统、军事网络电子信息系统、综合电子信息系统信息传输链路设备,卫星通信地面站或舰船站,卫星导航定位接收机等,降低敌军获取、分发综合电子信息系统信息和卫星导航定位的能力;可以瘫痪敌国重要政治、经济中心的计算机网络,毁伤卫星广播电视信号转发节点和无线通信网络节点,使其通信网络服务能力降低甚至失效;利用机载微波武器发射的微波波束辐照来袭导弹,可使导弹偏离目标或提前引爆,从而对高价值飞机起到自卫防护作用。在 1999 年的科索沃战争中,美国曾动用当时尚在实验阶段的微波脉冲弹,造成南联盟部分地区各种通信设施瘫痪了三个多小时。在 2003 年伊拉克战争中,美空军在 3 月 26 日再次用巡航导弹向伊拉克电视台发射了一枚电磁脉冲弹,又成功地使伊拉克电视节目中断数小时。美军的 AGM – 86C 巡航导弹弹头装备高功率微波武器后,一旦在战场上使用,将使目标附近大范围区域内的电子设备失灵,产生的破坏力比相同大小的常规弹头高许多倍。从发展的观点看,高功率微波武器也将是未来战时摧毁敌方国防信息基础设施的主要手段。这种武器投入使用后,不仅可能给 21 世纪的武器系统带来新变化,而且还有可能利用这种武器及其对抗手段来控制 21 世纪的战场,并给未来战争的作战方式带来重要影响,成为核威慑条件下信息化战争的另一种"撒手锏"。

3. 粒子束武器将广泛运用于防空、反导、反卫星和近程防御作战

粒子束武器尚处于实验室的可行性验证阶段,成功后可能会广泛运用于防空反导、反卫和近程防御作战。高能粒子束击中目标后,其携带的能量沉积在目标表面,会将目标的金属表皮或外壳瞬时击穿而导致结构破坏；高能粒子束穿入目标内部，产生强大的电场、热辐射和冲击波，从而使目标战斗部的炸药爆炸、易燃物品燃烧、电子线路损毁或使绝缘材料变为导体；高能粒子束在射向目标的途中会与大气相互作用，产生很强的二次辐射，从而对目标形成软杀伤。粒子束武器的主要特点是贯穿能力强、速度快、能量大、反应灵活、能全天候作战。在大气层外，中性粒子束武器可用于拦截高层空间飞行的弹道导弹和卫星，还可识别再入大气层的目标是真实弹头还是假目标诱饵；地基带电粒子束武器适用于大气层内的海上或陆上的防空反导。根据美国海军的研究结论，地基带电粒子束武器对反舰导弹的硬杀伤作用要优于高能激光武器和高功率微波武器。粒子束武器未来的用途将是拦截导弹、攻击卫星，以及在敌防区外实施扫雷，在水面舰艇近程防御中的应用前景更为诱人。

4. 声波武器将可作为非致命武器，广泛用于反恐等场合

高强度声波，特别是次声波，可对人体产生显著影响，能使人心烦意乱，乃至精神错乱、癫狂不止、肌肉痉挛、全身颤抖、头痛恶心、上吐下泻、脱水休克。声波武器具有隐蔽性好、传播速度快、穿透力强、一般不致命等特点，这使得它特别适合对人员的攻击。据称，1986年在索马里战争期间，美军就曾使用过声波武器试验样品。20 世纪 90 年代，美军专门研制高功率微型次声发生器，并进行了战场模拟试验。1995 年年底，美国曾对波黑塞军阵地秘密进行次声波攻击，几秒钟内就使塞军士兵昏倒、呕吐，陷入混乱。随着强声和次声武器的进一步发展，定会在反恐等场合获得广泛应用。

（二）世界定向能武器技术研究进展及发展动向

1. 高能激光武器技术研究取得突破性进展，向着高功率、多波长、紧凑化方向发展

当前，激光技术向高功率、紧凑化、相控阵和极端应用环境方向发展，将引发武器装备杀伤机理、核心器件、探测体制的深刻变革，对武器装备产生跨时代的影响。目前，各军事强国正在加大从国家层面对激光武器技术发展的推动力度，美国雷神公司、洛克希德·马丁公司、德国莱茵公司、MBDA 公司等都在大力发展高能激光武器。战术光纤激光器实战化进程加快，它具有体积小、重量轻、光束质量好等特点，能够集成到现役防空武器平台上，并将成为摧毁无人机、小型船艇等小型目标的重要武器系统。美国海军激光武器系统（LaWS）已于 2014 年年初安装到部署在中东地区的"庞塞"号两栖运输舰上，并进行了"固体激光器—快速反应能力（SSL-QLC）"演示。美国海军 2015 年开发与验证了 100 kW 自由电子激光武器，计划 2025 年开发与验证兆瓦级自由电子激光武器。在陆基激光武器方面，美国波音公司正在加紧研究激光战车武器，用于战场激光反导。2013 年 11 月，美国陆军在白沙导弹靶场进行了高能激光武器试验，成功摧毁了 90 多枚迫击炮弹和多架无人机。此次试验是美国陆军首次成功测试车载激光武器，是定向能武器发展的重要里程碑。美军计划 2017 年将 50 kW 的激光器集成到"高能激光器机动验证机"上进行机动试验，最终目标是验证 100 kW 级的机动高能激光武器，用于对抗火箭弹、炮弹、迫击炮、无人机和巡航导弹等。美国国防高级研究计划局（DARPA）正在投资研制新型机载激光武器用于装备美军战机，以作为防御性武器击毁导弹或应对其他威胁。目前，薄片激光器达到武器级水平。美国"耐用电激光器"项目研制的薄片激光器输出功率为 30 kW，电光转换效率已达到武器级高能激光器要求。低热效应、高效集成、机动灵活和保障方便将成为下一代激光武器发展的必然趋势。

2. 高功率微波武器技术研究取得重大突破，向高功率、高重复频率和小型化方向发展

高功率微波武器从实验室装置转向实用化装备，并逐渐向军用平台和进攻型武器方向过渡，高功率微波武器技术也正向小型化、高效率、模块化方向发展。目前，各军事大国已把高功率微波武器研制纳入其国防战略发展规划中。美军在高功率微波的研究方面投资最多，每年仅花费在脉冲源上的投资就达数亿美元。2012年，美国空军将高功率微波武器装在无人作战飞机上，用来对付防空导弹、雷达、车辆，烧坏武器关键装置的电子部件。《美国空军2025年战略规划》在未来武器构想中，提出发展空基高功率微波武器，要求这种武器对地面、空中和空间目标具有不同的杀伤力，用一组低轨道卫星把超宽带微波投射到地面、空中和空间目标上，在几十到几百米的范围内产生高频电磁脉冲，摧毁或干扰目标区内的电子设备。美军现有技术较为成熟的高功率微波武器主要包括微波弹、非致命性定向能武器、电磁脉冲炸弹等。美军近年来一面发展高功率微波技术，一面研制武器样机，并在试验场演示验证，甚至在战场上使用；在高功率微波产生源、高功率微波发射与传输技术、高功率微波效应和防护技术等方面的研究处于领先地位，在高功率微波弹头小型化、波束精确控制方面取得重大突破。俄罗斯是研究发展高功率微波武器技术最早的国家之一，在重复频率脉冲功率源技术和高功率微波产生技术方面处于国际领先地位。其早在10多年前就拥有微波弹，前几年前就为SS-18洲际导弹装备了电磁脉冲弹药。我国高功率微波技术也获得了阶段性突破，在高功率微波源技术、高功率微波发射与传输技术、高功率微波效应技术等方面的关键技术指标达到国际先进水平。未来，高功率微波武器一旦投入作战使用，战场可能会在很大程度上进入以微波和光子代替导弹的新时代。

3. 粒子束武器技术由原理或实验室研究阶段，向着实战应用的方向发展

粒子束武器的原理并不复杂，但要进入实战难度非常大。首先是能源问题，粒子束武器必须有强大的脉冲电源，能源系统是粒子束武器各组成部分的动力源，它为武器系统提供动力，可以认为是粒子束武器的"弹药库"。美国、俄罗斯正在加紧研制新的储能设备和新的脉冲电源。因为存在一系列技术难题，尽管美俄都在积极研究粒子束武器，但地基和天基粒子束武器截至2013年尚处于实验室的可行性验证阶段，随着粒子加速器体积和重量问题的逐步解决，地基带电粒子束武器有可能率先用于战场，而天基中性粒子束武器也可能在2020年前后投入实战部署。美俄对于粒子束武器的出发点是立足于空间作战与防御。未来粒子束武器技术的发展趋势主要是高功率、小型化。美国主要致力于粒子束的基础性研究工作，正抓紧研究适于部署在地基和天基反导平台上的小型、高效加速器，进行粒子束产生、控制、定向和传播技术理论验证和实验室的试验。目前产生粒子束的方法是利用线性电磁感应加速器，但由于加速器太笨重，无法投入战场使用。在高能量转换技术研究方面，美国空军研究机构称，传统的可控硅开关和火花放电开关的研究已经成功，下一步将开展磁性开关研究。我国对粒子束武器的研究开始得比较晚，现在还处于起步阶段。

4. 声波武器技术已获得零星应用，但总体仍处在探索阶段，向着可行、便携、实用方向发展

声波武器目前的发展重点是强声波武器和次声波武器，法、美、俄等国都在对此进行研究。美国后来居上，已专门研制出高功率微型次声波发生器，并进行了战场模拟试验，该国是最早实现强声波武器实战化（用于伊拉克战争、阿富汗战争、利比亚战争等）并大量装备的国家，其主要供货商是音锐达定向声波公司和超级电子公司。此外，各国还在研究利用次声波或噪声源来攻击掩体或建筑物内的人员，使其眩晕或失去作战能力。英国国家物理实验室分别在1976年和1987年研制出了第一代和第二代的次声发生器装置，其第二代装置的最大声压级可达 160 dB。法国在次声波武器研究方面一直处于领先地位，其不同型号的次声波武器均被列为法国军方的最高机密。2001 年，被誉为"声波武器之父"的法国国防部次声波实验室科学家弗拉基米尔·加夫雷奥研制出配有次声波武器的军用机器人——"次声波智能战士"，这种机器人可以瞬间杀死方圆 10 km 范围内的所有敌人，威力惊人。2006 年，又研制出可拦截敌方鱼雷的次声波武器，拦截速度高达 1.5 km/s。在我国，2010 年 5 月 10 日，《解放军报》首次报道，在中国海军第五批护航编队的舰艇上，出现了一种神秘的声波武器——"金嗓子"，对索马里海盗构成了有效威慑。其正式名称为"声学拒敌装置"，是一种强声非致命武器，能够灵活地旋转并调整角度，在数百米范围内发出声音冲击波，用于驱散和制服海盗分子。

目前强声波武器的发展方向是：缩小尺寸和重量，提高便携性；提高声波发生器强度，拓展作用距离；从心理学角度优化声信号，提升作用效果。次声波武器的发展方向是：进一步提高次声波发生器的功率输出和持续时间；进一步降低武器系统的尺寸和重量，以便应用于更多类型的作战平台；尽快解决波束定向发射的问题，解决作用距离有限、可能误伤己方人员的问题。

（三）需要重点发展的定向能武器关键技术

根据定向能武器在军事上的应用前景和发展趋势，定向能武器技术未来发展方向主要表现在以下几个方面。

一是着眼于提高激光武器的防空反导和反卫星能力，大力发展陆、海、空、天基激光武器技术；为提高激光武器的性能和作战效能，着力攻克高能激光器技术、光束控制技术、新型光源技术、大功率激光相控阵技术、多平台适用技术难关；为适应未来前沿科技和新型武器的发展，重点关注有潜在颠覆性影响的激光反超高速飞行器技术、新型高能纳米流体激光器技术、高能光纤激光技术等。

二是着眼于提高高功率微波武器的平台适应能力，开展高功率微波武器小型化研究，重点发展高功率微波源技术、高功率脉冲开关技术、高功率微波压缩技术、高功率微波效应技术、高功率微波武器集成技术等。为提高高功率微波武器的性能，发展固态化、模块化和紧凑化的脉冲功率源，提高高功率微波产生源输出功率和效率，探索抑制脉冲缩短的相关技术，提高微波输出的脉宽；重点攻克阴极材料技术、脉冲功率源技术、高功率微波源的锁频锁相技术、窄带高功率微波产生技术、高功率微波功率合成技术难关。着眼提高机载高功率微波武器的性能，为信息对抗和网络电磁对抗作战提供新的手段，重点发展与无人作战平台的结合技术、飞行动态条件下对目标的瞄准技术和效能评估技术。

三是为加快粒子束武器的实战应用能力，大力发展粒子束武器总体技术、粒子束定向技术、粒子束控制技术和目标跟踪瞄准技术；重点攻克粒子加速器技术、粒子束传输技术、粒子束破坏技术和高能转换技术难关。

总之，定向能武器以其巨大的优势展现在人们面前，随着定向能武器技术的不断发展和突破，将推动定向能武器在军事领域加快应用，越来越多的定向能武器将出现在战场上，使攻防双方的战略战术都面临新的挑战，并从根本上改变未来战争的作战样式、战场形式和作战理念。未来精确武器和其他非对称能力的扩散将改变战争的"游戏规则"，定向能运用能力很有可能带来新的作战优势。

第四节 化学类新概念武器的基本原理

一、非致命性武器的基本原理

孙子曰："不战而屈人之兵，善之善者也。"非致命性武器可完美实现孙子的这一战法。

非致命性武器是相对于杀伤性武器而言的，是指利用物理、化学原理致使敌方人员在短时间内或永久丧失战斗力而不危及其生命，或者破坏敌方武器的使用条件，使其丧失战斗性能的一类武器的总称。因此，这类武器主要用来使人员和装备失去作用，而把对人的致命性、永久性伤害以及对财产和环境的非故意破坏降至最低限度。与传统的致命性武器不同，非致命性武器不是通过爆震、穿透和碎片等方式来达到目的，而是利用其他破坏方式使目标失去作用，不造成野蛮的物理毁伤。其中，针对敌方装备的非致命性武器叫失能武器，针对敌方人员的非致命性武器叫人道武器。

（一）失能武器的基本原理

失能武器也叫反装备非致命性化学武器，主要是通过破坏装备本身的材料结构或外部条件，使其无法正常发挥作用，通常以阻止装备快速实施机动为主要目的。

1. 泡沫武器

过去由砖石垒砌的城墙可以抵抗外敌的入侵，现在的泡沫城墙同样可以挡住敌方的装甲部队、机械化部队，甚至低空航空部队的进攻或撤退。而且这种泡沫城墙是无形的，机动性很强，筑起来又十分迅速。

泡沫城墙的材料是运用洗涤剂原理研制的一种特殊的、高浓缩的、黏性极强的混合物。比如，合成树脂就是这样一种黏性混合物。它通过高压管喷出，就像剃须泡沫。将这些特殊的、高浓缩且黏性极强的混合物装入类似于大炮的容器中，在需要时发射出来就会迅速膨胀，增大到原来体积的 600 倍以上，堆积起来，就能变成障碍物，形成泡沫城墙。

如果人或武器装备碰到它，就会被它死死地粘住，动弹不得。1 升树脂可以粘住一名训练有素的运动员。不过，这种泡沫城墙只能保持 12 小时。但这短短的 12 小时足以改变战斗的胜负。美军在索马里维和行动中就使用了这种黏性泡沫剂。

2. 特种胶粘武器

特种胶粘武器的弹药是一种超黏性聚合物，一般使用改性丙烯酸系列聚合物、改性环氧树脂类黏合剂或聚氨基甲酸乙酯聚合物等。它可以通过飞机散布到敌方武器装备上，也可以通过炮弹发射到敌方阵地上，从而像胶水一样黏附在武器或其某个部位上。例如，胶粘剂反坦克弹在坦克周围或坦克上方爆炸后，产生一种不透光、固化快且黏结力很强的胶粘烟云。

该烟云的制胜机理包括：一是部分胶雾随空气进入坦克发动机，在高温条件下迅速固化，使气缸活塞运动受阻，导致发动机熄火停车，从而失去机动性能；二是部分胶雾直接黏附在光学窗口上，使车长无法监视敌情，炮手也无法瞄准射击，从而失去战斗力；三是当这种化学物质被抛洒在公路、铁路和机场上时，可使汽车、坦克、火车、飞机被粘在地面上，无法动弹，只好束手就擒（如图 10.4-1 所示）。

当然，这类武器也可用于攻击敌方人员。目前，美国已研制出两种被称为"超级胶"的超黏性聚合物，几分钟就能把一个人牢牢粘住。一种黏合剂一接触空气立即变硬，当喷射到人体上后，便立即把人凝固在里面，使之动弹不得；另一种黏合剂在发射出去后，便像雪崩一样埋住对方，使其看不见东西、听不见声音且无法活动，但仍可以呼吸保住性命。美军在索马里的摩加迪沙就使用了"太妃糖弹"和"肥皂泡喷枪"，喷射出的"超级胶"将人员包裹起来，使其失去抵抗能力，如图 10.4-2 所示。它可作为军警双用途武器使用。目前美国已经开发出了第二代肩扛式黏性泡沫发射器。

图 10.4-1 美军的坦克失能胶及其战术效果

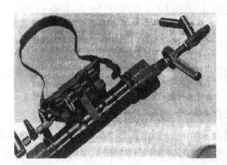

图 10.4-2 美军研制的能发射泡沫胶的枪支及其战术效果

3. 超级润滑武器

超级润滑武器的工作原理是将摩擦力减至最低，以使物体持续运动无法终止。因此，超级润滑武器人为地把摩擦力减小，使飞机不能起飞，汽车、坦克不能开动。它是一种类似特氟隆（聚四氟乙烯）及其衍生物的物质，由聚合物微球、表面改性剂和无机润滑剂等原料复配而成。这种物质的摩擦系数几乎为零，且附在物体上极难消除。主要用于攻击机场跑道、航空母舰甲板、铁轨、高速公路及桥梁等目标，使飞机难以起降、汽车难以行驶、火车行驶容易脱轨，以达到破坏敌方行动和军事部署的目的。还可以把超强润滑剂雾化后喷入空气里，当坦克、飞机及汽车的发动机吸入后，功率就会骤然下降，甚至熄火。

目前美军正致力于开发一种撒在路上的人造冰。这种用聚合材料制作的人造冰，其作用类似于冬天马路上结的冰，该冰呈黑色（如图 10.4-3 所示），所以更容易迷惑敌人，令其猝不及防。这种冰可以在任何气候下使用，包括炎热干旱的伊拉克和阿富汗。如果把这些人造冰铺设在马路上，驾车前来的敌人可能因人造冰而失控，而

图 10.4-3 黑色人造冰

美军的军靴和轮胎因使用了防滑材料,他们能在"冰"上疾步如飞。美军通过铺设人造冰改变地形,可以把敌人限制于某一特定区域,削弱其射击和追击的能力。

4. 石墨炸弹

石墨炸弹也叫碳纤维干扰弹。这种炸弹的战斗部装的不是烈性炸药或生化战剂,而是大量的碳纤维,这些纤维成丝条状,并卷曲成团。当弹体在发电厂、配电站或雷达站的上空引爆后,抛撒出大量经过金属镀膜等化学方法处理的导电纤维团,纤维丝团展开后形成导电纤维云团从空中飘落。由于导电纤维丝具有良好的导电性能,临近或搭接到露天变电站和输配电线路上时,造成引弧放电或短路放电,形成巨大的短路电流,使电力系统供电中断或瘫痪。同时,由于导电纤维丝数量多、散布面大、坠落时间长,会造成电路短路故障反复发生,且不易被彻底清除干净,从而造成电网长时间供电中断或瘫痪。

5. 反坦克失能武器

(1) 乙炔弹。该弹的弹体分为两部分:一部分装水,另一部分装碳化钙。弹体爆炸时,水与碳化钙迅速作用产生大量乙炔并与空气混合,组成爆炸性混合物。

$$CaC_2 + H_2O = CaO + C_2H_2\uparrow$$

这样的混合物碰到坦克等战车后,很容易被其发动机吸入气缸,从而在高压点火下造成大规模爆炸,这种爆炸足以彻底摧毁发动机。乙炔弹被散布在公路上,当坦克和装甲车经过时被引爆后,会产生大量的乙炔气体,乙炔被吸入坦克和装甲车的发动机内,会引起大规模爆炸,从而炸坏发动机。1 枚 0.5 kg 的乙炔弹就能破坏、阻止一辆坦克前进,而驾驶员和乘组人员不会有危险。

另外,将这种乙炔炸弹发射到敌机通过的空中前方,预定时间引信点火,杀伤元就可从弹体喷出。这种杀伤元被飞机发动机吸入后,引燃油料,引起大规模爆轰,使敌机坠毁。

(2) 悬浮物。主要指悬浮雷、悬浮带、悬浮条或聚苯乙烯颗粒等。这些物质被填充在弹体内,发射到敌方坦克、装甲车或飞机要通过区域前方的空中,在空中形成悬浮物云团。它们很容易被发动机吸入,导致"喘振"和熄火。

(3) 吸氧武器。吸氧武器主要是用一些燃点极低、燃烧时需要大量氧气的燃料制成的。其爆炸后形成一定范围的阻燃剂烟云("无氧"空气),发动机吸入这种烟云后,会立即熄火;人员吸入后,也会因缺氧窒息而失去战斗力。1985 年,苏联在入侵阿富汗时就使用了一种燃料空气弹,曾使半径 400 米范围内的生物全部因缺氧而死。这种燃料空气弹也叫"云爆弹"(或油气弹),就是一种吸氧武器。

(4) 窒息弹。窒息弹是将含阻燃剂的炸药填装在榴弹、火箭弹或航弹的弹体内制成的。它在预定目标上空引爆,阻燃剂与空气结合,很快形成气溶胶状云雾,可使飞机、坦克、装甲车和汽车的发动机熄火,从而无法完成战斗任务或运输任务。据说,一颗 550 kg 的窒息弹,可在直径 420 米、高 430 米的空间内造成很大的杀伤力。新一代窒息弹的威力相当于小型核弹。

(5) 改性燃烧弹。这种燃烧弹的弹体内填装的是一种化学添加剂,可污染燃料或改变燃料的黏滞性。当发射到到机场、战场和港口上空引爆后,这种化学添加剂通过进气口进入敌方装备的发动机内,使其失灵。

6. 军用化学战剂

(1) 超级腐蚀剂。这是一类利用腐蚀原理破坏敌方装备的化学战剂。超级腐蚀剂分为两大类：一类是比氢氟酸还要强几百倍的超级酸，可破坏敌方的桥梁、铁柜、飞机、坦克等基础设施和装备，既能腐蚀金属，又能腐蚀飞机的风挡玻璃和光学仪器，使它们受损而不能使用；另一类是专门腐蚀、溶化轮胎的超级碱，它可使非履带式战斗车辆、汽车和飞机的轮胎在很短时间内变形、漏气而报废，使其无法执行战斗任务或运输任务。超级酸可由浓硝酸和浓盐酸临时配制而成（1 体积浓硝酸和 3 体积浓盐酸可配制成王水）。超级碱包括氢氧化铯、氢氧化钾和氢氧化钠，可用于破坏橡胶、沥青和水泥，其中，氢氧化铯还可腐蚀玻璃，破坏光学系统甚至光纤。超级腐蚀剂可制成液体、粉末、凝胶状或雾状，也可制成二元化合物以便安全使用，可由飞机投放、用炮弹布撒（洒）或由士兵释放到地面上。

（2）材料脆化剂。这是一些能引起金属材料、高分子材料和光学视窗材料等迅速解体或破坏分子间作用力的特殊化学物质。其中，金属脆化剂被涂刷、喷洒或泼溅到金属部件上，可对敌方装备的结构造成严重损伤并使其瘫痪，可以用来破坏敌方的飞机、坦克、车辆、舰艇及铁轨、桥梁等基础设施。金属脆化剂包括两种：一种是可使金属脆化的液体，典型的是用酸腐蚀金属；另一种是液态金属（如汞、铯、镓、铷及铟镓合金等），当其被金属材料吸收后，就形成类似汞齐的合金，导致其材质强度变低，而且变得非常脆，在加载时将会产生灾难性的后果。液态金属致脆剂如汞、镓，毒性很大，使用时要注意己方人员的安全。

（3）特种细菌武器。这是一类不受国际公约限制的新式生物武器，其弹体内装填的是经过专门培养的细菌或微生物，虽然不传染、不伤人，但却本领非凡。例如，有一种细菌弹可起到油料凝结剂的作用，用于破坏敌人的油料。这种炸弹爆炸后，细菌可侵入飞机、坦克、车辆及舰船的燃料箱中，把油料中的烃转化为脂肪酸类化合物，并被自然界的其他微生物消化吸收，从使油料变质、凝结成胶状物，发动机因燃料无法使用而熄火。还有一种细菌弹内含有利用生物工程培养的专门啃吃塑料的细菌或虫子，从而使敌军装备中的某些部件（如电子设备中的印刷电路板材料及其他聚合物材料等）成为细菌或虫子的攻击对象。

（二）人道武器的基本原理

"人道武器"也叫反人员非致命性武器，它能以"不流血"的方式赢得战争，从而催生了一个全新的战争定义——人道战争。与工业时代的消耗战不同，人道武器在于使对手瘫痪，而不是摧毁，这也展示了信息时代战争的崭新前景。

1. 化学刺激剂

化学刺激剂是以刺激眼、鼻、喉和皮肤为特征的一类非致命的暂时失能性药剂，具有反应快速、对人体只造成暂时性失能而不造成永久性伤害，但又具有相当的威慑作用，而对使用方则相对安全的特点。警方称其为"暴动控制剂"（控暴剂），不属于化学武器，也不受国际公约限制。

人员短时间接触这类物质便会出现流泪、呼吸不畅、打喷嚏和皮肤灼痛等中毒症状，从而失去战斗力。脱离接触后几分钟或几小时症状会自动消失，不需要特殊治疗。若长时间大量吸入可造成肺部损伤，严重的可导致死亡。

根据这些化学战剂的功效，可将刺激剂分为催泪剂、臭味剂、麻醉剂、致痒剂、催吐剂、致热剂和致冷剂等。

（1）催泪剂。

催泪武器是军警最常用的一种化学类非致命武器。这种武器中的催泪剂是一种从辣椒中提取的含有辣椒油树脂（OC）的化学战剂，目前正在用 OC 来取代 CN（苯氯乙酮）和 CS（西埃斯）催泪剂。它具有使人体黏膜发炎的功能，可有效对付高度亢奋者、精神病人、吸毒者及酗酒者等人员，而 CN 与 CS 催泪剂对这些人员是无效的。另外，OC 是一种生物降解物质，易于清洗，一般不会有后遗症。若皮肤沾上它，立刻会出现烧灼感；眼睛接触到会灼痛、流泪、肿胀和视力暂时受损；口鼻吸入后会导致呼吸道内黏膜充血肿胀，引起咳嗽，呼吸不畅。

（2）臭味剂。

臭味弹也将成为军警常用的一种化学类非致命武器。与催泪弹类似，将臭味剂装填于弹体内即可构成臭味弹，通过产生大量的恶臭气体，把怀有敌意的人群或战斗中的士兵熏得四处躲避，使其无法集中精力闹事或战斗。目前使用的臭味剂，有的是从自然物质中提取的活性臭味成分，有的是人工合成。常用的臭味剂为硫化氢或多硫化钠和醋酸的混合物。如今还有奇臭无比的乙硫醇和正丁硫醇等。有专家测算，500 g 正丁硫醇散布在空气中，足以让纽约这样的大都市臭上三天。以色列研制的"臭鼬弹"的臭味极不易消散（可持续五年），图 10.4-4 所示为臭鼬及试验臭味弹的现场。

图 10.4-4　臭鼬及试验臭味弹现场

（3）麻醉剂。

麻醉剂可以通过枪械发射麻醉弹或进行气体喷射作用于目标。麻醉弹是一种迅速使人进入睡眠状态的炸弹。这种炸弹以软质的材料为弹体，炸弹内装有高效催眠剂，能在很短时间内生效，使人失去抵抗能力。常用的麻醉剂有氯胺酮和甲苯错噻唑等。2002 年 10 月 26 日，俄罗斯特种部队使用强力麻醉剂芬太奴（Fentanyl）成功解救了被车臣叛匪绑架的人质。

（4）致痒剂。

致痒弹中的致痒剂是由菲律宾研究人员从当地野生植物的果实中提炼的物质制成的。敌人被这种子弹射中后不会受伤，更不会致死，但全身却会产生一种难以忍受的瘙痒，从而失去抵抗能力。这种子弹成本低、效果好，已引起某些国家的兴趣，极有可能用于未来战场。

（5）催吐剂。

催吐剂可使人在 3～5 分钟内呕吐不止，丧失抵抗能力。催吐弹是由催吐警棍顶端的发射器射出的一个装有催吐剂的皮下注射器，在击中对方后能将催吐剂注入其体内。目前该武器已投入使用（如图 10.4-5 所示）。

图 10.4-5　能发射催吐弹的警棍

（6）致热剂。

致热剂能使人体温度迅速升高，即刻"病倒"，失去活动能力。过一段时间药性自行消失，体温又恢复正常，因而不至于毙命。因此，装有这种药剂的致热弹，以及致热枪也被称为"文明"武器。

（7）致冷剂。

致冷弹中使用的快速致冷剂能使局部气温骤然下降，将敌人在短时间内冻僵（最低可达 $-30\ ℃$），但不会冻死。还有一种速冻枪，用液氮致冷，近距离喷射，可立即将人员冻住，控制适当剂量不会造成人员伤亡。

2. 化学失能剂

化学失能剂是指能够造成人员精神障碍、躯体功能失调或使人昏昏入睡，从而使其暂时丧失战斗力，但不会造成人员死亡的化学药剂。

目前，失能剂通常分为两大类：一类是精神失能剂，主要引起精神活动紊乱，出现幻觉、极度兴奋、不安和狂躁等现象，如美军的 EA3834（抗胆碱能类化合物，有较强的神经抑制作用）。另一类是躯体失能剂，主要引起运动功能障碍、瘫痪、痉挛、惊厥和视听觉失调等，如催泪剂 CN（苯氯乙酮）、OC（辣椒油树脂）等。

这两类失能剂具有以下共同特点：

（1）失能强度远远高于传统的化学战剂（如毕兹）等；

（2）与添加剂配合使用，可增强中毒作用的效果；

（3）合成方法更加简单；

（4）未被国际公约列入禁用清单，在未来战争中将成为新的"化学恶魔"；

（5）投放方便，采用机械、人工以及其他传统的投放手段均可实施。

二、地球环境武器的基本原理

地球环境武器也叫气象武器，它是一类人为制造异常气象的新概念武器。具体来讲，是运用现代科技手段，通过人工控制风云、雨雪和寒暑等天气变化来改变战争环境，人为制造各种特殊气象，配合军事打击，干扰、伤害、破坏或摧毁敌方，以实现军事目的的一系列武器的总称。

与常规武器相比，地球环境武器具有以下特点：

（1）威力巨大。据气象学家估计，一个强雷暴系统的能量相当于一枚 250 万吨 TNT 当量的核弹爆炸，一次台风从海洋吸收的能量相当于 10 亿吨 TNT 当量。

（2）隐蔽性好。由于人们对大气过程变化认识的局限性，自然发生的天气变化掩盖着人工影响天气所造成的异常变化，因而气象武器可能使被攻击一方受害于不知不觉之中，从而可以达到"出其不意，攻其不备"的效果。

（3）效费比高。气象武器主要是通过施放某些化学战剂或某种具有特殊吸收、辐射功能的物质，使大气层中的气体、光、热产生骤变而造成天气变化，它不需要消耗大量的弹药和其他作战物资，因此具有物资消耗量小、使用方便和作用范围广等特点。

（4）具有"双刃"性。大气是一个巨大的系统，一旦出现失误，或者对天气情况把握不准，就可能弄巧成拙，使天气发生逆转，向不利于己而有利于敌的方向转化。

运用地球环境武器的作战形式可分为气象伪装（人工制造雾、雪、雨天气，以隐蔽己方，破坏敌方侦察）、气象消障（消除雪、雨、风、雾等天气障碍，为己方行动提供气象保障）、气象侵袭（破坏敌方区域的战场环境，给敌方造成各种困难，如利用人工洪瀑，造成洪水泛滥、冲垮桥梁、阻断交通等）、气象攻击（制造恶劣天气或某种致伤因素直接攻击对方，如人工台风、人工寒冷、人工酷热和人造"紫外窗口"等）和气象干扰（制造恶劣天气和特殊天气，以干扰敌方的行动和武器运转）等。

（一）海洋环境武器的基本原理

尽管目前海洋环境武器尚处于"襁褓"之中，但其广阔的发展前景已令世人震惊。

海洋环境武器是指利用海洋、岛屿、海岸以及相关环境中的某些不稳定因素（如巨浪、海啸等），同时借助于各种物理或化学方法，从这些不稳定因素中诱发出巨大的能量，使被攻击的舰艇和岸上军事设施以及海空飞机丧失效能，从而达成某种作战目的的一类新概念武器。

1. 巨浪武器

对于军舰和海洋设施以及登陆作战来说，风浪是不可小视的破坏性因素，巨大的风浪常常导致舰毁人亡，军事设施毁坏。

因而，军事科学家们设想出巨浪武器，利用风能或海洋内部的聚合能使海面表层与深层产生海浪和潜潮，从而造成水面舰艇、潜艇以及其他军事设施的倾覆和人员伤亡，同时巨浪武器还可以封锁海岸，达到遏制敌方军舰出海进攻的目的。从图10.4－6足以看出巨浪的威力。不过，到目前为止，真正能引发巨浪的方法尚未问世。

2. 海啸武器

自然界中，海啸通常是由地震引发的。当地震发生时，地壳两面板块在海底移动并互相

图10.4－6　威力无比的巨浪

摩擦，上移板块上面的海水会突然隆起，下移板块上的海水则会突然下沉，在短时间内会出现巨大的水位差，从而引发海啸。据有关资料记载，里氏6.75级以上的地震很容易引发海啸。

1965年夏天，美国在比基尼岛上进行核试验时，在距爆炸中心500 m海域内突然掀起60 m高的海浪，海浪在离开爆炸中心1 500 m之后，高度仍在15 m以上。如果能够引导甚至制造出海啸，并将其作为武器使用的话，就能冲垮敌方海岸设施，使敌方舰毁人亡，所能造成的损害是难以想象的。随着地震武器技术的成熟和计算机模拟技术的发展，海啸武器必定会走上战争舞台。

（二）地震武器的基本原理

地震武器亦称地球物理武器，是指利用地下核爆炸产生的定向声波和重力波，形成巨大摧毁力而杀伤目标的武器。

这种武器能从特定的方向引发地震、山崩和海啸等"自然"灾害，造成敌方军事设施瘫痪、武器装备毁坏和人员伤亡，是一种破坏力极强的大规模杀伤性战略武器。

地震武器具有以下特点：

（1）隐蔽性。地震武器的作战手段——地下核爆炸一般距目标几百甚至几千千米之外，且由其引发的地震、海啸等灾难通常又在数天后才能发生，所以人们往往误以为是自然灾害。这就决定了地震武器在投放地点、攻击目标和引发灾难的时间等方面都具隐蔽性，令人防不胜防。

（2）可控性。地震武器不仅可在人工控制下攻击地球的任何一个区域，而且由其所造成的破坏性后果也可以由人工进行控制，如破坏形式、破坏范围及破坏力大小等都可通过相关技术手段进行有效控制。这一方面增加了地震武器的智能作用，另一方面也提高了其作战效率。

（3）实用性。地震武器作为一种战略武器，与核武器相比，具有较强的战场实用性。核武器爆炸后，一切目标都化为焦土，大面积的土地不能生长生物，且造成辐射和污染，从而带来毁灭性的灾难。而地震武器的作用效果相当于一般的自然灾害，主要是造成破坏性后果，且后果也可进行有效控制。因此，地震武器作为一种战略武器，比核武器具有更强的战场实用性。

（三）台风弹的基本原理

台风是一个巨大的能量库，破坏力极大。若能为我所用，攻击敌方，则威力无穷。目前，虽然还不能人为制造台风，但已能通过引导台风的风向，攻击敌方目标。

台风弹就是装有碘酸银的炸弹，它在台风经过的地方爆炸后，播撒的碘酸银在台风的风眼附近产生一个新的风眼，并与原来的台风眼合并，进而改变台风的移动方向。图10.4-7显示的就是台风的风眼。

图10.4-7 台风的风眼

1974年10月，美国用人工控制台风的技术将一场即将在美国海岸登陆的强台风引向中南美的洪都拉斯和委内瑞拉等国。这场台风造成经济损失达数千万美元，人员伤亡逾万。2005年8月下旬，"卡特里娜"飓风在美国墨西哥湾沿岸登陆，几乎摧毁了整个新奥尔良市。事后，美国气象学家史蒂文斯向媒体发出惊人之语：从"卡特里娜"运动的轨迹看，自然形成的概率为零，是俄罗斯军方用实验设备人为制造的。目前，美国麦金莱气候实验室已经能够在3分钟内制造出30米/秒的狂风。

（四）"卷云"武器的基本原理

人工降雨是在一定气象条件下，向云层撒布碘化银、碘化铅或干冰，使之成为水蒸气的凝结核，然后变成水滴降落。它在和平时期可以为人类造福，而在战争期间却能成为克敌制胜的武器。

美国侵越期间，曾出动 26 000 架次的飞机，在越南上空投放了 474 万多枚降雨催化弹（图 10.4-8 所示为美制 HMP 人工暴雨炸弹），向积雨云喷撒了大量的碘化银进行人工降雨，多次引发洪灾，冲垮桥梁、道路、堤坝甚至村庄，并使得道路泥泞难行，严重地破坏了越南的交通运输，给越南造成重大经济损失，同时也阻滞了越南军队的行动，尤其是阻滞了重型武器装备的运输。

据统计，美军人工降雨给越南带来的损失比整个越战期间飞机轰炸造成的损失还要大。

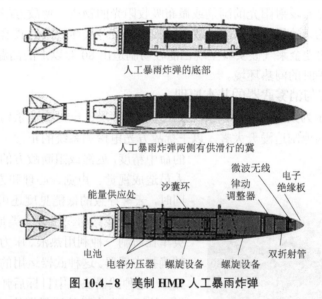

图 10.4-8　美制 HMP 人工暴雨炸弹

（五）化学雨武器的基本原理

化学雨武器是从早先的气象武器演变过来的一种新型武器，在海战中的作战效能尤为明显。化学雨武器就是在人工降雨的化学物质中掺入强腐蚀性制剂，并将其撒布在敌方上空的云层中，造成化学雨滂沱的战场环境，削弱敌方的战斗力。

化学雨武器根据掺入制剂的种类不同可有不同的战术效果：可在短时间内加速敌方武器装备的锈变、腐蚀和老化，以致无法修复和使用；可在一定时间内使人体器官遭受不可逆的伤害，最终失去作战能力；可直接致敌方人员死亡，也可使局部环境中的动植物不能生长乃至死亡，造成严重的生态灾难。

还有一种化学雨武器并不是利用雷雨，而是直接在敌战场上空撒布多种药剂，以缓缓而下的化学"药雨"来攻击敌方。它能使暴露在地表上的有生力量在一阵蒙蒙"毒雨"中全部丧生。

有资料称，当年美军在越南战场上就用飞机撒布过植物杀除剂，导致受害地区的农作物大面积死亡，植被在数年内难以恢复。目前，也已研制出了防护化学雨的新型塑料涂层，它无色、无味、透明，使用后装甲并无明显变化，当遭遇化学雨时，能够防止装甲不被腐蚀、破坏。

（六）高温高寒武器的基本原理

高温武器通过向敌方上空发射激光炮弹及其他高温特种炮弹，或在敌方上空引爆燃料空气炸弹，使气温骤然升高，产生酷热，直接削弱敌人的战斗力。比如，发射激光炮弹可以使沙漠升温，空气上升，产生人造旋风，使敌人坦克在沙暴中无法行驶，最终不战自败。高温武器的钢制弹壳内装有易燃易爆的化学燃料和高分子聚合物粉末，能提高武器系统的威力和安全性。它在爆炸发生时会产生超压、高温等综合杀伤和破坏效应。因此，它既可用歼击机、直升机、火箭炮和近程导弹等投射，打击战役战术目标，又可用中远程弹道导弹、巡航导弹和远程作战飞机等投射，打击战略目标。据称，这种高温武器炸弹在接近地面目标引爆后，可以将方圆500多米的地区全部化为焦土，且爆炸产生的震力可以在数千米之外感觉到。

高寒武器通过撒布反射阳光的制剂或撒布吸收阳光的物质，使敌方战场气温急剧下降，制造使人难以忍受的寒冷天气，以冻伤敌方的战场人员，损坏敌人的武器装备，摧毁敌人的战斗力。据称美国的麦金莱气候实验室现已能轻易制造出 80 ℃以上的高温、−40 ℃以下的严寒和类似非洲沙漠午时的闷热环境。

（七）人工造雾与消雾武器的基本原理

图 10.4−9 所示为人工造雾的场景。人工造雾有两类：一是类非杀伤性的，即通过施放大量的造雾剂，人为地制造漫天大雾，以干扰敌方光电探测系统的正常工作，影响制导武器的命中精度，迟滞或阻断敌方的作战机动并给敌方人员造成视觉、声觉、心理和方向感的强烈不适；同时，云雾导致的低能见度还可保护己方目标，隐蔽己方的作战行动。还有一类是杀伤性的。目前，英军在研制一种利用热浪、压力和气雾打击目标的精确打击武器。这种武器运用的是先进的油气炸药原理。这种武器在击中目标后弹体燃料会马上被点燃，从而产生大量的浓雾爆炸云团，通过热雾和压力摧毁建筑物内的目标，并且能够在很大范围内杀伤敌人，在目标区域内的敌人很快会被压力压死、气雾憋死。

图 10.4−9 人工造雾

人工消雾是指采用加热、制冷或播撒催化剂等方法，消除作战空域中的云层和浓雾，以提高和改善能见度，保证己方目视观察，飞机起飞、着陆及舰艇航行等作战行动的安全。人工消雾包括消过冷雾和消暖雾。消过冷雾的方法是通过播撒干冰和丙烷等，使空气局部冷却到−40℃以下，以形成消雾区；消暖雾通常采用直升机搅拌混合和播撒吸湿性粒子等方法。

（八）臭氧武器的基本原理

臭氧武器主要针对大气中的臭氧层，借助于物理和化学方法改变敌方上空大气中的臭氧浓度，危害敌方人员和敌方区域的生物。其工作原理有两种。

1. 降低臭氧浓度

在敌方上空的臭氧层中投放能吸附臭氧的化学物质（如氯），或通过高空核爆炸形成能分解臭氧的化学物质（如氟利昂、氮氧化物等），从而造成臭氧层的局部破坏，形成臭氧层空洞。

臭氧层空洞使太阳光中过多的紫外线直射敌方地面，对人和生物造成危害。该方法见效慢，但破坏时间长、面积大，且难以弥补。

2. 增加臭氧浓度

增加臭氧浓度的方法是在敌方上空引爆装有臭氧剂的"超级炸弹"，使该地区的臭氧浓度大大增加，使人中毒。中毒者轻则胸部疼痛、唇喉发干，重则强烈咳嗽、脉搏加快、呼吸急促,甚至引起胃痉挛、肺水肿、心肺功能衰退,直至死亡。据测算,臭氧含量达 1% 的空气即可使人感到强烈不适,最终丧失战斗力。

复习思考题

1. 什么叫新概念武器?它有哪些主要特点?
2. 电磁发射武器有哪些种类?其各自的工作原理如何?分别有哪些优点?
3. 什么叫定向能武器?具体有哪些种类?
4. 高功率微波武器是通过哪些机理杀伤目标的?对此有哪些可能的防御措施?
5. 粒子束武器有哪些特点?
6. 次声武器有什么优点?其可能的实现方式有哪些?
7. 什么是非致命性新概念武器?它有什么特点?
8. 什么是地球环境武器?它有什么特点?
9. 以化学物质为主的反装备武器是一类对＿＿＿＿＿＿不造成杀伤,专门用于对付敌方＿＿＿＿＿＿的新概念武器。
10. 以化学物质为主的反装备武器,主要包括＿＿＿＿＿＿、＿＿＿＿＿＿、＿＿＿＿＿＿、＿＿＿＿＿＿、＿＿＿＿＿＿、＿＿＿＿＿＿等。

第十一章 军用新材料技术的理化基础

材料是人类生产和生活必需的物质基础,与人类文明和技术进步密切相关。当前,为了适应社会经济和高技术发展,对研制具有特殊性能的功能材料的需求甚为迫切,研究较多、应用较广的新型功能材料,如高温超导材料、功能高分子材料及新型复合材料等,在国防军事领域应用广泛,促进了武器装备的进一步发展和智能化,也使现代战争更具高科技性质。

第一节 军用新材料技术概述

一、材料发展概况

在遥远的古代,我们的祖先是以石器为主要工具的,曾用属于玉石类的石英晶体作为武器和工具,这也是人类和晶体材料打交道的起源。

从古至今,人类使用过形形色色的材料,若按材料的发展水平来归纳,大致可分为五代。

第一代为天然材料。在原始社会,由于生产技术水平很低,人类所使用的材料只能取自自然界的动物、植物和矿物,例如兽皮、甲骨、羽毛、树木、草叶、石块和泥土等。

第二代为烧炼材料。烧炼材料是烧结材料和冶炼材料的总称。随着生产技术的进步,人类早已能够用天然的矿土烧制砖瓦和陶瓷,以后又制出了玻璃和水泥,这些都属于烧结材料。从各种矿石中提炼出的铜、铁等金属,则属于冶炼材料。

材料发展史上第一次重大突破,是人类学会将黏土烧固制成容器。人类第一个化学上的发现就是火。中国猿人于 50 万年前开始自觉用火。最早的陶器是在竹编、木制的容器上涂上一层泥烧成的,后来发现,黏土直接加工成型、烧制,也能达到同样的目的。新石器时代早期,人类开始制作陶器。

青铜时代大约起始于公元前 5000 年,青铜是铜、锡、铅等金属组成的合金,它与纯铜相比,熔点降低、硬度增高。我国的商、周时期,是使用青铜器的鼎盛时期。关于春秋战国时期的青铜兵器,流传着许多动人的故事。

我国的铁器时代由何时开始,至今尚难断言,但这项技术被确认始于春秋。也就是说,在距今 2 700~2 200 年的春秋战国时期,中国人已掌握了炼铁技术,比欧洲早 1 800 年左右。

随着金属冶炼技术的发展,人类掌握了通过鼓风提高燃烧温度的技术,并且发现有一些经高温烧制的陶器,由于局部熔化变得更加质密坚硬,完全改变了陶器多孔与透水的缺点。

从陶器发展到瓷器，是陶器发展过程中的一次重大飞跃。中国的瓷器在宋、元时期发展到很高的水平。瓷器作为中华文明的象征，大量运往欧亚各地，以至于在许多拉丁语系国家中，中国和瓷器为同一个词。

第三代为合成材料。随着有机化学的发展，在20世纪初就出现了化工合成产品，之后合成塑料、合成纤维、合成橡胶被广泛地用于生产和生活之中。

合成聚合物材料工业的发展是从1907年建立第一个小型酚醛树脂厂开始的，1927年前后，第一个热塑性聚氯乙烯塑料产品的生产实现了商品化。1930年聚合物概念建立后，从1940—1957年先后研制出合成橡胶（丁苯、丁腈、氯丁等）、合成纤维（尼龙66等）、聚丙烯腈、聚酯纤维、用齐格勒-纳塔催化剂合成的聚合物、低压聚乙烯、聚四氟乙烯（塑料王）和维尼纶等。聚合物材料工业发展大致经历了新型塑料和合成纤维的深入研究（1950—1970年），工程塑料、聚合物合金、功能聚合物材料的工业化和应用（1970—1980年），以及分子设计，高性能、高功能聚合物的合成（1990年）等几个时期。

第四代为可设计材料。随着高新技术的发展，对材料提出了更高的要求。前三代那样单一性能的材料已不能满足需要，于是一些科技工作者开始研究用新的物理、化学方法，根据实际需要去设计具有特殊性能的材料。近代出现的金属陶瓷、铝塑薄膜等复合材料就属于这一类。

复合材料的发展对人类社会生活和科技进步起着重要的作用。人类自古以来不仅会使用天然材料（如木材、竹材等），而且还会用简单的方法制备复合材料，如在脆弱的材料中掺加少量纤维状的添加剂以提高其强度和韧性。最原始的复合材料是在黏土泥浆中掺稻草，制成土砖；还在灰泥中加入马鬃，在熟石膏里加入纸浆，制成纤维增强复合材料。公元前5 000年在中东，人们已会使用沥青作为芦苇的黏合剂造船。在古代的复合材料中最引人瞩目的是中国的漆器。漆器出现在距今4 000多年的夏代，它是以丝、麻等天然纤维做增强材料，用大漆做黏结剂而制成的复合材料。

历经几千年的发展，从古代复合材料发展到近代复合材料，包括软质复合材料（用各种纤维增强的橡胶）以及硬质复合材料（用纤维增强的树脂，如玻璃钢等）。20世纪60年代以来，航空、航天工业的迅速发展，需要高强度、高模量、耐高温和低密度的复合材料，于是先进复合材料应运而生。所谓先进复合材料，一般是指具有比强度大和比模量高的结构复合材料。先进复合材料的出现源于航空、航天工业的需要，反过来，它又促进了航空、航天等高技术产业的发展，被公认为当代科学技术中的重大关键技术。

第五代为智能材料。智能材料是指近三四十年来研制出的一些新型功能材料。它们能随着环境、时间的变化改变自己的性能或形状，好像具有智能。现在研究成功并崭露头角的形状记忆合金就属于这一类。这类材料是为21世纪准备的尖端技术，现已成为材料科学中一个重要的前沿领域，有关研究及发展备受人们的关注。

上述五代材料并不是新旧交替的，而是长期并存的，它们共同在生产、生活和科研等各个领域发挥着不同的作用。

二、材料的基本概念和分类

所谓材料是指人类利用化合物的某些功能来制作物件时用的化学物质。目前传统材料有几十万种，而新合成的材料每年大约以5%的速度在增加。因此可以毫不夸张地说，化学是材料发展的源泉,也可以说,材料科学的发展为化学研究开辟了一个新的领域。高分子化学与高分子材料的发展是最明显不过的例子。化学与材料科学保持着相互依存、相互促进的关系。

材料可按不同的方法分类。若按用途分类,可将材料分为结构材料和功能材料及结构/功能一体化材料。其中,结构材料主要是利用材料的力学和理化性质制造受力构件所用的材料,广泛应用于机械制造、工程建设、交通运输和能源等各个工业部门。功能材料则是通过材料的热、光、电、磁、化学、生化等作用后,具有特殊动能的材料,用于电子、激光、通信、能源和生物工程等许多高新技术领域。功能材料的最新发展是智能材料,它具有环境判断功能、自我修复功能和时间轴功能,人们称智能材料是 21 世纪的材料。结构/功能一体化材料则兼具结构材料和功能材料的性能于一身。

若按材料的组成和结构特点分类,可分为金属材料、无机非金属材料、高分子材料和复合材料。金属材料是以金属元素为基础的材料。金属材料绝大多数以合金的形式出现,纯金属的直接应用很少。合金是在纯金属中有意识地加入一种或多种其他元素,通过冶金或粉末冶金方法制成的具有金属特性的材料。金属材料可分为黑色金属材料和有色金属材料。黑色金属是指铁和以铁为基的合金,如钢、铸铁及铁合金。除黑色金属外的其他各种金属及其合金统称为有色金属。无机非金属材料基本上是由非金属元素或其与金属元素的化合物所组成的材料。这类材料主要有陶瓷、砖瓦、玻璃、水泥和耐火材料等以硅酸盐化合物为主要成分制成的传统无机非金属材料,以及由氧化物、碳化物、氮化物和硼化物等制成的新型无机非金属材料。有机高分子材料的主链主要由碳和氢元素构成,是由 1 000 个以上原子通过共价键结合形成的分子,其相对分子质量可达几万乃至几百万。它通常是指合成塑料、合成纤维、合成橡胶、涂料及黏合剂等。复合材料是由有机高分子、无机非金属或金属等几类不同材料通过复合工艺组合而成的新型材料。它既能保留原组成材料的主要特色,还能通过复合效应获得原组分所不具备的性能。可以通过材料设计使各组分的性能互相补充并彼此关联,从而获得新的优越性能,与一般材料的简单混合有着本质的区别。一般将其中的连续相称为基体,分散相称为增强相。复合材料按其基体种类的不同可分为金属基复合材料、陶瓷基复合材料和聚合物基复合材料。复合材料也可分为结构复合材料和功能复合材料,还可分为常用复合材料和现代复合材料。

材料按其发展历史可分为传统材料和新型材料。传统材料指发展已趋成熟,并被广泛使用的材料,如普通钢铁、水泥、玻璃、木材和普通塑料等。新型材料指那些新近出现以及正在发展中的具有优异性能的、能满足高技术需求的材料,如高强钢、高性能陶瓷、复合材料及半导体材料等。材料按其性能特征可分为智能材料、纳米材料和超导材料等;按其应用领域可分为电子信息材料、生物材料、能源材料、建筑材料、航空航天材料和生态环境材料等。

三、军用新材料技术

新材料是指对现代科学技术进步、国民经济发展和增强国防实力具有重大推动作用的新研制的一类材料,它具有一般传统材料无可比拟的优异性能,是发展信息、航天、能源、生物、海洋开发等高技术的重要基础。新材料技术是指用于新材料的生产、性能检测和加工等技术。

作为武器系统的炸药载体的军用新材料技术,必须满足各种武器装备对强度、刚度、重量、速度、精度、生存能力、信号特征、维护、成本和通用性的要求。对军用新材料的需求主要体现在：① 用于极端环境条件下的材料；② 用于先进武器的轻型材料；③ 用于特殊要求的新型功能材料；④ 长寿命、可重复使用、高可靠性和低成本的材料等。

在支撑新军事变革和武器装备迅速发展的过程中，军用新材料的发展体现出以下几个特点：一是复合化。通过微观、介观和宏观层次的复合，大幅度提高材料的综合性能。二是低维化。通过纳米技术制备纳米颗粒（零维）、纳米线（一维）及纳米薄膜（二维）等纳米材料和器件，以实现武器装备的小型化。三是高性能化。通过材料的力学性能、工艺性能以及物理、化学性能的提高，实现综合性能的不断优化，为提高武器装备的性能奠定物质基础。四是多功能化。通过材料成分、组织、结构的优化设计和精确控制，使单一材料具备多项功能，以达到简化武器装备的结构设计，实现小型化、高可靠性的目的。五是低成本化。通过节能、改进材料制备和加工技术、提高成品率和材料利用率等方法，降低材料制备及应用成本。

军用新材料是各项军用新技术尤其是尖端技术的基础和支柱。可以说，武器装备的精良化和现代化，离不开军用新材料的研究和开发。同时，由于新材料在军事装备上的应用日益广泛和深化，带动和促进了新材料科学的发展，材料的复合化是军用新材料发展的必然趋势之一。复合材料是人们运用先进的材料制备技术将不同性质的材料组分优化组合而成的新材料。复合材料与其他单质材料相比，具有高比强度、高比刚度、高比模量、耐高温、耐腐蚀和抗疲劳等优良的性能，备受各国技术人员的重视。因复合材料具有可设计性的特点，已成为军事工业的一支主力军。复合材料技术是发展高技术武器的物质基础，是制造现代精良武器装备的关键。目前，军用复合材料正向高功能化、超高能化、复合轻量和智能化的方向发展，推进复合材料在航空工业、航天工业、兵器工业和舰船工业中的应用是打赢现代高技术局部战争的有力保障。

四、军用新材料技术的应用

首先，在常规武器的防护方面，最具代表性，也最引人注目的应用当属坦克装甲。20 世纪 70 年代英国研制成功"乔巴姆"复合装甲，该装甲共分里、中、外三层，其中，外层和内层为钢、铝合金或钛合金等金属材料，中间层为塑料、陶瓷、玻璃纤维等非金属材料，该装甲具有良好的防破甲弹和碎甲弹能力，其整体性能明显优于均质装甲，在历次局部战争中均受到军事专家的好评。现今欧洲的大多数三代主战坦克（包括苏联 T-72 坦克）均装备此类装甲。

其次，在研制隐形武器装备方面，特种功能材料发挥着巨大威力。反雷达隐形材料可以吸收或衰减大量的雷达波信号。它可以涂敷在飞行器表面，也可作为飞行器的结构材料。好的吸波材料可以吸收 99% 以上的雷达波能量。美国从 20 世纪 60 年代初就开始着手研究军用隐形技术。在 90 年代的海湾战争中，美国使用的 F-117A 隐形战斗机将现代隐形技术发展到了一个新的阶段，它不仅在外形和进气道设计上采用了良好的隐形技术，而且还在机体内部和表面采用了隐形效果良好的吸波材料，从而使其在战争中发挥了重要作用。美军最新研制的第四代主力战机 F-22 吸收了前几代隐形飞机的优点，在机体结构设计和构成材料方面又进一步完善，从而使飞机的隐形性能更加优良。

最后，在现代武器平台的整体性能方面，复合材料正发挥着巨大作用，其应用部位已由次承力部件发展到主承力部件。用高性能纤维及其纺织物增强不同基体所制成的高级复合材料，因其强度大、相对密度小，不仅可以大大降低装备自身的信号特征，而且还具备良好的气动性能，在航空、航天工业及各种武器装备中有着十分广泛的应用。目前，这种先进复合材料已成功地应用在 F-16、F-19、"幻影"2000 等军用飞机和"民兵""三叉戟""侏儒"等战略导弹以及 M-1、T-72、豹-Ⅱ等坦克上，并取得良好效果。聚合物基复合材料应用在航天器中，使航天器机体质量减轻 20%~40%；发动机采用高温复合材料，可使推力提高 30%~50%，燃料消耗降低 40%。最近出现的热传导性能优异的新型材料，用于电子线路中，可以降低电子设备的温度，从而提高可靠性。还有像纸片一样的薄膜减震材料，垫在仪器下面可以减震，国外已在军用飞机精密仪表上大量应用。美国 B-1B 飞机已在其主承力件（机翼）上采用先进复合材料，从而使其整机质量减轻了 1 900~2 300 kg。为进一步推动复合材料在武器装备上的应用，美国目前正在实施"先进复合材料飞机"计划，预计复合材料将占飞机结构质量的 68.5%，并使整个飞机的结构质量减轻 35%。

第二节 军用材料的技术性能

本节将从化学角度讨论军用材料的组成、结构、性能和应用，为军事高技术领域科学地选用材料及研制新材料奠定必备的化学基础。

一、材料中的化学

材料是一切科学技术的物质基础，而各种材料则主要来源于化学制造和化学开发。化学为新材料的开发储备了足够的化合物。因此，在新材料的发展过程中，化学扮演了十分重要的角色。化学是在原子、分子水平上研究物质的组成、结构、性能、变化及应用的学科。有人称化学家是操纵化学变化的魔术师，是创造新物质的专家，这么说一点也不过分。化学家利用手中的 100 多种元素，通过巧妙的设计、组合，已制造出千千万万种新物质。诺贝尔奖获得者 Woodward 形象地阐明了化学的作用："化学为人类在老的自然界旁边又建立了一个新的自然界。"在我们四周的物品中，已几乎看不到纯天然材料的身影。

材料科学以物理、化学及相关理论为基础，根据工程对材料的需要，设计一定的工艺过程，把原料物质制备成可以实际应用的材料和元器件，使其具备规定的形态和形貌，如多晶、单晶、纤维、薄膜、陶瓷、玻璃、复合体和集成块等，同时具有指定的光、电、声、磁、热学、力学和化学等性质，甚至具备能感应外界条件变化并产生相应的响应和执行行为的机敏性和智能性。应该指出的是：材料与器件紧密关联，材料离开器件就会失去其意义，器件离开材料也不可能实现其功能。材料所具备的特性，与其内在组成、结构及加工过程密切相关。因此，物理学和化学就构成了材料科学的基础。

利用化学对于物质结构和成键复杂性的深刻理解及化学反应实验技术，在探索和开发具有新组成、新结构和新功能的材料方面，在材料的复合、集成和加工等方面，可以大有作为。例如，在新材料的研制中，可以进行分子设计和分子剪裁；可以设计新的反应步骤；可以在极端条件下进行反应，如在超高压、超高温、强辐射、冲击波、超高真空和无重力等环境中进行反应，合成在地面常规条件下无法合成的新化合物；也可以在温和条件下进行化学反应，以控制反应的过程、路径和机制，一步步地设计中间产物和最终产物的组成和结构，剪裁其物理和化学性质，可以形成介稳态、非平衡态结构，形成低熵、低焓、低维、低对称性材料，可以复合不同类型、不同组成的材料（有机物—无机物、金属—陶瓷、无机物—生物体等）。

近年来，纳米技术表明，物质的性质并不是直接由构成物质的原子和分子决定的，在宏观物质和微观原子、分子之间还存在着一个介观层次，即纳米相材料（简称纳米材料）。这种由有限分子组装起来的纳米材料表现出异于宏观物质的物性。纳米材料在信息科技的超微化、高密度、高灵敏度、高集成度和高速度的发展中，将发挥巨大的作用。可以用化学反应手段来制备得到这类纳米材料。例如，数十种具有光、电、磁等功能的单一或复合的 3~10 nm 的纳米陶瓷材料，可以通过碱土金属氢氧化物溶液和相应的各种过渡金属氢氧化物凝胶之间的回流反应来制备；也可以在油包水的微乳液环境中，使相应金属醇盐或配合物进行反应来制得。这些方法反应条件缓和，并且容易控制、简便易行。

总之，化学是材料科学发展的基础，化学为材料科学的发展揭示新原理，化学为新型材料的设计创立新理论，化学为新型材料的合成提供新方法，化学为新型材料的表征建立新手段，化学为材料技术的应用奠定新基础。

二、材料的组成、结构与性能的关系

（一）材料的组成和性能的关系

从化学观点看，所有的材料都是由已知的 100 多种元素组成的单质或化合物组成的。组成不同，便会得到物理、化学性质迥异的物质。例如，水（H_2O）与过氧化氢（H_2O_2），两种物质的分子中仅相差一个氧原子，但性质上完全不同：前者十分稳定，后者极易分解；前者呈中性，后者显弱酸性等。

材料内部某些化学成分在含量上的变化，也会引起材料性能的变化。如钢铁的性质与其中的碳含量有密切关系。含碳量在 0.02%以下的铁称为熟铁，其质很软，不能作为结构材料使用。含碳量 2.0%以上时称为铸铁，其质硬而脆。含碳量在上述两者之间（0.02%~2.0%），则称为钢。钢中含碳量小于 0.25%的称为低碳钢，介于 0.25%~0.60%的称为中碳钢，大于 0.60%的称为高碳钢。钢兼有较高的强度和韧性，因此，钢在工程上获得广泛的应用。与此相似，合金钢的性能也与合金元素的含量密切相关。钢中加铬，可提高钢的耐腐蚀性，但只有当钢中含铬量在 12%以上时，才能成为耐腐蚀性强的不锈钢。

材料的性能与内部化学组分的密切关系，还可以从杂质对材料性能的影响得到说明。杂质的存在会使材料的机械性能、电性能等恶化。因此，提高材料的纯度是增强材料特性的重要途径。在现代高新技术中，对材料纯度要求越来越高，需使其成为高纯或超高纯物质，比如，半导体硅的纯度要求达到 8~12 个 "9"（即 99.999 999%~99.999 999 999 9%）才能符合半导体工艺要求。另一方面，又要在高纯的硅中控制性地掺入少量杂质，以提高其半导体性能，并使之具有不同的半导体类型和特征。由此可见，材料的组成对于控制和改变材料性能有重要作用。

（二）化学键类型与材料性能的关系

化学键类型是决定材料性能的主要依据，三大类工程材料的划分就是依据各类材料中起主要作用的化学键类型。

金属材料主要由金属元素组成，金属键为其中的基本结合方式，并以固溶体和金属化合物合金形式出现。因此，表现出与金属键有关的一系列特性，如金属光泽、良好的导热导电性、较高的强度和硬度以及良好的机械加工性能（铸造、锻压、焊接和切削加工等）等。但金属材料也表现出与金属键相联系的两大缺点：① 容易失去电子，易受周围介质作用而产生程度不同的腐蚀。② 高温强度差。因为温度升高，使金属中原子间距变大，作用力减弱，机械强度迅速下降。一般金属及其合金的使用温度不超过 1 273 K。因此，金属材料的应用范围受到限制。

无机非金属材料多由非金属元素或非金属元素与金属元素组成。以离子键或共价键为结合方式，以氧化物、碳化物等非金属化合物为表现形式，因而具有许多独特的性能，如硬度大、熔点高、耐热性好、耐酸碱侵蚀能力强，是热和电良好的绝缘体。但存在脆性大和成型加工困难等缺点。

有机高分子材料以共价键为基本结合方式。其"大分子链"长而柔曲，相互间以范德华力结合，或以共价键相交联产生网状或体型结构，或以线型分子链整齐排列而形成高聚物晶体。正是这类化合物结构上的复杂性，赋予有机高分子材料多样化的性能，如质轻、有弹性、韧性好、耐磨、自润滑、耐腐蚀、电绝缘性好、不易传热及成型性能好，其比强度（强度与密度之比）可达到或超过钢铁。这类材料的主要缺点是：① 结合力较弱、耐热性差，大多数有机高分子材料的使用温度不超过 473K。有的高分子材料易燃，使用安全性差；② 在溶剂、空气及光合作用下，易产生老化现象，表现为发黏变软或变硬发脆，性能恶化。

（三）晶体结构与材料性能的关系

离子晶体、原子晶体、分子晶体和金属晶体的区分，主要是从晶格结点上的粒子和粒子间的化学键类型这两方面考虑的。例如，碳的两种同素异形体——金刚石和石墨的不同性质，源于晶格类型的不同。金刚石属立方晶型，而石墨则为六方层状晶型。不少晶格类型相同的物质，也具有相似或相近的性质。与碳元素同为"等电子体"（组成中每个原子的平均价电子数相同）的氮化硼（BN），也有立方和六方两种晶型。立方 BN 的主要性质与金刚石相近，硬度近于 10，有很好的化学稳定性和抗氧化性，用作高级磨料和切割工具。六方 BN 性质与石墨相近，较软（硬度仅为 2），高温稳定性好，作为高温固体润滑剂比石墨效果还好，故有"白色石墨"之称。

除晶体外，固体材料的另一大类是非晶体。这类材料结构中，原子或离子呈不规则排列的状态，其外观与玻璃相似，故非晶态也称玻璃态。非晶态固体由液态到固态没有突变现象，表明其中粒子的聚集方式与通常液体中粒子的聚集方式相同。近代研究指出，非晶态的结构可用"远程无序、近程有序"来概括。由此产生了非晶态固体材料的许多重要特性。

金属及其合金极易结晶，传统的金属材料都是以晶态形式出现的。但如果将某些金属的熔体，以极快的速度（例如，每秒钟冷却温度大于 100 万摄氏度）急剧冷却，便可得到非晶态金属。非晶态金属具有三大优异性能：强度高而韧性好、突出的耐腐蚀性和很好的磁性能。

三、几类典型的军用材料的技术性能

（一）金属材料

金属材料是指由金属元素或以金属元素为主的合金形成的具有一般金属性质的材料。金属材料是现代工程技术和军事应用中使用最多的一种材料。金属材料包括金属和合金。工业上常把它们分为黑色金属和有色金属两大部分。黑色金属专指铁和以铁为基础的合金（钢、铸铁和铁合金）。有色金属是指除了黑色金属及其合金以外的所有金属及其合金。

有色金属按其性质又可以分为轻金属（密度小于 5 g·cm^{-3} 的 Al、Mg、Be 及其合金）、易熔金属（Zn、Sn、Pb、Sb、Bi 及其合金）、难熔金属（W、Mo、V、Ti、Nb、Ta 及其合金）、贵金属（Cu、Ag、Au、Pt 系金属及其合金）、稀土及碱土金属等。

通常，纯金属材料的生产及获得比较困难，而且性能远不能满足工程上提出的众多技术要求，所以工程上大量使用的多是各种各样的合金材料。合金材料是由两种或两种以上金属元素或金属元素与非金属元素组成的材料。它具有金属的特征。

根据合金材料中组成元素之间相互作用的情况不同，一般可将合金分为三种结构类型：第一种类型为相互溶解形成金属固溶体。第二种类型为相互起化学作用形成金属化合物。第三种类型为不经化学作用所形成的机械混合物。第三种结构类型的合金内部不完全均匀，微观下呈现不同的微细晶体。合金材料的熔点往往较纯金属的熔点低。焊锡是机械混合物的一个例子，它是由 ω＝0.63（即 63%）的锡和 ω＝0.37（即 37%）的铅组成的合金，合金的熔点是 181 ℃，但纯锡熔点是 232 ℃，纯铅熔点是 327 ℃。这个例子可用稀溶液通性来解释。

下面简单介绍前两类合金。

1. 金属固溶体

以一种金属晶体为溶剂，而以另一种金属或非金属为溶质溶入其中形成的均匀固体溶液，称为固溶体。碳溶入 γ-Fe 中形成的奥氏体钢是间隙固溶体的例子，铜和锌、铁和钴、铜和银等形成的合金材料可作为置换固溶体的实例。固溶体的强度和硬度都较纯金属高，例如：黄铜硬度高于纯铜，钢的硬度高于铁。

2. 金属化合物

形成金属化合物的元素，通常是元素的电子层结构、电负性和原子半径差别较大的金属元素或非金属元素。金属化合物种类很多，从组成元素来看，可以是由金属元素与金属元素，也可以是由金属元素与非金属元素组成。前者如 CuZn、Ag$_3$Al、Mg$_2$Pb 等，后者则是由过渡元素金属与碳、氮、硼等非金属元素形成的化合物，分别称为碳化物、氮化物、硼化物，如 WC、TiN、FeB 等。金属化合物的性能特点是化学性质稳定、硬度高、熔点高，但脆性大。它们的合理存在，对材料的强度、硬度、耐磨性等具有极为重要的意义。

（二）无机非金属材料

无机非金属简称无机材料，它包括各种金属与非金属元素形成的无机化合物和非金属单质材料。较早的无机材料是水泥、玻璃和陶瓷等。由于这些材料的成分都含有 SiO$_2$，所以无机材料又称为硅酸盐材料。随着科学技术的迅猛发展，无机材料不再局限于传统的硅酸盐，许多新型无机非金属材料的研制层出不穷。它们是不含硅或很少含 SiO$_2$ 的材料，如氮化物、碳化物、硼化物以及其他非金属单质等。它们的性能更优越，用途更广泛，已经成为现代工业的重要材料。

1. 硅酸盐材料

硅酸盐材料分天然硅酸盐和无机硅酸盐，属无机材料中极庞大的一类。硅酸盐材料包括水泥、玻璃、陶瓷及耐火材料等。其应用遍及国民经济的一切部门。其中，军事领域应用较多的是特种玻璃。

玻璃是具有非晶体结构的无机非金属材料，在高温下熔融变为液态，当温度骤然下降到低于凝固点时，熔融体内部质点来不及排列成有序结构的晶核，黏度就很快上升，最后变成固体，即玻璃。根据主要氧化物的性质不同，玻璃可分为硅酸盐玻璃（主要含 SiO_2）、硼酸盐玻璃（主要含 B_2O_3）、磷酸盐玻璃（主要含 P_2O_5）和由纯二氧化硅形成的石英玻璃。改变玻璃成分或对玻璃进行特殊处理，可制成各种具有特殊性能的玻璃。如有色玻璃、微晶玻璃和钢化玻璃等。在玻璃原料中加入过渡元素或稀土元素及其化合物，致使一定波长的光被吸收而显色，从而制成有色玻璃。例如，在玻璃的基础原料中加入 Mn_2O_3 就会使玻璃呈紫色；加入 CoO 玻璃呈天蓝色，加入 Cr_2O_3 玻璃呈绿色，加入 Cu_2O 玻璃呈红色。有色玻璃在科学研究、军事以及工农业方面均有广泛的应用。例如，紫色玻璃可用于枪炮上的瞄准器，红外截止型玻璃可用于全黑条件下观察敌情使用的红外探照灯。在普通玻璃中加入成核剂，如金、银、二氧化钛等，在一定温度下处理后就变成具有微晶体的材料，称为微晶玻璃。微晶玻璃的结构、性能及生产方法同玻璃和陶瓷都有所不同，其性能集中了两者的特点，成为一类独特的材料，所以又称为玻璃陶瓷或结晶化玻璃。微晶玻璃具有许多宝贵的性能：如膨胀系数变化范围大、机械强度高、化学稳定性及热稳定性好、使用温度高及坚硬耐磨，等等。它在国防、航空、运输、建筑、生产、科研及生活等领域可作为结构材料、技术材料、电绝缘材料和光学材料等，并已获得广泛的应用。

2. 半导体材料

按化学组成，半导体材料可分为元素半导体材料和化合物半导体材料。元素半导体材料有十几种，它们都处于 ⅢA～ⅣA 族的金属与非金属的交界处。如硼、硅、锗、砷、锑、硒和碲都是半导体元素，它们的性质介于金属与非金属之间。在半导体单质中，锗与硅被公认是最好的。化合物半导体材料数量很多，目前已研究出的有 1 000 多种，如 GaAs、InP、SeS、AlSb、CdS、SiC、ZnS 和 GeTe 等。

按半导体是否含有杂质又可分为本征半导体材料和杂质半导体材料。本征半导体材料是高纯材料。例如，锗的本征半导体材料纯度要在 99.999 999%（8 个"9"）以上。非本征半导体材料（即含有杂质的半导体材料）的电导率较本征半导体材料要高得多。例如，25 ℃时纯硅的本征电导率约为 $10^{-4} S·m^{-1}$，然而通过适当地掺入杂质，其电导率可增加几个数量级。半导体材料的电导率对杂质极其敏感，所以本征半导体可通过控制掺杂物质的浓度准确地控制其电导率，以便设计和生产具有符合要求的电导率值的材料。无论是单质半导体材料，还是化合物半导体材料，实际上最重要的和最常用的都是含有杂质的半导体材料。

半导体材料的主要用途是可以制成各种特殊功能的元器件，如晶体管、集成电路、太阳能电池、各种微波器件、整流器和可控整流器等。目前以掺杂的硅、锗、砷化镓应用最多。

3. 新型陶瓷材料

近 20 年来，陶瓷材料有了巨大发展，逐渐研究出了以人工合成的氧化物、氮化物、碳化物、硅化物、硼化物为原料，采用与普通陶瓷相似或更先进的工艺制造的纯度高、性能优异的新型陶瓷。其中，在军事高技术中应用最多的是功能陶瓷材料。

功能陶瓷材料是以特定的性能或通过各种物理因素（如声、光、电、磁）作用而显示出独特功能的材料，可制成各种功能元件。例如 TiO_2、ZrO_2、TbO_2、$LaCrO_3$ 等高温电子陶瓷，被用来制造电容器和电子工业中的高频、高温器件。也有些功能陶瓷对于声、光、热、磁及各种气氛显示出优良的敏感特性。即每当外界条件变化时，都会引起这类陶瓷本身某些性质的改变。测量这些性质的变化，就可"感知"外界变化。这类材料被称为敏感材料。目前已制成温度敏感材料（如 $BaTiO_3$ 系陶瓷）、光敏感材料（CdS、$PbTiO_3$ 系陶瓷）以及压力和振动敏感材料（ZnO 系陶瓷、SiC、$BaTiO_3$ 系陶瓷），等等。

（三）高分子材料

高分子化合物是一类十分重要的化合物，目前工业和生活中所需要的合成材料，大都是人工合成的高分子化合物。这些人工合成的高分子材料，由于具有许多优异的性能，如质轻、透明、绝缘、高弹性、耐化学腐蚀和易于成型加工等，因而发展极为迅速。

高分子化合物是相对分子质量特别大（通常相对分子质量在 1 万以上）的化合物的总称，有机高分子化合物主要是聚合物或高聚物。其相对分子质量虽然很大，但其化学组成一般并不复杂。它们往往是由一种或几种简单的低分子化合物（称为单体）经加聚或缩聚而成的，例如，氯乙烯单体可聚合成名为聚氯乙烯的高聚物。从高聚物分子的化学组成上分类，有碳链、杂链和元素有机高聚物；从高聚物的使用性能上分类，有塑料、橡胶、纤维等。

高分子化合物具有许多特性，如塑性、弹性、机械性能、电绝缘性和化学稳定性等，都与高分子化合物的结构有着密切的关系。高分子化合物按其结构可分为线型和体型两大类。线型结构是许多链节连成一个长链，其长度往往是直径的几万倍，它是卷曲的呈不规则的线团状，也可带支链。如果分子链与分子链之间被许多链节"交联"起来，即可得到体型结构的高分子。线型高分子化合物除了分子链可以运动外，分子链中相邻两链节（以单键相连）可以保持一定的键角而自由旋转。高分子化合物是由成千上万个单键组成的，每一个单键均可在一定程度上做自由旋转，可知一个分子链的空间形状不是固定不变的，而是在不断变化着。由于分子链很长，再加上每个链节都可以做内旋转，因而使大分子一般处于卷曲状态，好似一个不规则的线团。人们把高分子链中各单键能自由旋转，并使高分子链有强烈卷曲倾向的特性称为链节的柔顺性。链节的柔顺性对高分子化合物的物理性能有着重要的影响。

（四）复合材料

复合材料是由两种或两种以上化学性质或组织结构不同的材料组合而成的复相固体材料。复合材料在我们的生活中已屡见不鲜。例如：钢筋混凝土、金属陶瓷、橡胶轮胎等。随着生产和科学技术的发展，除要求材料具有高强度、耐高温和低密度外，还对材料的韧性、耐磨、耐腐蚀性及电性能等提出了种种特殊的要求。这对单一材料来说是无能为力的。采用复合技术，把有机高分子材料、无机非金属或金属材料等复合起来，取长补短，以便达到这些性能要求，于是现代复合材料得以蓬勃发展。现在，复合材料已经广泛应用于交通运输、建筑、能源、化工、军事、宇航和体育等领域。

一般来说，复合材料内部结构分为基体相和增强相。基体相是一种连续相材料，它把改善性能的增强相材料粘在一起，起黏结剂作用并使之分布均匀，在受力时把载荷传递给增强相。增强相大部分是高强物质，起提高强度（或韧性）的作用。

复合材料的种类繁多，目前尚无统一的分类方法。可按照增强相的形状和基体相的类型进行分类。按增强相形状可分为三类：纤维增强复合材料、叠层增强复合材料和颗粒增强复合材料。按基体相材料类型也可分为三类：树脂基复合材料、金属基复合材料和陶瓷基复合材料。

新型复合材料主要是指那些以碳纤维、硼纤维、氧化铝纤维等为增强材料，以树脂、陶瓷及金属材料为基体材料的复合材料。复合材料是一种新型的工程材料，由于具有可设计性，可按人们的意愿进行合理复合，来满足人们对于材料的使用要求。复合材料的使用，无疑对科学技术的发展起着重大作用，21世纪将是复合材料的时代。复合材料的技术性能十分优良，如比强度和比模量高、抗疲劳性能好、减震性能好和高温性能好等。

（五）纳米材料

纳米材料是由尺度为纳米量级（1~100 nm）的超微粒组成的长、宽、高中至少有一个尺寸在纳米量级的材料。组成成分可以是金属，也可以是有机化合物，还可以是半导体或陶瓷。纳米微粒的微观结构可以是晶态的，也可以是准晶态的或是无定形的。

纳米微粒的粒度介于微观粒子和宏观物质之间，因而具有许多既不同于微观粒子，又不同于宏观物体的特性。由其组成的纳米材料与普通材料相比也具有许多独特的性质。例如，常规陶瓷非常脆，但纳米陶瓷在低温下却表现出良好的延展性。再如，纳米材料熔点低，2 nm 的黄金微粒熔点仅 330 ℃，较通常黄金熔点低 700 ℃。还有，一些纳米材料具有良好的耐腐蚀性能。纳米 $Al_{1.92}Cr_{0.08}O_3$ 薄膜既耐强酸又耐强碱，完全不同于多晶的 Al_2O_3 或 CrO_3 薄膜。纳米材料的特性还表现出对光的反射率很低（仅约 1%），纳米材料的比表面积大、表面活性高，不少纳米陶瓷和金属的硬度和强度较普通材料高 4~5 倍。

纳米材料从外观形态上划分，包括纳米微粒、纳米薄膜和纳米块体三种。制备纳米材料的方法很多，通常应根据需要、原材料和设备条件等因素选择不同的制备方法。

纳米材料有很多不同于常规材料的用途，在磁性材料、电子材料、光学材料、保温与耐热材料、催化、环保、生物医学、传感等众多领域具有广泛、良好的应用前景。例如，利用纳米微粒比表面积大，表面活性高，对环境的温度、磁场、光等敏感的特点，可制作多种传感器，尤其是超小型、低能耗的多功能传感器，利用纳米微粒的磁特性可制作磁记录材料。在我国，基于纳米薄膜的防伪包装技术和纳米 SnO_2 膜气体传感器等已实用化。

第三节 纳米技术与纳米材料

一、纳米技术概论

纳米（nanometer）是一个长度单位，用 nm 表示。1 nm=10^{-9} m，即 1 纳米等于十亿分之一米。我们知道，原子是组成物质的最小单位，自然界中氢原子的直径最小，仅为 0.08 nm，非金属原子直径一般为 0.1~0.2 nm，金属原子直径一般为 0.3~0.4 nm。因此 1 nm 大体上相当于数个金属原子直径之和。由几个至几百个原子组成的粒径小于 1nm 的原子集合体称为原子簇或团簇。当前能大量制备的团簇有 C_{60}，是由 60 个碳原子组成的足球结构中空球形分子，由三十二面体构成，其中 20 个六边形、12 个五边形。C_{60} 的直径为 0.7 nm，一般细菌（如大肠杆菌）的长度为 200~600 nm，而引起人类发病的病毒一般仅为几十纳米，因此，纳米颗粒比红细胞和细菌还要小，而与病毒大小相当或略小些。

纳米技术是 20 世纪 80 年代末至 90 年代初逐步发展起来的前沿性、交叉性的新兴学科，它是在纳米尺度（1~100 nm）上研究物质（包括原子、分子的操纵）的特性和相互作用，以及利用这些特性的多学科交叉的科学技术。纳米技术特别重视通过观察原子和分子，在纳米尺度上操纵原子和分子，因此它和普通的化学学科存在显著不同。但是，却涵盖了所有基本化学、大部分物理学和分子生物学的知识。

纳米技术给予我们更为广阔的思路，使我们可以在纳米尺度上设计全新的结构和器件，比如可以利用小块晶体或生物材料进行加工，而不一定要将物质拆分到单个原子。纳米技术的发展和应用进程将是缓慢的，因为我们需要时间来确定物质的临界点，在这一临界点我们只需要改变物质中为数不多的几个原子就会得到不同的材料。相对于"自上而下"的加工过程，用单个原子组建纳米器件会更加有效，这样可以在原子水平上控制物质结构和性能。

纳米技术与众多学科密切相关，是一个体现多学科交叉性质的前沿领域。现在已不能将纳米技术划归为任何一个传统学科。如果将纳米技术与传统学科相结合，可产生众多新的学科领域，并派生出许多新名词。若以研究对象或工作特点来分类，纳米技术可分为三个研究领域：纳米材料、纳米器件和纳米尺度的检测与表征。其中纳米材料是纳米技术的基础，纳米器件的研制水平和应用程度是人类是否进入纳米技术时代的重要标志，纳米尺度的检测与表征是纳米技术研究不可或缺的手段和理论与实验的重要基础。只有在物理、化学、材料科学、电子工程学以及其他学科的很多方面得到充分发展的情况下，才能真正形成具体的纳米技术。

纳米材料的特性与其构成单元的性质密切相关，而这些介于微观和宏观之间的纳米颗粒体系作为一类新的物质层次，出现了许多独特的性质和新的规律，如量子尺寸效应、小尺寸效应、表面效应和宏观量子隧道效应等。

二、纳米材料的特殊性能

纳米微粒是由有限数量的原子或分子组成的、保持原来物质的化学性质并处于亚稳状态的原子团或分子团。当物质的线度减小时，其表面原子数的相对比例增大，使单原子的表面能迅速增大。到纳米尺度时，此种形态的变化反馈到物质的结构和性能上，就会显示出奇异的效应，主要可分为以下四种最基本的特性。

（一）量子尺寸效应

金属费密能级（Fermi Level）附近的电子能级在高温或宏观尺寸情况下一般是连续的，但当粒子尺寸下降到某一纳米值时，金属费密能级附近的电子能级由准连续变为离散能级的现象，以及纳米半导体微粒存在不连续的最高被占据分子轨道和最低未被占据分子轨道的能级而使能隙（Energy Gap）变宽的现象均称为量子尺寸效应。

这一现象的出现使纳米银与普通银的性质完全不同，普通银为良导体，而纳米银在粒径小于 20 nm 时却是绝缘体。同样，纳米材料的这一性质也可用于解释为什么纳米 SiO_2 从绝缘体变为导体。

当能级间距大于热能、磁能、静磁能、静电能、光子能量或超导态的凝聚能时，必须考虑量子尺寸效应，这会导致纳米微粒磁、光、声、热、电以及超导电性与宏观特性有着显著的不同，如光谱线频移、导体变绝缘体等。

（二）小尺寸效应

当超细微粒的尺寸与光波波长、德布罗意波波长（De Broglie Wavelength）以及超导态的相干长度或透射深度等物理特征尺寸相当或更小（即微粒尺寸小到与光波波长或德布罗意波波长、超导态的相干长度等物理特征相当或更小）时，晶体周期性的边界条件将被破坏，非晶态纳米微粒的表面层附近原子密度减小，声、光、电、磁、热力学等物性发生变化而导致新特性产生的现象，就是所谓的纳米粒子的小尺寸效应，又称体积效应。纳米粒子体积小，所包含的原子数很少，相应的质量极小，因此许多现象不能用通常有无限个原子的块状物质的性质加以说明。

例如，纳米材料的光吸收明显加大，并产生吸收峰的等离子共振频移；非导电材料的导电性出现；磁有序态向磁无序态转化，超导相向正常相转变；金属熔点明显降低。

这些特性使人们可利用它来改变以往的金属冶炼工艺，通过改变颗粒大小控制材料吸收波长的位移，以制得具有一定吸收频宽的纳米吸收材料，用于电磁波屏蔽、防射线辐射和隐形飞机等领域；还可以根据这一效应设计许多特性优越的器件。

（三）表面效应

表面效应又称界面效应，它是指纳米粒子的表面原子数与总原子数之比随粒径减小而急剧增大后所引起的性质上的变化。纳米粒子尺寸小，表面能高，位于表面的原子占相当大的比例。随着粒径的减小，表面原子百分数迅速增加。

当纳米粒子的粒径为 10 nm 时，表面原子数为完整晶粒原子总数的 20%；而粒径降到 1 nm 时，表面原子数比例达到 90% 以上，原子几乎全部集中到纳米粒子的表面。这样高的比表面，使处于表面的原子数越来越多，同时表面能迅速增加。纳米微粒的表面原子所处环境与内部原子不同，它周围缺少相邻的原子，存在许多悬空键，具有不饱和性，易与其他原子相结合而稳定。因此，纳米晶粒尺寸减小的结果导致了其表面积、表面能及表面结合能都迅速增大，进而使纳米晶粒表现出很高的化学活性；并且表面原子的活性也会引起表面电子自旋构象电子能谱的变化，从而使纳米粒子具有低密度、低流动速率、高吸气体、高混合性等特点。例如，金属纳米粒子暴露在空气中会燃烧，无机纳米粒子暴露在空气中会吸附气体，并与气体进行反应。

（四）宏观量子隧道效应

微观粒子具有贯穿势垒的能力称为隧道效应。近年来，人们发现一些宏观量，如微粒的磁化强度、量子相干器件中的磁通量等亦具有隧道效应，称为宏观量子隧道效应。早期曾用来解释超细镍微粒在低温下继续保持超顺磁性。近年来，人们发现 Fe-Ni 薄膜中畴壁运动速度在低于某一临界温度时基本上与温度无关。于是，有人提出量子力学的零点振动可以在低温起着类似热起伏的效应，从而使零温度附近微颗粒磁化矢量的重取向，保持有限的弛豫时间（Relaxation Time），即在绝对零度仍然存在非零的磁化反转率。相似的观点可解释高磁晶各向异性单晶体在低温产生阶梯式的反转磁化模式，以及量子干涉器件中的一些效应。

宏观量子隧道效应的研究对基础研究及应用研究都有着重要意义，它限定了磁带、磁盘进行信息存储的时间极限。量子尺寸效应、隧道效应将会是未来微电子器件的基础，或者它们确立了现存微电子器件进一步微型化的极限。当微电子器件进一步微型化时，必须考虑上述的量子效应。如在制造半导体集成电路时，当电路的尺寸接近电子波长时，电子就通过隧道效应而溢出器件，使器件无法正常工作，经典电路的极限尺寸大概在 0.25 μm。目前研制的量子共振隧穿晶体管就是利用量子效应制成的新一代器件。

三、纳米材料的军事应用

在以高技术武器为特点的现代化局部战争中，交战双方投入使用的武器装备数量和质量成为取胜的关键。占据军事科技的制高点，积极探索纳米材料在现代武器装备防护中的应用，用纳米技术改善现有武器性能，以提高战争技术水平，增强战场生存能力，提升综合战斗力，目前已经成为世界各国争相研究的热点。

（一）纳米技术在武器装备中的技术进展

越来越多的国家认识到纳米技术的重要性，都积极投入研究开发中。信息技术的发展使战争形态发生了根本的变化，一方面，打击手段不断智能化、精确化；另一方面，打击目标也从传统的生产设施转向信息系统。纳米武器由于具有超微型和智能化的明显优势，敌方的神经系统必然是纳米武器的首选打击目标。纳米技术在军事领域的应用主要有以下几个方面。

1. 改进材料性能和提高武器装备的质量

纳米材料可以明显提高和改进武器装备的性能指标。纳米陶瓷能够克服传统陶瓷的脆性和不耐冲击等致命弱点，可望作为舰艇、飞机涡轮发动机部件的理想材料，能提高发动机效率、工作寿命和可靠性。纳米陶瓷也是主战坦克大功率、低散热发动机的关键材料。纳米陶瓷所具有的高断裂韧性和耐冲击性，可贴覆或装设在坦克、水面舰艇等易于遭受碰撞和打击的部位，用来提高坦克、复合装甲水面舰艇等作战装备的抗弹能力。将纳米陶瓷衬管用于高射速武器，如火炮、鱼雷等装置，能提高武器的抗烧蚀冲击能力，延长使用寿命。用纳米材料管"编织"的纳米纤维具有非常好的纤维弹性，不怕弯曲、穿刺、挤压，可望做成薄质、轻型防弹背心。

2. 改进武器装备的隐形性能

隐形性能是新一代武器装备的显著特点之一，隐形的优劣不仅取决于武器装备的结构设计，更重要的是它采用的隐形材料是否对雷达波、红外线等具有良好的吸收性能。由于纳米材料的优异结构，物质的表面、界面效应和量子效应等将对武器装备的吸波性能产生重要的影响。利用纳米材料的粒径远小于红外和雷达波波长的特点，可望制成电磁波吸波率非常高的隐形材料，从而极大地改善飞机、坦克、导弹和舰艇等装备的隐形性能。

3. 增强信息存储与获取能力

用纳米技术制成的碳纳米管可以充当电子快速通过的隧道。相当于原子尺度的纳米材料导线的直径只有计算机芯片上最细电路直径的1%，将其运用于武器装备的精细系统，能使电子信息快速准确地传输到战场上的每个角落。武器装备在纳米磁性功能材料作用下，可以极大地提高在战场复杂环境下对电、磁、声、光、热等各种信息的获取、传输、处理、存储和显示能力，为武器平台的电子信息系统提供更强的信息保障能力。

4. 武器装备的高速化

由于纳米材料表面效应等特性的作用，一些特殊的纳米微粒可制成燃烧效率更高的催化剂，从而提高推进剂和炸药等弹药的燃烧效率。在固体火箭燃烧剂中加入镍纳米微粒做催化剂，可使武器弹装药的燃烧效率提高10倍，不但能提高火箭、飞机、导弹、炮弹、子弹飞行速度，而且还能提高炮弹和子弹等的穿透能力。另外，纳米材料可以大幅度地减少飞行器在大气中的摩擦力和阻力，使飞行器在相同的驱动条件下飞行更快。

5. 武器装备的微型化

武器装备的体积大小是影响其灵活性的重要因素，而用量子器件取代大规模集成电路，将使武器控制系统的质量和能耗缩小上千倍，武器装备的体积、质量也随之缩小。精密复杂的高性能纳米电子信息战系统将由单兵取代战车携带。

6. 武器装备的智能化

在纳米技术的作用下，量子器件的工作速度要比半导体器件快 1 000 倍。用量子器件取代半导体器件，能提高武器装备控制系统信息工作的各种能力。采用纳米技术，能使现有雷达的体积缩小数千倍，且其信息获取能力提高上百倍。把超高分辨力的合成孔径雷达安放在卫星上，可以进行高精度对地侦察。用纳米材料制造的潜艇蒙皮可以灵敏地"感受"水流、水温、水压等极细微的变化，并将所得的信息及时地反馈给中央计算机。

（二）纳米材料在武器中的应用举例

1. "麻雀"卫星

美国 Aerospace 公司于 1993 年在奥地利召开的第 44 届国际宇航大会上，提出了纳米卫星（质量约 0.1～10 kg）的概念。这种卫星比麻雀略大（如图 11.3 - 1 所示），各种部件全部用纳米材料制造，采用最先进的微机电一体化集成技术整合，具有可重组性和再生性，成本低、质量好、可靠性强，即使遭受攻击也不会丧失全部功能。一枚小型火箭一次就可以发射数百颗纳米卫星。若在太阳同步轨道上等间隔地布置 648 颗功能不同的纳米卫星，就可以保证在任何时刻都能对地球上任何一点进行连续监视，即使少数卫星失灵，整个卫星网络的工作也不会受影响。纳米卫星的发展极为迅速，美国、俄罗斯等航天大国和许多中小国家均投入大量人力、物力加紧研制。目前，我国第一颗"纳米卫星"也正在研制之中。

图 11.3 - 1 "麻雀"卫星

2. "蚊子"导弹

由于纳米器件比半导体器件工作速度快得多，可以大大提高武器控制系统的信息传输、存储和处理能力，可以制造出全新原理的智能化微型导航系统，使制导武器的隐蔽性、机动性和生存能力发生质的变化。利用纳米技术制造的形如蚊子的微型导弹，可以发挥神奇的战斗效能。纳米导弹直接受电波遥控，可以神不知鬼不觉地潜入目标内部，其威力足以摧毁敌方火炮、坦克、飞机、指挥部和弹药库。

3. "苍蝇"飞机

这是一种如同苍蝇般大小的袖珍飞行器（如图 11.3 - 2 所示），可携带各种探测设备，具有信息处理、导航和通信能力。其主要功能是秘密部署到敌方信息系统和武器系统的内部或附近，监视敌方情况。这些纳米飞机可以悬停、飞行，敌方雷达根本发现不了它们。据说它还能适应全天候作战，可以从数百千米外将其获得的信息传回己方导弹发射基地，直接引导导弹攻击目标。

4. "蚂蚁士兵"

这是一种通过声波控制的微型机器人。这些机器人比蚂蚁还要小，但具有惊人的破坏力。它们可以通过各种途径钻进敌方武器装备中，长期潜伏下来。一旦启用，这些"纳米士兵"就会各显神通：有的专门破坏敌方电子设备，使其短路、毁坏；有的充当爆破手，用特种炸药引爆目标；有的施放各种化学制剂，使敌方金属变脆、油料凝结，或使敌方人员神经麻痹，失去战斗力。图 11.3 - 3 所示为蚂蚁大小的机器人。

 图 11.3-2 "苍蝇"飞机
 图 11.3-3 蚂蚁大小的机器人

5. 纳米智能炸弹

纳米智能炸弹是一些分子大小的液滴，其大小只有针尖的 1/5 000，作用是炸毁危害人类的各种微小"敌人"，其中包括含有致命生化武器炭疽的孢子。在测试中，这些纳米炸弹获得了 100%的成功率。在民用方面，研究人员能使它们具有杀灭流感病毒和疱疹病毒的能力。

6."太空电梯"

太空战将成为未来战争的热点，由于现在的航天飞机和宇宙飞船运载能力较低，发射次数有限，安全性也较差，美国已终止其航天飞机项目，一些发达国家正在加紧研制能够满足太空作战需要的新型太空运载工具。

碳纳米管是由石墨中一层或若干层碳原子卷曲而成的笼状"纤维"，内部是空的，外部直径只有几到几十纳米。这样的材料很轻，但很结实。它的密度是钢的 1/6，而强度却是钢的 100 倍。用这样又轻又软却又非常结实的材料做防弹背心是最好不过的了。如果用碳纳米管做绳索，是唯一可以从月球挂到地球表面而不被自身重量所拉断的绳索。如果用它做成地球到月球的乘人电梯，人们在月球定居就很容易了。

7."间谍草"

间谍草内部有敏感的电子侦察仪器、照相机和感应器，具有像人类眼睛一样的"视力"，可侦察出数百米之外坦克等装备出动时产生的震动和声音，并将情报传回总部，使敌人的作战地域变得"透明"。

8. 微型攻击机器人

微型攻击机器人由传感系统、处理系统、自主导航系统、杀伤系统、通信系统和电源系统几个分系统组成。当微型攻击机器人接近目标时，它能"感觉"到敌方电子系统的位置，并进而渗入该系统实施攻击，使之丧失功能。

9."蜇人的黄蜂"

苍蝇经过一定的改装，让其携带某种极小的弹头，就成了具有某种攻击能力的"蜇人的黄蜂"。它能轻易地使敌人的信息系统失效，使敌军丧失机动能力。有的还可以通过插口钻进敌人的计算机而破坏其电子线路，使整个计算机系统瘫痪。

10."基因武器"

人类控制基因的实现必须以纳米技术作为支撑。运用纳米技术可以重新排列遗传密码，并可运用纳米技术进行修改。通过基因重组可制造基因武器。

11. 纳米飞机的侦察和干扰系统

应用了纳米技术的各种微型飞行器可携带各种探测设备，具有信息处理、导航（带有小

型 GPS 接收机)和通信能力。美国"黑寡妇"超微飞行器长度不超过 15 cm，成本不超过 1 000 美元，重 50 g，装备有 GPS、微型摄像机和传感器等精良设备。德国美因兹技术研究所的科学家研制成功了微型直升机，长 24 mm、高 8 mm、质量为 400 mg，小到可以停放在一粒花生上。

12. 纳米纤维布

可将纤维材料直接制成纳米纤维，然后再编织成"纳米布"。据报道，美国国防部和阿克伦大学合作开发出了用于服装的纳米纤维材料，利用这种低密度、高孔隙度和大比表面积的纳米纤维材料制成的多功能防护服，具有所谓的"可呼吸性"，既能挡风、过滤细微粒子，包括对生化武器和生化有毒物的阻隔与过滤，但能让汗液挥发与扩散，穿着十分舒适。我国中科院化学所也已研制出不沾水、不沾油的"纳米布"，用它可制成水陆两用服装。此外，美军还在研究纳米材料对环境变化的敏感性，将其添加到士兵的军装中，能改变面料的颜色，当外界环境发生变化时，使士兵伪装得更好。利用纳米材料改变纤维的结构，穿着这样的军装士兵燥热的时候可降温，寒冷的时候可升温。利用纳米材料制成能释放生物和化学武器解毒剂的军装和面具，能使士兵在受到生物武器和化学武器污染的战场上行动自如等。2003 年 5 月 22 日，美国纳米科技战研究所在模拟中心展出了一个全副武装的"未来战士"，其中用纳米技术制造的防水布料制成的、貌似中国秦俑铠甲的作战服几乎感觉不到重量，这非常有利于提高作战的灵活性。

第四节　军用新材料及其发展趋势

一、军用新材料概述

军用新材料是指对国防科技进步以及对国防力量增强有重大推动作用的先进材料。与传统材料相比，军用新材料往往可以使武器装备具有某种特殊的技术战术性能，但从材料构成原理上来说，两者之间又没有本质的区别，因为军用新材料一般是随着固体物理学、金属学、晶体化学、聚合物学、陶瓷学等学科的发展，在传统材料的基础上研制出来的。

对现代军用新材料有着不同的分类方法，按近年来的分类方法，可分为结构材料和功能材料两大类。其中结构材料可分为金属材料、结构陶瓷、结构高分子材料和复合材料；功能材料可分为金属功能材料、功能无机材料、功能高分子材料和复合材料。

若按照军用特点，军用新材料可分为磁性材料，电子光学材料，防热和隔热材料，抗核、抗激光、抗粒子侵蚀材料和隐身材料，固体推进剂，阻尼减震材料，连接材料及其他特殊功能材料，等等。

随着现代材料科学与工程技术水平的不断发展，现代武器系统所用的材料已由单一的金属材料，向包括金属材料在内的多种材料，特别是向复合材料、功能材料、工程塑料、陶瓷材料和非晶态材料等新材料发展。

（一）电子信息材料

电子信息材料是指能够制造信息设备的重要元件或能够传递、记录和贮存信息的新材料，主要包括：半导体材料、信息传递材料、信息记录和贮存材料等。在信息时代，特别是在未来信息化战场上，电子信息材料更是"重中之重"。据统计，目前在各种现代化军事装备的总成本中,电子设备的成本所占比例已相当高:军舰为 22%,军用车辆为 24%,军用飞机为 33%,导弹为 45%,航天器为 66%,而通信设备则高达 90%。在装备电子化的同时,以电子信息材料为核心的 C^4I(指挥、控制、通信、计算机和情报)系统也在加速发展。

1. 半导体材料

半导体材料是制造大规模集成电路的基础,目前种类最多且最重要的当属硅材料,据统计,目前世界硅的年产量为 3 000 吨左右,主要用于微电子技术。为适应大规模集成电路的发展,单晶硅正向大直径、高纯度、高均匀性、无缺陷方向发展。最大的硅片直径已达 150 mm,实验室的高纯硅已接近理论极限纯度。砷化镓等一类化合物半导体,可用于微波通信、光纤通信、太阳能发电和制造高速电子计算机,可使计算机运算速度提高 10 倍以上,而耗电量却可大幅度下降到硅的 1/10,因而是最有发展前途的半导体材料。

2. 信息传递材料

信息的载体很多,需要有对各种因素变化敏感的传感器材料把各种因素参数变为信息处理系统所能接受的信号,一般信息系统便于处理的是电信号。用于信息探测传感器的核心材料称为敏感材料,其种类很多,有光敏、压敏、电敏、气敏、热敏、声敏、湿敏、磁敏等,这些材料在军事领域的应用非常广泛,如氧化铅等材料因能够摄取图像及其颜色而被广泛用于各种军用和民用摄像机中;硫化铅、锑化铟等因能够"看得见"红外线而被用于红外跟踪导弹系统;压敏导电橡胶因其导电率随压力大小的变化而变化而被用于制造受力敏感传感器,可用于侦察部队调动情况,获取重要的战场情报。另外,用光导纤维传递光信号和用超导体传递电信号是当前和未来军事领域和民用领域传递信息的主要方式。

3. 信息记录和贮存材料

此类材料主要用于大容量、高密度和高速度存取的信息库,是计算机外围设备及软件的关键基础材料。目前主要采用磁粉涂布式磁带或磁盘的记录介质,连续介质薄膜也已大量面世。光存贮是当前最先进的记录方式,它无机械接触、无噪声、寿命长、保真度高,主要采用钆钴合金材料。

(二)新能源材料

新能源材料是指能够换能、贮能和输能的材料,主要包括换能材料、贮能材料和输能材料。在现代战争中,能源就是军队的生命线,离开能源,现代军队寸步难行。新能源材料的发明和制造,为军事技术的发展、武器装备的变革以及作战理论的更新提供了一个坚实的物质基础。

1. 换能材料

换能材料是一种可以把一种形式的能量转化为另一种形式的能量的新型材料。它包括光电转换材料、热电转换材料和压电材料等。

光电转换材料可以把光能转换为电能。太阳能无污染且用之不竭,如果能将太阳能有效地转换成电能,那么对信息化部队而言,无疑将是一笔巨大的财富。目前,已投入使用的光电转换材料有很多,其中比较著名的是非晶硅。美、日等国已首先应用于电气、通信和宇宙空间太阳能发电系统。热电材料可将热能和电能实现相互转化,这种材料同样可以满足未来军队对电能的需求。

2. 贮能材料

贮能材料是指能够贮存能量或能够贮存能源物质的材料。这类材料在军事领域的应用价值比较大，其中比较有代表性的是贮氢材料。美国、日本和西欧一些国家都在积极研制军用车辆、舰艇和飞机用氢能发动机，为此必须开发出高密度贮氢材料。目前已研制出的"吸氢合金"是一种较好的贮氢材料。其原理是使氢气和某些金属生成金属氢化物（好像把氢吸进去了），以此形式将氢贮存；当需要使用时，对此合金加热，就可将氢气释放出来。现已研制出的吸氢合金有：钛-铁合金、锰-镍合金、铬-锰合金和镧-镍-铝合金。

3. 输能材料

超导材料是一种性能优异的输能材料，这种材料因输送大电流而不发热，同时损耗又特别低，因此被广泛用于电子装置、电气装置中。如用于制造电机，可增大极限输出20倍，并减轻90%的重量。仅这一特点就使超导材料在坦克、军舰、飞机和航天器上有重要的使用价值。如果电磁炮的电源用超导材料输送电流，电磁炮的轨道也用超导材料制造，则可以给电磁炮带来重大的技术突破。目前发现的超导材料是金属和合金材料，如铌钛合金、铌锡合金以及我国发现的由钡、镧、氧等元素组成的一种多相型金属氧化物。

（三）高性能结构材料和功能材料

高性能结构材料和功能材料是指在高负载、超高温、超高压、超低温等特殊情况下使用的结构材料和功能材料。可归纳为高性能结构复合材料、高分子功能材料、新型合金材料和生物材料等。

1. 高性能结构复合材料

复合材料是高性能结构材料的一个重要发展趋势。现代复合材料的第一代是玻璃钢（玻璃纤维与树脂复合），现已普遍得到应用；第二代是树脂与碳纤维复合，易成型，价格也比较便宜；第三代则是正在发展中的金属基、陶瓷基及碳基复合材料。

金属基复合材料目前已被一些国家作为军用高技术材料予以重点研究。因金属基复合材料的使用温度（大于350 ℃）、比强度和比刚度都比金属高，所以主要用于宇航，同时还可用于制造导弹、陀螺仪常平架、导航及其操纵设备、发动机壳体和压力容器等。陶瓷基复合材料具有耐高温、导电性、光学特性、硬度及耐磨性、生物适应性好等五大主要特性，用途极为广泛，如用于制造电气电子部件、传感器的敏感元件、高效绝热发动机、坦克和装甲车辆以及直升机的防弹材料、人造骨骼，等等。新型结构陶瓷还可用于研制各种发动机，包括坦克及装甲车辆使用的陶瓷绝热涡轮发动机、未来飞机使用的复合发动机等。碳基复合材料具有良好的抗热震性、耐烧蚀性和耐高温性，且强度高、重量轻，是一种关键的防热材料，可用于中远程导弹弹头的防热，以及宇宙飞船和返回式卫星再入大气层的防热材料。

2. 高分子功能材料

随着现代高技术的发展，特别是高分子化学的发展，人们可以高精度地控制分子结构和分子量，通过利用这种控制，已制成了具有特殊新功能的功能高分子材料。以下介绍几类主要的军用功能高分子材料。

（1）高分子分离膜。一般的薄膜仅起隔离的作用，而功能性膜除了隔离作用，还有选择性传递能量和传递物质的作用。其中，气体分离膜具有较高的军事应用价值。据报道，国外正在开发研制的一种水下呼吸器（人工鳃），重量只有900克，潜水员带上它就可以在水下长期生活。另外，诸如各种信息转换膜、反应控制膜、能量输送膜等，虽然大都还处在研究阶段，但预计未来将在军事上会具有较大的应用潜力。

（2）导电聚合物。导电聚合物包括填充金属或石墨的填充型导电聚合物和本征导电聚合物两大类。填充型导电聚合物是在硅橡胶中填充金属粉、碳黑、金属氧化物或纤维构成的复合型导电材料，目前已实现工业化的导电橡胶、压敏导电橡胶和异向性导电橡胶等填充型导电聚合物均有军事应用价值。聚乙炔是本征导电聚合物，但因其稳定性差、不溶于一般溶剂，且难于加工，尚未获得大规模应用。为改善其稳定性，美国国立桑迪亚实验室合成出聚乙炔的衍生物——聚三甲基甲硅烷乙炔。同时，美国、日本的一些公司还以聚乙炔为基础研制出聚苯胺共聚物。此类导电聚合物已用作蓄电池的电极，预计未来在军事上也有利用价值。

（3）医用高分子材料。目前医用高分子材料已成功地用于制造人体的各种器官，如人工心脏瓣膜、人工肾、人工血管、人工骨骼和人工关节等，战时用于战场救护将具有很大价值。未来的人工脏器要具有所代替器官的全部功能，并具有对整个生物体的信息传感、反馈、控制和信息处理等功能，这是今后努力的目标。

3. 新型合金材料

随着新材料技术的不断发展，一批新型合金材料也随之出现，目前，主要有形状记忆合金、超塑性合金、超高温合金、贮氧合金和减震合金等。

形状记忆合金是一种能够记住自己原来形状的特殊金属材料。用这种合金制成某种形状的器具后，如受到火焰、热水等对它加热，就能立刻恢复原状，好像通过加热使它"记忆"起原来的形状一样。目前，这种材料主要分为镍—钛系、铜系和铁系合金等，并已在多个领域广泛使用，如制成人造卫星和宇宙飞船上使用的自动展开天线、航空用的记忆铆钉、飞机和航天器的管接头、机器人的手指、人工心脏、汽车保险杠以及能源转换装置等。

超塑性合金是指金属在适当温度下（大约相当于熔点温度的一半）变得像软糖一样柔软，而且其应变速度为 10 mm/s 时产生 300%以上的延伸率，属于易加工、不变性、费用低、成型性和耐腐蚀性好的一类合金。此类合金可用于制造航天器和军用飞机。据报道，B-1 轰炸机使用钛—铝—钒超塑性合金后，重量减轻了 30%，成本降低了 50%。据统计，目前已发现的超塑性合金已有 170 多种。其中，最常用的铝、铜、铁、镍合金均有 10~15 个型号，它们的延伸率在 200%~2 000%。

人们常常粗略地把在 700 ℃以上能承受 150~200 MPa 应力，在燃烧气氛中寿命不低于 100 小时的高温合金，称作超高温合金。据不完全统计，目前，在飞机发动机中超高温合金的含量已占到总重量的 40%。据计算，火箭发动机采用超高温合金后，其启动重量与有效载荷之比高达 146∶1，大大降低了发动机的重量/功率比，从而使发动机的工作效率大为提高。除镍基超高温合金外，目前，人们还正在研究熔点更高、蠕变强度更高、综合性能更佳的单晶镍基超高温合金和定向凝固共晶合金，以及难熔金属合金与金属陶瓷。

减震合金，又叫"无声合金"、"消声合金"或"安静合金"等，顾名思义，就是减少震动和噪声的合金。目前，常用的减震合金有：复相型合金、铁磁型合金、孪晶型合金和位错型合金等。由于减震合金良好的减震效果，其应用几乎遍及一切领域，特别是在军事领域的应用更为广泛。如可用作卫星、导弹、火箭、喷气式飞机的控制盘和陀螺仪等精密仪器的防震台架；还可用于军用车辆的车体、制动器、发动机转动部分、变速器、滤气器等，以及用于舰艇发动机的转动部件、螺旋桨等。

二、军用新材料的发展趋势

20世纪，钢铁与其他金属及其合金材料已成为制造枪炮、坦克和装甲车辆、军舰和飞机等绝大部分武器装备的最主要、最基础的材料。半导体材料、新型结构材料、光纤材料、高温超导材料等的发展，则成为武器装备不断现代化和高技术化的关键。当今随着新材料品种的不断增多以及性能的不断改善，以钢铁及其合金占主导地位的局面正在被打破，军用新材料技术正在向高性能化、高功能化、复合化和智能化等方向发展。

（一）军用新材料由结构材料转向功能材料

传统的结构材料一直在材料王国中占有绝对优势的地位，但是近年来这种状况发生了明显的变化。随着高技术特别是包括大规模集成电路、高速计算机、人工智能、自动化、通信技术以及超导、推进、隐身、生物等技术的发展和现代武器的不断更新，一些具有特殊功能的材料，如新型电子材料、光学材料、磁性材料、防热材料、隐身材料、化学材料、能源材料和生物材料等得到大力开拓和飞速发展，新材料层出不穷。因此可以说，目前新材料的研究重点已经转到功能材料上来，这将对武器装备的升级换代起着决定性的促进作用。

目前已经出现或即将出现的功能材料有：隐身材料、信息材料和多功能复合材料等。隐身材料是近年来美、俄、英、法、日等国家非常重视的一种军用新材料。1992年，美国国防部关键技术计划的第10项专门安排了雷达、红外、声隐身材料的研究。声隐身材料中的结构吸波材料已经用于美、俄、英、法等国的作战飞机、导弹和舰艇，B-2、F-117战机的机翼、机身都采用了结构吸波材料并取得成功。国外结构吸波材料正朝红外与雷达隐身的多功能、宽频带方向发展。涂层型隐身材料也已成功地应用于雷达波隐身。导电高聚物作为新型的微波吸收剂已引起世界各国的广泛兴趣。据有关资料称，美国正投资开发导电高聚物微波吸收材料，为未来的隐身战斗机制造"灵巧蒙皮"。随着探测手段走向多工作模式，隐身材料的发展趋势是发展多波段、主、被动兼容的结构或涂层型隐身材料，目前各发达国家对这方面的探索方兴未艾。在声隐方面，美、俄等国推出了"安静攻击型潜艇"，其辐射噪声可以控制在110 dB左右，目前现役和在研舰艇普遍装有消声瓦。

信息材料包括信息获取材料（如单晶硅）、信息传输材料（如光纤）、信息处理材料（如砷化镓）和信息存储材料。这几种信息材料目前已经或即将用于红外阵列、核辐射探测器和卫星上的太阳能电池、光纤制导导弹、相控阵雷达和高速军用计算机等领域。随着高技术武器的发展，对材料的多功能性要求也日益迫切，特别强调复合材料的多功能化和智能化，实现结构和功能一体化。目前，国外开展研究的领域主要有以下几个方面：一是在防热领域中，主要研究的是小型化、强突防弹头和高马赫数精确制导弹头所需的新材料；二是在抗冲击领域中，主要研究的是地面和水上目标装甲防护所需的新材料，研究重点为抗弹、结构和隐身；三是在结构隐身领域，主要研究的是低目标特征飞行器所需的隐身材料，如隐身飞机和先进巡航导弹所需的结构隐身材料；四是在抗激光、抗动能打击领域中，侧重于激光、动能对材料的破坏机理、材料阈值评价等方面。

（二）由金属材料向非金属材料过渡

目前，国外在军用结构材料方面，尽管金属材料在数量上仍居统治地位，但在品种上已经让位于非金属材料，由于金属材料在重量或比强度、比刚度、隔热性乃至相对使用温度等方面均存在着一定的局限性，在某些特殊使用条件下不再能满足要求，因而需要寻找新的高性能结构陶瓷（韧化陶瓷）、高分子材料和包括金属基和金属间化合物基在内的复合材料来取代现在的金属材料。同时，在军用功能材料方面，金属材料也日益显得无能为力，目前除磁性合金、膨胀合金、耐热合金、减震合金和形状记忆合金等仍在发挥独特作用外，其余大部分应用领域均已让位于非金属材料，如功能陶瓷、高分子材料和复合材料等。我们已经知道，陶瓷材料具有许多优异性能，不仅质轻，而且可耐高温、热膨胀系数低，还具有导电体、半导体、铁电体、压电体和超导体等的特殊性能，加上资源丰富、成本低廉，既可做结构材料，又能做功能材料，在许多军事装备，如坦克装甲、导弹天线罩、航天器防热壳体，以及各类发动机高温部件和各种电子、磁性、光学元器件上有着巨大应用潜力。复合材料更是与轻金属竞争的佼佼者，它们不仅具有更高的比强度、比刚度，而且具有良好的高温性能、耐热蚀性、耐腐蚀性、耐磨损性，以及抗辐射、抗激光、吸波等多种特殊性能，可用于几乎所有各类军事装备，能使其减轻重量、提高性能，因而用量与日俱增。据报道，先进复合材料用于装甲车辆、飞行器外壳可减重25%～50%，高温复合材料用于发动机可增加推力50%，减少燃料消耗约40%。可以预计，复合材料在军用飞机上的用量（按重量计）将可达到40%～60%，并有可能研制出全复合材料的军用飞机。卫星、空间站等也将逐渐复合材料化。隐身飞机、突防导弹也将以复合材料作为最理想的结构隐身材料或多功能材料。今后复合材料将不断改进工艺、稳定性能、降低成本、扩大应用，并将增加更多功能。另外，敏感元件和电子对抗材料也将与结构材料一体化。

（三）加工工艺由传统工艺向先进工艺迈进

新材料的发展越来越离不开新工艺的支撑。材料或结构的成型、加工、连接、密封及涂层等工艺，不仅可决定一个部件的设计目标是否可以实现，质量是否合格，而且还决定能否提高性能、降低成本及能源、材料的消耗。军工产品尤其是尖端军工产品对这方面的要求更是严格，对新工艺的依赖性更大。目前国外对发展各种新工艺并使之与新材料紧密结合非常重视，不仅在金属材料和构件方面发展出了精密铸造、精密锻造、粉末冶金、快速凝固、热等静压、精密加工、计算机辅助设计、计算机辅助制造和计算机集成制造等一系列先进工艺技术，而且在陶瓷、高分子材料和复合材料方面也发展出了一系列先进工艺技术。

（四）高度重视纳米材料对未来战争的影响

进入纳米材料时代后，传统的作战模式将会发生根本的变革，未来战场极可能由数不清的各种纳米微型兵器担任主角。纳米材料会改变未来军事和战争形态，使未来战争呈现出崭新的面貌。

1. 探测能力大为增强，未来战场将更加透明

纳米侦察系统的应用使得探测的手段更加先进、形式更加多样、范围更加广泛、信息更加综合，使得指挥自动化系统处理战场信息的能力和侦察预警能力得到极大的提高。这使得技术相对落后的国家的军队将有密难保，战场对强敌将彻底"透明"，未与敌交手，胜败几乎已成定局。

2. 突袭能力大为提高，战争突然性将急剧增大

纳米超微颗粒的几何尺寸远小于红外及雷达波波长，从而为兵器的隐形技术提供了技术支持，增加了攻防兵器的隐蔽性，提高了突袭和空防能力。纳米武器本身尺寸微小，很难探测、发现，如果再辅以隐形技术，其威力必然大增。可以说，透明的战场加上高超的隐形技术和隐蔽性，必将使战争更具突然性。

3. 技术优势更加明显，打击目标将更高层化

与传统的武器不同，纳米武器以敌方的神经系统为主要打击目标，这是现代战争的特点和纳米武器的优势所决定的。信息技术的发展使战争形态发生了根本的变化，一方面，打击手段不断智能化、精确化；另一方面，打击目标也从传统的工业生产设施转向信息系统。纳米武器由于具有超微型和智能化的明显优势，打击敌方的神经系统必然是纳米武器的首选目标，通过纳米武器的精确攻击而使敌方宏观作战体系突然瘫痪。因此，纳米技术使未来战争的打击目标更加高层化。

4. 武器成本大为降低，未来战争将不再昂贵

现代战争消耗巨大，让人望而生畏。然而，进入纳米时代后，由于纳米武器装备所用资源少，成本极其低廉，纳米技术将生产低成本武器，制造的 15 厘米长的飞机，成本仅 1 000 美元，低于一枚反坦克火箭弹的成本。从总体上说，纳米技术可使所有武器成本低到现有价格的 1%，而作战威力至少提高 10 倍。未来造价昂贵的庞然大物型舰艇、飞机、坦克及火炮等将可能呈锐减之势，而纳米级战争将成为十足的低消耗战争。

复习思考题

1. 简述材料的发展状况。
2. 什么是材料？如何对材料进行分类？
3. 军用新材料技术有哪些应用？
4. 简述材料的组成、结构与性能的关系。
5. 纳米材料有哪些特殊性能？
6. 简述纳米材料的军事应用。
7. 常用的军用新材料有哪些？
8. 简述军用新材料的发展趋势。

第十二章　军用新能源技术的理化基础

能源（energy sources）是指能够提供某种形式能量的资源。它既包括能提供能量的物质资源，又包括能提供能量的物质运动形式。前者如煤、石油、天然气等燃料燃烧时可提供热能；后者如太阳光可放出热能，若照射太阳能电池也可转化为电能。总之，某些物质和某些物质运动形式中储存着高度集中的能量，燃料、太阳光、风力、水力等都是能源。本章主要介绍与军事高技术关系密切的军用新能源技术的理化基础知识。

第一节　军用新能源技术概述

一、能源简史

人类利用能源的历史，从一定角度来看，也是人类兵器发展的历史。不同的能源时期对应着不同的兵器发展时代，如柴薪时期，武器的发展处于冷兵器时代，人类所使用的主要能源是树枝和柴草，而人类作战所使用的主要武器是大刀和长矛；煤炭和石油时期，武器的发展处于热兵器时代，人类所使用的主要能源是煤炭和石油，而人类作战所使用的武器装备是各种火器和机械车辆；新能源时期，人类武器的发展进入热核武器时代，人类使用的能源已由传统能源开始转向新型能源，而人类作战所使用的武器也由常规武器发展到具有大规模杀伤能力的核武器。不同的能源时期反映了人类不同的文明进化程度，标志着人类征服自然的能力不断提高。这种变化反映到军事领域，就是人类军事斗争手段和方式的不断变革，武器装备性能的不断完善和提高。

人类的文明史是从使用工具和能源开始的，而人类的战争史也是从使用工具作为武器而拉开序幕的。综观人类发展的历史，我们就会发现，能源历来是人类社会生产、斗争和生活的原动力，是生产力、战斗力发展的重要标志之一，是人类赖以生存和发展的重要物质基础。同时，能源的发展和应用领域又随着社会生产力的发展而不断地变革和扩大。从能源发展的角度来看，人类从开始利用雷电野火，到亲自动手钻木取火；从利用树枝、柴草，到开始挖煤、炼油；从使用初级能源为主，到使用二次能源乃至新型能源为主，等等，反映了人类社会进步的过程，同时也揭示了人类漫长而又艰辛的能源利用史。从战争史发展的角度看，人类从开始利用天然石块，到亲自冶铁铸剑；从借助于畜力、风力，到利用机械动力；从以使用火药、石油等常规能源为主，到以使用核能、太阳能等新型能源为主，反映了人类军事斗争手段发展提高的过程，同时也揭示了人类漫长而又残酷的战争发展史。

人类利用能源的历史大体可分为五大阶段、三次转折和三个时期。这五大阶段分别是：火的发明和利用；畜力、风力、水力等自然动力的利用；化石燃料的开发和热的利用；电能的发现及利用；原子核能的发现及利用。三次划时代的革命性转折包括：第一次，煤取代木材成为主要能源；第二次，石油取代煤而居主导地位；第三次，由单一结构向多能结构的过渡。三次划时代的革命性转折导致了人类进入三个不同层次能源时期，即柴薪时期、煤炭时期和石油时期。每进入一个时期，人类社会的历史就向前迈进一大步，军事斗争的手段就迈上一个新的台阶。可以说，能源的替代和转换是人类社会不断发展和军事斗争手段不断进步的重要标志，每次能源转换的结果，都伴随着生产技术（包括武器的生产和制造技术）的重大变革，使人类社会产生质的飞跃。

柴薪时期——火的利用揭开了人类利用自然力的序幕，是人类在认识能源的漫长旅程中迈出的关键一步。随着生产力的不断提高，能源的开发利用也越来越广泛：人们用牲畜拉车、耕地，靠水力推磨碾米，借助于风力扬帆助航。在漫长的中世纪，人类只限于对畜力、风力、水力、木材等天然能源的直接利用，其中木材占据首位。它们是资本主义早期发展的主要能源。这一时期，能源技术在军事上的应用也极其显著，如火的利用和取火方法的发明，使人类冶铜技术不断提高，而冶铜技术的发展又促使冶铁技术不断成熟。据史书记载，早在4 000多年前，居住在亚美尼亚山区的基药温达人就已发明了冶铁技术。冶铁技术的发明，为铁制兵器的诞生奠定了基础。由于畜力的应用，人们发明了战车，并出现了车兵，从而使人类的作战方式发生了变化。由于风力的应用，出现了扬帆远航的战船。据记载，早在公元前5世纪古希腊就造出载重量达250吨的多帆船，同时，为了加强机动性，有些船设2~3层桨，可桨帆并用，可以说这是现代海军的技术之祖。

煤炭时期——随着生产的发展和自然科学的兴起，18世纪中叶，英国的詹姆斯·瓦特（James Watt，1736—1819）发明了蒸汽机，人们首次用"乌金石"——煤填喂永不会饱的蒸汽机，把热能转变为动力（即机械能），让水和火这一对互不相容的对头结下姻缘，使它们的"骄子"——水蒸气大显身手。蒸汽机的使用大大提高了劳动生产率，促进了煤炭的大规模开采，带来一场工业大革命。到19世纪下半叶，煤炭在能源结构中所占的比重逐步开始上升：由19世纪70年代的24%一下子就增加到20世纪初的95%，从而一举取代了木材在能源结构中的主导地位而成为主要能源。伴随着这次能源转换，世界进入了"煤炭时代"。这一时期，煤炭被大量开采，世界上许多国家都建立了以煤炭为基地的大工业区，如美国东北部区、德国的鲁尔区、英国的英格兰区和中国的东北工业区等。这一时期，能源在军事上最主要的应用就是以燃煤为动力的蒸汽机的发明和使用。1814年第一艘蒸汽动力炮舰在美国诞生。这艘炮舰身长50米，配置火炮20门，用划水轮推动，航速每小时10海里[①]。但由于该舰蒸汽机和划水轮外露，易被炮火击损，同时，当时的蒸汽机和划水轮设计笨重、占位、占重过多，致使重炮难设。于是，紧接着在1836年又造出了世界上第一艘螺旋桨推进式蒸汽船。1849年又有法国的约441 kW蒸汽发动机、5 000 t排水量的"拿破仑"号战舰下水，它装备火炮百门，航速提高到每小时13海里。蒸汽战舰的出现，使海军舰船的发展揭开了新的篇章。

石油时期——19世纪70年代，人们通过雷电现象发现了电。1866年，人们根据电磁感应现象制成了发电机。后来发现，利用水下冲产生的能以及燃烧燃料生成的热能都能使发电机旋转产生电能；电能可以远距离输送，还可以并网供电，调剂余缺，平衡需求。从此，电

[①] 1海里=1.852千米。

力代替了蒸汽机，电能得到了广泛应用，对工业生产产生了巨大影响，大大加快了社会生产的发展速度。20 世纪初，人们又发明了内燃机，能源消费结构中煤炭比重开始逐渐下降，而作为内燃机的液体燃料——石油的比重却不断上升。鉴于煤的成本、利润和燃烧热值都比不上石油，运输、贮存、使用也不如石油方便，且燃烧时浓烟滚滚、污染环境，20 世纪 60 年代，石油渐渐取代煤炭。到了 70 年代，石油在总能源中所占的比重已达 50%左右，在世界能源消费结构中占据了主要地位，世界也由此进入了"石油时代"。这期间，世界能源在布局上出现了专门的大生产区、加工区、消费区和重要石油运输线的输出港口等；同时，也出现了一些专门保护石油输出国自身利益的组织，如石油输出国组织等。现代科技的不断进步，特别是新技术的不断发展，促进了一大批高技术群体的涌现，并由此引发了一场以石油为主要能源的石油争夺战，这场争夺战随着世界格局的变化以及人类的进步而愈演愈烈，并日益复杂。这个时期，以石油为动力的各种机械化兵器也开始逐渐出现，如飞机、坦克、军用运输车等。1903 年美国莱特兄弟发明的世界上第一架飞机所使用的发动机就是使用汽油的汽车发动机，由于动力很小，因而续行时间只有 3 秒半。之后随着航空发动机技术的发展，飞机的机动性能也不断提高，到 1913 年，德国制成的单翼双座侦察机，功率就已达 73.5 kW，时速达 120 千米，续行可达 4 小时之久。人类历史上第一辆坦克是英国人于 1915 年研制成功的，它采用 1905 年出现的履带拖拉机底盘，以内燃发动机为动力，以机枪为武器，并于 1916 年 9 月第一次参战。它一出现，即锋芒毕露，令防御者目瞪口呆、惊惶失措。之后，随着坦克发动机动力的不断提高，坦克的各项技术性能也不断得到改善，类型也越来越多，从而对当时的陆军作战产生了巨大的影响。

20 世纪 70 年代以后，接连出现了两次震撼世界的石油危机。这两次石油危机，使人类深刻地认识到石油是一种蕴藏量极其有限的宝贵资源。由于以煤炭、石油和天然气为主体的能源已成为人类社会的重要动力支撑体系，所以石油危机影响到全球，使得能源向石油以外的能源物质转换势在必行。

二、能源的分类

能源种类很多，从不同角度进行分类，大致有以下几类：

（1）按能源的形成可分为：① 一次能源，它是指自然界中存在的可直接使用的能源，例如煤、石油、天然气、太阳能等，也称天然能源；② 二次能源，它是指经加工转化成的能源，例如，电、蒸汽、煤气、氢气、合成燃料等，又称人工能源。

（2）按能源能否再生可分为：① 再生能源，它是指不随人类的使用而减少的能源，例如太阳能、生物质能等；② 非再生能源，它是指随人类的使用而逐渐减少的能源，例如煤、石油、天然气等。

（3）按能源使用的成熟程度可分为：① 常规能源（传统能源），它是指人类已经长期广泛使用，技术上比较成熟的能源，例如煤、石油、天然气等；② 新能源，它是指虽已开发并少量使用，但技术上还不成熟，尚未普遍使用，却极具潜在应用价值的能源，例如太阳能电池、氢能源等。但是，"常规"与"新"是一个相对的概念，随着科学技术的进步，它们的内涵会不断发生变化。例如，核能在某些国家已成为常规能源，而在我国，由于起步较晚，至今还归入新能源的范围。预计在 21 世纪核能在我国也将成为常规能源。

（4）按能源性质可分为：① 含能体能源，它是指能够提供能量的物质资源，例如煤、石油、天然气等，这种能源若暂不使用可以保存，也可以直接储存运输；② 过程性能源，它是指能够提供能量的物质运动形式，例如太阳能、风能等，这种能源不能保存也很难直接储存运输。

三、新能源和新能源技术

新能源概念不是绝对的，它所包含的内容随着科学技术的发展而不断变化，今天的常规能源可能是过去的新能源，而今天的新能源将来也可能成为常规能源。但无论怎样，作为新能源应有如下几个共同特点：

（1）具有再生性，取之不尽，用之不竭；
（2）储量丰富，价格低廉，能进行大规模开采利用；
（3）清洁、安全、无污染；
（4）具有较高的热值，便于贮存、运输和使用。

新能源的利用和开发是人类所面临的能源危机直接作用的结果。众所周知，能源是人类赖以生存和发展的重要物质基础。千百年来，人类一直利用煤、石油、天然气等作为主要能源，世界能源组织把它们称为"初级能源"。而电力只是上述这些能源转化而来的"二次能源"。直到 20 世纪 40 年代以前，人们一直认为维系社会生产和经济生活的地上和地下能源是"取之不尽，用之不竭"的宝藏。然而，随着近几十年来科技、生产的日新月异和生活水准的逐步提高，各种能源消耗急剧上升。据国际能源机构 1994 年 4 月 11 日发表的一份年度报告预测，世界能源需求将有"不可避免的"大幅度增长。预测报告估计，如果至 2010 年全世界生产总值比 1991 年增长 70%，那么，届时世界能源消费将比 1991 年增加 48%。在今后 16 年内，如果经济增长率每年平均为 5.3%，那么对能源的消费则每年平均增长 4%以上，其中对石油的需求每年平均增长 3.8%左右，对天然气的需求平均每年增长 5.6%。同一时期内，全世界的煤消费量将每年平均增长 2.1%左右。根据这种增长速度，国际能源专家预测，地球上所蕴藏的可供开采利用的煤和石油，分别将在 100 年内和 29～46 年间耗尽。世界上已查明的 667 000 亿立方米的天然气按储采比也只能维持 35 年。若不开发新能源，到 21 世纪初能源的供需矛盾必将进一步激化，成为影响生产发展和社会进步的一个最严重的制约因素。

随着能源危机的进一步激化，对新能源技术的开发和利用已日益迫切。目前，专家们认为最有发展前途的能源技术，就是把自然界普遍存在的太阳能、地热能、风能、海洋能、核聚变能以及生物能、氢能等可再生能源加以开发，使其转变为电力和热能的新能源技术。当今在对可再生能源的研究开发中，太阳能开发技术已日趋成熟，主要表现在三个方面的应用：一是对太阳能的热利用，如太阳灶、太阳能热水器等；二是利用光电效应将太阳能直接转换成电能；三是光化学电池，它是利用光照射半导体和电解液界面，使光和物质相互作用发生化学反应，在电解液中产生电流，并使水电离直接产生氢的电池。

核能的开发是新能源技术解决能源危机的另一种有效手段。目前，核电技术采用的是比较成熟，但转换效率极低的热中子转换堆技术。世界上一些发达国家正在研究用富含钚 239 的铀 238 做燃料、用重水代替轻水的新型转换堆，以及发展更有前途的快中子增殖反应堆技术等。据报道，日本已建成了一座装机容量为 25 万 kW 的"文殊"号快中子增殖反应堆，于 1995 年 10 月 18 日进行了发电、供电试验，运转情况基本良好，1996 年春天正式满负荷发电。

在21世纪，人们还将从海水中提炼氘作为聚变堆燃料，从而开发出一种更科学、更安全、更有效的核聚变技术，使人类对核能的利用延长100亿～200亿年。

氢能将是21世纪世界能源舞台上一种举足轻重的二次能源。由于氢无色、无臭、无味、无毒、易燃，且热值高（是汽油的2.8倍）、燃烧产物无污染，所以世界各国都把氢作为未来发电、家用燃料、机动车和飞行器的能源。同时，氢和太阳能组成的复合型能源系统将成为未来新能源技术发展的主要方向。

四、新能源技术在军事领域的应用

能源与军事密切相关。军事技术的发展离不开能源的支撑，武器装备的每一次重大变革都离不开能源革命。离开能源，现代军队将寸步难行。除常规能源外，在不久的将来，新能源也将在军事领域得到广泛应用。

首先，太阳能的开发与利用使军事装备的能量来源直接化和永久化。太阳能既是"一次能源"，又是"可再生能源"。太阳能可直接转化为电能。利用太阳能发电是目前最有发展前途的一项技术，太阳能发电可为车辆、飞机、舰艇等提供所需的各种能源，可为各种武器及其发射平台的测量与控制设备、自动化指挥系统及电子对抗系统的各种设备和光电系统提供电能。同时，超导技术的发展，使太阳能发电以及电能的输送与储存等设备小型化。在未来，体积小、功率大、损耗低的超导太阳能电池可能取代传统的油箱和燃油发动机，使军队的机动性、隐蔽性进一步提高，超导磁体储能装置可长时间、低损耗地储存大量电能，从而使时断时续的太阳能变成稳定、可靠的电力。

其次，核能的开发和利用使现代武器的发展步入了一个崭新的阶段。核能的军事应用首先是制造核武器，除原子弹、氢弹外，美国和俄罗斯（苏联）还研制出威力可调的核武器，以及按照不同需要增强或削弱其中某些杀伤破坏因素的特殊性能核武器，如中子弹等。核能还可作为舰艇、卫星上的驱动能源。核电站不仅具有巨大的民用价值，而且还具有很大的军事应用潜力，小型核电站可车载、机载，是理想的战时能源。利用核聚变实验装置进行核爆炸效应模拟，并以此来研究核武器中的某些重要物理问题，已成为目前一些国家积极研究受控热核聚变的动力之一，并将其纳入本国核武器发展计划，以期补充并进而代替部分核试验。利用核爆炸所释放的能量研制核定向能武器的计划目前也在加紧进行。

再次，氢能作为燃料所具有的独特优势，使军事航天、航空向更高阶段发展成为可能。在航天方面，减轻燃料本身的质量，增加有效载荷，对航天飞机来说是极为重要的。氢的能量密度很高，是普通汽油的3倍，也就是说，只要用1/3质量的氢燃料，就可以代替汽油燃料，这对航天飞机无疑是极为有利的。美国国家航空航天局就曾在1994年发射了一架以氢作为燃料的混合型航空航天飞机。日本研制的下一代主火箭H-1、H-2型的第二级也将采用氢做燃料。在航空方面，以氢作为动力燃料已经在飞机上进行了试验。1989年4月，苏联用图-155型运输机改装成氢能燃料实验飞机进行了试飞，并获得成功。它的成功标志着人类应用氢能源又向前迈进了一大步。目前，美国正在积极研究在飞机上合理地使用自然资源和能源，这样同时还起到保护环境的作用。由于清洁生产能够充分利用参与反应的原料原子来实现"零排放"，即获得最佳原子经济性，因而它对解决能源危机及环境污染起到关键作用。

第二节 太阳能电池的基本原理

一、太阳能简介

太阳是一座核聚变反应器，不断放出巨大的能量来维持太阳的光辐射和热辐射。太阳虽然经历了几亿年的发展，但还处于中年时期。组成太阳的物质中75%是氢，且它在持续地变成氦，释放出的巨大能量扩散到太阳的表面，并辐射到星际空间。科学家们认为太阳上的核反应是：

$$4^1_1H \rightarrow {}^4_2He + 2\beta^+ + \Delta E \qquad (12.2-1)$$

其中 β^+ 为正电子的符号。这个反应又称为氢核的聚变反应。

太阳的内部中心温度可达 10^8 K，辐射的光谱波长为 10 pm～10 km，其中99%的能量集中在 0.276～4.96 μm，发射功率为 3.8×10^{26} kW，地球上每年接收太阳的总能量约为 1.8×10^{18} kW·h，为太阳辐射总能量的20亿分之一，但却是人类每年消耗能源的1.2万倍。太阳对地球表面的辐射取决于地球绕太阳的公转与自转、大气层的吸收与反射及气象条件等。地球绕太阳运行的轨道为一椭圆形，在12月离太阳最近的距离为 1.47×10^8 km，而在6月离太阳最远的距离为 1.52×10^8 km。相对于地球，太阳在一年中从北向南移动 47°再返回；而在东西方向上从日出到日落为 180°（每天移动 360°）。这两种变化均直接影响太阳辐射到达地球表面的能量。

太阳光在穿透大气层到达地球表面的过程中，要受到大气中各种成分的吸收及大气和云层的反射，最后以直射光和漫射光的形式到达地面，平均能量约为 1.0×10^3（W/cm²）。大气中的水汽对太阳光的吸收最为强烈；臭氧对紫外光的吸收也很强；不同的地理位置、季节和气象等因素也直接影响到达地表的太阳辐射能量。

从长远看，人类为了解决化石能源的短缺以及这些能源在利用过程中所造成的环境污染，只有依靠科学技术来大规模开发利用可再生清洁能源，才能实现可持续发展。在人类使用的能源中，除直接用太阳的光能和热能外，风能、水能、生物质能等均来源于太阳能。太阳能有着独特的优点，主要表现在：

（1）相对于常规能源的有限性，太阳能有着无限的储量，取之不尽，用之不竭；

（2）有着存在的普遍性，可就地取用；

（3）作为一种清洁能源，在开发利用过程中不产生污染；

（4）从原理上讲，技术可行，有着广泛利用的经济性。

因此，太阳能将在世界能源结构的调整中担当重任，必将成为理想的替代能源。

太阳能利用技术主要指太阳能转换为热能、机械能、电能及化学能等技术。而太阳能的利用主要有三种方式：一是储热、集热和直接利用其热能来供热，如已广泛使用的太阳能热水器、太阳灶、空调机、被动式采暖太阳房、干燥器、集热器和热机等，利用太阳能来冶炼金属也正在研究之中。二是通过光电转换，将太阳能转换为电能并加以储存，最终以电源形式满足人们的需求。目前这一领域已成为太阳能应用研究的主要方向,如已制作出各种太阳能电池、制氢装置,以及太阳能自行车、汽车和飞机等,并在开展建造空间电站的前期工作。三是将太阳能直接转换成化学能,即光化学转换。这里主要介绍与化学有关或关系较大的太阳能直接利用方式。

二、太阳能热利用

太阳能—热能转换历史悠久,开发也较普遍。太阳能热利用包括太阳能集热器、太阳池、太阳能热发电、太阳能制冷与空调、太阳能干燥和太阳能温室等。

(一)太阳能集热器

在集热器中太阳能是通过吸收表面转换成热能的,所以吸收表面的性能对集热器效率有较大影响,要求吸收表面对太阳能有很大吸收率,而本身热辐射的发射率又要很小。吸收表面有好几种类型,通常由金属薄层、金属氧化物或塑料组成。一般用薄层氧化铜作为吸收表面,它对太阳能的吸收率为90%,本身热辐射发射率仅为10%,可达到的平衡温度计算值为327 ℃。

集热器有两种设计。平板集热器的表面是平板式的,这种集热器不论在阳光直射时,还是在阴天阳光散射时,效果都不错;聚光式集热器采用反射镜把尽可能多的太阳光聚到表面。聚光式集热器只在太阳光直射时效率高,当天空出现云层时,它的性能就会大大减弱。

(二)采暖和制冷

屋顶式太阳能热水器在我国某些地方及其他一些国家已经使用了多年,利用太阳能给建筑物供暖也已部分开始使用。典型的做法是,用在屋顶上的集热器来产生热水,再把这热水贮存在一个贮热箱里,这个贮热箱即可用来加热在建筑物里流通的空气实现供暖。利用太阳能制冷由吸收式制冷机来完成,吸收式制冷机工作原理和气体制冷机的原理相似,它用热来分离和液化氨水混合液中的氨。需要制冷时,使氨液汽化而膨胀,进入一组冷管,其过程与通常家庭空调系统一样。

(三)太阳能热发电

太阳能热发电大体上可分为两种类型:一种是太阳热动力发电,就是采用反射镜把阳光聚集起来把水或其他介质加热,使之产生蒸汽以推动涡轮机等热动力发动机,再带动发电机发电。另一种就是利用热电直接转换为电能的装置。现在已经进行研究并取得较大进展的一些装置,如温差发电、热离子发电、热电子发电以及磁流体发电等,就是将聚集的太阳光和热直接转换成电能的太阳能发电装置。利用这一原理制成的太阳能设备有:太阳能水泵、太阳能电站、太阳能高温炉和太阳能焊接机等。这些设备成本低、制作简单、使用方便,但占地面积大,受气候、日照等因素的影响大而难以推广普及。目前,世界上最大的抛物面形反射聚光器是法国在比利牛斯山山坡上建造的大型太阳能高温炉,该太阳能高温炉的抛物面聚光反射镜有9层楼那么高,输出功率为1 000千瓦,其中心温度高达4 000 ℃。可用于制造超纯大晶体和超纯金属,或制造超高温材料。太阳能电站非常适合在输电困难和燃料不足的地区使用。

(四)太阳池

收集和储存太阳能并作为热源用水的水池叫太阳池。太阳池通常是一种人造的盐水池,池底呈黑色,盐水浓度随池深而增加,能抑制池中的对流作用。经太阳辐射一段时间,池底温度大大高于池面温度。太阳池有多种类型,其中有一种比较成熟的是含盐浓度梯度太阳池。这种太阳池是通过池中的盐浓度梯度不同来抑制热对流的,特点是工作温度较高,主要用于发电和海水淡化。这种太阳池的蓄热原理是:入射太阳光在表面被反射掉百分之几,而大部分进入水中,入射到池内的太阳光在各水深部分按波长的不同被吸收一部分之后,短波大部分透过具有盐浓度差的非对流层到达底部的均匀高浓度对流层而被吸收。因此,虽然对流储热层的水温上升了,但由于浮在上部的非对流层内的盐水具有较低浓度,其密度和下部差不多,所以,因底部温度上升,由密度差异而产生的对流作用受到抑制。为此,对流层内的高温水的上部被非对流层所覆盖,因而不会被外部的空气所冷却。并且从对流蓄热层的高温水(80 ℃～90 ℃)产生的辐射属于长波,所以不能穿过其上部的非对流层向外界辐射,因此不会发生夜间因对流和辐射而散热。入射的能量除向周围的热传导而产生一些损失外,其余都蓄存在池内。含盐浓度梯度太阳池的含盐浓度是随深度而增加的,在水池底部盐水浓度最大。当盐水吸收太阳能时,越接近盐含量高的池底水温越高,池表面的水温为气温,人们正是利用这种温差来发电的。太阳池底部的热水通过管道输送到蒸汽锅炉里,用来加热有机介质,使它蒸发产生蒸汽,驱动发电机发电。太阳池也用于从海水中生产盐,采用太阳池可以实现咸水更有效地浓缩。在一定的土地面积上,太阳池的盐产量相当于露天蒸发池的 2 倍。由于沉淀是在结晶器中的控制条件下进行(不是在露天池中进行)的,因而生产的盐质量高。

三、太阳能光伏电池

(一)太阳能光伏电池的基本原理

把光能转化为电能的装置叫作光伏电池,光源为太阳光的装置叫作太阳(能)电池,又叫"光电池"。其基本工作原理是利用光电效应将太阳光照射到具有扩散结类型的半导体 PN 结上,产生电子—空穴对,在半导体内部产生的没有被复合的电子—空穴对受内电场吸引,电子流入 N 区,空穴流入 P 区,使 N 区和 P 区产生电动势,当在外部接上负载时,就可输出电能(如图 12.2-1 所示)。

太阳能电池的好坏一般用转换效率来表征,具体做法是在标准条件下(空间用电池为 AM0, 25 ℃;地面电池为 AM1.5, 25 ℃),将太阳电池两端的负载从零变化到无穷大,得到一条光照伏安特性曲线(如图 12.2-2 所示),从曲线上可直接获得开路电压、短路电流等参数。通过进一步计算,即可得到电池转换效率,计算如下:

$$\eta = \frac{P_m}{A_t \cdot P_{in}} = \frac{I_m \cdot V_m}{A_t \cdot P_{in}} \times 100\% \qquad (12.2-2)$$

式中,P_{in} 为单位面积入射光强(AM0 为 135.3 MW/cm², AM1.5 为 100 MW/cm²);A_t 为光电池受光面积,单位为 cm²;P_m 为最大输出功率,单位为 MW。

太阳能电池的转换效率主要决定于材料,太阳能电池所用的半导体材料主要有硫化镉(CdS)、碲化镉(CdTe)、砷化镓(GaAs)、锗(Ge),以及最普通的硅(Si)。硅太阳能电池的基本材料由硅元素制成。砷化镓的温度感应较硅电池小,利用集中器增加入射光才能使用,但对高能辐射的抵抗较硅电池好。硫化镉是太阳能电池的基本材料,价格最便宜。另外还有以硫化锌镉(CdZnS)为基材,上面覆上硫化亚铜(Cu_2S),其转换效率为 15%;若以磷化铟(InP)代替铜,转换效率为 13%;若以碲化镉代替铜,则转换效率为 7%。美国研制出世界上效率最高的太阳能电池,有两个能量转换层,一层是砷化镓,另一层是锑化镓,转换效率为37%。

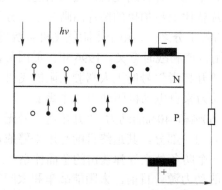

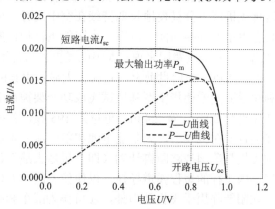

图 12.2-1　太阳能电池工作原理示意图　　　图 12.2-2　太阳能电池光照伏安特性曲线

(二) 太阳能光伏电池的应用

太阳能光伏电池按用途分为两大类:一类是空间太阳能电池,另一类是地面太阳能电池。空间太阳能电池的特点是:重量轻,单位面积效率高,耐紫外线照射,有非常高的可靠性,寿命长。地面太阳能电池主要是价格低。按半导体底座的不同,太阳能电池可以分为单结晶型太阳能电池、多结晶型太阳能电池和非结晶型太阳能电池。

光伏发电具有很多独特的优点:

(1) 太阳能取之不尽,用之不竭;太阳能发电安全可靠,不会遭受能源危机或燃料市场不稳定的冲击。

(2) 太阳能随处可得,可就近供电,不必长距离输送,因而避免了输电线路等电能损失。

(3) 太阳能不用燃料,运行成本很小。

(4) 太阳能发电没有运动部件,不易损坏,维护简单。

(5) 太阳能发电不产生任何废弃物,没有污染、噪声等公害,对环境无不良影响,是理想的清洁能源。安装 1 kW 光伏发电系统,每年可少排放二氧化碳约 2 000 kg、氮氧化物 16 kg、硫氧化物 9 kg 及其他微粒 0.6 kg。一个 4 kW 的屋顶家用光伏系统,可以满足普通美国家庭的用电需要,每年少排放的二氧化碳数量相当于一辆家庭轿车的年排放量。

正是由于太阳能电池光伏发电具有这么多独特的优点,所以有着广阔的应用前景。世界上第一台实用型的硅太阳能电池是 1954 年在美国贝尔实验室诞生的,随后,1958 年就被用作"先锋一号"人造卫星的电源上了天。这种电池一下子就使人造卫星电源可以安全工作达 20 年之久,从而取代了只能连续工作几天的化学电池,为航天事业发展提供了一种重要的能源动力。1971 年,中国也首次应用太阳能电池做人造卫星的动力。1974 年,世界上第一架以太阳能电池为动力能源的飞机在美国首次试飞成功。20 世纪 80 年代后期,美国又在研制一种引擎靠太阳能提供电源的新型飞机。这种飞机翼展为 30~90 m,起飞重量为 450~1 360 kg,机体用卡包型塑料制成,机翼蒙皮则用聚酯薄膜制成。其飞行高度可达 1.8~2.4 km,有效载重 450 kg。太阳能电池飞机以其无"热源"和"声音"而具有很好的隐蔽性,以及无须空中加油、昼夜都能翱翔长空的独特性能而备受军界青睐。1995 年年初,在美国加利福尼亚州德赖登机场就试飞过一种"太阳能战机"。该型飞机与其他太阳能飞机不同之处是科学家们把氧气、氢气转化成水,从而产生电能,将这种反应逆转就能储存电能。于是,白天,飞机上的太阳能装置一边产生提供飞机飞行的足够电能，一边又储存准备夜间需用的能源。由于这种飞机能不分昼夜地长期持续在空中飞行，所以它不但具有普通飞机低飞的功能，而且还具有卫星的许多功能，所以，太阳能飞机拍摄的图片就比卫星拍摄的图片清晰多了，分辨率高出若干倍。就费用来说，太阳能飞机也只是卫星的若干分之一。由于太阳能飞机省费用、效应大，所以，在问世前夕，它就大大显示出它的军用价值和战时意义。1996年，美国又在加利福尼亚州爱德华空军基地试飞成功一架被命名为"开拓者"号的无人驾驶太阳能飞机。这架飞机长 30 m、宽 2.4 m、重量为 195 kg，其推进动力来自电动机驱动的 8 个螺旋浆，太阳能装置安在机翼上，太阳能电池和蓄电池分别提供 60%和 40%的动力。"开拓者"号无人驾驶飞机是美国战略防御计划（即"星球大战"计划）的一部分。其最终目的是用来警戒在大气层内飞行的短程弹道导弹，以便使美国军方建立一个防备外来导弹袭击的全面体系。

太阳能除用于飞机动力外，还可作为战车和战舰的动力源。目前，太阳能战车和太阳能战舰也正在加紧研制。1991 年，美国三家最大的汽车公司在政府支持下，开始研制太阳能电池汽车。该型车采用转换效率为 20%的 GaAs 太阳能电池，最高时速可达 63 千米。日本也已研制出太阳能汽车样车，最高时速约为 60 千米，太阳能电池板转换效率为 15%。如果改用多晶硅电池，最高时速可达 100 千米。如果这种新型的太阳能汽车达到实用化，则各种军用汽车就可避免因燃料不足而造成的作战空间狭小、机动性差的被动局面，并可避免噪声、热源造成的隐蔽行动暴露等问题，从而使地面作战部队的机动性、隐蔽性、行动自主性得到极大提高。太阳能游艇早在 20 世纪 80 年代就开始研制，这种太阳能游艇进一步发展就将成为 21 世纪海上的"无形战舰"，以长续航、无噪声而称雄于海上，成为一支新型的作战力量。

四、太阳能光化学电池

光化学分解水制氢是将太阳能转化成能够储存的化学能的方法。由于氢是一种理想的高能物质，地球上的水资源又极为丰富，所以光化学分解水制氢技术对利用氢能源来说具有十分重要的意义。

水分解反应的方程式如下：

$$H_2O(l) = H_2(g) + 0.5O_2(g) \quad \Delta H = 285.85 \text{ kJ} \cdot \text{mol}^{-1} \quad (12.2-3)$$

因此，要实现水的分解来制氢，至少需要提供 285.85 kJ·mol^{-1} 的能量，它相当于吸收 500 nm 波长以下的光。但是 H_2O 几乎不吸收可见光，另一方面虽然发现可以用 185 nm 紫外光将水直接分解生成氢，然而在太阳光谱中几乎没有这种波长的光。所以太阳光不能直接分解水，需要借助于有效的光催化剂才能实现光分解水制氢。

利用 TiO_2 光催化氧化的研究始于 1972 年。日本的 Honda 和 Fujishima 发现，在光电池中以光辐射可持续发生水的氧化还原反应。以太阳能为激发光源的 TiO_2 光催化氧化技术具有节能、高效、无二次污染的优点，极具研究和实用价值。

TiO_2 是一种具有半导体催化性能的材料。以碱性水溶液为电解质，用 TiO_2 作负极、Pt 作正极，光照射 TiO_2 时将发生下列反应：

负极：
$$(TiO_2) \xrightarrow{h\nu} 2e + 2P^+ \quad (空穴)$$

$$H_2O + 2P^+ \longrightarrow 2H^+ + \frac{1}{2}O_2$$

正极：$\qquad 2H^+ + 2e^- \longrightarrow H_2$

总反应：$\qquad H_2O \xrightarrow{h\nu} H_2 + \dfrac{1}{2}O_2 \qquad$ （12.2 – 4）

另外，某些过渡金属离子的配合物也可以对太阳能分解水制氢起催化作用。研究证明，钌的配合物在光能激发下，可以向水分子转移电子，使氢离子变为氢气放出。

TiO_2 光催化的机制与光电效应有关。众所周知，光子激发原子所发生的激发和辐射过程称为光电效应，即当入射光量子的能量等于或稍大于吸收体原子某壳层电子的结合能时，光量子很容易被电子吸收，而获得能量的电子从内层脱出成为自由电子并变成光电子，原子则处于相应的激发态。半导体 TiO_2 的带隙能为 3.2 eV，当以光子能量大于 TiO_2 带隙能（3.2 eV）的光波辐射（$\lambda \leqslant 387.5$ nm）照射 TiO_2 时，处于价带的电子被激发到导带上而生成高活性的电子（e^-），并在价带上产生带正电荷的空穴（P^+），最终使同 TiO_2 接触的水分子被光激发，并被分解。

研究表明：使 TiO_2 激发的有效光源波长应小于 387.5 nm，而到达地面的太阳辐射中只有 3%的辐射波长在这一数值以下。因此，运用太阳能作为激发光源，光催化的核心问题在于如何获得新型的催化电极材料，以及如何提高催化剂的效率，并能使其有效地在弱紫外区和可见区被激发。目前较为实用的主要研究方向是 TiO_2 纳米材料的研制，采用 TiO_2 纳米材料的太阳光化学电池在最近几年中获得很大的发展。在某种意义上，这种电池又称为纳米电池，因其工作原理像绿色植物的光合作用，有人将其称为"人造树叶"的分子电子器件。该纳米电池引进纳米多孔的 TiO_2 纳米膜和表面有 15%左右粗糙度的导电膜，使得整个半导体膜呈海绵状，有很大内部表面积，能够吸收更多的染料单分子层。这样既克服了原来电池中只能吸收单分子层而吸收少量太阳光的缺点，又能使太阳光在内膜上多次反射，而太阳光被染料反复吸收后可产生更大的光电流，从而大大提高了光电转化率。

TiO_2 纳米电池主要由以下几部分组成：镀有透明导电膜的导电玻璃、多孔纳米 TiO_2 膜、染料光敏化剂、固体电解质膜以及起多重作用的铂电极。普通的太阳能电池是一种结型结构，而 TiO_2 纳米电池是一种光电化学式电池。当液态电解液换成透明的固体电解质时，就可以得到固体发光器件结构，它与自然界的光合作用有两方面的相似之处：① 利用有机染料吸收光和传递太阳能；② 利用多层结构来吸收和提高收集效率，这一结果明显优于厚层结构。

TiO_2 纳米电池的工作原理同常规硅太阳能电池有很大差别：硅太阳能电池的主要成分是 Si，它的带隙为 1.2 eV，在可见光范围内即可将它激发，在 PN 结电场作用下产生电流。而 TiO_2 纳米电池中 TiO_2 的带隙为 3.2 eV，可见光不能将它激发。若在 TiO_2 表面吸附特性良好的染料光敏催化剂，则染料分子在可见光的作用下通过吸收光能而跃迁到激发态。由于激发态不稳定，通过染料分子与 TiO_2 表面的相互作用，电子很快跃迁到较低能级的 TiO_2 导带，而进入 TiO_2 导带的电子最终将进入导电膜，然后通过外回路产生光电流。TiO_2 纳米电池的研究已引起了各国科研工作者的广泛关注，其未来的发展方向将主要围绕以下三个关键问题展开：① 寻找新型纳米晶体系，使得其拥有宽频光电响应高的光电转换效率，以解决 TiO_2 体系吸收可见光谱带窄的缺点；② 降低合成纳米晶体系的烧结温度，以便寻找在低温下烧结出以玻璃为衬底的透明纳米薄膜及光敏染料的新途径；③ 寻求理想的、可工业化的、在常温下以离子导电为主的固体电解质。

第三节 新型军用化学电源技术

军用装备电源（简称军用电源）一般是指工作环境温度在 $-55\ ℃\sim85\ ℃$，抗震动冲击符合 GJB367.2-87 相应严酷的等级要求，且具有防水、防震和防盐雾能力的电源。总结伊拉克战争中军用电源出现的问题，各国都普遍认识到电源已经成为制约军用武器装备发挥效能的"瓶颈"，于是提出了全面发展一次电池、二次电池、燃料电池和太阳电池等化学物理电源和其他能源（如风力发电等）配套使用的设想，以便使军用装备电源有一个更大的发展。鉴于篇幅限制，本节仅讨论新型军用化学电源技术的相关内容。

一、军用化学电源概论

化学电源又称为电池，它是一种通过电化学反应将物质的化学能转变为电能，直接提供直流电的装置或系统。按照化学电源的使用特征可以将其分为四类：

1. 原电池（或一次电池）

原电池是只能用来放电一次就得废弃的电池。原电池的共同优点是储存寿命长、在低到中等电流下放电时输出比能量高、一般无须维护、使用简单方便。常见的锌二氧化锰干电池、镁电池、碱性锌二氧化锰电池、锂二氧化硫电池、锂二氧化锰电池和锂亚硫酰氯电池等都属于原电池。

2. 蓄电池（或二次电池）

蓄电池在放电之后可以用与放电电流方向相反的电流通过电池，使电池充电而恢复到原来状态。蓄电池是一种电能储存装置，因而又称为"储能电池"或可再充电电池。蓄电池除了可再充电外，还具有放电率高、放电曲线平坦和低温性能好等特点。但是，它的比能量通常低于原电池，荷电保持能力也比大多数原电池差。铅酸蓄电池、镉镍蓄电池、氢镍蓄电池及锂离子电池都是典型的蓄电池。

3. 储备电池

在这类原电池中，其关键组分在电池活化之前与电池的其余部分隔开，由此，电池中的化学衰变反应或自放电基本上被阻止，因而该类电池能长时间储存。通常，电解质是被分开放置的组分，而在诸如热电池那样的储备电池中，使用的固体盐虽然与电极直接接触，但这种电解质盐在被加热熔化之前是不导电的，因此电池是非活化的。一旦熔化，固体盐类电解质便具有导电性，从而使电池活化进入工作状态。例如，镁氯化亚铜是一种典型的海水激活电池，锂合金热电池则是热电池类型中的一个系列，而锌氧化银电池既可设计成原电池和蓄电池，也可以设计成储备电池。

储备电池设计可用来满足储存时间极长或储存环境恶劣的要求，而按同样性能进行设计的普通电池满足不了这样的储存要求。这些电池主要用于在相当短时间内需要提供高功率电源的场合，如火箭、导弹、电动鱼雷以及其他武器系统。

4. 燃料电池

燃料电池是将燃料的化学能直接转换成电能的一种电池，工作原理和原电池一致，只是活性材料不是像原电池那样构成电池的一部分，而是按使用与设计要求从外部供给。显然，与一般电池不同，在燃料电池中只要反应物能够从外部源源不断地得到供应，且内部电极及其他成分不发生变化,燃料电池就能够连续供电。

二、典型军用化学电源的基本原理

(一)铅酸蓄电池

构成铅酸蓄电池的主要部件是正极、负极和电解质溶液,此外还包括隔板、电池槽和一些必要的零部件。正、负极活性物质分别固定在各自的板栅上,即活性物质加板栅组成正极或负极。板栅在电池中虽不参加化学反应,但是对电池的主要性能,如容量、寿命和比功率等,都有很大的影响。板栅是由耐腐蚀性好的铅合金铸造而成。铅酸蓄电池的正极活性物质是氧化铅,负极活性物质是海绵状金属铅,电解质溶液是硫酸水溶液。电池放电时的电池反应为(充电反应是其逆过程):

$$PbO_2 + Pb + 2H_2SO_4 = 2PbSO_4 + 2H_2O \quad (12.3-1)$$

一个单体铅酸蓄电池的标准电压是 2 V,理论比能量是 166.9 W·h/kg,但实际比能量一般只有 35 W·h/kg~45 W·h/kg。

(二)锌氧化银电池

锌氧化银电池是一种高比能量和高比功率的电池。按工作方式可分为一次电池(原电池)和二次电池(蓄电池),还可根据使用要求分为人工激活干式荷电蓄电池和自动激活一次储备电池。

锌氧化银电池的负极是由多孔性的金属锌或其氧化物粉末与适量的缓蚀剂和黏结剂混合,通过压制和烧结等方法制成的电极。正极是由多孔性金属银或其氧化物粉末,通过压制和烧结等方法制成的电极。其活性物质是银的氧化物——一价银的氧化物(Ag_2O)和二价银的氧化物(AgO)。

用离子渗透性好、耐氧化、低电阻的隔膜包缠两极后,按正、负极相间排列构成极板组,将其封装于塑料电池壳中就制成一只单体电池。

锌氧化银电池的电解质为氢氧化钾水溶液,向电池中加注电解质的过程称为激活。电池经过一定时间浸泡后,即可投入使用。

正极反应: $\quad Zn + 2OH^- = ZnO + H_2O + 2e^- \quad (12.3-2)$

负极反应: $\quad AgO + H_2O + 2e^- = Ag + 2OH^- \quad (12.3-3)$

电池反应: $\quad Zn + AgO = Ag + ZnO \quad (12.3-4)$

由于这些反应是可逆的,因此也可以制成蓄电池(二次电池)。

(三)锂亚硫酰氯电池

锂亚硫酰氯($Li/SOCl_2$)电池是实际应用电池系列中工作电压最高(3.6 V)和实际输出比能量最高的一种电池(比能量可达 590 W·h/kg 和 1 100 W·h/L)。

$Li/SOCl_2$ 电池可以制成各种各样的尺寸和结构,容量范围从低至 400 mA·h 的圆柱形碳包式和卷绕式电极结构电池,到高达 10 000 A·h 的方形电池,以及许多可满足特殊要求的特殊尺寸和结构的电池。亚硫酰氯体系原本存在安全与电压滞后两大问题,其中安全问题特别容易在高放电率下和过放电时发生;而电压滞后现象则出现于电池经高温储存后继续在低温放电的场合。

$Li/SOCl_2$ 电池由锂负极、碳(正极作为反应载体)和一种非水的液体 $SOCl_2/LiAlCl_4$ 电解质组成。亚硫酰氯既是电解质组成部分,又是正极活性物质。在正极载体或电解质中有时也包括催化剂或其他一些物质，用以提高电极和电池的性能。该电池目前公认的总反应式为：
$$4Li + 2SOCl_2 = 4LiCl\downarrow + S + SO_2 \qquad (12.3-5)$$

（四）锂离子电池

在锂离子电池中的正极电化学活性物质是一种含锂的金属氧化物，负极则是锂化碳。这些材料与黏合剂及导电添加剂一起黏合在金属箔电流集流体上，黏合剂一般采用市售聚偏氟乙烯（PVDF）或聚偏氟乙烯与六氟丙烯的共聚物（PVDF—HFP）；导电添加剂一般为高比表面积炭黑或石墨。在正极与负极之间使用微孔聚乙烯或聚丙烯隔膜实现隔离。此外，在电池中采用液体电解质，或者在胶体聚合物电池中采用一层凝胶聚合物电解质，或者在固体电池中采用一层固体电解质。

当锂离子电池充电时，正极材料被氧化，负极材料则被还原。在该过程中，锂离子从正极材料中脱嵌出来，而嵌入负极材料中；放电时则反过来，如下列反应式所示：
$$LiMO_2 + C \Leftrightarrow Li_xC + Li_{1-x}MO_2 \qquad (12.3-6)$$

其中，$LiMO_2$ 代表金属氧化物正极材料（如 $LiCoO_2$），C 代表碳类负极材料（如石墨）。由于在电池中不存在锂，锂离子电池与采用金属锂负极的锂蓄电池相比，其化学反应性更低、更安全，并且具有更长的循环寿命。

（五）锂合金/硫化物体系热电池

热电池是热激活的一次使用储备电池。通常，热电池的电解质是由两种或两种以上的无机盐组成的低共熔盐，常温下是固体，不导电；使用时，通过电流引燃电点火头或用撞击机构撞击火帽，从而点燃电池内部烟火热源，导致电池内部温度迅速上升，使电解质熔融形成高导电率的离子导体，电池被激活并开始放电。

目前，热电池广泛应用的电化学体系为 LiM/MS_2，其中负极 LiM 可以是 LiAl 合金、LiSi 合金和 LiB 合金等；正极 MS_2 可以是 FeS_2 或 CoS_2。根据正、负极 LiM 和 MS_2 组合方式的不同，热电池的单体电池电压在 $2.0\ V\pm0.1\ V$ 范围内变化。负极 LiM 的电极电位已接近纯锂的电极电位。

例如：在 Li 合金/FeS_2 热电池中，由于没有任何的伴生副反应发生，LiM/FeS_2 电化学体系已成为最优先采用的、被应用得最广泛的电化学体系。电池的放电反应过程为：

$$3Li + 2FeS_2 = Li_3Fe_2S_4 \qquad (2.1\ V) \qquad (12.3-7)$$
$$Li_3Fe_2S_4 + Li = 2Li_2FeS_2 \qquad (1.9\ V) \qquad (12.3-8)$$
$$Li_2FeS_2 + 2Li = Fe + 2Li_2S \qquad (1.6\ V) \qquad (12.3-9)$$

大多数的电池设计只使用了第一个反应过程，有时为避免单体电池电压过低也应用到第二个反应过程。

图 12.3-1 是典型的片式 Li 合金/FeS_2 的单体电池结构示意图。

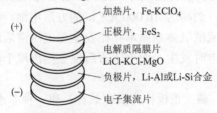

图 12.3-1 典型的片式 Li 合金/FeS_2 的单体电池结构示意图

（六）碱性燃料电池

碱性燃料电池（AFC）以强碱（如氢氧化钾、氢氧化钠）为电解质、氢为燃料、纯氧或脱除微量二氧化碳的空气为氧化剂，采用对氧电化学还原具有良好催化活性的 Pt/C、Ag、Ag-Au、Ni 等为电催化剂制备的多孔气体扩散电极为氧电极，以 Pt-Pd/C、Pt/C、Ni 或硼化镍等具有良好催化氢电化学氧化的电催化剂制备的多孔气体电极为氢电极。以无孔炭板、镍板或镀镍，甚至镀银、镀金的各种金属（如铝、镁、铁等）板为双极板材料，在板面上可加工各种形状的气体流动通道（称流场，Flow Field）构成双极板。

电极反应式为：

阳极： $H_2 + 2OH^- = 2H_2O + 2e^-$ （12.3-10）

阴极： $0.5O_2 + H_2O + 2e^- = 2OH^-$ （12.3-11）

总反应： $H_2 + 0.5O_2 = H_2O$ （12.3-12）

为保持电池连续工作，除需与电池消耗的氢气、氧气等速地补充氢气、氧气外，通常还需通过循环电解液来连续、等速地从阳极排出电池反应生成的水，以维持电解液碱浓度的恒定，以及排除电池反应的废热，以维持电池工作温度的恒定。图 12.3-2 为碱性氢氧燃料电池的工作原理示意图。

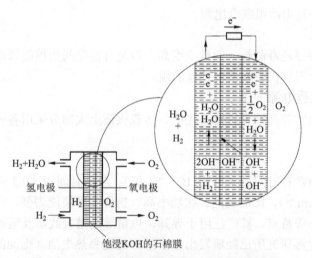

图 12.3-2　碱性氢氧燃料电池的工作原理示意图

一个单体电池，工作电压仅 0.6~1.0 V。为满足需要，可将多节单体电池组合起来，构成一个电池组（Stack）。

三、新型军用装备电源

（一）航天器电源

航天器电源系统是星上产生、贮存、变换、调节和分配电能的分系统，简称电源系统。其基本功能是通过某种物理变化或化学变化将光能、核能或化学能转换成电能，根据需要进行贮存、调节和变换，然后向卫星各系统供电。

航天器电源系统在技术上主要有四大类：

1. 化学电源或蓄电池组

首颗人造卫星就是采用了单一的化学电源供电方式，早期发射的部分科学卫星采用的是锌氧化银电池或镉镍蓄电池。在过去的 30 多年，这种用化学电源或蓄电池组作为卫星主电源的数量在 5%左右，主要是以返回式卫星为主。航天器目前使用的化学电源或蓄电池组主要包括镉镍蓄电池组、氢镍蓄电池组和锂离子蓄电池组。

2. 氢氧燃料电池

氢氧燃料电池主要适用于短期载人航天器和卫星。空间飞行器携带的电源要求具有很高的质量比能量和体积比能量，同其他形式的电源相比，燃料电池占有明显优势。可再生燃料电池与太阳能电池配合，可以使飞行器在月球背面的停留时间长达几个星期。目前，氢氧燃料电池在我国还处于研究发展阶段。

3. 太阳电池阵—蓄电池组联合电源

太阳电池阵—蓄电池组联合电源是目前空间电源的主力，有 90%左右的卫星和航天器使用这种电源。在 30 多年的发展过程中，太阳电池阵—蓄电池组联合电源系统的功率已经能够达到 10 kW，电源系统的比功率大幅提高，在轨寿命可达 15 年。航天器目前使用的太阳电池阵主要有硅太阳电池阵、单结砷化镓太阳电池阵、三结砷化镓太阳电池阵、高效薄硅太阳电池阵和薄膜太阳电池阵，它们与前面提到的镉镍蓄电池组、氢镍蓄电池组及锂离子蓄电池组组成太阳电池阵—蓄电池组联合电源。

4. 核能源

核能源的主要特点是寿命长、能量密度高，但是目前空间用核能源的技术尚不成熟，只有美国、俄罗斯两个国家在空间使用过核能源。

（二）武器及运载电源

目前，导弹、鱼雷等高精尖武器及飞机、运载火箭上大部分采用各种型号的热电池和锌氧化银储备电池。

1. 热电池

由于热电池具有贮存时间长（可达 10~25 年）、激活时间短（0.3~1.5 s）、输出电流密度大（可达 6.2 A·cm^{-2}）、比能量高、比功率高、抗恶劣环境能力强、可靠性高以及在贮存期内无须维护和保养等特点，被广泛用于导弹、鱼雷等高精尖武器及运载火箭。

目前，我国某电源研究所已经研发出六个系列的锂系热电池（电池的具体型号和性能属于涉密内容），并已广泛装备部队。它们分别是：

（1）小功率、快速激活热电池系列。以便携式导弹弹上热电池为代表，电池体积小，激活速度快（最快在 0.3 s 以下），适合小型化快速反应防御武器使用。

（2）中、高功率热电池系列。以舰空导弹舵机热电池为代表，电池功率达 2 500 W，比能量高，非常适合具有较强作战能力的中程战术导弹使用。

（3）长寿命热电池系列。以 40 min 长寿命热电池为代表，工作时间长（最高达 42 min），电压平稳。该系列电池最高比能量达到 58 W·h/kg，非常适合中远程战术、战略导弹使用。

（4）高电压热电池系列。以鱼雷用热电池为代表，输出电压高（最高电压达到 450 V），比功率高（超过 4 400 W·h/kg），非常适合采用高压舵机及具有超强作战能力的武器使用。

（5）低热辐射热电池系列。以 450s 长时间工作的热电池为代表，电池表面温度始终低于 130 ℃，电池具有低热辐射的特点，可以解决武器系统空间紧张、电子设备热防护的问题。

（6）供电供气能源系统系列。这类热电池不仅可以作为单一电源，而且可与制冷气源紧密结合，形成供电供气装置分系统，非常适合便携式单兵防御武器使用。

2. 锌氧化银电池

锌氧化银储备电池是一种以高比能量（约为铅酸蓄电池的 5 倍）、高比功率放电特点著称的化学电源。具有电池内阻小、可短时间输出大功率电能、工作电压平稳、使用维护简单和准备时间极短等优点；可靠性高，质量稳定，储存时间长（通常超过 5 年），机械性能良好，非常适合机动性高的尖端武器使用，被广泛用于火箭和各类战术、战略导弹。

常规导弹（火箭）的控制系统、遥测系统、安全自毁系统、外弹道测量系统（弹上部分）、头部姿态控制系统、头部引爆装置等的电源，基本上均采用人工激活锌氧化银二次电池或自动激活锌氧化银一次电池。这些锌氧化银电池在使用时，一般都要根据需求组装成各种型号的电池组。电池组一般包括电池堆、储液器、气体发生器、电池外壳和接插件等部件。

目前，我国某电源研究所已经研发出应用于导弹的 9 种电加热储备电池组和 11 种电加热蓄电池组产品，并研发出 12 种应用于火箭的电加热蓄电池组产品（电池的具体型号和性能属于涉密内容），并已广泛装备部队。

（三）军车、坦克及舰船等常规武器装备电源

铅酸蓄电池由于价廉、技术成熟、性能稳定和性价比高等优势明显，并且具有可回收再循环利用的特点，军车、坦克和舰船等采用内燃机做动力的常规武器装备，目前还大都采用铅酸蓄电池作为启动电源。另外，铅酸蓄电池还是常规潜艇水下的唯一动力，同时也是核潜艇的应急电源。当然，也有一些舰船装备已经将铅酸蓄电池更换成了镉镍蓄电池。

不同的装备对铅酸蓄电池的型号和性能要求不尽相同，甚至同一系列不同型号的装备对铅酸蓄电池的型号和性能也有着不同的要求。仅以某系列军车为例，同一系列的 7 种型号军车就采用了 5 种型号的铅酸蓄电池，具体情况详见表 12.3-1。

表 12.3-1 某系列军用汽车车用铅酸蓄电池的型号与规格

车型	线路电压	蓄电池	起动机	发电机
EQ1092FA	12 V	6-QW-100DF	37F-08010	37F5-01010
EQ2081E		6-QW-100D		
EQ2082E6D	24 V	6-QW-180F×2	A3913789	37N-01010
EQ2100E6D		6-QW-180F×2		
EQ2102		6-QA-180D×2		
EQ1108G6D-501		6-QW-165DFB×2		
EQ1141G2-550		6-QW-165DFB×2		

近年来，随着市场需求的变化，铅酸蓄电池的生产方式及工艺不断完善，制造水平不断提升，电池比能量、循环寿命、性能一致性、使用安全性和环保性不断提高。同时，随着石油危机的日趋严重及混合动力汽车和电动汽车的出现，铅酸蓄电池作为动力电源的比重也在逐步扩大。

(四) 通信及其他军用装备电源

研究发现，一次性电池是多种通信系统和武器系统的主要电源。尤其在战时更是大量使用一次性电池，因为战时来不及充电或难以找到充电电源。目前，军用装备使用的一次性电池包括碱性锌二氧化锰电池、锌氧化银电池以及锂二氧化硫电池、锂亚硫酰氯电池等锂电池。当然，随着锂电池技术的不断发展和生产成本的不断降低，一次性锂电池的比重正在不断增加。另外，由于可充电的二次电池使用费用较低，累计容量大，高低温性能较好，二次电池在军用装备中的比重也在不断加大，除了训练中使用以外，甚至在实战中也使用。这些军用装备使用的二次电池仍以铅酸蓄电池为主，氢镍蓄电池、镉镍蓄电池，尤其是锂离子电池随着生产成本的不断降低和自身技术的日益成熟，其比重也在不断增加。

四、军用电源的发展趋势

(一) 热电池

热电池未来发展的基本目标还是提高比特性，实现长寿命。接近这一目标就需要发展好的电化学体系，发展新型电解质，发展保温材料，降低结构材料质量。

尽管 CoS_2 和 Li（B）合金负极已经在热电池中得到了应用，但这只是开发热电池正极材料的一个开始，需要开发出更多具有较高单体电压的电池正极材料，且这些正极材料能够大电流密度放电。高电压正极材料的开发成功是解决这一问题的根本途径之一。开发和使用具有高离子电导率的低熔点电解质也是解决这一问题的根本途径之一，甚至可以使用室温离子液体等。高效绝缘、隔热材料的发展也是解决这一问题的根本途径之一。目前，热电池技术的瓶颈问题就是隔热材料和隔热技术，因为隔热材料和隔热技术直接决定着未来热电池的比特性与寿命。降低结构材料质量对提高比特性也有一定的帮助作用。目前，国内外都已经在开展用较轻的材料制作电池壳和其他结构件来取代当前使用的不锈钢材料的研究。

(二) 锌氧化银电池

锌氧化银电池由于使用金属银而成本昂贵，特别是近年来银价攀升，为锌氧化银电池的应用环境带来很大限制。但是其比能量、比功率、可靠性和安全性等方面优良的综合性能，目前还没有其他电池能与之竞争并替代之；同时，尽管其他电化学体系，如热电池、锂（离子）电池等在军事领域逐渐获得较多应用，但锌氧化银电池除了有较长的干储存寿命外，在带电湿搁置寿命的研究方面也有相当的进展，在提供大电流、大功率、大容量及长时间工作等方面仍保持着一定的优势。其技术发展将主要围绕提高放电深度、延长湿态寿命和充放电循环次数、低温性能、研制满足特殊使用的新型电池结构等方面展开。

展望锌氧化银电池的前景，这个电化学体系在军事领域仍将有很强的生命力，并在今后相当长一段时间内，继续在水下、空间、地面和大气层等应用领域发挥其独特的作用。

(三) 铅酸蓄电池

铅酸电池的总的发展趋势是：提高比能量和比功率，密封化，延长使用寿命，提高可靠性，能适应各种苛刻的环境条件。就其产品而言，鉴于在小型器械、UPS 电源、固定型电池中全部采用了密封铅酸蓄电池，今后将主要开发汽车启动型和电动车辆用密封蓄电池。从上述发展趋势来看，今后的关键性技术研究主要围绕以下几个方面进行。

1. 研究新型板栅合金

改进超低锑多元合金和铅钙合金,提高合金的耐腐蚀性能和氢析出过电位,主要解决无锑板栅的早期容量损失和耐高温及深循环条件下的寿命等方面的问题。

2. 研究新型铅膏配方

寻找新型活性物质的配方和添加剂,以提高活性物质利用率,减轻电池重量。日本 GS 公司在和膏时加入异性石墨,制成正电极,提高了电池的容量和寿命。这一技术已实际应用于小型密封蓄电池和电动车用密封电池中。

3. 研究特殊吸附式隔板和电液吸附物

密封蓄电池为提高气体复合效率,必须做到贫电液形式,即没有游离电解质。电解质的量少是密封蓄电池寿命短和容量小的主要原因之一。因此,将大力研究特殊隔板和电液吸附物。日本计划用 SiO_2 电液吸附物阀控式密封蓄电池取代使用超细玻璃纤维的密封蓄电池。

4. 研究电极新材料和新结构

在诸多新材料、新结构研究中,铅布电池即水平电池(Horizon)近年来有所进展而大有希望。这种电池是使用玻璃纤维做芯线,表面用挤压成型方法涂覆铅锡合金做成高密度合金线,再编织成板橱网。这种电池极板使正、负极活性物质同在一个板栅网上,水平叠成多单体结构,变成准双电极形式。另外,还有一种圆筒形卷绕式双电极电池正在研究开发中。

(四)燃料电池

燃料电池(PC)能量转化效率高、环境友好,被认为是 21 世纪首选的洁净、高效的发电技术。燃料电池技术的研究和开发备受各国政府与大公司的重视并取得显著进展,主要呈现以下发展趋势。

1. 开发新型关键材料

无论是何种类型的燃料电池,催化剂的性能对其电性能和使用寿命都有着极其重要的影响。目前主要有三个发展方向:一是沿用传统的贵金属活性组分,通过提高催化剂颗粒分散度、增加比表面、与其他金属复合成合金相等方法提高其质量比活性,减少催化剂的使用量;二是开发新型非 Pt 系催化剂(如 WC 等),力图使燃料电池摆脱 Pt 等贵金属储量小、价格高的制约;三是研究具有选择性的催化剂,如钴和铁等用于 DMFC 阴极代替 Pt/C,可以选择性地还原氧气而不氧化阳极渗透过来的甲醇。

离子膜仍然是燃料电池 PEMFC、DMFC 和 SOFC 的关键材料。PEMFC 用电解质膜近年主要朝耐高温方面发展,目标是将车用 PEMFC 的工作温度提高到 130 ℃,分散式发电站用 PEMFC 的工作温度提高到 160 ℃以上。

耐腐蚀、可快速成型、高电导率的石墨、金属和陶瓷极板材料也是燃料电池的研究热点,这些材料对降低电池的加工成本、延长使用寿命具有重要作用。

2. 新结构

燃料电池的结构设计对电池堆(组)的性能有着重要影响。特别对采用 PEMFC 和 DMFC 的燃料电池而言,根据应用目标开发结构不同的电池堆,适应使用环境(如冷启动、无外增湿等)、提高比特性成为今后开发的趋势。

3. 自动化、规模化制造技术

目前,燃料电池的制造基本上采用手工或者半自动方式。随着燃料电池技术的进一步成熟,控制电池材料和部件的性能稳定性和一致性日益重要,研发燃料电池的自动化、规模化制造技术，将进一步提高产品质量并降低制造成本。

4. 应用多元化

燃料电池的类型多、功率范围广，因此可应用的场合非常多。根据电池的特性、应用需求和技术成熟度，将多层次、多元化逐步推进燃料电池应用，如 PEMFC 目前呈先小型后大型推广使用的特征。在民用领域之外，燃料电池在军用电源方面的应用研究也越来越深入，如 AIP 潜艇用燃料电池动力电源、航天器用燃料电池和再生燃料电池、军用便携式电源及备用电源等。最近，我国开发出的一种先进燃料电池，可使我军的柴电潜艇行驶更为高效和安静。

（五）锂电池

1. 锂原电池

由于锂二氧化锰电池体系采用的主要材料成本较低，电池安全性较高，依然存在继续扩展军民两用市场的空间与前景。针对军事装备应用，主要是继续提高电池的比能量和比功率。

由于锂二氧化硫电池具有优异的高放电率能力和低温性能，而锂亚硫酰氯电池是当今原电池系列中实际比能量最高的体系，因此，它们不仅在军事应用方面依然占据重要地位，而且尚有继续扩展应用的前景。对这两种电池技术的进一步发展将会围绕提高电池比能量、改善电池储存后的电压滞后，以及提高电池的可靠性与安全性等方面进行。同时，研究大容量锂二氧化硫和锂亚硫酰氯电池或储备电池技术，发展新型电池结构、安全性设计以及高性能电极技术与电解质体系等，对满足军事装备，特别是水下武器装备的高功率、高比能量和高可靠性电源要求也有重要意义。此外，开展电池智能化技术研究，使电池或电池组具有容量显示及其安全预警的功能，这对作战条件下的电源安全可靠使用十分必要。

2. 锂离子电池

目前，锂离子电池在笔记本计算机、移动电话、摄像机及照相机等数码产品中应用广泛，在航空、航天、航海、小型医疗仪器及军用通信设备等领域逐步代替传统电池，并且在电动汽车（EV 和 HEV）以及微机电系统等新型领域中也得到了应用。

为了满足不同需求，锂离子电池已经开始分化成不同系列：通用型、高比能量型、高比功率型和长寿命型等。为了适应不同要求，人们对电极材料、电解质溶液等进行了深入细致的研究。

寻找具有更高比容量、更低价格和更好循环性能的锂离子电池正极材料一直是材料界和电化学界的研究重点。正极材料的容量与其循环性能是相互影响的。正极材料的发展趋势必然是在保证锂离子电池循环性能的基础上，尽可能地提高其可逆放电比容量。从这个角度看，聚阴离子结构的正极材料是制备低成本、长寿命电池的较好选择，而层状正极材料是制备高比能量电池的更好选择。

通过电解质溶液提高电池性能也是一大研究热点。对电解质溶液所进行的研究主要集中在各种功能添加剂方面，包括：电导率添加剂、SEI 成膜添加剂和电池安全添加剂。添加电导率添加剂可以提高导电盐的溶解、电离，并可以防止溶剂分子共插入而对电极造成破坏。

现代战争主要是高科技条件下的战争，军事装备的高科技化水平是一个国家国防实力的重要标志。海、陆、空军的各种装备，尤其是陆军地面作战使用的便携式武器，将需要高比能量和高低温性能、轻量化、小型化、后勤供应简便、成本低的二次电池；军事通信和航天应用的锂离子电池也趋向高安全可靠性、超长的循环寿命、高比能量和轻量化。因此，对环境适应性好、高比能、高安全性和小型轻量化的锂离子电池的研究，是目前国内外研究的热点和未来的发展方向。在石油资源日益匮乏的今天，锂离子电池在军事装备上的广泛应用将使军事装备的小型化、轻量化和节能化得以实现。

第四节 军用核能技术

核能是原子核发生反应而释放出来的能量。核能对军事、经济、社会、政治等都有广泛而重大的影响。在军事上，核能可作为核武器，如原子弹、氢弹、中子弹，此外还可用于航空母舰、核潜艇、原子发动机等的动力源。在经济领域，核能最重要、最广泛的用途就是替代化石燃料用于发电，以及作为放射源用于工业、农业、科研和医疗等领域。有关核反应的物理及化学基础在第二章中已有介绍，基于篇幅限制，本节仅介绍核能在军事舰船中的应用——核动力装置。

一、军事舰船核动力装置概述

按照主机类型划分，船舶动力装置可分为蒸汽动力装置、内燃机动力装置、燃气轮机动力装置、核动力装置以及各种联合动力装置；按照消耗燃料的类型划分，可分为常规动力装置和核动力装置。

目前，在世界一些主要国家海军的水面舰艇中，采用燃气轮机动力装置的占 45.5%，采用内燃机动力装置的占 20.1%，采用联合动力装置的占 16.8%，采用蒸汽动力装置的占 14%，采用核动力装置的占 3.6%。

船舶核动力装置以原子核裂变能作为推进动力，包括核反应堆和为产生功率推动船舶前进所必需的有关装备，以及为保证装置正常运行、保证对人员健康和安全不会造成特别危害所需的结构、系统和部件。

（一）船舶核动力装置的发展历程

1939 年，具有划时代意义的原子核裂变现象被发现，揭开了人类利用核能的序幕。同年，美国海军就对发展舰船核动力装置的可能性进行了初步探讨，但在随后的"二战"期间，由于集中力量研制原子弹而使核动力装置的研究中断。

1946 年，美国卡林顿研究所（现橡树岭国家实验室）提出了以加压水作为慢化剂和冷却剂的压水堆概念。1948 年 5 月 1 日，在美国"核潜艇之父"里科弗的不懈努力下，美国原子能委员会和美国海军联合宣布了建造核潜艇的决定。1952 年 6 月，第一座陆上模式堆 S1W 在爱达荷（Idaho）州沙漠中部的阿尔科（Arco）开始建造，1953 年 3 月建成并于 5 月 31 日开始发电，单堆热功率为 60 MW。1954 年 1 月 21 日，世界上第一艘核动力潜艇"鹦鹉螺"（又称"鳆鱼"，Nautilus）号下水，装备了在 S1W 基础上改进研制的 S2W 压水堆核动力装置。

在从那时起到现在的 50 多年时间里，世界上已有近十个国家先后建造了大约 470 多艘采用核动力推进的潜艇、水面舰艇、客货商船、矿砂船和破冰船。事实充分说明，船舶在使用核动力装置以后，船舶推进能源又进入了一个崭新的发展阶段。

（二）核动力装置的特点

核动力装置将核裂变能转换为推进舰船的动力，与常规动力装置相比，具有以下几个显著特点：

1. 核燃料具有极高的能量密度，燃料重量占全船载重量的比例较小

1 kg ^{235}U 完全裂变所放出的能量，相当于 2 800 t 优质煤或者 2 100 t 燃油充分燃烧后放出的能量，也就是说，核燃料的能量密度是常规燃料的数百万倍。

使用具有极高能量密度的核燃料，核动力舰船不需要携带大量燃料，可以用节省下来的空间携带其他物资，提高自持力和战斗力；另外，也不需要像常规动力舰船那样频繁补给燃料，大大减轻了后勤补给的压力，扩大了作战范围。

2. 可为舰船提供较大的续航力和推进功率

续航力是指舰船一次装满燃料后所能持续航行的最大距离，是反映舰船战术技术性能的重要指标之一。核动力舰船反应堆一次装载的核燃料，可以保证舰船连续全速航行 300 d 以上，续航力超过 40×10^4 n mile（海里，1 n mile=1.852 km）。例如，美国弹道导弹核潜艇"三叉戟"（Trident）的设计续航力为 100×10^4 n mile，以 30 kn（节，1 kn=1.852 km/h）的速度可连续航行 33 400 h，相当于 1 391 d。目前使用的舰船动力反应堆，单堆功率在 30~300 MW，核动力舰船根据吨位、航速以及其他方面的要求装一个或多个反应堆，强大的动力可以使航速达到 30 kn 以上，美国"海狼"级攻击型核潜艇的最高航速达到了 35 kn。

3. 核裂变反应不需要氧气，有利于提高舰船的隐蔽性

与常规化石能源的燃烧反应不同，核裂变过程不依赖氧气。核动力装置在运行过程中，不像常规动力装置那样为了维持运行需要不断送入氧气并排出废气，因而核动力装置用于舰船推进，对于提高舰船的隐蔽性具有显著的优势。

水面舰船采用核动力装置，不需要像常规动力装置那样设置庞大的进气、排气系统。一方面简化了船体结构设计，使舰船上层建筑的设计更为灵活；另一方面，由于没有高温排气，降低了舰船的红外特征，减小了被敌方探测到的概率。

4. 核裂变反应会产生放射性，增加了核动力装置的复杂性

首先，核反应堆在运行过程中，堆芯的核裂变反应会产生强烈的放射性，必须采取屏蔽与防护措施，以保护船员的身体健康，防止对环境造成污染。其次，反应堆在运行一段时间后停堆时，堆芯的裂变产物继续衰变，仍然会放出大量热量，需要设置相应的停堆冷却系统。再次，核动力舰船普遍采用压水堆核动力装置，一旦设备与管道破裂，高温高压的冷却剂将喷涌而出，将大量放射性物质带入环境，造成人员伤亡和环境污染，同时，反应堆也会因为得不到充分的冷却而使堆芯烧毁。为此，核动力装置中设置了一系列相关的安全和保护系统。最后，核动力装置在运行过程中会产生不同形态的放射性废物，一般都储存起来，回到基地再行处理，所以，在停靠核动力舰船的码头需要设置相应的处理设施。

二、军事舰船核动力装置的原理及组成

（一）核反应堆的理化基础

第二章已经介绍了核反应的物理基础，这里不再赘述。核反应堆是实现可控链式反应的一种装置，目前被大量地用于原子能发电和作为中子源，在军事上用于建造核动力航母、潜艇和大型水面舰艇。

在普通的热中子核反应堆中，关键之处是利用中子减速剂将中子能量减小到热中子而不被 ^{238}U 吸收。减速剂通常用质量与中子相近且不吸收中子的轻元素物质，最常用的是重水和

石墨。使用减速剂后反应堆就可以用天然铀或低浓缩铀做燃料。这要视反应堆的用途和种类而定。反应堆的另一关键之处就是控制棒,它由强烈吸收中子的镉或硼制成,通过提升或下降控制棒来控制链式反应进行得快与慢,避免发生危险。

(二)军事舰船动力堆类型的选择

1. 军事舰船动力堆概况

常见的动力堆型有压水堆、沸水堆、重水堆、液态金属冷却堆和高温气冷堆等,迄今为止,在舰船上装备的主要是压水堆和液态金属冷却堆。压水堆装备了数百艘核动力潜艇、航空母舰、巡洋舰、驱逐舰、破冰船和商船等,液态金属冷却堆只装备了苏联的"阿尔法"级核潜艇和美国的"海狼"号(SSN-575)核潜艇。由于技术原因,"海狼"号(SSN-575)装备的液态金属冷却堆最终更换为压水堆,"阿尔法"级核潜艇也早早退役。这样,目前在役的核动力舰船全部装备压水堆,各国最新装备和正在研制的舰船核动力装置也无一例外地采用了这种堆型。

这种情况的出现,是由于核动力舰船需要长期在海洋中航行,受海洋条件的影响和船舶自身条件的限制,船用核动力装置必须满足一些与陆上核电站完全不同的特殊要求,包括:

(1)复杂多变的海洋环境会使舰船产生不同程度的摇摆、倾斜和起伏,核动力装置必须具备在一定的摇摆、冲击和震动条件下稳定且可靠运行的能力。

(2)舰船在航行过程中可能发生碰撞、触礁、火灾及沉没等各种海上事故,在作战时还有可能受到敌方攻击,核动力装置应该有可靠、完善的安全措施,在舰船发生意外和遭受攻击的情况下防止放射性物质扩散而引发核污染事故。

(3)由于舰船机动性的特点,核动力装置运行工况改变频繁,功率变化幅度较大,而且工作人员活动场所小,运行条件恶劣,运行管理难度很大。

(4)舰船航行长期远离基地、码头,维修和补给较为困难,核动力装置应具有良好的可靠性和较强的生命力。

(5)舰船尤其是潜艇的空间和载重量有限,核动力装置必须重量轻、体积小、布置紧凑。

(6)舰船上及港口人员密集,核动力装置必须具有良好的放射性防护措施。

(7)海洋气候潮湿,空气中含有盐分,核动力系统和设备应具有良好的抗腐蚀性能。

不同类型的动力堆各有自身的特点,在现有技术条件下对于上述条件的满足程度也各不相同。表 12.4-1 是压水堆与几种常见动力堆型的比较。

表 12.4-1 各种常见动力堆型的比较

堆型 项目	压水堆	沸水堆	重水堆	高温气冷堆	钠冷快中子堆
燃料	UO_2	UO_2	UO_2	$UO_2 + ThO_2$	$PuO_2 + UO_2$
富集度	$3.3\%^{235}U$	$2.6\%^{235}U$	天然铀	$93\%^{235}U$	$15\%Pu/(Pu+U)$
包壳材料	锆合金	锆合金	锆合金	石墨	不锈钢
燃料元件	棒束	棒束	棒束	石墨球或柱	棒束
慢化剂	轻水	轻水	重水	石墨	……

续表

项目 \ 堆型	压水堆	沸水堆	重水堆	高温气冷堆	钠冷快中子堆
冷却剂	轻水	轻水	重水	氦气	钠
控制棒材料	Hf/Ag-In-Cd	B_4C	Cd、不锈钢	B_4C	B_4C
堆内构件材料	不锈钢、镍基合金	不锈钢、镍基合金	锆合金、不锈钢	石墨、不锈钢	不锈钢、镍基合金
工作压力/MPa	15.5	7.0	11.0	≈4	0.9
压力容器材料	低合金钢	低合金钢	不锈钢	合金钢	不锈钢

2. 军事舰船压水堆简介

鉴于目前在役的核动力舰船全部装备压水堆，这里仅对压水堆进行简要介绍。

压水堆（Pressurized Water Reactor，PWR）属于热中子堆，一般采用低富集度的 UO_2 陶瓷燃料，以轻水作为中子慢化剂和冷却剂。为了防止冷却剂在堆芯出现汽化而导致流动不稳定和传热恶化，反应堆运行压力总是高于反应堆出口冷却剂温度所对应的饱和水压力，通常为 $11\sim16$ MPa。

作为军事舰船动力堆，压水堆具有以下特点：

（1）结构紧凑，功率密度高，慢化剂温度效应和燃料多普勒效应使压水堆具有自稳自调特性，安全可靠性较高。

（2）作为慢化剂和冷却剂的轻水不会与反应堆金属材料产生化学反应，如果由于泄漏造成冷却剂装量减少，可通过海水淡化系统生产除盐水来补充。

（3）结构简单，坚固耐用，运行性能良好。

（4）压水堆在初期实践中就显示出良好的稳定性和可靠性，目前已经有许多堆年的经验反馈，技术更为成熟。

因此，压水堆核动力装置在核动力舰船中得到了普遍使用，其他堆型的核动力装置如果在性能上没有质的飞跃，将很难撼动压水堆在船舶核动力装置中一统天下的地位。

（三）压水堆核动力装置的基本组成

船舶压水堆核动力装置由反应堆及一回路系统、二回路系统和推进系统几部分组成，分别布置在不同的舱室中，其原理流程如图 12.4-1 所示。

反应堆及一回路系统布置在具有屏蔽作用的反应堆舱内，防止可能的放射性物质扩散对其他舱室造成污染。核燃料在反应堆内通过裂变反应将核能转换为热能，冷却剂在主泵的驱动下流经堆芯将热量带出，循环至蒸汽发生器时将热量传递给二回路侧工质，使其产生一定温度和压力的蒸汽。在反应堆进、出口主管道上连接的稳压器，用于维持反应堆及一回路系统的运行压力，确保反应堆安全运行。

蒸汽发生器产生的蒸汽由蒸汽管道输送到二回路系统，供应主汽轮机、汽轮机发电机及其他用汽设备。二回路系统没有放射性，因而布置在没有屏蔽的机舱内。蒸汽分别在主汽轮

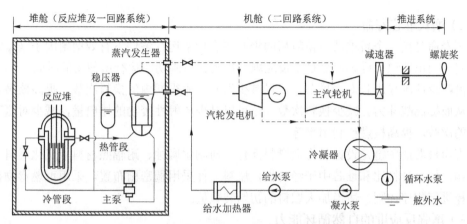

图 12.4–1 军事舰船压水堆核动力装置原理流程

机、汽轮发电机内膨胀做功,产生推进船舶的动力和全船所需的电力;汽轮机排出的废蒸汽进入冷凝器,被循环水泵从舷外抽进的海水冷却成为凝结水;凝结水由凝水泵、给水泵增压,在给水加热器中加热到一定温度后送入蒸汽发生器,开始下一轮循环。

三、军事舰船核动力装置技术发展趋势

目前,世界上只有美国、俄罗斯、英国、法国和中国五个国家拥有核动力潜艇,在近半个世纪的时间里,各国总共建造了 490 余艘核潜艇,装备了约 700 座反应堆,其中 98.4%是压水堆。截止到 2006 年的统计数据表明,国外核潜艇在役 131 艘,其中弹道导弹核潜艇(SS–BN)38 艘,攻击型核潜艇(SSN)87 艘,巡航导弹核潜艇(SSGN)6 艘。美、俄、英、法等国仍在研制和建造新型核潜艇,印度也在自行研制核动力潜艇。

据专家预测,军事舰船核动力装置技术具有以下发展趋势。

(一)提高安全性与可靠性

提高核反应堆的安全性将是各国发展的重点,主要有以下几个方面:

1. 提高反应堆的固有安全性

固有安全性是指反应堆在运行参数偏离正常时能依靠自身物理规律趋向安全状态的性能。例如,压水堆的慢化剂温度系数和燃料多普勒系数一般为负值,在功率波动时,反应堆具有一定的自稳自调能力,这就是固有安全性的一种体现。在反应堆设计中引入固有安全性,是保证反应堆安全的重要方法。

2. 提高反应堆的自然循环能力

目标是在额定功率下,可在全船断电、主泵失效等情况下,保证堆芯的安全,并可在停堆后依靠自然循环导出堆芯余热。

3. 应用非能动安全系统,提高反应堆的自动控制水平,减少误操作

应用非能动安全系统彻底解决安全系统只能依靠船上的电力才能投入使用的问题,使核动力装置在各种事故条件下,不需人为操作,能自动保证反应堆的安全。依靠重力、对流、蒸发等自然过程自动处理各种事件,即使在发生严重失水事故时,也能保证堆芯得到充分冷却;由于不需要运行人员操作,可以避免人为误操作的发生。

（二）增长堆芯寿命

堆芯寿命是指一个新堆芯或换料后的堆芯在满功率运行条件下有效增殖因子 k_{eff} 降到 1 时的时间。简单地说，堆芯寿命是指反应堆一次装料后满功率运行所使用的时间。

核潜艇反应堆采用长寿命堆芯，可以减少潜艇在服役期内的换料次数，提高核潜艇的在航率，从而提高战斗力。减少换料次数，还可以减少放射性废物的排出量，减少对艇壳进行大切口的次数，提高核燃料利用率等。

长寿命堆芯的关键是设计长寿命燃料元件，研制耐腐蚀、耐辐照材料，优化燃料元件和堆芯结构，提高转换比和堆芯中子经济性，燃料元件采用稠密栅布置，采用可燃毒物控制，对控制棒进行程序控制，适当加大燃料的初始装载量。

（三）增强反应堆的自然循环能力

现代军事舰船压水堆核动力装置不断提高反应堆的自然循环能力，利用反应堆冷却剂循环回路中热段和冷段内冷却剂的密度差所产生的驱动压头实现冷却剂的循环，而不是使用循环泵做动力进行强制循环。

自然循环压水堆具有提高反应堆的固有安全性、降低噪声和简化系统及设备的优点。提高自然循环能力的主要措施有以下几种：

（1）蒸汽发生器的安装位置相对于反应堆中心位置应尽量高，以增大蒸汽发生器和反应堆堆芯之间的热中心位差，但会受到核潜艇壳体尺寸的限制。

（2）减小反应堆及一回路系统内的流动阻力，如采用单流程堆芯，简化堆内结构，流动阻力较小，冷却剂流量大，有利于增大自然循环能力；尽量缩短冷却剂在蒸汽发生器、主管道中的流经路程，简化系统及设备的内部结构，减少管道弯头数量及其长度；反应堆冷却剂系统采用紧凑式布置或者一体化布置。

（3）强化蒸汽发生器的换热特性，在不增加一次侧流阻的条件下减少热阻。

（4）增大堆芯进、出口冷却剂的温差，适当提高堆芯含汽量，以提高反应堆冷却剂系统中冷却剂的密度差，但会受到反应堆热工安全性的限制。

（5）采取适当的控制措施，减小海洋条件对自然循环的不利影响。

（四）减震降噪

核潜艇的辐射噪声主要包括机械噪声、螺旋桨噪声和水动力噪声，其中，机械噪声主要来自主机的齿轮减速器和反应堆冷却剂泵。

国外核潜艇采用的减震降噪技术主要有：

1. 提高反应堆自然循环能力，消除主泵运行产生的噪声

依靠反应堆的自然循环能力，在低速航行时不需要主泵运行，消除了主泵运行产生的噪声。目前，各国核潜艇装备的反应堆都具有较强的自然循环能力，最高可达 80% FP 以上。

2. 采用全电力推进，消除齿轮减速器的运行噪声

全电力推进系统由于取消了减速齿轮箱，彻底消除了减速齿轮箱带来的噪声，避免了汽轮机的冲击和震动传到螺旋桨上；电动机可过载快速启动，增加了核潜艇的机动性；发电机和推进电动机之间为电气连接，因而系统设备在潜艇上的布置灵活，给总体布置带来了方便；可以方便地实现远距离控制，提高控制的自动化程度。

3. 结构上使动力机械与艇体分离，采用弹性减震机座和其他减震消音措施

英国率先在核潜艇上采用浮筏隔震技术，将主汽轮机、减速齿轮箱和发电机组等主要设备安装在整体浮阀上，动力装置与艇体之间不是刚性连接，噪声不易辐射传出，再综合采用吊挂防震、抑制噪声及隔声减震等措施，降噪效果可达 50~60 dB。

4. 改进螺旋桨设计，提高螺旋桨加工精度

改进传统螺旋桨的结构，采用 7 叶大侧斜变距螺旋桨，使叶片周向载荷均匀，减少空泡，尾部伴流分布均匀。螺旋桨叶片选用高阻尼合金材料（如英国的镍－锑合金、日本的铁－铬－铝合金等），可抑制桨叶震动，降低辐射噪声，使减震效果提高了近 20 倍。采用气幕降噪技术，将艇内空气喷到桨叶低压区，延缓空泡噪声的产生，可降低噪声 10~20 dB。

5. 采用喷水推进、电磁推进及磁流体推进（MHD）技术

与同一推进功率水平的螺旋桨相比，泵喷推进器的直径较小，艇体附体阻力小，操纵性好，克服了传统螺旋桨的主要缺点，提高了推进效率，噪声降低幅度可达 20 dB 以上。采用泵喷推进的潜艇与采用大侧斜螺旋桨推进的潜艇相比，最大的优点是可以大幅度降低潜艇推进器的辐射噪声、提高潜艇的低噪声航速。当然，采用电磁推进及磁流体推进（MHD）技术也是提高推进效率和减震降噪的重要发展方向。

采用减震降噪措施的目的，是提高核潜艇的隐蔽性。如果潜艇的耐压壳体采用高强度材料制造，增大下潜深度，也可有效降低被敌方探测到的概率。

复习思考题

1. 能源的发展状况如何？如何对能源进行分类？
2. 核能具有哪些特点？用作船舶动力具有哪些优越性？
3. 新能源技术在军事领域有哪些应用？
4. 太阳能的热利用有哪些？
5. 简述太阳能光伏电池的基本原理。
6. 按照使用特征可将化学电源分为哪几类？
7. 新型军用装备电源包括哪几类？
8. 提高船用核动力装置隐蔽性的措施有哪些？
9. 简述船用核动力装置技术的发展趋势。

参 考 文 献

[1] 康颖, 等. 大学物理学 [M]. 北京：科学出版社, 2015.
[2] 王小鹏, 梁燕熙, 纪明. 军用光电子技术与系统概论 [M]. 北京：国防工业出版社, 2011.
[3] 孙华燕, 张廷华, 韩意. 军事激光技术 [M]. 北京：国防工业出版社, 2012.
[4] 张伟. 新概念武器 [M]. 北京：航空工业出版社, 2008.
[5] 龚艳春, 武文远, 吴王杰, 王晓. 物理学与军事高新技术 [M]. 北京：国防工业出版社, 2006.
[6] 梅遂生, 王戎瑞. 光电子技术（第2版）[M]. 北京：国防工业出版社, 2008.
[7] 葛立德. 军事科技揭秘 [M]. 北京：新华出版社, 2012.
[8] 杨炳渊. 航天技术导论 [M]. 北京：中国宇航出版社, 2009.
[9] 龚钴尔. 航天简史 [M]. 天津：天津科学技术出版社, 2012.
[10] 夏治强. 化学武器兴衰史话 [M]. 北京：化学工业出版社, 2008.
[11] 曲保中, 朱炳林, 周伟红. 新大学化学 [M]. 北京：科学出版社, 2012.
[12] 薛海中. 新概念武器 [M]. 北京：航空工业出版社, 2009.
[13] 张中华, 林殿阳, 等. 光电子学原理与技术 [M]. 北京：航空航天大学出版社, 2009.
[14] ［英］Peter Bond. 简氏航天器鉴赏指南 [M]. 张琪, 付飞, 译. 北京：人民邮电出版社, 2013.
[15] 王永仲. 现代军用光学技术 [M]. 北京：科学出版社, 2003.
[16] 元奎. 高技术与现代战争 [M]. 北京：军事谊文出版社, 1998.
[17] 《新概念武器》编委会. 新概念武器 [M]. 北京：航空工业出版社, 2009.
[18] 肖占中, 宋效军. 新概念常规武器 [M]. 北京：海潮出版社, 2003.
[19] 《空军装备系列丛书》编审委员会. 新概念武器 [M]. 北京：航空工业出版社, 2008.
[20] 肖占中. 新军事丛书——新机理武器 [M]. 沈阳：白山出版社, 2008.
[21] 襟法宝, 张蜀平, 王祖文, 等. 新概念武器与信息化战争 [M]. 北京：国防工业出版社, 2008.
[22] 蔡亚梅, 赵霜. 美海军电磁导轨炮现状及舰载定向能武器发展趋势 [J]. 航天电子对抗, 2015, 3（31）：59-61.
[23] 赵蒙, 达新宇, 等. 电磁脉冲武器及其防护技术概述 [J]. 飞航导弹, 2014（5）：33-36.
[24] 郭继周, 沈雪石. 定向能武器技术的发展动向 [J]. 国防科技, 2014, 3（35）：32-35.
[25] 魏敬和. 21世纪新概念武器的特点及应对策略 [J]. 中国电子科学研究院学报, 2011, 2（6）：136-139.
[26] 雷开卓, 黄建国, 等. 定向能武器发展现状及未来展望 [J]. 鱼雷技术, 2010, 3（18）：

161-166.

[27] 谭显裕. 高功率微波新概念武器的技术现状和发展 [J]. 航空兵器, 2004 (1): 8-11.

[28] 朱绪斐, 张智军. 定向能电磁炸弹中磁通压缩发生器的动态电感分析 [J]. 空军工程大学学报, 2004, 5 (5): 15-17.

[29] 李新年. 大学化学 [M]. 北京: 中国石化出版社, 2014.

[30] 贾瑛. 大学化学 [M]. 北京: 国防工业出版社, 2015.

[31] 何丹农. 材料与工程领域应用纳米技术研究报告 (2010—2020年) [M]. 北京: 科学出版社, 2009.

[32] 朱红. 纳米材料化学及其应用 [M]. 北京: 清华大学出版社, 北京交通大学出版社, 2009.

[33] 徐云龙, 赵崇军, 钱秀珍. 纳米材料学概论 [M]. 上海: 华东理工大学出版社, 2008.

[34] 梁英豪. 化学与能源 [M]. 南宁: 广西教育出版社, 1999.

[35] 陈军, 袁华堂. 新能源材料 [M]. 北京: 化学工业出版社, 2003.

[36] 于光远. 军事高技术的今天和明天 [M]. 武汉: 湖北教育出版社, 1998.

[37] 朱裕贞. 现代基础化学 [M]. 北京: 化学工业出版社, 1998.

[38] 汪继强. 化学与物理电源 [M]. 北京: 国防工业出版社, 2008.

[39] 上海空间电源研究所. 化学电源技术 [M]. 北京: 科学出版社, 2015.

[40] 彭敏俊. 船舶核动力装置 [M]. 北京: 原子能工业出版社, 2009.

[41] 杨风暴. 红外物理与技术 [M]. 北京: 电子工业出版社, 2014.

[42] 邱旭, 杨进华, 等. 微光与红外成像技术 [M]. 北京: 机械工业出版社, 2012.

[43] 张建奇, 方小平. 红外物理 [M]. 西安: 西安电子科技大学出版社, 2004.

[44] 常本康, 蔡毅. 红外成像系统与阵列 [M]. 北京: 科学出版社, 2009.

[45] 王敏, 徐锦等. 红外成像制导技术 [J]. 舰船电子工程, 2006, 6 (26): 28-30.

[46] 白毅, 仲海东等. 国外制导炮弹发展综述 [J]. 飞航导弹, 2005 (5): 33-38.

[47] 施德恒, 熊水英. 激光半主动寻的制导导弹发展综述 [J]. 红外技术, 2000, 2 (22): 11-16.

[48] 李晓霞. 国外海军光电对抗装备综述 [J]. 现代军事, 2005 (4): 30-35.

[49] 赵凯华, 陈熙谋. 电磁学 [M]. 北京: 高等教育出版社, 2006.

[50] 秦永元. 惯性导航 [M]. 北京: 科学出版社, 2006.

[51] 胡生亮, 贺静波, 刘忠, 等. 精确制导技术 [M]. 北京: 国防工业出版社, 2015.

[52] 杨照金. 军用目标伪装隐身技术概论 [M]. 北京: 国防工业出版社, 2014.

[53] 邢丽英. 隐身材料 [M]. 北京: 化学工业出版社, 2004.

[54] 郝允祥. 光度学 [M]. 北京: 北京师范大学出版社, 1988.

[55] 汤顺青. 色度学 [M]. 北京: 北京理工大学出版社, 1990.

[56] 阮颖铮. 雷达截面与隐身技术 [M]. 北京: 国防工业出版社, 1998.

[57] 吴继宗. 光辐射测量 [M]. 北京: 机械工业出版社, 1992.

[58] 杨照金. 当代光学计量测试技术概论 [M]. 北京: 国防工业出版社, 2013.

[59] 余雄庆, 杨景佐. 飞行器隐身设计基础 [M]. 南京: 南京航空学院出版社, 1992.

[60] 李大光. 影响未来战争演变的军事高技术 [M]. 北京: 兵器工业出版社, 2011.

[61] 李有祥. 军事高技术与信息化战争 [M]. 南京：东南大学出版社，2010.
[62] 刘兴堂，刘力，等. 信息化战争与高技术兵器 [M]. 北京：国防工业出版社，2009.
[63] 阎理. 军事高技术概论 [M]. 北京：海潮出版社，2006.
[64] 赵影露，钟海. 当代军事高科技教程 [M]. 北京：军事谊文出版社，2000.